NEW LIFE SCIENCE

NEW 생명과학

강영희 / 김학렬 / 황 백 / 김성호
김정균 / 정현숙 / 표병식

지구문화사
JIGU PUBLISHING Co.

머리말 PREFACE

각종 생명체, 생명현상을 직접 연구대상으로 삼아 강의와 연구를 위해 기여했던 생물학은 박물학, 생물과학 시대를 거쳐 지금은 생명과학 시대로 변전하였다. 이것은 연구대상을 기재과학 시대에서 실험과학 시대로, 연구 대상방법도 개체, 기관, 조직, 세포수준을 거쳐 지금은 분자, 그 이하 수준의 교육과 연구에서 성과를 얻어내고 있다. 특히 21세기에 들어와서는 분자유전학 분야에서 유전체 정보의 획득과 단백질의 입체구조 정보의 획득 등도 용이하게 됨으로써 의학(의료), 농학(농업기술), 환경보전 등에서의 유전자 공학 등 응용분야에 대한 연구를 세계 각국에서는 경쟁적으로 진행하면서 자국의 융성과 번영에 공헌하고 있다. 따라서 이를 뒷받침하기 위해 시급한 것이 종래의 생물과학 시대의 교육과 연구에서 진일보한 기초적인 강의와 연구방법의 개척이다. 그 일환으로 이 "생명과학"을 저술하게 된 것이다.

학문의 발전은 연속적으로 진행한다. 이러한 점을 고려하여 다행히도 과거 강의와 연구에 많은 경험과 업적이 있는 교수를 초빙·협의하여 집필진을 구성하고 집필하게 되었다. 각 교수의 풍부한 경험을 배경으로 광범위에 걸쳐 이해하기 쉽도록 저술할 것에 의견의 일치를 보아 실행하게 된 것이다.

많은 학부, 대학원생, 관련분야 연구원, 공학, 물리계 등에서 생명과학분야 인사를 비롯한 독자여러분의 숙독과 관련분야 여러 선·후배, 동료 교수 여러분의 격려와 충고를 기대하면서 계속 정진해 나아갈 것을 약속드린다.

끝으로 때마침, 세계적인 경제대공황이 지구촌을 강습하고 있는 어려운 시기에도 불구하고 우리나라 생명과학분야의 발전을 위해 귀중한 서적의 출판을 결심한 지구문화사 朱炳五사장과 편집에 참여한 지구문화사 편집팀 여러분에게 심심한 사의와 경의를 표한다.

2009 년 2 월

저자 일동

차례

차례

제 3 장 조직의 구조와 기능

CONTENTS

제 4 장 식물의 영양과 생장

제 5 장 동물의 영양과 생리

차례

제 6 장 생체기능의 조절

차례

제 7 장 생물의 발생과 증식

제 8 장 건강과 생물학

차례

제 9 장 유전과 유전정보

CONTENTS

차례

제 10 장 환경과 생태계

CONTENTS

제 11 장 생명의 기원과 진화

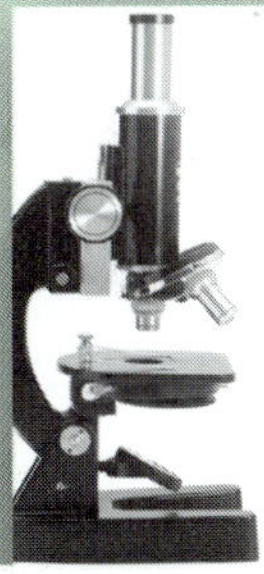

제 1 장
생명과학이란?

생물은 체제가 복잡한 생명체로서 변화하는 환경에 적절하게 반응하고 적응하면서 스스로 몸을 일정한 상태로 유지하며 생활한다. 생물은 자신과 유전자 조성이 같은 후손을 만들어 지구상에서 생명을 영속케 하는데, 이러한 생명현상은 물질대사에서 얻는 에너지와 생활물질의 투입으로 유지된다.

생명의 본질에 대한 인간의 추구는 문화의 시작과 함께 하는 오랜 역사를 가지고 있으나, 과학이 극도로 발달한 오늘날에도 생명을 정의하는 것은 어려운 과제로 남아있다. 그렇지만 생물에 대한 정확한 지식의 오랜 축적이 결국 생명을 규명하게 해줄 것이며, 이 과정에서 얻게 되는 많은 정보는 인류를 더욱 번성하게 해줄 것이다.

1-1 생명이란 무엇인가?

생물이 살아 있다는 것은 어떠한 것을 뜻하는가? 우리 주변에서 만나는 사람, 동물, 식물들은 살아 있는 것들이다. 다시 말해서 생명(生命, life)을 가지고 있는 것이다. 그러나 그들이 죽었을 때는 사체가 된다.

생체(生體)는 사체(死體)와 어떻게 다른지에 대해서는 여러 가지로 답을 할 수 있을 것이다. 살아 있을 때의 개체를 구성하는 물질적 내용과 사체를 구성하는 물질적 내용에는 아무런 차이가 없다. 그렇다면 생물의 몸을 살아 있게 하는 요인은 무엇인가?

살아있는 동물에서 심장을 떼어내면 그 동물은 더 이상 살아있는 존재가 아니라 사체이다. 하지만 떼어낸 심장을 생리식염수나 링거액(Ringer solution)에 담가두면 상당기간 박동을 지속한다. 그렇다면 심장이 생명의 존폐를 결정하는 요인이라 할 수 있을까? 동물에서 다른 장기를 제거하여도 역시 그 개체는 생명을 잃는다.

링거액에 들어있는 심장의 세포와 심장을 잃은 개체(사체)의 세포를 비교하면, 심장세포는 활발한 호흡과 물질대사가 수행되고 있으나 개체의 세포에서는 전혀 대사의 기능을 감지할 수 없다. 그런데 만약 링거액에 들어있는 심장에서 일부 세포를 떼어내면 어떻게 될까?

이 경우에도 이들 세포는 대사기능이 정지되어 사체의 세포와 같은 상태로 된다. 그러나 떼어낸 세포를 즉시 배양액에 넣으면 일정기간 대사기능을 유지할 수 있을 뿐만 아니라 세포분열도 일어나서 그 수가 증가된다. 그러나 이들 세포가 심장을 만들어 내지는 못한다. 즉 다세포 생물의 경우, 생명의 단위는 세포(細胞, cell)이지만 세포가 생명자체는 아니다.

이상에서 보면 개체가 살아 있기 위해서는 몸을 구성하는 세포가 살아가는 데 필요한 대사기능을 수행하여야만 한다는 것을 알 수 있다. 또한 자연상태에서 세포가 살아있기 위해서는 반드시 개체의 구성원으로 몸 안에 있어야 한다.

그러나 이것으로 생명을 규정할 수 있는 것은 아니다. 모든 생물은 자연 변화에 반응하고 적응한다. 또한 인간을 비롯한 고등 동물은 사물에 대한 기억은 물론이고 생각할 수 있는 능력을 가지고 있다. 그래서 생명이란 단어는 자연과학에서 뿐만 아니라 사회, 문학, 철학, 종교 등의 모든 학문분야에서 사용되고 있다.

그러므로 생명이란 단어는 일반적으로 넓은 의미로 사용되며, 경우에 따라, 시대에 따라, 개인에 따라 그 의미가 달라진다. 생명과학도에게는 생명과학적으로 생명을 구명하는 것이 중요한 과제다. 그러면 오늘날 생명과학에서는 생명을 정확하게 규명하고 있는가? 현재로서는 '생명현상이 영위되고 있는 개체(세포)에는 생명이 있다.'고 말할 수 있을 뿐이다.

1-2 생물의 특성

현대 생명과학에서는 생명현상을 총체적으로 규정하기는 어려우나 무생물(無生物)과 비교하여 생물의 특성을 이해함으로서 그 내용에 접근할 수 있을 것 같다. 생물이 가지고 있는 특징은 다음과 같다.

첫째, 생물의 몸은 복잡한 구조로 되어 있으며, 그 종(種)이 달라도 구조적인 공통성을 가지고 있다. 생물체는 기능이 서로 다른 여러 가지의 기관(器官, organ)이 적절하게 모여 있으면서 서로 최적의 기능을 수행하고 있다. 각 기관은 다시 여러 종류의 조직(組織, tissue)으로 이루어져 있으며, 각 조직은 여러 개의 세포로 구성되어 있다.

이러한 복잡한 몸의 구조(構造, structure)는 수정란이 발생과정을 거쳐 개체(생명체)로 발달하는 과정에서 세포가 분화(分化)에 의해 서로 다른 기능을 발휘하게 되었기 때문이다. 그 결과 생명현상에 필요한 여러 가지 기능을 모든 세포가 가지는 것이 아니라 기능별로 분담하고 있기 때문에 각 세포는 맡은 기능만을 최대로 발휘할 수 있다.

둘째, 살아있는 생물이 생명을 유지하기 위해서는 외부로부터 생활물질을 획득해야 한다. 동물은 먹이에서 흡수한 영양물로부터 생활에 필요한 여러 가지 화합물과 생활에너지를 얻는다. 그리고 식물은 빛에너지를 이용해서 이산화탄소와 물로부터 생활에 필요한 모든 유기물을 스스로 합성하고 필요한 에너지를 얻는 물질대사(物質代謝, metabolism)의 기능을 지닌다.

셋째, 살아있는 생물은 동적 상태(動的狀態, dynamic equilibrium state)에 있는 존재여서 끊임없이 생장과 발달이 일어나고 있다. 생장과 발달은 세포의 수적 증가에 의한 것이지만, 세포는 기능을 분담하는 분화과정을 거친다. 그 결과, 생활에 필요한 각 요소가 최대로 발휘될 수 있다.

넷째, 살아있는 생물은 생장과정에서 자신과 같은 새로운 개체를 생산한다. 이러한 현상을 생식(生殖, reproduction)이라 한다. 생물이 생식능력을 가짐으로써 제한된 수명을 가진 생물이 자신의 유전자를 후손에 전달하여 종족을 보존한다. 즉, 새로운 개체란 반드시 기존의 생물(어버이)로부터 생성되므로 유전형질이 다른 생물이 출현할 수 없다.

다섯째, 살아있는 생물은 신체의 내외 환경이 계속 변화하여도 자신의 몸을 항상 일정한 상태로 유지할 수 있는 능력이 있다. 이러한 현상을 항상성(恒常性, homeostasis)이라 한다. 이것은 생물의 몸에 있는 각종 감지장치(감각기관)가 감지한 정보를 통합과정을 거쳐 변화된 요인의 영향을 최소화하는 작업을 하기 때문이다.

한편 환경 변화의 종류와 크기에 따라 생물의 반응(反應, response)이 운동(이동)으로 나타날 수 있다. 계절적인 변화에 대한 동물의 이동과 동면은 환경의 영향을 최소화하려는 반응이지만, 빛과 물에 대한 식물의 줄기와 뿌리의 생장 변화는 환경변화를 최대화하려는 반응이다.

여섯째, 환경변화에는 일변화(日變化)와 계절변화처럼 주기적인 것이 있다. 경우에 따라서는 비가역적으로 환경의 변화가 크게 일어난 경우에도 영구히 변화된 환경에 적응(適應, adaptation)할 수 있는 능력을 가진 생물은 살아갈 수 있다. 이러한 능력은 생물에 따라 그 내용이 달라서 변화가 있으면 대개 많은 종(種)이 사라지게 되며, 살아남은 생물 중에도 전에는 표현되지 않았던 형질이 나타나는 경우가 많아진다.

즉, 환경변화를 각 생물 종이 가지고 있는 항상성의 통제력으로 제어하지 못할 때에는 각 개체의 유전자구성의 내용에 따라 생존 여부가 결정된다. 이러한 생물의 특성이 진화의 바탕을 이룬다.

이상으로 생명현상에서 중요시하는 내용이 설명되었으나, 이것으로 생명 자체가 설명된 것은 아니다. 생명을 보다 정확하게 정의하고 이해하려면 생명과학을 비롯한 자연과학, 철학, 종교, 사회 등에 대한 폭넓은 지식이 필요하다. 일찍부터 인간은 생명을 이해하려 하였으며, 자연과학이 발달하기 이전에는 생명을 자연의 한 요소로 이해하려 하였다.

1-3 생명관의 변천

오늘날 지구상에는 인간을 포함해서 약 130만 종의 생물이 서식하고 있다. 이와 같이 많은 종류의 생물이 어떻게 존재하게 되었는가에 대해서는 일찍부터 많은 사람들이 관심을 가져 왔으며, 이들의 생명관은 자연관과 함께 다양하게 변천하여 왔다.

문화적인 생활을 하기 시작했던 고대 사람들은, 경험적 관찰에 의해 생물이 바닷물에서 스스로 생겨났다고 생각했던 시대도 있었다. 이러한 생각은 신화를 통해서 전해지거나 그림으로 남겨지기도 하였다. 자연에는 사람의 힘으로는 어쩔 수 없는 영적(靈的)이고, 신적(神的)인 힘이 있어, 이러한 힘에 의해 생명이 생겨나는 것으로 이해하였던 것이다.

그리스의 철학자들은 이러한 생각으로부터 벗어나서 자연에 들어있는 원리를 알아내고 이것으로 생명현상을 설명하려 하였다. 데모크리토스(Demokritos, BC. 460~370)는 자연에 있는 모든 물체는 더 이상 쪼갤 수 없는 입자로 구성되어 있다는 생각을(원자론) 하였으며, 인간도 자연의 일부로 자연과 조화를 이루고 있고, 신(神)도 역시 자연의 하나라고 하였다. 플라톤(Platon, BC. 429~347)은 세계는 영구불변의 질서가 있다는 관념적인 생각을 가졌다.

아리스토텔레스(Aristoteles, BC. 384~322)는 처음으로 동물을 분류한 철학자인 동시에 과학자였다. 그는 태생(胎生)과 난생(卵生) 등의 발생의 차이로 동물을 분류하였다. 그리고 작은 생물들은 자연적으로 발생된다고 하였다. 또한 생물이 포함되는 자연현상에는 하나의 목적을 가진 초자연적인 원리가 있어서 이것의 지배를 받는다는 생기론(生氣論, vitalism)적 해석을 하였다.

중세에는 기독교에 의해서 고대의 자연관이 근본적으로 개혁되었다. 신, 인간, 자연은 질적으로 서로 다르며, 자연과 인간은 신의 창조물로서, 인간은 자연을 지배하고 이용할 수 있다고 하였다. 즉, 신-인간-자연이라는 서열이 받아들여지면서 자연에 대한 인간의 위치가 인간 중심적으로 바뀌게 되었다. 한편 근대 자연과학의 성립과 발달에 따라 이러한 생각은 더욱 발전되었다. 오늘날에도 큰 문제인 자연파괴는 이때부터 시작된 것이다.

17 세기가 시작되면서 자연을 귀납법으로 설명하려 노력하였으나, 생명의 기원에 대해서는 여전히 자연발생설을 믿고 있었다. 그러나 17 세기 후반이 되면서 실험과 관찰로 자연을 이해하려는 노력이 대두되었다. 특히 현미경이 발명되어 세포의 존재가 밝혀지고 자연발생설에 대한 논쟁이 시작되었다.

니담(J. T. Needham, 1713～1781)은 수프를 플라스크에 넣고 끓인 후 마개를 하여도 수프가 부패하는 것을 보고 생물의 자연발생을 주장하였다. 그러나 스팔란짜니(L. Spallanzani, 1729～1799)는 같은 실험에서 보다 오래(수십분) 끓인 후에 밀봉하면 수프가 부패하지 않는 것을 보고, 니담의 실험이 잘못되었음을 지적하며 자연발생설을 부정하였다.

자연발생설을 부정하는 데 가장 커다란 공을 세운 사람은 파스퇴르(L. Pasteur, 1822～1895)이다. 당시에는 생명체의 자연발생 여부의 문제가 가장 중요한 과제여서 프랑스 과학아카데미에서는 이것을 현상문제로 삼았고, 이에 대한 답변을 파스퇴르가 실험으로 입증하였던 것이다.

파스퇴르는 니담과 스팔란짜니의 실험에서 문제가 되었던 수프의 실험을 더욱 발전시켰다. 즉, 그림 1-1 과 같이 목이 긴 플라스크에 수프를 넣고 오랫동안 끓이면 부패하지 않고, 끓인 후에 긴 목을 자르면 부패하는데, 이때 솜 마개를 하면 부패하지 않는다.

또 솜 마개에 공기를 통과시킨 후에 솜 마개를 씻은 알코올을 현미경으로 관찰하면 공기 중에 미생물이 있음을 알 수 있다. 이러한 실험으로 '생물은 자연적으로 발생하는 것이 아님'을 증명하고 상금을 받았다.

(A)

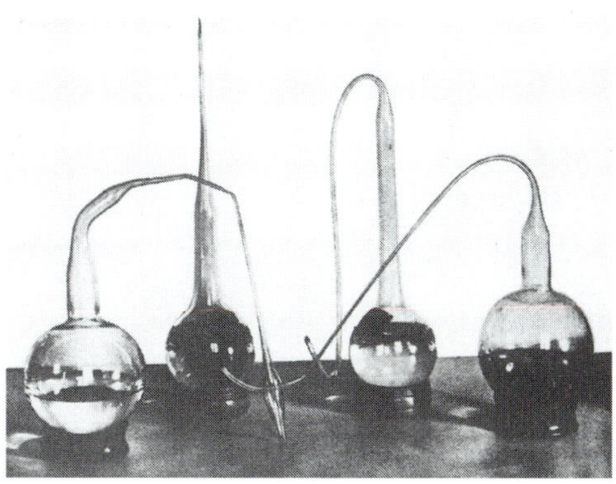

(B)

그림 1-1 파스퇴르 (A)와 그가 공기 중의 미생물이 음식물의 부패를 일으킨다는 사실을 입증한 실험에 사용한 시험관(B)

파스퇴르의 실험으로 생명체는 생명체로부터 생긴다는 사실이 입증되면서 생물(생명)의 기원에 대한 의견이 대두되기 시작하였다.

20 세기가 되어도 여러 학자들은 지구상의 원시 생명체는 다른 천체로부터 운석 등에 의해서 지구로 온 것으로 생각하였다. 이러한 생각을 판스페르니아(panspernia, 배종발달설)라고 한다. 한편 화학, 물리학 등과 실험생명과학의 발달로 생물체를 보다 자연과학적으로 상세하게 알게 되면서, 생물체 안에서 진행되는 화학변화는 원칙적으로 자연에서 일어나는 반응과 같은 것임을 알게 되었다.

오파린(A. I. Oparin, 1924 년)은 원시지구상에서 무기화합물로부터 유기화합물이 생성되고 이것들이 코아세르베이트(coacervate)를 거쳐 원시생물로 진화한 것이라고 주장하였다. 이와 같은 생각은 무생물적으로 자연적인 유기화합물의 합성이 가능한지에 대한 연구를 시작하게 하였다. 그중에서도 원시지구에 존재하는 유기물이 점토에 흡착해서 농축되었을 것이라는 버날(J. D. Bernal, 1949 년)의 생각과 유기물이 원시해양에서 축적되었을 것이라는 홀덴(J. B. S. Haldane, 1929 년)의 주장은 특히 주목을 받았다.

1-4 생명과학과 관련과학

1-4-1 생명과학의 발달

16 세기 유럽에서 르네상스가 시작되면서 생명과학은 동식물의 기재와 해부를 중심으로 한 연구, 즉 관찰과 기재 중심의 생명과학이 발달하기 시작하였다. 이때 동양에서도 중국의 이시진(李時珍, 1518～1593)은 1,600 여 종의 식물을 기재한 본초강목(本草綱目, 1552～1578, 그림 1-2 참조)을 저술하였다.

17 세기 하베이(W. Harvey, 1572～1657)가 해부를 통한 혈액순환의 원리를 발견하면서 실험생물학이 싹트고, 동시에 현미경의 발명으로 세포가 발견(후크, R. Hooke, 1635～1703)되었으며, 말피기(M. Malpighi, 1628～1694)와 레벤후크(A. van, Leeuwenhoek, 1632～1723)는 식물과 동물에서 각 기관과 조직의 미세구조를 관찰하여 그 기능을 밝힐 수 있었다. 즉, 해부학(解剖學, anatomy)과 조직학(組織學, histology)이 기초를 확립하게 되었다.

18 세기에는 린네(C. von, Linne, 1707～1778)에 의해서 자연분류를 바탕으로 한 분류학(分類學, taxonomy)이 체계화되었으며, 생리학(生理學, physiology)이 발달하기 시작하고, 진화사상(進化思想)이 싹트게 되었다.

당시 프랑스에서는 계몽주의라 불리는 사상이 널리 전파되면서, 인간 사회에 변화가 필요하다는 생각이 당연한 것으로 받아들여지기 시작하였고, 생명과학에서도 이러한 생각을 갖게 되었다.

그림 1-2
16 세기 중국에서 발간된 식물지

19 세기 전반에 이르러서는 슐라이덴(M. J. Schleiden, 1838 년)과 슈반(T. Schwann, 1839 년)에 의하여 세포설(細胞說, cell theory)이 확립되었고, 이때부터 본격적으로 생명현상을 세포수준에서 연구할 수 있는 토대가 마련되었다.

한편 19 세기 후반에는 다윈(C. B. Darwin, 1859 년)이 '자연선택에 의한 종(種)의 기원(起源)'을 발표하여 진화론(進化論)이 확고한 위치를 갖게 되었으며, 진화사상은 생명과학 발전의 기본이념이 되면서 이것의 영향을 받아 분류학은 자연분류의 개념이 확립되게 되었다.

한편 멘델(G. J. Mendel, 1865 년)에 의해서 유전학의 기본원리가 발표되었으나 불행하게도 학계의 관심을 끌지는 못 하였다. 19 세기 중엽부터 생명현상에 대한 생기론적 견해가 서서히 사라지면서 생리학에서는 물리, 화학을 기초로 하는 기계론(機械論, mechanism)적 연구가 시작되어 실험생명과학이 발전되었다.

20 세기에는 전반적으로 자연과학이 급속하게 발전하고 여러 분야 간의 기술과 지식의 교류가 활발하게 일어났다. 생명과학은 물리학과 화학의 발달에 힘입어, 여러 분과가 급속하게 발달하였다. 특히 멘델의 유전법칙이 1900 년 코렌스(K. E. Correns), 드브리스(H. De Vries), 체르마크(S. E. von Tschermak) 등에 의해 재발견되면서 형질유전에 대한 연구가 급속도로 진전되었다.

유전학(遺傳學, genetics)은 특히 세포학(細胞學, cytology)과 결합하여 세포유전학(細胞遺傳學)이라는 새로운 분야를 개척하기 시작하였다. 모건(T. H. Morgan, 1917 년)의 유전자설(遺傳子說, gene theory)과 뮬러(J. Muller, 1917 년)의 인위돌연변이의 실험은 유전학을 유전자의 화학적 구조와 기능의 연구로 방향을 조정하게 하였다.

특히 1953 년 왓슨(J. D. Watson)과 크릭(F. H. C. Crick)에 의한 DNA 구조의 발견(그림 1-3 참고)은 분자생물학(分子生物學)을 싹트게 한 계기가 되었다. 또한 코헨(S. Cohen, 1973 년) 등이 제한효소를 이용하여 2 가지 플라스미드(plasmid)로부터 새로운 플라스미드를 합성하는 데 성공함으로써 유전공학(遺傳工學, genetic engineering)의 시대를 열었다.

한편 전자현미경과 초원심분리기의 발명은 세포수준의 연구를 분자수준으로 끌어올리는 효과를 가져왔으며, 분석기술을 중심으로 한 생화학(生化學, biochemistry)의 발달은 오늘과 같은 유전자 조작의 기초가 되는 유전공학을 발전시켰다.

(A)

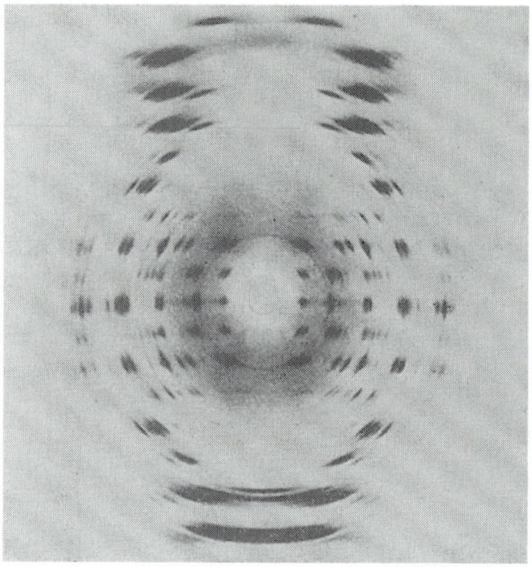

(B)

그림 1-3 DNA 의 입체모형을 설명하는 왓슨(왼쪽) · 크릭(오른쪽)(A)과 DNA 결정의 X-선 사진(B)

생태학(生態學, ecology)은 이미 18 세기에 헥켈(E. H. Hackel, 1834~1919)에 의해서 생태학이라는 용어가 마련되면서 발전되어 왔다. 종래의 생태학은 주로 분류학과 관계 깊은 생물지리학적인 면과 생활사에 기초하는 자연사적인 범위에 한정되어 왔으나 생리학적 정보가 들어옴으로써 생리생태학적 연구가 활발하게 진행되었다.

20 세기부터는 인간과 생물, 환경의 중요성이 인식되면서 개체(個體, individual)보다는 집단(集團, group)으로, 집단은 환경(環境, environment)과 불가분의 관계임을 나타내는 생태계(生態系, ecosystem)라는 용어가 탄슬리(A. G. Tansley, 1935 년)에 의해서 만들어졌다. 2 차 세계대전 이후부터 의학, 화학, 공업이 급속하게 발전하면서 생태학은 생물의 생산성, 환경오염, 환경보존 등의 중요한 문제를 안고 발전하고 있다.

1-4-2 생명과학과 관련이 있는 학문분야

생물의 몸은 수많은 화학반응이 바탕이 되는 물질대사로 생산되는 유기물과 외부에서 적절하게 흡수한 무기물로 구성되며 역시 대사에서 생산되는 에너지로 생활하고 있다. 그러므로 생명과학에 접근하기 위해서는 물리, 화학적 지식이 반드시 필요하다.

한편 동물은 뇌의 활동으로 정보저장과 창출의 능력이 있어 심리학과 같은 학문적 지식도 생명과학을 연구하는 데 필요하다. 생명과학은 농학, 축산학, 수산학, 임학, 원예학, 의학, 약학, 사회학 등과 밀접한 연관이 있으므로 생명과학의 발달은 곧바로 관련 학문분야의 발달을 가져왔다.

1-4-3 생명과학의 연구 방법

생명과학은 수많은 학문분야를 가지며, 생물(living things)을 연구하는 과학이다. 과학은 자연계에 현존하는 규칙을 발견하는 인간이 행하는 방식인데, 그 과정에서 다른 분야와 구분되며 종종 과학적인 방법을 이용한다. 즉, 과학자들은 많은 가능성 있는 가설들 가운데 검증을 통하여 진실이 되는 것만을 골라낸다.

과학적 연구는 특정현상에 대한 관찰을 이끌어내고 이러한 현상 아래에 놓여 있는 순서들을 찾는 데 필요한 엄밀한 방법이다.

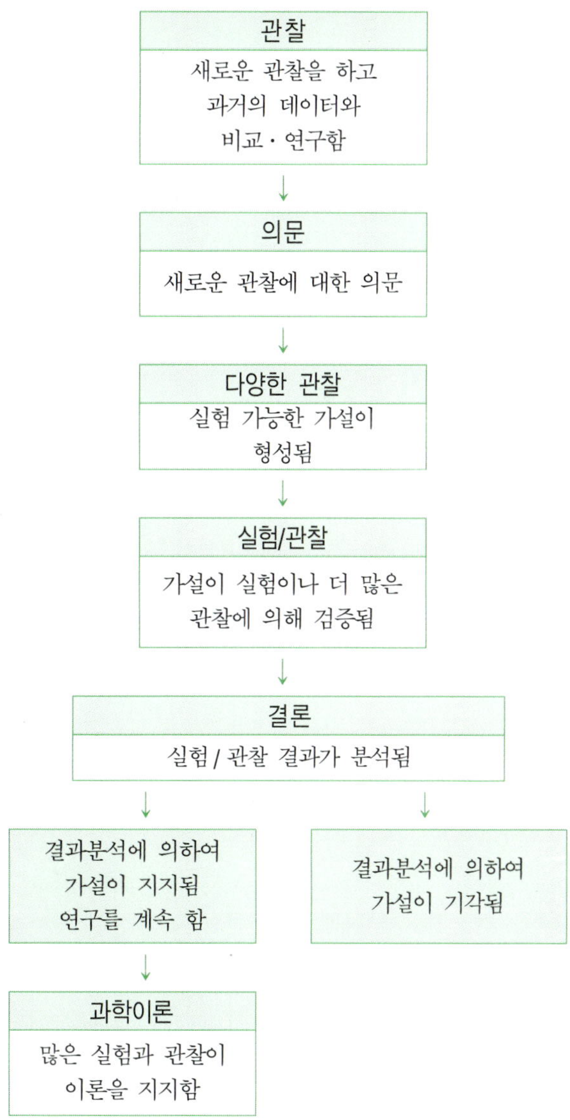

그림 1-4 과학적인 연구 진행과정

새로운 혹은 예비관찰을 토대로 과학자는 가설을 세운다. 가설은 후속 실험 혹은 관찰을 하여 검증하며, 실험 후에, 과학자는 종종 동일한 가설을 재검증하거나 관계있는 가설을 검증할 것인지 결정한다. 관계있는 많은 다른 실험을 통한 결론은 과학적인 이론으로 발전한다.

생명과학과 다른 과학들은 일반적으로 관찰, 가설, 실험 그리고 결론 등과 같은 4가지의 상호 연관된 작업으로 구성된 과학적 방법(scientific method)을 사용한다.

모든 과학적 탐구는 특정 현상에 대한 관찰로 시작된다. 관찰(observation)에 뒤이어 "어떻게 이러한 현상이 일어났을까?" 등과 같은 의문을 가지게 된다. 뒤이어서 순간적인 통찰력이나 장고 끝에 이에 대한 가설이 세워지게 된다. 가설(hypothesis)은 이전의 관찰에 기초하여 관찰된 현상에 대한 설명이 될 수 있는 추정이다.

가설이 유용해지려면 실험(experiments)이나 객관적인 관찰에 의해 시험 가능한 예측을 유도할 수 있어야 한다. 이러한 실험들은 가설과 일치하거나 반대되는 결과를 가져오며 그 타당성에 대한 결론(conclusion)을 이끌어낸다. 단 한 번의 실험은 결코 결론에 대한 기초를 제공할 수 없으며 결과들은 처음 그 실험을 실시한 연구자 본인 뿐 아니라 다른 연구자들에게서도 동일한 결과를 얻을 수 있어야 한다(그림 1-4).

간단한 실험들은 한 가지의 요소 혹은 변수(variable)가 어떤 특정 관찰에 대한 원인이라는 주장을 검증할 수 있다. 실험은 과학적인 타당성을 가지기 위해서 관찰에 대한 원인으로 변수의 다양성을 피해야 한다. 이러한 이유 때문에, 과학자들은 실험에 대조군(control)을 사용한다. 실험에서 대조군은 검증되지 않는 다른 변수들은 고정되어 있는 조건에서 검증 하고자 하는 변수만 변하는 실험적 조건과 비교된다.

1-5 생명과학의 장래

오늘날 생명과학의 특징은 30여 년 전 시작된 분자생물학의 탄생과 발달이다. 특히 유전자(遺傳子, gene)를 절단하고 결합시키는 유전자조작기술(遺傳子操作技術, genetic manipulation technique)을 바탕으로 한 유전공학이 탄생되었다. 이와 같은 기술과 지식은 생명과학의 모든 분야에서 값진 공헌을 하고 있다.

한편 각종 분석기술에 의한 생물시료의 분석은 실질적으로 분자수준에 육박하고 있으며, 고도의 배율과 해상력을 가진 현미경과, 생체에서 일어나는 물리화학적 변화를 자력(磁力)으로 측정하는 기술의 발달은 앞으로 생명과학 발달에 크게 기여할 것이다.

오늘날의 생명과학이 안고 있는 과제는 아직도 밝혀내지 못하고 있는 생명현상의 본질적인 규명은 물론, 인구증가에 따르는 농업생산성의 향상과 보건 및 의료기술의 발전, 그리고 인구문제의 해결이다.

1-5-1 식량생산과 생명과학

약 1만여 년 전부터 시작된 농업은 인간 사회에서 잉여인력을 탄생시켜 문명의 발달을 촉진시킬 수 있었다. 그러나 근래에 와서는 인구증가와 식량의 생산성증가가 일치하지 못하여 식량부족 현상이 일어날 뿐만 아니라, 수명이 연장되면서 앞으로 세계의 식량사정은 급속하게 악화될 것으로 전망된다.

오늘날까지 식량문제의 해결에는 유전학, 영양학, 생리학 등의 생명과학적 지식을 바탕으로 한 품종개량과 재배법의 개선이 주도적인 역할을 해왔다. 근래에는 유전공학적인 기술의 힘으로 서로 다른 종 간의 유전자의 전달이 가능해지면서 전혀 새로운 형질을 가진 가축이나 식물이 탄생하게 되었다.

그러나 유전자가 도입된 농산물이나 축산물에 들어있는 유전자와 기존의 유전자 간의 상호관련성이 밝혀지지 않았다. 그러므로 새로운 품종이 생태계에 미치는 영향에 대한 연구가 필요하다. 또한 앞으로의 생명과학에서는 유전자 상호간의 관계를 밝힐 수 있는 획기적 방법의 개발이 필요하다. 이러한 문제는 의학과 인구문제 해결에 있어서도 요구되는 것이다.

식량문제의 해결을 위해서는 새로운 자원의 개발이 필요하다. 오늘날 대부분의 식량자원은 쌀, 밀, 보리, 옥수수 등 소수의 품종에 불과하지만 이러한 식물이 재배될 수 있는 경작지는 이미 포화상태에 가까워졌고, 개량된 품종의 형질이 상대적으로 저하되어 생산성을 높이는 데 여러 가지 어려운 문제가 제기되고 있다.

그러므로 일부 지역에서 야생으로 이용하는 식량자원(타로-taro, 얌스-yams, 카사바-casava 등)을 품종개량과 농법을 확립하여 새로운 식량자원이 되게 하는 노력도 필요하다.

또한 지금까지 조직배양(세포배양)의 기술은 많은 발전을 가져왔고 이 기술을 활용한 성과도 상당하다. 조직배양으로 수행할 수 있는 세포융합의 기술적 발전에도 큰 기대를 가져야 할 것이다.

현재 생산성이 높은 품종은 질병과 환경변화에 약한 결점이 있어서 투자비용이 높아 상대적으로 생산성이 저하한다. 이것은 육종과정에서 일부 유전자의 소실이 일어난 결과로 추정된다. 축산과 수산분야에서도 역시 같은 문제가 제기되고 있다. 이러한 문제의 해결을 위해서는 생명과학의 기초분야가 크게 발전되어야 하며, 기술상의 혁신적인 발전이 있어야 할 것이다. 이를 위해서는 유전학, 생태학, 생리학, 생화학 등이 유기적인 관계를 가지고 실용적인 방향으로 발전되어야 할 것이다.

1-5-2 의료 및 보건문제와 생명과학

과거 수십 년간의 연구로 인간의 수명은 크게 연장되었다. 그러나 항생물질이 실용화되기 전까지는 신생아의 사망률이 높았고, 질병에 의한 사망으로 수명이 60세를 넘는 경우가 많지 않았다. 의학이 크게 발달한 현재에도 인간은 수명이 더욱 연장되기를 바라고 있는 현실이다.

대부분의 전염병이 극복된 상태임에도 불구하고 수명이 연장되지 않는 것은, 암을 극복하지 못하고 신체의 장기기능의 이상을 바로잡는 기술이 개발되지 못하였기 때문이다. 이와 같은 문제는 생물을 탄생에서 죽음까지의 모든 과정을 총체적 차원에서 파악할 수 있을 때에 해결의 실마리를 찾을 수 있을 것이다.

오늘날 선진국에서는 가장 발달된 의학지식과 기술의 의료수준이 적용되고 있다. 그러나 다른 여러 나라에서는 아직도 전염병으로 국민들이 고통을 받고 있는 실정이다. 이러한 현상은 복합적인 문제이기 때문에 어느 한 방법으로 해결하기는 어렵다. 그렇지만 영양, 개인위생 등의 개선을 위하여 정리된 생명과학적 지식과 기술이 제공되어야 할 것이다.

1-5-3 환경문제와 생명과학

현재까지 인류가 이룩한 문명이 인류의 안녕에 크게 공헌한 것은 사실이다. 그러나 안락하고 풍족한 삶을 살 수 있게 된 반면에, 앞으로 해결해야 할 과제가 우리를 기다리고 있다. 즉, 질병의 극복과 식량의 증산으로 증가하는 인구를 지구가 수용할 수 있도록 인간은 그 어느 시대보다도 더 큰 노력을 기울여야 할 때가 되었다.

인구증가로 산업활동은 더욱 활발해져서 환경오염은 이미 일부 원양에 서식하는 해양동물에까지 치명적인 영향을 미치고 있으며, 극지방과 산림오지에도 산업폐해의 영향이 미치게 되었다. 현재 수많은 종(種, species)이 멸종되고 있으며 이러한 현상은 앞으로 더욱 가속화될 전망이다. 또한 건전하게 유지되고 있는 환경도, 인간활동의 증가로 점차 축소되고 있는 실정이다.

이와 같은 환경의 축소와 파괴를 방지하고 원상복귀시키려는 노력은 사회의 모든 분야에서 있어야 한다. 특히 생명과학 분야에서는 일부 동식물에 치중된 연구보다는 대상을 다양화하여 환경문제 해결에 이용될 수 있는 정보를 얻어내는 연구가 지속적으로 진행되어야 한다.

연 습 문 제

1. 기계론적 생명관과 생기론적 생명관을 간략하게 정리하고, 각각의 불합리한 점은 무엇인지 지적하시오.

2. 생물의 적응이 진화와 어떻게 연계될 수 있는지를 설명하시오.

3. 자연과학의 발달이 생명과학의 발전에 어떻게 기여하였는지를 예(5 가지)를 들어 설명하시오.

4. 생명을 정의하고, 서로 비교 · 토론하시오.

제 2 장
생명의 단위체로서의 세포

생명현상에 필요한 생물의 활동은 세포를 단위로 해서 수행된다. 그러므로 세포가 비록 생명자체는 아니지만 기능적인 생명의 단위체여서, 우리가 세포에 관한 지식을 정확히 할 때에 보다 생명에 접근할 수 있을 것이다.

세포는 진화과정에서 세포소기관을 갖게 되면서 생활에 필요한 기능의 구획화가 일어나서 보다 효율적인 생활을 영위(營爲)하게 되었다. 세포 중심부에 생활을 지배하는 핵이 있고, 주변에 흩어져 있는 리보솜이 핵의 명령에 따라 단백질을 합성하면 소포체와 골지체는 이것들을 필요한 부위로 수송한다. 이러한 활동에 필요한 에너지는 미토콘드리아에서 생산된다.

한편 식물은 엽록체에서 빛에너지를 생물이 이용할 수 있는 형태(유기물)로 전환하여 지구상에 생명체가 존속할 수 있게 해준다.

세포는 유전자의 복제를 바탕으로 하는 세포분열을 통해서 새로운 세포를 생산하는데, 이것은 생식의 바탕을 이룬다. 이러한 모든 활동에 필요한 생활물질을 식물은 스스로 합성하고, 동물은 외부에서 얻은 물질로부터 합성한다. 세포의 모든 구조물 간의 구조적, 기능적인 비교는 현대생명과학을 보다 정확하게 이해하는 데에 도움이 될 것이다.

2-1 세포와 세포의 구성물질

2-1-1 세포설

생물의 몸은 기능과 형태가 다양하게 분화된 수많은 세포들의 집합체이다. 세포의 존재가 처음 알려진 것은 후크(R. Hooke, 1665년)가 자신이 만든 현미경으로 작은 물체들을 관찰하던 중, 그림 2-1에서와 같이 얇은 코르크 조각이 벽으로 나누어져서 생긴 여러 개의 방(cellulare, 라틴어)으로 되어 있음을 발견하면서부터이다.

(A)

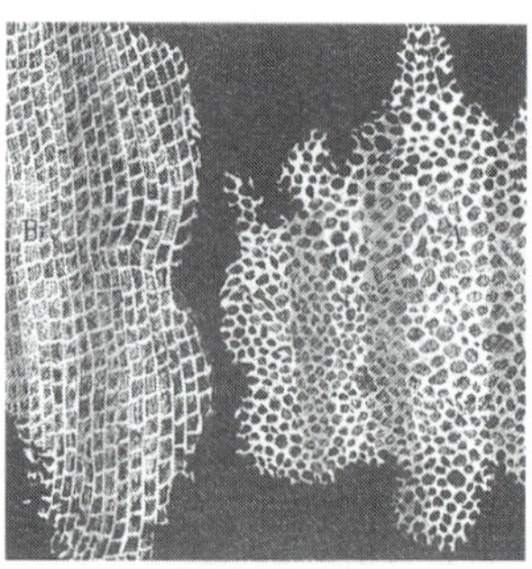

(B)

그림 2-1
훅(Hooke)이 제작한 현미경(A)과 그가 관찰한 코르크 절편의 그림(B)

그러나 각각의 방(cell, 세포)이 어떤 의미를 갖는지에 대해서는 알지를 못하였다. 그 후 세포에 관한 연구가 계속되면서, 세포는 세포막으로 둘러싸여 있고 그 안은 액체인 원형질로 채워져 있음을 알게 되었다. 오켄(L. Oken, 1805 년)은 "생물은 세포로 구성되어 있고 또 세포에서 유래한다."고 했는데, 이러한 주장들을 세포설(細胞說, cell theory)이라 한다.

세포에 관한 연구는 계속되어, 뒤트로셰(R. J. H. Dutrochet, 1824 년)는 생물의 생장과 세포와의 관계를 밝히려 하였으며, 브라운(R. Brown, 1831 년)은 모든 세포에는 핵이 존재함을 알아내었다. 슐라이덴(M. J. Schleiden)은 식물체를 재료로 한 연구에서 "생명체의 기본단위는 독립적으로 생명을 영위하는 세포"라 하였고, 슈반(T. Schwann)이 "모든 동물의 몸은 세포로 구성되어 있다."고 주장함으로써 세포가 발견된 후 170 년 만에 현대적인 세포설은 확립되었던 것이다. 즉, 세포가 생물의 구조적 및 기능적인 단위임을 알게 되었던 것이다.

한편 시볼트(C. T. E. von. Siebolt, 1845 년)에 의해 원생생물(原生生物)이 한 개의 세포로 되어있는 단세포생물(單細胞生物)임이 알려졌고, 피르호(R. Virchow, 1858 년)는 모든 세포가 이미 존재하는 세포로부터 생성된다는 것을 지적하였다. 이러한 생각들은 파스퇴르(L. Pasteur, 1862 년)의 실험에 의해서 사실임이 입증되었던 것이다.

한편 박테리아(bacteria)와 같은 세포에는 핵이 존재하지 않는 것이 알려지면서 핵을 가진 세포를 진핵세포(眞核細胞, eukaryotic cell), 핵이 없는 세포를 원핵세포(原核細胞, prokaryotic cell)라 부르게 되었다.

2-1-2 세포의 크기와 형태

모든 세포는 현미경을 사용해야 관찰할 수 있을 정도로 그 크기가 작다. 간균(桿菌)에 속하는 박테리아는 폭이 0.5 μm (1 μm = 10^{-6}m), 길이가 5～10 μm인 막대모양이다.

사람의 적혈구는 직경이 7.5 μm 정도인 둥글고 넓적한 형태이고, 식물 잎의 유조직 세포는 비교적 둥근 형태로 직경이 10～90 μm 정도로 크기가 다양하다.

한편 가장 원시형의 세포로 알려져 있는 마이코플라스마(mycoplasma)의 크기는 약 125～150 nm 에 불과하다. 세포의 크기는 반드시 진화의 정도와 연관되는 것은 아니다. 그러나 세포가 생명의 단위체로 존재하기 위해서는 생활에 필요한 물질을 흡수해서 필요로 하는 부위로 배분해야 하며 불필요한 물질이 생성되면 신속하게 세포 밖으로 내보내야

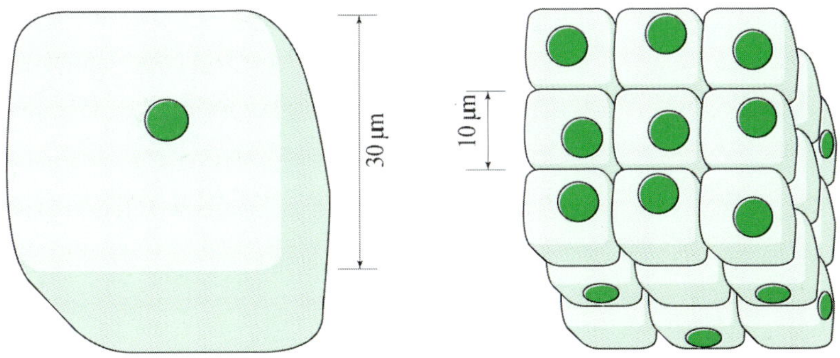

그림 2-2 세포는 작을수록 체적에 대한 표면적이 커진다.

한다. 이러한 기능은 핵에 의해 지배되는 것이기 때문에 원형질의 체적이 작을수록, 그리고 세포막을 통한 물질수송을 원활하게 하기 위해서는 세포의 표면적이 체적에 비하여 클수록 좋다. 우리는 그림 2-2를 통해서 체적과 표면적의 관계를 알 수 있다.

세포의 크기가 박테리아보다 고등동물이나 고등식물의 것이 더 큰 것은 고등생물의 세포가 훨씬 많은 양의 유전자, 즉 DNA의 양이 많은 것과 관련이 큰 것 같다. 또한 식물세포의 크기가 일반적으로 큰 것은 성숙한 식물세포에는 액포(液胞, vacuole)가 있는데 이것의 체적이 세포의 전체 체적의 80~90%에 해당될 정도로 크기 때문에 그것이 원인으로 지적될 수 있다.

그림 2-3에서 보는 바와 같이 세포의 형태는 다양하다. 그러나 하나의 조직을 이루는 세포의 형태는 비록 종이 달라도 서로 같다. 이것은 발생과정에서 조직과 기관이 형성될 때 조직이 수행하는 기능에 적합한 형태를 갖도록 분화되었기 때문이다. 세포가 여러 가지 형태를 가질 수 있는 것은 세포막 바깥에 세포벽 또는 특수하게 발달한 구조물이 있기 때문이다. 식물세포의 세포벽을 세포벽 분해효소로 분해하면 세포의 형태가 물방울처럼 동그랗게 변한다.

이것은 원형질을 구성하는 액체의 표면장력이 외부의 힘에 저항해서 표면을 작게 하려는 경향을 갖고 있기 때문이다. 그러므로 원시지구에서 처음 탄생한 원시세포는 작은 물방울과 같았을 것으로 추정된다. 이러한 단세포의 표면이 진화과정을 거치면서, 세포의 표면을 굳게 할 수 있는 여러 가지 물질이 첨가되면서 세포벽으로 분화되었을 것이다. 다세포 생물(多細胞生物)도 이러한 세포의 표면변화로 생성될 수 있었을 것이다.

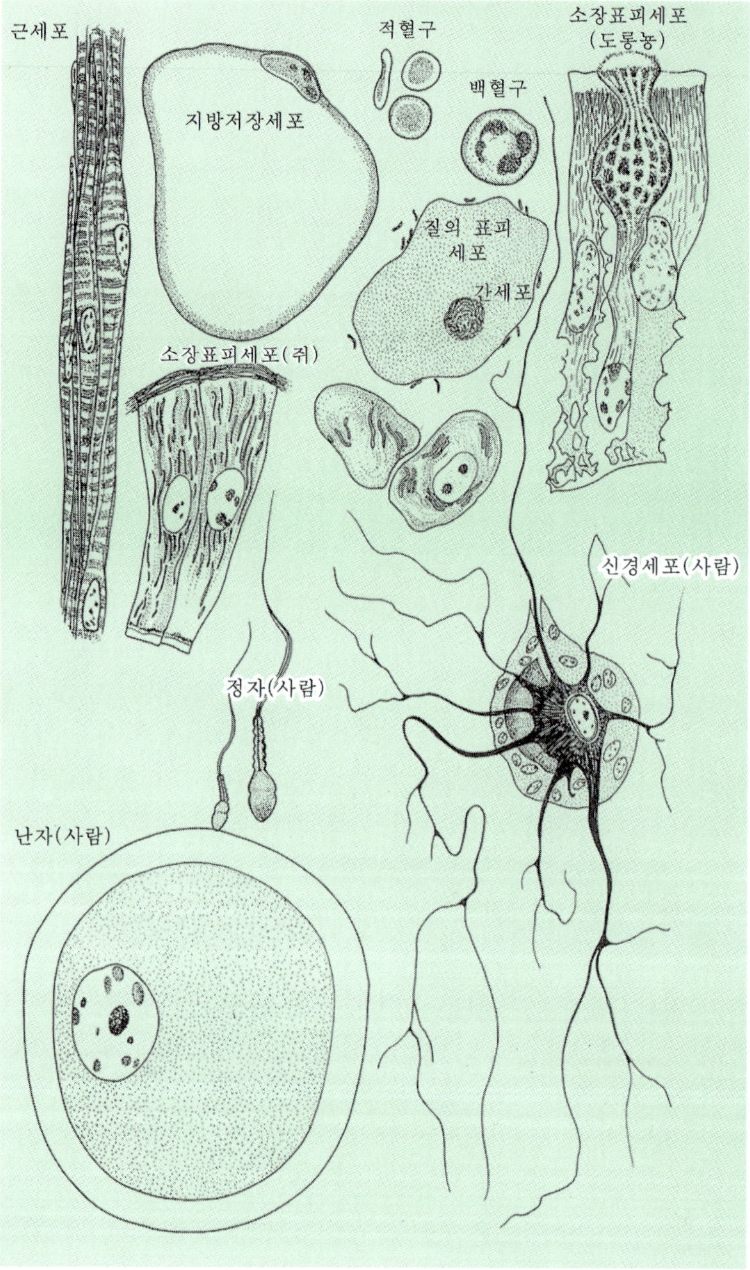

그림 2-3 세포의 여러 가지 형태(1000 배 확대), 정자 : 2000 배 확대

다세포 생물의 경우, 세포는 조직에 따라 기능적으로 가장 유리하게 적응된 형태를 갖는다. 그림 2-3 에서처럼 고등동물의 신경세포는 나뭇가지 모양의 돌기가 발달해서 흥분을 전달하기 좋게 되어 있으며, 간(肝)세포는 둥글고, 근육세포는 가늘고 긴 형태를 하고 있어서 수축 운동에 적합하도록 되어 있다.

2-1-3 세포의 구성물질 Ⅰ(무기물)

1. 세포를 구성하는 원소들

표 2-1 에서는 생물체를 구성하고 있는 원소를 구성비에 따라 간략하게 정리한 결과를 볼 수 있다. 생물체는 수소(H), 산소(O), 탄소(C), 질소(N)가 전체의 99% 이상을 차지하고 있다.

표 2-1 생물체를 구성하는 원소

	원 소	함 량(%)
대량원소	수소(H), 산소(O), 탄소(C), 질소(N)	99 이상
소량원소	칼슘(Ca), 황(S), 인(P), 나트륨(Na), 마그네슘(Mg), 칼륨(K)	0. 25~0. 01
미량원소	철(Fe), 몰리브덴(Mo), 아연(Zn), 구리(Cu), 망강(Mn), 코발트(Co), 붕소(B), 규소(Si), 바나듐(V), 크롬(Cr), 불소(F), 셀레늄(Se), 주석(Sn), 요오드(I)	0. 00001 이하

이들 원소들은 자연에 존재하는 92 가지의 원소 중에서 가장 가벼운 것에 속하는 것들이다. 이러한 현상은 아마도 원시지구에서 생명체가 탄생할 때의 바탕물질이 대기가스였기 때문으로 해석될 수 있다.

한편 칼슘(Ca), 황(S), 인(P), 나트륨(Na), 마그네슘(Mg), 칼륨(K) 등의 함량이 적은 것은 이것들의 조성이 바닷물과 같아서 원시세포가 탄생할 때의 상황을 짐작할 수 있게 해주는 자료라 하겠다.

다음 미량으로 들어 있는 14 가지의 원소들 중에는 철(Fe), 구리(Cu), 몰리브덴(Mo)과 같이 무거운 원소들이 있다. 그런데 이것들의 함량이 극히 적은 것은 지구가 형성되는 과정에서 무거운 원소들은 지구 중심부로 가라앉고 가벼운 원소들이 표면으로 떠오른 결과라 하겠다.

특히 생물체를 구성하는 물질 중 유기물은 그 구성원소가 모두 수소, 산소, 탄소, 질소 등으로 되어있다. 그것은 생명체가 형성되기 이전에 지구표면에는 이미 유기물이 존재하였음을 암시하는 것으로 해석된다.

2. 세포를 구성하는 무기물

(1) 물

세포를 구성하는 물질은 단순하게 무기물(無機物, inorganic compound)과 유기물(有機物, organic compound)로 나눌 수 있다. 무기물 중에서 가장 많은 것은 물인데, 뼈와 같이 특수한 조직을 제외하면 살아있는 세포에는 무게의 60~90%를 물이 차지하고 있다.

생물의 생활에는 수많은 종류의 화학반응이 바탕이 되어있다. 물은 이러한 화학반응이 일어날 수 있게 하는 가장 기초적인 여건을 제공할 뿐만 아니라 스스로 반응에 참여하기도 한다.

물은 단백질과 같은 고분자물질이 정상상태의 구조를 유지하는 데에도 반드시 필요한 존재로, 생물의 생활에 커다란 영향을 미친다. 즉 종자나 포자는 수분함량이 적어지면 세포에서의 화학반응이 정지되고 휴면상태가 시작되며, 살아있는 박테리아를 냉동 건조시켜 수분을 완전히 제거하면 실온에서도 오랫동안 보존할 수 있다.

그러나 종자나 건조한 박테리아가 적당한 양의 수분을 흡수하면 세포의 대사활동이 활발해져서 발아하고 또 증식을 하게 된다. 다시 말해서 세포의 물질대사는 매질(媒質)로서의 물의 액체성에 크게 의존하고 있다.

한편 물은 기화열이 높고 결빙이 일어날 때 많은 양의 에너지를 방출하기 때문에, 환경에서 온도가 상대적으로 크게 변할 요인이 생겨도 결코 환경의 온도를 크게 변하지 않게 하여 생물에 대한 안정된 환경을 제공하는 데 기여하고 있다.

(2) 무기염류

세포를 구성하는 무기물 중에서 물을 제외한 나머지는 여러 가지의 무기염류들이다. 이것들은 유기물과 결합한 상태로 있기도 하지만 대개는 물에 녹아서 이온(ion) 상태로 있는 것들이며, 수소이온(프로톤, H^+, proton), 칼륨이온(K^+), 나트륨이온(Na^+), 염소이온(Cl^-), 수산이온(OH^-), 탄산이온(HCO^-), 인산이온($H_2PO_4^-$, HPO_4^{2-}) 등이 있다.

이러한 무기이온들의 세포 내 농도는 바닷물의 경우와 비슷하지만, 살아있는 세포에서 이온의 흡수가 능동수송으로 일어나기 때문에, 어떤 것은(인, 칼슘 등) 세포 밖보다 높고 또 어떤 것은(나트륨, 마그네슘 등) 낮다. 이와 같은 세포막의 선택적인 흡수능력으로 세포의 생리상태를 최적으로 유지할 수 있다.

2-1-4 세포의 구성물질 II (고분자물질)

살아있는 세포에서 물과 무기염류를 제외하면 유기물이 남는다. 유기물은 주로 단백질, 지질, 핵산, 탄수화물 등의 고분자물이다. 표 2-2에서 보는바와 같이 이것들 중에서 단백질이 가장 많다. 세포에서 고분자물질은 각기 독특한 기능을 발휘해서 세포의 생활을 유지한다. 저분자물질에는 아미노산, 뉴클레오티드, 당, 유기산 등으로 이것들은 주로 고분자물 합성에 사용된다.

세포질의 유기물 함량은 생물의 종, 조직, 기관 등에 따라 차이가 크다. 식물 종자에는 탄수화물이나 지질이 특히 많이 함유되어 있으나, 이러한 경우도 이들 유기물이 저장형태로 들어 있기 때문에 세포생활에서 직접 기능을 나타내는 것은 아니다.

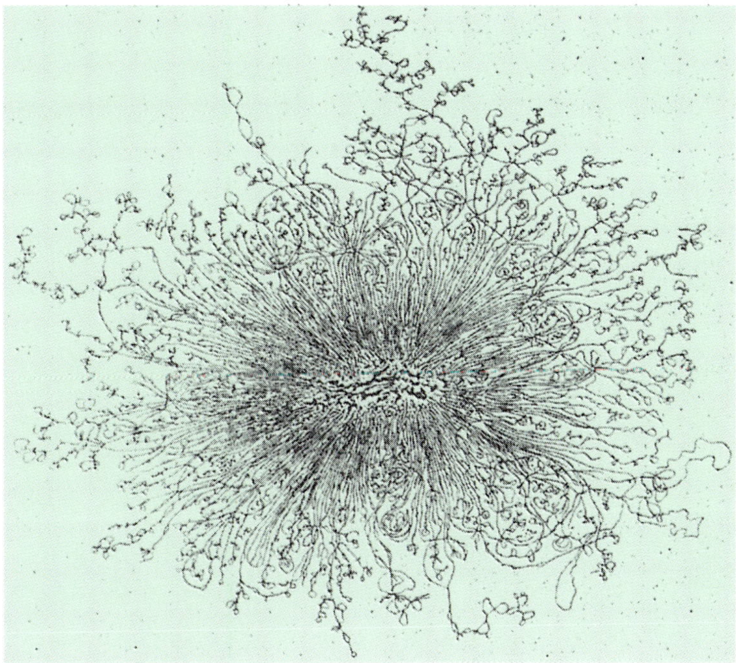

그림 2-4 대장균 DNA 의 전자현미경사진.
서로 엉켜있는 것으로 보이지만, 고리 모양으로 되어 있다.
중앙부위에 검게 보이는 것은 세포막으로 DNA 와 결합되어 있다.

1. DNA (디옥시리보핵산)

세포 내의 물질 중 분자량이 가장 큰 것은 DNA (deoxyribo-nucleic acid)이다. 그림 2-4 에서 보는 바와 같이 대장균의 DNA 는 전체 길이가 1mm 로 세포의 길이보다 400 배나 길고 분자량도 125 억에 달한다.

사람의 세포에는 46 개의 염색체가 들어 있는데, 여기에 들어있는 DNA 의 길이를 모두 합치면 1. 8 m 에 달하며, 제일 큰 염색체에는 8 cm 에 달하는 DNA 가 들어있다. 이와 같이 DNA 는 거대한 크기의 화합물이지만 간단한 구조를 가진 저분자물질의 중합체(重合體, polymer)라는 것을 그림 2-5 에서 알 수 있다.

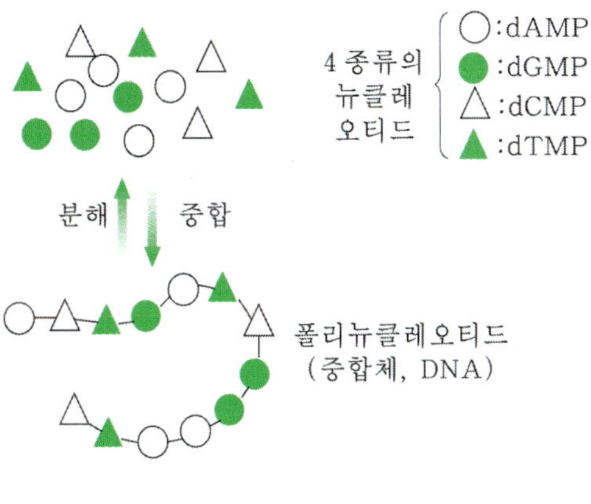

그림 2-5
DNA 는 단량체인 뉴클레오티드의 중합체이다.

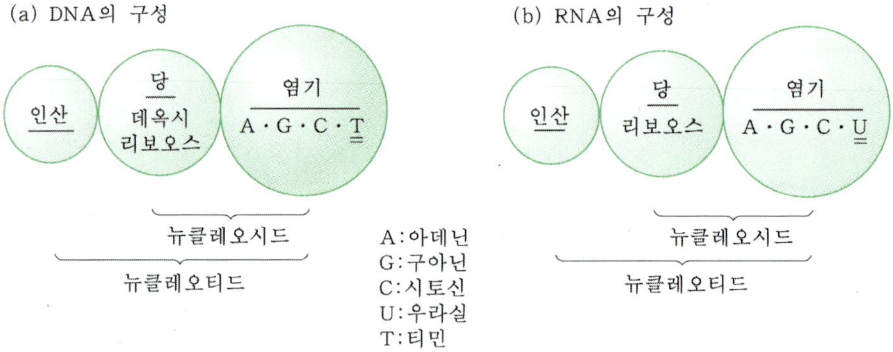

그림 2-6 DNA 와 RNA 를 구성하는 뉴클레오티드

DNA 를 가수분해하면 4 가지의 단량체(단위물질, 뉴클레오티드)가 얻어지는데, 그림 2-6 에서처럼 각 단량체는 하나의 염기(鹽基, base)에 당과 인산이 결합한 구조로 되어 있다.

뉴클레오티드(nucleotide)의 종류는 결합된 염기의 종류에 따라 결정되는 것으로, 이러한 내용은 RNA 에서도 같으나 염기의 종류는 DNA 와 RNA 에서 차이가 있다. 즉, DNA 에는 아데닌(adenine, A), 구아닌(guanine, G), 시토신(cytosine, C), 그리고 티민(thymine, T)이 들어 있으나 RNA 에는 시토신은 없고 우라실(uracil, U)이 들어있다.

DNA 와 RNA 간의 또 다른 차이는 뉴클레오티드에 결합한 당이다. 핵산을 구성하는 당은 5 탄당으로서 DNA 에는 디옥시리보오스(deoxyribose)가, RNA 에는 리보오스(ribose)가 들어있다. DNA 는 여러 개의 뉴클레오티드가 선상으로 결합한 폴리뉴클레오티드(polynucleotide)이다. 세포에서는 길이가 서로 같은 두 가닥(double strand)의 폴리뉴클레오티드가 그림 2-7 에서처럼 서로 상대방 염기 간에 약한 결합(수소결합)을 형성하면서 나선(螺旋, helix)으로 꼬인 구조를 갖는다.

이때 염기 간의 짝은 무작위로 형성되는 것이 아니라 반드시 A와 T 그리고 G 와 C 사이에서만 수소결합이 형성된다. 이러한 현상은 수소결합이 크기가 큰 염기와 작은 염기 간에 형성되어야 두 가닥의 폴리뉴클레오티드 간의 거리가 일정한 이중나선구조(double helix)를 형성할 수 있기 때문이다. 또한 A 와 T 사이에는 두 개의 수소결합이, G 와 C 사이에는 세 개의 수소결합이 형성되기 때문에, A 와 C 그리고 G 와 T 사이에는 염기의 크기는 만족하지만 안정된 수소결합이 형성될 수 없다. 우리가 DNA 라고 하는 것은 이와 같이 이중나선으로 되어있는 상태의 것을 의미하는 것이다.

수소결합(水素結合, hydrogen bond)은 결합력이 약해서 서로 가까이 접근하면 결합이 촉매 없이 형성되고, 또 분자운동에 의해서 결합이 파

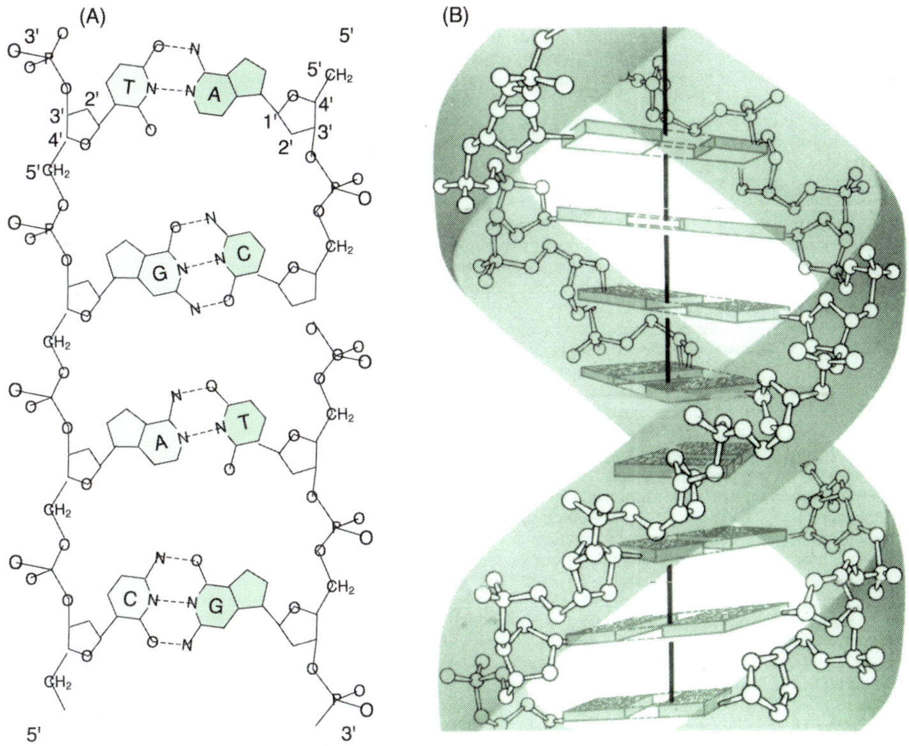

그림 2-7 DNA 염기 간의 수소결합의 형성(A)과 2 중나선의 모형(B)
점선은 수소결합이고, 판대기 모양의 것은 염기이다

괴될 수 있기 때문에 세포에서는 결합의 형성과 분해가 평형상태를 유지하고 있다.

DNA 의 경우, 수많은 염기 간에 형성된 수소결합은 전체로서 막대한 힘을 갖기 때문에 두 가닥의 폴리뉴클레오티드가 서로 분리될 수는 없다. 한편, 열을 가하거나 높은 농도의 요소(尿素)를 처리하면 대부분의 수소결합들이 파괴되어 두 가닥이 서로 떨어지게 된다.

그러나 다시 정상조건이 되면 수소결합이 재생되어 정상구조의 DNA 가 형성될 수 있다. 이러한 성질을 이용해서 서로 다른 DNA 사이의 염기배열에 관한 정보를 알아내고 있다.

DNA 는 염색체를 구성하는 기본물질이며, 세포에서는 핵에 들어있다. 한편 미토콘드리아와 엽록체에도 DNA 가 들어있다. DNA 는 유전자의 기능을 수행하기 때문에 세포에 들어있는 DNA 는 세포생활에 필요한 모든 유전자를 다 가지고 있다. 그러나 미토콘드리아와 엽록체에 들어있는 DNA 는 각각의 증식과 기능에 필요한 유전자를 전부 가지고 있지 않기에 핵의 유전자와 협동으로 작용한다.

한편 바이러스(virus)도 자신의 DNA 에는 증식에 필요한 최소한의 유전자를 가지고 있을 뿐이어서 숙주세포의 유전자를 최대한 활용하는 전략을 가지고 있다. 대단히 작은 DNA 토막으로 되어 있는 플라스미드(plasmid)도 세포 안에서 증식에 필요한 유전자를 가지고 있다.

DNA 에 유전자가 어떠한 상태로 들어있는지에 대해서는 일찍부터 관심을 지녀왔다. 또 DNA 의 구조가 선상구조이므로 유전자도 선상으로 배열되어 있을 것으로 추정되었으나 상세한 것은 알지 못하였다. 그런데 DNA 의 염기서열에서 특정 서열부위를 절단하는 제한효소(制限酵素, restriction endonuclease)가 발견되면서 한 개의 유전자를 DNA 로부터 분리할 수 있는 방법이 개발되었으며, 이러한 기술은 오늘날 유전공학을 발전시킨 힘의 바탕이 되었다. 또 DNA 의 염기배열상태를 알아내는 방법도 개발되어, 유전자의 특성이 염기의 배열상태로 결정되어 배열에 이상이 생기면 유전자의 기능에 이상이 생길 수 있음을 알게 되었다.

2. RNA (리보핵산)

유전자의 기능은 고유한 기능을 가진 단백질을 합성하는 것이다. 그러나 DNA 스스로 단백질을 합성하는 것이 아니라 DNA 가 명령을 하고, 이 명령을 RNA (ribonucleic acid)가 받아 세포질로 전달하면 그곳에서 단백질이 합성된다. 즉 DNA 의 유전정보는 RNA 를 거쳐 단백질로 전달된다.

DNA ⟶ RNA ⟶ 단백질

이와 같은 유전정보의 흐름은 생물계에서 중심원리(中心原理, central dogma)로 되어 있다. RNA 는 아데닌(A), 구아닌(G), 시토신(S), 우라실(U)의 4 가지 염기로 되어있는 각각의 뉴클레오티드로 구성되며, 당은 리보오스임을 이미 설명한 바 있다. RNA 의 또 다른 특징은 한 가닥의 사슬로 세포에 들어있는 것이다. 바이러스에는 DNA 를 유전자로 가지고 있는 것(DNA 바이러스)과 RNA 를 유전자로 갖는 것(RNA 바이러스)이 있다.

세포에 들어있는 RNA 는 특성에 따라 세 가지로 구분된다.

첫째로 메신저 RNA (mRNA)로서 DNA 의 유전정보를 단백질에 전하는 역할을 한다. mRNA 는 단백질을 합성하는 유전자의 종류만큼 존재한다. 다음으로 트랜스퍼 RNA (tRNA)이다. tRNA 는 단백질 합성 시에 아미노산을 운반(transfer)하는 작용을 하기 때문에 세포에는 적어도 아미노산의 종류(20 가지)만큼 있어야 하는데, 실제로는 훨씬 더 많은 종류의 tRNA 가 들어 있다. 셋째, 리보솜 RNA (rRNA)로서 리보솜을 구성해서 단백질을 합성할 수 있게 한다. 단백질 합성에 관한 RNA 의 작용에 대해서는 제 7 장에서 상세하게 설명된다.

3. 단백질

세포를 구성하는 유기물의 대부분은 표 2-2 에서 보는 바와 같이 단백질인데, 생명현상에서 중요한 물질이라는 것은 이미 19 세기 초부터 알려진 사실이다. 단백질(蛋白質, protein)이란 '제 1 인자'라는 의미의 프로티어스(proteus)라는 그리스어에서 유래한 것이다.

표 2-2 세포의 물질적 조성

물 질	단백질	지 질	핵 산	탄수화물	무기질 및 기 타	계
건조중량비(%)	71	12	7	5	5	100

DNA 는 대사를 통제하고 명령하는 물질이지만, 단백질은 이 명령을 받아서 수행하는 기계와 같은 것이다. 세포에 들어있는 단백질의 종류는 대단히 많으며 대개가 효소로서 대사에 필요한 화학반응을 진행시키거나 다른 것들은 구조단백질로서 세포구조를 형성하는 데 참여한다.

모든 단백질은 아미노산의 중합체이다. 단백질은 여러 개의 아미노산이 그림 2-8 에서 보는 바와 같이 펩티드결합(peptide bond)으로 연결되어 있는 폴리펩트드(polypeptide)이다. 단백질은 각각 특유의 입체구조를 가지고 있어서 DNA 처럼 종류에 관계없이 α-나선 구조로 되어 있는 것과는 차이가 있다. 단백질의 입체구조는 원칙적으로는 아미노산 서열에 의해 결정된다.

이러한 성질은 단백질 구조의 연구에 어려움을 가져다주고 있다. 그러나 X-선 회절법에 의한 단백질의 분석으로 입체구조에 대한 많은 정보를 알게 되었다. 단백질의 구조가 복잡한 것은 세포에서 다양한 기능을 수행할 수 있는 요인이 되기 때문인 것으로 이해하고 있다.

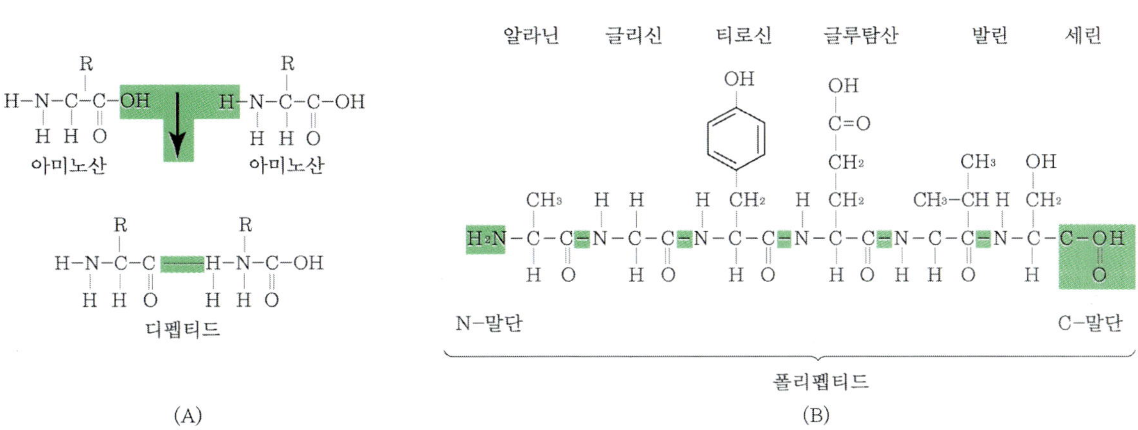

그림 2-8 펩티드결합의 형성(A)과 폴리펩티드(B)

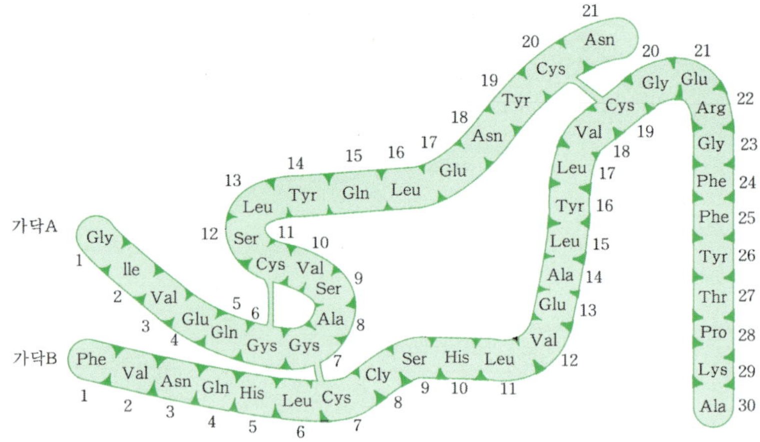

그림 2-9 인슐린(소)의 아미노산서열
생거(Sanger)는 10 년간의 노력으로 폴리펩티드의 아미노산서열을 처음으로 밝혔다.

DNA 는 거대한 분자로 되어 있으나, 단백질 분자는 훨씬 작아서 가장 작은 RNA 에 속하는 tRNA 의 크기와 비슷하다. 대개의 단백질은 분자량이 15,000～70,000 정도인데, 아미노산의 평균 분자량을 110 이라 할 때, 이들 단백질의 아미노산 수는 135～635 개에 해당한다.

아주 작은 단백질로 인슐린을 들 수 있다. 그림 2-9 에서처럼 소의 인슐린은 51 개의 아미노산으로 되어 있는 두 가닥의 폴리펩티드이다. 한편 예외적으로 큰 단백질의 분자량이 165,000 인 것도 알려져 있다. 오늘날까지 1,000 종 이상의 단백질의 아미노산 서열이 밝혀져 있다.

(1) 단백질의 단위 물질인 아미노산

단백질을 가수분해하면 대개는 20 가지의 아미노산(amino acid)이 생긴다. 이때 얻을 수 있는 각각의 아미노산의 양적 비율은 단백질의 종류에 따라 크게 달라지지만, 아미노산의 종류는 단백질의 종류가 달라도 크게 변하지 않는다. 그 이유는 단백질의 종류가 주로 아미노산의 결합서열에 따라 결정되기 때문이다.

아미노산은 반드시 아미노기($-NH_2$)와 카르복시기($-COOH$)를 가지고 있으며, 그림 2-10 과 같이 아미노산의 종류는 측쇄(側鎖, side chain)의 구조적 차이로 결정된다. 다만 프롤린은 다른 아미노산과 구조적으로 달라서 엄격히는 이미노산(이미노기, $=NH$)이며 특수한 구조를 가지고 있어서 프롤린은 폴리펩티드의 입체구조에 커다란 영향을 미친다.

아미노산은 글리신을 제외하면 같은 분자식을 가져도 광학적 성질이 서로 다른 2 가지가 존재한다. 즉 D 형(우선성)과 L 형(좌선성)이 있다. 아미노산을 화학적으로 합성하면 D 형과 L 형의 것이 같은 비율로 생산되지만, 생체에서는 반드시 L 형의 아미노산이 합성된다. 이러한 이유는 효소에 의한 합성의 선택성이 화학합성보다 더 크기 때문이다.

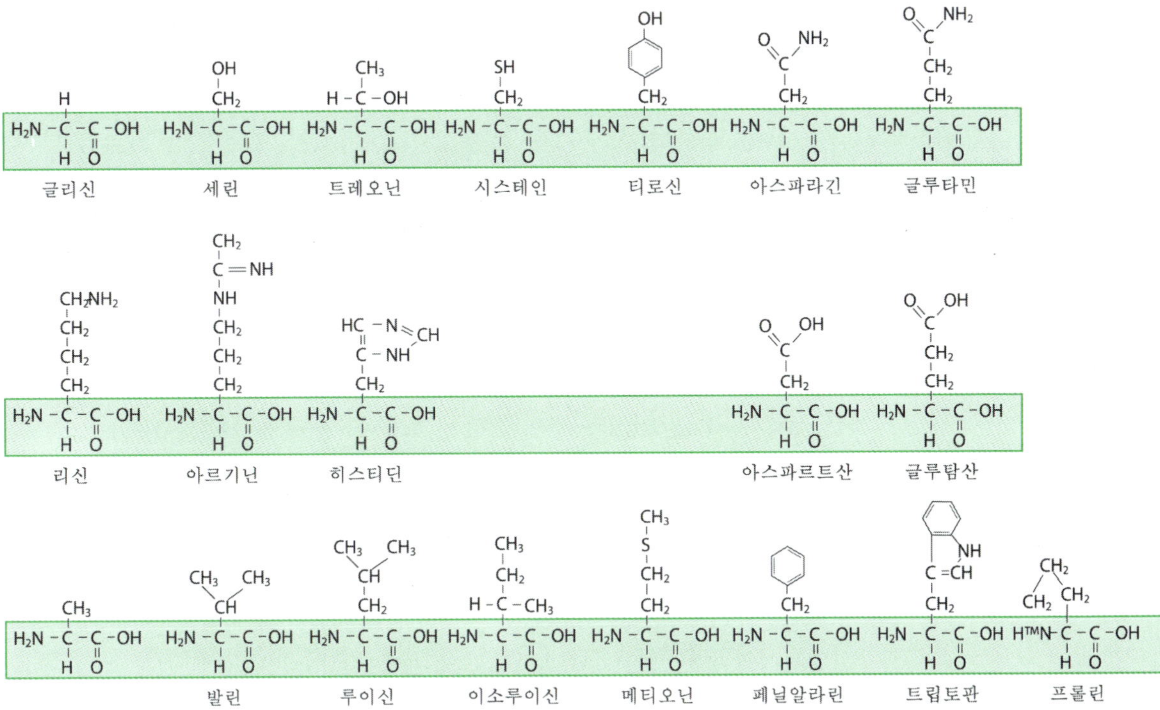

그림 2-10 단백질 합성에 이용되는 20 종의 아미노산

일부 항생물질과 박테리아의 세포벽에는 D 형 아미노산이 들어있으나 이것도 L 형 아미노산 합성의 변형으로 밝혀졌다.

한편 포도당, 리보오스, 디옥시리보오스 등 생물이 합성하는 당은 모두 D 형이다. 단백질의 입체구조와 기능이 L 형 아미노산의 특성에서 나온 것이라면, 당의 D 형 구조가 다당류, DNA, RNA 에서 규칙적인 입체구조를 갖게 하는데 기여할 것이다. 실제로 DNA 가 규칙적인 이중나선구조를 가질 수 있는 중요한 이유는, 디옥시리보오스가 D 형의 것이기 때문으로 이해되고 있다.

(2) 단백질의 1 차구조와 아미노산서열

단백질은 여러 개의 아미노산이 선상으로 배열된 구조로 이루어져 있다. 이것을 단백질의 1 차구조라 한다. 그러므로 단백질의 특성은 아미노산의 배열순서(서열)에 의해서 결정되는 것이다.

사람이 생명을 유지하기 위해서는 10 만 종의 단백질이 필요한 것으로 추정되고 있다. 그러므로 한 개의 수정란이 발생을 거쳐 성체가 된 후에 일생을 마칠 때까지는 보다 많은 종류의 단백질이 필요할 것이다.

20가지의 아미노산으로 이처럼 많은 종류의 단백질이 만들어져야만 한다. 100개의 아미노산으로 합성될 수 있는 단백질의 종류를 산출해 보면, 먼저 20의 서열은 20^{100}, 즉 10^{130}가지에 이른다.

실제로는 보다 분자량이 큰 단백질이 있기 때문에 단백질의 종류는 더욱 많아진다. 즉 아미노산은 20가지에 불과하지만, 단백질의 종류는 무한에 가깝도록 많을 수 있다. 한편 단백질의 1차구조는 DNA에 의해서 설계되는 것으로, 이에 대해서는 앞으로 설명하겠다.

단백질에 들어있는 아미노산은 일정한 화학결합에 의해 연결되어 있다. 그림 2-8에서처럼 앞쪽(왼쪽)에 있는 아미노산의 카르복시기와 다음(오른쪽)에 있는 아미노산의 아미노기에서 1분자의 물(H_2O)이 빠지는 형태의 반응으로 2개의 아미노산이 연결(결합)된다. 이때 형성된 -CO-NH-결합을 펩티드결합(peptide bond)이라 한다.

단백질의 구조를 나타낼 때, 왼쪽 끝에는 아미노기가 유리되어 있는 아미노산을 시작으로 해서 오른쪽 끝에는 카르복시기가 유리되어 있는 아미노산으로 끝나게 된다. 이때 왼쪽 끝을 N-말단, 오른쪽 끝을 C-말단이라고 한다.

단백질의 1차구조 연구가 가능해진 것은 영국의 생거(F. Sanger, 1940년부터)의 연구에서 시작되었다. 그는 소의 인슐린(분자량 5,733)을 재료로 해서 N-말단의 아미노기가 특이하게 반응하는 디니트로페놀(DNP)을 처리한 다음에 가수분해하고, 그 일부를 페이퍼크로마토그래피를 하면 아미노산이 분리되는데, DNP-아미노산은 진한 황색을 띠기 때문에 식별이 용이해서 N-말단의 아미노산을 쉽게 판별할 수 있었다.

이러한 조작을 반복해서 차례로 얻은 아미노산을 순서대로 정리하면 전체의 아미노산 서열을 알 수 있다.

그 후 생거는 길버트(W. Gilbert)와 함께 DNA 염기서열의 결정법도 확립하였다. 생거 이후에 단백질의 아미노산 서열을 결정하는 기술은 크게 발전되어 오늘날에는 기계에 의하여 자동적으로 분석되기 때문에 짧은 기간에 아미노산 서열을 알 수 있게 되었다.

종류에 따라 밝혀진 아미노산 서열을 컴퓨터에 입력하면 다른 생물(개체)에서 얻은 같은 단백질의 아미노산 서열과 서로를 쉽게 비교할 수 있어 단백질의 유전, 돌연변이, 진화 등의 연구에 폭넓게 이용되고 있다.

(3) 단백질의 2 차, 3 차, 4 차구조

단백질이 생체에서 자신의 기능을 나타낼 수 있는 것은, 실제로 1 차구조 때문이 아니라 아미노산서열에 따라서 특이적으로 결정되는 입체구조(立體構造, three dimensional structure) 때문이다.

1 차구조와 같이 직선 형태의 폴리펩티드는 실제로는 존재하지 않으며, 폴리펩티드 사슬이 구부러져서 입체적인 구조로 되는 데에는 몇 가지 규칙성이 있다.

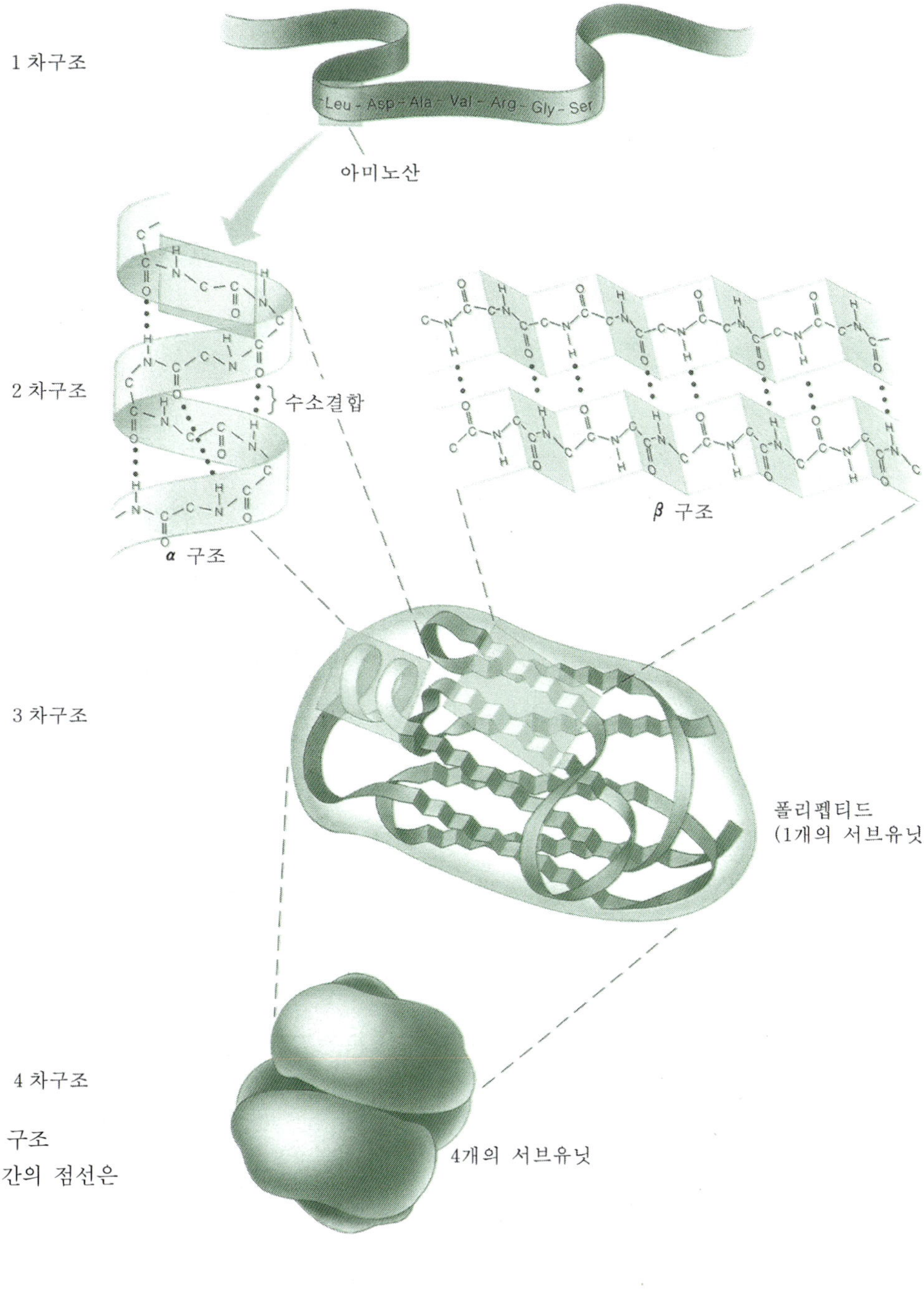

그림 2-11 단백질의 구조
=CO 와 −NH 간의 점선은 수소결합

첫째, 펩티드결합(−CO·NH−)은 (−C(−O⁻)=N⁺(−H)−)처럼 2 중결합이 형성되면서 강한 결합을 이루므로 이 부위에서 사슬은 자유회전을 할 수 없게 된다. 둘째, 아미노산의 측쇄구조 때문에 펩티드사슬이 자유롭게 구부러질 수 없다. 셋째, 폴리펩티드의 하전(荷電) 간에는 서로 당기거나(+와 −) 반발(−와 −, +와 +)한다. 넷째, 친수성(親水性, hydrophilicity)인 아미노산은 입체구조 표면에, 소수성(疏水性, hydrophobicity)인 것은 물을 피해 입체구조의 안쪽에 위치하려는 경향이 있다. 다섯째, 그림 2-11 에서처럼 서로 떨어져 있는 펩티드결합의 =CO 와 −NH 사이에는 수소결합이 형성되어 약하나마 서로 연결된다.

그 결과 α-나선구조와 β-구조가 생기면서 입체구조가 자연스럽게 형성된다. 특히 α-나선구조는 폴리펩티드에서 흔히 볼 수 있는 것으로 머리털, 양털 등은 여러 개의 α-나선구조물이 다발을 이룬 것이다.

이것은 마치 여러 개의 가는 강철선을 묶어서 강하고 질긴 밧줄을 만드는 것과 같은 것이다. β-구조는 α-나선의 폴리펩티드사슬을 강하게 당길 때 형성된다. 수소결합은 한 가닥의 폴리펩티드사슬 안에서, 또는 서로 다른 폴리펩티드사슬 사이에서 형성될 수 있다.

그림 2-11 에서 볼 수 있는 것은 판을 요철(凹凸)모양으로 만든 것으로, 누에고치에서 얻는 섬유의 주성분인 피브로인(fibroin)은 이러한 구조로 되어 있다. 여섯째, 폴리펩티드사슬을 크게 구부릴 수 있는 힘은 시스테인 간에 형성되는 S-S 결합(그림 2-9 참조)이다.

일부 단백질은 전적으로 α-구조 또는 β-구조로 되어 있으나, 대개는 부분적으로 α- 또는 β-구조가 존재한다. α- 또는 β-구조만으로 되어 있는 단백질은 섬유성 단백질을 만들며, 하나의 단백질에 α-, β-의 구조가 섞여 있고, 여기에 아미노산 측쇄 간의 결합이 크게 작용하는 경우에는 구상(球狀, globular)단백질이 된다.

섬유성 단백질은 세포나 조직의 구조를 형성하는 데 참여하고, 구상단백질은 효소처럼 활발한 기능을 하게 된다. α-나선구조와 β-구조를 단백질의 2 차구조라 부르며, 그림 2-11 에서처럼 폴리펩티드사슬이 치밀하게 얽힌 구조를 3 차구조라 한다.

폴리펩티드사슬에서 소수성 아미노산은 물을 피해서 구조의 안쪽으로 집중될 수 있게 사슬의 형태가 결정되지만, 경우에 따라서는 하나의 폴리펩티드사슬의 소수성 부분이 다른 폴리펩티드의 소수성 부위와 서로 붙어서 물을 피하기도 한다. 이때 각각의 폴리펩티드를 서브유닛(subunit)이라고 한다.

세포 안에는 같은 종류 또는 서로 다른 종류의 서브유닛이 여러 개 모여 형성된 단백질들이 많이 있다.

그림 2-11 에서처럼 2 개 이상의 서브유닛으로 형성된 것을 단백질의 4 차 구조라 한다.

단백질은 본래 소수성이 커지는 방향으로 진화되어 왔다고 한다. 그 결과 같은 종류의 단백질이 모여 기능중심(활성부위)의 수(數)를 높여 활성을 높일 수 있고, 또한 여러 종류의 단백질이 모여 지금까지 없었던 새로운 기능을 가진 새로운 단백질을 만들 수 있게 되었다.

헤모글로빈은 2 종류의 서브유닛이 2 개씩 모여 만들어진 것이며(4 량체, tetramer, 집합체), RNA 를 합성하는 효소인 RNA 합성효소는 같은 종류의 서브유닛 2 개와 4 종류의 다른 단백질이 모여서 만들어진 집합체(6 량체, hexamer)이다. 한편 리보솜은 수십 종류의 서브유닛(폴리펩티드)과 RNA 가 모여서 복잡한 단백질합성의 기능을 수행하는 다기능의 입자(粒子)이다.

(4) 단백질의 변성과 재생

DNA 의 경우처럼 단백질에 수소결합 소수성 결합 또는 S-S 결합을 절단하는 시약을 처리하거나, 열을 가하면 변성(變性, denaturation)을 일으킨다. 그리고 서브유닛으로 되어 있는 단백질이 변성되면 서브유닛이 분리된다. 한편 변성을 일으켰던 조건을 없애면 변성된 단백질이 본래의 자연상태로 되돌아 올 수 있다.

즉, RNA 분해효소인 리보뉴클라아제 A 는 124 개의 아미노산 서열로 되어있는데, 8 개의 시스테인이 4 곳에서 S-S 결합을 형성하고 있다. 이 효소에 요소를 처리하면 변성이 일어나 효소의 활성을 잃으나, 요소를 제거하면 다시 재생(再生, renaturation)되어 효소활성을 되찾는다. 이것으로 보아 단백질의 3 차구조는 아미노산 서열에 의해 결정되는 것으로, 자연상태에서의 구조는 자유에너지가 낮은 안정상태에 있는 것임을 알 수 있다.

그러나 변성조건을 제거하여도 본래의 기능을 되찾지 못하는 경우가 더 많다. 이러한 단백질의 자연구조는 단백질이 합성될 때 폴리펩티드 사슬이 길어지면서 순차적으로 입체구조가 형성되기 때문인 것으로 추정된다. 그래서 완성된 단백질을 한번 변성시키면 재생될 때에는 처음과는 다른 결합이 형성되어 본래의 3 차구조로 구성되지 못하기 때문인 것 같다.

단백질의 입체구조는 온도의 영향을 크게 받는다. 세포의 온도가 지나치게 높아지면 샤페론(chaperon)이라 불리는 단백질이 합성되어 기존의 단백질의 변성을 최소화시킨다. 샤페론과 같은 기능을 가진 단백질을 열충격 단백질(heat shock protein, hsp)이라 한다.

4. 세포의 화학반응을 촉매하는 효소

(1) 효소란?

세포는 복잡한 하나의 화학공장으로 수천 종류의 화학반응이 일어나고 있다. 이러한 화학반응들은 무질서하게 일어나고 있는 것이 아니라 적절하게 조절되고 있다. 효소(酵素, enzyme)는 이러한 화학반응을 진행시키는 촉매(觸媒, catalyst)이다.

화학실험실에서는 강산 또는 알칼리, 고온, 고압으로 화학반응을 일으킨다. 하지만 이와 같이 격렬한 조건에서 효소는 불활성화되고 세포는 생존할 수 없기 때문에 상온(常溫), 상압(常壓), 중성인 온화한 조건에서 필요한 화학반응을 일으킬 수 있게 한다. 세포에서 일어나는 화학반응은 종류에 따라 그 반응을 촉매하는 효소가 다르기 때문에 생명현상에 참여하는 효소의 종류는 대단히 많아야 한다.

효소에는 펩신(pepsin)이나 우레아제(urease)와 같이 순수한 단백질로 되어 있는 것과 시토크롬(cytochrome), 카탈라아제(catalase)같이 단백질 외에 분자량이 작은 화합물이 결합되어 있는 것들이 있다. 시토크롬과 카탈라아제에는 철-포르피린이 결합되어 있는데, 이러한 화합물을 그림 2-12 에서처럼 보결분자단(補缺分子團, prosthetic group)이라 한다.

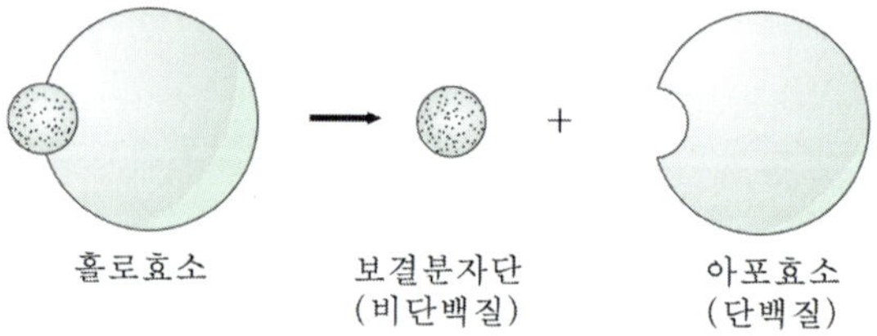

그림 2-12 복합효소의 구성

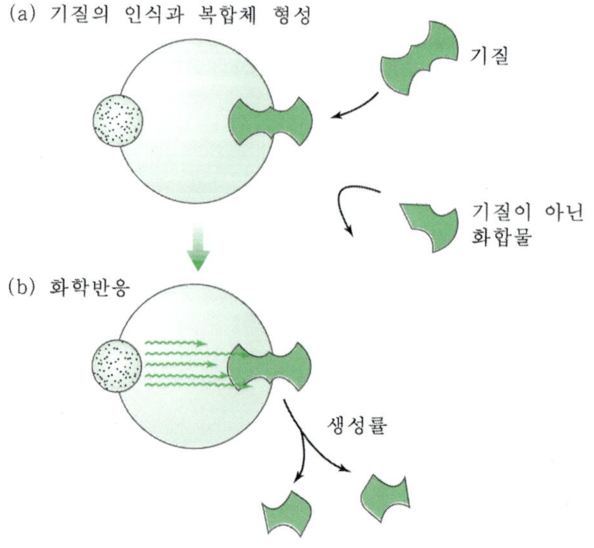

그림 2-13 효소의 기능

또 단백질 부분을 아포효소(apoenzyme)라 하고 이들이 결합해서 완전한 효소로 된 것을 홀로효소(holoenzyme)라 한다.

효소는 두 가지 작용을 한다. 그중 하나는 효소가 작용할 수 있는 물질(기질)을 식별하는 것이다. 즉 기질(基質, substrate)의 특징적인 화학구조를 인식하는 것이다. 다른 하나는 기질분자의 특정한 구조에 화학변화를 일으키게 하는 촉매로서의 작용을 한다. 그림 2-13 에서처럼 효소와 기질과의 이러한 관계는 매우 정교하며, 이러한 성질을 기질특이성(基質特異性, substrate specificity)이라 한다.

단순 단백질로 되어있는 효소는 두 가지 기능이 하나의 단백질에 의해서 수행되지만 복합단백질인 경우에는 기질의 인식은 원칙적으로 아포효소에 의해 수행되고, 촉매 활성에는 보결분자단을 필요로 한다. 보결분자단에는 비타민 유도체가 많으며, 효소가 물에 녹아 있을 때 보결분자단이 해리해서 아포효소로부터 분리되는 경우에 이것을 조효소(助酵素, coenzyme)라 한다.

(2) 효소의 활성부위

효소는 촉매작용을 수행할 때 폴리펩티드사슬 전체를 직접 사용하는 것이 아니라 특정부분이 기질의 인식과 촉매작용을 수행한다. 이러한 기능을 가진 부위를 활성부위(活性部位, active site)라고 한다. 그러나 다른 부분도 활성부위의 작용을 높이는 역할을 하기 때문에 효소의 높은 기질특이성과 반응성은 폴리펩티드사슬 전체에 의한 것이다.

효소의 활성부위와 기질과의 상호작용은 효소 단백질의 일부에서 일어나는데, 이때 아미노산의 측쇄가 중요한 역할을 한다. 효소단백질은 펩티드사슬이 복잡하게 꼬여 있어서 가까이 있는 아미노산보다 멀리 떨어져 있는 아미노산이 모여서 그것들의 측쇄들이 만들어내는 독특한 구조가 기질의 결합부위(활성부위)가 된다. 그러므로 활성부위의 아미노산이 돌연변이에 의해 다른 아미노산으로 바뀌게 되면 효소활성에 큰 영향을 미칠 수 있다.

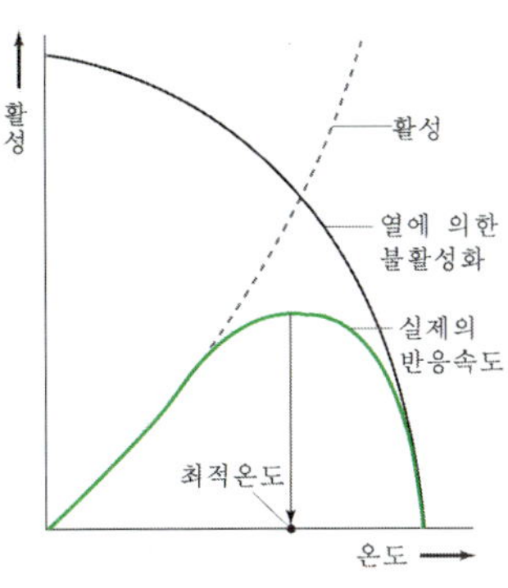

그림 2-14 효소의 활성과 온도와의 관계

(3) 효소가 작용할 수 있는 조건

효소의 3 차구조는 단단한 것이 아니어서 미세한 조건의 변화도 구조에 변화를 일으킬 수 있으며, 효소의 구조변화는 곧 활성의 변화로 나타난다.

일반적으로 화학반응은 온도가 높아질수록 반응속도가 빨라진다. 그러나 효소는 단백질이기 때문에 온도가 어느 정도 이상 높아지면 구조변화가 점차 크게 일어나서 결국은 변성에 의해 활성을 잃게 된다. 그 사실은 그림 2-14 에서도 알 수 있다.

한편 온도가 낮아지면 효소활성은 저하한다. 또한 효소에 따라 최고의 활성을 나타낼 수 있는 최적온도가 서로 달라서 같은 세포에 있는 효소들도 같지 않으나 대개 40~50°C 범위로, 생물이 생활하기 적합한 온도보다 높은 것이 보통이다. 이것은 살아있는 세포에서 효소가 최대 속도로 작용하지 않음을 의미하는 것이다.

그러나 온천수 등에 서식하는 호열성 박테리아 중 어떤 것은 90°C 이상에서도 생장할 수 있는 것도 있다. 이러한 박테리아에 들어있는 효소의 최적온도는 다른 박테리아의 것보다 훨씬 높다. 이것과 대조적으로 극지방 토양에는 호냉성 박테리아가 살고 있는데, 남극대륙에는 −60~0°C에서 생육하는 것도 있다.

효소활성은 수소이온농도(pH)에 의해서 크게 영향을 받는데, 최대의 활성을 나타내는 pH를 효소의 최적 pH라 한다. 일반적으로 세포 안에서 작용하는 효소의 최적 pH는 5~8 범위에 있으며, 세포 밖에서 작용하는 효소의 경우에는 여러 가지로 달라서 펩신처럼 최적 pH가 2인 경우도 있다. 유황 온천에 서식하는 호열성이면서 호산성인 박테리아의 생육조건은 55~85°C, pH 1~6이라고 한다.

그러나 이들의 효소를 분리해서 단백질의 구조를 살펴보면 같은 종류의 효소(다른 생물의)와 크게 다른 점이 없고 극히 일부의 구조가 변했을 뿐이다. 즉, 특이한 환경에 서식하는 생물의 효소는 최소한의 구조적 변화로 환경에 적응할 수 있는 것을 알 수 있다. 한편 효소활성은 무기이온 등과 같이 단백질구조변화에 영향을 주는 요인에 의해서 민감하게 변한다.

실험실에서 효소활성을 측정할 때에는 먼저 세포를 파괴해서 효소를 분획하고, 필요한 경우에는 효소를 순수하게 정제한다. 이렇게 얻은 효소를 일정 온도, 일정한 pH에서 기질을 넣고 화학반응으로 소비된 기질이나 생성물의 양을 측정하여 활성을 산출한다.

측정된 효소의 활성은 본래 세포 안에 있을 때의 활성과 같은지는 알 수 없다. 세포에서 효소의 활성은 생리적인 조건에 따라 변하기 때문에 세포 밖으로 나와 시험관 안에서 일어나는 효소반응은 하나의 모델인 것이다. 최근에는 살아있는 세포에서 특정 효소의 활성을 측정하는 방법이 적극적으로 개발되고 있다.

(4) 알로스테릭효소

많은 효소들은 외부 조건뿐 아니라 세포의 내부조건에 의해서도 활성이 크게 변한다. 이러한 성질은 세포의 대사활성을 조절하는 기능으로 나타난다.

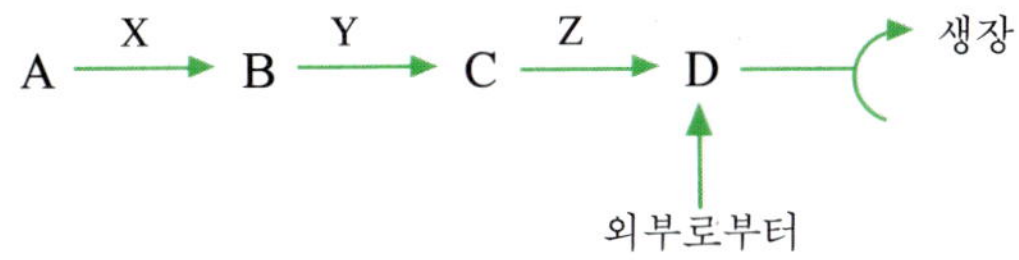

세포에서 위와 같은 대사가 일어날 때, 외부로부터 세포에 최종(대사)산물인 D를 공급해 주면, 세포 안의 대사활성은 어떻게 될까? 이때 전체로서 대사계의 활성은 정지한다.

활성의 중단은 D가 대사계의 제일 첫 단계 효소 X의 활성을 저해해서 일어난다. 이와 같이 대사계의 최종생산물이 대사계의 첫 반응을 저해하는 현상을 피드백저해(feedback inhibition) 또는 최종산물저해(最終産物沮害, end product inhibition)라고 한다.

이렇게 작동하는 시스템은 대사기능을 조절하는 중요한 요인의 하나로, 그림 2-15에서 한 예를 볼 수 있다. 프롤린 합성대사에서 프롤린이 과잉으로 생산되면 제 1 효소인 글루탐산 키나아제의 활성이 저해된다.

그러나 프롤린이 소비되어 그 농도가 낮아지면 효소가 활성을 되찾게 되어 대사계는 다시 활동을 시작한다. 즉 세포의 대사는 필요할 때 작동되고 필요하지 때에 중단되어 특정 화합물의 농도를 항상 적정 수준으로 유지할 수 있게 된다.

대사계에서 제일 첫 반응의 효소는 어떻게 최종 산물의 농도를 민감하게 감지하는가? 프롤린 대사계의 경우를 보면, 첫 단계 효소인 굴루탐산키나아제에는 단백질구조 중에 굴루탐산과 결합하는 활성 부위와 프롤린과 결합하는 부위(알로스테릭 부위)가 있다.

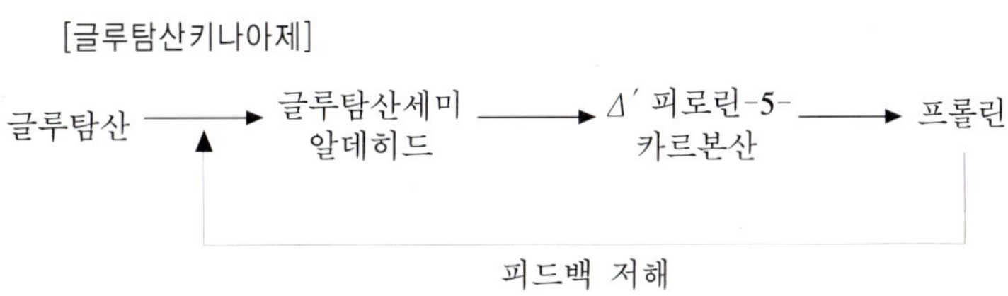

그림 2-15 프롤린 합성대사의 조절

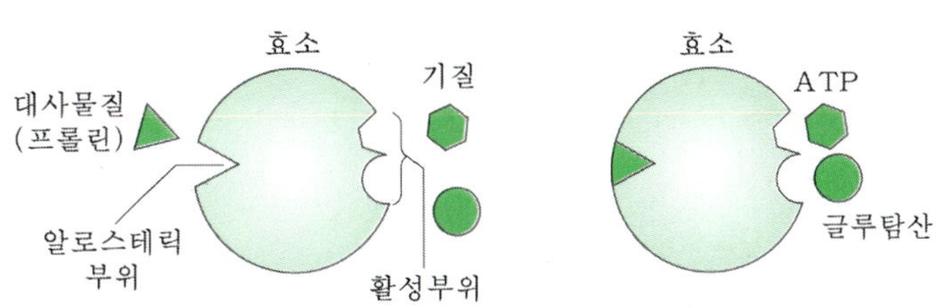

그림 2-16 알로스테릭효소(글루탐산키나아제)의 활성조절

이 부위는 센서의 기능이 있어 프롤린이 결합하면 단백질의 3차구조가 변해서 기질과의 결합력이 없어지게 된다. 그러나 프롤린의 농도가 낮아져서 알로스테릭 부위(allosteric site)로부터 프롤린이 분리되면, 단백질은 본래의 구조를 되찾게 되어, 그림 2-16에서처럼 기질과 결합할 수 있는 능력이 회복된다.

이 경우에도 프롤린의 결합은 약한 결합으로 이루어지며, 프롤린과 글루탐산의 농도에 따라 활성부위 또는 알로스테릭 부위와의 결합빈도가 결정된다.

한편 효소에 따라서는 알로스테릭 부위에 대사산물이 결합하면 오히려 기질과의 결합력이 높아져서 활성이 증가하는 경우도 있다. 그러므로 세포에서 대사산물의 농도에 따라 활성이 변하는 효소를 알로스테릭 효소(allosteric enzyme)라 한다. 알로스텔릭이란 입체구조의 변화를 의미하는 단어이다.

5. 지 질

(1) 세포에 들어 있는 지질

세포에서 세포막은 물론 세포소기관을 비롯한 여러 구조물들의 막구조는 모두 지질(脂質, lipid)로 만들어져 있으며, 동물에서는 지방조직으로, 식물에서는 저장물질로서 세포 안에 다량 존재한다.

'물과 기름'이란 대조적인 표현처럼 지질은 물에 녹지 않으나 에테르나 클로로포름 등의 유기용매에는 잘 녹는다. 이것은 지방분자 안에 소수성이 큰 탄화수소($CH_3 \cdot CH_2 \cdot CH_2$ ······)가 들어있기 때문이다.

이와 같이 소수성이 큰 분자도 수산기(-OH, 히드록실기), 카르복시기의 나트륨염(-COONa), 또는 인산기($-OPO_3^{3-}$) 등의 친수성 원자단이 들어 있으면 분자 전체가 물에서 어느 정도 녹는다.

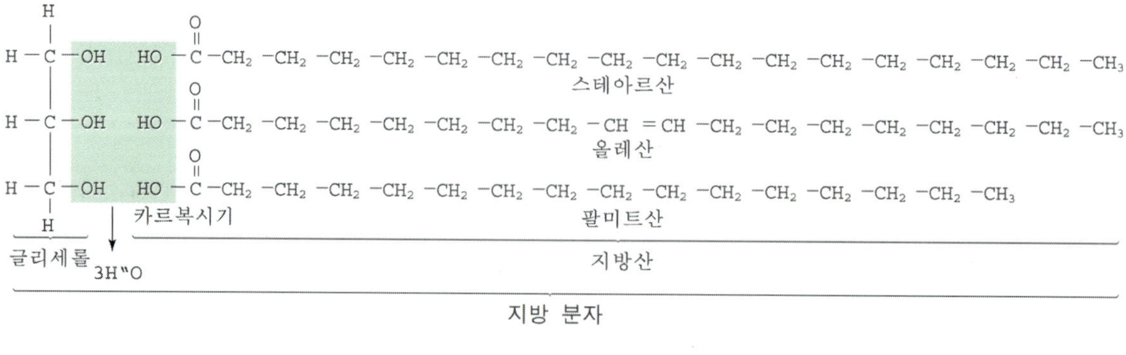

그림 2-17 지방(중성)의 구조

글리세롤의 -OH와 지방산의 -COOH가 반응하면 H_2O가 생기면서 에스테르 결합이 형성되면 지방이 된다.

(2) 지방산

지방산(脂肪酸, fatty acid)은 지질이 소수성을 갖게 하는 물질이다. 그림 2-17에서 보이는 것같이 화학적으로는 탄화수소 사슬의 한쪽 끝에 카르복시기를 가진 유기산이다.

이때 탄화수소 사슬에 2중결합이 있으면 불포화(不飽和, unsaturated) 지방산이라 하고, 탄소원자가 수소원자로 채워져 있으면 포화(飽和, saturated) 지방산이라고 한다. 세포에 들어 있는 지방산의 탄화수소는 대개가 우수(짝수)이다. 이것은 지방산의 합성과 분해가 C_2단위(CH_3-CO-, 아세틸기)로 일어나기 때문이다.

(3) 지방 (중성지방)

지방(脂肪, fat, oil)을 리파아제로 가수분해하면 지방산과 글리세롤(글리세린)이 생긴다. 즉, 지방은 그림 2-17에서처럼 글리세롤의 지방산 에스테르이다. 흔히 우리가 지방이라 부르는 것은 고체이고, 기름(oil)은 액체이다. 그러나 지방이나 기름은 본질적으로 서로 같은 물질로, 포함되어 있는 지방산의 탄소수와 불포화도의 정도에 따라 결정되는 것이다.

팔미트산(C_{16})이나 스테아르산(C_{18})처럼 탄소수가 많은 포화지방산의 함량이 높으면 실온에서 고체이고, 탄소수가 적은 포화지방산 또는 불포화지방산이 많으면 액체가 된다.

식물성 기름은 불포화지방산의 함량이 높아 실온에서 액체이다. 지방산의 불포화결합에 수소를 첨가해서 포화시키면 고체가 된다. 이렇게 생산된 식품이 마가린(margarine)이다.

지방을 구성하는 3분자의 지방산은 종류가 서로 같을 수도 있고 다를 수도 있어서, 지방분자의 종류에 따라 달라진다. 지방산의 탄소수는 4개인 것에서부터 30개인 것까지 있어 자연에서 지방의 종류는 대단히 많다. 지방분자에서 지방산의 종류는 세포의 생리상태에 따라 변하는 동적 상태에 있으며, 살아있는 세포의 지방구조는 대단히 복잡해서 지금까지도 상세한 것을 알지 못한다.

식물을 저온에서 배양하면 불포화 지방산이 증가하고 고온에서 배양하면 포화 지방산이 증가한다. 이것은 세포질을 비롯한 막구조가 저온에 의하여 굳어지는 것, 즉 상전이(相轉移, phase transition)를 방지하는 적응현상의 결과로 해석된다.

(4) 복합지질

분자 안에 인, 황, 유기염기, 또는 당을 포함하는 지질을 복합지질(複合脂質, compound lipid)이라 한다. 복합지질의 특징은 분자 안에 친수성기와 소수성기가 있어서 지방과는 다른 복잡한 기능을 갖게 한다.

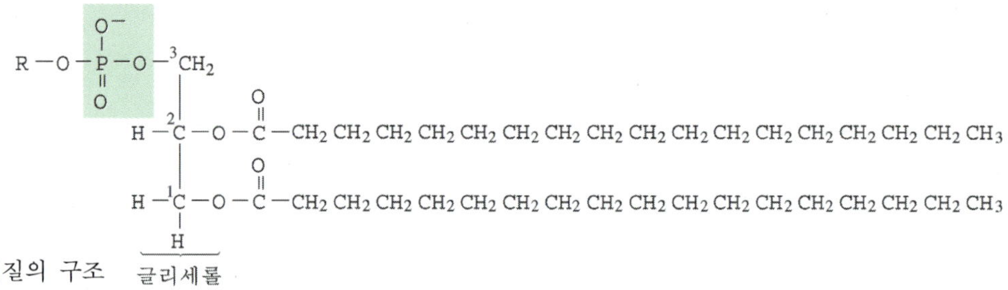

그림 2-18 인지질의 구조 (R : 원자단)

지방이 주로 에너지원 또는 저장물질같이 정적인 역할을 하는데 비해서, 복합지질은 세포의 동적인 생리활성을 나타내게 작용한다. 이들 중 인지질은 특히 중요하다.

인지질(燐脂質, phospholipid)은 분자 안에 인산(PO_4)기가 들어있는 지질이다. 세포에서 세포막과 같은 막(膜, membrane)의 골격을 만들며, 생명활동에도 적극적으로 관여하고 있는 물질이다.

인지질은 그림 2-18 에서처럼 지방과 구조는 비슷하지만 글리세롤에 있는 3 개의 -OH 기 중 하나에는 지방산이 아닌 인산측쇄를 가진 화합물이 결합해서 친수성을 띠게 한다. 인지질은 이렇게 분자 안에서 소수성인 지방산부위와 친수성인 인산 및 측쇄부위가 있어서 물속에 있으면 자연적으로 막을 만드는 성질을 갖는다.

즉, 물속에서 친수성 부위(기)는 물의 방향으로, 소수성 부위(기)는 물을 피하는 방향으로 배열되기 때문에 자동적으로 2 분자층의 구조가 만들어진다. 그림 2-26 에서처럼 2 분자층의 막 구조가 생물막의 기본구조를 이룬다.

6. 탄수화물

포도당처럼 $(CH_2O)_n$ 의 화학식으로 나타낼 수 있는 화합물을 탄수화물(炭水化物, carbohydrate)이라 하는데, 저분자인 것에서 고분자에 이르는 여러 가지가 있으나 반드시 단당(單糖, monosaccharide)이 구성단위로 되어 있다.

탄수화물을 흔히 당(糖, sugar)이라고 하는데, 이것은 일부 탄수화물이 단맛을 갖기 때문에 붙여진 이름이다. 단당은 분자를 구성하는 탄소수에 따라 3 탄당, 4 탄당,……6 탄당, 7 탄당이라고 하고, 반드시 일데히드기(-CHO)나 케톤기(=CO)를 가지고 있다.

그림 2-19 에서처럼 단당이 2 개, 3 개씩 중합한 것을 2 당, 3 당이라 하고 여러 개가 중합한 것을 다당(多糖, polysaccharide)이라 한다.

세포성분으로서 다당은 크게 두 가지 역할을 한다. 녹말(澱粉, starch)이나 글리코겐(glycogen)같은 에너지원이 되는 저장 다당으로서, 또 셀룰로오스(cellulose, 식물의 세포벽), 펩티드글리칸(원핵세포의 세포벽), 뮤코당단백질(동물세포) 등으로 세포의 표면구조를 만드는 데 쓰인다.

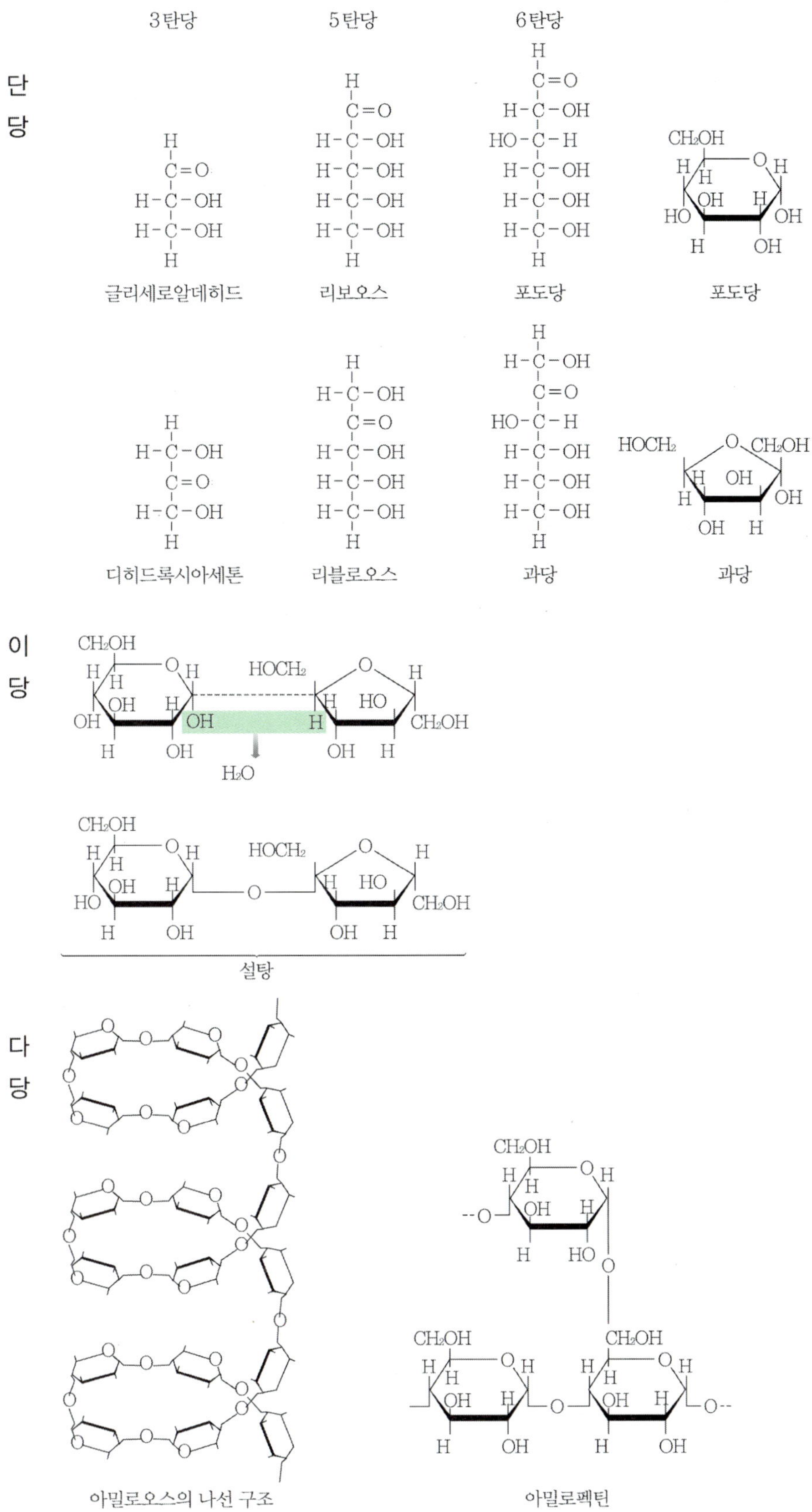

그림 2-19 (a)
탄수화물의 구조

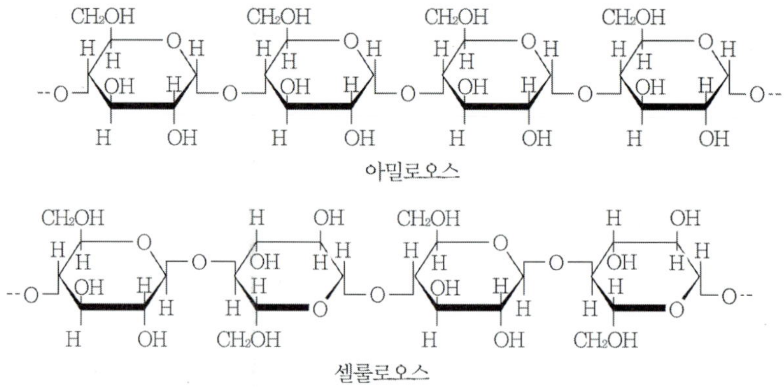

그림 2-19 (b)
탄수화물의 구조

이러한 다당은 물리적인 기능뿐 아니라, 세포 상호간의 인식과 외부에서 침입하는 바이러스 등과 같은 항원에 대한 센서의 역할도 한다.

2-1-5 고분자물질의 자기 집합적 특성

1. 화합물의 기능은 구조에서 나온다

화합물의 독특한 성질은 그의 구조적 특성으로 결정된다. Na^+와 K^+의 생물학적 작용이 다른 것은 이들의 원자구조가 서로 다르기 때문이다. 아미노산의 성질이 서로 다른 것도 역시 각각의 분자구조가 다르기 때문이다.

세포에서 고분자물질(高分子物質)은 ① 구조형성에 참여하면서도, 대사에서 특정 기능을 갖는 것은 3 차원적으로 배치되어 있다. ② 3 차원적 위치를 고정시키기 위한 지지조직의 기능 ③ 세포의 외형을 만들면서 환경과 정보를 교환하는 기능 ④ 저장물질 등의 기능을 갖는다.

단백질이 DNA 보다 다양한 기능을 갖는 것도 폴리펩티드(poypeptide)가 폴리뉴클레오티드(polynucleotide)보다 훨씬 복잡한 구조로 되어있기 때문이다. 이러한 사실을 세포소기관으로 확대하면, 세포소기관의 기능적 특이성은 각각의 구조, 즉 각각의 고분자물질의 구조(조직화)가 다르기 때문이다.

이와 같이 기능과 구조의 연관성은 세포, 조직, 개체수준에서 나타난다. 그러므로 세포의 구성은 주로 고분자물질에 의해 좌우된다.

가장 중요하고 다양한 기능을 가진 고분자물질은 효소이다. 효소는 기질의 화학구조를 예민하게 인식할 수 있으며, 기질에서 특징적인 화학변화를 일으킬 수 있다. 호흡 효소계에는 수소원자(H) 2 개의 차이로 기질의 구조를 식별하는 능력을 갖는데, 이러한 효소의 특이성은 아미노산의 결합서열에서 나온다.

그러므로 기질구조를 식별하는 아미노산이 돌연변이에 의해서 다른 아미노산으로 치환되면 효소의 기질특이성은 크게 변한다. 유전질환인 겸형적혈구빈혈(鎌型赤血球貧血, sickle cell anemia)의 경우, 헤모글로빈 단백질에서 1개의 아미노산이 변한 결과로 적혈구의 형태는 물론이고 산소와의 결합력이 크게 저하하여 수명이 단축되는 결과를 가져온다.

2. 고분자 집합체의 특이성

폴리뉴클레오티드 또는 폴리펩티드의 1차구조는 공유결합(共有結合, covalent bond)으로 이루어졌다. 그러나 2차, 3차구조는 전적으로 수소결합과 같은 약한 결합(weak bond)으로 이루어진다. 즉, 약한 결합은 고분자 물질을 집합시키는 힘의 원천이다.

헤모글로빈은 α-서브유닛 2개, β-서브유닛 2개로 구성되는데, 높은 농도의 요소가 있으면 서브유닛으로 해체되고, 요소가 제거되면 다시 집합체(다량체)를 형성해서 헤모글로빈으로 된다. 이러한 고분자물의 집합과 분산의 현상은 바이러스의 증식에서도 볼 수 있다.

담배모자익 바이러스는 한 가닥의 RNA와 2,130개의 단백질 서브유닛의 집합으로 구성되는데, 침입한 세포에서 RNA와 서브유닛이 별도로 합성된 후 스스로 바이러스구조를 갖추게 되며, 새로운 세포에 침입할 때는 RNA와 단백질이 분리된다. 이와 같이 고분자물이 스스로 적절한 구조를 형성하는 것을 자기집합(自己集合, self assembly)이라고 한다.

3. 생물막의 자기집합

달걀에서 추출한 인지질을 증류수와 함께 플라스크에 넣고 강하게 진탕하면 현미경적 크기의 작은 알갱이가 생긴다. 이들 입자를 전자현미경으로 관찰하면, 그림 2-20과 같은 인지질의 막구조가 나타나는데, 이것을 리포솜(liposome)이라고 한다.

증류수를 넣을 때 소수성 단백질을 섞으면 리포솜 막구조에 단백질이 들어간다. 이렇게 제조된 리포솜은 매우 안정되지만 조건에 따라서는 서로 융합해서 보다 큰 리포솜이 되기도 한다.

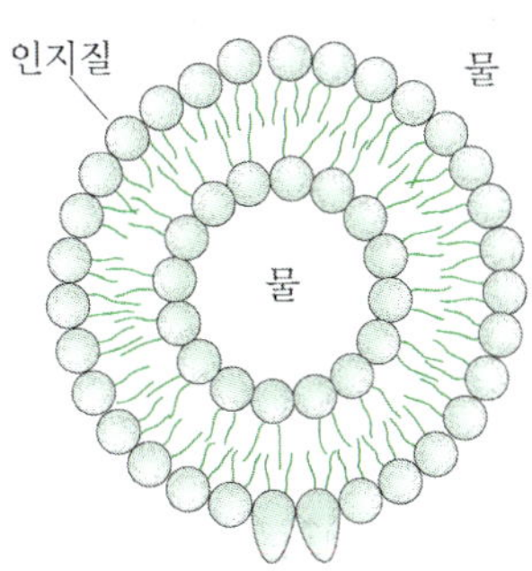

그림 2-20 리포솜에서 인지질의 배열

자연에서도 세포 간의 융합이 일어날 수 있는데, 대표적인 것으로 정자와 난자의 융합을 들 수 있다. 세포배양(細胞培養, cell culture)에서는 서로 종이 다른 세포를 융합하여 새로운 유전자조합을 가진 세포를 만들기도 한다.

고분자물의 자기 집합적 특성은 원시지구에서 화학적 진화를 가속화시키는 힘이 되었을 것이며, 코아세르베이트(coazervate)의 형성과 세포의 탄생과정에서도 본질적인 역할을 했을 것이다.

2-2 세포는 여러 가지 구조물로 되어 있다.

2-2-1 전자현미경으로 본 세포의 구조

세포(細胞, cell)의 구조는 원핵세포와 진핵세포 사이에 큰 차이가 있다. 원핵세포인 박테리아를 광학현미경으로 관찰하면, 세포의 바깥쪽에 있는 막과 세포질(細胞質, cytoplasm)을 볼 수 있을 뿐이다. 그러나 진핵생물의 세포를 보면, 세포의 표면막과 함께 세포질, 핵, 미토콘드리아가 보이고 식물세포에서는 엽록체를, 그리고 고등식물인 경우에는 골지체를 볼 수 있다.

전자현미경으로 이러한 세포를 관찰하면 식물을 비롯해서 여러 종류의 생물은 표면막이 두 층, 즉 세포벽과 세포막으로 되어 있다. 그 반면에 동물세포는 한 층의 막, 즉 세포막만으로 되어 있음을 알 수 있다. 그리고 세포의 내부를 보면 그림 2-21 에서처럼 핵, 미토콘드리아, 엽록체는 물론이고 소포체와 리보솜을 관찰 할 수도 있다.

이러한 구조물들을 세포소기관(細胞小器官, organell)이라 하는데, 이것들이 생명현상에서 어떠한 역할을 하는지에 대한 것은 전자현미경으로는 알아 낼 수 없다. 이러한 구조는 모든 세포에서 볼 수 있는 것이지만, 분화된 조직세포는 조직의 기능에 따라 세포소기관의 발달정도가 달라진다. 한편, 생물의 종에 따라서는 특징적인 세포의 내부구조가 발달해 있는 경우가 있다.

흥미 있는 사실은 원핵세포가 진핵세포에 비해서 세포소기관의 발달은 없지만 세포의 생존력이나 적응력은 결코 진핵세포보다 못하지 않을 뿐만 아니라 오히려 더 뛰어난 것 같다는 사실이다. 이러한 현실은 원핵 생물계의 생태적 분포가 진핵생물보다 넓다는 사실에서도 나타나는 것이다.

박테리아 종류 중에는 -10°C에서도 생존할 수 있을 뿐더러, 90°C에 가까운 온천수에서도 서식이 가능한 것들이 있다. 또한 염분농도가 32%에 가까운 사해(死海)에서도 박테리아는 서식하고 있다.

이와 같이 극단적인 환경에서는 진핵생물, 특히 고등생물은 절대로 생존할 수 없다. 또한 박테리아는 독성 물질에 대해서도 적응력이 뛰어나다. 사람은 병원균으로부터 몸을 지키기 위하여 페니실린이나 스트렙토마이신 등의 여러 가지 항생물질을 이용하고 있으며, 그 가짓수는 수천 종에 달한다.

페니실린이 플레밍(A. Fleming, 1929)에 의해서 발견될 당시에는 “이것으로 인류는 병원균으로부터 구원되었다."고 하였으나, 계속해서 항생물질에 내성(耐性, resistance)을 갖는 병원균이 출현하면서 오늘날은 내성균이 임상에서 어려운 과제가 되고 있다. 그러므로 인간은 병원균으로부터 완전히 해방될 수는 없을 것 같다.

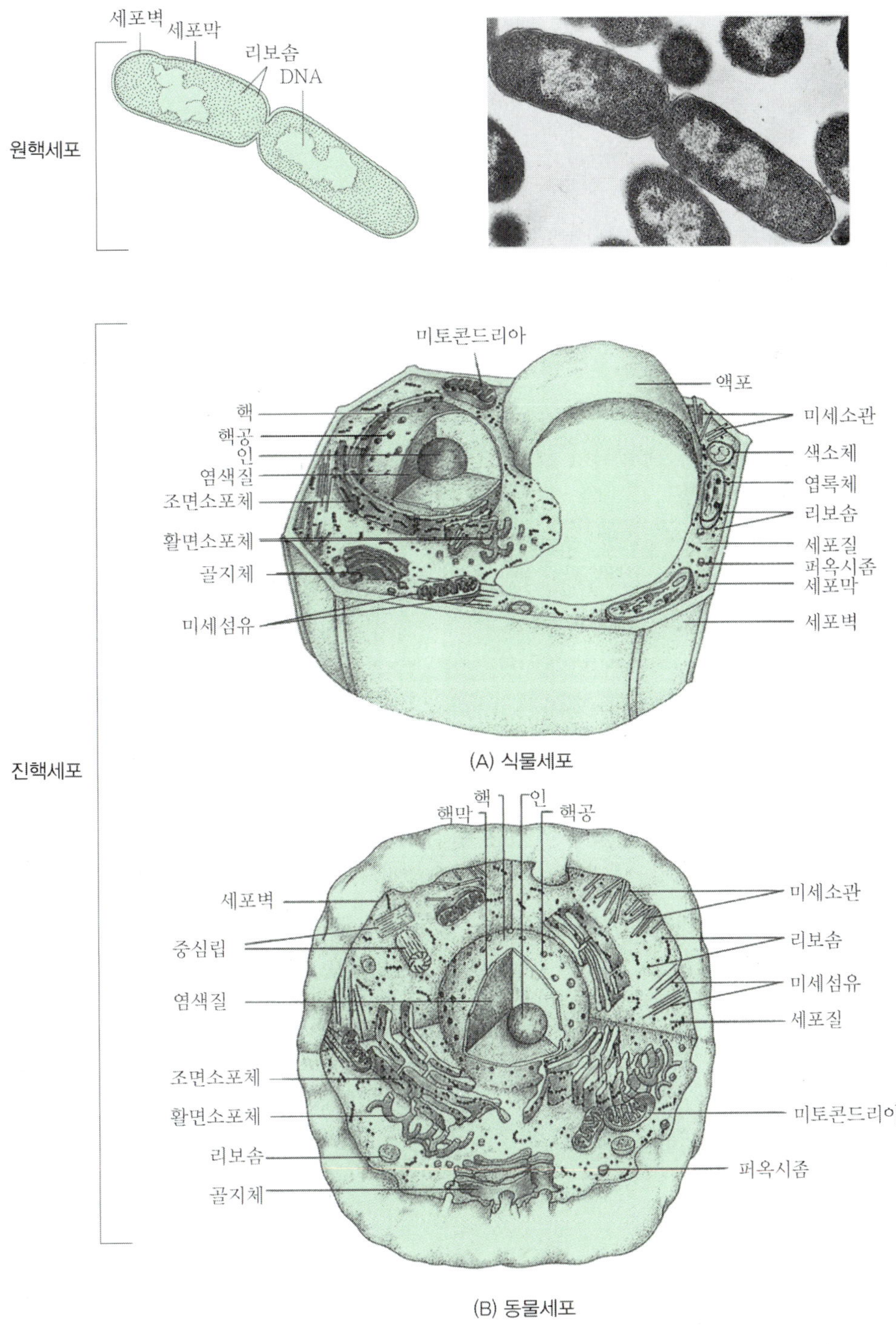

(A) 식물세포

(B) 동물세포

그림 2-21 세포의 구조

그렇다면 이와 같이 강력한 적응력을 원핵생물은 어떻게 얻고 있는 것일까? 이러한 문제가 생물진화의 메커니즘과 연관되어 있음을 알고 있으나 상세한 것은 모르는 실정이다.

2-2-2 세포 내 구조물의 분획

세포는 내부에 여러 가지 구조물(세포소기관)을 갖고 있다. 이러한 구조물들은 생활에 필요한 물질대사를 구획(區劃, compartmentation)하는 데에 필요하다. 세포구조의 기능분화를 알아내는 방법에는 여러 가지가 있는데, 살아있는 세포를 광학현미경에서 특정 반응이 일어날 때 염색성이 변할 수 있는 반응시약을 사용하는 생체염색법이 있다.

예를 들면 미토콘드리아는 야누스그린 B (Janus green B)가 있으면 청록색으로 염색되기 때문에, 살아있는 세포에서 관찰이 가능할 뿐만 아니라 미토콘드리아가 호흡대사를 수행하고 있음도 알 수 있다. 그러나 광학현미경으로 세포 내 구조물들의 구조나 기능을 전부 알 수는 없다.

1. 세포소기관의 분획

세포 내 구조물(세포소기관)의 기능, 즉 물질대사에서의 역할을 알 수 있는 직접적인 방법은 세포를 파괴한 후에 목적하는 세포소기관만을 얻어야 한다. 세포를 적당한 조건에서 파괴하면 무세포계에서도 대사활성이 유지될 수 있다. 현재 알려져 있는 분자생물학적 지식의 대부분은 이러한 실험에서 얻어진 것들이다.

세포소기관을 분획(分劃, fractionation)할 때 주의해야 할 사항은, 무세포계(시험관조건, in vitro)는 살아있는 세포가 아니라는 사실이다. 무세포계에서는 생명은 소멸되었지만 생명을 지탱하던 수많은 특성 중 극히 일부는 활성을 나타낼 수 있다. 그러나 무세포계에서 대사활성은 일반적으로 대단히 낮고, 경우에 따라서는 완전히 소실될 수도 있다.

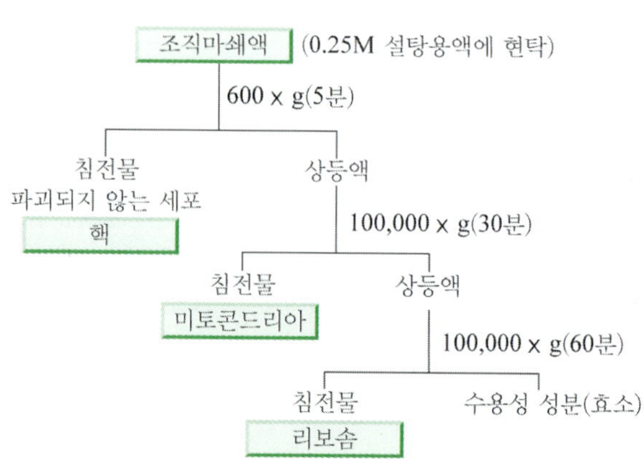

그림 2-22 원심분리에 의한 세포소기관의 분획 (×g : 중력의 배수)

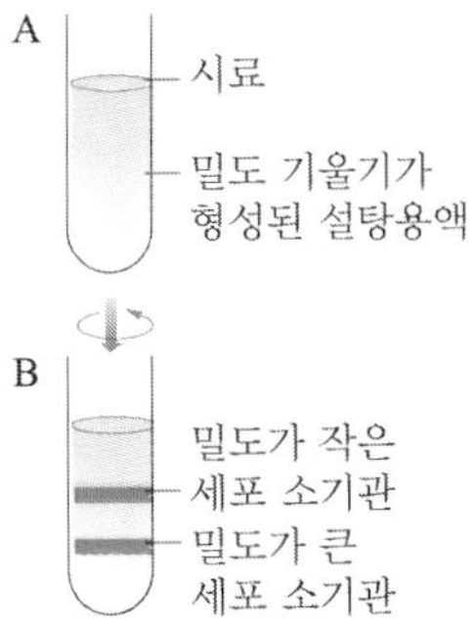

그림 2-23 설탕밀도 기울기 원심분리법에 의한 세포소기관의 분리

시험관에 농도가 진한 설탕용액을 넣고 점차 묽은 용액을 그 위에 넣으면 윗쪽에서부터 아래로 내려갈수록 농도가 높아 밀도의 기울기가 형성된다(A).
이때 위쪽에 시료를 넣고 다시 원심분리하면 세포소기관의 밀도가 설탕용액의 밀도와 같은 부위별로 모아진다(B).

생화학적 그리고 분자생물학적 실험의 최종 목표는 '살아있는 세포'에 있기 때문에 무세포계 또는 여러 가지 분석실험 등에서 얻은 결과들을 살아있는 세포에서 확인할 수 있는 실험과정을 반드시 거쳐야만 한다. 그러나 아직 만족할 만한 방법이 완전하게 개발된 것은 아니다.

온건한 방법으로 세포막을 파괴하면 세포소기관을 비교적 물리적 손상을 입지 않은 상태로 분획할 수 있다. 세포의 파쇄물을 여러 가지 다른 속도로 원심분리를 할 때 세포소기관은 체적의 크기나 비중의 크기에 따라 순차적으로 가라앉는다.

즉, 원심력을 단계적으로 적용해서 세포소기관을 선별적으로 얻을 수 있는데, 이러한 방법을 원심분획법이라 한다. 한 예를 그림 2-22에서 볼 수 있다. 이때 설탕용액 등을 사용해서 세포질과 삼투압이 같도록 용액을 만들어 사용하면 세포 소기관의 막구조가 손상되는 것을 방지할 수 있다. 그림 2-23에서는 설탕밀도기울기를 이용한 원심분리법을 보다 상세하게 보여주고 있다. 이러한 방법을 밀도기울기 원심분리법이라 한다.

이 방법은 세포소기관을 정제할 수 있을 뿐 아니라 DNA, RNA, 단백질 같은 고분자물질과 바이러스의 정제에도 활용된다. 이렇게 해서 얻은 세포소기관을 이용해서 실시한 여러 가지의 생리생화학적 실험결과로 세포소기관의 기능을 알게 되었다.

한편 세포소기관이 아닌 시토졸(cytosol)에 들어있는 효소단백질과 같은 물질을 대상으로 할 때에는 원심분리로 세포 내 구조물을 전부 제거한 후 얻은 용액(상등액)에서 목적하는 단백질을 분리하면 된다. 이러한 조작은 세포소기관에 들어있는 효소의 경우에도 적용되지만 막에 결합되어 있는 단백질인 경우에는 또 다른 방법이 필요하다.

2. 세포소기관과 대사의 격리

고속 원심분리기와 전자현미경이 생명과학에 도입되면서 세포의 구조와 기능과의 관계가 밝혀지게 되었다. 1940년대 이후부터 원심분리법으로 미토콘드리아가 순수 분리되고, 이것이 세포호흡의 중심임이 밝혀졌다. 또한 미토콘드리아의 지방산 산화, 엽록체의 광합성, 리보솜 및 조면 소포체의 단백질 합성, 골지체의 다양한 기능 등이 차례로 밝혀지면서 세포소기관의 역할이 구체화되었다. 근래에는 세포소기관의 미세구조와 기능과의 관계가 분자 수준에서 다루어지고 있는 실정이다.

지금까지의 연구로부터 다음과 같은 사실을 정리할 수 있다. 첫째, 세포소기관은 각각 주어진 독특한 대사기능을 가지고 있다. 둘째, 대사를 담당하는 효소들은 세포소기관의 특정한 구조 안에 각각 위치하고 있으면서 서로간의 유기적인 관계를 유지한다. 그러므로 세포에서 생명현상은 구획화된 각 대사기능의 통합된 발현의 결과라고 하겠다.

이와 같은 대사계의 격리가 세포에 어떤 이익을 주고 있는 가? 먼저 대사계의 특이성이 유지된다는 사실이다. 즉, 대사란 물질의 화학변화가 연속적으로 일어나는 것을 바탕으로 하고 있어서, 서로 격리되어 간섭이 없으면 대사의 속도가 높아지고 효율이 향상된다.

원핵세포에서는 세포의 구획화가 되어 있지 않아서 한 대사계에서 일어나는 반응이 다른 대사계와 섞일 수 있다. 그러나 진핵세포에서는 서로 간섭할 수 있는 대사계는 대개가 구획화되어 있어서 이러한 혼선은 일어나지 않는다.

세포는 진화하면서 DNA 양이 증가하였다. 그 결과 유전정보가 많아지면서 그에 따르는 대사도 복잡해졌을 것이다. 물론 세포의 체적도 진화에 따라 점차 증가하였으나 DNA 의 양적 증가를 따르지 못하였다. 그 결과 세포 내에 막구조가 발달하고 대사계의 격리가 점진적으로 진행된 것으로 여겨진다.

세포소기관에 의한 대사계의 격리가 일어나면서 격리된 대사계 간의 조정을 위한 메커니즘이 필요하게 되었다. 세포소기관의 각각이 통제 없이 기능을 발휘하면 전체로서의 세포가 기능을 잃어 생명도 존재하지 않게 될 것이다. 세포에서 대사계 간의 조정은 DNA 에 있는 조절유전자의 발현, 효소자신이 가지고 있는 반응물에 대한 감수성, 대사물질의 수송방법 등에 의해서 실현된다.

원핵세포와 진핵세포에서 대사계의 분포를 비교해 보면, 원핵세포는 전자현미경으로 볼 수 있는 세포막, 메소솜, 크로마토포아 또는 틸라코이드, 리보솜 등인데, 대사의 중심은 세포막에 있는 것 같다. 즉, 호흡대사, DNA , RNA , 단백질의 합성, 세포벽의 합성, 물질의 선택투과성 등과 같이 생명의 유지와 증식에 관한 대사의 대부분이 세포막에 있기 때문이다. 메소솜, 크로마토포아 또는 틸라코이드는 세포막의 기능 중 일부를 분담하고 있으나 이것들의 막 시스템도 세포막으로부터 분화된 것이다. 진핵세포에서는 대사계가 핵, 미토콘드리아, 엽록체, 소포체, 골지체 등의 여러 가지 세포소기관으로 분산된, 즉 분업화가 일어났다.

원핵세포에서는 전자현미경으로 식별할 수 있는 분자수준의 분화도 진행되고 있지 않다. 그러므로 진핵세포에 비해서 대사계의 특이성은 낮고 효율도 역시 좋지 못하다. 그러나 원핵세포에서 비록 대사계의 격리는 일어나지 않았어도 각 대사계에 속하는 효소들이 세포막 등에 입체적으로 질서 있게 배열되어 있는 것으로 보아 원핵세포에서도 진화에 대처해서 대사계의 특이성과 효율의 향상이 점진적으로 진행되고 있는 것 같다.

2-2-3 세포벽

세포벽(細胞壁, cell wall)이라는 용어는 처음에는 세포의 가장 바깥을 싸고 있는 막을 의미하였다. 이것은 식물세포에서는 가장 바깥에 있는 셀룰로오스로 구성된 막을, 동물세포에서는 원형질막을 의미하였다.

그 결과, 이러한 용어의 사용으로 여러 가지의 혼란이 일어나기 때문에 현재에는 세포(원형질)를 둘러싸고 있는 막에 대해서는 세포막이라 하고, 식물세포 · 박테리아 · 남조류의 세포처럼 가장 바깥에 막이 있는 경우에는 그 막을 세포벽이라 부르고 있다. 종래에 원형질막 또는 세포질막으로 불리던 것은 동물세포와 식물세포 모두에서 세포막(細胞膜, cell membrane)으로 부르기로 하였다.

1. 식물세포의 세포벽

고등식물의 어린 세포는 셀룰로오스 섬유가 그물 모양으로 되어 있고 여기에 헤미셀룰로오스 또는 펙틴이 가해져서 만들어진 튼튼한 1차 세포벽(primary cell wall)으로 둘러싸여 있게 된다.

그림 2-24에서 보는 바와 같이 세포가 성숙하면 세포벽에 리그닌, 쿠틴, 수베린 등이 침적해서 2차 세포벽(secondary cell wall)이라 부르는 단단한 구조를 만든다.

2차 세포벽이 형성되면 세포는 더 이상 성장할 수 없게 되는데, 육상 식물에서 이러한 세포벽의 구조가 몸을 지탱하는 데 가장 중요한 역할을 하고 있다.

한편 하등식물인 조류(藻類, algae)나 균류(菌類, fungi), 그리고 박테리아에서는 세포벽에 셀룰로오스가 들어있지 않고 크실란, 만난, 폴리우론산 등 여러 가지 종류의 다당이 들어있다.

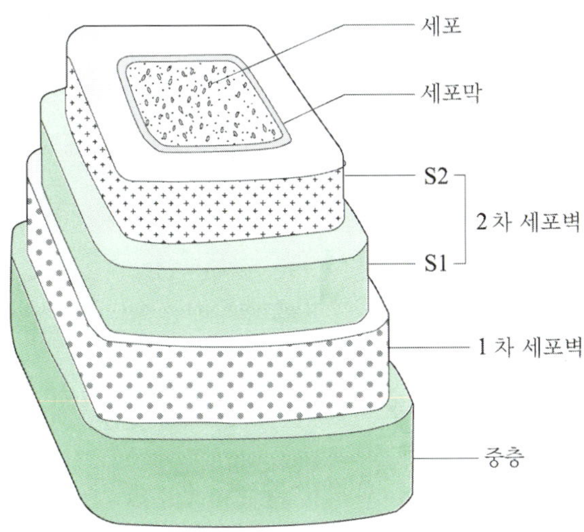

그림 2-24 식물의 세포벽

이들 세포벽의 구조와 구성에 대한 것은 아직 상세한 것이 알려져 있지 않다. 다만 다당들이 그물구조를 형성해서 세포를 둘러싸고 있고 여기에 여러 가지 단백질과 지질이 첨가되어서 대단히 복잡한 구조의 세포벽을 만드는 것으로 알려져 있다. 식물세포의 세포벽은 물질투과에 있어서 장해가 되지 않으므로 세포의 투과성은 세포벽 안쪽에 있는 세포막의 작용 때문임을 알 수 있다.

2. 원핵세포의 세포벽

박테리아는 그람(Gram)염색에 의해서 염색이 되는지(그람양성) 또는 안 되는지(그람음성)에 따라서 크게 두 그룹으로 분류하는 것이 일반적이다. 이러한 염색성의 차이는 크게는 박테리아의 진화에서 근본적으로 다른 2가지 경로가 있음을 나타내는 것이며, 작게는 세포벽의 조성이나 구조의 차이에서 나타나는 현상임을 알 수 있게 하는 것이다.

그림 2-25에서처럼 그람양성균의 세포벽은 간단해서 대부분이 펩티도글리칸(당단백질)으로 세포의 내부압력을 견딜 수 있으며 페니실린과 같은 항생물질, 계면활성제, 또는 라이소자임(세포벽분해효소)에 대하여 감수성을 갖지만 그람음성균은 높은 저항성을 나타낸다. 남조류의 세포벽은 조성이나 구조가 그람음성균과 비슷하다.

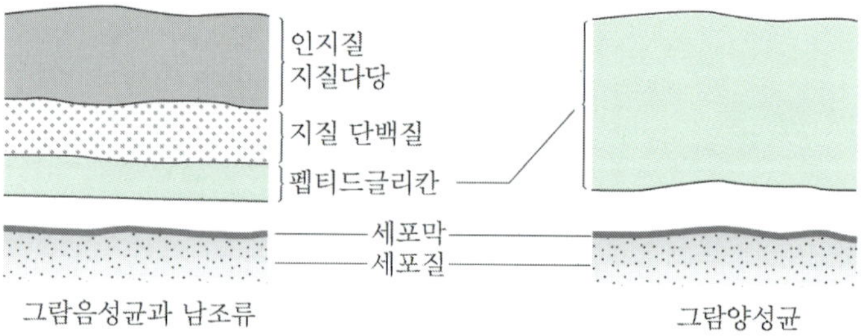

그림 2-25 원핵세포의 세포벽

2-2-4 세포막

세포막을 포함한 모든 막구조를 생물막(生物膜, biomembrane)이라 한다. 특히 세포막은 세포질을 둘러싸고 있을 뿐 아니라 가장 중요한 기능을 수행하는 생물막이다.

세포막은 그림 2-26에서 보는 바와 같이 인지질과 단백질로 되어 있다. 그런데 이들의 구성 내용에 따라서 세포막은 물론, 세포 전체의 기능에 커다란 영향을 미친다. 엄밀하게는 생물의 종류가 다를 경우는 물론이며, 한 개체에서도 조직에 따라서 세포막의 조성은 달라진다.

1. 원핵세포의 세포막

원핵세포의 세포벽을 효소를 이용해서 제거하는 방법이 개발된 후, 원핵세포의 세포막연구는 활발하게 진행되고 있다. 세포벽이 제거되고

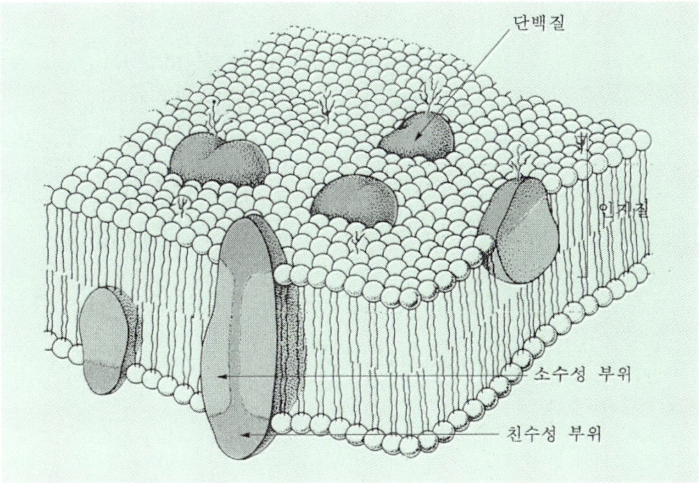

그림 2-26 세포막의 구조
세포막을 관통하는 단백질은 신호전달, 물질수송 등의 기능을 가질 수 있다.

남은 원형질을 원형질체(原形質體, protolast)라고 한다. 표 2-3은 각종 생물의 세포막에 들어있는 지질과 단백질의 함량비를 나타낸 것이다.

원핵세포막의 단백질함량은 진핵세포의 경우보다 높은데, 이것은 두 세포막 간의 기능상의 차이를 나타내는 것으로 해석된다. 그림 2-21에서처럼 원핵세포는 세포소기관이 없어서 진핵세포에서는 세포소기관에서 진행되는 여러 가지 대사가 원핵세포에서는 모두 세포막에서 진행되어야 한다.

예를 들면 산소호흡을 하는 박테리아는 전자전달계효소들이 세포막에 들어 있으나, 진핵세포에서는 미토콘드리아에 들어있다. 일부 박테리아에서는 세포막이 안쪽으로 함입되면서 복잡한 막계(膜系)를 만드는데 이것을 메소솜(mesosome)이라 한다.

메소솜에서는 DNA와 결합이 일어나는 것을 그림 2-27에서 알 수 있다. 메소솜에는 DNA 복제장치가 있는 것으로 알려지고 있어서 세포분열의 중추적인 기능을 수행할 것으로 여겨진다.

표 2-3 세포막을 구성하는 단백질과 인지질의 함량비

세 포	단백질(%)	인지질(%)	단백질/인지질
원핵세포			
마이코플라스마	58	37	1.6
호염성 박테리아	75	25	3.0
마이크로 콕커스	64	20	3.2
진핵세포			
아메바	54	42	1.3
적혈구(사람)	49	43	1.3
간세포(쥐)	58	42	1.4

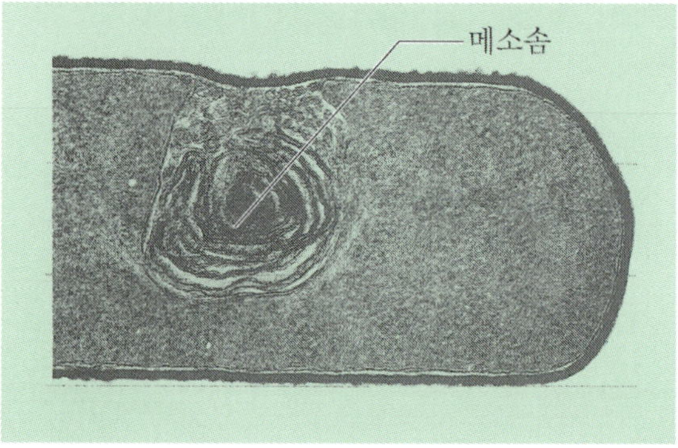

그림 2-27 박테리아의 메소솜 (전자현미경사진) DNA 는 메소솜 주변에 흩어져 있다

광합성을 수행하는 박테리아와 남조류는 세포막에서 발달한 막계가 세포질의 대부분을 차지하고 있음을 그림 2-28 에서 알 수 있다.

광합성 박테리아에서는 이것을 크로마토포아(chromatophore), 남조류의 것은 틸라코이드(thylakoid)라고 한다. 이러한 막계에는 광합성색소와 효소 등과 같은 광합성에 필요한 장치가 들어있다. 그러나 진핵세포에서는 이러한 장치는 엽록체에 들어있다.

2. 진핵세포의 세포막

표 2-3 에서처럼 진핵세포 세포막의 단백질 함량은 원핵세포 세포막에 비해서 낮다. 이러한 현상은 이미 설명한 것처럼 원핵세포에서는 대부분의 중요한 대사가 세포막에 집중되어 있으나, 진핵세포에서는 호흡대사계는 미토콘드리아에, 광합성은 엽록체에, 단백질과 지질 합성은 소포체와 골지체에, DNA 복제는 핵으로 나누어져서 각각의 장치는 독립된 세포소기관으로 분리되어 있다. 그러므로 두 세포막 간의 공통된 기능은 투과성에 한정되어 있는 정도라고 하겠다.

다세포 생물로 발전된 진핵생물에서 세포막은 조직을 형성하는 등 인접한 세포와 물질과 정보를 교환하는 데에 필요한 장치를 가질 수 있게 분화되었다.

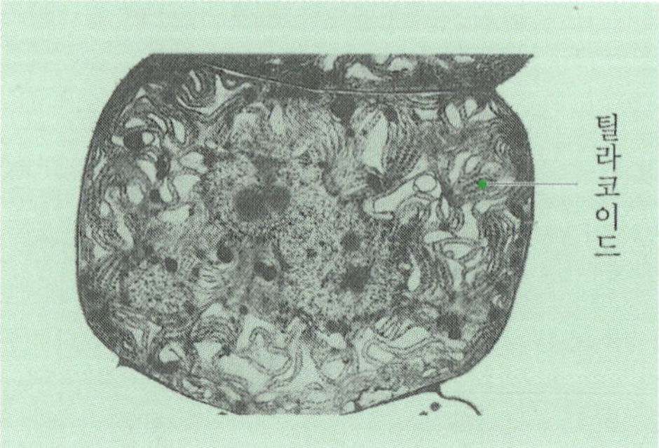

그림 2-28 틸라코이드가 발달한 남조류의 세포

3. 세포 간의 식별능력

분화된 세포는 각각 독특한 성질을 가지고 있어서 세포표면에 그 각각의 특성을 인식할 수 있는 장치가 되어있다. 이러한 인식의 방법 중 일찍부터 알려진 것으로 동물의 면역시스템을 들 수 있다. 척추동물의 세포를 다른 생물에 이식할 때 개체 간의 조직적합성항원(組織適合性抗原, histocompatibility antigen)이 다르면 거부반응을 일으킨다.

조직적합성항원은 세포막 표면에 있으며, 한 개체에서는 모든 세포의 것이 서로 같은데 이것은 유전적으로 결정된다. 항원을 결정하는 막표면물질은 당단백질 또는 당지질이다.

세포 사이에 상호작용의 또 다른 예는 접촉억제(接觸抑制, contact inhibition)라고 불리는 현상이다. 이것은 조직을 구성하는 세포는 서로 접촉이 일어날 경우에 서로의 세포운동과 분열이 정지되는 현상으로, 세포표면에 의해서 세포 간의 인식작용이 일어나기 때문이다. 또한 같은 조직의 세포들은 서로 접촉해서 조직을 형성하지만, 다른 조직세포와 접촉이 있을 때에는 서로 반발하는 성질이 있다.

그러나 정상세포가 암세포화하면 접촉억제의 성질이 없어진다. 한편, 몸 안에 있는 여러 세포가 통일적으로 조화된 기능을 수행하기 위해서는 반드시 세포 간에 정보의 교환이 일어나야 한다. 이때 정보는 활동전류 또는 화학물질을 통해서 일어난다. 이러한 정보교환은 두 세포가 접촉되어 있는 부위에서 일어난다.

4. 세포막과 투과성

(1) 생물막은 물질투과에 대한 장해물인가?

세포가 생명현상을 유지하기 위해서는 세포의 주변과 끊임없는 물질교환이 일어나야 한다. 대사에 필요한 물질을 밖으로부터 들여오고 대사의 결과로 생성된 불필요한 물질은 밖으로 배출하여야 한다.

한편 다세포생물은 조직과 기관이 있어서 세포 간의 물질교환을 통해서 서로 간의 기능을 조절할 수 있다. 그러므로 세포는 세포 밖의 환경과, 또는 다른 세포와 사이에서 물질교환이 일어나는데 반드시 세포막을 통해야 한다.

세포막은 자유롭게 물질을 투과(透過)시키지 않고 특정 물질을 선별하는 능력을 가지고 있다. 이러한 능력은 세포의 대사활성, 조직, 기관의 기능에 직접적인 영향을 미친다.

한편 세포소기관을 구성하는 막에서도 선택적인 물질의 투과가 일어난다. 세포소기관의 대사기능이 종류에 따라 다르기 때문에 선택의 내용도 세포소기관에 따라 달라진다. 그러므로 세포의 생명력은 막(膜)의 투과기능에 의존하게 된다.

(2) 물질의 막투과

생물막의 투과성(透過性, permeability)은 물질에 따라 다르다. 이러한 현상은 물질에 대한 막의 선택성 때문으로, 선택(적) 투과성이라고도 한다. 생물막의 기본구조가 인지질의 2층 구조라는 것은 이미 설명한 바 있다.

그림 2-29는 순수한 인지질만으로 만들어진 리포솜(liposome, 인공막)의 투과성을 나타내었다.

물, 산소, 이산화탄소, 알코올과 같이 물에 잘 녹고 기름에도 약간 녹는 물질은 막을 투과한다. 포도당, 포도당인산, ATP, 뉴클레오티드, 아미노산, 단백질 그리고 수소이온(proton), 나트륨이온같이 전하(電荷)를 가진 것은 투과하지 않는다. 그러나 이처럼 불투과성인 물질들이 생명현상에는 반드시 필요한 것들이다.

그림 2-26에서처럼 세포막에는 불투과성 물질의 운반을 담당하는 운반체(수송체, transporter, carrier)가 들어 있다. 즉 운반체가 세포막의 선택적 투과성을 결정하는 요인이다. 그러나 생물막에서 일어나는 물질투과가 반드시 운반체에 의해서만 일어나는 것은 아니다.

1) 단순확산

용액에서 확산(擴散, diffusion)은 물속에서 일어나는 분자(용질)자신의 분자운동에 의해서 일어난다. 이때 물질이 막의 장해를 받지 않고 확산되면 물질이 투과된 것이다.

물속에서 일어나는 분자운동은 농도가 높은 곳과 낮은 곳이 있을 때, 즉 농도의 기울기(勾配, gradient)가 있을 때 농도가 낮은 방향으로 확산이 일어나며 농도가 같아지면 확산은 중단되지만 분자운동은 계속된다. 이러한 확산은 기체에서도 일어난다. 기체 또는 용액에 들어있는 분자(미립자)는 불규칙적인 브라운운동을 한다.

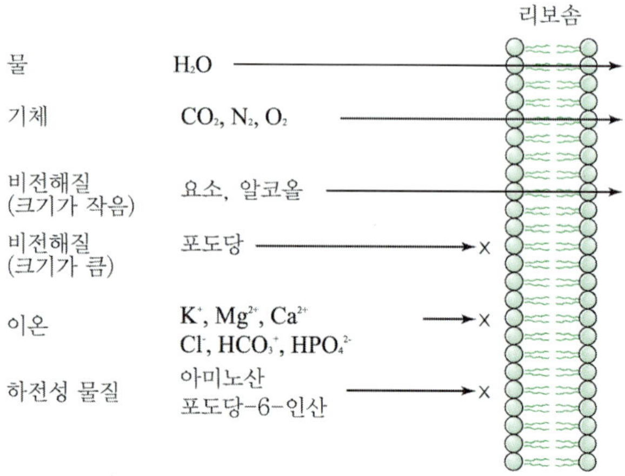

그림 2-29
리포솜의 투과성

이 운동은 직선운동인데 다른 입자와 충돌하면 운동의 방향은 바뀌나 결코 정지하지는 않는다.

그림 2-30에서 물 위에 붉은 잉크를 한 방울 떨어뜨리면 중심부에 높은 농도로 있는 잉크입자는 모든 방향으로 직진운동을 하는데, 이때 다른 입자와 충돌하면 진행방향이 변한다.

그러나 농도가 낮은 주변부위에 있는 입자(그림 2-30)가 농도가 높은 쪽으로 진행할 때에는 다른 입자와 충돌하게 되지만 농도가 낮은 쪽으로 진행하면 충돌의 기회가 적어서 보다 먼 곳까지 이동할 수 있을 것이다. 결국 입자 이동은 충돌의 확률이 적은 방향으로 일어나게 된다.

확산으로 입자(분자)가 생물막을 통과할 때에는 그림 2-31과 같은 현상이 일어난다. 즉 입자의 운동방향이 막의 공간부위와 직선상에 있으면 막을 지나 확산될 수 있으나 그렇지 않은 것들은 막에 의해서 직진운동이 차단된다.

그러므로 막을 통한 확산은 막이 없을 때보다 그 속도가 느리다. 물질이 확산으로 막을 투과할 때 이것을 단순확산(單純擴散, simple diffusion)이라 하고, 물이 확산될 때에는 특히 삼투(滲透, osmosis)라 한다. 이때 막이 물분자와 같이 크기가 작은 입자(용매분자)는 통과시키고 용질분자처럼 크기가 큰 것을 통과시키지 않는 경우에 막의 이러한 성질을 반투성(半透性, semipermeability)이라고 한다.

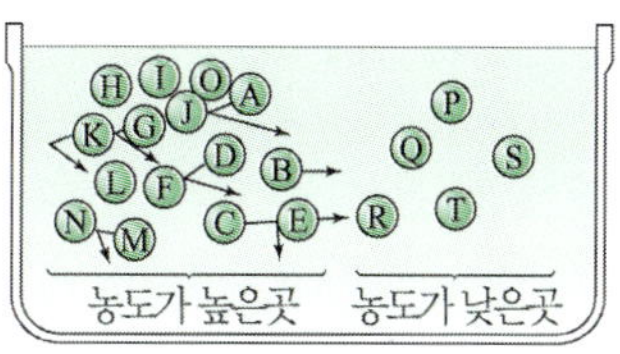

그림 2-30 용액에서 용질의 확산 (부호는 용질의 종류)

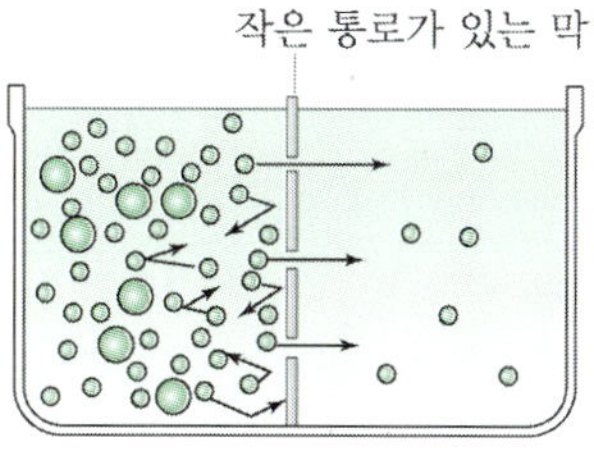

그림 2-31 막을 통한 용질의 확산

작은 분자는 빠르게, 큰 분자는 느리게 막을 투과한다.

모든 생물막은 반투성이라고 하지만 엄밀하게 말하면 반드시 그렇지는 않다. 즉, 크기가 큰 용질분자의 삼투속도가 크기가 작은 용매(물)에 비해서 느리기 때문에 반투성처럼 보이는 것이다. 그림 2-32는 동물 방광의 삼투성(삼투성)을 이용해서 삼투압 발생을 보는 실험이다.

방광막으로 막은 유리관 안에 설탕용액을 넣고 유리관을 물 속에 넣으면 유리관 안에 물기둥이 생기지만, 일정한 시간이 지나면 더 이상 높아지지 않는다. 이러한 현상은 물분자가 설탕 분자보다 빠른 속도로 삼투되기 때문에 일어나는 것이다.

이때 물은 주머니의 바깥에서 안쪽으로, 설탕은 안쪽에서 바깥쪽으로 농도의 기울기가 형성되어 확산이 일어난다. 이때 양자의 확산속도의 차이로 생성되는 수압을 삼투압(滲透壓, osmotic pressure)이라 한다. 오랜 시간이 경과하면 삼투압이 소멸되고 내외의 설탕농도가 같아진다.

세포막은 장력(張力, tension)을 가지고 있으며, 세포가 자신의 형태를 유지할 수 있는 힘은 삼투압이다. 적혈구를 0.1, 0.85, 2%의 식염수에 각각 넣으면, 0.1% 용액의 것은 팽창해서 터진다. 그러나 2%의 것은 수축해서 크기가 작아지며, 0.85%의 것은 정상적인 형태를 유지한다. 이것은 적혈구 안의 용액과 식염수의 삼투압차이로 일어나는 현상이다.

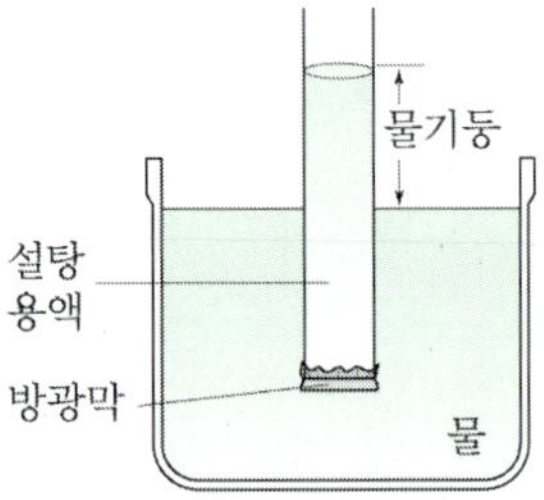

그림 2-32 삼투현상의 관찰 물기둥 높이만큼의 압력이 삼투압이다.

적혈구가 파열하는 것은 외액(저장액)보다 세포의 삼투압이 높아 물의 투입이 세포막의 장력보다 큰 힘으로 들어오기 때문이며, 세포가 수축하는 것은 외액의 삼투압이 세포보다 높아(고장액) 세포에서 물이 밖으로 빠져나가기 때문이다. 그러나 0.85% 식염수에서 적혈구가 아무런 변화를 일으키지 않는 것은 외액과 세포의 삼투압이 같기 때문이다. 이러한 농도의 식염수를 등장액(等張液, isotonic solution)이라 한다.

식물세포에는 튼튼한 세포벽이 있어서 적혈구와는 다른 현상이 일어난다. 저장액에서는 역시 물의 흡수가 일어나서 세포가 팽윤되지만, 세포벽의 저항으로 압력이 형성되면서 물의 흡수가 중단된다. 이때의 압력을 팽압(膨壓, turgor pressure)이라고 한다.

한편 고장액에서는 원형질로부터 물이 배출되어 수축이 일어나지만 세포벽은 수축하지 않아 세포막과 세포벽의 분리가 일어나는데, 이것을 원형질분리(原形質分離, plasmolysis)라고 한다. 그렇지만 이러한 세포도 같은 조건에 오랜 시간 방치하면 원형질은 본래의 상태로 돌아오는데, 이것을 원형질복귀(原形質復歸, deplasmolysis)라 한다.

이것은 외액의 용질(소금)이 서서히 세포 안으로 침투하기 때문이다. 즉 이러한 현상은 물과 용질분자 사이의 막투과 속도가 다르기 때문에 일어나는 것이다.

2) 막단백질에 의한 촉진확산

단순확산은 투과하는 물질이 막지질에 쉽게 용해하는 것이면, 막 양측의 농도 기울기에 정비례해서 투과속도가 결정된다. 그러나 막단백질을 통해서 확산이 일어날 때에는 결과는 달라진다. 먼저, 투과속도가 단순확산의 경우보다 그림 2-33에서처럼 빨라지고, 높은 특이성을 보인다. 막에 들어있는 단백질 중에는 특정 이온(ion)이나 분자만을 운반(수송)하는 것이 있다.

이때 투과속도에는 최고치가 있게 된다. 즉 외부의 용질농도를 높이면 초기에는 투과속도가 높아지지만 어느 이상으로 높이면 더 이상 높아지지 않는다. 그림 2-34에서 보는 바와 같이 인공막에 포도당 투과를 촉진하는 특성을 가진 단백질을 넣어서 만든 리포솜(liposome)으로 투과성 실험을 할 수 있다.

리포솜을 포도당 용액에 넣으면 포도당이 리포솜 안으로 투입되는데, 이때 단백질은 D-포도당에 특이적이어서 L-포도당의 수송은 일어나지 않는다. 그러나 D-포도당과 구조가 유사한 D-만노오스, D-갈락토오스 같은 것은 느리지만 수송이 일어난다. 만약 이들 세 가지 당을 섞은 용액을 사용하면 서로 다른 당의 수송을 저해하는 현상이 일어난다.

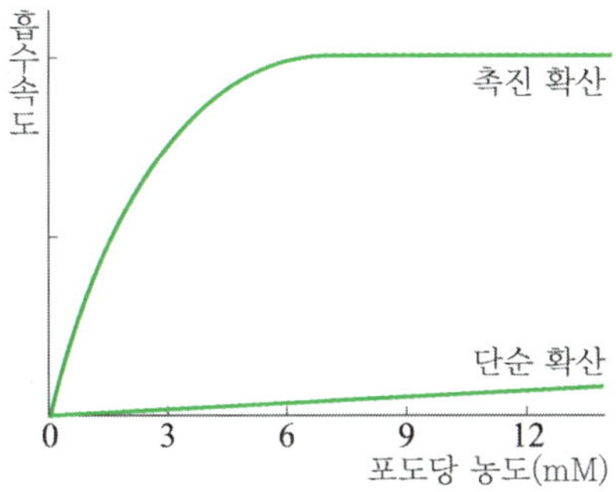

그림 2-33 적혈구에서 포도당의 흡수

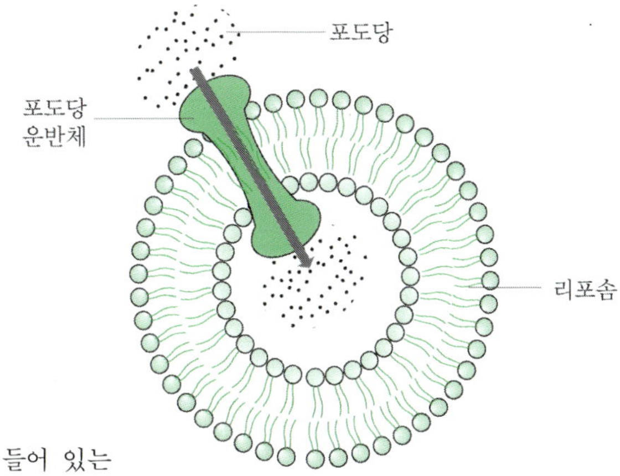

그림 2-34 포도당 운반체가 들어 있는 리포솜에 의한 포도당수송

수송단백질의 특이성은 마치 효소와 같아서 포도당투과효소라고도 하는데, 이러한 단백질을 운반체(運搬體)라고 한다.

이와 같은 막단백질에 의한 물질수송을 촉진확산(促進擴散, facilitated diffusion)이라 하고, 이때 에너지는 필요하지 않다. 물론 농도기울기(구배)가 없으면 수송은 일어나지 않는다. 포도당의 경우에는 세포 안으로 투입된 포도당이 곧 인산화되어 대사에 참여하기 때문에 항상 농도기울기가 형성되어 있다.

3) 세포막의 이온수송-능동수송

세포막의 가장 중요한 기능은 세포 주변에 다양하게 형성되어 있는 환경에서 원형질의 이온조성을 일정하게 유지하는 것이다. 표 2-4 에서처럼 세포 안의 이온농도는 혈액과 큰 차이가 있다.

표 2-4 동물의 혈액과 조직세포의 이온농도

	세 포(mM)	혈 액(mM)
① 오징어의 시경세포		
K^+	400	20
Na^+	50	440
Cl^-	40~150	560
Ca2$^+$	0. 0003	10
② 포유동물의 조직세포		
K^+	139	4
Na^+	12	145
Cl^-	4	116
HCO3-	12	29
Mg2$^+$	0. 8	1. 5
Ca2$^+$	< 0. 0001	1. 8

세포막에 의한 이와 같은 이온농도의 기울기를 유지하는 이유는 많은 에너지를 필요로 하는 수송시스템이 있기 때문이다. 그림 2-35 에서처럼 신경세포에 특히 발달한 $Na^+ \cdot K^+$-ATP 분해효소($Na^+ \cdot K^+$-ATPase)는 Na^+는 배출하고 K^+는 흡수하는 펌프(pump)의 역할을 한다.

원형질과 세포외부와의 이온 농도의 기울기는 막에 전기화학적 퍼텐셜(막전위)을 생성하게 하는데 신경세포에서는 막전위의 변화로 흥분이 발생되어 전달된다.

이와 같이 에너지를 소비하면서 농도에 역행하는 물질의 투과를 능동수송(能動輸送, active transport)이라 하고, 단순확산과 촉진확산을 수동수송(受動輸送, passive transport)이라 한다.

세포막에 들어있는 단백질의 상당 부분은 촉진확산과 능동수송을 담당하고 있을 것으로 추정되며, 세포에서 이들의 분포는 분화과정을 거치면서 결정되는 특정 유전자의 발현 여부로 결정된다.

4) 엔도시토시스와 엑소시토시스

단백질과 같이 분자량이 큰 화합물은 세포막의 운반체에 의해서 막을 투과할 수 없다. 그러나 세포가 필요로 할 때는 고분자물질도 세포막을 투과할 수 있는데, 세포 안으로의 투과는 엔도시토시스(endocytosis), 밖으로의 투과는 엑소시토시스(exocytosis)라 한다.

엔도시토시스로 고분자물이 세포 안으로 운반될 때에는 고분자물이 세포막에 접근하면 그림 2-36 에서처럼 세포막의 함입이 일어나 고분자물을 감싸면서 작은 알갱이(베지클)로 되어 세포막으로부터 떨어진다.

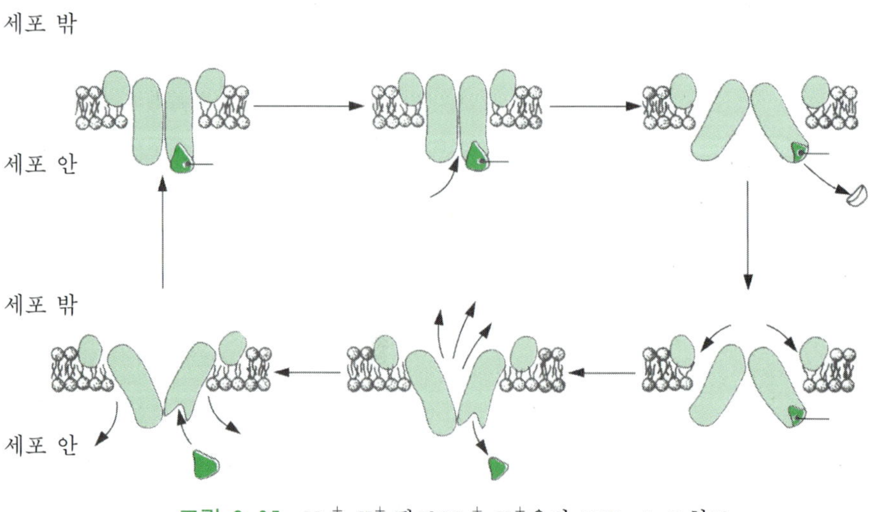

그림 2-35 Na^+-K^+ 펌프(Na^+-K^+운반 ATPase) 모형도

Na^+펌프는 ATPase 에 의해 한 분자의 ATP 가 분해되어 에너지가 제공되면 3 개의 Na^+이온을 세포 밖으로 운반하고 2 개의 K^+이온을 세포 내부로 운반한다.

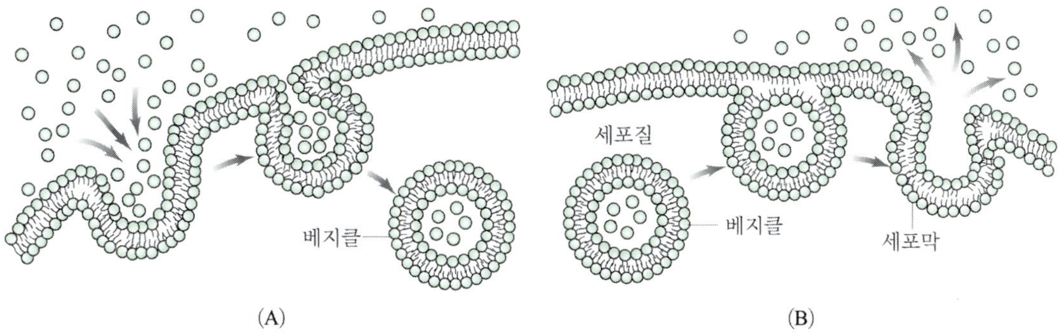

그림 2-36 엔도시토시스(A)와 엑소시토시스(B)의 모델

이렇게 생성된 소낭(베지클)은 리소솜(lysosome)과 융합해서 내부물질이 분해된다.

백혈구 또는 아메바는 이러한 방법으로 우리 몸에 침입한 박테리아나 규조(硅藻, diatom)와 같은 먹이를 세포 안으로 들여온다. 이와 같이 크기가 큰 구조물의 투입을 식세포작용(食細胞作用, phagocytosis), 용액 상태의 투입을 음세포작용(飮細胞作用, pinocytosis)이라고 한다.

엑소시토시스로 고분자물이 분비되는 경우에는 세포 안에서 고분자물이 들어있는 소낭이 세포막과 융합하여 소낭에 들어있는 고분자물이 세포 밖으로 배출된다. 모든 세포가 엔도시토시스와 엑소시토시스의 기능을 가진 것은 아니며, 주로 동물성 단세포생물과 하등동물의 소화관 벽에 있는 일부세포에서 볼 수 있다. 그러나 사람의 소화관에서 소화효소를 분비하는 세포는 엑소시토시스로 여러 가지 효소를 분비한다.

2-2-5 세포소기관과 그 기능

1. 생합성기관으로서의 소포체

(1) 소포체의 구조

그림 2-37은 동물세포의 전자 현미경 사진이다. 세포질에는 띠 모양의 구조가 잘 발달되어 있는데, 이것은 분비세포에서는 단백질합성이 활발하게 일어나고 있기 때문이다.

이러한 구조를 소포체(小胞體, endoplasmic reticulum, ER, 내부원형질 망상구조라는 의미)라 한다. 평면적인 사진에서 소포체는 여러 개의 띠가 서로 평행하게 배열된 것 같이 보이지만 입체적으로 보면 막으로 되어 있는 넓적하고 작은 주머니가 복잡한 구조로 층을 이루고 있어서 소포체라고 부른다. 또한 세포를 파괴하면 소포체는 보다 작은 알갱이 모양의 소낭(小胞, microsome)으로 변하기 때문에 형태는 달라도 기원이 같기 때문에 편의상 소포체로 부르는 것이 편리하다.

소포체는 구조상 있는 두 가지로 구분된다. 그중 하나는 표면에 리보솜이 붙어 있어 염기성 색소에 강하게 염색되는 조면소포체(粗面小胞體, rough endoplasmic reticulum, RER)이고 다른 하나는 막표면에 리보솜이 붙어 있지 않아 염기성색소로 염색되지 않는 활면소포체(活面小胞體, smooth endoplasmic reticulum, SER)이다. 염기성색소로 염색한 세포를 보면 조면소포체는 광학현미경으로도 관찰할 수 있다. 그러나 리보솜은 직경이 15~20 nm 정도여서 전자현미경으로만 관찰이 가능하다.

(2) 소포체의 작용

소포체는 복잡한 막구조로 되어 있으나 서로 연결되어 있어서 막의 내부는 연결된 통로(channel)를 형성한다. 소포체의 막구조는 세포막 또는 핵막과 기본적으로 같으며, 이들과 연결되어 있는 것이 관찰된다. 조면소포체는 단백질합성이 활발한 세포에서 발달한다. 그것은 조면소포체 표면에 붙어있는 리보솜에서 단백질합성이 일어나기 때문이다.

그러나 활면소포체에서는 비단백질성인 스테로이드 호르몬, 인지질, 당지질 등이 합성된다. 조면소포체와 활면소포체는 세포의 생리활성에 따라 상호 변환될 수 있다. 즉 세포에는 막계의 동적(動的, dynamic)인 체제가 이루어지고 있는 것이다. 활면소포체는 이러한 생합성뿐만 아니라 글리코겐이나 지질의 분해에도 관여한다. 근육세포의 활면소포체(근소포체)에서는 칼슘이온(Ca^{2+})의 저장과 배출의 기능이 있다.

소포체의 통로는 단백질을 비롯한 지질 등의 저장과 세포 내 이동통로의 기능이 있다. 특히 분비세포에서는 분비기능상 반드시 필요한 구조이다. 후에 상술하겠으나 조면소포체 표면에서 합성되는 단백질(폴리펩티드)은 소포체의 통로로 들어가서 예정된 부위로 이동하게 된다.

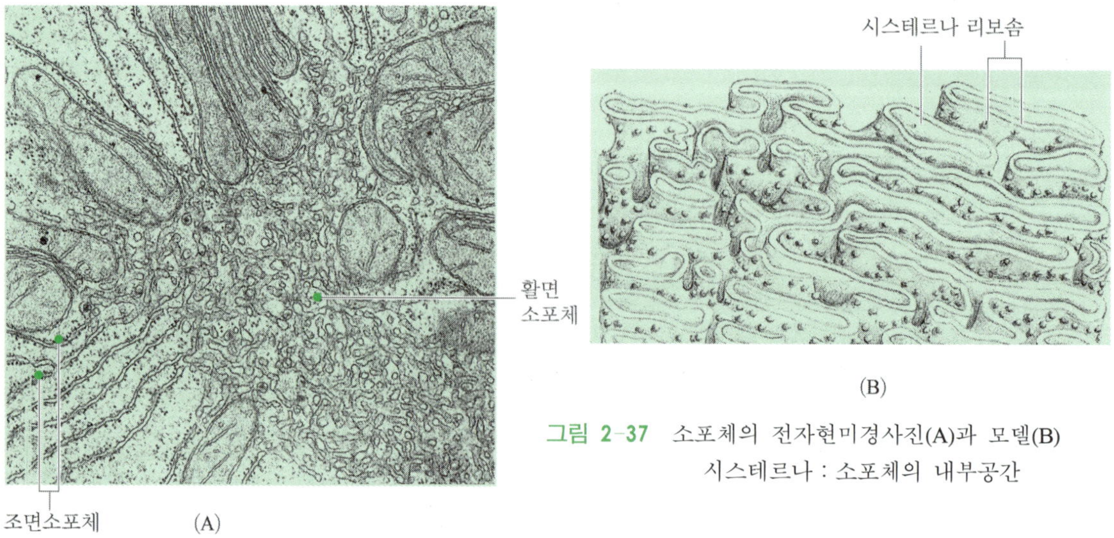

그림 2-37 소포체의 전자현미경사진(A)과 모델(B)
시스테르나 : 소포체의 내부공간

여기서 주의할 것은 세포에 들어있는 리보솜은 소포체와 결합해 있을 뿐만 아니라 유리상태의 것도 있으며 이들에 의해서도 단백질이 합성된다는 사실이다. 그리고 조면소포체에서 합성된 단백질 중에서도 통로로 들어가지 않고 직접 시토졸에 남아있는 것이 있다. 그러므로 조면소포체의 리보솜에서 합성된 단백질과, 유리상태의 리보솜에서 합성된 단백질은 질적으로 서로 다르다.

한편 원핵세포에는 소포체가 없기 때문에 모든 리보솜은 유리상태로 있으며 그림 2-37의 전자현미경사진에서 볼 수 있는 수많은 점들은 리보솜으로 단백질합성의 정도를 나타내는 것이다.

소포체의 발생에 대해서는 확실한 것이 알려지지 않았으나, 핵막에서 유래한다는 생각과 핵막과 소포체 모두가 세포막의 함입으로 생긴다는 두 가지 견해가 있다.

2. 단백질의 합성장소인 리보솜

리보솜(ribosome)이 처음 발견된 것은 조면소포체 표면에 붙어있는 호염기성 과립(顆粒)의 상태였다. 조면소포체를 계면활성제인 데옥시콜산나트륨으로 처리하면 리보솜이 막에서 분리된다. 리보솜은 그림 2-38에서처럼 복잡한 형태로 크기가 서로 다른 두 개의 서브유닛으로 되어 있다. 리보솜의 외부형태는 복잡하지만 전체적으로는 그림 2-39와 같이 오뚝이처럼 보인다.

소포체에서 분리한 리보솜을 정제한 후에 분석하면 단백질과 RNA로 되어 있음을 알 수 있다. 세포 안에 들어있는 RNA의 약 25%가 리보솜에 들어있는데, 이들 rRNA는 다른 RNA와 구조 및 기능에서 차이가 있다. 진핵세포에서 리보솜은 세포질에는 물론 미토콘드리아와 엽록체에도 들어 있다.

진핵세포에서 리보솜은 세포질에는 물론 미토콘드리아와 엽록체에도 들어있다.

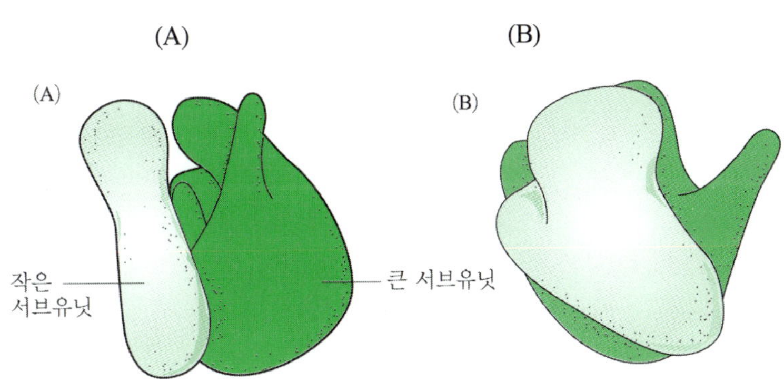

그림 2-38 대장균 리보솜의 입체모형
전자현미경사진을 기초로 하였다. 두 개의 서브유닛은 단백질을 합성할 때에만 독특한 방식으로 서로 결합한다. A, B는 서로 다른 방향에서 본 것임.

리보솜의 크기와 조성은 생물, 세포, 세포소기관에 따라 여러 가지로 다르다. 리보솜도 원심분리법으로 분리하는데, 가라앉는 속도, 즉 침강계수가 달라서 서로를 비교할 때 침강계수(S)를 사용한다.

표 2-5 에 의하면 원핵세포의 리보솜은 진핵세포 세포질의 리보솜보다 작다. 일반적으로 원핵세포의 것을 70 S, 진핵세포의 것을 80 S 라 부른다. 한편 엽록체 리보솜의 S 값은 생물종에 따른 차이가 거의 없으나 미토콘드리아의 경우에는 큰 차이가 있다.

리보솜을 구성하는 크고 작은 2 개의 서브유닛은 서로 분리될 수 있다. 각각의 서브유닛들은 rRNA 와 단백질로 되어 있으며, 상세한 것은 그림 2-39 에서 알 수 있다. 80 S 의 리보솜은 60 S 와 40 S 인 서브유닛으로, 70 S 리보솜은 50 S 와 30 S 인 서브유닛으로 분리된다.

이들 서브유닛은 다시 RNA 와 단백질로 분리할 수 있다. 그 결과, 리보솜은 대단히 많은 종류의 RNA 와 단백질로 구성되어 있음을 알 수 있다. 즉 단백질 합성에서 이것들이 서로 다른 역할을 할 것이므로 단백질합성의 복잡성이 어느 정도인지를 짐작하게 한다.

표 2-5 리보솜의 S 값

세포 및 세포소기관		S 값
진핵세포	세포질	77 S (붉은빵곰팡이)~87 S (유글레나)
	미토콘드리아	55 S (사람)~80 S (효모)
	엽록체	66 S (시금치)~70 S (콩과식물)
원핵세포	박테리아	69 S (대장균)
	남조류	72 S (아나베나)

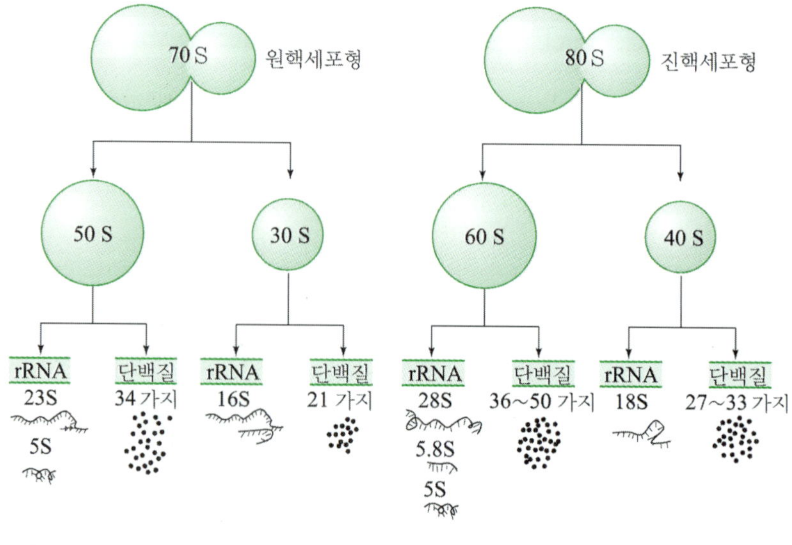

그림 2-39
리보솜의 구성성분

3. 막형성의 중심인 골지체

(1) 골지체의 구조

골지체(Golgi apparatus)는 동물세포에서 처음 발견된(1898년) 세포소기관이다. 적당한 방법으로 세포를 고정하고 오스미움으로 염색을 하면 현미경으로 관찰된다. 그림 2-40 에서 보는 바와 같이 골지체는 독특한 막구조로 되어있다.

신경세포의 골지체는 세포질 전체에 흩어져 있으나, 분비세포나 상피세포에서는 핵의 어느 한쪽으로 치우쳐 있는 경우가 흔하다. 골지체 모양의 구조는 식물세포 또는 무척추동물 세포에서도 관찰되는 것으로 보아 모든 진핵세포에 분포하는 것으로 이해되고 있다. 식물의 것을 딕티오솜(dictyosome)이라고도 한다.

골지체의 기본구조는 편평한 주머니모양의 구조와, 작은 알갱이 모양의 베지클, 그리고 커다란 액포의 3 구조물로 되어있다. 대개 주머니모양의 막구조물은 5~6 개가 중첩되어 있으나 수십 개인 경우도 있다. 이들 주변에는 소포와 액포가 흩어져 있다. 골지체막에는 리보솜이 붙어있지 않으며 일부가 소포체와 연결되어 있는 것도 관찰된다.

(2) 골지체의 작용

골지체는 동적인 형태변화를 하고 있는 세포소기관으로 세포내부의 막구조 형성에서 중심적인 역할을 하는 것으로 알려져 있다. 골지체에 여러 가지 효소가 들어있는 것으로 보아 다음과 같은 기능이 있을 것으로 여겨진다. 동물의 분비세포에서는 조면소포체에서 합성된 단백질이 골지체로 운반되고 여기서 당과 결합해서 당단백질이 된다. 즉 조면소포체의 일부가 소포로 되고, 이것이 골지체가 있는 부위로 이동해서 여러 개가 서로 융합하면 주머니 모양의 구조물이 된다.

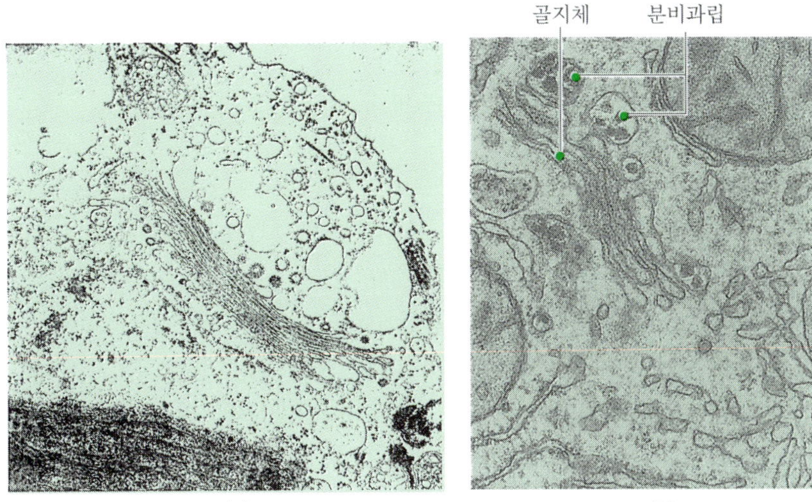

그림 2-40 골지체의 전자현미경사진
A : 전형적인 형태
B : 분비기능이 활발한 세포의 경우

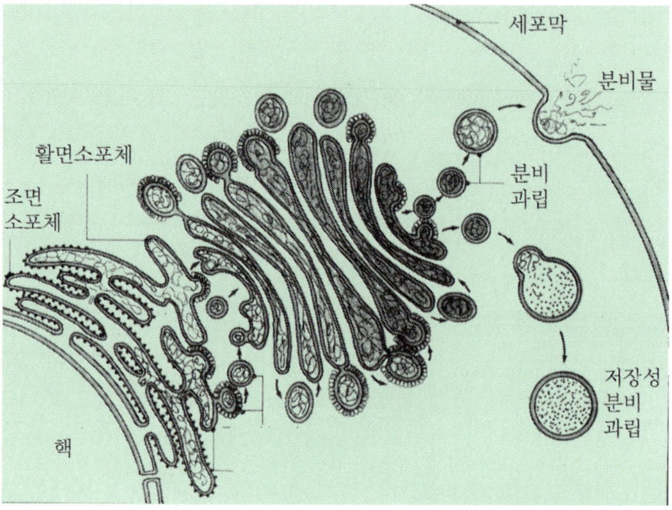

그림 2-41 골지체의 기능을 나타내는 모델

한편 골지체에서 소포가 생성될 때에는 그 안에 들어 있는 분비물은 농축됨과 동시에 분비과립으로 된다(그림 2-41 참조). 이 과립은 세포막으로 이동하고 막과 융합해서 엑소시토시스를 거쳐 분비물로서 세포 밖으로 나간다.

식물세포의 골지체(딕티오솜)에서는 펙틴, 헤미셀룰로오스, 셀룰로오스 등의 다당류가 합성되어 세포 밖으로 분비해서 세포벽 합성에 참여한다. 골지체는 세포생활에서 대단히 중요한 역할을 하고 있다. 그림 2-41 에서 보면 분비과립이 골지체에서 연속적으로 생성되면서 이것들은 차례로 세포막의 방향으로 이동한다.

이러한 분비과립들이 세포막과 융합하면 세포막이 점차 확대될 것이다. 그러나 실제로 세포막의 확장은 일어나지 않는다. 왜냐하면 엑소시토시스에 의해서 분비가 일어날 때 엔도시토시스가 동시에 일어나며 이때 생기는 막구조물은 골지체로 돌아가는 것으로 이해되지만 정확한 메커니즘은 아직 알려져 있지 않다.

4. 핵-DNA (유전자의 활동장소)

핵을 둘러싸고 있는 핵막(核膜, nuclear envelope)은 그림 2-42 에서 처럼 내외(內外) 두 장의 막으로 되어 있고, 여러 부위에서 내외막이 서로 접해서 생긴 핵공(核孔, nuclear pore)이 있다.

핵막의 외막(外膜)은 소포체와 연결되어 있어서 독립적인 존재가 아니라 소포체의 일부라고 해석하기도 한다.

실제로 세포분열이 진행되면서 핵막은 소실되어 작은 소포(vesicle)가 되는데 이것과 소포체는 구별되지 않는다. 그러나 세포분열 후기에는 소포가 모여서 다시 핵막이 형성된다.

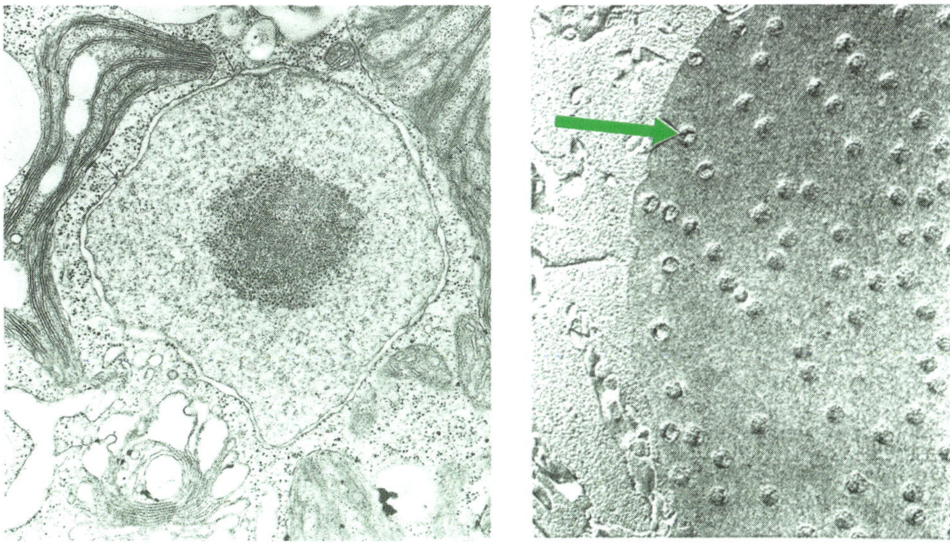

(A) (B)

그림 2-42 핵의 전자현미경사진. 클라미도모나스의 핵(A)과 핵공(B) (화살표 : 핵공).

하등인 진핵세포에서는 세포분열이 핵막의 소실 없이 진행되는 것으로 보아, 고등생물에서 볼 수 있는 핵막의 소실도 진화의 결과로 여겨진다.

핵공은 실제로 물질이 통과할 수 있어서 유전자의 발현으로 생산되는 mRNA 와 핵 안에서 합성되는 단백질이 핵공을 통해서 시토졸로 이동할 수 있으며, 시토졸에서 호르몬과 같은 물질이 이곳을 거쳐서 핵 안으로 운반된다.

핵의 내부는 염기성 색소로 염색되는 실(絲)과 같은 구조물로 충만되어 있다. 실처럼 보이는 이것을 염색질(染色質, chromatin)이라 하는데, DNA 와 히스톤(histone)이라 하는 단백질로 구성되어 있다.

DNA 에는 인산기(PO4)가 많아서 음(-)으로 하전되어 있으나, 히스톤은 염기성 아미노산의 함량이 높아서 양(+)으로 하전되어 있어서, 이들이 서로 전기적으로 중화되면서 강하게 결합한다. 염색질을 진한 전해질 용액(0. 5 M NaCl)에 넣으면 DNA 와 히스톤으로 해리한다.

DNA 와 히스톤의 결합은 그림 2-43 처럼 DNA 가 히스톤을 감아서 염주모양을 이루는데, 이것이 전자현미경에서는 실처럼 보이는 것이다.

그러나 배율을 높이면 히스톤이 마디처럼 보인다. 히스톤 단백질은 5 가지의 폴리펩티드가 서브유닛으로 되어있는 복합체인데, 모든 진핵생물의 히스톤의 아미노산 서열이 같은 것으로 보아서 히스톤 유전자는 지난 수십 억 년을 지내오면서 아미노산 서열에 변화가 일어나지 않은, 즉 전혀 진화가 일어나지 않은 것을 알 수 있다.

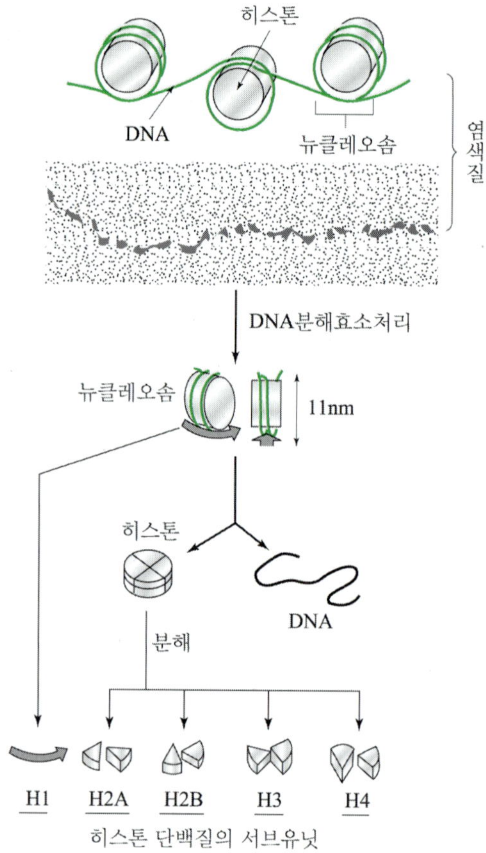

그림 2-43 염색질의 구성분해하면 DNA와 히스톤이 생긴다.

염색질의 구조는 세포주기에 따라 변한다. 세포분열의 간기(間期, interphase)에는 핵 전체에 흩어져 있으나 DNA 복제가 끝나고 전기(前期, prophase)가 시작되면 점진적으로 응축(凝縮)되어 염색체를 형성하는데, 그 과정을 그림 2-44에서 살펴볼 수 있다.

핵에 있는 인(仁, nucleolus)은 여러 개의 리보솜 유전자에 의해서 합성된 rRNA가 축적되어 있는 부위로서 세포분열이 활발할 때 인의 수가 증가하거나 크기가 커지는 경우가 많다.

한편 원핵세포의 염색체는 진핵세포의 경우와 여러 가지로 다르다. 대장균의 염색체는 고리모양으로 된 한 개의 DNA로, 길이는 1,300 μm이다. 그러므로 세포에서 염색체는 복잡하게 구부러진 상태로 있는데, 이들이 집중적으로 분포하는 부위를 핵양체(核樣體, nucleoid)라고 하며,

대개의 박테리아에는 한 개 이상의 핵양체가 들어있다. 왜냐하면 세포분열의 속도와 DNA 복제의 속도가 일치하지 않는 경우가 생기기 때문이다. 박테리아의 염색체에는 히스톤이 아닌 단백질이 들어있다.

진핵세포의 염색체는 DNA가 히스톤과 강하게 결합되어 있어서 유전자의 발현이 필요할 때 해당되는 유전자 부위의 DNA를 히스톤과 일시적으로 격리시켜 전사(轉寫, transcription)를 가능하게 한다.

그 결과, 불필요한 유전자의 발현이 일어날 확률이 낮아서 세포가 안정된 생활을 하게 된다.

이러한 장치가 되어 있지 않은 박테리아의 염색체는 DNA의 복제가 필요할 때 빠르게 일어날 수는 있어도 유전적으로는 안정하지 못한 것으로 알려지고 있다. 세포가 DNA에 들어 있는 유전자를 활용하여 세포의 생활을 지배하는 내용에 대하여는 여러 부분에서 설명된다.

5. 그밖에 세포 내 구조물

성숙한 식물세포에는 그림 2-21에서처럼 액포가 들어있다. 액포의 크기는 세포에 따라 다르지만 대개는 원형질의 체적보다 큰 것이 보통이다. 액포는 세포의 생활에 필수적인 것이 아니라 세포가 성숙하면서 갖게 되는 것으로, 세포벽과 함께 후형질로 취급되고 있다. 그러나 액포는 세포의 생활에서 대단히 중요한 기능을 하고 있다.

세포막에 여러 가지 효소, 운반체, 수용체들이 있는 것처럼 액포를 둘러싸고 있는 액포막(液胞膜, tonoplast)에도 효소와 수용체들이 있어서 시토졸의 여러 가지 이온의 농도를 조절하고 당, 아미노산, 일부의 이차대사산물 등을 액포로 흡수해서 축적한다. 특히 식물은 일정한 배설기관을 가지고 있지 않기 때문에 세포에서 발생하는 재사용이 어려운 폐기물(노폐물)들은 액포에 축적한다.

세포에 노폐물이 축적되어도 식물의 생활에는 큰 영향이 없는 것은, 식물의 수명은 길어도 동물과는 달리, 몸을 구성하고 활발하게 생활하는 세포가 일정기간 후에는 새로운 조직 또는 기관으로 교체되기 때문이다. 동물은 양분의 공급, 노폐물의 처리, 삼투압의 조절을 담당하는 기관이 발달해 있어서 액포의 존재는 필요하지 않다. 하지만 전자현미경 관찰에 의하면 세포질에 베지클(소포)이 많은데, 이것들의 정체는 알지 못한다.

또한 세포에는 퍼옥시솜(peroxysome) 및 글리옥시솜(glyoxysome)과 같은 미소체(微小體, microbody)가 있는데, 퍼옥시솜은 지방대사에 관여하는 세포소기관으로 세포의 생활상태에 따라 그 내용이 변할 수 있다.

글리옥시솜은 퍼옥시솜의 변형으로 주로 지방이 저장되어 있는 식물 종자가 발아할 때 발달해서 지방산의 가수분해 산물인 아세틸 CoA 로부터 탄수화물을 합성하는 기능을 수행한다. 그러나 지방을 저장물질로 갖는 종자가 발아해서 생긴 잎이 광합성을 수행하게 되면 잎에 있는 글리옥시솜의 기능은 소멸된다.

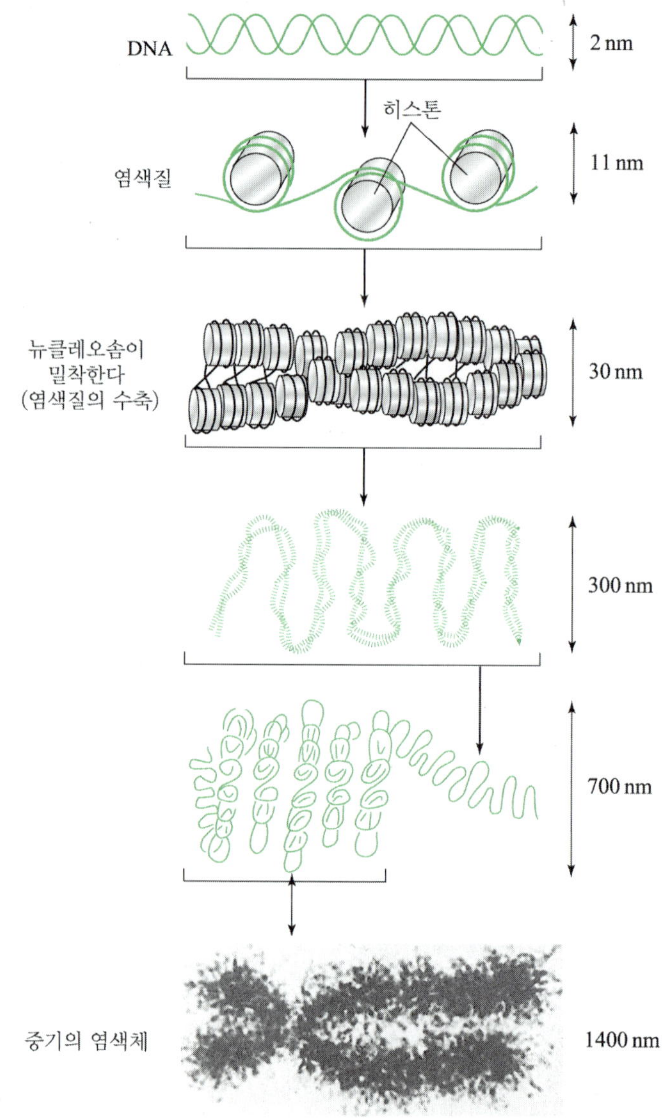

그림 2-44
염색질과 염색체의 상호관계

또 다른 구조물로는 그림 2-45 에서처럼 세포의 골격형성에 작용하는 미세섬유(微細纖維, microfilament)와 미세소관(微細小管, microtubule)이 있다. 미세섬유는 액틴(actin)성 단백질로 운동성 세포에서 수축을 가능하게 한다.

미세소관은 튜블린(tubulin)이라는 구상(球狀, globular)단백질로 이루어진 원통형 구조물로 세포분열 시 방추사를 만들고, 섬모, 편모의 구성성분이기도 하다. 아메바가 운동할 때 헛발(헛다리, 僞足, pseudopodium)을 만들 수 있는 것도 이들 구조물이 있어서 가능한 것이다. 미세섬유와 미세소관은 세포의 골격형성은 물론, 세포소기관의 배치에서도 구조적인 기능을 갖는다.

2-3 세포의 에너지 흐름

2-3-1 광합성 (光合成, photosynthesis)

1. 엽록체의 구조

식물의 잎 세포에는 세포소기관으로 엽록체(葉綠體, chloroplast)가 들어 있어서 독립적으로 광합성을 수행한다. 엽록체는 식물의 생활상태에 따라 구조와 기능이 여러 가지로 변하는데, 이것들을 총체적으로 색소체(色素體, plastid)라 한다. 엽록체에는 다량의 클로로필(葉綠素, chlorophyll, 엽록소)이 들어 있어서 잎이 녹색을 띠게 하지만, 가을이 되어 단풍이 들 때에는 클로로필이 소실되고 카로티노이드 등의 색소가 남게 된다. 이것을 잡색체(雜色體, chromoplast)라 한다.

한편 식물을 어두운 곳에 두어 황백화(黃白化, etiolation)를 일으키면 엽록체는 색소들이 전부 소실되어 백색체(白色體, leucoplast)로 된다.

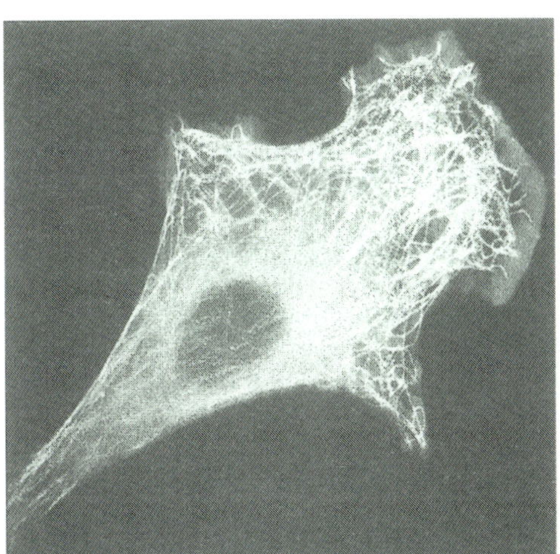

(A)

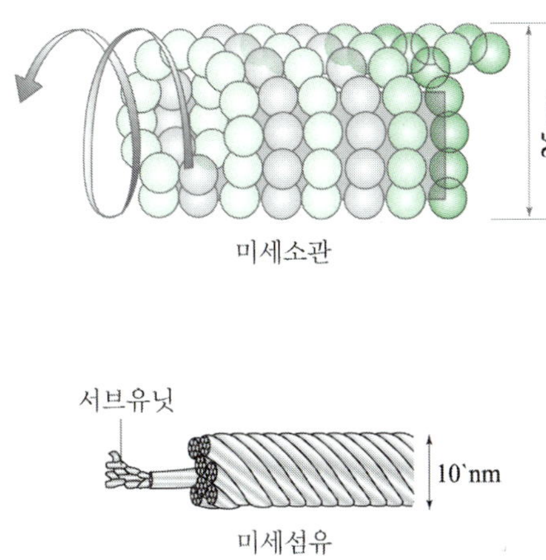

(B)

그림 2-45 특수 처리한 세포에서 복잡하게 얽혀있는 섬유상 구조물을 볼 수 있다(A). 이러한 구조물들은 미세섬유와 미세소관이 주축을 이룬다(B).

그러나 황백화가 일어난 식물에 빛을 비춰주면 클로로필이 합성되면서 엽록체로 복귀한다. 세포에서 엽록체의 위치와 형태는 고정되어 있는 것이 아니라 빛 등의 조건에 따라 달라진다.

엽록체는 그림 2-46 에서처럼 내외 두 겹의 막으로 되어있는데, 이것을 엽록체포막(葉綠體胞膜, chloroplast envelope)이라 하고, 바깥의 것을 외막(外膜, outer membrane), 안쪽의 것을 내막(內幕, inner membrane)이라 한다. 내막 안쪽에는 틸라코이드(thylakoid)라 하는 넓적한 주머니 모양의 막구조가 발달해 있다. 틸라코이드의 구조는 진화와 더불어 복잡성이 더해진다. 하등식물의 틸라코이드는 각각 독립적으로 서로 평행으로 배열되어 있지만, 고등식물에서는 보다 복잡한 층상구조가 발달하여 그라나(grana)가 형성된다.

그라나는 서로 막으로 연결되어 있어서 틸라코이드의 막구조 전체가 하나로 연결된다. 엽록체에서 막구조를 제외한 액체를 스트로마(stroma)라 하고, 틸라코이드의 내부공간을 루멘(lumen)이라 한다.

원핵생물은 세포소기관을 가지고 있지 않으나, 광합성 박테리아와 남조류 같이 광합성능이 있는 세포에는 광합성이 실제로 수행되는 막구조가 발달해 있다. 이러한 막구조는 세포막이 내부로 함입되고 신장해서 형성된 것으로 크로마토포아(chromatophore) 또는 틸라코이드라 한다.

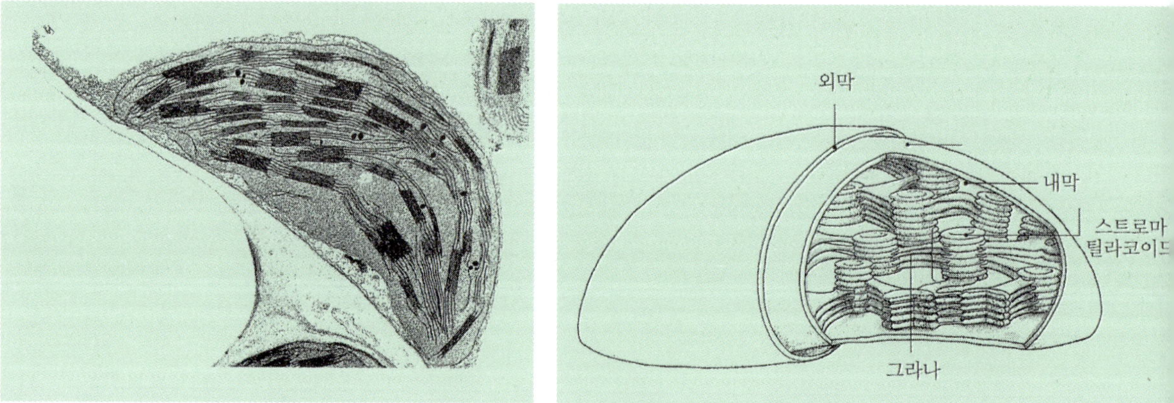

(A) (B)

그림 2-46 엽록체의 전자현미경사진(A)과 모델(B)

고등식물세포에는 대개 20~30 개의 엽록체가 들어있으나 하등식물에서는 그 수가 적고 형태도 다양하다. 유글레나(Euglena, 연두벌레)는 생활주기에 따라 엽록체의 융합이 일어나고, 해캄의 엽록체는 띠 모양으로 생긴 것이 나선형의 형태로 세포의 축 방향으로 자리 잡고 있다.

엽록체에는 고유의 DNA, RNA, 리보솜이 들어있다. 이것은 남조류가 세포에 침입해서 공생(共生)하여 엽록체로 되었을 것이라는 해석을 하게 하는 근거가 되고 있다.

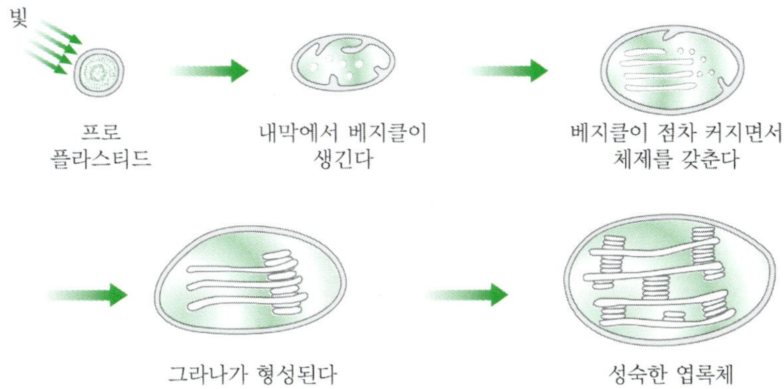

그림 2-47 엽록체의 발달

그렇지만 엽록체의 DNA는 크기가 작아서 엽록체의 구조와 기능을 지원하는 데 필요한 유전정보를 전부 지원할 수 없다. 그 결과 엽록체가 필요로 하는 여러 가지 유전정보가 핵의 DNA에서 나오고 있다.

예를 들면, 클로로필과 카로티노이드 합성은 핵의 지배를 받는다. 그렇기 때문에 미토콘드리아처럼 엽록체도 자기증식의 능력은 없는 것으로 판명되었다. 생장점에서 새로 생기는 세포와 황백화된 식물에 빛을 비칠 때, 엽록체는 프로플라스티드(前色素體, proplastid)라 하는 내부구조가 없는 작은 소포로부터 발달한다. 그림 2-47에서처럼 빛이 있으면 시간이 경과함에 따라 내부의 막구조가 발달해서 성숙한 엽록체가 되며 분열해서 그 수가 증가한다.

2. 빛과 에너지

빛은 태양에서 발산하는 전자파의 일종으로 그림 2-48에서와 같이 파장의 폭이 대단히 넓다. 이 중에서 가시광선(可視光線, visible light)은 380~800 nm 범위의 빛이며, 고등식물의 광합성에 이용되는 빛은 청색(~440 nm)과 적색(~670 nm)인데 지표에서 가장 풍부한 빛의 파장이 670 nm 부근의 것이라는 사실은 광합성색소의 진화적 발달이 빛과 연관되어 있음을 알 수 있다.

빛이 생물의 생활에 이용되기 위해서는 먼저 생물에 의해서 흡수되어야 하는데, 빛의 흡수는 물질의 분자구조에 의해 결정된다. 가시광선을 흡수할 수 있는 화합물의 분자구조를 보면 여러 개의 걸러 짝지은 이중결합(共軛二重結合, conjugated double bond)이 있으며, 이중결합의 수가 많아지면 흡수하는 빛의 파장이 길어져서 클로로필처럼 적색 파장의 빛도 흡수하게 된다.

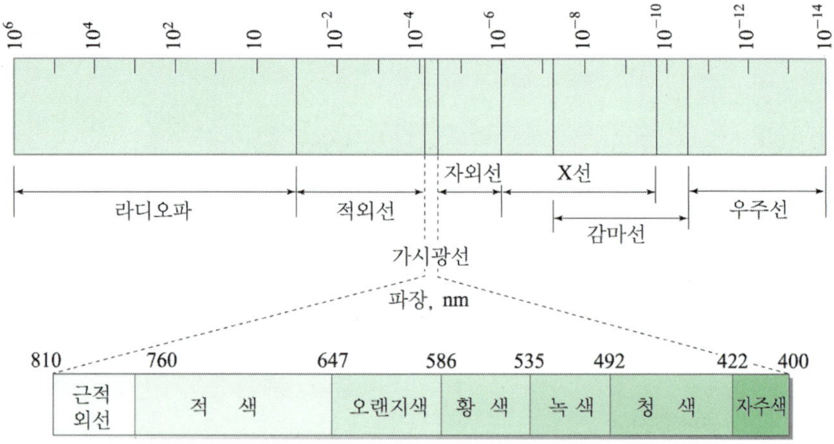

그림 2-48
전자파의 스펙트럼

고등식물의 광합성에 이용되는 빛의 파장이 주로 청색과 적색인 것도 클로로필의 분자구조 때문이다. 화합물에 의해서 흡수된 빛에너지 중 일부가 화학반응에 이용되었을 때 생물이 빛에너지를 이용한 결과가 되며, 이렇게 빛에 의해서 일어나는 화학반응을 광화학반응(光化學反應, photochemical reaction)이라 한다. 빛(광량자)이 가진 에너지의 크기는 파장과 반비례의 관계에 있으며, 빛의 에너지 함량은 다음 식으로 산출할 수 있다.

$E = h\nu$ (h : 플랭크상수, 6.6256×10^{-34} 줄 · 초)

$\nu = c/\lambda$ (c : 빛의 속도 3×10^{10}cm/초, λ : 빛의 파장)

엽록체에서 광합성에 필요한 빛에너지를 흡수하는 색소에는 그림 2-49과와 같은 클로로필 a, 클로로필 b, 카로티노이드(carotenoid) 등이 있다. 그림 2-50 에서처럼 이들 색소가 흡수하는 빛의 파장이 약간씩 달라 광합성에 이용되는 빛의 영역이 보다 넓어진다.

카로티노이드에는 β-카로틴, 루테인, 크산토필 등이 있는데, 이것들의 함량은 식물에 따라, 생육조건에 따라서 달라진다. 클로로필 a 와 b의 함량과 함량비도 식물의 종류와 빛 조건에 따라 변한다.

광합성 박테리아는 파장이긴 적외선으로 광합성을 하는데 이것은 들어있는 박테리오클로로필이 적외선을 흡수하기 때문이다. 이러한 성질은 이들 박테리아의 서식지에 단파장의 빛이 도달하기 어려운 현실에 화학적으로 적응한 결과로 해석된다.

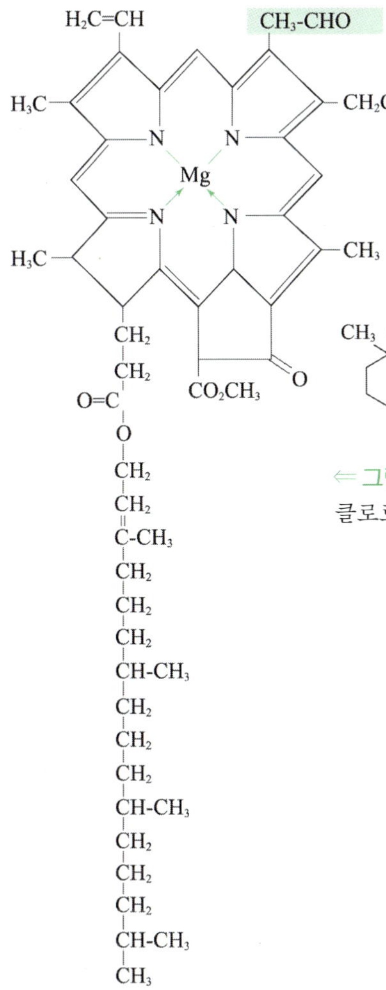

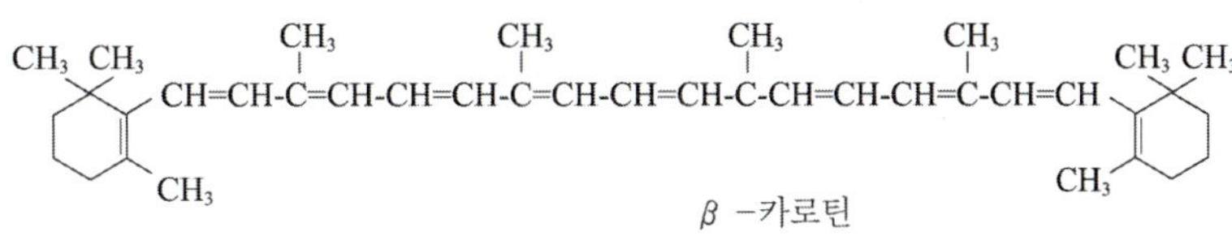

⇐그림 2-49 광합성색소의 구조
클로로필 a 에서 $-CH_3$ 가 $-CHO$ 로 치환되면 클로로필 b 가 된다.

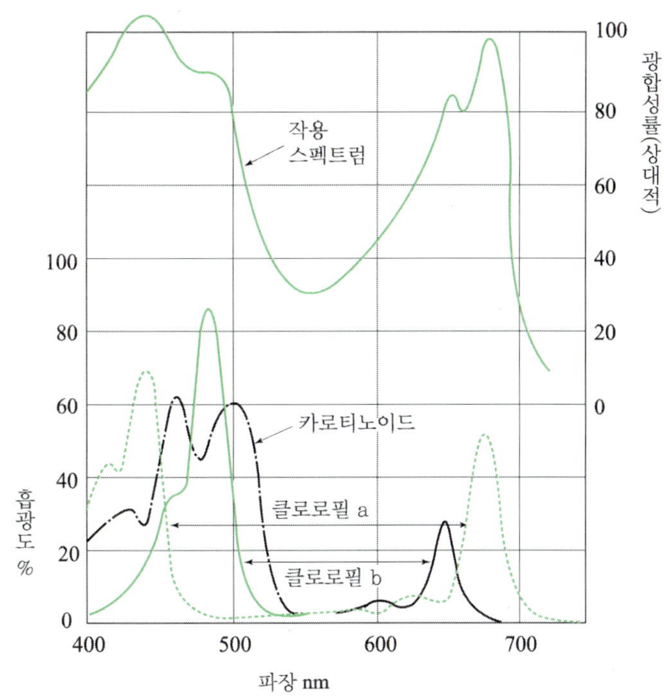

그림 2-50 광합성색소의 흡수스펙트럼과 광합성의 작용스펙트럼 ⇒

3. 빛에너지를 동화하는 광합성

지구상에 서식하는 생물 전체가 매년 호흡으로 소비하는 유기물의 양은 탄소만으로 약 4. 5×1010 톤에 달한다. 이처럼 많은 양의 유기물은 원천적으로 식물에서 유래하는 것으로 식물은 이와 같이 막대한 양의 유기물을 광합성에 의한 이산화탄소의 동화로부터 얻는다.

광합성은 다음과 같이 간단한 화학식으로 나타낼 수 있으며, 탄수화물이 완전히 산화(연소)하는 반응의 역반응임을 알 수 있다.

$$6\,CO_2 + 6\,H_2O \underset{\text{연소반응}}{\overset{\text{빛, 클로로필}}{\rightleftarrows}} C_6H_{12}O_6 + 6\,O_2\ (+686\ \text{kcal/몰})$$

모든 생물이 생활에 필요한 에너지를 유기물의 산화에서 얻는 반면에 광합성에서는 유기물을 합성하는 데 필요한 에너지를 빛에서 얻는다. 생물의 생활은 먹이로 얻을 수 있는 유기물양의 지배를 받는다. 그러나 광합성은 빛의 양은 물론, 흡수한 빛의 효율적인 이용이 보다 더 중요하다. 광합성에서 생성되는 산소(O_2)는 대기에 축적되며, 모든 호기성 생물의 생활을 가능하게 해준다.

4. 광화학반응계

(1) 전자전달계

식물의 광합성은 빛의 직접 참여로 진행되는 명반응(明反應, light reaction, 광화학반응)과 빛의 직접 참여 없이 진행되는 암반응(暗反應, dark reaction)으로 구분되며, 서로의 관계는 그림 2-51 에서 간단하게 볼 수 있다. 즉, 명반응에서는 NADPH 와 ATP 가 생성되고 암반응에서는 이것들을 이용해서 이산화탄소(CO_2)로부터 당을 생산한다.

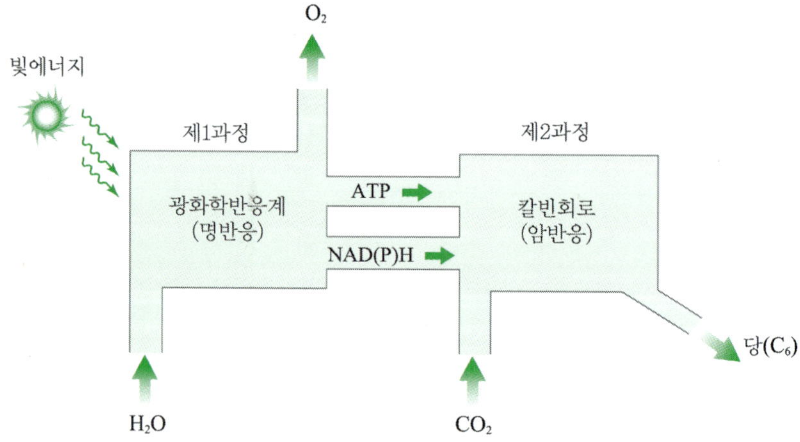

그림 2-51 두 과정으로 진행되는 광합성

영국의 힐(Hill, R., 1939년)은 잎을 갈아 만든 현탁액에 옥살산제 2 철(Fe^{3+})를 넣고 빛을 비쳐줄 때 산소가 발생하면서 옥살산제 1 철(Fe^{2+})이 생성되는 실험에 성공하였다. 이것을 힐반응(Hill reaction)이라 하며, 이때 이산화탄소의 고정은 일어나지 않았으나 빛에 의해서 환원력이 생성되었음을 알았다.

그 후 여러 사람들의 연구에서 잎에서 분리한 엽록체가 빛이 있을 때 NADPH 와 ATP 를 생산하고, 명반응은 암반응과는 독립적으로 활성을 나타낼 수 있음도 입증되었다.

명반응인 광화학반응은 엽록체의 틸라코이드에서 진행된다. 틸라코이드에는 미토콘드리아의 전자전달계와 유사한 시스템이 그림 2-52 처럼 되어 있어서 이산화탄소를 환원하는 데 필요한 전자(電子, electron)를 물에서 빼내어 전자전달계를 거쳐 수송한다.

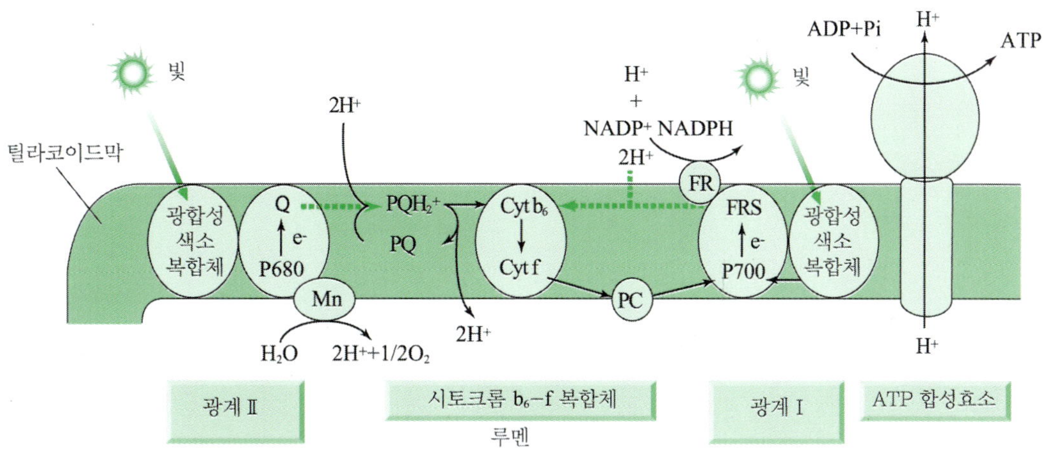

그림 2-52 엽록체의 전자전달계

Mn : 망간이온 FRS : 페러독신환원효소 FR : 페러독신

클로로필은 약 250 분자가 특수한 단백질과 결합해서 클로로필-단백질 복합체를 형성하여 틸라코이드에 들어있는데 여기에는 기능이 다른 두 종류가(광계 I, II)가 있다. 이들 중 광계 I (光系 I, photosystem I)에는 P 700 이라는 특수한 성질의 색소(특수한 상태로 있는 클로로필 a)가 있어서 광계 I 의 색소가 흡수한 빛에너지 전부가 이 색소로 전달된다.

한편 광계 II(光系 II, photosystem II)에는 P 680 이라는 색소(P 700 과는 다른 특수한 상태에 있는 클로로필 a)가 있어서 여기에서도 흡수된 에너지가 이 색소로 집중된다.

클로로필이 빛(에너지)을 흡수하면 바닥상태(ground state)에서 들뜬상태(excited state)로 변하는데, 이와 같이 들뜬상태는 오랜 동안 지속될 수 없고 지극히 짧은 시간 내에 흡수했던 에너지를 방출하고 다시 바닥상태로 되돌아가야 한다.

이때 방출되는 에너지는 흡수한 빛에너지의 양과 거의 같으나 열, 형광, 인광의 형태일 수 있다. 그러나 들뜬 분자의 에너지가 다른 분자로 전달되어 해당분자를 들뜨게 하는 경우도 있다.

그림 2-53에서처럼 실제로 카로티노이드가 흡수한 빛에너지는 클로로필로 전달되고, 들뜬 클로로필의 들뜸에너지(excitation energy)는 P 700으로 전달된다.

P 700이 직접 700 nm인 빛을 흡수하거나 다른 클로로필로부터 에너지를 전달받으면 들뜬상태가 되는데, 다른 색소와는 달리 흡수한 에너지를 방출하지 않고 스스로 아래와 같이 해리하게 된다.

$$\text{P 700} + \text{빛에너지} \longrightarrow \text{P 700}^{+}(\text{P 700의 산화형}) + \text{e}(\text{전자})$$

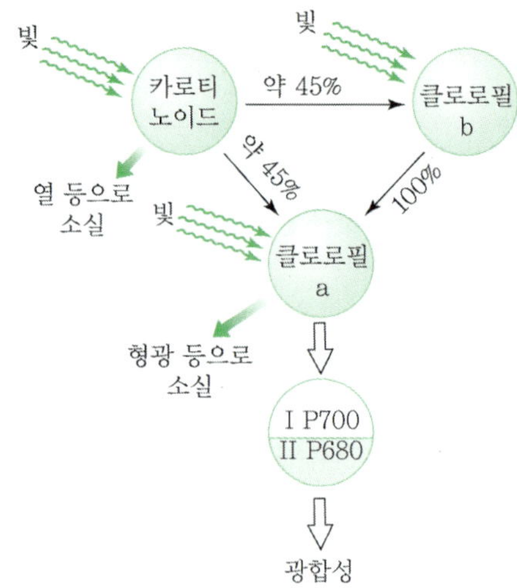

그림 2-53
광합성 색소 간의 에너지전달

광합성에서 이 반응은 대단히 중요한 의미를 가지고 있다. 빛을 흡수해서 들뜬상태(P 700^{+})가 된 P 700은 한 개의 전자(e)를 잃는다. 이때 이탈한 전자는 다른 화합물에 의해서 받아들여지고 그 화합물은 환원된다. 한편 P 700^{+}은 안정한 상태(바닥상태)로 되기 위해서 다른 화합물에서 전자를 받아와야 하는데 전자를 빼앗긴 화합물은 산화된다.

이러한 두 가지의 화학반응은 클로로필에 의해서 흡수된 빛에너지로 추진된다. 즉, 빛이라는 물리에너지가 두 화합물을 하나는 산화, 다른 하나는 환원시키는 화학에너지로 전환한 것이다. 이와 같은 색소의 산화는 광계 II에 있는 P 680에서도 같은 양식으로 일어난다.

P 700에서 이탈한 전자(e)는 그림 2-52에서처럼 전자전달계에 있는 여러 가지 전달물질을 거쳐 최종적으로 NADP에 전달된다. 전자를 전달받은 NADP는 NADP^{+}가 되면서 주위(물)에서 2H^{+}를 받아 NADPH로 환원된다.

NADPH는 미토콘드리아의 호흡에서 생산되는 NADH와 같은 성질을 가지고 있으나 서로의 역할은 다르다. 미토콘드리아의 NADH는 ATP 생산에 사용되지만 엽록체의 NADPH는 이산화탄소의 환원제로 이용된다.

한편 전자를 잃고 산화된 P 700 (P 700^+)은 전자공여체인 플라스토시아닌(plastocyanin, PC)으로부터 전자를 전달받아 환원형 P 700로 복귀한다. 그러므로 광계 II의 P 680을 떠난 전자는 전자전달계를 따라 광계 I의 P 700에 도달하게 된다.

또한 산화된 P 680 (P 680^+)은 물에서 전자를 공급받게 되는 것이다. 이와 같이 광계 I과 II가 빛에너지에 의해서 방출하는 전자는 NADP에 전달되며, 계속된 전자공급은 물의 분해로 충당된다. 이와 같은 전자의 전달시스템을 비순환적 전자전달(非循環的 電子傳達, noncyclic electron transport)이라 한다.

틸라코이드막에는 광계 I과 II 및 다른 전자전달계 물질들이 그림 2-52와 같이 배열하고 있는데, 이러한 내용들은 전자전달계의 각 성분의 산화환원전위를 측정한 결과와 틸라코이드 분리실험의 결과들과 일치하는 내용들이다.

잎에서 분리한 엽록체를 적절하게 처리하면 틸라코이드만을 얻을 수 있으며, 여기에 계면활성제를 처리하여 광계 I과 II를 원심분리법으로 서로 분리할 수 있어서, 이들을 이용한 실험으로 광화학반응계에서 일어나는 많은 정보를 얻을 수 있었다.

광화학반응계에서 일어나는 전자의 흐름은 물이 광계 II에서 분해될 때 생성되는 전자에서 시작된다. 물이 어떤 과정을 거쳐 분해되는 지에 대하여는 상세히 알 수 없으나 다음과 같은 것으로 이해되고 있다.

$$4\,H_2O \xrightarrow{\text{빛에너지, 광계 II}} 4\,H^+ + 4\,e + 4\,(OH)$$

$$4\,(OH) \longrightarrow 2\,H_2O + O_2$$

위의 식에 따르면 광합성에서 발생하는 산소(O_2)도 물의 분해산물임을 알 수 있다.

물에서 출발한 전자가 항상 광계 I을 거쳐서 NADP에 도달하는 것은 아니다. 왜냐하면 틸라코이드에는 광계 I과 II가 같은 수로 존재하는 것이 아니며, 빛의 강도도 환경변화에 따라 변하기 때문이다. 광계 I은 700 nm 이하의 빛을 흡수할 수 있으나 광계 II는 680 nm 이상의 빛은 흡수하지 못한다.

그러므로 광계 I 과 II 에서 방출되는 전자의 수가 서로 같을 경우에는 물의 전자가 NADP 에 도달하지만, 광계 I 에서 보다 많은 전자가 방출될 때에는 광계 II 로부터 전자를 산화된 P 700 (P 700^+)에 충분하게 공급할 수 없게 된다. 이러한 문제를 엽록체에서는 그림 2-54(점선으로 표시)에서처럼 순환적인 전자전달로 해결하고 있다. 즉 P 700 을 떠난 전자가 NADP 로 수송되지 못하고 다시 광계로 되돌아오게 된다.

실제로 이러한 현상은 장파장의 빛이 지나치게 많은 환경인 경우와 기온이 낮아서 화학반응의 속도가 광화학반응 속도보다 크게 낮아서 생성되는 NADPH 를 적절하게 소비하지 못하여 전자를 수용할 수 있는 NADP 가 부족할 때 나타난다.

이와 같은 시스템을 순환적 전자전달(循環的 電子傳達, cyclic electron transport)이라 하는데, 이러한 기능은 광계 I 을 보호하고 더 많은 ATP 가 생산될 수 있다는 의의를 갖는다. 한편 광계 II 의 활성이 광계 I 보다 높아 광계 II 에서 보다 많은 전자가 방출되는 환경조건인 경우에는 광계 II 를 구성하는 광합성 색소의 일부가 광계 I 로 전이된다고 하는데(스필오버 설, spillover theory) 생화학적으로 입증된 것은 아니다.

(2) 광인산화반응

그림 2-52 에 의하면 명반응(광화학반응)에서는 화학적으로 안정한 NADPH 는 생성되지만 ATP 가 직접 생성되는 과정은 없다. 그러나 엽록체에서 광화학반응이 진행될 때에는 반드시 ATP 가 생산된다.

엽록체에서 ATP 의 합성반응은 미토콘드리아의 경우와 같이 전자전달이 일어날 때 플라스토퀴논(plastoquinone, PQ)이 산화환원되면서 프로톤(H^+)의 펌프 기능을 하여 틸라코이드 막 내외에 H^+기울기를 형성하고, 그에 따른 막전위 변화가 틸라코이드막 안쪽에 위치하는 ATP 합성효소(짝지움인자)를 활성화하기 때문에 일어난다.

전자전달이 진행되면 틸라코이드를 경계로 하여 프로톤기울기가 형성되어 스트로마의 pH 는 8, 루멘의 pH 는 4~5 정도로 되어 루멘에서 H^+은 활성화된 ATP 합성효소를 통해서 스트로마로 이동하면서 ATP 를 합성하고, 스트로마에 있는 H^+은 플라스토퀴논(PQ)의 펌프에 의해서 계속 루멘으로 수송된다. 전자전달이 계속되는 한 프로톤 기울기는 유지되고 ATP 가 생성된다.

이와 같이 전자전달은 ATP 합성이 일어날 수 있게 H^+기울기를 형성하고 유지하기 때문에 ATP 합성 시스템은 전자전달계와 짝지어져 있다 (coupling)고 부른다. 실제로 틸라코이드막이 파손되는 경우에는 전자전달은 일어나도 ATP 가 생성되지 않는 것이 실험으로 판명되었다.

5. 원핵생물의 광합성

위의 내용은 고등식물의 광화학반응계에 관한 것이다. 그러나 원핵생물의 광화학반응계는 고등식물과 여러 가지로 다르다. 광합성 시스템의 발달도 생물의 진화와 함께 발전되어 왔기 때문에 광합성 박테리아에는 하나의 광계로 광합성이 수행된다. 광합성 박테리아의 광합성을 아래의 한 예에서 살펴보자.

$$6\,CO_2 + 12\,H_2S \xrightarrow{\text{빛, 박테리오 클로로필}} C_6H_{12}O_6 + 12\,S + 6\,H_2O$$

위의 식에서 볼 수 있는 것처럼 박테리아의 광합성에서는 산소의 생성이 없다. 이것은 광합성박테리아는 고등식물의 광계Ⅱ에 해당하는 기능이 없기 때문이다. 그러나 명반응의 산물은 역시 NADPH와 ATP이다. 이때 NADP를 환원하는데 사용하는 수소(H^+ + e)는 물이 아닌 유화수소(H_2S)로부터 얻는다.

어떤 종류의 광합성박테리아는 분자상 수소(H_2)를 환원제로 이용한다. 진화의 결과, 고등식물은 지구에서 가장 풍부한 물을 환원제로 이용하게 되면서 보다 빠르게 번성할 수 있었을 것이다.

6. 암반응 (칼빈회로)

이산화탄소가 유기물로 고정되어 당을 생산하는 과정을 암반응이라 한다. 실제로 암실에 두었던 식물에 빛을 비추면 몇 시간 후에는 잎에 녹말이 생성된다. 그 요오드반응이 양성으로 나타나는 것으로 알 수 있다. 이때 이산화탄소의 환원은 NADPH로, 필요한 에너지는 ATP로 충당하는데 이것들은 명반응에서 생산된 것들이다. 그림 2-54에서처럼 암반응은 순수한 화학반응으로 반응계의 전모는 칼빈(M. Calvin, 1957년)에 의해서 밝혀졌다.

칼빈은 탄소의 방사성 동위원소(^{14}C)로 표식된 이산화탄소($^{14}CO_2$)로 광합성을 수행하고 여기서 얻은 시료를 페이퍼 크로마토그래피(paper chromatography)와 자기방사법(自已放射法, autoradiography)으로 분석한 결과, 이산화탄소가 그림 2-54와 같은 경로를 거쳐서 당이 됨을 알아내었다. 또한 각 반응을 촉매하는 효소의 존재를 확인함으로써 본 대사계의 존재가 확실한 것으로 인정받게 되었으며, 칼빈의 이러한 공적을 기리기 위하여 본 대사계를 칼빈회로(Calvin cycle)라 한다.

암반응에서 이산화탄소는 제일 처음 리불로오스2인산(RUBP, ribulose-1, 5-bisphosphate)과 반응하여 2분자의(반응 1) PGA (3-인산글리세르산, 3-phosphoglyceric acid)가 된다. 이 반응에서 무기물인 이산화탄소가 유기물인 PGA로 동화(고정)되었다.

그러나 유기산인 PGA가 당(糖)이 되기 위해서는 환원과정을 거쳐야 한다. 반응2와 3에서 PGA는 명반응으로부터 공급되어지는 ATP와

NADPH 를 사용해서 GAP (글리세르알데히드-3-인산, glyceraldehyde-3-phosphate, 또는 PGAL)이 되는데, 이것이 광합성에서 제일 먼저 생성되는 3 탄당(三炭糖)이다. 그러나 GAP 은 당으로서 축적되지 못하고 계속 다음 반응에 참여해야 하기 때문에 진정한 광합성산물은 아니다.

GAP 이 다음 반응에 참여하면서 반응은 계속되어 이산화탄소의 수용체인 RUBP 가 다시 생성된다.

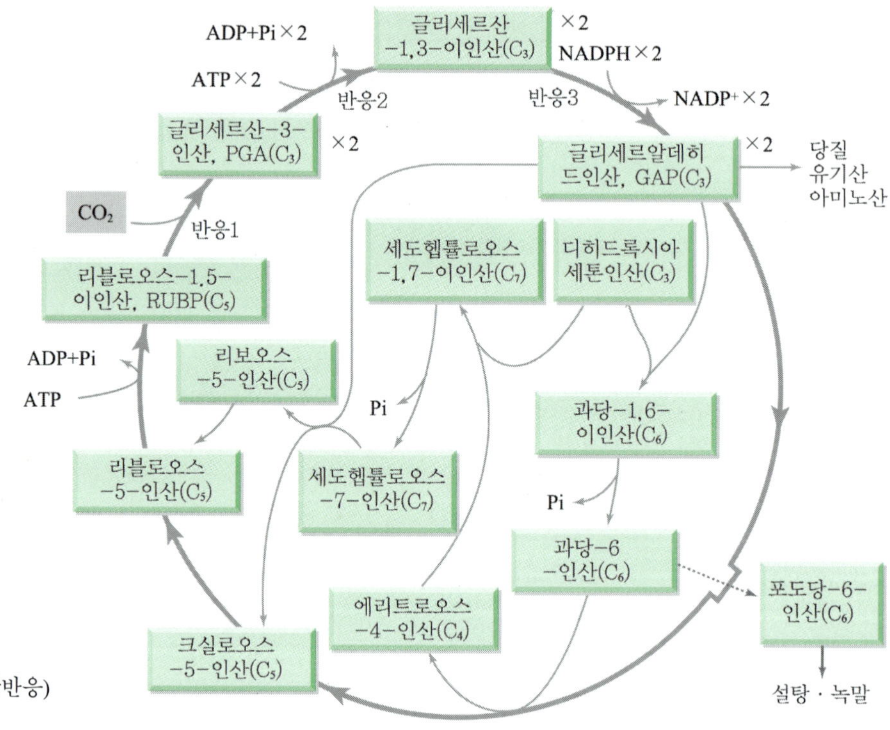

그림 2-54
칼빈회로(암반응)

그러므로 이산화탄소의 공급이 있으면 회전성인 칼빈회로의 반응은 계속될 수 있다. 3 분자의 이산화탄소가 반응에 참여하면 결과적으로 1 분자의 3 탄당이 빠져나올 수 있다.

따라서 칼빈회로에서 포도당이 합성되지는 않는다. 그러나 생성된 3 탄당은 시토졸로 수송된 후에 2 분자가 반응해서 6 탄당인 포도당으로 합성된다. 한편, 광합성산물이 세포 밖으로 나가서 필요한 부위(뿌리 또는 어린 잎)로 이동할 때에는 설탕(포도당+과당) 형태로 수송된다.

칼빈회로는 빛의 직접적인 참여 없이 진행될 수 있을 것 같으나 실제로는 불가능하다. 가장 중요한 이유 중 하나는 빛이 있을 때 관련 효소들이 활성화되기 때문이다.

그 예로 제일 첫 반응을 촉매하는 RUBP 카르복실라아제(RUBP carboxylase)는 엽록체의 스트로마에서 작용하는데 활성에 필요한 pH는 8이고, Mg의 농도는 약 4~5 mM이다. 스트로마에서 이러한 조건은 빛이 있을 때에만 형성될 수 있다.

칼빈회로에서 이산화탄소가 고정될 때 소비하는 ATP와 NADPH의 양을 보면 1분자의 이산화탄소가 고정될 때 3분자의 ATP와 2분자의 NADPH가 소비된다. 그러므로 6탄당인 포도당이 생성되려면 18분자의 ATP (7. 3 kcal)와 12분자의 NADPH (52. 6 kcal)가 필요한데, 이것들이 공급하는 에너지는 763 kcal이고 포도당이 연소할 때 방출되는 에너지가 686 kcal이므로 광합성에서 포도당합성의 효율은 89. 9%로 산출된다.

7. 그밖에 형태의 광합성

(1) C-4 광합성

기온이 높고 햇빛이 강한 열대성 기후조건에서는 옥수수, 수수, 사탕수수 등과 같은 열대성 초본식물의 생육이 보리, 밀과 같은 온대성 식물보다 훨씬 우세한 것은, 이들 식물의 광합성 효율이 높기 때문이다.

이러한 현상은 이들 식물이 특수하게 변화한 광합성 시스템을 갖고 있기 때문인데, 옥수수의 경우를 보면 잎에서 유관속을 둘러싸고 있는 유관속초세포(維管束鞘細胞, bundle sheath cell, BSC)가 상당히 크고 엽록체를 가지고 있으며, 엽육세포(葉肉細胞, mesophyll cell, MC)는 오히려 그 수가 적고 유관속초세포와 접촉하고 있는 상태로 배열되어 있다. 그러나 온대성 식물에서는 이러한 구조를 볼 수 없다.

열대성 식물의 광합성을 보면 명반응에서 ATP와 NADPH가 생산되는 것은 같으나, 암반응에는 차이가 있다. 그림 2-55에서처럼 잎의 기공(氣孔)으로 들어온 이산화탄소는 처음 엽육세포로 들어가게 되는데 이 세포의 엽록체에서는 이산화탄소를 옥살로아세트산(oxaloacetic acid)으로 고정한 다음에 즉시 보다 화학적으로 안정한 말산(malic acid)으로 전환시킨다.

엽육세포의 엽록체에는 칼빈회로의 기능이 없고 생성된 말산은 인접해 있는 유관속초세포로 이동해서 분해되어 이산화탄소와 피루브산(pyruvic acid)이 된다. 이렇게 생성된 이산화탄소는 엽록체로 들어가서 칼빈회로에 참여하여 PGA로 고정되고, 피루브산은 엽육세포로 되돌아가서 다시 이산화탄소의 수용체가 된다.

이와 같이 이산화탄소의 고정산물인 말산이 4개의 탄소로 구성된 화합물이어서 C-4 광합성(C-4 光合成)이라 하고, 이들 식물을 C-4 식물이라 한다. 한편 칼빈회로만으로 이산화탄소를 고정하는 광합성을 C-3 광합성(C-3 光合成), 그리고 이러한 식물을 C-3 식물이라 한다.

어째서 C-4 광합성에서는 이산화탄소의 고정이 두 번씩 일어나는가? 이 문제에 대한 해답은 환경 적응적 면에서 찾아야 할 것이다. 열대지역에서 기온이 상승하면 대기가 건조해지기 때문에 식물은 수분의 소실을 방지하기 위하여 기공을 닫아야 한다.

그 결과, 이산화탄소는 잎 안으로 투입되기 어려워진다. 그뿐만 아니라 빛이 강해서 명반응이 활발하게 작동하여 산소의 발생은 보다 활발해져서 엽록체에서 이산화탄소의 농도는 보다 더 크게 낮아지고 산소의 농도는 보다 더 높아진다.

그런데 칼빈회로에서 이산화탄소를 고정하는 반응을 촉매하는 효소인 RUBP 카르복실라아제는 이산화탄소와 산소를 다 같이 기질로 받아들이기 때문에 산소와 이산화탄소는 서로 경쟁하게 된다. 이러한 조건에서 보다 많은 이산화탄소가 고정되기 위해서는 엽록체에서 이산화탄소의 농도를 증가시켜야만 가능해진다.

C-4 광합성을 보면 칼빈회로는 두 가지 경로에 의해서 이산화탄소의 공급을 받는다. 즉, 대기에서 확산되어 유관속초세포에 직접 투입되는 것과 화학적인 방법으로 전달되는 것이 있다. 이러한 두 가지 방법은 서로 간섭하지 않기 때문에 C-4 식물의 칼빈회로에서 이산화탄소의 농도는 C-3 식물의 경우보다 훨씬 높아서 암반응의 효율이 높다.

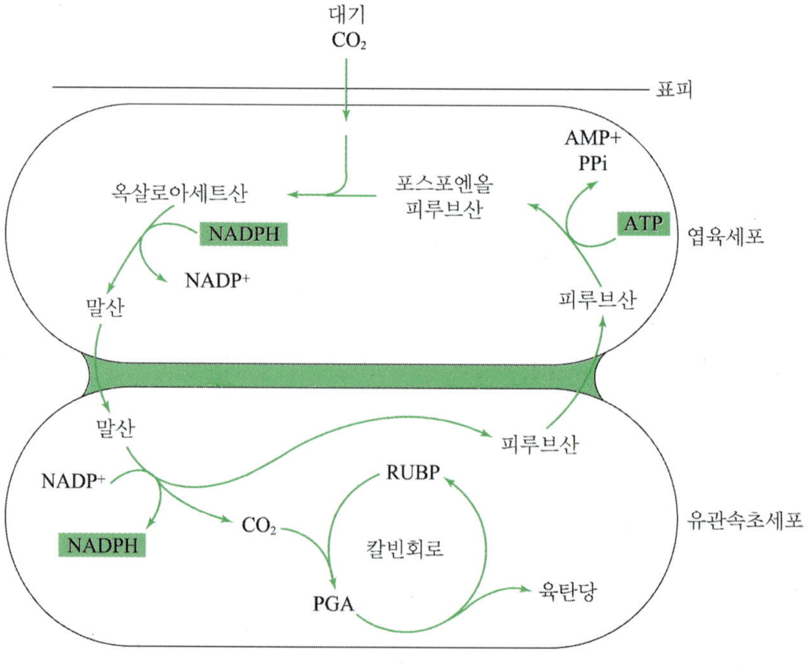

그림 2-55
C-4 광합성의 암반응

그러나 기온이 25°C 이하인 조건에서는 C-4 식물의 생장은 C-3 식물보다 나쁜데, 이것은 C-4 광합성이 열대성기후에 적응된 대사계로 발전되었기 때문인 것 같다.

칼빈회로에서 산소가 RUBP 카르복실라아제의 기질로 이용되었을 경우, RUPB 와 산소가 반응해서 1 분자의 PGA 와 1 분자의 인산글리콜산(phosphoglycolic acid)이 생성된다. 그런데 인산글리콜산은 당으로 전환되지 못하고 부분적인 산화가 일어나 이산화탄소를 발생시킨다.

그 결과, 미토콘드리아에서가 아닌 엽록체에서 산소의 소비와 이산화탄소의 발생이 있게 되는데 이것을 광호흡(光呼吸, photorespiration)이라 한다. 실제로 C-3 식물에서는 광호흡으로 소실되는 유기물의 양만큼 생산성이 저하한다. 많은 연구에서 광호흡을 차단하여 생산성을 높이려 하였으나 아직 가시적인 성과는 없다.

(2) CAM 형 광합성

사막 등의 건조지역에 서식하는 식물은 잎이 작거나 혹은 다른 형태로 변형된 것들이 대부분이다. 돌나물이나 선인장 같은 식물은 잎 또는 줄기가 다육질의 저수조직(貯水組織, succulent tissue)으로 변해서 수분을 저장하기 때문에 건조한 조건이 오래 지속하여도 살아남을 수 있다. 건조지역은 낮이 되어 기온이 상승하면 대기의 상대습도가 크게 떨어져서 식물은 수분의 소실을 막기 위하여 기공(氣孔)을 닫아야 한다.

이때 대기와 잎의 내부와는 거의 완전에 가깝게 차단되기 때문에 이산화탄소의 투입이 일어나지 못한다. 이러한 조건에서도 식물은 광합성을 수행하는데, 이때 광합성에 이용되는 이산화탄소는 어떻게 공급받는가? 이들 식물이 이산화탄소를 흡수할 수 있는 것은 밤이 되어 기온이 낮아져서 대기의 상대습도가 포화에 가깝게 되면서부터이다.

밤이 되면 기공을 열어 대기로부터 수증기 상태의 수분과 이산화탄소를 흡수하는데, 흡수한 이산화탄소는 그림 2-56 에서 보는 바와 같이 말산으로 고정되어 액포(液胞)에 저장된다.

실제로 해가 지면서 일정한 시간 간격을 두고 잎의 압착액을 만드는데, 이것의 pH 를 측정하면 밤이 되면서 낮아지고 해가 뜨면서 점차 높아지는 것을 알 수 있다. 낮이 되면서 압착액의 pH 가 높아지는 것은 빛이 비치면 축적되어 있던 말산이 시토졸로 나와 분해되어 이산화탄소와 피루브산으로 되고, 이렇게 생성된 이산화탄소는 엽록체에 들어가 칼빈회로에서 당으로 고정되기 때문이다.

이러한 광합성을 CAM 형 광합성, 그리고 이러한 광합성을 수행하는 식물을 CAM 식물이라 한다. CAM (crassulacean acid metabolism, 돌나물

산대사)이란 용어는 잎이나 줄기에 저장되어 있는 액체에 들어 있는 산(酸)의 정체를 알지 못하던 시기에 붙여진 이름이다.

CAM 형 광합성은 C-4 광합성과는 달리 건조에 적응하려는 생화학적 진화로 볼 수 있다. 그러나 아직 유전적으로 고정되지는 않은 것으로 보인다. 왜냐하면 이들 식물에 충분한 물을 공급하면 C-3 식물과 같이 뿌리로 물을 흡수하고 낮에 기공을 열어 광합성을 수행하기 때문이다. 이러한 조건에서 밤에 생성되는 말산의 양은 무시할 정도이지만, 뿌리를 통한 수분흡수가 나빠지면 다시 CAM 의 형태로 되돌아간다.

CAM 과 C-4 의 광합성을 비교하면, CAM 형 광합성에서는 하나의 세포에서 말산은 밤에 PGA 는 낮에 생성되는데, C-4 광합성에서는 말산과 PGA 가 낮에 서로 다른 세포에서 생산되는 차이가 있다. 그러나 이산화탄소가 당으로 동화되는 과정은 다 같이 칼빈회로를 이용한다. 이와 같은 식물은 서로 다른 환경에 적응하는데, 같은 생화학적 대사계를 활용해서 효율을 높이려는 노력을 기울이고 있음을 알 수 있다.

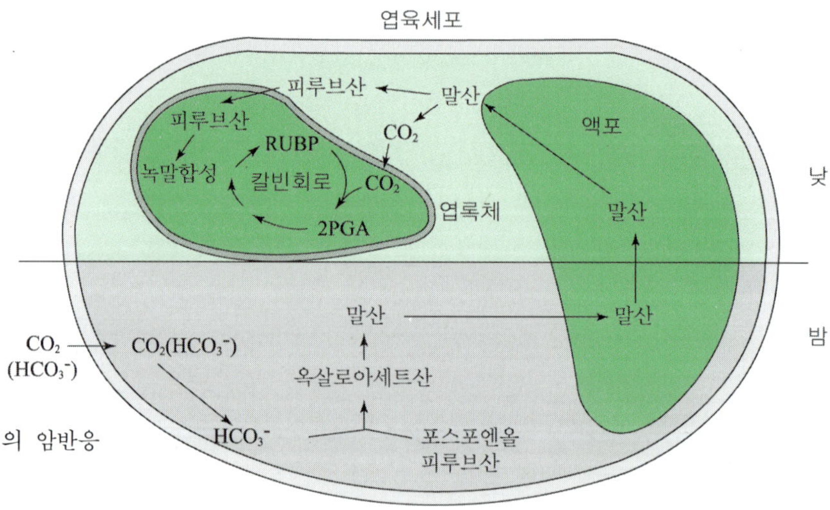

그림 2-56 CAM 형 광합성의 암반응

8. 엽록체의 또 다른 기능들

엽록체에서 광합성이 수행될 때 칼빈회로에서 생산되는 3 탄당은 시토졸로 배출되어 6 탄당으로 되고, 다시 설탕이 되어 세포 밖으로 수송된다. 이때 설탕으로 수송되는 양보다 더 많은 양의 이산화탄소가 동화될 때에는 잉여의 당은 녹말로 전환되어 엽록체에 축적된다. 그러나 빛이 약해져서 이산화탄소의 고정속도가 저하하면 축적되었던 녹말이 가수분해되어 시토졸로 배출되어 설탕합성에 참여한다.

엽록체의 이러한 기능은 광합성을 수행하지 않는 세포에 당의 공급을 안정적으로 유지하는 데에 크게 기여한다. 한편 뿌리나 열매 같은 저장 조직으로 수송된 설탕은 세포의 생활에 이용되고, 나머지는 색소체(plastid)로 들어가 녹말로 전환된 다음, 그곳에 저장물질로 축적된다.

뿌리에서 흡수한 질산(NO_3^-)이 1차 환원되어 아질산(NO_2^-)으로 되어 엽록체에 들어오면 암모늄이온(NH_3, NH_4^+)으로 환원시킨 후에 아미노산으로 합성한다. 이러한 엽록체의 기능은 다른 여러 가지 아미노산의 합성을 가능하게 하고, 모든 생물이 단백질합성에 필요한 아미노산을 공급받을 수 있게 해준다.

2-3-2 세포호흡

1. 미토콘드리아의 구조

모든 진핵세포에는 미토콘드리아(mitochondria)가 있다. 그림 2-42는 동물세포의 전자현미경 사진이다. 미토콘드리아는 2장의 막으로 되어 있으며 내막이 안쪽으로 심하게 돌출되어 있는데 이것을 크리스테(cristae)라 하고, 크리스테 사이의 공간을 매트릭스(matrix)라고 한다.

미토콘드리아는 호흡대사의 기능을 가지고 있어서 이에 필요한 효소 등은 크리스테, 외막, 매트릭스 등에 들어있다. 미토콘드리아를 고배율의 전자현미경으로 보면 내막 표면, 특히 크리스테에 수많은 작은 입자가 있는데 이것들은 ATP 합성효소(짝지움인자, coupling factor)이다.

미토콘드리아의 형태는 세포의 생활상태에 따라 변할 수 있는 동적 상태에 있다. 어떤 경우에는 여러 개가 서로 뭉쳐 있으며, 다른 경우에는 흩어져 있게 된다. 효모가 산소의 공급이 원활해서 산소호흡을 할 때에는 많은 수의 미토콘드리아를 갖고 있으나, 산소의 공급이 없어 혐기성 호흡을 하게 되면 미토콘드리아는 분해되어 없어지고 일부가 프로미토콘드리아(promitochondria)로 남는다.

2. 세포가 에너지를 얻는 방법

(1) 생명은 에너지를 필요로 한다.

생명현상은 일이다. 생물이 생활하기 위해서는 기계적인 일과 외부에서는 보이지 않으나 몸 안에서 여러 가지의 일을 하고 있다. 고분자물질을 합성하는 화학적인 일, 세포막의 전위를 유지하기 위한 전기적인 일, 반딧불이 빛을 발하는 일 등이 있다. 생물은 이러한 일을 통해서 환경으로부터 자신을 보호하고 증식하면서 생명을 보존한다.

이러한 모든 일은 그림 2-58에서처럼 에너지에 의해서 수행된다. 본래 생명은 탄생하는 순간부터 에너지를 필요로 한다.

원시세포는 당시의 에너지원, 즉 화학(적)진화에 의해서 자연에서 합성된 고에너지성 유기물로부터 에너지를 얻어 이용하는 능력이 있었을 것이다. 생체가 아닌 자연조건에서 ATP의 합성이 가능하다는 사실도 화학진화의 시뮬레이션실험으로 증명되었다.

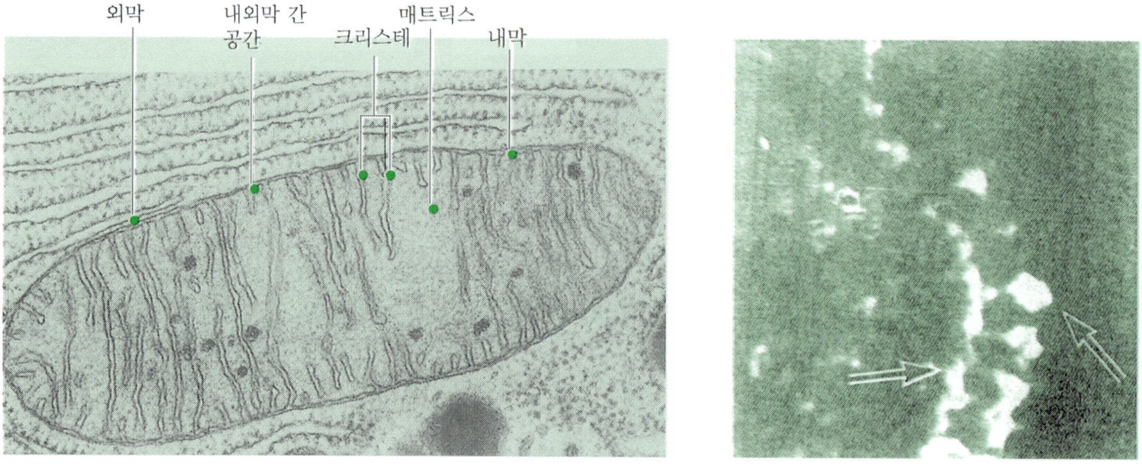

(A) (B)

그림 2-57 미토콘드리아의 전자현미경사진

(B)는 (A)를 확대한 것으로 화살표로 표시한 것은 크리스테에 있는 ATP 합성효소이다.

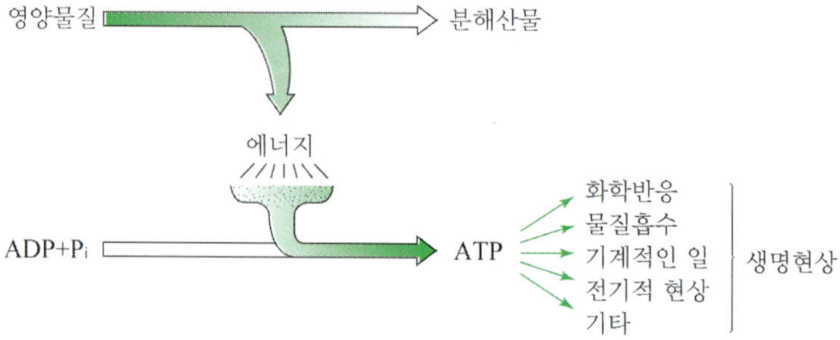

그림 2-58 생명현상은 에너지를 필요로 한다.

일반적으로 세포가 수행하는 일에는 고분자물인 단백질합성에 가장 많은 에너지를 소비하는데, 그 양은 세포가 생산하는 에너지의 70%에 달하는 것으로 알려져 있다. 단백질은 효소는 물론, 생명현상의 원동력이 되는 여러 가지 일들을 수행하기 때문에 에너지의 공급 없이는 생명을 잠시도 유지할 수 없다.

(2) 에너지의 방출과 호흡

세포를 구성하는 고분자물질과 저분자의 유기물과 무기물은 세포 내외의 환경변화에 따라 수시로 그의 양과 질이 변한다.

세포는 외부에서 투입된 간단한 물질로부터 화학반응을 거쳐서 필요로 하는 복잡한 물질을 만들고, 또한 복잡한 물질을 간단한 물질로 분해하면서 복잡한 물질에 들어 있던 에너지를 방출시킨다. 그리고 분해산물은 세포에서 재사용하거나 세포 밖으로 배출한다.

이와 같이 세포에서 일어나는 물질의 동적인 화학변화의 전부를 대사(代謝, 물질대사, metabolism)라 한다. 세포는 하나의 화학기계로 그 수는 정확히 알 수 없으나 항상 약 1,000종류 정도의 화학반응이 일어나고 있다고 추정한다. 이러한 화학반응이 무질서하게 일어나면 생명이 존속될 수 없으나 실제로는 반응하는 물질에 따라 결정된 경로가 있어서, 상반된 성질의 반응이 서로 섞여 일어나는 혼란은 결코 없고 에너지의 낙차에 의해서 속도가 조절되면서 진행된다.

물질대사는 크게 두 그룹으로 나눌 수 있다. 그 하나는 이화(異化, catabolism)인데 화학반응이 분해의 방향으로 진행한다. 다음은 동화(同化, anabolism)인데 세포의 생장, 증식 등에 필요한 물질을 합성하는 방향으로 진행한다.

이들 대사에서 에너지의 변화를 보면 그림 2-59와 같다. 즉 동화는 에너지 수준(준위)이 낮은 물질(A)을 에너지 수준이 높은 물질(B)로 변화시키는 방향으로 진행되기 때문에 외부로부터 에너지가 투입되지 않으면 반응은 진행되지 않는다. 즉 동화는 에너지를 흡수하는 대사(흡열반응)이다. 녹색식물에서 수행되는 광합성이 좋은 예가 된다.

다음의 식은 광합성에서 이산화탄소와 물이 당(糖)으로 동화되는 것을 나타낸 것이다.

$$6\,CO_2 + 6\,H_2O \xrightarrow[\text{포도당}]{\text{에너지}} C_6H_{12}O_6 + 6\,O_2 \text{ (식물에서)}$$

이때 이산화탄소와 물을 섞어도 반응은 절대로 우측 방향으로 진행되지 않으며 반드시 촉매 시스템과 빛이 주어져야만 진행한다.

한편 이화는 에너지 수준이 높은 물질(C)이 에너지 수준이 낮은 물질(D)로 변하는 방향으로 진행하기 때문에, 이때 생기는 에너지 차이만큼의 에너지가 외부로 방출된다. 이화는 에너지를 방출하는 대사(발열반응)로서 방출되는 에너지의 일부가 ATP로 저장된다. 가장 효율적인 것이 산소호흡(대사)이다.

$$C_6H_{12}O_6 + 6\,O_2 \xrightarrow{\text{산화}} 6\,CO_2 + 6\,H_2O + \text{에너지 (동물, 균류, 식물에서)}$$

: 포도당이 산화할 때 들어있던 에너지 중 686 kcal가 방출된다.

세포에는 에너지를 필요로 하면서도 물질을 합성하지 않는 현상도 있다.

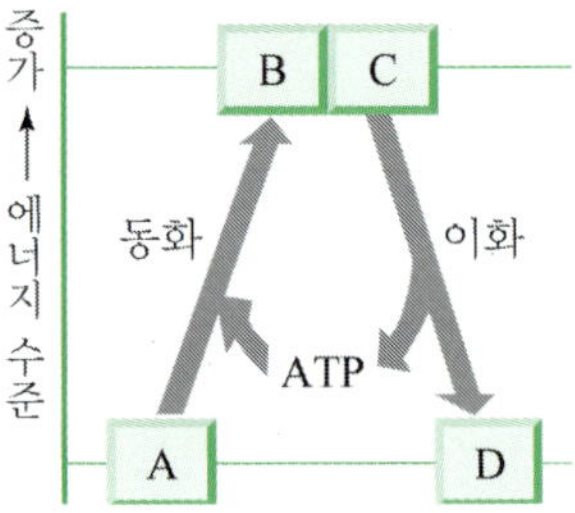

그림 2-59 동화와 이화의 에너지 짝지움

그림 2-58에서처럼 화학적이 아닌 것이 여기에 속한다. 이것들을 생리현상이라 하는데, 이때 필요한 에너지는 ATP로부터 공급된다.

세포에서는 그림 2-59처럼 동화와 이화가 절묘하게 조직화되어 있으면서 작동하고 있다. 이와 같이 에너지 수준에서 양(陽, +)과 음(陰, −)이 서로 연결되어 있는 것을 에너지 짝지움(커플링, coupling)이라 한다. 여기에서 관심을 두어야 하는 것은 동화와 이화의 두 대사계가 물질의 흐름에 있어서는 서로 완전한 독립 상태에 있는 것이 아니라는 사실이다.

즉 이화에서 생성된 중간물질은 동화의 원료물질로 이용될 수 있다. 산소호흡(대사)의 크렙스회로에서 생성되는 여러 가지 유기산은 아미노산 합성의 원료로 사용되며 결국에는 단백질의 골격을 만들게 되는 것이다(그림 2-58 참조).

(3) 에너지를 생산하는 원리는 산화이다.

생명현상은 물질대사에서 얻어지는 에너지에 의해서 유지된다. 물질대사의 기능 중의 하나는 에너지를 생산하는 것이다. 세포가 에너지를 생산하는 과정은 산화환원반응(酸化還元反應)이다. 산화(酸化, oxidation)는 물질에서 전자(電子)를 떼어내는 일이고, 환원(還元, reduction)은 물질에 전자를 첨가하는 일이다.

즉 '물질에서 전자를 떼어낼 때(산화) 에너지가 이탈한다.'는 사실이 에너지 생산반응의 원리이다. 이 반응은 산화제나 전자수용체에 의해서 전자가 받아들여지지 않으면 반응이 진행되지 않는다. 그러므로 한쪽의 물질이 산화할 때 그의 전자를 받아들이는 물질은 환원된다.

따라서 산화와 환원은 동시에 일어나는 것이다. 이때 산화에 의해서 방출되는 에너지의 양은 물질의 산화 또는 전자 수용체의 환원상태에 따라 측정할 수 있다.

화학반응에서 물질 간에 일어나는 전자의 수수(주고받음)의 정도는 산화환원전위(酸化還元電位, redox potential)로 나타난다. 산화환원전위는 어떤 산화환원반응의 반응계가 어떤 방향으로 진행될 것인지를 나타내는 것이다. 어떤 물질이 전자를 주려는 경향, 즉 환원력이 크면 클수록 그의 '음(−, negative)의 산화환원전위'는 높아진다. 따라서 전자를 받으려는 경향이 큰 물질, 즉 '양(+, positive)의 산화환원전위'를 가진 물질로의 전자의 이동은 저절로 일어난다.

이러한 전자이동이 일어나면 에너지가 방출된다. 왜냐하면 전자가 보다 낮은 에너지 상태로 이동하면 차(差)에너지가 생기기 때문이다. 전자의 공여체와 수용체간의 산화환원 전위차가 클수록 많은 에너지가 방출한다.

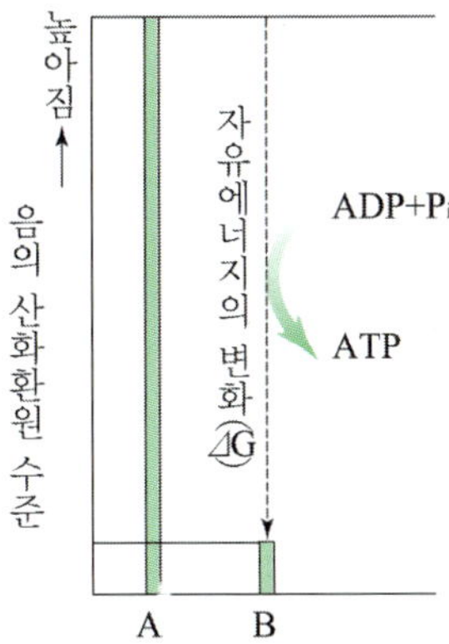

그림 2-60
전자의 에너지 수준(A)이 낮아질 때(B) 차에너지(ΔG) 의 방출과 ATP 의 생성

반대로 음의 산화환원 전위보다 더 큰 산화환원전위를 가진 물질로 전자가 이동할 때에는 에너지공급이 필요하며, 전위차가 클수록 많은 에너지가 요구된다. 양의 산화환원전위를 가진 물질의 경우는 작은 값에서 큰 값의 물질로 전자가 이동할 때 에너지가 필요하다.

세포에서 물질의 산화는 ADP가 ATP로 변하는 인산화반응(燐酸化反應)과 짝지어져 있다. 즉 ADP를 인산화하는 데 필요한 에너지는 어떤 물질로부터 다른 물질로 전자가 이동할 때 유리되는 차에너지에 의해서 공급되는 것이다.

그림 2-45 에서처럼 세포에서 일어나는 ATP와 같은 고에너지 화합물의 합성은 전자가 어떤 에너지 상태(A)에서 보다 낮은 에너지상태(B)로 이동할 때 방출되는 차(差)에너지(ΔG)와 짝지어서 진행된다.

(4) 대사과정에서 에너지는 단계적으로 방출된다.

세포에 들어있는 화합물들은 여러 가지 화학반응을 거치면서 서서히 화학변화를 일으키는데, 이때의 변화는 시험관 안에서 일어나는 경우와 크게 다르다. 예를 들면, 포도당이 호흡대사에서 물과 이산화탄소로 완전히 산화될 때에는 30여 단계의 화학반응을 거치게 되며, 이때 여러 단계에서 조금씩 에너지가 방출된다. 그러나 같은 양의 포도당을 시험관에 넣고 불을 붙이면 한 번의 산화반응으로 에너지가 열로 방출되는데 그 양은 세포에서의 경우와 같다.

어째서 세포에서는 물질이 여러 단계를 거쳐서 화학변화를 일으켜야 하는가? 물질대사에서 일어나는 화학반응은 진화가 계속되면서 단계적으로 증가되어 왔다. 원시 대양에서 세포가 탄생하였을 때에는 물질대사라는 현상은 없었을 것이다. 그러나 시간이 지나면서 전에는 없었던 새로운 에너지원이 필요해지면서 새로운 화학반응이 진화적으로 출현하고 이것이 기존의 대사에 첨가되었을 것이다.

그 결과로 세포는 유기물질(기질)을 에너지원으로 이용할 수 있게 되었으며, 기질이 갖고 있는 에너지를 단계적으로 방출시킬 수도 있게 되었다. 이러한 과정에서 생합성대사에 필요한 원료물질을 자연스럽게 공급할 수 있게 되었을 것이다.

이와 같이 세포에서 일어나는 다단계적 에너지방출은 대사의 속도조절이 용이할 뿐만 아니라 ATP 형태로의 에너지 회수율도 높아지는 이점이 있다. 그러나 다단계적 연쇄반응을 촉매하는 많은 종류의 효소를 가지고 있어야 하는데, 이에 필요한 여러 종류의 유전자를 확보하는 문제는 세포가 DNA의 양을 증가시키는 방향으로 진화되면서 해결되었을 것이다.

(5) 대사의 속도조절은 어떻게 이루어지는가

식물생리학에 최소량(最少量)의 법칙(法則)이란 것이 있다. 이것은 식물의 생산량은 가장 소량으로 존재하는 무기양분(염류)에 의해서 지배된다는 내용이다. 즉 모든 생물의 영양과 생장의 관계법칙인 것이다. 생물의 생장에 필요한 요인에는 영양, 온도, 빛, 물 등의 외적인 것과 효소의 합성량, 각 물질의 활성, 기질의 생산량 등의 내적인 것도 있다.

이들 중 어떤 요인(A) 이외의 다른 요인들이 충분한 양으로 존재할 경우, 그 생물의 생장은 요인 A에 의해서 지배된다. 이러한 요인 A를 한정요인(限定要因, limiting factor)이라 한다. 이 법칙은 대사의 속도조절에도 적용된다.

그림 2-61에서처럼 일련의 효소반응이 병렬로 연결되어 있을 때 어떤 특정효소(예, E)의 반응이 지연되면 이 효소의 반응속도가 대사 전체의 속도를 제한하게 된다.

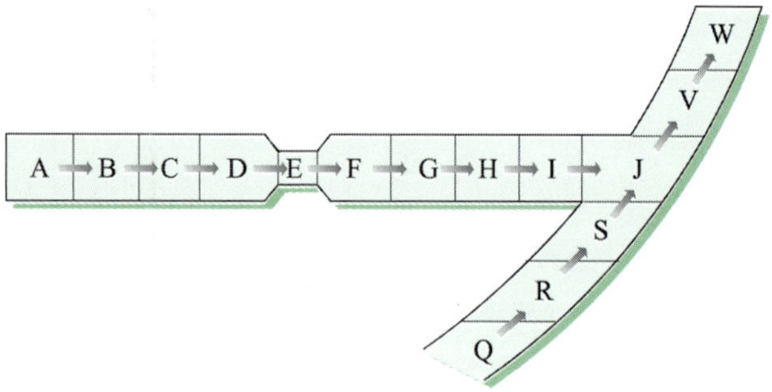

그림 2-61 대사계의 속도조절
효소 E의 활성저하는 대사계 전체의 속도를 저하시킨다.
A, B, C,……는 효소반응.

세포에서 물질의 농도는 합성속도와 분해속도와의 균형에 따라서 결정된다. 효소의 합성이 왕성하면 효소의 농도가 높아지고, 반대로 효소의 합성속도가 저하하거나 효소의 분해가 활발해지면 효소의 농도가 낮아진다. 실제로 효소의 농도조절은 유전자의 증폭이나 mRNA의 합성조절 등 주로 DNA 수준에서 이루어진다. 또 다른 효소의 조절 시스템은 효소자신의 활성조절에 의하는 것이다.

세포에는 효소를 포함하는 여러 가지의 알로스테릭 단백질이 있는데, 이들 단백질(효소)은 어떤 반응에서 생산된 물질의 양에 따라 활성이 증가 또는 저하하는 성질이 있다. 알로스테릭 효소에 대해서는 이미 설명한 바 있다.

세포에서 대사계의 큰 흐름은 각 효소의 활성 자체보다는 대사의 흐름을 조절하는 특정 효소활성에 의해 지배된다.

일반적으로 대사계는 최고의 속도로 진행되고 있는 것이 아니라 어느 정도 제한된 속도로 진행되고 있으며, 흐름의 속도에 변화를 줄 수 있는 조건이 되면 모든 대사계의 활성이 크게 변한다. 농업, 어업, 목축업에서 이러한 원리를 이용한 기술이 개발되어서 생산성이 크게 향상되었다. 한편 어떤 효소에 돌연변이가 일어나서 활성이 저하되면 이것이 한정요인이 되어 모든 대사계의 속도가 낮아지게 된다.

(6) 발효와 해당

발효(醱酵, fermentation)는 대기에 산소가 존재하지 않았던 시대에 살았던 생물에 에너지를 공급할 수 있었던 가장 오래된 에너지 대사계이다. 발효는 포도당을 혐기적(嫌氣的, 무산소적, anaerobic)으로 분해하여 알코올(alcohol)이나 젖산(乳酸, lactic acid) 등을 대사산물로 생산하는 그림 2-62 과 같은 대사계이다. 발효는 오늘날 생물계에서 가장 광범위하게 분포하는 대사계로서, 산소호흡(호기성호흡)을 하는 생물에서도 호흡대사의 일부(해당)를 담당하고 있다.

물질대사에 대한 최초의 연구는 효모배양에서 알코올이 생산되는 발효에 대한 연구에서 시작되었다. 그 후 근육에서 수축운동이 일어날 때 포도당으로부터 혐기적으로 젖산이 생산되는 대사(초기에는 해당이라 하였음)가 발효와 기본적으로 같은 것임을 알게 되었다. 오늘날에는 포도당이 피루브산으로 대사되는 과정만을 해당(解糖, glycolysis)이라 하여 발효와 구분하고 있다.

혐기성 생물에서는 해당의 전반부의 2 반응에서 ATP 를 사용해서 당의 인산화(燐酸化, phosphorylation, 고에너지화)가 일어난다(반응 1과 3). 그리고 후반부의 2 반응에서는 ATP 가 생산된다(반응 6 과 9). 이 과정에서 6 탄당인 포도당은 중도에서(반응 4) 2 분자의 3 탄당(글리세르알데히드-3-인산과 디히드록시아세톤인산)으로 갈라져서 피루브산이 된다. 그 결과, 해당에서는 2 분자의 ATP 를 소비해서 4 분자의 ATP 를 얻는다. 결국 2분자의 ATP 가 생산되며 이것으로 세포는 생활해야 한다.

이때 ATP 와 함께 생산되는 NADH 는 점차 그 양이 증가하면서 NAD 의 부족이 일어나 해당의 진행이 저해를 받게 될 것이다. 그러나 세포에서는 알코올 또는 젖산을 생산하면서 NADH 를 NAD 로 산화시켜 해당대사를 지속함으로써 ATP 를 생산한다.

해당을 작동시키는 효소들이 모든 세포의 시토졸(cytosol)에 들어 있다는 사실은 진화적으로 의미가 있다.

세포가 출현한 초기에는 세포소기관이 아직 형성되지 않은 원핵세포의 시대였다. 이러한 세포에서 시토졸(이 경우에는 세포질과 같은 뜻임)에서 작용하던 해당이 진핵세포로 진화한 후에도 시토졸에 자리 잡게 된 것으로 해석된다.

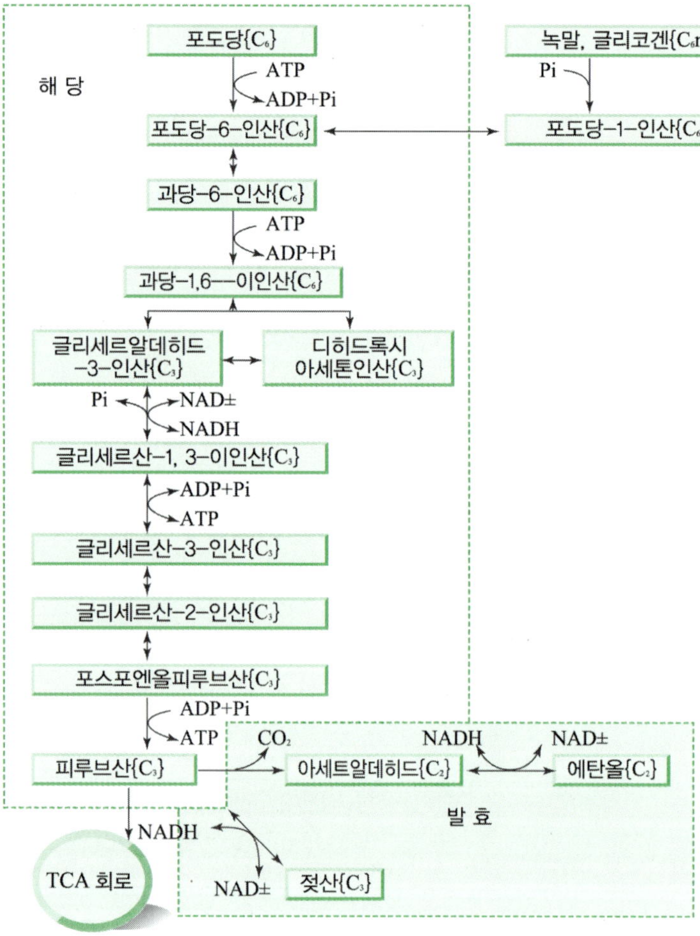

그림 2-62
해당과 발효대사계

1) 알코올 발효

효모는 혐기성인 조건에서는 포도당으로부터 에틸알코올을 생산한다. 그 내용을 보면(그림 2-62), 해당의 최종산물인 피루브산이 탈탄산반응으로 아세트알데히드로 된 다음에 환원되어 에틸알코올이 된다.

이때 환원제는 해당의 중간과정에서 생성되는 NADH이다. NAD와 NADH의 구조는 그림 2-63에서처럼 산화환원으로 상호 변환되는 화합물로서 이것들의 상대적인 양에 따라 발효의 속도가 영향을 받는다.

2) 젖산발효

젖산(乳酸)은 피루브산이 NADH에 의해 직접 환원되어 생성된다. 근육운동이 있을 때 일어나는 해당은 젖산발효와 같은 것이다. 젖산균(乳酸菌, lactic acid bacteria)에 의한 발효산물은 청량음료로 널리 이용되고 있다.

알코올발효가 일어날 때 효모에, 그리고 젖산발효가 있을 때 젖산균에 첨가한 포도당으로부터 알코올이나 젖산은 정량적으로 생산되는 것은 아니다. 젖산균의 어떤 것은 발효가 일어날 때 알코올과 아세트산을 일부 생산하기도 하는데 이들의 생산량은 발효조건에 따라 변한다.

그러므로 알코올발효나 젖산발효라 부르는 것은 주로 생산되는 물질에 대하여 편의적으로 붙여진 명칭에 불과한 것이다. 알코올발효는 주로 식물세포에서 그리고 젖산 발효는 동물세포에서 혐기성일 때 작동한다. 그러나 초파리에서는 알코올발효의 활성이 매우 높다.

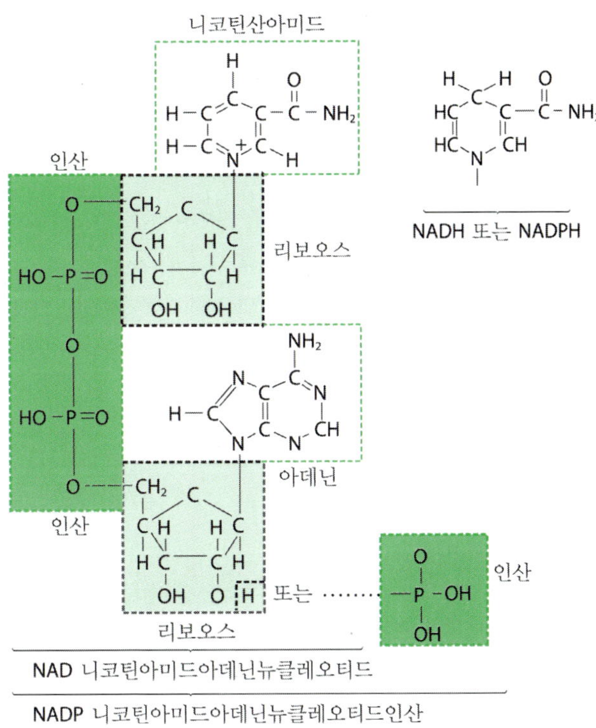

그림 2-63 NAD (NADP)와 NADH (NADPH)의 구조

(7) 호흡대사

1) 분자상 산소의 출현과 생물의 적응

원시 생물계에서 호기성 호흡대사(산소호흡)가 출현한 것은 남조류의 광합성에서 산소가 발생되면서부터이다. 광합성에 의해 대기에 산소가 축적되면서 생물의 진화에는 두 가지 큰 변화가 일어나게 되었다.

첫째, 산소는 생물에 대하여 유독하기 때문에 해독(解毒)할 수 있는 시스템을 적응적으로 갖게 되었다. 세포에서 일어나는 산화환원반응이 주로 전자를 주고받는 것인데, 이때 산소(O_2)가 있으면 전자가 산소와 반응해서 수퍼옥사이드(superoxide, O_2^-)가 생성된다.

$$O_2 + e \longrightarrow O_2^-$$

전자　　　　　수퍼옥사이드

수퍼옥사이드는 산화력이 매우 커서 세포에 들어있는 모든 물질을 산화시킬 수 있으며 결과적으로 세포를 죽게 한다. 오늘날의 호기성 생물은 수퍼옥사이드를 제거할 수 있는 효소인 수퍼옥시드디스뮤타아제(superoxide dismutase)를 가지고 있으나, 혐기성 생물은 가지고 있지 않다. 또한 호기성 생물에는 카탈라아제(catalase)와 퍼옥시다아제(peroxidase)가 있어서 세포에서 발생되는 과산화수소(H_2O_2)와 같은 과산화물을 분해할 수 있다.

다음으로 산소에 대한 생물의 적응은 호기성 호흡대사의 완성이다. 발효, 산소호흡, 광합성과 같은 지구환경에 대한 대사적 적응은 주로 선캄브리아시대 전기(약 25 억 년 전)에 생존하였던 원핵세포에서 완성되었다. 진핵생물이 출현하고 이어서 다세포생물의 시대가 되면서 세포는 이러한 기본적인 대사계를 유지하게 되었다.

2) 해당에서 TCA 회로로

그림 2-64 에서 호흡대사계의 전부를 볼 수 있는데 대사계를 크게 3 부분으로 나눌 수 있다.

첫째는 무산소 시대에 갖고 있던 해당이고, 둘째는 TCA 회로이며, 셋째는 전자전달계의 호흡사슬이다. 이 3 가지 대사경로의 기원은 진화적으로 다르지만 서로 결합되어 효율적 기능을 갖게 된 것으로 해석된다.

에너지대사로서 발효에서 호기성호흡으로 진화한 의의는 영양물질로부터 에너지를 얻어내는 효율이 높아진 결과에 있다. 산소는 양(+)의 높은 산화환원전위를 갖고 있어서 전자를 받아들이는 힘이 매우 강하여 유기화합물의 전자가 산소로 이전될 때 방출되는 에너지가 다른 유기화합물로 전자를 이전할 때보다 훨씬 많다. 해당에서 피루브산은 포도당 산화의 전자수용체의 역할을 한다.

피루브산은 글리세르알데히드-3-인산이 산화될 때 생성하는 NADH를 받아서 젖산 또는 알코올로 환원된다. 이때 NADH는 NAD로 산화되어 다시 글리세르알데히드-3-인산 산화에 이용된다. 그런데 호기성 호흡에서는 NADH가 산소에 의해서 산화된다.

이때 피루브산은 전자수용체가 아니어서 젖산이나 알코올 생산에 이용되지 못하고 그림 2-65과 같이 탈탄과정을 거쳐 TCA 회로에 참여하여 한 회전을 하게 되면 완전히 산화하여 이산화탄소와 물로 분해된다.

그림 2-65은 TCA 회로를 상세하게 나타낸 것이다. 여기에서 NAD는 물론 CoA(coenzyme), FAD (flavin adenine dinucleotide) 등의 조효소가 작용하고 있다.

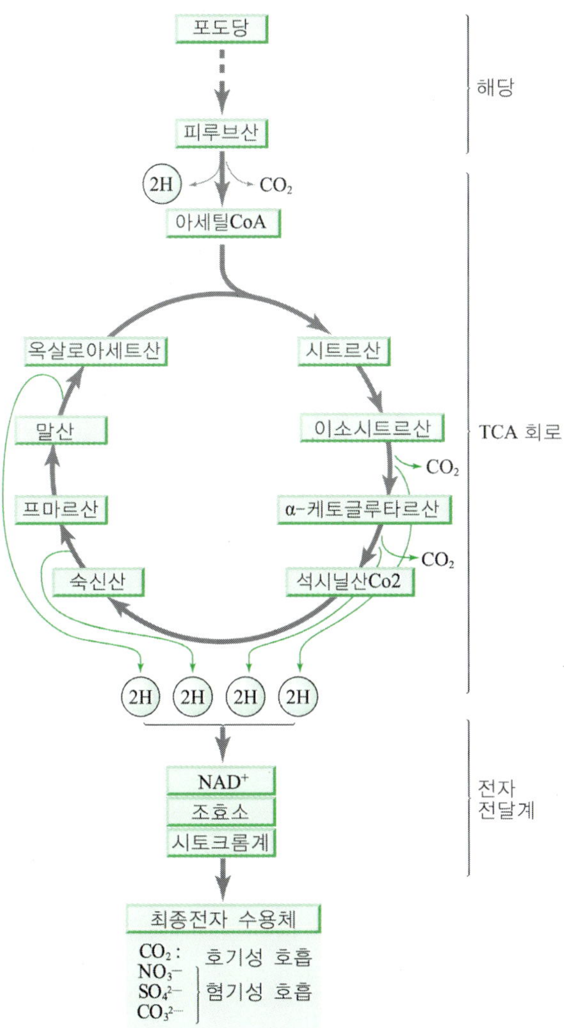

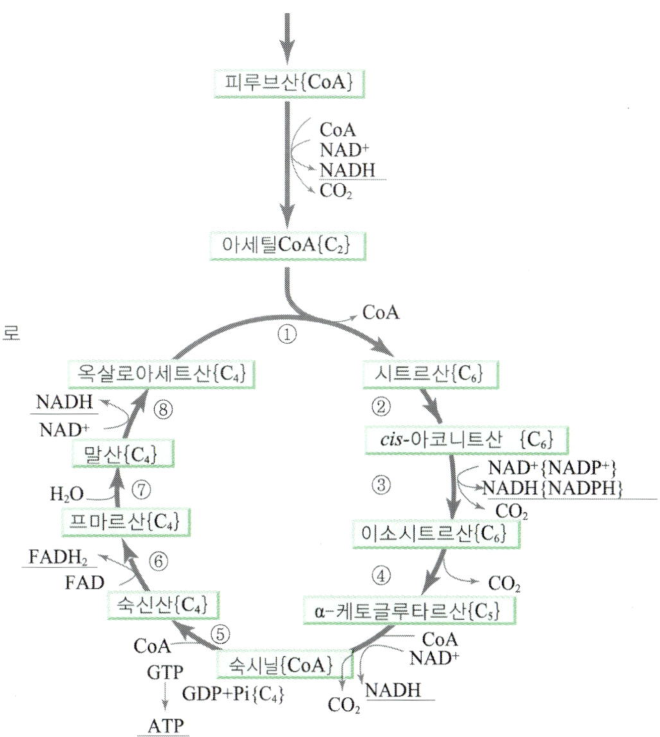

그림 2-65 TCA 회로

그림 2-64 간략하게 정리한 호흡대사계

TCA 회로(tricarboxylic acid cycle)에는 시트르산이 있어서 시트르산회로(citric acid cycle), 또는 이 대사계를 발견한 사람의 이름(Krebs, H.)을 따라서 크렙스회로(Krebs cycle)라고도 한다.

한편 TCA 회로라는 명칭은 3 개의 카르복시기(-COOH)를 가진 유기산이 본 회로에서 작용하기 때문에 붙여진 것이다. TCA 회로는 지질합성계, 여러 가지 아미노산의 합성계, 호흡대사의 전자전달계 등 많은 대사계들과 연계되어 있어 물질대사에서 중추적인 기능을 하고 있다.

TCA 회로에서 피루브산은 탈탄산되어 2 탄소화합물(CH_3COO^-, 아세틸기)이 되며, 이것이 CoA 와 결합해서 고에너지화합물인 아세틸-CoA 가 된다. 아세틸-CoA 는 옥살로아세트산과 반응해서 시트르산으로 되면서 회로를 따라 연속적으로 다음 반응에 참여하여 결국 다시 옥살로아세트산이 되는데, 이 과정에서 피루브산 1 분자는 완전히 분해되어 3 분자의 이산화탄소로 된다. 이 대사를 포도당에서 출발하는 것으로 하면 TCA 회로를 2 번 회전할 때 포도당은 이산화탄소로 분해된다.

TCA 회로는 고에너지 수소를 생산하는 반응계여서 ATP 는 한 반응(그림 2-65 의 반응 5)에서만 생성된다. 한편, 호기성 호흡대사이면서도 산소가 참여하는 반응은 없고, 마치 유기산의 발효대사와 같은 성질을 가졌다.

이 반응계에서 생성되는 수소는 NADH 의 형태로 생산되며, NADH 의 수소가 전자(e)와 프로톤(H^+)으로 분리되고 분리된 전자가 전자전달계를 거쳐서 산소와 반응하게 되는데 이 과정에서 대량의 에너지가 방출되면서 ATP 가 생산된다.

3) 전자전달계 (호흡연쇄)

전자전달계(電子傳達系, electron transport system)는 TCA 회로에서 생성되는 수소(NADH의)로부터 에너지를 빼어내기 위한 대사계이다. 호기성 원핵생물에서 전자전달계는 세포막에 들어 있으며, 종(種)에 따라 그의 구성내용이 크게 달라진다. 그러나 진핵생물에서는 전자전달계가 미토콘드리아의 크리스테(cristae)에 있고 종에 따르는 차이도 없다.

미토콘드리아의 크리스테에 있는 전자전달계를 그림 2-66에서 볼 수 있다. 수소에서 이탈한 전자는 단계적으로 이동해서 최종적으로 산소와 결합한다. 이렇게 생성된 환원형 산소($1/2\,O_2^-$)는 프로톤($2\,H^+$)과 반응해서 무해한 물이 된다. 사람이 호흡운동으로 들여 마시는 산소는 허파에서 혈액으로 들어가고 각 세포에 운반되면 미토콘드리아에서 전자전달계의 전자수용체로 이용된다.

이와 같이 전자를 주고받는 과정에는 여러 가지 시토크롬이 관여한다. 시토크롬은 헴을 가진 단백질로서 헴(heme)에 들어있는 철(Fe)의 산화환원반응($Fe^{2+} \rightleftharpoons Fe^{3+} + e^-$)에 의해서 한 개의 전자를 수송하게 된다. 그런데 유비퀴논(ubiquinone, UQ) 1분자는 2개의 전자($2e^-$)를 운반하기 때문에 시토크롬은 양적으로 2배가 있든지, 또는 활성이 2배가 되든지 해야 할 것이다.

전자전달계를 거친 전자는 최종단계에 있는 시토크롬 산화효소에 전달되고 여기서 산소로 옮겨져 프로톤과 반응하게 된다. 그림 2-66과 같이 시토크롬의 배열은 음(−)의 산화환원전위가 가장 높은 것(NADH)부터 가장 낮은 것(O_2, 양의 산화환원전위가 가장 높은)의 순서로 되어 있는데, 이것은 인위적으로 작성된 것이다.

시토크롬들은 막에 강하게 결합되어 있어서 시험관에서 측정한 이것들의 산화환원 전위가 실제의 값과 같은지에 대하여는 아는 바 없다. 그러나 막에서 전자의 흐름은 막 내외에 수소이온의 농도차(프로톤 기울기, proton gradient)를 일으켜서 전위차를 형성한다.

그 결과 막의 안쪽의 pH가 바깥보다 높아져서 H^+가 안으로 이동할 때 활성화된 ATP 합성효소는 H^+의 화학삼투적(化學滲透的, chemiosmotic) 에너지로 ATP를 합성할 수 있다.

세포에서 NADH는 여러 가지 탈수소효소의 작용으로 지방대사를 비롯한 여러 반응계에서 생산되어 전자전달계로 보내진다. 한편 $FADH_2$의 수소는 TCA 회로의 숙신산탈수소효소의 반응에서 생성되어 전자전달계의 우비퀴논으로 보내진다.

(8) 효율적인 ATP의 생산

ATP의 생산메커니즘에는 커다란 진화의 흔적이 보인다. 발효에서 ATP가 생산되는 단계는 해당이다. 여기에서 글리세르산-3-인산키나아제(글리세르산-1, 3-이인산 ⟶ 글리세르산-3-인산)와 피루브산키나아제(포스포노엔올피루브산 ⟶ 피루브산)의 두 효소반응에서 ADP의 인산화(ADP + Pi ⟶ ATP)가 일어난다. 혐기성 조건에서는 효소반응에 의해 ATP가 생산되는데, 이것을 기질수준 인산화(基質水準燐酸化, substrate-level phosphorylation)라고 한다.

호기성 조건에서의 ATP 생산은 주로 호흡대사에서 일어난다. 원핵세포에서는 세포막에서, 진핵세포에서는 미토콘드리아의 크리스테에 들어있는 전자전달계에서 일어난다. 이때 막의 내외에 형성된 프로톤기울기에 의해서 전위차가 생기는데 이것이 에너지원이 된다.

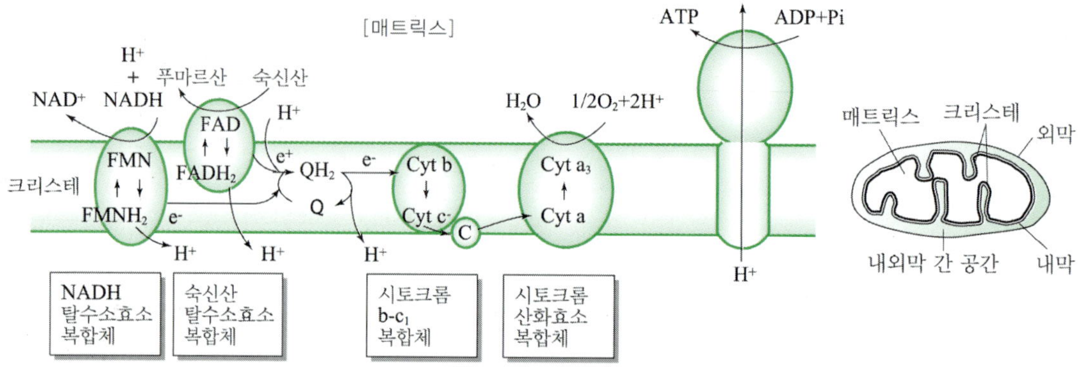

그림 2-66 전자전달계의 모델과 전자 및 H^+ 의 이동

유기물의 호기성 산화로 얻은 에너지로 ATP 가 생산되는 것을 산화적 인산화(酸化的燐酸化, oxidative phosphorylation)라고 한다.

생물계에는 또 다른 ATP 생산 시스템이 있는데 이것을 광인산화(光燐酸化, pho⁻ tophosphorylation)라 하며, 광합성생물이 가지고 있다. 한편 원시적인 방법으로 ATP 를 합성하는 생물에는 호염성 박테리아(halobact eria)가 있다. 이 박테리아의 세포막에는 박테리오로돕신(bacteriorhodopsi n)이 있어서 이것이 빛을 흡수하면 막 내외에 프로톤기울기가 형성되고, 이때 ATP 합성효소가 활성화되어 ATP 가 생산된다.

발효와 산소호흡에서 ATP 의 생산량을 비교해 보면 표 2-6 과 같다. 호기성 호흡에서 포도당 1 분자가 완전히 산화하면 38 분자의 ATP 가 생산된다. 이것은 해당에서 2 분자, TCA 회로(2 회전)에서 2 분자, 전자전달계에서 34 분자가 생산된 것을 합한 것이다.

그런데 발효에서는 해당에서 생성되는 2 분자의 ATP 뿐이므로 ATP 의 생산효율은 포도당이 가지고 있는 에너지의 2%에 불과하다. 그러므로 산소호흡은 발효보다 19 배나 많은 ATP 를 생산한다. 즉, 호기성 생물은 진화과정에서 TCA 회로와 전자전달계를 얻게 된 결과로 세포의 생존이 크게 유리해졌을 것이 확실하다.

표 2-6 포도당에서 생산되는 ATP 의 양(호기성 호흡)

대 사 계	ATP (분자수)
해 당(발효)	2 (4−2=2)
TCA 회로	2
전자전달계	34
계	38

전자전달계에서 NADH로부터 전자가 출발하는 경우에는 3분자의 ATP가 생산되지만, $FADH_2$에서 출발하면 2분자의 ATP가 생산될 뿐이다.

이것은 TCA 회로에서 숙신산이 푸마르산으로 되는 반응에서 방출되는 에너지의 양이 작다는 것을 의미하는 것이다.

즉, $FADH_2$의 산화환원전위가 NADH보다 낮기 때문에 NADH는 전자를 FMN에 전달하지만, $FADH_2$는 우비퀴논(UQ)에 전달한다. 그 결과 H^+기울기형성에 차이가 생긴다.

(9) 발효와 호흡의 양면성

에너지의 획득방법과 진화와의 관계를 알아보려면 원핵생물을 대상으로 하는 것이 좋다. 왜냐하면, 지구상에 세포가 출현한 이래 40억 년이란 긴 역사 속에서 대기(大氣)가 없었던 시대부터 현재까지 지구환경에 적응하면서 여러 가지의 새로운 대사방법을 진화적으로 획득하여 왔기 때문이다. 현재의 원핵생물이 가지고 있는 에너지의 획득방법들은 대사의 진화형태를 나타내는 것이다. 이러한 특성은 진핵세포에서도 그대로 이어지고 있다.

원핵생물에서 이 방면의 연구는 박테리아에서 비교적 잘 진행되어 왔다. 박테리아에는 무산소 조건에서 생육하는 혐기성 세포와 산소가 없으면 충분한 생육을 할 수 없는 호기성인 것이 있다. 한편 혐기성 박테리아에는 산소가 있으면 절대로 생육하지 못하는 것과(절대적 혐기성)와 산소가 있으면 산소를 전자의 최종 수용체로 사용하는 호흡을 하고 산소가 없으면 발효로 생활 에너지를 얻는 두 가지 능력을 가진 것이(조건적 혐기성) 있다.

진화적으로 가장 원시적인 에너지 획득법인 발효로 생활하는 박테리아와 광합성(산소를 발생하지 않는)대사를 가진 절대적인 혐기성 박테리아가 지구에 번성하던 시대가 초기에 있었다.

이어서 산소가 발생하는 광합성을 수행하는 남조류의 시대가 와서 대기에 산소가 증가하기 시작하였을 때에는 두 가지 성질을 가진 혐기성 박테리아가 출현하였고, 대기의 산소농도가 높아지고 일정한 농도로 안정되면서 호기성 박테리아가 출현하고 이것이 진화하면서 진핵생물을 탄생시킨 것으로 해석된다.

조건적 혐기성 생물로 원핵생물에는 대장균(大腸菌, *Escherichia coli*)이 있고, 진핵 생물에는 효모가 있다. 이것들은 산소 유무에 따라 혐기성 대사와 호기성 대사를 바꿀 수가 있다. 생물의 진화는 필요한 요인의 축적에 있는 것이므로, 이 경우에도 해당이 중요한 위치에 있음을 볼 수 있다. 즉 호기성 생물도 조건에 따라 발효로 에너지를 생산할 수 있는 능력을 가지고 있는 것이다. 효모를 혐기적으로 배양하면 포도당은 해당을 경유해서 알코올이 된다.

이때 미토콘드리아는 없어지고 미토콘드리아의 외막이 남아서 만들어진 것으로 보이는 작은 구조물(promitochondria)만 남는다. 이때 공기를 통해주어 호기성 배양을 하면 세포 안에 미토콘드리아가 다시 생성되고 TCA 회로와 전자전달계가 작동하면서 알코올발효가 호기성 호흡으로 바뀐다.

고등동물에서 활발하게 생활하는 세포에서는 혈액으로 운반되는 산소만으로는 충분한 산소호흡을 할 수 없는 경우가 있다. 격렬하게 운동할 때의 근육세포에서는 산소부족 현상이 일어나서 TCA 회로와 전자전달계의 작동이 중단되는데, 이러한 경우에는 해당에서 생성된 피루브산이 환원되어 젖산으로 변한다. 젖산은 혈액을 따라 간으로 운반되어 일부는 다시 피루브산이 산화되어 TCA 회로에 참여하지만, 젖산의 농도가 높아지면 근육에 피로를 가져온다.

(10) 동화와 이화의 연결

이화작용은 영양물질의 화학결합을 분해하여 그 안에 들어 있는 결합에너지를 방출시키는 과정이다. 이러한 기능을 수행하는 대사로서 해당, TCA 회로, 전자전달계에 대하여 설명하였다. 이것은 이화대사가 가지고 있는 역할의 일부이며, 더 중요한 기능은 분해과정에서 생기는 여러 가지 중간대사물(中間代謝物, intermediate metabolite)이 다른 여러 동화대사의 재료(출발물질)로 공급되는 것이다. 그러므로 동화와 이화는 여러 점에서 가역적이라 하겠다.

1) 지질의 분해와 합성

중성지방은 리파아제에 의해서 글리세롤과 지방산으로 가수분해된다. 글리세롤은 ATP 1분자를 소비해서 3탄당인산(글리세르알데히드-3-인산)으로 되어 해당에 들어가 산화된다. 지방산의 산화는 진핵세포에서는 미토콘드리아에서 진행된다. 이 반응에서 지방산은 그림 2-67에서처럼 β위치에서 연속적으로 산화되면서 탄소사슬이 2개씩 절단된다.

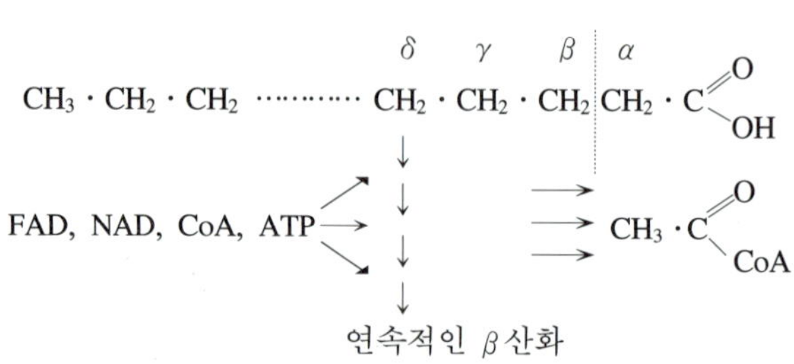

그림 2-67 지방산의 β-산화

이렇게 해서 생기는 C_2 단위(아세틸기)는 아세틸 CoA가 되어 TCA 회로에 투입된다. 이러한 지방산의 산화방식을 β-산화(β-oxidation)라 한다. β-산화에서는 아세틸 CoA와 다량의 NADH와 $FADH_2$가 생성되어 TCA 회로와 전자전달계에 투입된다.

지방산은 수소의 함량이 탄수화물보다 높아서 이것이 산화할 때에는 많은 ATP가 생산된다. 스테아르산(stearic acid, 탄소수 18개)이 완전히 산화하면 146분자의 ATP가 생성된다. 이것은 같은 양의 탄수화물이 산화할 때보다 많은 것이다.

영양학적으로 고지방식품을 고칼로리 식품이라 하는 것은 이러한 이유 때문이다. 철새들은 계절이 바뀌어 이동할 때가 되면 지방을 체중의 50%가 될 때까지 축적해서 오랫동안 필요한 에너지와 물을 공급받을 수 있게 하며, 크기가 작은 식물종자의 지방함량이 큰 것도 탄수화물을 저장할 때보다 많은 에너지를 얻을 수 있고, 비중을 보다 가볍게 하기 위한 진화의 결과다.

지방합성에 필요한 글리세롤의 합성은 해당의 중간산물인 3탄당(글리세로알데히드-3-인산과 디히드록시아세톤인산)에서 얻는다.

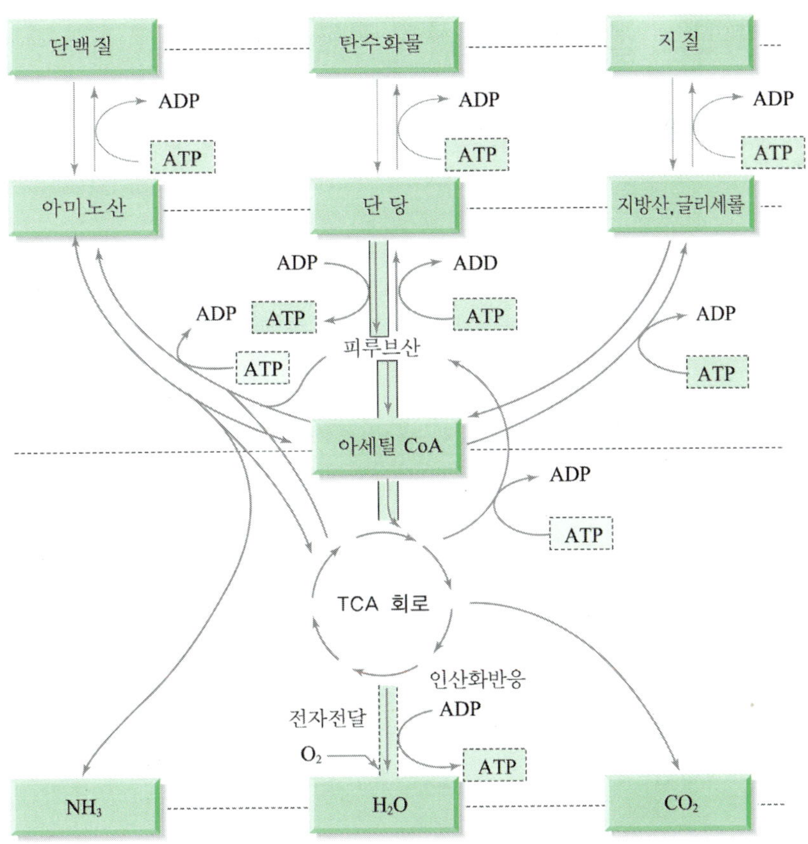

그림 2-68 호흡대사계의 중간대사적 역할

또한 지방산 합성에는 TCA 회로에서 아세틸 CoA가 공급되어, 이것이 C_2 단위가 되어 환원되면서 탄소사슬의 길이가 길어진다. 그래서 세포의 지방산은 대개가 짝수 탄소의 사슬구조로 되어 있다.

2) 단백질의 분해와 합성

단백질은 세포의 구성물질은 물론이고 에너지원으로도 이용되는데, 가수분해되면 아미노산이 된다. 아미노산이 탈아미노반응을 거치면 유기산이 되어서 TCA 회로에 투입될 수 있다.

$$R\text{-}HC(NH_2)\text{-}COOH \xrightarrow{\text{탈아미노반응}} R\text{-}CO\text{-}COOH + NH_3$$

이때 대개의 아미노산은 아세틸 CoA가 된다. 그러나 세포에서 단백질 합성이 활발할 때에는 TCA 회로의 유기산들이 아미노화 반응을 거쳐 여러 가지 아미노산으로 합성된다.

지질, 단백질 외에도 핵산의 염기, 시토크롬과 클로로필의 포르피린 등도 출발물질은 TCA 회로에서 공급되고 분해될 때에는 TCA 회로를 거친다. 그러므로 그림 2-68에서처럼 동화와 이화는 해당과 TCA 회로를 기본대사계로 이용함으로써 대사 전체를 효율적으로 운영할 뿐 아니라 대사에 필요한 화합물의 종류를 줄일 수 있다.

2-4 세포의 증식

생물이 가지고 있는 가장 뚜렷한 특징은 자신의 유전적인 계통을 통해서 생명을 영속시키는 것이다. 이러한 특징은 세포분열에 의한 증식을 통해서 이루어진다. 세포분열(細胞分裂, cell division)은 세포성분을 2개의 낭세포(娘細胞, daughter cell)로 나누는 작업이지만, 이때 유전정보물질인 DNA가 복제되고 복제된 DNA가 각각 낭세포로 배분되는 일이 가장 중요한 과정이다. 진화과정에서 세포분열이 완성될 수 있었던 것도 DNA의 복제가 정확하게 수행되면서부터일 것이다.

2-4-1 세포의 세대시간

한 개의 세포가 분열해서 2개의 세포가 되기 위해서는 세포벽, 세포막, DNA, RNA, 단백질 등으로 세포의 구성성분이 정확하게 2배로 되어야만 한다. 실제로 세포가 분열할 때에는 먼저 체적이 2배로 된 다음, 중심부에서 갈라져 2개의 세포로 된다.

이러한 과정이 반복되면서 세포의 증식이 이루어진다. 배양 중인 세포집단의 세포수가 2배로 되는 데 필요한 시간을 세대시간(世代時間,

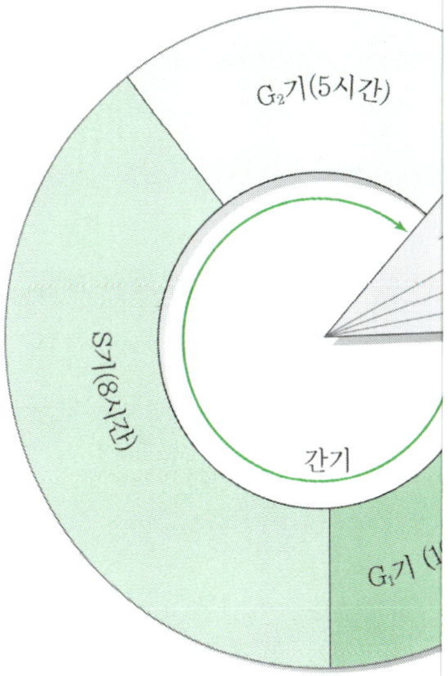

그림 2-71 세포주기

generation time)이라 한다. 세포의 종류와 배양조건이 일정하면 항상 일정한 값을 갖는다. 박테리아를 최적 조건에서 배양할 때 세대시간은 약 20 분이며, 고등생물의 경우는 대개 24 시간이다.

세포를 배양할 때 배양조건을 일정하게 유지하면 세포는 일정한 세대시간으로 분열하는데, 세포의 밀도가 높아지면 영양물질과 산소의 공급이 부족하게 되고, 유해한 대사물질이 축적되면서 환경이 세포증식에 불리하게 전개된다. 그 결과, 세포시간이 길어지고 결국에는 세포분열이 중단된다.

이러한 세포의 증식과정을 그림 2-69 에 나타내었는데, 이것을 생장곡선(生長曲線, growth curve)이라 하며, 시그모이드(S字形, sigmoid) 형태가 특징이다. 즉, 배양 초기에는 세포가 새로운 환경에 적응하기 위한 물질합성이 일어나기 때문에 즉각적인 세포분열은 일어나지 않는다. 이 시기를 유도기(誘導期, induction phase)라 하며, 만약 이 시기에 배지에 독성물질 등이 있어서 적응에 필요한 시간이 더 길어지면 유도기는 더 길어진다.

환경을 극복하고 분열을 시작하면 점차 세대시간이 단축되면서 최대속도로 분열하게 되는데, 이 기간을 대수기(對數期, logarithmic phase)라 한다. 세대시간은 이 시기에 측정한다. 이 시기에 배양조건을 조절해 주면 세포 수가 시간에 비례해서 증가하는 대수기를 장시간 유지할 수 있다. 즉, 세포성분이 시간에 비례해서 합성되고 분열하므로 이러한 세포생장을 평형적 생장(平衡的生長, equilibrium growth)이라 한다.

한편 비평형상태의 생장상태에 있는 세포에서는 어떠한 현상이 일어날까? 그림 2-70 에서 보면 세포를 빈영양조건에서 부영양조건으로 옮겼을 때(A) DNA, RNA, 단백질의 합성과 세포분열에 혼란이 일어남을 알 수 있다. 즉 대사계가 적절히 조절되지 못하게 된다.

역으로 세포를 부영양조건에서 빈영양조건으로 옮기면(B) 고분자물의 합성과 세포분열에 혼란이 일어나는데 가장 현저한 것은 RNA 합성계가 환경변화에 가장 민감하고, 가장 둔한 것은 세포분열의 조절계인 것 같다.

세포의 평형적 생장은 물질합성과 세포분열이 같은 속도로 진행하는 상태이지만 환경을 변화시키면 이러한 평형이 깨지는데, 이때 일어나는 변화는 또 다른 환경에 적응해서 새로운 평형적 생장을 하려는 세포의 노력에 의한 결과인 것이다. 세포가 새로운 환경에 적응하지 못하고 비평형적 생장을 계속하게 되면 결국에는 사멸하게 된다.

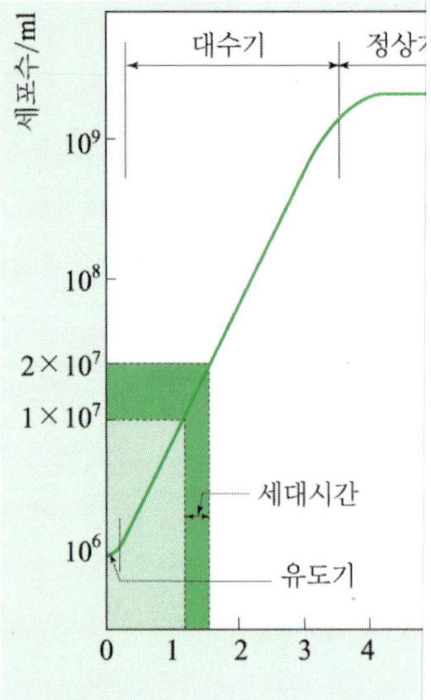

세포분열이 끝나면 세포의 일생도 함께 끝나지만 동시에 새로운 세포의 일생이 시작된다.

오늘날의 기술로는 1 개의 세포에 들어있는 DNA 와 같은 물질을 정량할 수는 없다. 그래서 많은 수의 세포를 모아서 사용하는데 이미 언급한 것처럼 활발하게 분열하고 있는 대수기의 세포에는 세포주기가 다른 것들이 섞여있게 된다. 세포를 동조분열 하도록 유도하려면 먼저 적절한 처리를 해서 모든 세포를 G_0 기가 되도록 해야 한다.

배양 중인 세포를 G_0 기가 되도록 하기는 쉽지 않아서, 대개는 정지기(靜止期, stationary phase)에 있는 세포를 다량의 배양액으로 희석하는 방법 등을 이용하고 있지만, 이 경우에도 몇 번의 분열이 일어난 후부터는 세포주기의 차이가 다시 나타나게 되어 역시 어려움이 있게 된다.

2-4-3 DNA 의 복제

1. DNA 의 반보존적 복제

한 개의 염색체를 가지는 원핵세포나 여러 개의 염색체를 가진 진핵세포 모두 세포분열이 있을 때는 염색체가 확실하게 복제되어 낭세포에 들어간다. 이때 DNA 복제(複製, replication)가 완료되는 과정이 세포분열을 시작하게 하는 신호역할을 한다. DNA 복제는 염색체 단위로 발생하는데, 이러한 DNA 의 복제단위를 레플리콘(replicon)이라 한다.

DNA 의 복제란 그림 2-73 에서처럼 세포 안에서 또 한 가닥의 폴리뉴클레오티드사슬을 합성하는 것이다.

먼저 DNA 를 구성하고 있는 두 가닥(double strand)의 폴리뉴클레오티드 간에 형성되어 있는 수소결합이 절단되고, 두 가닥 각각이 주형(鑄型, template)이 되어 그 위에 새로운 사슬을 만든다. 이러한 복제는 모든 생물에서 공통적으로 수행되며, 반보존적 복제(半保存的 複製, semiconservative replication)라고 부른다.

이러한 복제방법은 왓슨(J. Watson)과 크릭(F. Crick)에 의해서 DNA 의 구조가 밝혀졌을 때(1953 년)에 이미 예견되었던 것이지만, 메셀슨(M. Meselson)과 스탈(F. W. Stahl)의 실험으로(1958 년) DNA 의 반보존적 복제가 실제로 증명되었다.

질소원자(N)에 있어서 보통의 것은 질량이 14(^{14}N)이지만 무거운 동위원소(비방사성)인 ^{15}N 인 것도 있다. ^{15}N 로 표식된 염화암모늄($^{15}NH_4Cl$)을 질소원으로 하여 박테리아를 배양하면, 모든 박테리아는 비중이 큰 ^{15}N-DNA 를 갖는다. 이러한 박테리아에서 DNA 를 추출하고, 이것을 진한(6 M) 염화세슘(CsCl)용액에서 오랫동안 초고속으로 원심분리를 하면 그림 2-74 에서처럼 ^{14}N-DNA 와 ^{15}N-DNA 가 서로 분리된다.

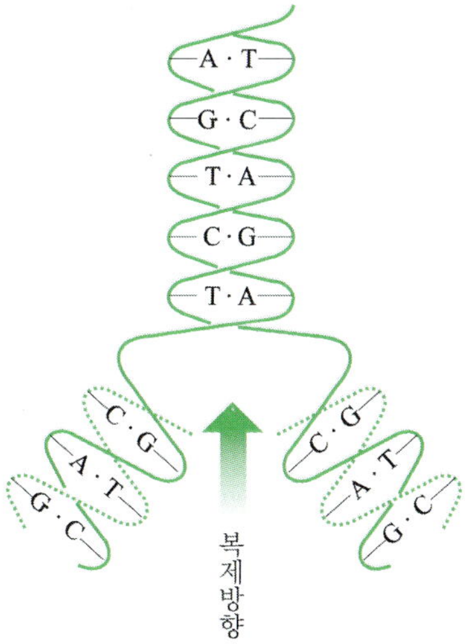

그림 2-73 DNA 복제
점선은 새로 복제되는 DNA 사슬이다.

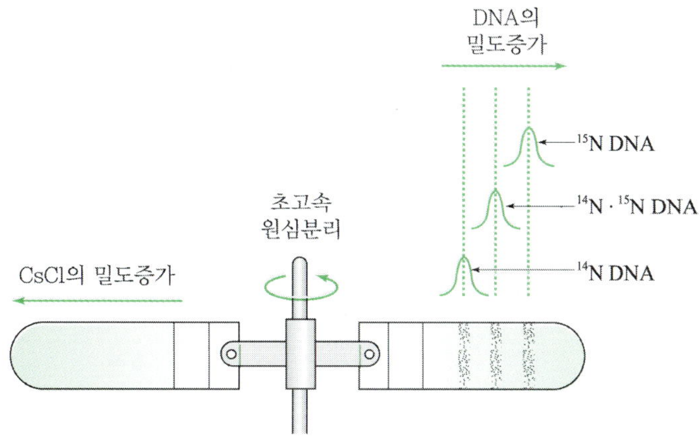

그림 2-74 초고속원심분리법에 의한 DNA 의 분리
염화세슘의 밀도기울기법으로 밀도가 큰 ^{15}N-DNA 와 밀도가 작은 ^{14}N-DNA, 그리고 중간형인 ^{15}N · ^{14}N-DNA 가 분리된다.

실제로 DNA 가 반보존적으로 복제된다면, ^{15}N 배지에서 배양한 박테리아를 ^{14}N 의 정상배지로 옮겨 배양할 때 한번의 세포분열이 일어난 후의 DNA 는 한 가닥은 ^{15}N 의 것이고 또 다른 가닥은 새로 합성된 ^{14}N 의 것인 ^{15}N^{14}N 으로 구성되어, 세포분열 이전의 ^{15}N^{15}N 와는 다른 밀도를 갖게 된다.

그리고 세포분열이 2 번 이상 진행되면 ^{14}N^{14}N 인 DNA 가 나타나면서 시간이 지나면 그의 양이 점차 증가할 것이다. 이러한 예상이 실제로 일어남을 그림 2-75 에서 확인할 수 있다.

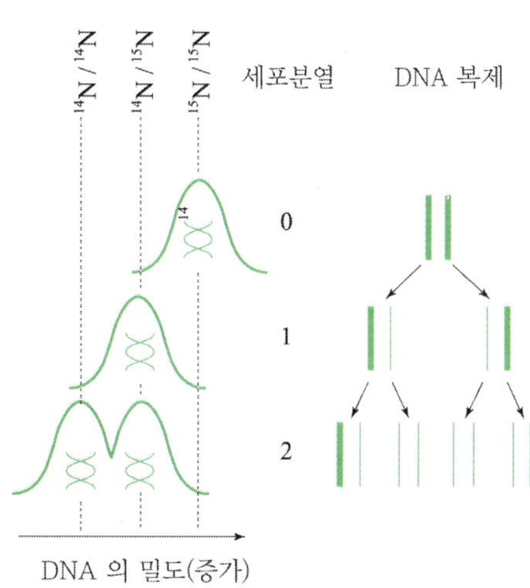

그림 2-75 메셀슨과 스탈의 실험
세포분열의 횟수가 많아질수록 ^{14}N · ^{14}N-DNA 가 증가한다.

2. DNA 복제에 참여하는 효소들

DNA의 복제가 실제로 일어날 때에는 그림 2-73에서 보다 훨씬 복잡한 반응이 일어난다. 첫째로 중요한 것은 복제가 일어나기 전에 먼저 DNA의 나선구조가 풀리고 두 가닥이 서로 분리되어야 한다.

다음으로 중요한 것은 주형인 DNA 사슬을 따라 정확한 뉴클레오티드가 배열되어야 하는 것이다. 이러한 작업에는 약 20종의 단백질이 참여하는데, 가장 중요한 기능을 가진 중합효소(重合酵素, polymerase)에 대하여 알아보겠다.

DNA 중합효소(DNA polymerase)는 콘버그(A. Kornberg, 1975년)가 대장균에서 최초로 발견했으므로 중합효소 I (pol I)이라고 한다. 그 후 대장균에서 중합효소 II(pol II)와 중합효소 III (pol III)이 발견되었는데, DNA 복제에서 가장 중요한 작용을 하는 것이, 중합효소 III 인 것으로 밝혀졌다.

왜냐하면 중합효소 I 과 II의 결손(缺損, deletion)이 일어난 돌연변이체에서도 세포분열이 일어나기 때문이다. 중합효소 I 과 III 은 다음과 같은 성질이 있다.

첫째, 주형인 DNA (template DNA)가 있어야 DNA의 합성반응이 일어난다. 둘째, 반응물질인 뉴클레오티드는 반드시 디옥시리보뉴클레오시드-삼인산(dNTP)이어야 하며, 디옥시리보뉴클레오시드이인산(dNDP)이나 디옥시리보뉴클레오시드일인산(dNMP)은 이용하지 못한다. 셋째, 새로운 뉴클레오티드가 합성되려면 3′-OH 말단을 가진 프라이머(primer)를 필요로 하며, 따라서 DNA 합성은 5′에서 3′의 방향으로 진행한다.

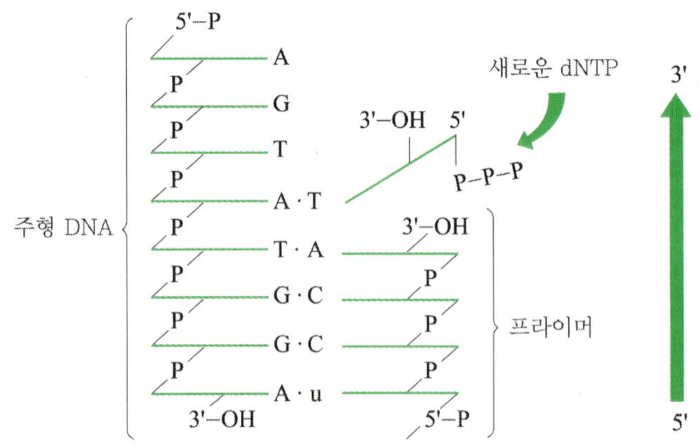

그림 2-76 DNA 중합효소의 작용
DNA 중합효소 I 또는 II는 주형 DNA의 염기와 쌍을 이루는 뉴클레오티드(dNTP)를 결합시킨다.

중합효소 I 과 III 의 반응 메커니즘은 그림 2-76에서와 같다. 중합효소 III 은 9개의 서브유닛으로 되어있는 효소로서 완전한 상태로 세포에서 분리하기는 대단히 어렵다.

이들 서브유닛 중에서 α서브유닛은 주형의 염기배열을 따라 뉴클레오티드를 붙여서 사슬의 길이를 연장시키는 작용을 한다. ε서브유닛은 합성된 염기의 배열을 교정하는 기능을 갖는다. 즉 α서브유닛에 의해서 첨가된 염기가 정확한 것이 아닌 경우에는, 정확한 것으로 치환시키는 작업이 가능하다.

그러나 중합효소 I과 III은 서로 다른 성질도 가지고 있다. 중합효소 III은 DNA 사슬의 절단 부위에 작용할 수 없으며, 프라이머로 DNA 사슬을 이용하지 못한다. 또한 나선구조를 풀 수 없어서 이러한 기능을 가진 별도의 효소를 필요로 한다. 실제로 중합효소 I과 III은 DNA 복제에 참여하는 것으로 생각되지만, 중합효소 II에 관해서는 알려진 것이 없다.

3. DNA 합성은 반불연속적으로 일어난다.

(1) 5′에서 3′로의 합성

그림 2-73에서는 이해를 쉽게 하기 위하여 DNA 복제가 연속적이면서 동시 평행적으로 진행되는 것으로 나타나 있으나, 실제로 DNA의 합성은 반불연속적(半不連續的, semidiscontinuous)이고, 한 방향으로만 진행된다.

그 이유는 첫째, DNA의 복제가 그림 2-73에서처럼 2가닥에서 동시에 평행적으로 합성이 진행된다면 한 가닥에서는 5′→3′방향으로 합성이 일어나서 3′-OH 말단을 갖는데, 다른 가닥은 3′→5′방향으로의 합성이어서 5′-P 말단을 갖게 된다.

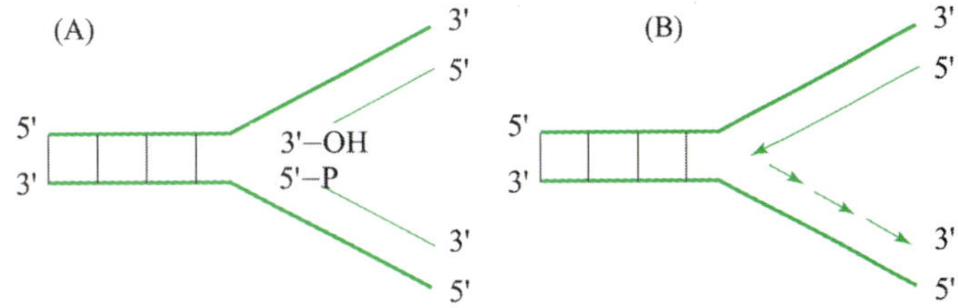

그림 2-77 DNA의 불연속적 복제
A : DNA의 두 가닥이 모두 연속적으로 복제되는 경우
B : 실제로 세포에서 진행되는 DNA의 복제방향 DNA는 항상 5′→3′방향으로 복제된다.

이러한 생각으로 한때는 2방향으로 합성을 촉매하는 효소가 별도로 존재하는 것으로 생각하기도 하였으나, 세포에는 5′→3′방향으로 작용하는 중합효소가 유일한 존재임이 밝혀졌다.

DNA 복제가 불연속적으로 진행된다면 그림 2-77에서처럼 복제과정에서 DNA의 작은 절편들이 만들어질 것이다. 실제로 이러한 절편들은 오까자키(R. Okazaki, 1968)에 의해서 대장균에서 발견되었다. 이 절편을 오까자키 절편(Okazaki fragment)이라 한다.

배양 중인 박테리아에 방사성 동위원소로 표식된 티민(^{3}H-dT)을 30초 동안 처리하면 1,000~2,000 개의 염기를 갖는 방사성 오까자키 절편이 얻어진다.

이것을 정상배지(dT)에서 수 분간 배양하면 방사성절편은 커다란 DNA 가닥 안에 들어있게 된다. 그림 2-77 B 에서처럼 한쪽의 가닥은 작은 절편으로 복제가 계속되지만, 다른 가닥은 연속적으로 복제가 진행되는 것은 모든 생물의 복제에서 볼 수 있는 보편적인 현상이다.

(2) RNA 프라이머

그림 2-76 에 의하면 중합효소 I 과 III은 DNA 복제에서 프라이머의 3′-OH 말단에 뉴클레오티드(염기)를 첨가하는 반응을 시작한다. 그렇다면 프라이머는 어떻게 합성되는가? 놀랍게도 프라이머는 DNA 가닥 위에서 합성되어 60 개 정도의 염기를 갖는 RNA 이다. 프라이머의 크기는 생물종에 따라 달라진다.

불연속적으로 복제되는 DNA 절편도 결국에는 서로 연결되어 완성된 DNA 로 된다. DNA 절편이 서로 연결되기 전에 RNA 절편은 분해되고, 이렇게 해서 생긴 공간(gap)은 DNA 회복(DNA 回復, DNA repair)으로 채워져서 그림 2-78 에서처럼 전후의 DNA 절편이 연결된다.

대장균에서는 RNA 절편의 분해와 DNA 회복이 중합효소 I (pol I)에 의해서 수행되고 두 가닥의 DNA (오까자키 절편)는 리가아제(ligase)라는 효소에 의해서 연결된다. 이 과정에서 중합효소 I 은 RNA 의 분해와 동시에 DNA 회복을 위한 DNA 의 합성능력을 가진다.

만일 최초에 RNA 가 아닌 DNA 프라이머가 사용되었다면 DNA 복제 과정은 현재의 방법보다 훨씬 단순해졌을 것이다. 리가아제는 DNA 의 5′-P 말단과 3′-OH 말단을 결합시키는 효소로서 오늘날 유전공학에서 DNA 의 특정부위를 절단하는 제한효소와 함께 긴요하게 이용된다.

(3) DNA 복제 포크

DNA 는 이중 나선구조로 되어있어서 복제가 진행되기 위해서는 두 가닥 사이에 형성되어있는 수소결합이 절단되고 나선구조를 형성하는데 크게 작용하는 염기 간의 소수성 결합이 절단되어야 한다. 이러한 과정은 헬리카아제(helicase)라는 효소에 의해서 수행되는데, ATP 의 에너지를 이용해서 나선 구조를 해체한다. 대장균에서는 서로 분리된 두 가닥에서 다시 염기 간에 수소결합이 형성되지 못하도록 SSB 단백질(single strand binding protein)을 그림 2-78 에서처럼 첨가하는데, 이렇게 형성된 부위를 DNA 복제포크(DNA replication fork)라 한다.

이때 중합효소Ⅲ이 결합되어 순차적으로 SSB 단백질을 제거하면서 한편으로는 새로운 뉴클레오티드를 첨가해서 복제를 진행해 나가면 복제포크도 점차적으로 이동해서 복제가 끝나면 없어지게 된다. 대장균의 경우, DNA 복제에는 중합효소Ⅲ을 비롯하여 30종 이상의 효소와 단백질이 참가하는 것으로 알려져 있다.

헬리카아제를 비롯해서 DNA의 나선구조를 풀어내는 기능을 가진 효소를 총체적으로 토포이소머라아제(topoisomerase)라 한다.

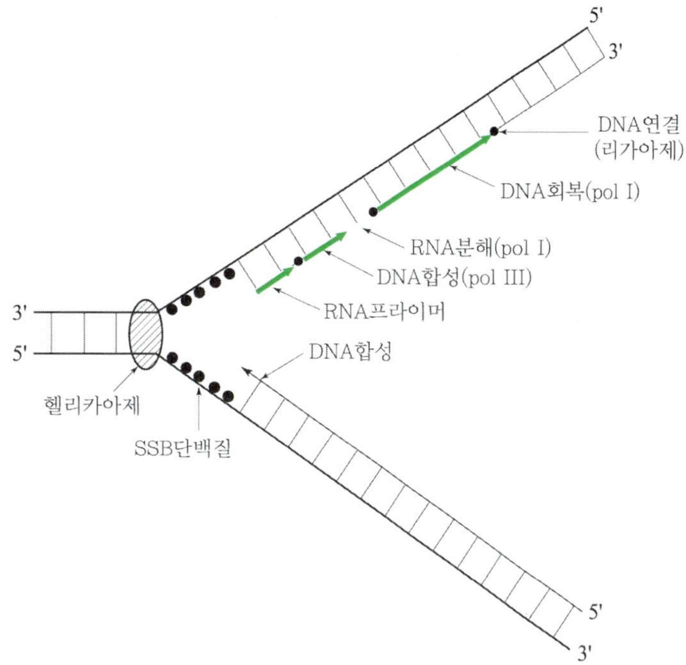

그림 2-78 DNA 복제의 시작과 진행 (대장균의 경우)

4. DNA 복제의 시작과 끝

DNA의 복제는 특정한 염기서열을 갖는 부위에서 시작되는데, 이 부위를 복제시작점(複製始作點, replication origin) 또는 *Ori* 유전자라 한다. 대장균의 경우, *Ori* 유전자는 245개의 염기쌍으로 되어 있으나, 생물종에 따라 염기배열이 다르다. 박테리아의 DNA 처럼 고리구조로 되어있는 것은 물론, 진핵생물의 선상구조인 DNA에도 *Ori* 유전자는 가닥의 한쪽 끝에 있는 것이 아니라 사슬 내부에 위치한다.

Ori 유전자가 어떤 요인에 의해서 복제를 시작하는지에 대해서는 알려진 것이 없으나, DNA 가닥이 풀리고 RNA 프라이머가 만들어지면 복제장치가 작동하는 것으로 생각된다. 세포에서 복제의 시작에는 여러 유전자가 관여하고 있기 때문에 그 내용이 쉽게 밝혀지지 않는다.

Ori 유전자에서 시작되는 복제는 좌우 양쪽 방향으로 진행된다. 그렇다면 고리구조인 DNA에서는 복제가 어떻게 해서 종결될까?

좌우로 진행되는 복제의 앞부분이 서로 만나면 종결되는 경우와 일정한 종결부위가 있어서 종결이 결정되는 경우가 모두 알려져 있다.

5. 진핵세포 염색체의 복 제

동물세포에는 pol α, pol β, pol γ의 3종의 DNA 중합효소가 있다. Pol α는 핵에서 염색체의 복제를 담당하며, pol β도 핵에 있으나 그의 기능이 무엇인지는 밝혀지지 않았다. 세포에서 pol γ의 위치는 밝혀지지 않았으나 미토콘드리아에 있을 것으로 여겨지고 있다.

대장균에서 DNA의 복제가 진행되는 속도는 약 1,000,000 염기/분이며, 진핵세포의 DNA의 경우는 50~5,000 염기/분이다. 대장균의 DNA는 길이가 1,300 μm인데 비하면 고등동물의 염색체는 평균길이가 약 5 cm에 달하기 때문에 만일, 고등동물의 DNA 복제가 한쪽 끝에서 시작된다면 전체가 복제되는 데에는 30일 정도의 시간이 필요하다.

그러나 실제 복제에 소요되는 시간은 몇 시간에 불과하다. 이것은 진핵세포의 염색체에는 여러 개의 복제시작점이 있다는 것을 의미하는 것이다. 초파리의 경우, 한 개의 염색체에 평균 약 5,000개의 복제시작점이 있는 것으로 밝혀졌다. 즉 3만 개 염기쌍마다 복제시작점이 있는 것으로 산출된다. 실제로 수정이 끝나면 복제시작점은 10배로 증가해서 복제는 3분만에 끝나게 된다.

이와 같이 그림 2-79에서처럼 진핵세포의 염색체는 여러 개의 복제시작점을 가지고 있고, 양방향으로 복제가 일어나기 때문에 단시간에 복제가 완료된다. 이것으로 보아 진핵세포는 보다 많은 DNA 중합효소를 가지고 있는 것 같다. 어떤 실험에 의하면 대장균에는 10~20의 DNA 중합효소가 있으나 동물세포에는 20,000~60,000의 pol α가 있는 것으로 알려졌다.

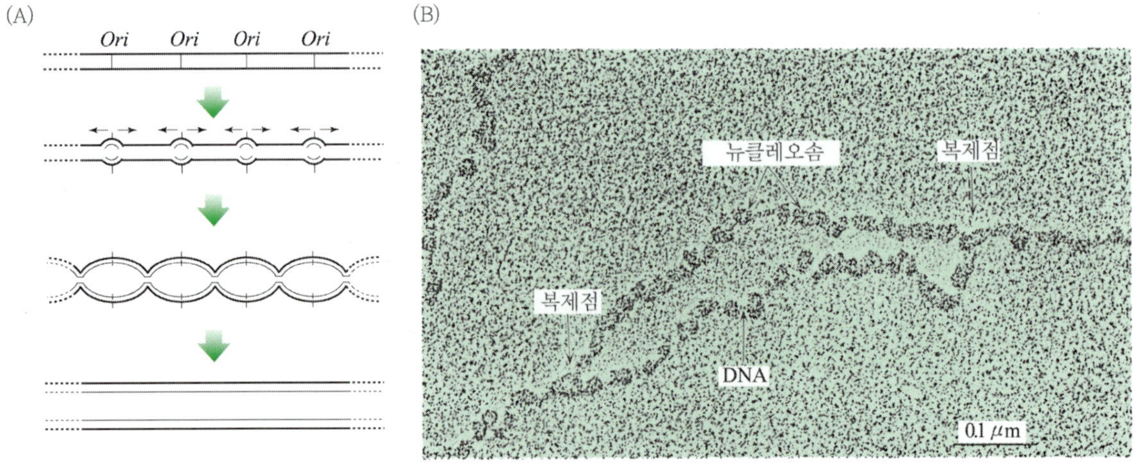

그림 2-79 여러 개의 *Ori*에서 복제가 시작되는 진핵세포의 염색체
A : 모식도 B : 복제점을 볼 수 있는 염색체의 전자현미경사진

형성하고 있기 때문에 이러한 상태의 DNA 가 복제될 때에는 히스톤의 해리와 재결합이 일어나게 된다. 이때 히스톤의 합성도 동시에 있어야만 한다. 이러한 문제는 뉴클레오솜 구조를 가진 SV 40 (종양바이러스의 일종)을 대상으로 해서 연구되고 있다. 그 결과 복제된 DNA 가 히스톤과 결합해서 뉴클레오솜을 형성할 때에는 특별한 단백질이 필요함을 알게 되었다.

2-4-4 원핵세포의 분열

박테리아의 생장을 보면 DNA 를 시작으로 하는 물질합성에 의해서 세포의 체적이 증가하여 처음의 약 2 배가 되었을 때 축방향의 중간 부위에서 함입(陷入)되어 2 개의 세포가 된다. 이때 DNA 복제에 이어서 핵양체(核樣體, nucleoid)의 분열이 일어나면 그림 2-80 에서처럼 세포가 분열된다.

그런데 DNA 의 복제는 연속적으로 일어나기 때문에 진핵세포에서처럼 세포의 분열과 DNA 복제 사이의 시간적인 간격이 없다. 즉 분열이 완료된 세포에는 핵양체가 구불구불한 형태로 있게 된다.

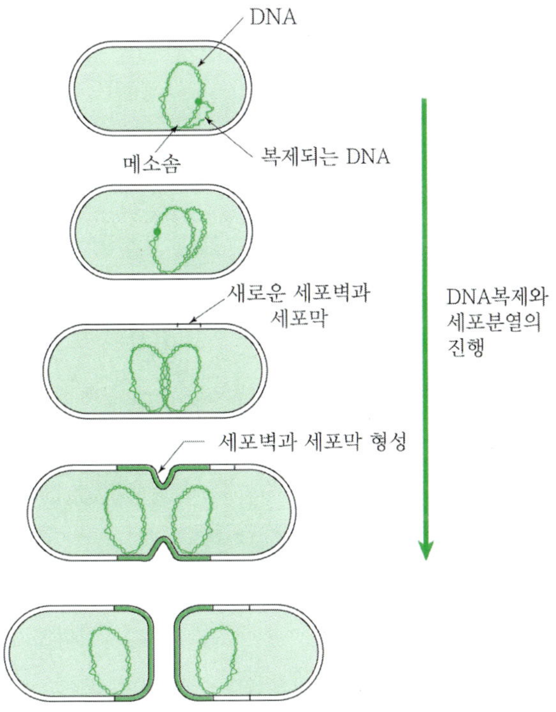

그림 2-80 박테리아의 염색체와 세포분열

실제로 활발하게 분열하는 세포에는 항상 1 개 이상의 염색체가 들어있다.

대장균의 경우 DNA의 길이가 1,300 μm에 달하는데 이것은 자신의 몸길이의 200~300배에 이르는 것이다. 세포분열이 있을 때에 이 DNA는 20분(分)만에 복제가 완료된다. 어떻게 DNA가 적시에 복제되고 2개의 낭세포로 배분(配分)될 수 있는지에 대하여는 아는바 없다.

제이콥(F. Jacob, 1963년)은 레플리콘(replicon)설을 발표하였다. 박테리아의 세포분열에서 DNA의 복제와 낭세포로의 배분에 대한 모델을 그림 2-80 처럼 주장하였다.

즉 염색체는 세포막에 있는 메소솜(mesosome)에 부착하는데, 이렇게 형성된 DNA-막복합체에는 DNA중합효소 등의 복제장치가 들어 있다. 또한 염색체의 특별한 부위(gene initiator, 개시유전자의 뜻)에 의해서 합성된 단백질이 다른 유전자(gene replicator, 복제유전자의 뜻)를 작동시키면 복제가 시작되고, 복제가 완료된 염색체는 두 방향으로 신장되는 세포막을 따라 낭세포로 배분된다. 그리고 두 염색체 사이에 막이 형성되면 세포분열이 끝난다. 이것은 구체적으로 증명되지 않은 것이다.

2-4-5 진핵세포의 분열

진핵세포는 원핵세포와는 여러 가지로 다른 특징을 가지고 있다.

첫째는 염색체의 크기인데, 진핵생물에서 가장 원시단계에 있는 효모(酵母)도, 박테리아로서는 크게 진화한 대장균보다 훨씬 많은 DNA를 가지고 있다. 또한 박테리아는 한 개의 염색체를 가졌으나 진핵생물은 염색체가 여러 개로 나누어져 있다. 사람은 부계(父系)의 23개와 모계(母系)의 23개를 합한 46개의 염색체를 가지고 있다. 진핵세포에서는 이와 같이 많은 양의 DNA를 착오 없이 복제하고 낭세포에 배분하기 위하여 유사분열이라고 부르는 독특한 분열방법을 발전시켰다.

1. 유사분열

유사분열(有絲分裂, mitosis)은 하나의 연속된 과정이지만 특징적인 변화가 일어나는 시기를 중심으로 간기, 전기, 중기, 후기, 말기의 5단계로 구분하고 있다. 그림 2-81은 세포 핵분열의 모식도이다.

(1) 간 기

세포주기에서 유사분열(M기)을 제외한 $G_1 + S + G_2$기가 간기(間期, interphase)에 속한다. 고등생물의 세포는 대부분 간기에 머물러 있다. 광학현미경으로 세포분열을 관찰하던 시대에는 유사분열이 직접 진행될 시기 이외에는 구조적인 변화를 관찰할 수 없었으므로 휴지기(休止期, resting stage)라 하였다. 그러나 이 시기는 생화학적으로는 가장 활발한 시기로, 다음에 진행될 유사분열과 연결되는 시기라는 의미에서 간기라 한다.

(2) 전 기

전기(前期, prophase)에는 간기에서 복제가 완료된 염색질(染色質)의 초나선화(supercoiling)가 진행되어 염색질이 응축되면서 굵은 막대모양의 염색체가 된다. 염색체(染色體, chromosome)는 축 방향으로 두 개(복제되어 생긴)가 나란히 배열하는데, 하나하나를 자매염색분체(姉妹染色體, sister chromatid)라 한다. 염색분체는 동원체(動原體, kinetochore)가 있는 부위에서 서로 연결되어 있다. 동원체 안의 염기배열은 같은 염기서열이 반복되어 있는데, 쥐에서는 약 300개의 염기로 되어 있는 배열이 수천 번 반복되어 있다.

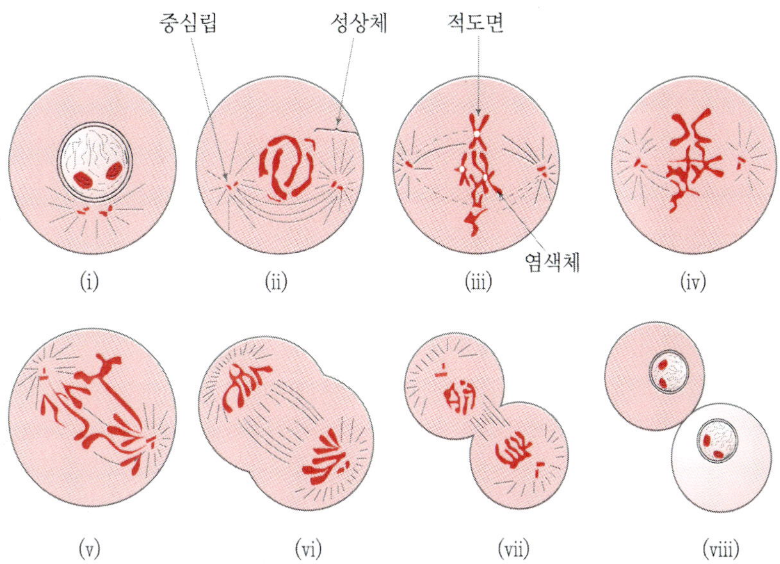

(i) 전기의 시작
(ii) 전기의 끝
(iii) 중기
(iv) 후기의 시작
(v) 후기의 끝
(vi) 말기의 시작
(vii) 말기의 끝
(viii) 간기

그림 2-81 진핵세포의 유사분열(동물세포의 모델)

전기가 끝나면서 중기가 시작될 때에는 동원체 이외의 부분이 더욱 응축된다. 이때 응축된 형태는 염색체에 따라 각각 특징이 있어서 염색체를 분류하는 데에 이용된다. 염색체의 수와 형태에 의한 분류를 핵형(核型, karyotype) 이라 한다.

(3) 중 기

중기(中期, metaphase)에는 핵막이 소실되면서 염색체는 세포의 중앙에 있는 면(赤道面)을 향하여 이동을 시작한다. 이때의 세포를 위상차현미경이나 편광현미경으로 관찰하면 다른 부분과 굴절율이 현저하게 다른 실모양의 구조물을 볼 수 있다.

이것의 전체적인 구조가 방추와 같아서 방추체(紡錘體, spindle)라 하는데, 분열시기에만 볼 수 있는 장치중의 하나로, 미세소관(방추사)이 주축이 되어있는 구조물이다.

동물세포에서 방추체의 형성이나 염색체의 운동은 중심립(中心粒, centriole)에 의해서 통제되는 것으로 이해되고 있다. 중심립은 그림 2-81 에서처럼 전기에는 핵막 표면 근처에 1 쌍이 자리 잡고 있으나, 핵의 양측으로 각각 이동하면서 중심립 주변에 짧은 미세소관이 방사상으로 발달한다. 그리고 이것을 성상체(星狀體, aster)라 한다. 미세소관의 어떤 것은 더욱 발달해서 양극(兩極)을 연결하게 된다. 어떻게 미세소관이 분열시기에 따라 형성되는지에 대하여는 알지 못한다.

동물세포의 분열에서 중심립의 역할이 알려져 있으나, 대부분의 식물세포에서는 중심립이나 성상체가 나타나지 않고 방추체가 형성되어 유사분열이 진행되기 때문에 세포분열에서 방추체의 역할을 의심하는 경우도 있다. 한편 방추사를 구성하는 단백질을 전기영동으로 분석하면 75 가지의 성분으로 구분되는 것으로 보아 이것들이 전부 미세소관의 구성에 사용되는 것이 아님을 알 수 있다. 그러나 이것들이 염색체 운동에 어떻게 연관되어 있는지는 알지 못한다.

중기에서 염색체 운동의 특색은 방추체의 중심부에 자매염색분체가 나란히 배열되어 있는데, 각 염색체의 배열면이 적도면을 형성하는 것이다. 그리고 각 염색분체의 동원체에는 극과 연결되어 있는 여러 개의 미세소관이 자리 잡고 있다.

(4) 후 기

중기에 자매염색분체를 결속시켰던 동원체 DNA 가 복제를 끝내고 서로 분리되기 시작하면 후기(後期, anaphase)가 시작된다. 각 염색분체들은 양극을 향해서 이동하여 극에 집결한다. 이러한 염색체의 이동이 어떻게 일어나는지에 대해서는 확실한 원인을 알지 못하나 방추체가 관여하는 것은 사실인 것 같다. 한편 염색체가 미세소관을 미끄러져 이동한다는 생각과, 양극에서 미세소관이 분해되면서 염색체가 끌려가게 된다는 생각도 있지만 확실한 증거가 있는 것은 아니다.

(5) 말 기

말기(末期, telophase)에는 방추체가 분해되고 새로운 핵막이 형성된다. 염색체는 새로 만들어진 핵 안에서 풀리고 흩어지면서 인(仁)이 형성되어 새로운 낭핵이 된다. 새로 형성된 핵막은 일부는 본래의 핵막에서 나머지는 새로 합성되는 것 같다.

2. 세포질분열

유사분열에서 세포질(細胞質, cytoplasm)의 분열은 말기의 중간시기부터 시작한다. 핵분열과 세포질 분열이 반드시 연계되는 것은 아니다. 곤충의 수정란은 초기에는 세포질의 분열 없이 핵분열만 진행되어 세포에는 수천 개의 핵이 들어있게 되지만 후에 세포질 분열이 계속되어 한 개의 핵을 가진 세포가 형성된다.

한편 세포의 종류에 따라 정상세포가 여러 개의 핵을 갖는 경우도 있다. 그러나 일반적으로는 핵분열 후에는 세포질분열이 일어나는 것이 정상이다.

세포질분열은 적도면에서 일어난다. 핵분열 중기가 끝날 때의 세포에 원심력을 가해서 방추체를 이동시키면 세포질분열이 시작되는 위치가 변한다. 그러나 보다 빠른 시기에 같은 처리를 하면 분열의 위치가 변하지 않는다. 이것으로 보아 세포질분열은 핵분열이 완료되기 전에 시작되는 것으로 생각된다.

세포질분열이 진행되는 과정은 동물과 식물 간에 큰 차이가 있다. 동물세포에서는 말기에 적도면의 세포표면에서 함입이 시작되어 고리모양이 되고, 이것이 내부방향으로 발달해서 점차 작아져서 소멸되면 세포질의 분리가 완성된다. 함입이 일어난 부위가 계속 내부로 발달할 수 있는 것은 액틴(actin)섬유의 수축 때문으로 추측되지만 이 단백질 자체는 신축성이 없으므로 보다 복잡한 시스템이 있을 것 같다.

한편 식물세포에서는 분열의 후기가 끝나는 시기에 그림 2-82 에서처럼 적도면에 작은 소포가 나타나서 서로 연결되어 세포판(細胞板, cell plate)을 만든다. 이때 보이는 소포는 골지체나 활면소포체에서 유래하는 것으로 알려져 있다.

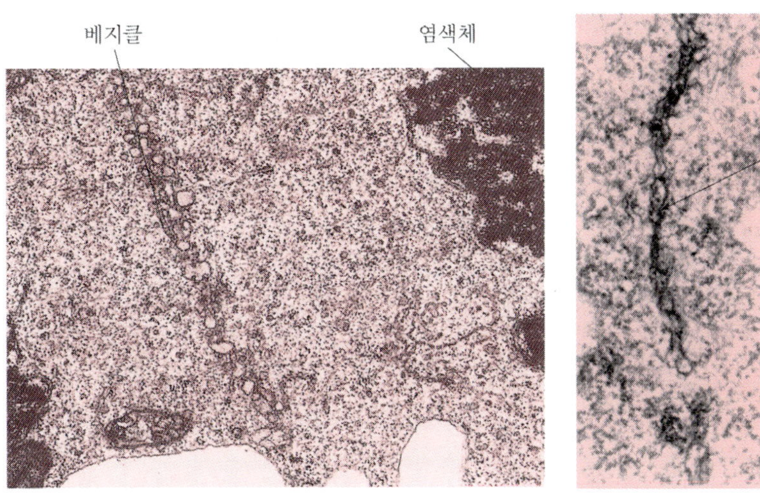

그림 2-82

식물세포의 세포질분리
A : 세포분열의 말기가 시작되면 적도판에 많은 소포가 모인다.
B : 말기가 진행되면 소포가 융합되어 세포판을 형성한다.

세포판에는 셀룰로오스와 또 다른 물질이 축적해서 1차세포벽을 만든다. 그 후 1차세포벽 안쪽으로 셀룰로오스와 리그닌(lignin) 등 여러 가지 다당(多糖, polysaccharide)이 그물 모양으로 침적해서 단단하고도 탄성이 있는 2차세포벽을 형성한다.

3. 감수분열

고등동·식물은 부계(父系)의 염색체와 모계(母系)의 염색체로 되어있는 한 쌍의 상동염색체(相同染色體, homologous chromosome)를 갖는 이배체(二倍體, diploid)이다. 이것은 수정을 거치면서 이배체가 되는 생식 현상의 결과이기 때문에 그림 2-83에서처럼 염색체수가 반분되는 과정이 반드시 필요하다. 반감현상이 없이 생식이 진행되면 후손의 염색체수는 점차 증가해서 유전적인 특성을 유지하지 못할 것이다.

핵분열에서 상동염색체가 서로 다른 낭세포로 분리되면 염색체수가 반감되는데, 이러한 분열을 감수분열(減數分裂, meiosis)이라 한다. 감수분열은 생활주기의 일정한 시기에 주로 생식세포가 생산될 때에만 일어난다.

세포주기에서 S기를 지난 세포는 염색체의 수가 2배로 증가하는데, 이러한 세포가 G_2기가 되면 유사분열 또는 감수분열의 과정을 거치게 된다. 이 두 과정의 선택이 어떻게 이루어지는가에 대하여는 아는 바 없으나, 감수분열로 방향이 결정되면 제1분열, 제2분열을 거쳐 1개의 2배체 세포에서 그림 2-83에서처럼 4개의 반수체(半數體, haploid) 세포가 생긴다. 이때 제1분열은 체세포의 유사분열과 크게 달라서 이형분열(異型分裂)이라고도 한다.

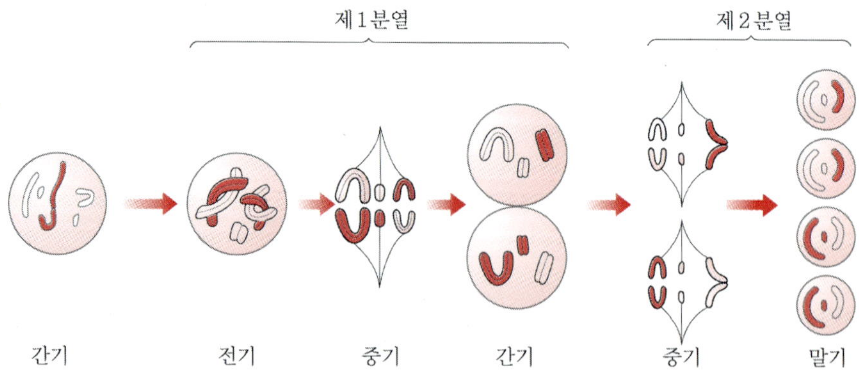

그림 2-83
감수분열의 모델

감수분열이 일어나기 전에 모세포에서는 염색체가 복제되어 자매염색분체가 되고 다시 상동염색체가 접합(接合, synapsis)을 한다. 이렇게 형성된 염색분체(四分染色體, chromosome tetrad)는 제1분열에서 동원체

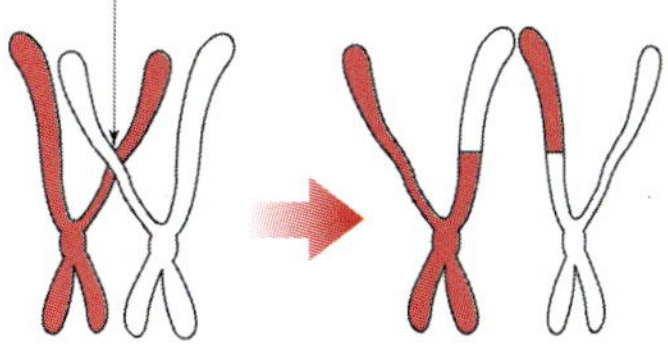

그림 2-84 염색체교차 반드시 상동염색체 사이에서 일어난다.

로 결합되면 서로 분리되지 않는다. 그러므로 감수분열의 모든 과정에서는 더 이상의 DNA 복제는 일어나지 않는다.

제 1 분열의 전기에서 상동염색체는 서로 짝을 이루고 중기에는 적도면에 배열하고, 후기가 되면 짝을 이루었던 상동염색체는 양극으로 이동한다. 즉 '자매염색분체가 결합되어 있는 상태'로 반수체 세포가 생성된다. 제 1 분열과 제 2 분열 사이에 간기가 있으나, 체세포의 유사분열과는 달라, 이때 DNA 복제는 일어나지 않는다. 또한 계속해서 제 2 분열에서는 자매염색분체의 동원체가 서로 분리되면서 양극으로 이동한다. 그 결과 4 개의 반수체 세포가 형성된다.

제 1 분열의 후기에 상동염색체가 분리되어 극으로 집합할 때의 염색체의 조합, 즉 부계와 모계의 것들의 섞임은 양친의 기원과는 무관하게 무작위로 이루어진다. 그 결과 제 1 분열이 끝난 세포는 서로 다른 유전자형을 갖는다.

그림 2-84 에서처럼 제 1 분열전기에 염색체교차(染色體交叉, crossing over)가 일어나면 유전자 조성은 더한층 복잡해지고, 제 2 분열에서는 염색분체가 무작위로 낭세포로 들어간다.

포유동물의 수컷에서는 감수분열로 생성된 4 개의 반수세포가 정자(精子, sperm)로 분화한다. 한편 암컷에서는 4 개의 세포 중에서 한 개가 난자(卵子, egg cell)로 발달하고 다른 3 개의 핵은 소멸(퇴화)한다. 포유동물과 같은 고등생물에서 반수체기(단상, gamophase, haplophase)는 일시적인 것으로 난자와 정자의 수정에 의해 2 배체(복상, diplophase)가 되면 이러한 상태가 일생동안 지속된다. 이러한 개체를 접합자(接合子)라 하며 복잡한 유전자 조성을 갖는다.

진핵생물에서도 효모나 균류 같은 하등생물은 단상(單相)으로 증식하면서 생활한다. 물론 접합으로 복상(複相)의 세포가 생성되고 이것으로 증식도 가능한데, 환경이 불리해지면 다시 감수분열이 일어난다.

2-4-6 세포분열의 진화

세포가 분열을 통해서 후손을 만들어 내는 능력은 생명현상에서 볼 수 있는 특성의 하나다. 이것은 세포분열을 거쳐 자신의 유전정보를 지닌 DNA 를 정확히 다음 세대로 전달해서 혈통을 유지 발전시키기 위함이다. 생물이 이와 같이 정확히 유전정보를 자손에 전달하는 방법을 가지고 있지 않았다면, 생물에는 혈통이란 개념이 존재할 수 없을 것이다. 생물계에 계통성이 없고 시간과 장소에 따라 무작위적인 형태와 성질을 가진 생물이 태어나고 사라지는 일이 반복되었을 것이다.

실제로 원시세포가 원시대양에서 출현한 이후, 오랫동안 생명체로서 존속할 수 있을 가능성 여부가 결정되는 여러 가지의 물질적 변화가 일어났을 것으로 여겨진다. 당시의 세포분열은 오파린(A. I. Oparin, 1894 ~ 1980)의 추론에 의하면 세포가 고분자물질을 환경에서 흡수해서 어떤 크기에 달하면 세포의 막이 팽창해서 파열하던지, 또는 외부의 힘에 의해서 분열할 수 있는데, 이것은 물리적인 현상이었다는 것이다.

그러나 이처럼 단순해 보이는 과정이 살아있는 당시의 세포를 2 개의 세포로 분열시킬 수 있는 기본적인 수단이었던 것이다. 오늘날의 세포는 단백질, 핵산 등의 고분자물질의 합성이 왕성하게 진행되어 세포의 체적이 2 배가 되면 세포의 중앙부에서 격벽(隔壁)이 생겨 2 개의 세포가 된다.

고분자물의 합성과 격벽의 형성이라는 두 과정을 보면 격벽형성은 물질합성보다 환경에 대한 감수성이 더 크다. 박테리아와 같은 원시생물은 환경이 적절하지 못하면 격벽이 생기지 않으나, 물질합성은 계속되어 세포는 대단히 큰 체적을 갖게 된다.

미토콘드리아나 엽록체가 분열 시에는 원시적인 방법을 따르는 것 같다. 이들 세포소기관에서 DNA 는 복제를 계속해서 수백 배로 증폭되며, DNA 의 균등한 배분 없이 분열이 일어난다. 삿갓말(Acetabularia)에서는 70%의 엽록체에 DNA 가 들어있지 않다. 이로 미루어보아 세포분열에서는 고분자물질의 합성보다는 DNA 의 균등분배, 진화된 진핵세포에서는 상동염색체의 정확한 이동, 이에 따른 격벽 형성에 의한 세포질의 분리를 예민하게 조절하는 메커니즘의 확립이 더 중요한 것 같다. 세포분열의 진화적 발전의 흔적은 오늘날의 세포분열에서 잘 볼 수 있다.

원핵세포의 DNA 복제와 배분은 세포막이 가진 기능에 의해서 진행된다. 한편 미토콘드리아 DNA 는 크리스테(cristae) 막에, 엽록체 DNA 는 그라나(grana) 막에 결합되어 있다. 진핵세포의 염색체들은 그림 2-85 에서처럼 핵막(내막)에 결합되어 있다.

원핵세포에서 진핵세포로 진화되어도 DNA 복제와 배분에서 막의 기본적인 역할은 변하지 않았다. 진화된 진핵세포에서는 핵분열 시 핵막이 소실되고 방추체를 시작으로 소위 분열장치가 출현한다.

한편 하등인 진핵세포의 핵분열에서는 핵막이 소실되지 않고 남아있으며 염색체의 분리가 일어날 때에는 핵이 양쪽으로 잡아당겨 놓은 것 같은 형태를 하게 된다. 이것을 핵 내 유사분열이라고 한다. 이러한 현상은 고등인 진핵세포에서도 병적인 경우나 정상인 경우에도 간(肝)세포나 상피 조직세포에서 볼 수 있다. 핵 내 유사분열에서 염색체의 복제와 배분에는 핵막이 중요한 작용을 하는 것으로 추정된다.

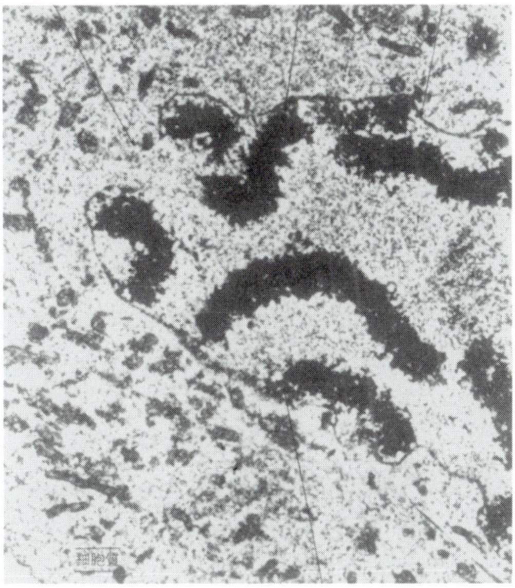

그림 2-85 진핵세포의 염색체가 핵막에 부착되어 있다.

진핵세포의 유사분열은 원핵세포에 비해서 훨씬 복잡하게 보인다. 그것은 두 세포가 가지는 DNA의 양적 차이때문이다. 예를 들면 사람의 세포는 대장균보다 약 1,000배나 많은 양의 DNA를 가지고 있다. 길이가 긴 DNA는 절단되기 쉬어서 대장균의 DNA도 완전한 형태로 분리하는 것은 아직도 거의 불가능하다. 진핵세포에서는 DNA가 생물의 종에 따라 일정한 크기와 수(염색체수)로 분리되어 있어도 크기는 역시 박테리아의 것보다 훨씬 크다.

진핵세포가 가지고 있는 복잡한 분열장치는 DNA를 안전하고 정확하게 복제해서 낭세포에 배분하기 위한 것이다. 그러나 진핵세포에서도 염색체 이상으로 불리는 변이가 자연적·인위적으로 일어난다.

유사분열이 어떻게 진화적으로 생기게 되었는지에 대해서는 2가지 견해가 있다. 그중 하나는 유사분열은 세포진화의 일환으로 변이와 도태(淘汰, selection)를 반복하면서 서서히 생존에 유리한 방향으로 진행되어 왔다는 것이다. 다른 하나는 다른 생물과의 공생에 의한 결과라는 생각이다.

유사분열장치의 방추사나 양극의 중심립은 박테리아인 스피로헤타(Spirochaeta)가 기생하면서 변형과 진화를 거쳐서 생성되었다는 해석이다. 이러한 생각은 중심립에 DNA가 존재한다는 보고에 기초한 것으로, 현재는 중심립에 DNA가 존재하지 않으며, 미세소관이 스피로헤타에 들어있다는 확실한 증거도 없어서 현재로서는 설명할 수 없다.

연 습 문 제

1. 전자현미경적 세포의 미세구조를 그리고 설명하시오.

2. 미토콘드리아와 엽록체에 들어있는 DNA의 기원에 대해서 설명하시오.

3. '생물체를 구성하는 원소들이 모두 가벼운 것'이라는 사실에서 무엇을 알 수 있는지 설명하시오.

4. 항상성(恒常性)의 필요성을 아는 대로 지적하시오.

5. '세포소기관이 동적 상태에 있다'는 것은 무엇을 뜻하는지 설명하시오.

6. 빛이 없을 때 광합성의 암반응이 실제로 일어난다면 세포에 어떤 현상이 일어날지 설명해 보시오.

7. 염색질(染色質)과 염색체(染色體)의 같은 점과 다른 점을 설명하시오.

8. 세포의 세대시간(世代時間)과 세포주기(細胞週期)를 비교하시오.

9. 원시지구에 출현한 원시세포가 해당(解糖)으로 에너지를 얻어야 했던 이유를 설명하시오.

10. 우리 몸에서 각 조직의 크기나 형태가 일정한 것과 세포의 접촉억제(接觸抑制) 성질과 어떤 연관성이 있는지 설명하시오.

제 3 장
조직의 구조와 기능

동물체는 여러 종류의 세포로 구성되어 있으며, 일반적으로 기원이 같고 서로 유사한 기능과 구조를 가진 세포는 모여서 조직(tissue)을 구성한다. 조직은 원형질(protoplasm)의 기본적 기능이 특수하게 분화되어 있다. 이와 같은 원형질의 특성은 자극감수성, 전도성, 수축성, 흡수, 분비, 배설, 호흡, 성장, 생식과 지지성 등으로 나타난다. 그리고 이들 특성의 하나하나가 진화되어 생명현상으로 출현하게 되었다.

동물조직은 그 성질에 따라 일반적으로 상피조직(上皮組織, epithelial tissue), 결합조직(結合組織, connective tissue), 근육조직(筋肉組織, muscular tissue) 및 신경조직(神經組織, nerve tissue) 등 4 종류의 기본조직으로 나눈다. 또 식물의 조직은 표피조직(表皮組織, dermal tissue), 유관속조직(維管束組織, vascular tissue) 및 기본조직(基本組織, ground tissue)으로 나누어진다.

3-1 동물의 조직

3-1-1 상피조직

상피조직은 몸의 표면을 덮는 피부(skin)나 몸의 내측에 빈 곳을 덮는 세포층을 이루며, 일반적으로 몸을 보호하기 위하여 특이하게 분화되어 있다. 또한 흡수, 분비, 감각 등의 다른 기능도 갖고 있다. 상피조직은 세포가 규칙적으로 조밀한 배열을 이루며, 그의 한 면은 체표나 체강의 표면을 이룬다. 대부분의 상피는 조직이 간단하고 외모도 도식적이지만, 뇌의 회백질이나 간조직 등에서는 조직이 두꺼워지고 복잡해져서 일반적인 상피성 외형을 갖지 않는다.

또한 대부분의 상피조직은 발생학적으로 외배엽(外胚葉, ectoderm)과 내배엽(內胚葉, endoderm)에서 유래하지만, 체강내벽과 혈관내벽의 상피는 중배엽(中胚葉, mesoderm)에서 발생한다.

중배엽에서 유래하며 체강내벽과 혈관내벽을 덮고 있는 이들 상피를 일반상피와 구별하기 위하여 중피(mesothelium) 및 내피(endothelium)라고 부른다(그림 3-1).

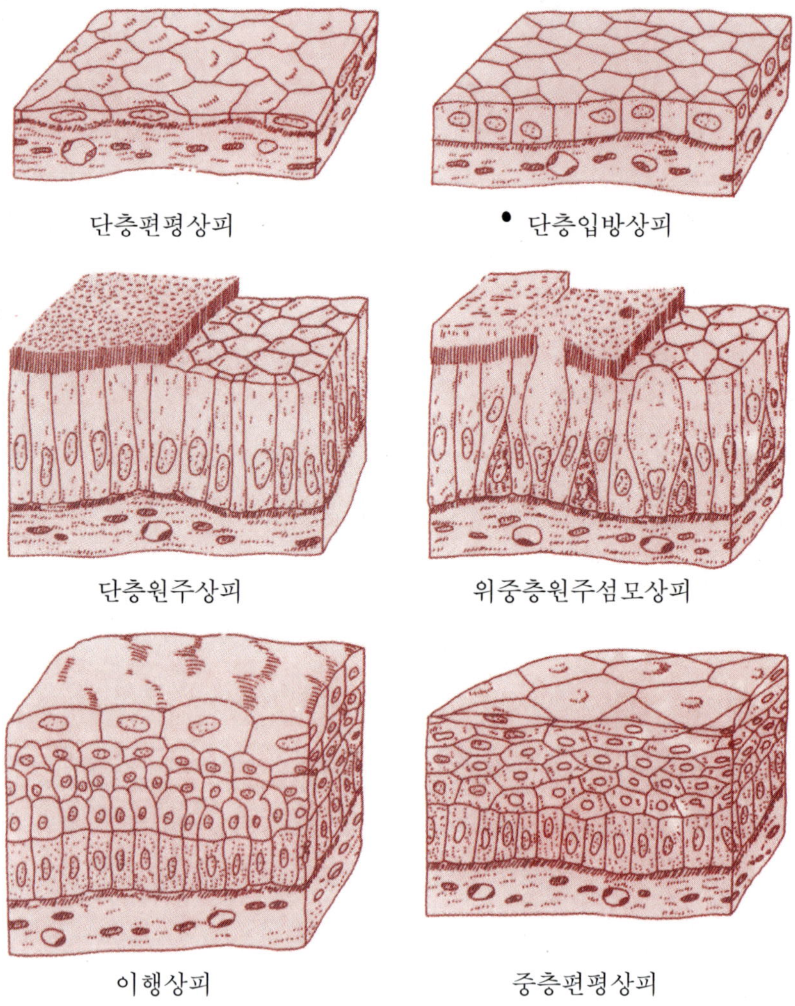

그림 3-1 상피조직

3-1-2 결합조직

결합조직(connective tissue)은 몸 안에 널리 분포되어 각종 세포, 조직과 기관 사이를 채우고, 그들을 연결하며, 근육을 둘러싸서 근막을 이룬다. 또한 몸 안에서 신경, 혈관, 림프관을 지탱하고 감염에 대한 방어기능과 상처에 대한 치유작용을 관장하는 세포가 내장되어 있다. 상피조직은 주로 세포성인데 비해, 결합조직은 주로 세포간질(細胞間質, intercellular substance)로 이루어진다. 결합조직은 발생학적으로 중배엽(mesoderm) 기원의 간충직(間充織, mesenchyma)에서 발생한다.

원형질돌기를 갖는 간충직세포(mesenchymal cell)는 상피에서 유래하나, 그들은 결코 조밀한 상피모양으로 배열하지는 않는다. 간충직은 그 후에 발생이 진행되면서 여러 형의 결합조직을 이루는데, 간충직세포는 그 자신이 생성하는 기질(基質, ground substance) 안에 성글게 배열하게 된다. 일반적으로 결합조직에는 고유결합조직과 연골, 뼈, 혈액이 포함된다(그림 3-2, 3-3, 3-4, 3-5, 3-6). 고유결합조직의 경우, 기질은 젤라틴상(gelatin 狀)이지만 연골이나 뼈의 경우에는 견고한 물질로 되어 있고 혈액에서의 기질은 액체이다.

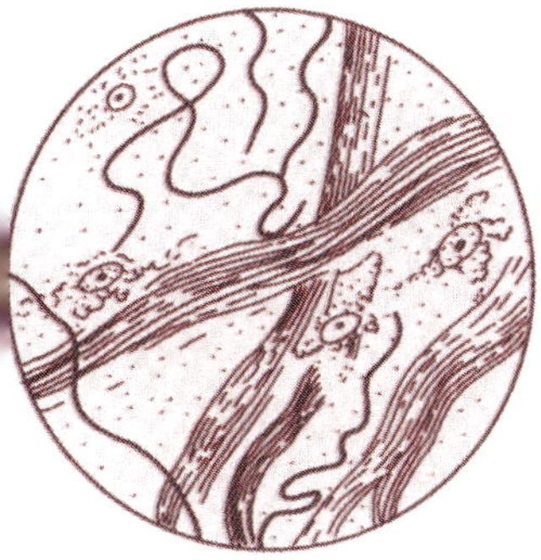

소성결합조직

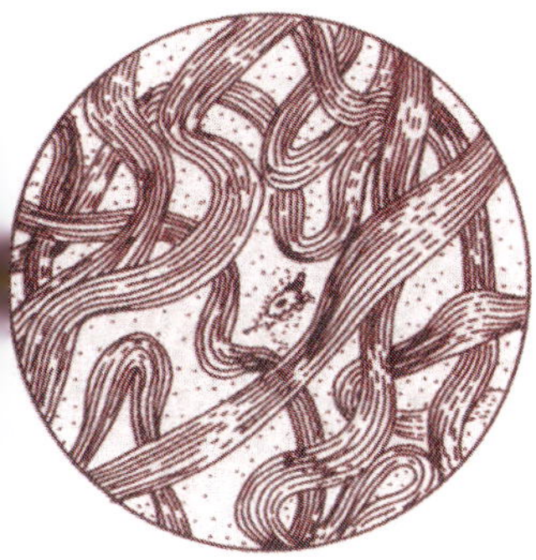

밀성결합조직

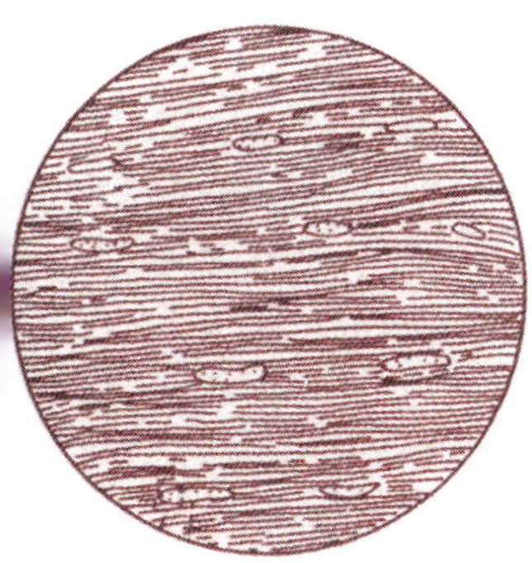

건(힘줄)

그림 3-2 고유결합조직

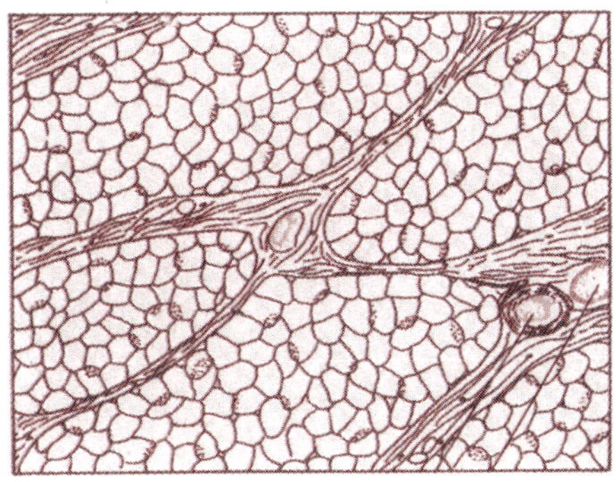

그림 3-3 지방조직

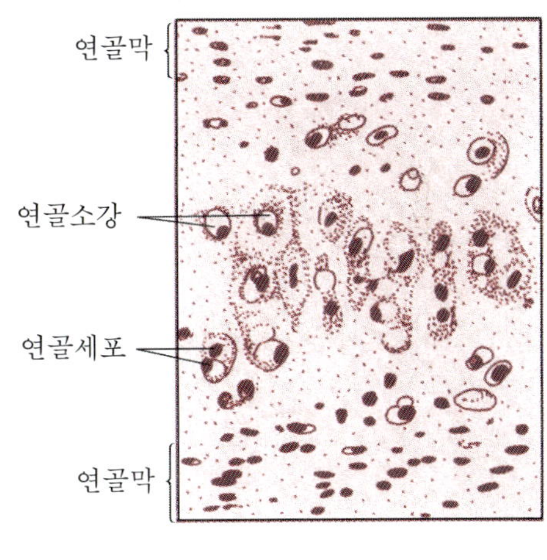

그림 3-4 초자연골

3-1-3 근육조직

근육조직(筋肉組織, muscular tissue)은 일반적 성질로서 운동능력을 지니고 있으며, 대사에 의해 얻은 에너지를 역학적인 작업으로 바꿀 수 있다. 원생동물(Protozoa)인 종벌레(*Vorticella*)나 나팔벌레(*Stentor*) 등에는 사근(絲筋, myoneme)이 있으며, 강장동물(Coelenterata)에서는 근상피세포(myoepithelial cell)가 있다. 이들 세포 안에 섬유구조가 나타나 이것이 수축기능과 밀접한 관계를 맺고 있다.

그림 3-5 뼈의 구조

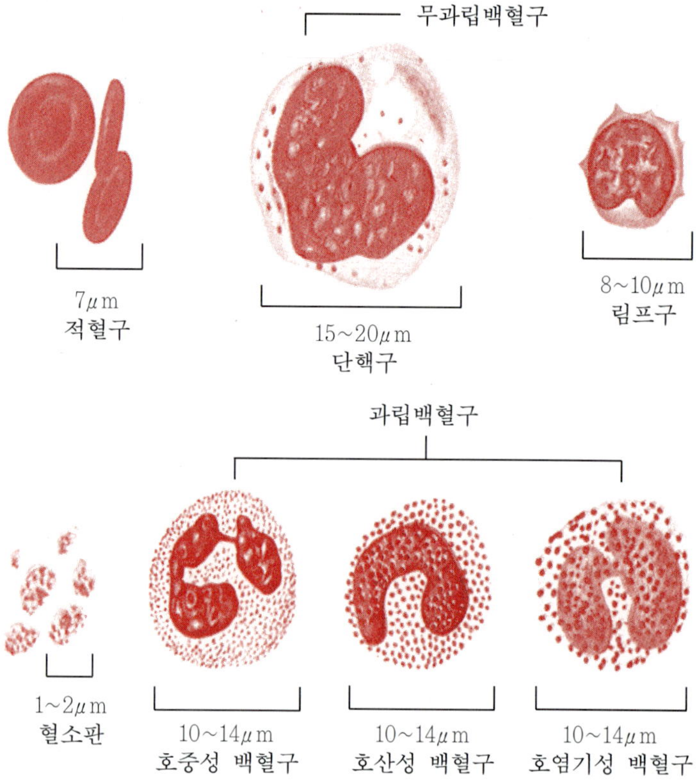

그림 3-6 혈구의 종류

이렇게 해서 근세포는 점차 분화되고, 높은 효율의 작업을 할 수 있는 구조로 발달하게 되었으며, 혈관계나 신경계통과도 밀접한 관계를 이루고 있다. 척추동물에서 근세포는 일반적으로 매우 길고 가는 섬유상을 이루므로 근섬유(筋纖維, muscle fiber)라고 부른다.

근섬유의 원형질인 근형질(筋形質, sarcoplasm) 안에는 수축성의 근원섬유(筋原纖維, myofibril)가 근섬유의 장축을 따라 뻗어 있어 근조직의 특성인 수축현상을 나타낸다.

근원섬유는 다시 미오신(myosin)과 액틴(actin)의 단백질로 구성되어 있으며, 근섬유의 표면에는 매우 얇은 세포막과 세망섬유층으로 된 근초(筋鞘, sarcolemma)로 둘러싸여 있다.

근섬유는 근원섬유의 성상에 따라 평활근섬유(平滑筋纖維, smooth muscle fiber)와 횡문근섬유(橫紋筋纖維, striated muscle fiber)로 나누는데, 골격근(骨格筋, skeletal muscle)과 심근(心筋, cardiac muscle)은 횡문근에, 심근을 제외한 내장근(visceral muscle)은 평활근에 속한다(그림 3-7).

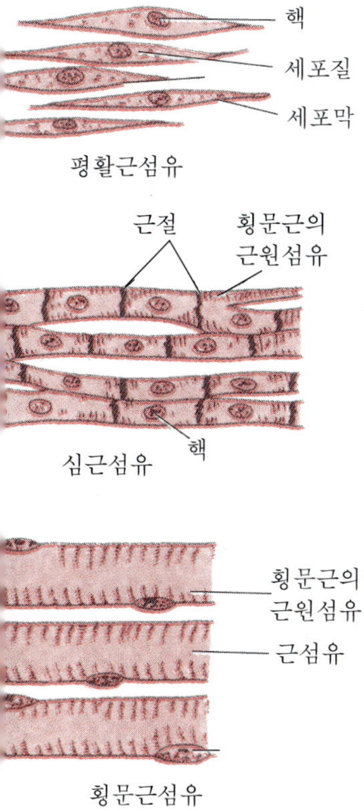

그림 3-7 근섬유의 종류

3-1-4 신경조직

세포는 일반적으로 자극을 받아서 흥분하며, 이와 동시에 세포의 일부에서 생성된 흥분을 전도하는 성질을 가지고 있다. 이 자극감수성(刺戟感受性, irritability)과 전도도(傳導度, conductivity)가 고도로 분화되어 있는 것이 신경세포(nerve cell, neuron)이다.

이 신경조직(nervous tissue)은 신경세포(neuron)와 신경교(神經膠, neuroglia)로 구성되어 있다.

각 신경세포는 핵을 갖고 있는 주핵체(perikaryon)와 두 종류의 신경돌기(神經突起, nerve process)를 갖는다. 신경주핵체에서는 핵외에 골지체, 니슬소체(Nissl's bodies), 미토콘드리아, 신경세사(neurofilament) 및 신경세관(neurotubule) 등의 구조를 볼 수 있다.

니슬소체는 호염기성의 과립군으로 리보솜(ribosome)을 함유하는 소포체의 집합체이며, 신경세포의 합성기능에 관여한다. 신경필라멘트는 지름이 10 nm 정도로 광학현미경의 해상력 밖에 있으나 도은법(鍍銀法, silvering)으로 염색해서 보면 광학현미경으로도 신경원섬유(神經原纖維, neurofibril)로 관찰된다.

신경세포의 돌기에는 수상돌기(樹狀突起, dendrite)와 축삭(軸索, axon)의 두 종류가 있다. 수상돌기는 비교적 짧고 주핵체를 떠나는 부분에서는 굵지만, 갑자기 가늘어지며 분기되며 돌기표면에는 작은 가지가 많이 있다. 이는 다른 축삭과 이어져 시냅스(synapse)를 형성할 때 쓰인다. 축삭은 주핵체에서 나오면서 갑자기 가늘어지고 매우 길게 뻗는데, 분기는 선단의 가까운 부분에만 있다(그림 3-8).

또한 돌기 안에서 니슬소체를 볼 수 없는 점도 수상돌기와 다르다. 신경세포는 그 돌기수에 따라 단극(單極, unipolar), 이극(二極, bipolar), 다극(多極, multipolar) 신경세포로 구분한다. 단극신경세포는 한 개의 축삭만을 가지며, 이극신경세포는 한 개의 수상돌기와 한 개의 축삭으로 되고, 다극신경세포는 다수의 짧은 수상돌기와 하나의 긴 축삭을 갖는다. 축삭은 일반적으로 한 줄기로 뻗지만, 그 말단에 가까워지면서 분기되어 종말분지(telodendria)로 끝난다.

그리고 축삭은 시반세포(Schwann's cell)의 얇은 막으로 덮여 있어서 시반초(Schwann's sheath) 또는 신경초(neurilemma)라 하고, 척추동물에서는 시반세포에 의하여 인지질이 풍부한 수초(髓鞘, myelin sheath)가 형성되어 축삭을 직접 둘러싸며 백색을 나타낸다. 수초는 일정한 간격으로 잘록한 부분들이 있는데, 랑비에 결절(Ranvier's node)이라 한다.

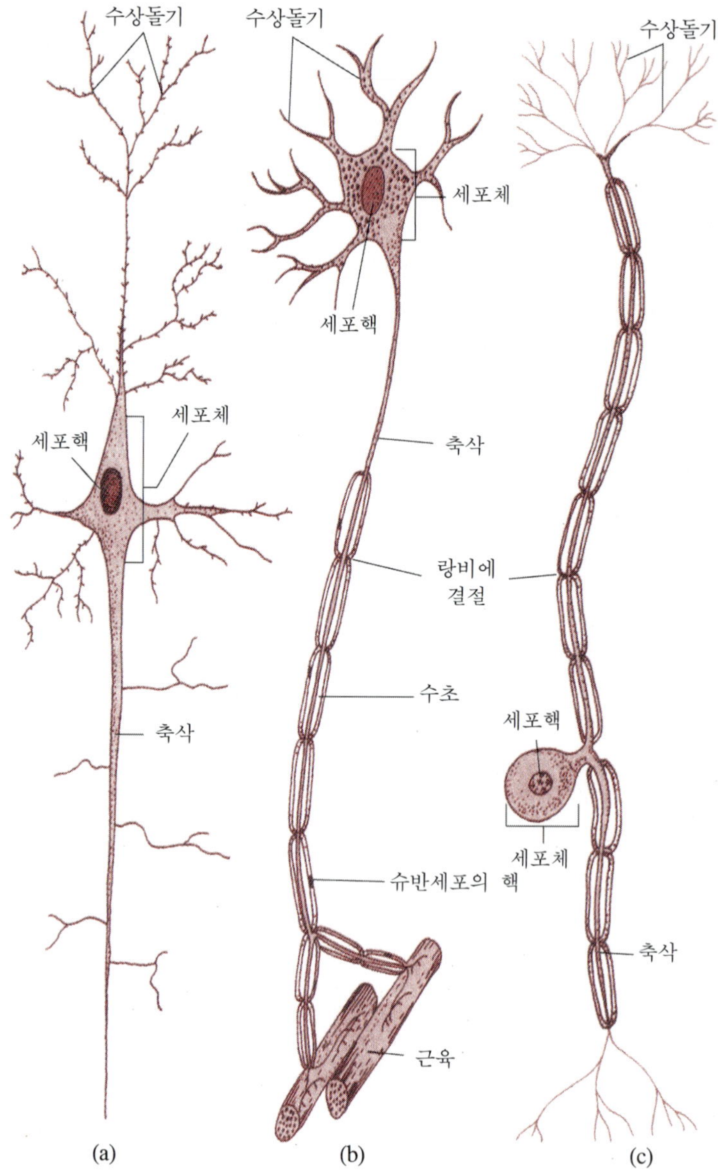

(a) 개재뉴런
(뇌의 피질에 존재)
(b) 운동뉴런
(척수에서 근육까지)
(c) 감각뉴런
(피부에서 척수까지)

그림 3-8
신경세포의 3가지 모양

신경섬유는 수초의 존재 여부에 따라서 유수신경섬유(有髓神經纖維, myelinated nerve fiber)와 무수신경섬유(無髓神經纖維, unmyelinated nerve fiber)로 나누며, 전자는 척추동물의 뇌척수신경(腦脊髓神經, craniospinal nerve)에서, 후자는 무척추동물의 신경이나 척추동물의 자율신경의 후신경절섬유(後神經節纖維, postganglionic fiber)에서 볼 수 있다.

유수신경과 무수신경에서 그 전도속도를 비교해 보면 유수신경 쪽이 훨씬 빠르다. 이것은 수초와 수초 간의 간극(間隙, 랑비에 결절)에 도약전도(跳躍傳導, saltatory conduction)라고 하는 전도방법이 있기 때문이다.

신경세포는 서로 이어져서 체내의 먼 곳까지 신경자극(nerve impulse)을 전달하는데, 이 신경세포 상호 간의 연결부위를 시냅스(連接, synapse)라고 하며, 좁은 간극에 의하여 서로 접해있는 특이한 구조를 이룬다.

신경자극이 수상돌기로부터 축삭을 향해 한 방향으로만 전달되는 것은 이 시냅스가 신경자극의 역행을 막는 마개구실을 하기 때문이며, 또한 이곳에는 아세틸콜린(acetylcholine), 노르에피네프린(norepinephrine) 등의 화학물질이 들어있다. 중추에서 말초에 이르기까지에는 몇 개의 신경세포에 의하여 중계되는데, 이들 신경종판과 주핵체와의 중계소인 시냅스는 대뇌, 간뇌, 중뇌, 소뇌, 연수 및 척수 등의 중추신경에 많으며, 그밖에 신경절(神經節, ganglion)에도 존재한다.

신경교(神經膠)는 중추신경계의 조직 내에 있는 지지조직이며, 신경세포 사이에서 망상을 이루어 신경세포를 지탱한다. 이들은 흥분, 전도에는 관여하지 않으나, 주핵체에서 나오는 돌기로 신경세포를 지지하는 동시에 영양에 관여하고 이 물질을 포식하기도 한다.

3-2 식물의 조직과 조직계

식물은 외부형태적으로는 줄기와 기관이 구별되지 않은 엽상식물(葉狀植物, thallophytes)과 구별이 명확하게 되는 경엽식물(莖葉植物, cormophytes)로 구분되는데, 전자에는 조류, 균류 및 태류가, 후자에는 선류, 양치류 및 종자식물이 속한다.

경엽식물에는 몇 가지 조직이 모여 표피계(表皮系, epidermal system), 기본조직계(基本組織系, fundamental tissue system), 유관속계(維管束系, vascular system)의 3가지 조직계가 있는데, 이들 조직계가 서로 연결되면서 줄기와 잎, 뿌리 등의 기관을 구성한다.

조직은 세포분열을 하면서 조직을 증대시키는 분열조직(分裂組織, meristem)과 분열기능은 이미 상실하고, 줄기와 뿌리의 분열조직에 발달한 영구조직(永久組織, permanent tissue)으로 되어 있다. 또 이들을 제1기조직(第一期組織, primary tissue)이라 하며, 형성층(形成層, cambium)에서 발생한 조직을 제2기조직(第二期組織, secondary tissue)이라 한다.

3-2-1 표피계

표피계는 식물체의 표면을 둘러싸서 보호조직의 역할을 하는 표피(表皮, epidermis)와 표피가 변형한 모(毛, hair), 그리고 기공(氣孔, stomata)으로 구성되어 있다.

표피는 빈틈없이 배열된 한 층 또는 여러 층의 세포로 구성되어 있는데, 겉쪽에는 큐티클층이 발달한 세포벽(細胞壁, cell wall)이 있어서 수분의 증산을 억제하는 역할을 한다. 특히 잎 표면의 속 면에는 수분의 증산과 가스교환을 조절하는 기공이 발달해 있다.

기공은 2개의 공변세포(孔邊細胞, guard cell)로 형태를 유지하며, 외계의 기온과 습도 및 풍속에 따라 개폐가 조절된다. 그리고 표피에는 잎맥과 연결하여 많은 수분을 배출하는 수공(水孔, hydropore)도 있다.

3-2-2 기본조직계

식물체에서 표피계와 유관속계를 제외한 조직계 부분을 총칭하며, 형태적 또는 생리적으로 서로 다른 조직이 포함되어 있다. 잎에서는 기본조직인 엽육(葉肉, mesophyll)과 유관속인 엽맥(葉脈, leaf vein)이 있다. 또 위쪽에는 책상조직(柵狀組織, palisade tissue), 아래쪽에는 해면상조직(海綿狀組織, sponges)이 있고, 그 사이의 세포에는 광합성을 하는 엽록체가 있다.

기본조직계를 형태적 기능으로 보면 유조직, 방추조직, 관상조직 등이 있고, 생리적 기능으로는 동화조직, 저장조직, 분비조직, 기계조직, 통기조직, 저수조직 등이 있다.

3-2-3 유관속계

주로 유관속(또는 관속이라고도 한다)으로 구성되어 있으며, 체내물질의 이동이나 식물체의 기계적인 지탱을 하는 부분으로, 이 유관속계의 증량에 따라 식물체의 비대성장(肥大成長, growth in thickness)의 정도를 결정한다.

유관속은 동도조직으로 양분을 통도하는 사부(篩部, phloem)와 물의 통도인 목부(木部, xylem)로 구성되어 있으며 사부는 사관, 반세포, 사부유조직, 사관섬유로 구성되었다. 생세포의 연결체로서 인접사관세포 사이에는 사판(篩板, sieve plate)이 있어, 이 판을 통해 영양물질울 각 기관에 보내진다.

그런데 나자식물에는 반세포, 선류에는 사부섬유가 없다. 한편 목부는 도관, 가도관, 목부유조직, 목부섬유로 구성되며, 도관은 가늘고 긴 구획이 없는, 그 벽에는 비후한 여러 가지 모양이 있는 관으로 역시 수분을 각 기관에 수송한다. 그러나 나자식물에는 도관과 목부섬유가 없다.

유관속의 배열은 줄기는 양치류는 사부가 목부를 둘러싸고 있는 포위형, 나자식물은 사부와 목부가 접해있는 병립형이다. 피자식물은 병립형이 비교적 많으나, 목부의 양쪽에 사부가 있는 복병립형도 있다. 그러나 뿌리에서는 위의 식물 모두가 방사형이다.

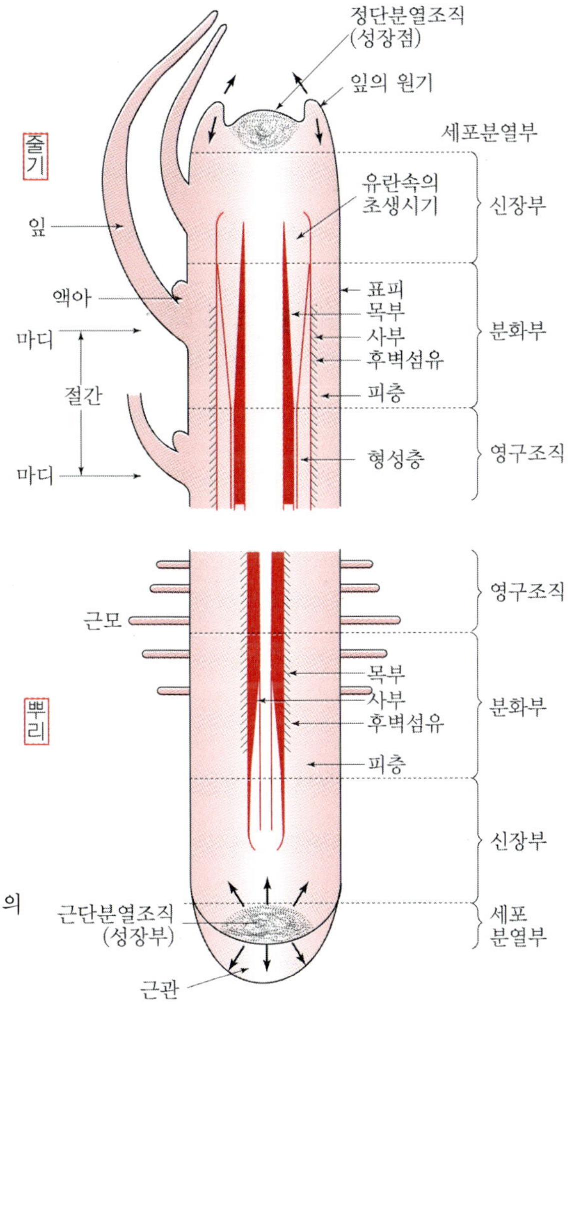

그림 3-9 고등식물의 줄기와 뿌리의 내부형태 모식도

3-3 조직배양

다세포생물의 개체에서 무균적으로 조직편과 세포군을 뽑아내어 적당한 조건에서 계속 살게 하는 기술을 조직배양(組織培養, tissue culture)이라 한다. 광의로는 조직편배양과 세포배양으로 구분하지만 협의로는 전자를 조직배양, 후자를 세포배양으로 분류하고 있다.

조직배양은 분리한 조직편을 동일개체 또는 다른 생물체가 있는 장소에 옮겨서 키우는 생체 내 배양(culture *in vivo*)과 시험관에서 키우는 시험관 내 배양(culture *in vitro*)이 있는데, 특히 후자를 조직배양으로 부르는 경우가 많다.

조직배양은 사용재료에 따라 식물조직배양과 동물조직배양으로 구분한다. 전자는 하벨란드(Haberlandt, 1902)가 양달개비의 각 기관을, 후자는 헤리슨(Harrison, 1907)이 개구리의 신경조직편을 재료로 20 세기 초에 각각 처음으로 시도했는데, 현재는 조직배양기술이 매우 발달하여 생물체의 형태, 생리 및 생화학적 연구에 활발하게 이용되고 있다.

최근에는 DNA기술을 이용하여 농업적으로 중요한 생산성을 향상시킨 유전자변형생물(genetically modified organnism, GMO)을 만들고 있다(그림 3-10). 유전자변형생물은 전통적인 교배법이 아니라 인공적인 방법에 의해 한 개 이상의 유전자를 획득한 생물로 제초제 내성 목화, 내염성 벼 등과 같이 유용작물에서 이루어진 것과 유전자공법에 의해 재조합된 수정란을 이용하는 형질전환 동물의 유도에서와 같이 동물에서도 가능하게 되었다.

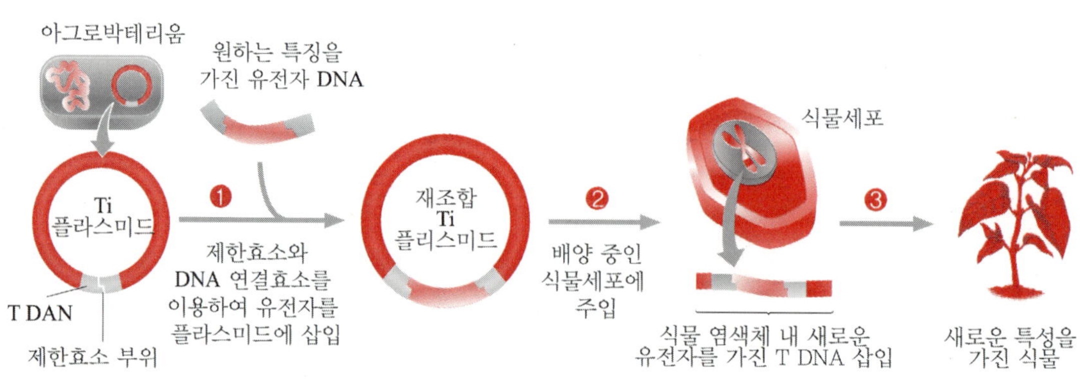

그림 3-10 Ti 플라스미드를 이용한 유전자변형 식물의 제조

3-3-1 식물의 조직배양

식물조직배양 또는 세포배양이란 식물체의 기관, 조직의 일부분 또는 세포를 뽑아내서 in vitro, 즉 시험관 내에서 배양하는 기술을 말한다.

식물조직배양의 역사는 1902년 독일의 식물생리학자인 하벨란드(Haberl-andt, 1854-45)가 양달개비의 암술, 수술, 잎, 엽병, 줄기 등의 부분을 절취해서 시험관내에서 배양을 시도한 것이 시초가 되고 있다.

그러나 당시는 무균조작법과 식물호르몬의 발견 이전이기 때문에 배지조성의 미비로 성공하지는 못했지만, 한 개의 식물세포가 한 개의 식물체가 될 수 있는 능력, 즉 전능성을 인정할 수 있는 가능성을 시사한 것이 큰 공적으로 인정받고 있다.

그 후 1930년대에는 프랑스의 고드래(Gautheret) 과 미국의 화이트(White)에 의해 당근과 토마토의 배양을 옥신을 포함한 배지개량의 성공으로 식물조직배양법에 큰 진전을 보게 되었다. 즉 당근의 뿌리절편을 한천을 포함한 고형배지에서의 배양에서 세포분열이 이루어져 미분화된 세포덩어리가 무한으로 증식하는 것을 발견하였다. 이러한 세포덩어리를 캘러스(callus)라고 부르고 있다(그림 3-11).

그 후에도 여러 가지 종류의 식물의 조직과 세포의 배양이 성공하였고, MS배지(Murashige-Skoog media)를 비롯한 여러 가지 배지가 고안됨으로서 식물조직배양법도 다방면으로 확립하게 되었다. 그리하여 캘러스를 액체배지에서 진탕배양하는 세포현탁배양법, 단세포배양법, 배 · 배주 · 자방배양법, 체세포교잡법, 세포선발법, 대량번식 및 배양법과 원형질체의 효소적 조제법(그림 3－12) 부정배 분화를 비롯한 여러 가지 분화유도기술이 계속적으로 고안되었다.

그림 3-11 켈러스(벼) 사진

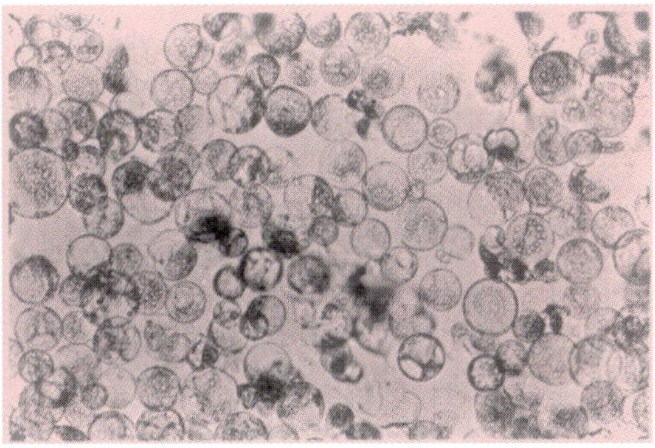

그림 3-12 원형질체(대두)

1. 식물세포의 전능성

최근에는 조직배양기술이 분자생물학과 유전공학의 발달에 힘입어 새로운 다양한 형질전환작물을 유도하는 데 쓰이고 있다.

동물은 수정란이 그 개체의 조직이나 기관을 구성하는 모든 세포로 분화하는데 대해, 식물은 식물체 어느 부분 한 개의 체세포에서도 한 개의 식물체를 발생시킬 수 있다.

이렇게 한 개의 체세포가 한 개의 생물체에게까지 분화시킬 수 있는 능력을 전능성(全能性, totipotency)이라고 하는데, 이것은 동물세포와는 확실히 다른 특징의 하나로 되어 있다. 따라서 식물의 체세포에서는 조건이 갖추어지기만 한다면, 완전한 개체로 재생시킬 수 있다.

그리하여 한 개의 체세포에서 유래되는 식물체를 클론(clone)이라 하며, 클론식물을 만들어 내서 이용하는 것이 조직배양 또는 세포배양의 기술이라 할 수 있다. 또 식물세포가 갖고 있는 기능을 공학적으로 이용할 있는 과학을 식물 바이오테크놀러지(植物 biotechnology)라고 하며, 따라서 전능성의 기능은 식물 바이오테크놀러지의 기초를 형성하고 있는 것으로 되어 있다.

표 3-1 에는 현재, 전능성이 식물 바이오테크놀러지에 이용할 수 있는 것을 요약했다. 가장 널리 이용하며, 실용화되고 있는 것은 난 등 화훼식물의 생장점배양에 의한 재분화(멜리클론) 또는 캘러스에서의 재분화(칼리클론)에 의한 미소번식(微小繁殖, micropropergation)인데, 이것이 전능성의 직접적인 응용이라 할 수 있다.

표 3-1 식물 바이오테크놀러지에서의 전능성의 이용

전능성 발현결과로서의 세포기능	바이오테크놀러지에 의한 응용
• 생장점배양, 캘러스배양에 의한 식물체 재분화	• 유용식물의 대량증식(미소번식, 멜리 클론, 칼리클론)
• 생장점배양에 의한 기관 또는 부정배분화	• 무병원성 식물의 생산
• 약, 화분배양, 난세포에 의한 부정배분화	• 반수체식물의 육성
• 원형질체, 단세포, 현탁배양에서의 부정배 분화	• 클론식물의 육성, 인공종자의 제작
• 형질전환 식물에서의 식물체의 재분화	• 새로운 기능을 갖는 식물체의 생산 (세포육종)
• 2 차대사의 발현(대사수준에서의 전능성발현)	• 유용물질생산

농업에서 대단히 중요하게 취급되고 있는 무병원성 식물의 생산도 원리적으로는 역시 전능성의 직접적인 응용이라 할 수 있다. 또 육종에서 중요한 반수성식물의 생산도 화분세포 또는 난세포의 전능성의 발현, 이용이라고 할 수 있다. 인공종자의 재료인 부정배도 부정배분화 그 자체의 결과로서 얻어낼 수 있다.

그리고 식물 바이오테크놀러지에서는 커다란 희망을 안겨주고 있는 새로운 기능을 갖는 형질전환식물(形質轉換植物, transgenic plant)의 생산도 형질이 전환한 세포가 가진 전능성의 발현이라고 할 수 있다.

더욱이 식물배양세포에 의한 유용한 2차대사산물의 생산도 2차대사의 발현이 대사수준에서의 전능성의 발현으로 본다면, 역시 전능성의 기능을 이용한 것으로 볼 수 있다. 이와 같이 식물 바이오테크놀러지의 대부분은 식물세포가 갖는 전능성의 기능을 이용한 것으로 볼 수 있다.

2. 식물조직배양의 이용

(1) 실험적 측면

기본적으로, 식물조직배양법이란 식물세포의 생리기능을 연구하기 위한 실험계이다. 세포기능을 연구하는 데에 있어, 생리학의 방법론으로는 그림 3-13에서 요약한 바와 같이 식물체라는 black box에 어떤 자극을 input 했을 때, 식물체가 그 반응하여 output로서 나타나는 현상을 해석하는 수단을 취하고 있다.

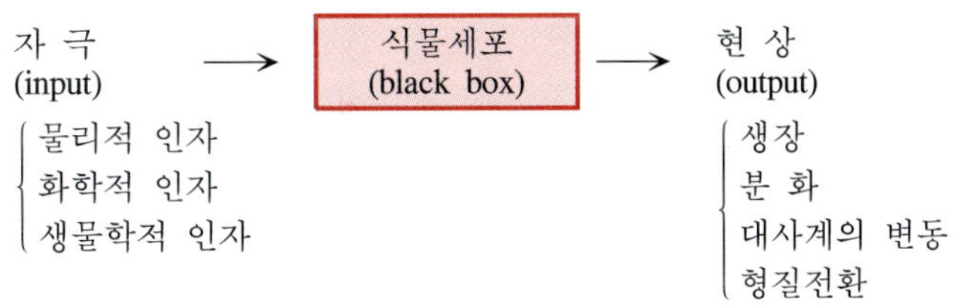

그림 3-13 생리학의 실험계

예를 들면 발근이라는 기능을 연구할 경우, 줄기에 식물호르몬을 투여하는 화학적 자극을 input 하여, output으로서의 발근을 관찰하여 그 인과관계를 조사해 나가는 방법이다. 이 경우, 일정한 input에 대해 일정한 output가 나타나지 않으면 실험계로서는 부적격이 된다. 그러기 위해서는 식물체가 놓여있는 환경조건이 완전히 통제시킬 수도 있다.

줄기에서 발근을 유도하는 경우라면 줄기가 있는 장소의 온도, 빛, 영양 등의 조건이 완전히 일정하게 유지되고, 투여하는 식물호르몬의 조건만이 가변이라는 실험계에서만 발근과 식물호르몬과의 인과관계를 해석할 수 있다.

식물조직배양은 식물세포를 완전히 조절할 수 있는 조건, 즉 시험관 안(*in vitro*)에서 생육시키는 기술임으로 식물세포의 여러 가지 기능을 해석하고, 연구하는 데에는 매우 뛰어난 실험계라고 할 수 있다.

(2) 생산적 측면

사람이 식물을 이용한다는 것은 식물세포의 기능이 작용한 결과로 생산된 산물을 이용하는 것을 말한다. 따라서 식물세포의 생산성을 높이기 위해서는 특정한 세포기능을 향상되게 할 필요가 있다. 예를 들면 식물세포가 수행하는 광합성에 의해 생산되는 녹말을 식량으로 이용하는 경우는 광합성기능의 향상으로 녹말의 생산을 높일 수 있다.

앞에 쓴 바와 같이 식물세포배양은 식물체의 기능을 해석하는 데에는, 적합한 실험계이지만 그와 동시에 식물배양 세포계는 식물세포가 갖고 있는 생산성을 향상시키는 데에도 뛰어난 장소를 제공하는 것으로 되어 있다.

엄밀하게 통제된 환경에서 어떠한 input을 식물에 제공했을 때가 output이 최대가 되는가, 즉 생산성이 최대가 되느냐는 해석이 바로 가능하게 된 것이다. 일정한 output에서 반응한다는 것은 생산된 식물체나 생산물의 질, 소위 제품의 질이 균일하게 된다는 것을 뜻한다. 이러한 성격의 실험계와 생산계인 식물조직배양, 세포배양이 사실상 어떤 세포기능 의 연구에 이용되고, 또한 어떠한 응용에 전개되고 있는가를 주의 깊게 관찰해야 할 것이다.

3. 식물조직배양의 응용

(1) 식물세포의 탱크배양

세포의 기능과 분열 및 증식이 기초가 되면 활용도 가능하게 된다. 옛날에는 과일, 야채 등은 알맞은 계절이 아니면 맛볼 수 없었으나, 최근에는 각종 환경요인을 컴퓨터로 완전히 조절할 수 있는 시스템에서 계절에 관계없이 연중 생육시킬 수 있는 소위 '식물공장'이 등장하게 됨으로써 양질이면서도, 균질한 농작물을 생산할 수 있게 되었다.

그런데 식물조직배양의 기술이 발전하면서 식물세포에서 식물체로 재분화하여 토양 또는 인공토양에서 생육시키는 복잡한 과정을 거치지 않으면서도 빠른 속도로 식물세포를 생산할 수 있는, 직접 식물세포의 형태로 탱크 안에서의 대량의 현탁배양(懸濁培養, suspension culture) 방법이 확립되었다.

이러한 생산방식은 식용작물의 경우는 식물의 형태나 원가 측면에서 문제가 되는 부가가치가 높은 작물에서도 운영이 가능할 뿐만 아니라, 실용화도 가능하다.

이것은 식물을 인공적으로 조절이 가능한 환경에서 생육시킴으로써 계절과 외부환경과는 관계없이 식물의 생장기능을 발휘하게 하는 것인데, 여기에 대한 식물세포의 생장기능의 해석이 중요하다.

즉, 여러 가지 환경조건(물리적 조건 : 온도, 빛 등, 화학적 조건 : 영양물질, 식물호르몬 등)과 이식할 때의 세포밀도 등의 생물적 조건에서 배양한 경우에 생장의 파라미터로서의 세포수, 신선중량, 건조중량 등의 변화 및 세포당 단백질량과 핵산량의 변동, 그리고 세포의 생장과정에서의 이들의 변화를 세포 안에서 일어나는 생화학적인 변동 때문인가를 규명해 나가며, 생장과 환경의 인과관계를 세포수준에서 해석하는 것이다.

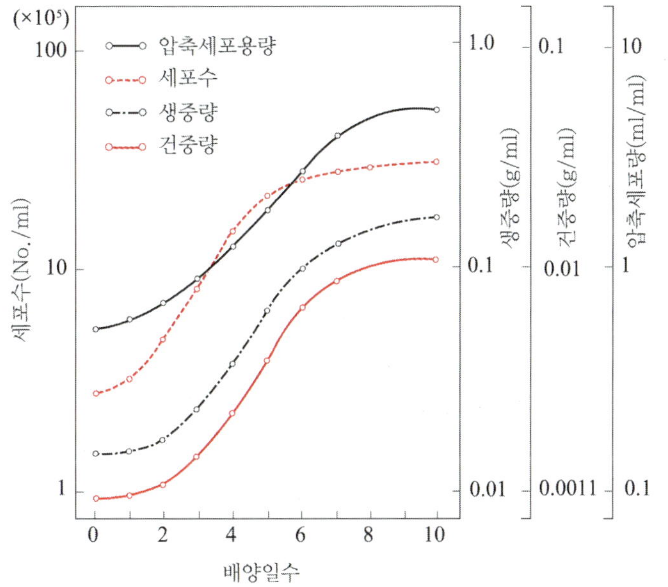

그림 3-14 현탁배양세포의 생장곡선(일일초)

그런데 탱크 안에서의 식물세포의 대량증식이나 식물배양세포에 의한 유용물질의 생산을 기업화하는 데 있어, 큰 장해가 되는 것은 미생물에 비해 한 개의 세포가 두 개의 세포로 되는 시간, 즉 배가시간(倍加時間, doubling time)이 현저하게 길다는 것이다. 배가시간이 박테리아의 경우는 분 단위이나, 식물배양세포는 보통 30~50 시간이 소요된다.

따라서 아무리 증식시간이 빠른 식물배양세포라 하더라도 자기증식속도는 박테리아의 수십 배가 되므로 세포를 증식시켜서 수확한다는 생산계의 관점으로 식물세포의 생산성의 능률은 박테리아에 비하면 훨씬 열악하다는 것이다. 이러한 난점을 극복하기 위해 배양조건을 조절해서 배가시간을 단축시키는 연구를 종류별로 시도하고 있다. 그 결과, 담배에서는 배가시간을 15~18 시간까지 단축시킬 수 있었다.

(2) 멜리클론에 의한 식물체 생산(식물의 생산공장)

이것은 기관 또는 개체수준에서 세포의 기능과 분화를 활용하는 것을 말한다. 난 등의 경정(성장점)을 무균상태로 절취하여 적당한 배지에서 배양하면 프로토코름(前塊體, protocorm)이라는 분열조직의 덩어리가 증식한다. 이 프로토코름을 하나씩 절취하여 역시 적당한 배지에 이식하면 한 개의 프로토코름에서 하나의 난이 생육하게 된다.

이러한 경정배양에 의한 대량영양증식방법을 멜리클론(mericlone)이라 한다. 이밖에도 잎이나 줄기에 등에서 캘러스를 유도하여 이것을 증식시켜 발생하는 다수의 세포를 적당한 배지에서 부정배, 눈, 묘조, 뿌리를 분화시켜 한 개체의 식물을 재생시키는 방법도 있다. 이와같은 조직배양에 의한 식물체의 대량번식법의 개발은, 식물체를 시험관 안에서 생산하는 식물생산공장 설립의 가능성을 시사하는 것인데, 현재는 많은 화예식물(난, 카네이션, 튤립, 가배라, 백합 등)이 멜리클론법을 이용하여 생산되고 있다.

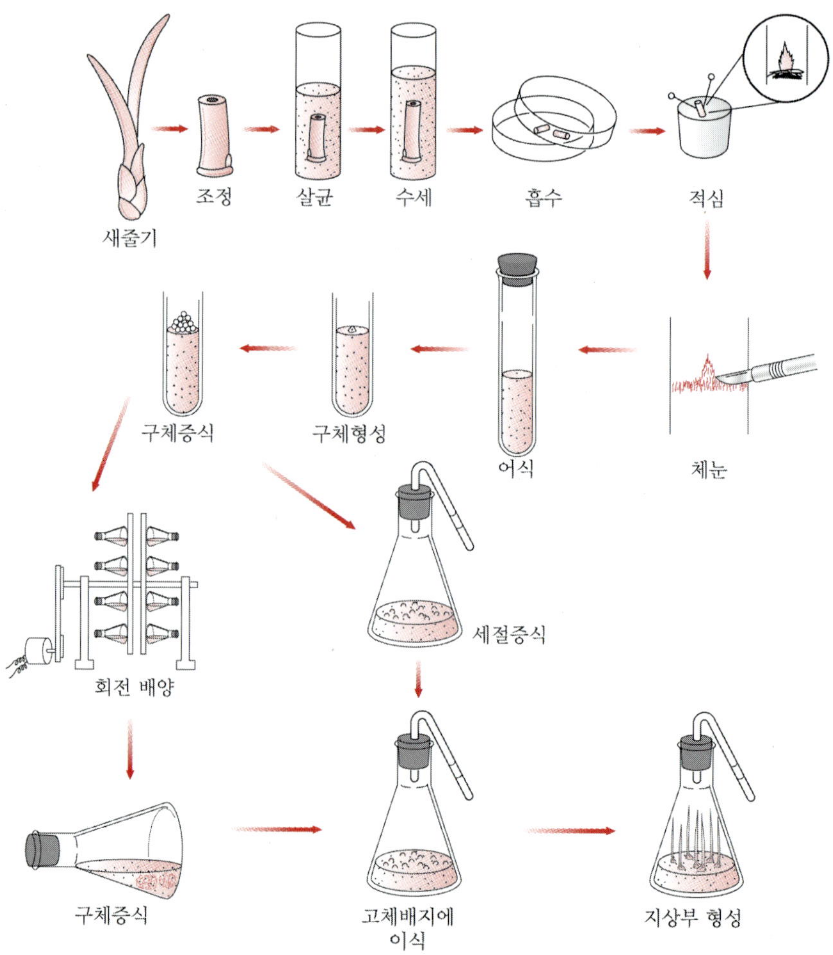

그림 3-15 난의 경정배양 번식법 개요

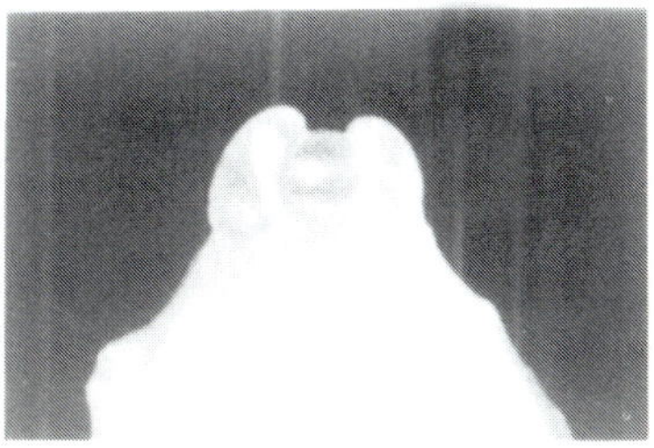

(a) 정경부위의 성장점

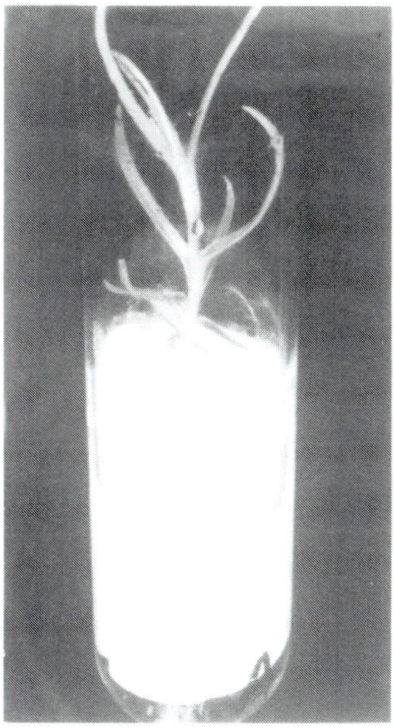

(b) 유식물

(c) 배양육성주

그림 3-16 카네이션

멜리클론법에 의거하는 식물체의 생산은 고능율적으로 증식할 수 있다는 이점 외에, 바이러스 등에 이병한 식물을 무균화하는 큰 이용점이 있다(그림 9-21 참조 : 당근의 경우).

멜리클론

멜리클론(mericlone)이란 식물의 경정 등의 분열조직을 적당한 조건하에 배양하여 많은 눈과 뿌리 등을 분화시켜서, 생긴 식물체를 말하며, meri (meristem)와 clone 으로 합성된 학술어이다. 식물체를 분주 또는 실생에서 유래시킨 묘와 성장점 배양에서 육성시킨 묘를 명확하게 구별하기 위해 난 업계를 중심으로 많이 이용하고 있다.

멜리클론은 일반적으로 바이러스 등의 병원균의 감염이 적다는 점에서 무병묘의 대명사로 상용하는 경우도 있다. 또한 좋은 품질을 갖고 있는 식물체를 배양용기 안에서 클론 증식한 것을 뜻하는 경우에도 이 멜레클론이라는 용어를 사용하기도 한다.

(3) 식물배양세포에 의한 유용물질 생산

식물조직배양에는 기관배양이나 세포배양에 의해 유용물질을 생산하는 공업적 응용분야도 있다. 연구대상의 물질로는 부가가치가 큰 약용성분, 천연색소, 농약성분, 식품첨가물 등에 관여하는 2 차대산물이 대부분이다.

이들 물질이 들어있는 식물체가 심산유곡에서만 또는 한정된 계절에서만 생육하여 채집에 제한이 생기거나, 재배기간이 길거나 하면 그 성분의 생산은 매우 힘들게 되는데, 이러한 난점을 극복하기 위해 약용식물 등의 목적식물에서 배양세포를 유도하여, 플라스크나 탱크 안에서 대량으로 배양하여, 지역적 · 계절적 · 기후적인 제약을 받지도 않는 매우 빠른 생산효율을 나타내는 유효물질의 생산방법을 연구하게 되었다.

유용물질을 배양세포에서 생산하려는 의도는 1945 년 이후 미생물을 이용하여 생산하려는 발효공학의 발전에 이은 새로운 획기적인 시도라 할 수 있다. 이러한 배양세포에 의한 유용물질생산의 기초가 되는 세포기능은 식물체 내에서의 물질의 전환, 즉 대사에 있다.

대사는 식물이 생물을 유지하는 데는 중요한 기능으로 모든 생명체에는 공통적으로 또한 필수적인 호흡, 아미노산 합성, 단백질 합성, 핵산 합성 등의 1 차대사와 1 차대에서 파생해서 생성된다. 그의 화학적인 구조는 생물에는 공통적이 아니고, 특별한 식물 또는 한 식물의 어느 조직 또는 세포에서만 발현하는 2 차대사가 있다. 표 4-2 에는 식물이 생산한 2 차대사산물인 유용물질을 나타냈다.

최근 20 여 년 동안에, 의약품이나 생화학적 관련 기업체에서는 배양세포에 관련되는 연구를 활발하게 추진하고 왔지만, 상업베이스에서 취급하게 된 것은 고려인삼세포의 대량배양이나, 지치배양세포에 의한 시코닌 유도체의 생산 등 소수의 예에 불과하다.

여기서 고려인삼의 경우, 유기한 캘러스를 세포배양할 때는 특히 호르몬의 종류를 2, 4 D 에다 키네틴을 IBA 로 교체하여 세포의 증식주체에서 유효성분인 생산주체로 전환시키면 최종적으로는 700 mg/*l* · day 의 생산효율을 나타낼 수 있었다.

표 3-2 식물이 생산한 유용 2 차 대사산물

식물명	2 차대사산물	용 도	관련공업
일일초	빈프라스틴	항암제	의약공업
미역순나무	트립토라이드	항암제	
디기탈리스	디곡신	강심제	
마	디오게스닌	불임제	
양귀비	모르핀	진정제	
고려인삼	사포닌	종합보장제	
주 목	택 솔	항암제	
제충국	피레스린	해충방제제	농약공업
스태비아	스태비오시드	감미료	식품공업
지 치	시코닌	화장품첨가물	화장품공업
포 도	안토시아닌	천연색소	염료공업
당 근	리코핀	천연색소	염료공업

배양규모도 30 l 의 배양조(培養槽)부터 시작하여 단계적으로 확대하였더니 최종적으로는 20 t 의 배양조에서도 생산이 가능하게 되고, 적어도 2년간은 잡균의 혼입도 찾아볼 수 없는 정도로, 연속적으로 운전이 가능했다는 연구보고도 있다. 외관적으로도 진한 황색을 띤 직경이 3~5 mm의 비교적 균일한 세포덩어리를 형성하여, 부정근의 발생 등도 일어나지 않은 분화경향이 강한 명확한 캘러스의 양상을 나타냈다.

그러나 식물조직배양의 완전 공업화에는 아직 많은 난관이 남아 있다. 즉 물질생산을 위한 영양문제나 대사제어기구 등에 대한 기초연구를 장기간에 걸쳐 전략적으로 수립하여 꾸준히 검토해 나가야 할 것이다. 여기서 당면한 대책점을 지적하면 다음과 같다.

첫째는 원하는 유용물질의 선택인데, 미생물에 의해서도 생산이 쉽게 되지 않은 식물특유이면서도, 고가인 것을 선택해야 한다는 것이다. 즉, 고려인삼 또는 지치의 경우처럼 개체식물에서는 생산성이 대단히 낮은 것으로 해야 한다.

둘째는 유용물질 대량생산의 2대요인인 세포의 증식속도와 물질생산능이 각각 탈분화와 재분화라는 배반적인 성질로 지향하고 있다는 것이다. 따라서 이들 양자에 대응하는 호르몬 균형이라든지, 양분조성 등의 배지조건 및 광조사 등 이화학적 환경조건 등의 검토가 중요하다. 동시에 2단배양 등의 배양기술의 지속적인 연구도 필요하다.

셋째는 물질생산에 대해서는 캘러스 또는 배양세포의 개체식물에서는 볼 수 없는 장점을 장려해야 한다는 것이다. 예를 들면 변이주가 큰 발생률과 이들이 용이한 선발조건을 이용한 유용물질의 생산성 세포를 작출해야 하는 것이다.

(4) 형질전환식물체 유도

유전공학은 식물조직배양에서 세포벽을 제거한 원형질체를 활용할 수 있다. 이때 식물, 동물, 박테리아 등 여러 생물체에서 분리한 외래 유전자는 조직배양배지에 넣은 후 고압전기충격을 주어 DNA가 원형질체내로 들어가도록 한다. 첫 번째 이루어진 과정의 하나는 반딧불의 루시페라제효소를 생산하는 유전자를 담배 원형질체에 넣고 식물체를 유도한 후 다 자란 식물체에 루시페린을 뿌리면 형광이 나온다.

그러나 원형질체로 곡류를 재생하는 것은 매우 어렵다. 옥수수와 밀 원형질체는 불임성 식물을 생산한다. 그 결과 완전한 세포벽을 가진 식물세포에 DNA을 도입하기 위하여 다른 방법을 사용하였다. 그 중의 한 방법은 외래 DNA를 식물세포를 감염시키는 Agrobacterium의 플라스미드에 삽입하는 것이다.

박테리아가 식물을 감염시킬 때, 재조합플라스미드가 식물세포로 도입된다. 오늘날 DNA를 싸고 있는 미세금속 입자를 칼루스에 쏠 수 있는 유전자 총을 사용할 수 있다. 그러면 유전적으로 변화된 체세포 배는 유전적으로 변이된 성숙한 식물로 발달된다.

옥수수와 밀 변종을 포함하는 대부분의 식물은 이 방법으로 유전적으로 조작되었다. 외래 유전자를 가지고 새로운 형질을 가지고 있기 때문에 이러한 식물을 형질전환식물(transgenic plant, genetically motified plants(GMP))이라고 한다.

이와 같은 방법에 의하여, 개선된 형질을 가진 농작물, 즉 옥수수, 감자, 콩, 목화 등과 같은 식물은 포식곤충이나 또는 널이 사용되는 제초제에 저항성을 가지도록 조작되었다. 몇몇 옥수수와 목화는 곤충이나 제초제에 모두 저항성이 있도록 개발되었다.

2001년에 형질전환작물은 전 세계적으로 7,200만 에이커 이상에 심어져 있고 면적은 5년 동안에 3배가 될 것이라고 예상되었다. 만일 작물이 광범위한 제초제에 저항성이 있고 잡초에는 저항성이 없다면, 제초제는 잡초를 죽일 수 있다. 제초제 저항성 식물이 심어져 있으면 잡초는 쉽게 통제되며 경작지가 덜 필요하고 토양 부식도 최소화될 것이다. 그러나 제초제의 사용을 증가시키면 토종식물이나 야생식물의 수는 감소할 것이다.

어떤 사람들은 그들의 건강에 미칠 영향 때문에 형질전환식물에 대하여 염려를 한다. 이러한 염려는 몇몇 사람이 형질전환식물에 알레르기 반응을 보인다는 실험실 연구 결과에 의해 증폭되었다. 생태학자는 형질전환식물이 환경에 미치는 효과에 대한 염려를 한다.

유익한 곤충이 형질전환식물을 먹어 해를 당할 수도 있고, 형질전환식물이 저항성 유전자를 다른 잡초에 전달하여 통제가 불가능하게 될 수도 있다. 지금까지 형질전환식물이 생명을 위협하는 효과가 보고되지는 않았지만, 미래에 엄청나 결과가 일어날 수 있는 생각을 가진 사람도 있다.

한편 과학자들은 보다 더 많은 유형의 형질전환식물을 생산하려고 노력하고 있다. 염분 저항성 토마토는 실지시험을 할 예정이다. 우선 과학자들은 액포막에서 Na+를 운반하는 단백질을 암호화하는 유전자를 분리하였다. Na+를 액포에 격리시키는 것은 Na+가 식물 대사와 충돌하는 것을 막는다. 그래서 과학자들은 유전적으로 이 채널 단백질을 과생산하는 식물은 만들었다.

이 형질전환식물은 소금물을 주어도 잘 살 수 있다. 오늘날, 작물 생산은 개간된 땅의 50%가 염화의 효과로 제한되고 있다. 염분-저항 작물은 이러한 땅에서 생산을 증대시킬 수 있다. 염분-저항성, 가뭄-저항성, 혹은 추위-저항성 작물은 2050년에 거의 2배가 되는 세계인구를 위한 충분한 식량을 제공하는데 도움이 될 것이다.

감자마름병은 가장 심각한 감자 질병이다. 약 150년 전에 아일랜드 감자기근의 원인이었으며, 약 백만 명의 인구가 사망하였다. 자연적으로 마름병에 저항성이 있는 야생 감자에서 온 유전자를 경작하는 감자종에 넣어 이제 더 이상 마름병에 걸리지 않는다.

작물의 영양 품질을 높이기 위하여 몇몇 과정이 이루어졌다. 콩은 주로 불포화지방산인 올레산을 생산하도록 개발되었다. 다른 식물들은 페인트와 플라스틱을 단단하게 하는 사용하는 올레산의 파생체인 버놀산이나 리시놀산 등을 생산하도록 한다. 필요한 유전자는 수레국화와 아주까리에서 유래하였으며, 콩의 유전체에 전달하였다.

다른 유형의 유전적으로 조작된 식물도 생산을 높일 수 있다. 기공이 이산화탄소를 많이 받아들이고, 수분 소실을 최소화하도록 변형될 수 있다. 일본 과학자들은 C4 광합성 회로를 벼에 도입하는 작업을 하고 있다. C3 식물과 달리, C4 식물은 덥고 건조한 기온에서 잘 살 수 있다. 이러한 변이는 지금까지 하였던 단일 유전자를 전달하는 것보다 식물세포의 완벽한 재조작이 요구된다.

그림 3-17 유전공학적으로 유도된 제초제 내성

3-3-2 동물의 조직배양

1. 동물배양세포의 생물학

동물 세포배양계에서 생육시킬 수 있는 동물세포의 종류에는 섬유아세포(纖維芽細胞, fibroblast)와 같은 결합조직세포도 있다. 하지만 뼈, 연골과 같은 골 조직, 심근과 평활근, 상피조직의 세포(예를 들면 간, 폐, 가슴, 피부, 방광, 신장세포 등), 신경세포(예를 들면, 글리아 세포 및 뉴론, 단 뉴론은 증식하지 않는다), 분비세포(아드레날린 분비선, 뇌하수체의, 또는 췌장의 랑게르한스 섬의 세포), 그리고 여러 가지 암세포 등 매우 광범위하며 종류도 많다. 실제로 배양 중인 세포에 세포종의 특이적인 표지물질을 사용시키면 그 배양세포의 유래된 계통을 알 수 있다.

증식 중인 세포는 정상 시에는 증식하지 않은 완전히 분화한 세포의 양상이 아니고, 그 전구세포의 양상을 잘 나타내는 경우가 많다. 그러나 어떤 세포집단이 균일한 표현형질을 나타내지 않은 경우도 있고, 그의 표현형질도 변화하는 경우도 있다.

예를 들면 상피성 각질세포의 배양계가 간세포(幹細胞, stem cell), 전구세포 또는 각질화한 인상세포(鱗狀細胞, scale cell)를 포함하는 경우도 있다. 간세포로부터는 항상 재생현상이 일어나고, 전구세포는 증식과 성숙을 계속하여 최종적으로는 부가역적인 분화가 일어나면 인상세포가 배양액 안에서 생성하게 된다.

즉, 섬유아세포처럼 저세포밀도($\sim 10^4$ 세포/cm^2)에서는 증식이 계속하는 균일한 세포집단이 되고, 고세포밀도($\sim 10^5$ 세포/cm^2)에서는 분화가 진행된 증식하지 않은 균일한 세포집단이 되는 경우도 있다. 이러한 고세포밀도 하에서의 섬유아세포와 같은 세포집단은 트립신 처리 또는 물리적 처리로 세포를 흩으러 놓은 후, 세포밀도를 낮게 하거나 혹은 세포가 접촉할 수 없는 주변을 만들어 놓으면 세포주기에 들어가서 증식을 하기 시작한다.

세포밀도 외에도 혈청과 같은 영양인자, Ca^{2+}, 호르몬, 세포나 세포 간 물질과의 상호작용도 세포의 분화와 증식(때로 이 두 개는 역방향이다)에 영향을 준다. 따라서 그 세포의 원래의 소속규명 파악뿐 아니라 균일한 세포집단을 얻기 위해서라도 세포농도나 영양조건, 호르몬량 등을 조정하면서 세포의 분화단계를 특정하여 안정화시키는 것이 중요하다.

배양세포의 성질에는 변화가 생기기 때문에 조절이 잘 안 되는 경우가 많고, *in vitro* 부터 *in vivo* 에서의 세포 간 상호작용을 적절하게 재현시킨다는 것은 쉽지 않기 때문에 일련의 계대배양을 시도하지 않고 원상태의 조직의 구조를 그대로 유지한 배양계를 얻도록 시도하고 있다. 이러한 배양계를 조직배양 또는 기관배양이라 한다.

*in vitro*에서 수종의 다른 형태의 세포에서 조직과 비슷한 구조를 재구축시키기 위해 세포를 응집시켜서 고밀도의 구괴상 모양으로 배양한다거나, 유리 또는 프리스틱 기질 위에 여러 층으로 뿌리거나 또는 콜라겐이나 합성미소 다공필터 위에 뜨게 하는 등의 실험을 하고 있다.

2. 분화세포의 특징

세포를 증식시키기 위해서는 세포를 항상 계속적으로 증식시키는 장치가 필요함으로, 장기간에 걸쳐 실행할 수 있는 배양조건을 최적인 세포증식을 위해 선택해 두지 않으면 안 된다. 증식의 최적조건이 분화의 조건에 꼭 적합된다는 경우는 매우 드물다. 분화 시에는 세포증식이 극히 제한된 상태 아니면 억제된 상태에 있기 때문이다.

세포증식에 알맞은 조건으로는 저세포농도, 저 Ca^{2+} 농도(100~600 μM)에서, 상피성 증식인자(epidermal growth factor, EGF), 섬유아세포 증식인자(fibroblast growth factor, FGF), 혈소판유래 증식인자(platelet derived growth factor, PDGF) 등의 증식인자가 포함되어야 한다는 것이다.

고세포농도(105 세포/m*l*), 고 Ca^{2+}농도(300~1500 μM)에서 분화유도인자(히드로코티손 등의 호르몬, 글리아 성숙인자, 신경증식인자, 래티노이드, 디메틸설퍼옥시드 등의 극성용매) 등이 포함되어 있으면 세포는 증식할 수 없게 되고 동시에 분화되기 쉬어진다.

분화에서의 혈청의 역할은 완전히 밝혀져 있지 않고, 세포형이나 배지에 따라 달라진다. 저 농도의 혈청은 과돌기 신경교세포(寡突起神經膠細胞, neuroglia)의 분화를 촉진만 하며, 고농도의 혈청은 기관지상피세포의 인상세포으로의 분화를 유도한다. 후자의 경우, 활성의 유래는 혈소판에서 분리된 종양유래증식인자 β(tumor derived growth factor β)와 대단히 비슷함으로 동등한 분자이다. 무혈청 배지를 사용하면 쉽게 해결될 것으로 볼 수 있다.

적절한 극성이나 세포의 형태를 유지하는 것도 특히 상피세포에서는 중요하다. 부유 콜라겐 위에 고농도에서 생육하고 있는 세포는 세포간 물질화의 상호작용이 가능하고, 겔의 양면에 배지가 접촉할 수도 있고, 기저 막의 적절한 극성도 쉽게 유지할 수 있어서, 기질의 가소성으로 적절한 세포형태를 취할 수 있다는 많은 연구보고가 있다.

증식과 분화에는 다른 조건이 필요함으로 재현성이 좋고, 세포수가 증가하는 증식상을 유기할 수 있는 배양조건을 실험적으로 파악해 둘 필요가 있다.

3. 기본 동물세포 배양법

(1) 초대 세포배양법

초대 세포배양(初代細胞培養, primary cell culture)이란 생체에서 채취한 조직 또는 기관에서 직접 얻어낸 세포를 배양하는 것을 말하며, 한 번도 계대배양(繼代培養, subculture)을 하지 않은 첫 번째 세포의 배양을 뜻한다.

일반적으로는 채취한 조직 또는 기관을 해리(解離, dissociate)해서 얻은 세포를 말하지만 채취한 조직편의 배양에서는 그 주변에 모여든 세포의 배양 및 생체 내에서 이미 분리되어 있는 세포, 예를 들면 혈구 등의 배양도 여기에 포함한다.

세포배양에는 다음과 같은 많은 특징이 있다.

① 세포는 배양기벽의 바닥에 2차원적으로 배열되고 있음으로 수시로 또는 계속적으로 세포상태를 현미경을 사용해서 관찰할 수 있다. 세포배양은 이러한 이점이 있으나, 기관배양의 경우처럼 3차원적으로 존재하는 경우에는 세포의 직접적인 관찰은 불가능하다. 즉 입체적 배치를 필요로 하는 세포연구에는 적합하지 못하다.

② 같은 세포에서 그의 형태학, 생리학 또는 생화학을 관련시킨 세포 수준의 연구가 가능하다.

③ 미리 알고 있는 수의 세포를 배양할 수 있다. 또한 배양한 세포를 재차 회수해 세포수를 산정할 수 있으므로 증식도도 조사할 수 있다. 따라서 얻어낸 세포수와의 관계를 논의하는 것도 가능하다.

④ 모든 세포가 배양액에 접할 수 있다. 즉, 기관배양의 경우처럼 조절이 불가능한 중심부의 세포라는 것이 없게 됨으로 세포가 놓여 있는 상황이란 매우 단순하다.

⑤ 대량 세포를 얻을 수 있으므로 생화학적 해석에도 매우 편리하다.

세포는 생체 내에서는 자신이 생산한 물질을 방출하기 때문에 이러한 물질이 주위에는 일정한 농도로 존재한다. 따라서 세포는 환경과는 평행을 취한 상태에 놓여 있게 된다. 세포는 배양 중에도 이러한 물질을 방출하기 때문에 배양액은 순화(馴化, conditioning)하게 된다.

세포수가 극단적으로 적은 세포를 배양하는 경우는 이러한 위와 같은 길들이는 할 수 없으므로 세포에는 좋은 조건이 되지 못한다. 한편 세포수가 극단적으로 많은 경우에도 영양과 호흡면에서는 좋은 조건은 되지 못한다. 그럼으로 적정한 세포의 농도를 유지하기 위하여 세포부유액을 일정한 수가 되도록 희석하여 배양해야 한다.

(2) 세포주배양법

세포주(細胞株, cell line)란 1년 이상, 또는 50대 이상 계대한 세포를 말하는데, 이것은 미국조직배양학회에서 승인한 수립세포계(樹立細胞系, established cell line), 즉 계대배양이 무한히 가능하게 된 배양세포에 해당되는 것이다. 세포계(細胞系, cell line), 다름 아닌 초대배양에서 계대배양 이후의 배양세포와는 구별된다.

세포주는 형질의 발현기구, 화학물질 혹은 바이러스에 의한 세포의 암화기구 또는 세포분화, 노화 등의 연구에는 매우 유용한 재료로 이용되고 있다. 이때에는 아래와 같은 이점이 있다.

① 초대배양세포에 비하면 취급하기가 매우 용이하다.
② 일정한 배양조건에서는 거의 일정한 증식도를 나타낸다.
③ 클론배양이 가능한 것이 많아, 순수한 클론으로서의 실험이 가능하다.
④ 비교적 안정한 형질을 유지할 수 있다.

(3) 각종 배양법

1) 클론배양법

클론배양법(single cell culture)은 세포의 유전학적, 생화학적, 병리발생학적 연구에 많이 쓰인다. 클론(clone)은 유사분열에 의해 한 개의 세포에서 발생한 세포집단인데, 크게 콜로니성 클론(colonical clone)과 단개세포성(單個細胞性) 클론(single cell clone)으로 분류한다.

콜로니성 클론은 소수의 세포를 배양하여 생긴 콜로니가 분리되면서 얻게 되는 세포군인데, 엄밀한 의미로 단세포 유래여부에 대해서는 부라는 것으로 구별하고 있다. 단개세포 클론을 얻는다는 것은 확실히 이상적이지만 초대배양이나 배양일수가 짧은 시점에서 이것을 실행한다는 것은 특수한 경우를 제외하면 실질적으로 어려운 경우가 많아 장기간에 걸쳐 체외배양을 계속해온 세포주에서는 적용되는 경우가 많은 것이 현상이다.

단개세포배양

한 개의 세포유래의 세포집단을 클론으로 부르는 한은, 당연히 한 개의 세포로 확인되는 것만을 배양해야 되지만, 실제로 한 개의 세포를 배양하여 증식시킨다는 것은 결코 쉬운 일은 아니다. 현재 흔히 이용되고 있는 단개세포 배양법으로는 모세관분리법, 유동팔라핀법, 카바스립법, 소살분리법(燒殺分離法), 미소적 배양법(微小的培養法) 등이 있다.

2) 선회배양법

선회배양법(旋回培養法, rotation culture)이란 발생학의 영역에 관련하여 발전된 배양법을 말한다.

닭이나 마우스의 배 조직과 기관을 분리하여 분산시킨 후에 선회배양하면 분리, 분산된 세포가 집합하여 조직 또는 기관을 재구성한다는 보고가 있은 후에 많이 이용되고 있다.

선회배양법에 의해 형성되는 응집괴(凝集塊)의 크기, 수, 내부구조 등을 규정하는 요인으로서, 세포요인으로는 세포농도, 세포종류, 세포분화도, 세포유리법, 다른 세포비율 등이, 환경요인으로는 배지의 양과 조성, 선회속도, 온도, 첨가물의 유무 등이 있다.

그리고 배양세포의 응집괴의 내부구조도 원래의 조직과 장기의 내부구조와는 대단히 유사한 형태라는 것으로 밝혀지고 있다.

한편 선회배양에 의한 세포응집능은 태아유래세포와 종양성 세포에서는 쉽게 나타나는데, 성숙형 세포에서는 뚜렷하지가 않다. 그리고 태아유래세포에서라고 하더라도 배양일수가 경과하면 응집능은 저하한다는 문제도 제기되고 있다. 이러한 점은 세포의 분화형질발현기구, 혹은 암화기구의 해명에는 선회배양법이 유효한 수단으로 제공되고 있다는 것을 시사하고 있다.

3) 기관배양법

조직을 의식적으로 세포로 흩어지게 해서 배양하는 세포배양에서는 세포는 일정한 밀도에 도달할 때까지는 증식을 반복하게 되지만, 일반적으로 증식을 반복한 세포는 *in vivo* 상태에서 갖고 있던 특성이 점차적으로 상실하게 된다. 그러나 근육, 연골 등의 세포는 증식을 반복한 후에도 적당한 조건을 부여하면 분화형질을 재현하기도 한다.

그런데 배양체에서 세포의 유주(遊走)를 극력 억제하면서 조직의 3차원 구조를 유지한 상태로 배양하여 조직과 기관의 생체내 특성을 *in vitro* 상태에서 재현시키려는 것이 기관배양(器官培養, organ culture)이다.

동물기관배양은 1914년에 Thomson이 닭 배에서 다리, 깃털, 수정체 등을 원상태를 유지시키며 배양하여 성공적으로 성장시킨 것이 최초이며, 이후 Strangeways, Fell 등이 기관배양기법의 기초를 확립하였다. 1929년에는 Fell과 Robinson이 오늘날도 사용되고 있는 기관배양법의 원점이라고 할 수 있는 시계접시법(watch glass method)을 발표하였다.

최초의 기관배양법은 주로 동식물의 형태학적 연구에 이용했지만, 1950년대 이후부터는 호르몬과 비타민이 조직과 기관에 미치는 작용의 연구에도 이용되었고, 그 후에는 조직과 기관간의 상호작용, 정상조직과 종양조직간 작용의 해석 등으로 그 응용범위는 점차 확대되었다.

계속하여 배양법이 개량하게 됨에 따라 특히 응고혈장대신에 액체배양액을 사용하게 되어, 기관배양법은 생리학, 생화학, 내분비학의 연구에 또한 면역학, 유전학적 연구에도 이용하게 되어 그 이용도는 갈수록 커져가고 있다.

요컨대 기관배양은 완전합성배지에서는 가능하며, 실험계는 대단히 단순화하기 때문에 기관배양의 응용범위는 앞으로는 갈수록 특히 생리학과 생화학분야에서는 더욱 확대될 것으로 전망하고 있다. Fell은 기관배양을 기계적 연구에 사용할 경우는 첫째로 항상 형태적인 지표를 취해 놓아야 된다는 것을 주장하고 있다.

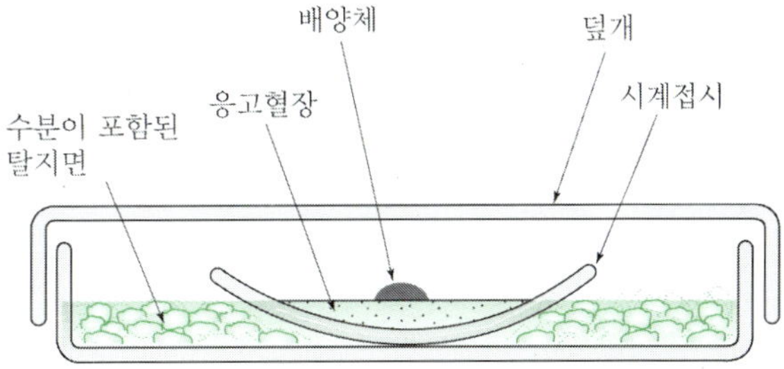

그림 3-18 시계접시법의 단면

배양체는 과연 *in vivo*와 같은 조직구조를 유지하고 있는가, 또 배양기간은 며칠에 걸쳐 가능하며, *in vivo*의 경우와 같은 반응을 나타내고 있는가, 둘째로 배양체뿐만 아니라 배양액 내의 발생물질을 반드시 측정하는데, 특히 외분비선에서는 발생물질의 80~90%가 2~3일 후라야만 분비된다는 것과, *in vivo* 상태에서 얻은 결과는 항상 *in vivo*에서 비교하여 해석해야 한다는 것이다.

기관배양법은 영양체를 크게 반고체의 배지, 액체배지 위에서, 그리고 액체배지에서 배양하는 3가지 방법으로 구분하고 있다.

(4) 동조배양법

배양포유류 세포에 관한 동조법 연구는 1960년부터 시작하여 대략 몇 가지 원형을 확립했지만 1970년대에 들어가서는 세포의 싸여진 기법과 합체하여 새로운 분야로 진입하게 되었다.

원래 배양조건하에 있는 포유류세포의 대부분은 외부에서 활성화를 촉진하는 처리과정을 취하지 않는 한은 무한증식상태(無限增殖狀態, unlimited proliferation)에 있게 된다. 이 상태에서는 세포증식은 일반적으로 비동조적인 분열을 반복하며, 기본적으로는 세포주기(細胞周期, cell cycle, division cycle, growth cycle)라는 일반적인 과정으로 환원된다.

세포주기는 세포의 생장에서 세포분열에 이르는 과정인데, 유전물질의 증식·복제와 세포체의 생장·분열과의 상호관계 위에서만 성립한다. 전자는 주기 내의 독립한 기간, 즉 DNA 합성기(S 기)에서 수행되는데, 유전학적 두 개성의 분리는 분열기(M 기)에 이르면서 완료하게 된다.

이들 사이에 DNA 합성전기(G_1 기)와 후기(G_2 기)가 개재한다. 이들의 4 가지 기기를 그림 3-19 에 나타냈는데, 세포가 비동조적으로, 그리고 지수관수적으로 증식하고 있는 한은, 주기 내의 세포빈도는 세포주기시간(τ)에 대해 지수관수적으로 분포한다.

세포증식의 비동조성이 파괴되면 세포수의 지수관수적 증가와 주기 내의 지수관수적 세포분포는 비뚤어진다(그림 3-19 의 별색 점선).

이것을 동조증식이라 하고, 이것이 *in vitro* 에서 형성될 때를 동조배양이라 한다. 동조배양을 취급함으로써 세포주기의 생물학적 및 생화학적 내용과 증식제어의 기구를 알 수 있다.

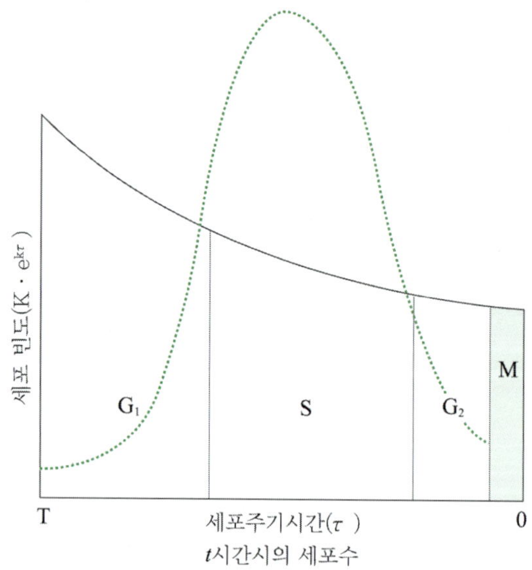

시간(t)에서의 세포수(Nt),
세포주기시간(τ)에서의 세포수는
세포수(t, τ) = k · N (t) · e kτ,
(k 는 증식속도정수)

그림 3-19 세포주기와 세포분포 빈도

1) 동조배양의 원리와 특징

동조배양을 위해서는 나이가 같은 세포를 모아야 한다. 그러기 위해서 DNA 합성 또는 세포분열과 같은 증식에 기본적이며, 또한 뚜렷하게 규정할 수 있는 사상(event)을 동조시킨다는 방법론을 오로지 취해 왔었다. 온도의 조절은 어느 특정한 생합성 과정의 동조에 유용했지만 세포증식의 동조에 관해서는 유용되지 않을지도 모른다.

동조집단을 얻는 방법으로는 배양 내의 어느 특정한 집단을 선택 내지는 포집하는 선택동조(選擇同調, selection synchrony)와 대사저해에 의해 어느 특정한 상(相)의 세포집단 모이는 유도동조(誘導同調, induction synchrony)가 중요한 것이다. 동조배양의 연구목적의 하나인 세포의 증식제어기구(예를 들면 접촉증식저지)를 역으로 이용한 예도 있다.

많은 세포계에는 기술적인 문제가 생기지 않고 적용할 수 있게 되어야 한다는 것과, 다량의 동조집단을 만들어 낼 수 있어야 한다는 것이 실험하는 사람에게 바람직하다는 것이다.

이것에 대해, 선택동조는 실험적 생리조건을 유지할 수 있다는 점에서 압도적으로 유리한 점을 갖고 있는 셈이지만, 세포계에 따라서는 약간씩은 기술적인 적응을 필요로 하며, 불가능하지는 않으나 대량의 집단을 얻어내는 데에는 미해결된 점도 적지 않다. 어떤 방법이 최선이냐 하는 것은 연구목적에 따라 또는 사용되는 세포계의 특성에 따라 결정된다.

결과적으로 각 포유류 세포계는 그 유전적 배경에 기인하는 세대시간의 분포를 갖는 것인데, 그의 variability를 무시한 관념적인 동조를 달성한다는 것이 불가능할 것이다.

2) 동조정도의 표시방법

전후의 분열 사이에 세포의 위치를 결정하는 세포연령은 하나의 개념이기 때문에 그 분포로서 동조정도를 표시한다는 것이 항상 가능한 일은 아니다. 그러나 분열기(세포연령 0) 혹은 증식도에 주목하는 한은 실제적으로 유효한 표현은 존재할 수 있기 때문에 실험목적에 따라서는 적절한 지표를 찾아내야 한다.

① 분열기 세포빈도(miotic frequency)

② DNA 합성세포 백분율(labeling index)

③ F 치(F value) : 한 세대 내 어느 기간의 증식 동조성을 나타내는 F 치는 비동조적인 증식 쪽의 기울음의 정도로서 측정할 수 있다.

$$F\,(\text{동조도}) = N_2/N_1 - 2^{t/T}$$

여기서 T는 세대시간, N_2/N_1은 t시간 내($t < T$)의 세포의 증식율이며, 이 방법으로는 동조의 극한치는 1.0, 비동조적 증식은 0이 된다.

연 습 문 제

1. 척추동물의 피부를 무척추동물의 외상피와 비교하시오.

2. 케라틴은 사람의 피부에 어떤 성질을 부여하는지 설명하시오.

3. 유체정학적 골격이란 무엇이며, 어떤 기능을 수행하는지 설명하시오.

4. 환형동물의 격막은 유체골격의 유연성에 어떤 기여를 하는지 설명하시오.

5. 외골격의 불리함은 무엇인가? 절지동물의 외골격과 척추동물의 내골격을 비교하시오.

6. 사람의 골격을 구분하여 설명하시오.

7. 요골과 같은 전형적인 장골을 그리고, 각 부분에 명칭을 쓰시오.

8. 조골세포와 파골세포의 기능을 비교하시오. 그리고 왜 뼈가 계속적으로 만들어지는 것이 중요한지 설명하시오.

9. 근육조직 내 근필라멘트의 두 종류를 비교하고, 근절이란 무엇을 의미하는지 설명하시오.

10. 근육세포를 수축시키는 기작을, 가교의 작용을 포함시켜 근육신경의 자극으로부터 시작하여 설명하시오.

11. 근수축에서 ATP의 역할은 무엇인가? 크레아틴인산과 글리코겐의 기능은 무엇인지 설명하시오.

12. 길항극과 주동근의 역할은 무엇이며, 근육이 그 역할들을 상호전환(switch)시키는 것은 왜 중요한지 설명하시오.

13. 다세포생물이 단세포생물보다 어떤 이점이 있는지 설명하시오.

14. 상피조직은 어떤 기능이 있으며, 그 기능을 수행하는 방법을 설명하시오.

15. 뼈, 지방조직, 소성결합조직의 구조와 기능을 설명하시오.

16. 근육의 3 종류의 특성을 비교하시오.

17. 다음 기관들에 있는 조직들을 명명하시오.

1) 폐
2) 심장
3) 장
4) 침샘

18. 고등동물에 있는 기관들의 목록을 작성하고 각 기능을 설명하시오.

19. 식물에서 분열조직과 영구조직의 차이점을 지적하시오.

20. 공원 등에서 식물명을 표지판에 표기할 때에는 표지판을 그의 나무줄기 근처의 토양에 꽂게 하는 이유를 설명하시오.

21. 식물조직(세포)배양과 동물조직(세포)배양 사이의 큰 차이점은 무엇인지 설명하시오.

22. 식물조직(세포)배양에서 논의되는 식물세포의 분화전능성이란 무엇을 말하는지 설명하시오.

23. 식물의 특히 대사적 기능연구의 실험계로서 식물조직(세포)배양이 절대 유리한 것으로 알려져 있는 이유를 지적하시오.

24. 식물세포배양계에 의한 세포기능연구가 기관수준에서는 불가능한 것을 해결한 사례가 많다. 구체적인 예를들어 설명하시오.

25. 식물조직(세포)배양이 식물의 유용성분물질의 생산공장으로 이용할 수 있는 실험적 근거를 제시하시오.

26. 식물의 물질생산에 식물조직(세포)배양이 이용 가능한 가능성을 유도하시오.

27. 동물조직(세포)배양은 식물의 경우처럼 생산적인 응용면에 활발하지 못한 근거를 제시하시오.

제4장
식물의 영양과 생장

식물은 일반적으로 종자의 발아부터 시작하여 발근하면서 지하부를 형성하고, 이어서 지상부를 형성하면서 줄기와 잎을 전개하는 영양기관을 형성한 후에 개화하고 종자를 발생하는 생식기관을 형성하는 과정을 반복하고 있다.

식물은 자신의 독특한 특징을 발휘하면서 나름대로 환경에 적응하고서 정상적인 생애를 마치려 한다. 뿐만 아니라 동물, 특히 사람에게는 의 · 식 · 주라는 생활의 기본요소와 건강유지와 윤택한 생을 영위하기 위한 쾌적한 환경의 조성과 유지에 크게 이바지하고 있다.

이렇게 우리들에게 주는 식물의 중요성을 재확인하면서 식물이 정상적으로 생육하고 각 식물이 갖고 있는 기능을 최대한으로 발휘하여 사람을 비롯한 모든 동물에 보다 풍부한 물질을 제공하도록 식물에 대한 연구를 더욱 추진해야 할 것으로 생각된다.

따라서 본 장에서는 식물의 기능을 최대로 발휘하기 위해서는 왕성한 식물의 생육과 기능의 극대화가 필요하므로, 이를 위한 식물의 기본생리와 식물이 필요로 하는 각종 영양물질과 생장조절물질에 대해 살펴보기로 한다.

4-1 식물체 내에서의 물질수송

4-1-1 증산작용에 의한 양분 흡수와 물질수송

1. 증산작용

식물체의 표면에서 수분이 증발하는 것을 증산(蒸散, transpiration)이라 한다. 그러나 표피가 두터운 큐티클로 덮여 있는 식물체에서는 잎의 뒷면에 많이 분포하고 있는 기공을 통해서 증산이 일어난다. 기공은 수분 외에도 탄산가스와 산소의 출입구가 되기도 한다.

기공이 열리면 엽육세포 내의 수분이 증발하고, 그 결과로 수분이 상실된 엽육세포에서는 삼투압이 상승하여 세포의 흡수력이 증가하게 된다. 따라서 엽육세포에 접한 도관에서는 수분을 빨아들이게 된다. 이와 같이 뿌리에서 줄기를 거쳐 잎의 방향으로 흐르는 물의 흐름을 증산류(蒸散流, transpiration stream)라 한다.

이렇게 일정방향으로 흐르는 증산류는 심장에서 나온 혈액이 온 몸을 순환해서 다시 심장으로 되돌아가는 고등동물에서의 혈액순환과는 다른 것이다. 그리고 도관 내의 수분은 줄기에서 뿌리까지 하나로 이어진 물기둥(水柱)으로 되어 있어서 도중에 절단되지 않고 먼 곳에까지 올라가게 된다. 그런데 물 분자가 연속적으로 이어진 상태에 있으면 물분자 간에 응집력이 작용하여 물기둥은 좀처럼 절단되지 않게 된다.

이러한 물기둥의 높이가 1 기압(대기압) 힘의 경우에서는 약 10 m 가량이 되는데, 10 m 보다 훨씬 높은 수목도 있기 때문에 그 나무의 줄기 끝까지 수분과 무기양분이 수송되고 있다는 것을 고려한다면 이 물기둥은 응집력 때문에 일반적으로 200~300 기압의 힘을 작용하지 않으면 절단되지 않는 큰 힘을 갖고 있다는 것을 뒷받침하고 있다.

따라서 키가 큰 나무에서의 유용물질의 수송은 뿌리에서 밀어 올리는 근압(根壓, root pressure)과 잎에서 증산하게 하는 태양에너지와 상술한 응집력이 작용하는 물기둥에 의해 가능하다는 결론을 얻게 된다.

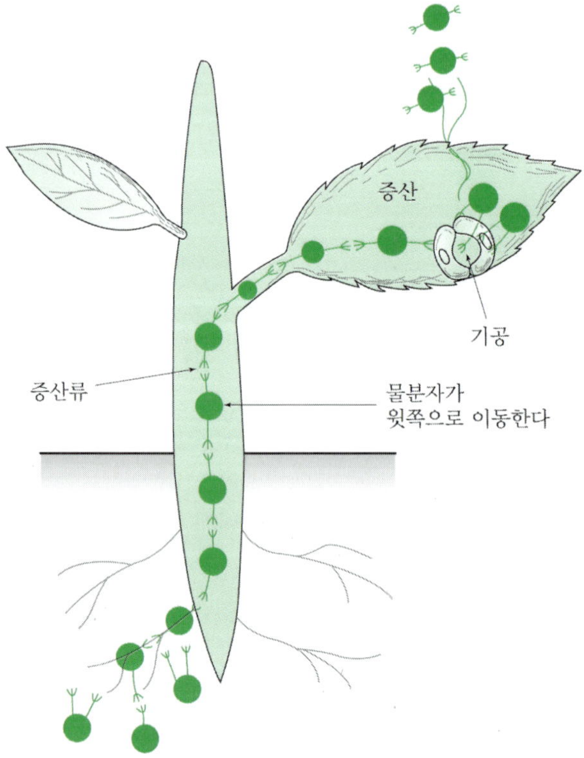

그림 4-1 응집력에 의한 증산류의 모식도

증산은 수목에 바람이 불면 왕성하게 일어나게 되는데, 이 바람의 원동력이 바로 태양에너지가 된다. 따라서 식물체 내에서의 증산에 의한 수분의 상승은 태양에너지를 이용해서 일어나게 된다. 야간이나 우천 시에는 기공이 닫혀져 있기 때문에 증산은 대단히 약하게 일어난다. 따라서 잎에서의 수분증산에 필요한 에너지는 잎에 쪼이는 태양광의 에너지가 되는 셈인데, 그 양은 광합성에 소요되는 양보다는 훨씬 많은 전체 조사량의 90% 이상으로 알려져 있다. 식물의 하루 증산량은 그 식물체의 중량 또는 그 이상이라는 주장이 있다. 그러나 증산량은 야간이나 우천 시에는 훨씬 적다.

2. 뿌리에서의 물과 양분의 흡수와 이동

식물은 뿌리의 근모를 통하여 흡수(吸水, water absorption)한다. 근모는 표피세포가 변형하여 돌출한 형태로서, 물에 접한 면적이 넓기 때문에 흡수의 효율이 매우 크다. 그림 4-2에 나타낸 바와 같이 흡수력은 세포 내외의 삼투압 차이에 의해 일어난다. 세포가 흡수함에 따라 세포벽을 안쪽에서 미는 팽압(膨壓, turgor pressure)이 높아지는데, 삼투압과 팽압이 같아지면 세포의 흡수현상은 멈추게 된다.

뿌리세포의 삼투압이 표피에서 안쪽으로 갈수록 높아지게 됨에 따라 물은 피층(皮層, cortex), 내피(內皮, endodermis)를 지나, 도관(導管, vessel)에 도달하게 되고, 수분은 이 도관 내에서 상승하여 잎의 세포에 도달하게 된다. 도관은 목화된 세포벽이 연결된 관으로 세포질이 없다. 그리고 소나무, 삼나무 등의 나자식물에서는 도관 대신에 가도관(假導管, tracheid)이 물 통로의 역할을 한다.

포도의 줄기를 절단하면 물이 넘쳐흐르게 되는데, 이것은 근압 때문에 일어나는 현상이다. 이른 봄 층층나무 등에서는 새눈이 나오기 전에 증산이 거의 일어나지 않지만, 근압이 높아지면서 잎이 성장하고 증산이 왕성하게 일어나게 되며 근압은 낮아진다.

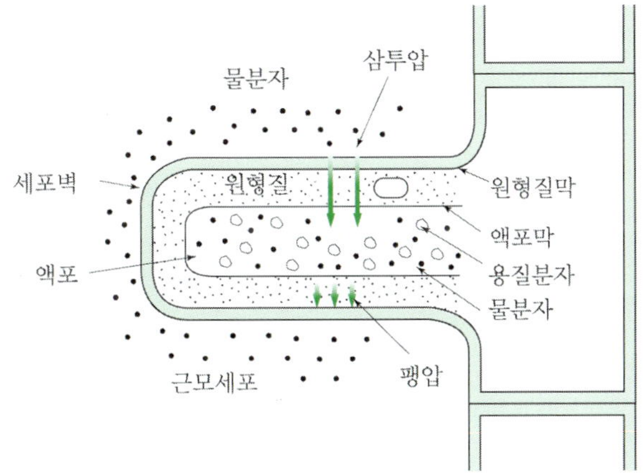

그림 4-2 세포의 흡수기작

따라서 물의 상승은 위에서와 같이 증산력과 이것을 보충하는 근압의 상승에 의해 이루어지는 것으로 알려져 있다. 즉, 근압은 뿌리 자신의 에너지를 사용하는 작용으로 이루어지는 능동수송의 일종이라 할 수 있다.

뿌리는 무기양분도 수용성 이온의 형태로 물과 동시에 흡수한다. 외부로부터 세포의 액포 안에서 이온의 투과가 겉쪽의 원형질막에서는 비교적 쉽게 일어나지만 안쪽에 있는 액포막(液胞膜, tonoplast)에서는 이온의 종류에 따라 차이가 있다. 즉 2가 이온보다는 1가 이온이, 1가 이온에서도 Na^+보다는 K^+가 쉽게 투과한다.

또 해양식물의 세포액은 해수보다도 낮은 농도의 Na^+와 해수보다 높은 농도의 K^+를 포함하고 있다. 이것은 이온의 선택적 투과와 농도구배에 역행하는 소위 식물의 능동수송에 의해 일어나는 이온흡수 때문이라고 생각할 수 있다. 뿌리에서 이온을 흡수할 때에는 호흡이 상승하게 되는데, 이러한 이온흡수에는 호흡 시에 발생하는 ATP가 그 원천력이 되는 것이다.

3. 양분의 이동과 저장

광합성산물인 녹말은 수용성인 설탕으로 전환되어 잎에서부터 이동하기 시작한다. 그리고 잎과 뿌리에서 합성된 단백질은 아미노산으로 전환된 후에 이동한다.

이들 물질은 눈, 종자, 과실 등에 운반되어 일부는 호흡의 기질이나 생합성의 소재로서 쓰이고 나머지는 저장된다. 설탕은 종자에서는 녹말 또는 유지, 과실에서는 과당(fructose) 등의 형태로 저장되고, 아미노산은 종자에서는 단백질로 재합성된 후에 저장하게 된다.

동화산물이 식물의 줄기 내에서 전류할 때에는 주로 사관(篩管, sieve duct)을 이용한다. 그림 4-3에서 밝힌 바와 같이, 사관이 관통하는 수피를 고리모양으로 제거하면, 수피 내에 들어있는 사관이 절단되고, 절단된 윗부분까지 이동해온 양분은 절단부위의 상부에 고여지면서 수피를 팽창하게 한다.

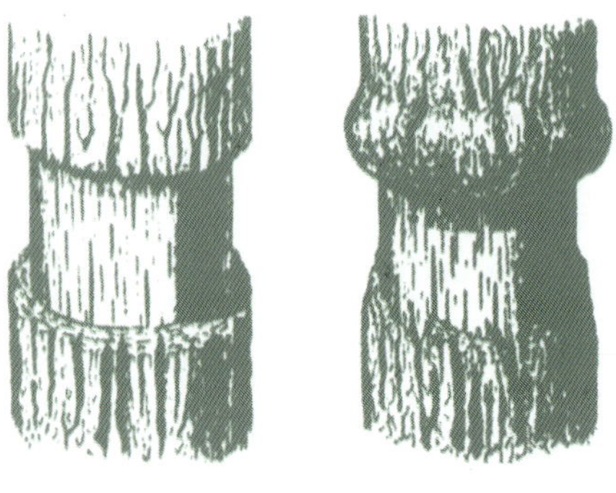

그림 4-3 환상박피

사관은 세포질이 있는 생세포가 세로로 이어지면서 구성된 관인데, 상하의 세포와는 체의 눈과 같은 구멍, 즉 사판(篩板, sieve plate)을 통하여 연결되고 있으며, 이 사판이 세포 간의 경계막이 되고 있다.

양분의 사관 내 이동은 압류설(壓流說, pressure-flow hypothesis)이라는 기작으로 일어나는데 그림 4-4 에 그 기작을 모델로 나타냈다. 즉, A (잎)에서 동화산물이 수용성물질로 변환하면, 그 물질의 농도가 높아지기 때문에 삼투압에 의해 A′(잎의 도관)를 통해서 물이 들어가게 된다. 그 결과 동화산물의 수용액은 R (사관)을 지나, B (눈, 종자 등)에 이동하게 된다.

B 에서는 동화산물이 바로 쓰이거나 또는 불용성물질로 변환하게 되므로 그 농도가 낮아진다. 그리하여 A 에 들어간 분량만큼의 수분이 B 에서 B′(눈이나 뿌리의 도관)로 배출되고, W (도관)를 거쳐 A′에 되돌아간다. 이와 같이 A 와 B 사이에는 항상 농도의 차이가 생기게 되므로 동화산물이 이동하게 된다.

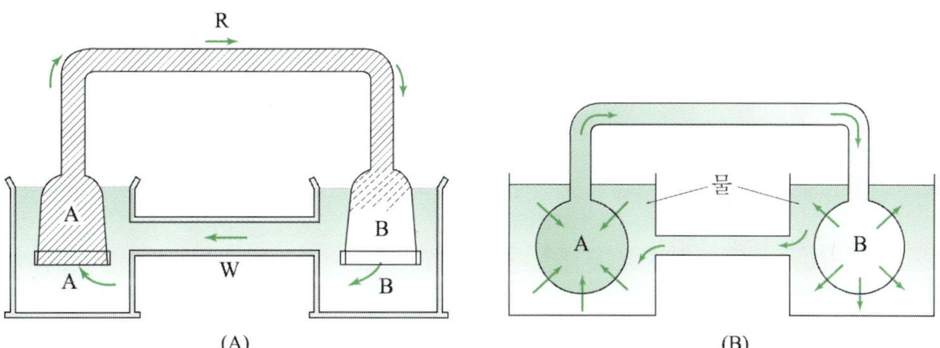

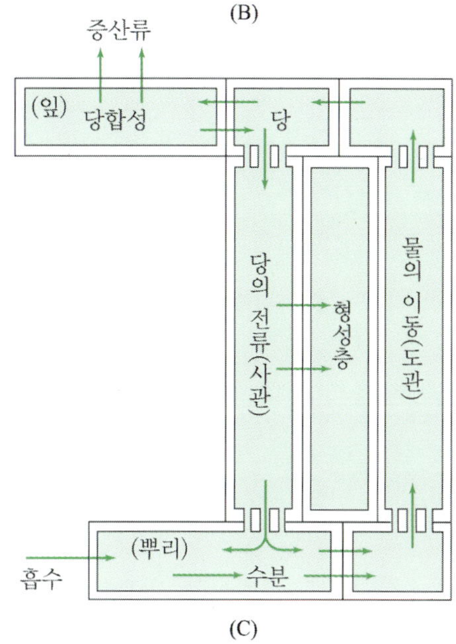

그림 4-4 압류설에 의한 사관 내 물질의 전류모델

또 W 에는 뿌리에서 줄기를 거쳐서 잎에 도달하고, 체외에 방출되는 증산류가 발생하게 되는데, R 에서의 동화류는 5%에 불과하며, 따라서 증산류의 극히 일부분의 물로 동화산물의 이동이 일어나는 셈이다.

위에서 설명한 바와 같이 압류설에서는 사관 내 양분의 이동이 한 방향으로만 일어나게 되어 있다. 그러나 사관 내 미립자의 이동을 조사하면 실제로는 반대 방향의 동화류도 존재하고 있는 것이 확인되었다. 그리고 동화류가 사판을 통과할 때에는 상당한 저항이 발생하여 A 와 B 와의 삼투압 차이만으로 실제 동화류의 속도를 계산상으로 설명한다는 것은 사실상 불가능하다.

동화류는 저온이지만 호흡저해상태가 되면 현저하게 저하하므로 에너지가 필요한 것으로 되어 있다. 즉 동화류 원동력의 일부로서 사관류와 마찬가지로 능동수송을 추정하고 있다.

4-2 무기영양

식물체는 대부분이 탄수화물, 단백질, 지방 등의 유기물과 물로 구성되고 있다. 이들을 구성하고 있는 원소는 탄소, 수소 및 산소지만 이들 원소만으로는 식물이 생육할 수 없다. 식물의 영양은 독립영양(獨立營養, autotrophism)이므로 이들 물질을 체내에서 합성해야 하고 또한 정상적인 성장을 위해서는 원만한 생리작용도 영위해야 하므로 위의 원소 이외에도 많은 원소를 토양에서 흡수해야만 한다.

식물체는 대기 중에 있는 모든 원소로 구성되어 있다는 설이 있으나, 현재의 분석기술로는 모두를 확인되지 못하고 있다. 현재까지 고등식물의 경우 많은 원소 중 C, H, O, N, S, P, K, Ca, Mg, Fe, B, Mn, Zn, Cu, Mo, Cl, Ni 의 17 종이 생육에 절대 필요하다고 하여, 이들을 필수원소(必須元素, essential element)라고 부르고 있다.

여기서 식물체가 비교적 다량으로 필요로 하는 C, H, O, N, S, P, K, Ca, Mg 의 9 원소를 다량원소(多量元素, macro-element), 나머지 8 원소를 미량원소(微量元素, micro-element)라고 규정하고 있다. 한편 Ni 는 1990 년대에 필수원소로 추인받게 되었다.

이밖에도 알루미늄(Al), 규소(Si) 등도 식물체의 종류에 따라서는 다량으로 흡수되지만 이들 원소는 결핍되더라도 생육에는 지장이 생기지 않으므로 필수원소에는 속하지 않고 있다.

여기서 필수원소란 다음의 3 가지를 충족해야 한다는 조건이 있다.

① 필수원소 중 어느 한 원소라도 결핍되면, 식물의 영양성장(營養成長, vegetative growth)이나 생식성장(生殖成長, reproductive growth)이 완성되지 못한다.

② 그 필수원소에 대한 결핍증은 반드시 그 원소를 제공해야만 예방 또는 치유될 수 있으며, 다른 원소로는 대치할 수 없다.

③ 모든 필수원소는 식물의 영양에 직접 관계되어야만 하며, 배지의 물리화학적 또는 미생물적 조건을 개선함으로써 간접적으로 식물의 영양이 좋아지는 것은 적용시킬 수 없다.

또한 위의 세 가지 조건이 갖추어져 있더라도 많은 식물에 적용되어야만 필수원소라고 할 수 있다.

그런데 이들 원소는 표 4-1 에서와 같이 대기의 C 와 O 는 잎의 기공을 통하여, 나머지 원소들은 토양에서 K, Ca, Mg, P, N, S 는 K^+, Ca^{2+}, Mg^{2+}의 양이온, $H_2PO_4^-$, NO_3^-, SO_4^{3-} 의 음이온 상태로 흡수된 후, 식물의 목부를 통해 식물체의 각 부분에 공급된다.

이 중에서 N, P, K 는 식물체의 요구가 크기 때문에 토양 함유량만으로는 부족하기 쉬우므로 비료로 공급해야만 한다. 따라서 이들 3 요소를 비료의 3 요소라 한다.

표 4-1 식물체와 토양의 원소함유량

원소	식물체(ppm)	토양(ppm)	원소	식물체(ppm)	토양(ppm)
**C	454,000	20,000	Si	200	330,000
**O	410,000	490,000	*Zn	160	50
**H	55,000	—	*Fe	140	380,000
**N	30,000	1,000	*B	50	10
**Ca	18,000	13,700	Sr	26	300
**K	14,000	14,000	Rb	20	100
**S	3,400	700	*Cu	14	20
**Mg	3,200	5,000	Ni	2.7	40
**P	2,300	650	Pb	2.7	10
*Cl	2,000	100	Ni	2.5	
Na	1,200	6,300	V	1.6	100
*Mn	630	850	Ti	1.0	5,000
*Al	550	71,000	*Mo	0.9	2

**는 다량요소, *는 미량요소를 표시함.

표 4-2 필수원소의 생리적 기능과 결핍증 및 흡수형태

원소	생리적 기능	결 핍 증 상	흡 수 형 태
C, O, H	탄수화물, 지방, 단백질의 구성성분		$-C : HCO_3^-$, CO_2 (기공), $-O : O_2^-$, CO_2 (기공) $-H : H^+$, H_2O
N	• 아미노산, 핵산, 호흡효소 및 엽록소의 성분 • 뿌리발육과 경엽신장 촉진 • 개화결실과 품질향상 • 과실의 조기성숙 촉진화	• 엽폭의 협소화, 경엽의 자색화 －생육의 빈약화와 과실의 성숙 조숙화 및 수량감소	$-NO_3^-$, NH_4^+
S	• 아미노산의 성분이며, -SH 기 형성 • 마늘, 겨자의 향료성분	• 전반적으로 생장불량 • 질소 결핍증상과 유사	$-SO_4^{2-}$
P	• 핵산, 인지질 및 ATP 의 성분 • 당류와 결합, 호흡작용에 관여 • 뿌리신장, 발아 및 분얼 촉진 • 개화결실, 성숙 조기화, 품질향상	• 엽폭의 협소화와 줄기, 엽병의 자색화 • 분얼과 개화결실의 불량 • 과실류의 감도감소와 품질불량	$-PO_4^{3-}$, HPO_4^{2-}, $H_2PO_4^{2-}$
K	• 엽록소의 광인산화반응에 관여 • 이온상태로 존재, 탄수화물의 합성, 이동, 축적, 단백질합성 및 증산작용의 조절과 수분생리에 관여 • 뿌리와 줄기의 견고화, 병해의 침입 방지	• 고엽의 선단부터 엽연부로 황화 →갈색 → 고사(枯死) • 새 잎은 암록색이고 소엽화함 • 뿌리신장불량, 근부병 발생가능 • 과실의 비대억제, 맛과 외관불량	$-K^+$
Ca	• Ca-펙테이드를 형성하여 세포막의 견고로 병해 예방 · 방지 • 체내의 pH 조절 • 뿌리의 발육촉진	• 유엽의 선단이 백화→갈색→고사 • 뿌리표면에 코르크켜 형성, 뿌리가 짧고, 굵어짐	$-Ca^{2+}$
Mg	• 엽록소와 보효소의 성분 • 인산의 이동과 유지의 합성 · 촉진	• 고엽의 엽연부 → 엽맥간으로 황색화 • 과실형성 부근의 잎부터 결핍증세	$-Mg^{2+}$
Fe	• 호흡효소의 성분 • 엽록소의 형성에 관여	• 새잎부터 황백화	$-Fe^{3+}$, Fe^{2+}
Mn	• 산화효소작용에 관여하여 원활하게 함 • 엽록소의 생성에 관여	• 새잎의 담록화와 소형화	$-Mn^{2+}$
Zn	• 산화환원효소의 기능촉진 • 단백질과 녹말의 합성에 관여	• 엽맥간 황색화, 줄무늬 명료화 • 황화는 새잎 → 중엽을 확대 • 잎의 소형화	$-Zn^{2+}$
Cu	• 산화환원효소의 구성성분 • 호흡작용에 관여	• 황백화가 새잎의 선단부터 발생하여 시들어짐	$-Cu^{2+}$, Cu^+
B	• 세포분열과 화분수정에 관여 • 암모니아, 칼리, 칼슘 흡수에 관여	• 생장점이 정지하고 심고(心枯) 현상 발생 • 엽병의 코르크화 발생 • 줄기와 뿌리중심부의 흑색화 • 과실에 진과 코르크화가 발생	$-H_3PO^{3-}$
Mo	• 질산성질소의 환원과 단백질합성 등 질소대사에 관여 • 근류균의 생육에 관여	• 광엽(廣葉)은 엽연이 감겨지면서 컵 모양이 됨 • 세엽(細葉)의 잎이 꼬여짐 • 고엽부터 증상 출현	$-MoO_4^{2-}$
Cl	• 섬유화작용 촉진, 병해저항성 강화, 도복예방	• 새눈의 황색화	$-Cl^-$
Ni	• 요소분해효소의 구성요소 • 발아유식물의 체내질소 이동에 관여	• 질소고정효율 저하	$-Ni^{2+}$

그림 4-5
3 요소의 결핍증상

4-3 질소의 동화

사람을 비롯한 동물은 자력으로 단백질이나 핵산 등의 재료가 되는 유기질소화합물을 스스로 합성할 능력이 없으므로 식물을 통해서 섭취할 수밖에 없다. 그러나 식물은 광합성 산물과 무기화합물로부터 이들 유기화합물을 합성할 수 있는데, 이 현상을 질소동화(窒素同化, nitrogen assimilation)라고 한다. 그림 4-6 에는 자연계에서 볼 수 있는 질소의 순환상태를 모식도로 요약했다.

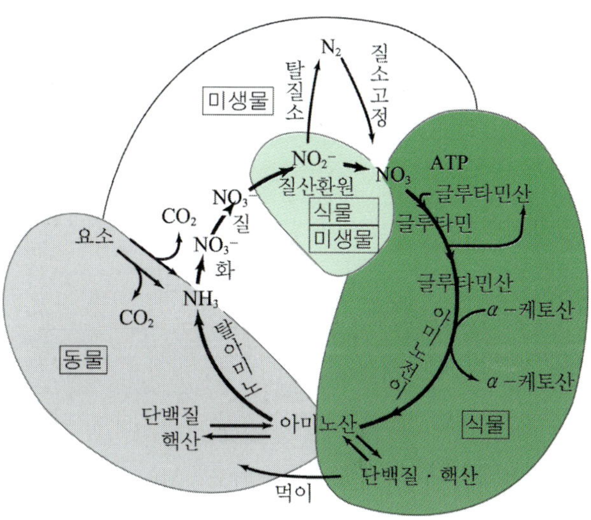

그림 4-6 자연계에서 흔히 볼 수 있는 질소순환 모식도

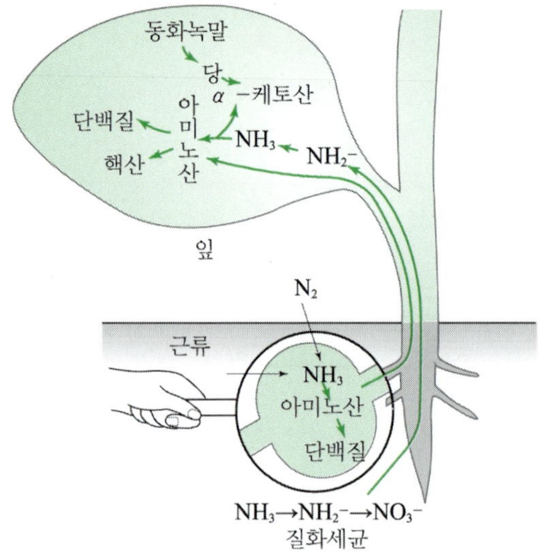

그림 4-7 식물에서 볼 수 있는 질소순환의 모식도

상술한 바와 같이 식물은 질소를 NO_3^- 또는 NH_4^+의 형태로 뿌리에서 흡수한다. 흡수된 NO_3^- 는 잎에서 환원되어 NO_2^-를 거친 후에 NH_3 이 되는데 이것이 광합성 산물인 글루타민산에 편입되어 글루타민이 되고, 그 후는 아미노기(NH_2^-)로서 α-케토산으로 이동되면서 여러 가지 아미노산을 생성하게 된다. 아스파라긴산, 글리신, 글루타민 등은 핵산의 중요한 조성인 염기부분의 소재로 되고 있다. 이의 모식도를 그림 4-7 에 요약했다.

동식물의 노폐물이나 시체에 들어있는 단백질, 핵산 등의 유기질소화합물은 땅속에 있는 세균에 의해 분해되어, 암모니아, 요소, 요산 등으로 분해된 후에 NH_3 가 되고, 그 후에는 땅에 있는 질화세균의 작용으로 빠르게 NO_3^- 으로 산화되어 재차 식물의 질소원으로 되돌아간다.

한편 NO_3^- 는 다른 세균의 작용으로 환원되어 NO_2^- 가 되고, 이어서 NH_3 이 되거나 또는 질소분자 N_2가 되어 대기 중으로 되돌아간다. 여기서 후자의 경우를 탈질(脫窒, denitrofication)이라 한다(그림 4-7).

탈질에 의해 상실된 땅 속의 무기질소화합물을 보충하는 작용으로 어떤 미생물은 N_2를 NH_3 로 변화시키는데, 이 현상을 질소고정(窒素固定, nitrogen fixation)이라 한다. 질소고정은 세균뿐만 아니라 남조류, 효모에서도 볼 수 있다.

근류박테리아(根瘤菌, leguminous bacteria)는 콩과식물의 뿌리에 공생하여 유기탄소원을 숙주에서 공급받고 질소고정에 의해 얻은 NH_3, 또는 아미노산을 숙주에 공급하는데, 그 모식도를 그림 4-8 에 나타냈다.

N_2을 고정하는 생물로는 콩과식물이나 오리나무의 뿌리에 근류를 만드는 공생적 질소고정균(共生的 窒素固定菌, *Rhizobium*)이 알려져 있다. 여기서 독립생활을 하면서 질소를 고정하는 것으로는 호기성세균(好氣性細菌, *Azotobacter*), 혐기성세균(嫌氣性細菌, *Clostridium*), 광합성세균(光合成細菌, *Rhodospirillum*), 남조(藍藻, *Anabaena*) 등이 있다.

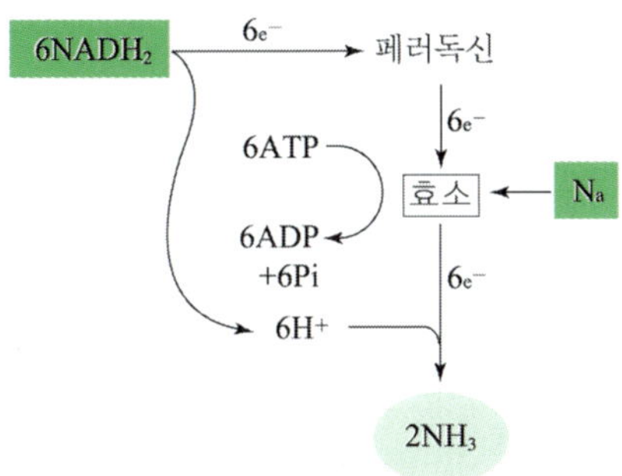

그림 4-8 질소고정의 반응경로

표 4-3 질소고정생물

비공생적 질소고정생물	공생적 질소고정생물
[세균류] A. 호기성세균 : *Azotobacter vinelandi, Beijerinkia indica, Azotomonas insolita* B. 통성염기성세균 : *Klebsiella pneumoniae, Bacillus polymyxa* C. 혐기성세균 • 비광합성세균 : *Closrridium pasteurianum, Desulforvibrio deaulfuricuns* • 광합성세균 : *Rhodospirillum rubrum, Chromatinum sp., Chlorobium sp.* **[남조류]** *Nostoc muscorum, Anabaena cylindrica Torypothrix tenuis, Calothrix parietina* **[효모류]** *Rhodotorula sp., Saccharomyces sp.*	**[콩과식물과 근류균과의 공생]** (숙주식물) (박테리아) 완 두 : *Rhizobium leguminosarum* 제비콩 : *R. phaseoli* 대 두 : *R. japonicum* 클로버 : *R. triforii* 알팔파 : *R. meliloti* 루피너스 : *R. lupini* **[비콩과식물]** 오리나무 : *Frankia alni*

* 비공생적 질소고정생물을 자유생활미생물(free living microorganism)이라고도 함.

생물학적 질소고정작용에 의해 생성되는 질소량

생물학적 고정으로 고정되는 대기질소량은 약 17.2×10^7 톤으로 화학공업방법으로 고정되는, 즉 인위적으로 생산하는 양의 약 4배에 해당된다. 이것은 생물학적 고정이 농업에 기여하는 정도가 훨씬 크다는 것을 시사하고 있는 것이다. 그런데 이 고정량은 토양 pH, 유효 P. K., 중금속의 유무, 토양함수량 등 토양요인의 영향을 크게 받는다. 생태계별 생물학적 질소고정량은 다음 표와 같다. 대기질소가 공중방전에 의한 산화량은 극히 일부분에 불과하다.

생 태 계	생성량(Kg N／ha／년)
농경지	7～28
초 지(비콩과류)	7～114
초 지(콩과류)	73～865
산 림	58～594
논	12～99
호수 · 강 · 바다	70～250

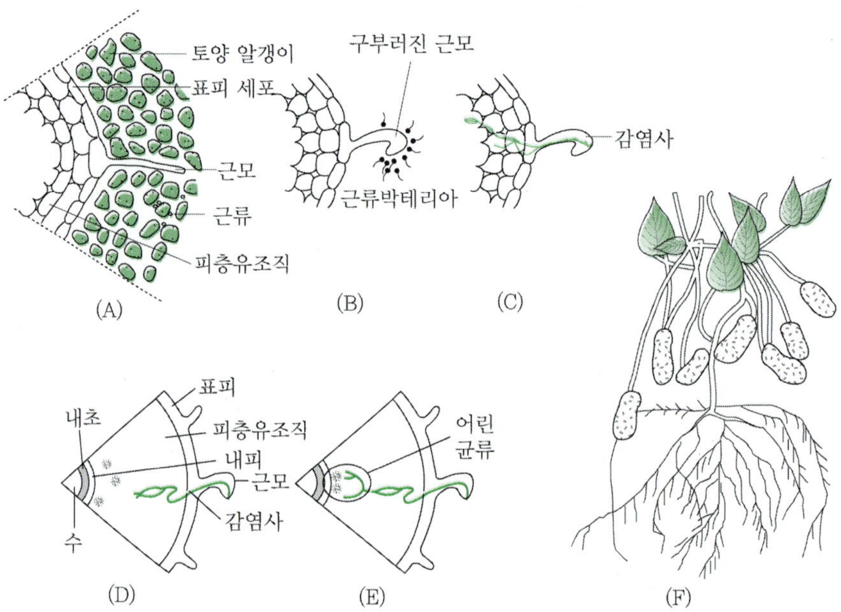

그림 4-9 근류균과 콩과식물. (A) 토양 내의 근류(*Rhizobium*)는 콩과식물의 근모(A)에 향하여 이동하는데, 세균이 뿌리에 접근하게 되면 급속히 증식한다. 세균이 어린 근모 위에 모이면 근모의 선단은 오므라든다(B). (C) 세균이 근모에 들어가면 다시 증식하고 감염사(感染絲, infection thread)로 피부유조직을 관통한다(C). 감염사가 내피에 도달하면 피부와 내초세포는 분열하고(D), 증대하여 근류를 형성한다(E). 근류에는 4 배체세포도 있다. (F) 근류가 형성된 콩과식물.

4-4 식물호르몬

4-4-1 식물호르몬의 정의

호르몬이란 '촉진한다'는 그리스말에서 유래된 학술어이다. 원래는 동물의 포유류에서 사용했는데, 몸의 어느 특정장소(샘)에서 합성하여 직접 혈액 등의 체액에 분비하여 표적이 되는 조직 또는 세포에 수송되어, 극히 저농도에서 농도의 변화에 따라 생리작용을 조절하는 물질로 알려져 왔다.

식물호르몬(plant hormone, phytohormone)이란 동물호르몬에 대응해서 사용해 온 용어지만 양자 간에는 다음과 같이 몇 가지 다른 점이 있다.

첫째, 같은 호르몬은 종을 초월하여 식물계에 널리 분포하고 있다.

둘째, 식물호르몬의 합성장소는 뿌리, 어린 잎, 줄기의 선단, 미숙종자의 배유 등으로 한 부분에만 국한된다고는 할 수 없으며, 동물의 샘처럼 합성하고 분비하는 특정한 기관이나 조직이 없다. 따라서 식물의 경우 같은 호르몬이라도 다른 장소에서 합성하기도 한다.

셋째, 식물호르몬은 유리형뿐만 아니라 당 등과 결합한 복합형으로도 존재한다.

넷째, 작용을 받는 표적작용도 있지만, 합성작용이 표적작용이 되는 경우도 있다. 또 이동이나 수송은 도관, 사관 등의 통로조직을 이용하는 경우와 세포에서 세포로 펌프수송을 통해 이동하는 경우도 있다. 다섯째, 식물호르몬의 다양성이 크다는 것이 동물호르몬의 특이성이 높은 것과의 다른 점이다. 또한 식물호르몬은 다면적인 효과를 나타낸다. 그리고 어느 한 과정에서는 단일 호르몬만 작용하는 것이 아니고, 복수의 호르몬이 동시에 작용함으로써 상승적 또는 길항적으로 상호작용을 하는 경우가 많다.

여섯째, 식물자신이 생산하는 식물호르몬의 내재수준은 빛, 온도, 수분 등의 환경인자의 영향을 크게 받으므로 일정하지가 않다. 이들 요인의 물리적 작용은 식물호르몬을 통해서 식물체에 작용한다.

이런 점에서 식물호르몬의 정의에는 어긋나는 것으로 주장하는 경우도 있지만, 동물호르몬과 똑같은 개념으로 사용해야 한다는 이유도 없다. 따라서 식물호르몬은 '식물체 내에서 합성된 유기화합물이며, 극히 낮은 농도역(보통 0.01～1 μm)에서 종에는 관계없이 성장, 분화 및 그밖의 생리과정에 공통적으로 조절하는 물질'이라고 정의하는 것이 바람직하다.

한편 식물생리학 분야에서는 식물성장물질(植物成長物質, plant growth substance)이라는 용어를 사용하는 경우가 많으나, 이들은 대체로 식물호르몬과 비슷한 의미를 갖고 있다. 그러나, 이들에게는 현재 밝혀져 있는 식물호르몬 이외의 비슷한 작용을 하는 천연 또는 합성물질도 포함되고 있다.

또 농업에서 실용적인 목적으로 개발된 식물의 성장과 발생을 조절하는 물질을 '식물화학조절물질'이라고 부른다. 그리고 어떤 조절효과를 나타내는 천연 또는 합성물질을 종합해서 식물생리활성물질이라고 부르기도 한다.

4-4-2 식물호르몬의 연구과정과 향후 동향

식물호르몬의 연구에는 내생 호르몬에 대한 연구, 식물 호르몬이 식물체에 미치는 영향에 대한 연구, 그의 작용기구의 해명, 식물성장연구에 대한 응용 네 가지 큰 주류가 있다. 종래에는 식물호르몬 연구에 여러 가지 식물을 실험목적에 따라 이용하였지만, 최근에는 다양한 성장과 분화를 나타내는 돌연변이체를 이용하는 경향으로 변화하고 있다.

1. 내생호르몬 연구

이 분야에서는 식물호르몬과 관련되는 물질의 분리와 그 구조결정에 관한 생화학적 연구분야로서 생합성, 대사경로 및 그들의 조절과 효소 등의 생화학적 연구, 식물성장과 분화과정에서의 형태적 · 생리적 변화에 따른 내생호르몬의 종류와 양의 변동, 식물조직과 세포 내에서의 위치 및 그 부위까지의 수송과 이동기작 등에 관한 연구 등이 활발하게 추진되고 있다.

내생호르몬의 분석

식물이 생산하는 호르몬의 양은 극히 소량(ng/Kg 단위)이므로, 이렇게 소량의 천연화합물을 화학적으로 분석할 경우, 1960 년대까지는 생물검정법(bioassay)을 사용했다.

생물검정법이란 생리활성물질에 대한 생물체의 특이적인 성장반응과 생리반응, 생화학적 반응 등을 척도(尺度)로 활성물질의 종류와 양을 측정하는 것이다. 생물검정법에 의한 결과는 어디까지나 추정의 범위를 벗어날 수 있는 것이 아니기 때문에 엄밀한 측정에는 역시 물리화학적 방법에 의한 측정법이 필요하다.

그리하여 최근에는 가스 크로마토그래피(GC), 고속액체 크로마토그래피(HPLC), 질량분석계(GC-MS), 핵자기공명장치(NMR) 등의 각종 분석기를 이용할 수 있으므로 지베렐린의 경우는 pg (10~12 g) 단위까지 검출할 수 있게 되었다. 그렇지만 생물검정법도 식물호르몬의 추출과 분리 및 정상과정에서는 모니터로서 큰 이용가치가 있다.

최근의 연구에는 각종 항체(모노클로날 항체)도 이용하고 있는데, 식물호르몬에 대해서도 항체가 제조되어 방사면역측정법(radio-immunoassay)과 ELISA (enzyme-linked immunosorvent assay)에 의해 정성과 반정량적 측정에 이용하게 되었다. 또한 식물호르몬의 항체이용은 분석면에서 뿐만 아니라 항체를 사용한 친화성 크로마토그래피(affinity chromatography)에 의한 추출물에서의 항원(식물호르몬)의 분리로 이용하고 있고, 세포 내에서의 식물호르몬의 국재를 파악하는 데에도 이용하고 있다.

2. 식물성장물질의 영향에 관한 연구

식물성장물질의 생리작용을 규명하는 연구는 외부에서 성장물질을 투여하는 과정에서부터 시작된다. 이 경우는 식물체 또는 분리한 기관이나 조직을 사용하는데, 재료는 실험목적에 따라 달라진다. 식물체를 사용하는 경우는 '호르몬을 뿌리에, 또는 잎에 투여해야 하는가'라는 것이 문제가 될 수 있다.

성장물질이 식물체에 흡수되는 양식이나, 뿌리나 잎에서의 성장물질에 대한 반응성의 차이점 등도 고려해야 한다. 그리고 식물체는 다양한 계의 복잡한 집합체이기 때문에 인정되는 성장물질의 효과가 직접적인지 또는 부차적인 것인지를 판별하는 것도 결코 쉬운 일은 아니다. 특히 성장물질을 투여하여 일정시간이 경과한 후에 나타나는 반응이 직접적인 효과라고 할 수 없는 경우도 있다.

여기서 호르몬(또는 성장호르몬)은 다른 합성호르몬 합성이나 대사에 영향을 미치는 양상에 따라 다른 호르몬의 내성수준을 변화시킨다는 점도 고려해야 할 것이다.

예를 들어 파인애플의 화성(花成)을 옥신이 유도한다는 점에서 합성 옥신에 의한 재배에도 조절을 하고 있는 것으로 알려져 있는데, 사실은 이것도 옥신의 직접적인 작용이 아니고 옥신에 의해 유도되는 에틸렌의 작용이라는 것으로 밝혀졌다.

이밖에도 옥신에 의한 에틸렌의 합성저해, 에틸렌에 의한 옥신의 수송저해, 지베렐린에 의한 옥신의 합성촉진 등의 현상도 알려져 있다.

3. 작용기구에 관한 연구

식물호르몬이 작용하는 경우를 보면, 호르몬 분자는 먼저 세포 내에서 수용체(受容體, receptor)와 결합하며, 이 결합으로 시동되는 일련의 연쇄변환반응(連鎖變換反應, transduction chain reaction) 결과 각 호르몬으로의 생물반응이 야기된다.

수용체는 단백질분자이며, 세포막 또는 그밖에 세포 내의 막구조나 세포의 기질(基質, matrix)에도 존재하고 있다. 수용체의 실체를 밝히기 위해서는 먼저 이것을 순수한 상태로 분리해야 한다. 따라서 수용체의 분리는 단백질의 추출방법으로 시행해야 한다.

얻어낸 단백질에서 수용체를 분리하려면 일반적으로, 목적인 호르몬을 결합한 친화성 칼럼(affinity column)을 이용하여 여기에 부착한 단백질을 수용체로서 선별하는 방법이 있다. 여기서 수용체로 확정짓기 위해서는 다음과 같은 기준에 합치되어야 한다.

① 수용체와 호르몬의 결합(binding)은 가역적이기 때문에 친화성이 크며, 결합하는 호르몬 분자수에도 한도가 있게 된다.

② 호르몬의 결합포화농도는 그 호르몬의 생리반응이 포화상태가 되는 농도역과 일치해야 한다.

③ 호르몬이 유연화합물(類緣化合物, analogues)과의 결합특이성은 이들 화합물의 비활성과도 대체로 일치해야 한다. 또 어떤 호르몬의 수용체는 다른 부류에 속하는 호르몬과는 결합하지 않는다.

④ 호르몬과 수용체와의 결합은 그 호르몬에 특이적인 생물반응을 도입해야 한다.

⑤ 결합은 호르몬에 반응하는 조직에만 한정되는 것으로 추정하고 있다.

이상의 5가지 기준 중에서 가장 어려운 것은 4번인데, 지금까지도 이 점을 구체적으로 밝혀낸 것은 거의 없다. 이 점을 해결하기 위해서는 결합 이전에 일어나는 변환반응을 먼저 뚜렷이 밝혀내야 할 것이다.

일찍부터 식물호르몬은 유전자발현에 관여하고 있는 것으로 여겨 왔다. 따라서 작용기구의 해명은 유전자의 전사와 번역수준에서 연구가 이루어져야만 하며, 동시에 유전자 발현산물이 최종적으로는 어떻게 생물반응에 연결되고 있는가에 대한 규명도 필수적일 것이다.

생리적인 연구는 위의 후반에 관련하여 추진해야 할 것으로 생각된다. 현재 호르몬 수용체에 대해서만 비교적 구체적인 연구결과가 나타나고 있는 실정이다.

각 식물호르몬은 다양한 효과를 가지고 있는데, 그 효과에 따라 별도의 수용체가 존재하는 것인지 또는 주간초발반응(主幹初發反應, master primary reaction)이 존재하여, 여기서 여러 가지 전환반응이 파생하고 있는지에 대해서는 밝혀져 있지 않으나, 예컨대 옥신에는 세포막과 세포기질이라는 별도의 수용체가 존재하고 있는 점으로 볼 때 복수인 수용체가 존재할 가능성이 많다. 그림 4-11에 식물호르몬과 수용체와의 결합에서 생물반응까지의 연쇄반응과정을 요약했다.

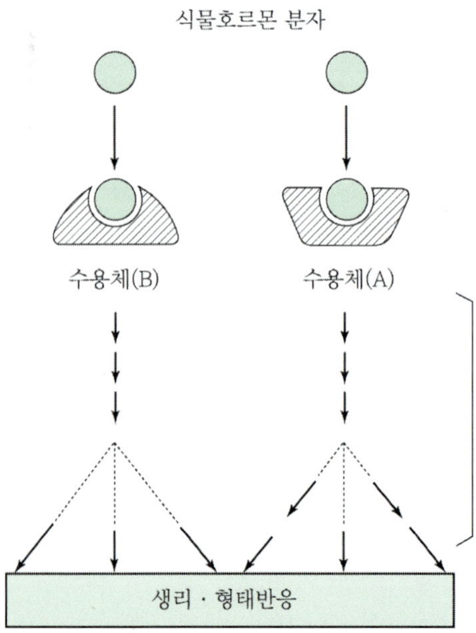

그림 4-11 식물호르몬 수용체의 결합에서 형태 및 생리반응까지의 경로

4. 식물성장물질의 응용적 연구

생물학 연구목적의 하나로 생물의 기작해명이라는 명제가 있지만, 또 하나의 목적으로는 얻어낸 기초지식에 의거하여 인위적으로 생명현상을 조절하고, 수식하려는 점도 있다. 식물호르몬의 연구는 농학과는 직접 또는 간접적으로 연관이 되어 있다.

식물의 성장과 발생이 내재의 식물호르몬 조절을 받고 있는 이상, 식물호르몬을 적절히 조절함으로써 인간생활에 필요한 식물의 생육을 인간이 바라는 방향으로 수식한다는 것은 원리적으로는 가능한 일이다. 사실상 각종 식물호르몬이나 그의 관련화합물(식물조절제거)이 농작물, 과실, 꽃 등의 생산에 미치는 영향에 대한 많은 연구결과가 나와 있다. 또 최근에 매우 활발하게 연구 중인 바이오테크놀로지에서는 옥신과 시토키닌의 이용이 필수적으로 되어 있다.

식물호르몬의 응용적인 연구를 수행하기 위해서는 기초지식을 실제로 직접 적용시키는 경우도 있지만, 이러한 물질을 여러 가지 조건으로 식물체에 먼저 투여한 후에, 거기서 어떤 반응이 일어나고 있는가를 규명하는 경우가 많다.

즉 성장촉진, 특정물질의 증가, 분화의 조절, 내건성, 내한성, 생산량의 증가, 개화의 조절 등을 식물의 종류와 이용목적에 따라 유용한 식물조절물질을 선발하여 유효농도역, 처리시기, 처리장소, 보조제의 종류, 다른 성장물질과의 조합 등에서 사용하는 조건을 여러 가지로 사전에 충분히 검토하여야 할 것이다.

4-4-3 식물호르몬의 종류

1. 옥신

진화론에서 알려진 유명한 찰스 다윈(Charles Darwin)과 그의 아들인 애라스무스 다윈(Erasmus Darwin)은 한쪽에서 식물체에 쪼이는 빛의 자극이 자엽초의 선단에서 수용되고, 그 자극이 자엽초의 하부에 전류되어 그 부위에서 자엽초에 빛이 오는 쪽으로 굴곡이 일어나는 현상(굴광성, 屈光性, phototropism)[1]을 발견한 것이 이 연구의 시초이다.

이 실험은 이어서 보이센－예센(Boysen-Jansen,1913)이 귀리의 자엽초를 사용한 실험에서 확인하였으며, 그는 또한 이 자극이 화학적인 물질임을 증명하였다(그림 4－12 의 B).

1) 최근 굴광성은 성장물질인 옥신에 의해 일어나는 것이 아니고, 성장저해물질의 편차분포가 원인이라는 주장이 대두되고 있다. 즉 빛이 쪼이는 쪽에 성장저해물질이 증가한다는 주장이다.

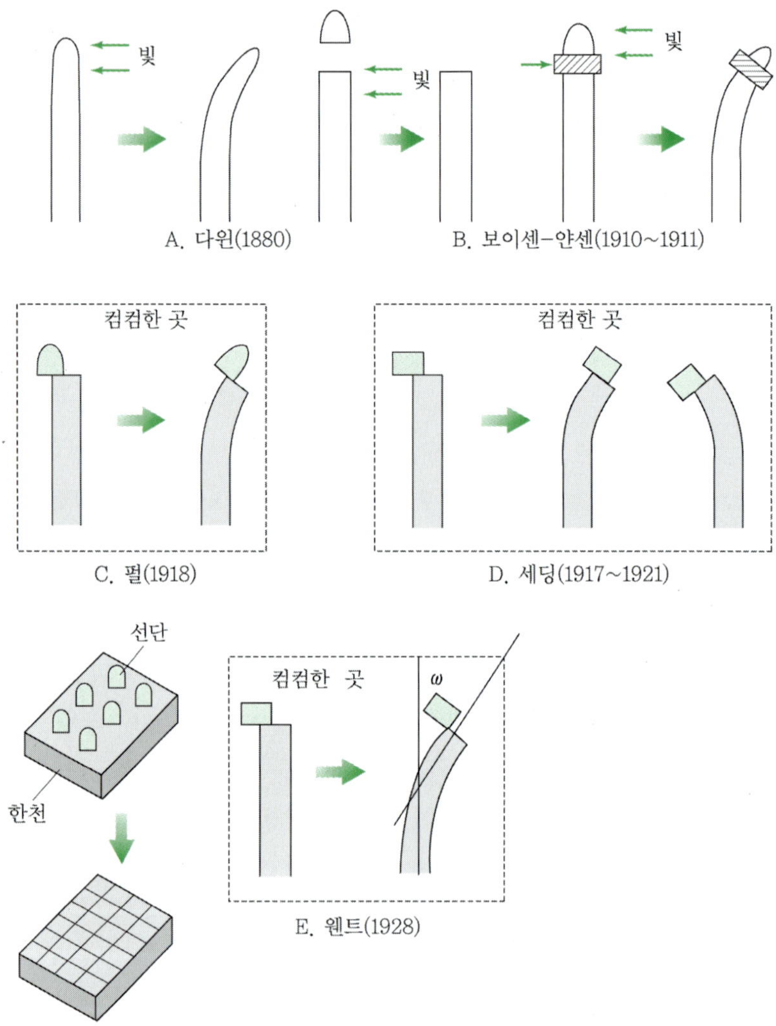

그림 4-12
옥신의 발견과정을 설명하는 실험

이어 그 다음해에 펄(A. Paál,1914)은 자엽초에 옆광을 쪼이지 않더라도 선단을 절단하여 한쪽에 겹치지 않도록 비켜서 놓기만 하더라도 어둠 속에서도 굴곡이 일어난다는 것을 발견하였다(그림 4-12 의 C). 따라서 그는 선단에서 전류해온 물질은 성장을 촉진하는 물질이고, 그것이 자엽초 하부에서 편차성장을 유도하는데, 이것이 바로 성장을 촉진하는 원인이라는 결론을 내렸다.

그리고 세딩(H. Söding, 1923)은 자엽초 선단의 절단면에 각종 주출물이 포함된, 한천조각을 한쪽으로 비켜놓는 방법을 고안하여 굴곡을 일으키는 물질을 탐색했으며, 그 물질을 성장물질(Wuchsstoff)이라고 불렀다(그림 4－12 의 D).

그 후 웬트(F. W. Went, 1928), 펄, 세딩의 실험을 기초로 하여 귀리의 선단에서 성장물질을 한천에서 처음으로 추출하는 데 성공했다(그림 4-12 의 E). 그리하여 자엽초에 굴곡의 각도는 한천에 들어있는 성장물질의 농도에 비례한다는 것을 확인하여 성장물질의 생물검정법으로서 옥신정량법인 아베나 굴곡시험(*Avena* curvature test)을 확립했다.

옥신의 본체인 IAA 는 케글(F. KÖgl, 1934) 등에 의해 사람의 오줌에서 식물의 생장을 촉진하는 물질로 발견되었고, 이어서 미생물과 고등식물에서도 발견되었다.

(1) 옥신의 종류

옥신은 천연과 합성으로 구분할 수 있다. 천연호르몬에는 인돌-3-아세트산(indoIe-3-acetic acid, IAA) 외에도 4-클로로-IAA, 인돌-3-에탄올 등으로 모두 IAA 의 유연화합물이다. 그림 4-13 과 같이, IAA 는 식물조직 안에서는 여러 가지 형태의 복합체상태로 존재하고 있는데, 이 복합체가 가수분해하면 유리의 IAA 가 주출되어 식물체에 공급하게 된다.

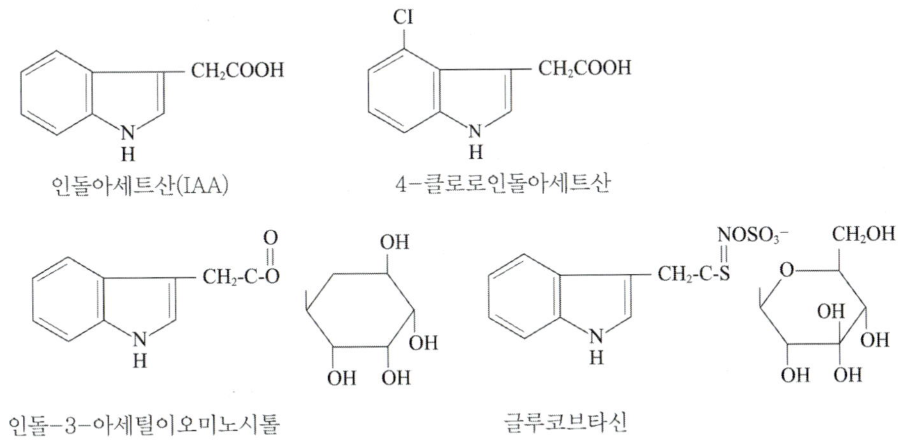

그림 4-13 천연옥신과 옥신복합체

합성옥신은 그림 4－14 에서와 같이 기본골격구조는 IAA 와는 다르나 옥신의 활성을 갖고 있다. 합성옥신은 귀리의 굴곡시험에서는 활성을 나타내지 않으나, 자엽초나 완두 등의 절편을 사용하는 신장시험에서는 IAA 와 같은 활성을 나타낸다.

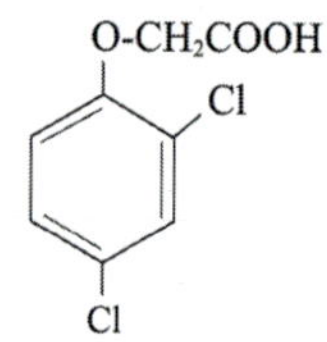

2.4-디클로로페녹시아세트산
(2.4-D)

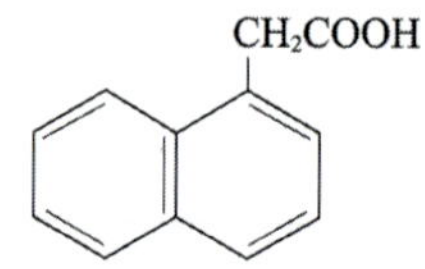

나프타린-1-아세트산
(NAA)

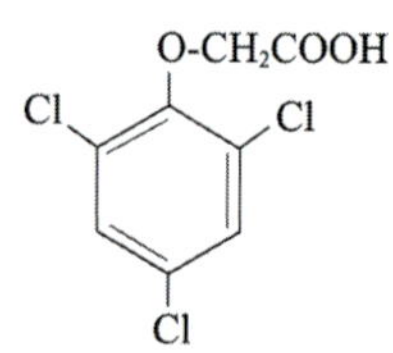

2.4.6-트리클로로
페녹시아세트산
(2.4.6-T)

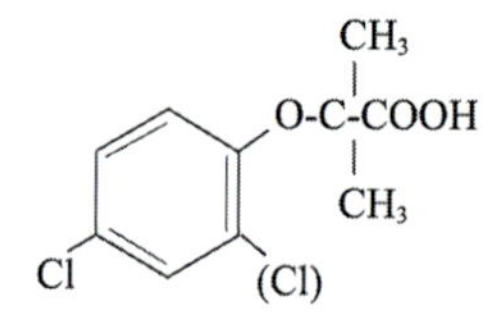

4-클로로페녹시이소낙산
(2.4-디클로로)

그림 4-14
합성옥신(高活性과 抗性)

(2) 옥신의 생합성

옥신의 생합성은 분열조직, 경정(莖頂, shoot apex), 유아(幼芽, plumule) 및 미숙종자 등의 어린 조직에서 일어난다. 옥신은 트립토판을 전구체로 하여 합성되는데, IAA 로의 전환에는 그림 4-15 에서와 같이 두 가지 경로, 즉 트립토판 곁사슬의 탈아미노반응 또는 탈탄산반응을 거친다. 정확하고 상세한 경로는 완전히 해명되고 있지 않으나 전자의 반응경로가 주경로로 알려져 있다.

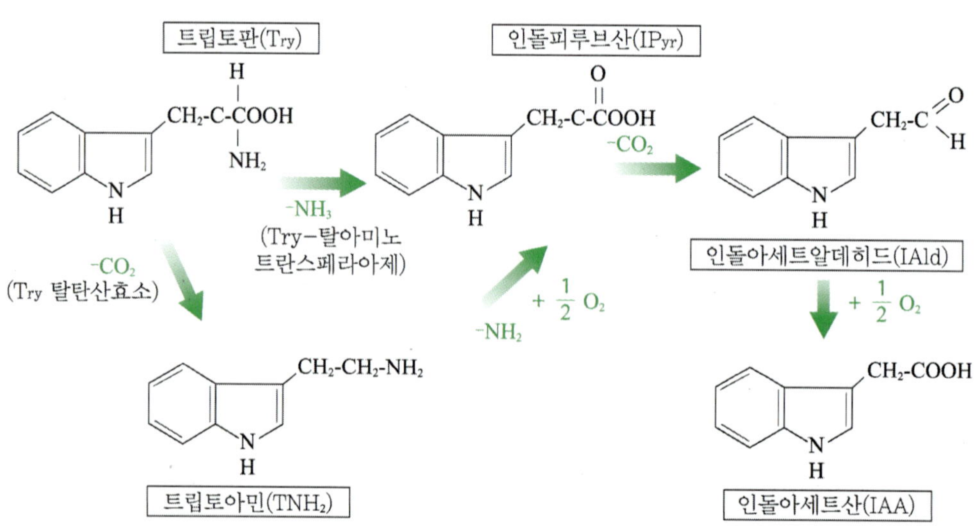

그림 4-15 IAA 의 생합성경로

(3) 옥신의 극성수송

옥신은 일반적으로 줄기 선단에서 기부를 향해 수송, 즉 구저수송(求底輸送, basipetal movement)[2]이라고 하는데, 이러한 방향성이 있는 수송을 극성수송(極性輸送, polar transport)이라 한다. 이 수송은 주로 통도조직이 한다. 그러나 근거리의 수송은 유조직(柔組織, paryenchyma cell), 특히 통도조직에 밀착한 유조직 내의 세포에서 세포로 전달되는 확산수송(擴散輸送, diffusion transport)이다.

조직이 가령(후술)하면 극성수송에 관여하는 물질의 활성이 저하한다. 또 극성수송은 에너지 요구의 일환과정의 하나이기도 하므로 무기조건, 호흡저해물질의 존재 및 저온하에서는 저해하게 된다. 현재 대표적인 것으로는 2, 3, 5-트리요오드안식향산(2, 3, 5-triiodobenzoic acid, TIBA)과 N-1-나프틸프타라민산(N-1-naphthylphthalamic acid, NPA)이 저해제로 알려져 있다(그림 4-16).

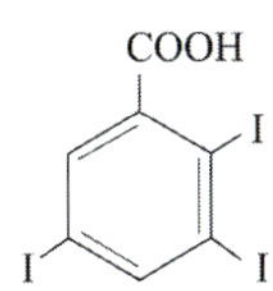

2.3.5-트리요오드
안식향산(TIBA)

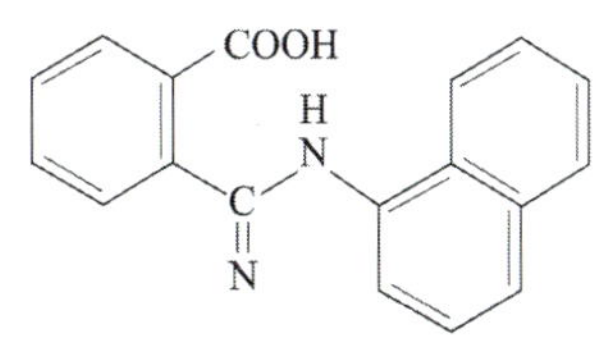

N-1-나프틸프자라민산
(NPA)

그림 4-16
대표적인 옥신 수송저해제

옥신의 극성수송 기구

세포의 겉쪽(세포벽)은 산성이므로 옥신분자는 해리되지 않은 상태에 있으며 또한 소수성이다. 따라서 친지성(親脂性, hydrophobic)인 세포막을 쉽게 세포 내에 확산 유입시킬 수 있다. 그러나 세포 내의 pH는 약 7이므로 옥신은 친수성인 IAA^- 와 H^+로 해리되고, 해리되어 축적된 IAA^-는 세포 아래쪽의 세포막 내에 국재(局在)하고 있는 IAA^-운반단백질(IAA^- carrier protein)에 의해 세포벽 쪽으로 배출된다. 그런데 이 수송에는 필요한 pH와 전기적 구배를 유지하기 위한 ATP가 소요된다.

한편 IAA가 세포 내에 유입할 경우에도 단순한 확산에만 의거하는 것이 아니라, 역시 특이적인 운반단백질에 의해 IAA^-+H^+가 동시 수송되는 것으로 확인되고 있다. 유출단백질이 세포의 아래쪽에 국재하고 있다는 것은 NPA 결합 단백질을 분리하여, 그의 단일클론항체(monoclonal antibody)를 형성하여 형광항체법(螢光抗體法, fluorescent antibody technique)으로 그 단백질의 세포 내 분포를 조사하면 알 수 있다.

그리고 이 단백질이 있는 세포는 통도조직의 근처에 있다는 것도 확인되었다. 이러한 옥신의 극성수송 기구는 M. Goldschmit가 주장한 화학삼투극성 확산가설(化學滲透極性 擴散假說, chemiosmotic polar diffusion hypothesis)에 의해 설명되고 있다.

2) 뿌리에서는 줄기를 통과해서 기부에 도달한 옥신이, 기부에서 뿌리의 선단을 향하여 수송되는 경우에는 구정수송(求頂輸送)을 하게 되는데, 역시 통도조직을 이용한다. 그러나 뿌리의 어린 조직부분에서는 줄기의 경우처럼 구조수송을 하는데, 이때에는 피층을 통해서 수송하는 것으로 알려져 있다.

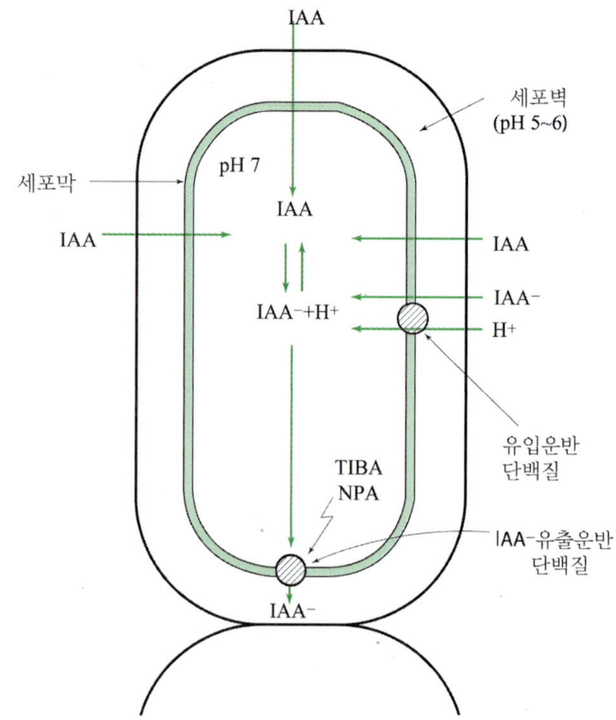

그림 4-17
옥신의 극성수송기구 모형

(4) 옥신의 생리작용

1) 경엽의 신장

일반적으로 경엽[3]에서의 옥신은 성장이 왕성한 부위일수록 많게, 성장이 정지된 곳일수록 적게 분포하며, 성장속도와 내생옥신량과의 사이에는 상관관계가 있다는 것을 알 수 있다. 즉 옥신은 경엽의 경장을 촉진하는데, 이것은 세포신장의 촉진을 통해서만 일어나게 되므로 세포신장(細胞伸長, cell elongation) 또는 세포확대(細胞擴大, cell enlargement)의 촉진이 옥신의 가장 대표적인 생리작용으로 알려져 있다.

2) 세포분열과 분화

옥신은 시토키닌과 공존하면 캘러스 형성을 촉진한다. 이 작용이 세포주기 중의 어느 단계에서 작용하고 있는지에 대해서는 일정한 설이 아직은 없으나, DNA 합성과 관계가 있다는 것만은 확실하다.

---

3) **산성장설**(酸成長說, acid growth theory) : 일명 프로톤 분비설이라고도 한다. 옥신은 직접 세포벽에 작용하는 것이 아니고, 세포막에서 세포벽으로 프로톤(H^+)의 분비를 촉진하고, H^+농도가 증가하면 세포벽의 이완을 촉진시킨다는 주장으로 옥신이 세포신장성장 기구를 설명하는데 이용되고 있다.

이 설은 첫째, 옥신은 H^+분비를 촉진함과 동시에 세포벽의 pH를 저하시키고, 둘째, 옥신 대신에 산(저 pH의 완충액)을 투여하면, 옥신과 같은 세포신장 촉진효과가 나타나고, 셋째, 중성인 완충액을 세포액에 침투시키면 옥신에 의한 성장촉진은 억제되고, 넷째, 옥신 이외의 H^+분비 촉진물질(예 : 푸시코크신 [fusicoccin])도 신장을 촉진시킨다는 점에서, 이 주장은 타당한 것으로 받아들여진다.

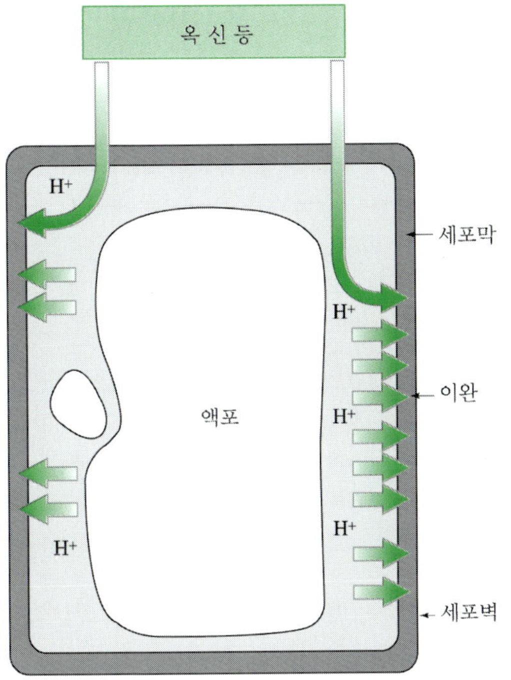

그림 4-18 산성장설을 설명하는 모형도

또한 옥신은 통도조직(목부와 사부)의 분화와 비교적 높은 농도에서는 부정근(不定根, adventitious root)의 분화도 유도한다. 그러나 화아의 분화에 영향을 준다는 설은 없다.

3) 정아우세

성장 중인 식물체의 정아를 절제하면 정아 측의 액눈(腋芽, axillary bud)과 하부의 마디에 있는 측아(側芽, lateral bud)가 성장하기 시작한다. 그러나 정아가 있는 상태에서는 이들 눈이 성장하지 않는다. 이와 같이 정아가 측아의 성장을 지배하는 현상을 정아우세(頂芽優勢, apical dominance)라고 한다.

4) 과실의 성장

옥신은 토마토 등에서 단위결실을 일으킨다. 자연수정에서는 화분관의 자극으로 자방의 비대가 시작되는데, 수정 시에는 옥신이 증가한다는 주장도 있다.

5) 노화와 기관탈리

일반적으로 옥신을 외부에서 투여하면, 잎의 노화를 지연시키고, 잎의 성장이 정지하며, 노화현상이 나타나기 전에는 옥신의 존재량이 감소한다. 또한 낙엽을 일으키는 이층형성이 일어나기 전에도 옥신의 존재량이 감소하므로 기관탈리에도 옥신이 관여하고 있음을 알 수 있다.

2. 지베렐린

지베렐린은 일본에서 최초로 발견된 호르몬으로서 벼에는 키가 뚜렷하게 웃자람하고, 잎이 황록화한다. 쌀의 수확을 감소하게 하는 마록묘병균(*Gibberella fujikuroi* (Sawada) Wr.)의 감염으로 인한 마록묘병은 마록묘병균의 자극이 원인이다. 이 균의 균사에서 분비하는 분비액에 들어있는, 열에는 매우 약한 독성이 있는 물질 때문이라는 것이다.

당시 동경대학 농학부 Yabuki 와 Sumiki 교수에 의해 결정체로 주출하여, 1938 년에 지베렐린(gibberellin, GA)이라고 명명하였다. 그 후 제 2 차 세계대전이 종결된 이후에는 미국과 영국 등에도 보급되었다.

미국의 휘니(B. O. Phinney)에 의해 각종 식물의 추출물에서, 그리고 영국의 맥밀란(J. McMillan)과 스타(P. J. Suter)에 의해 *Phaseolus multiflorus* 의 미숙종자에서 분리, 주출하는 등으로 현재는 90 여 종이나 발견하여, 이들에 대한 고등식물에서의 생리작용이 밝혀지면서 기초와 응용면에 많은 연구결과도 발표되었다.

(1) 지베렐린의 종류와 구조 및 분포

지베렐린(GA)은 생화학적으로는 디테르펜(diterpene)의 일종이며, 다른 디테르펜 화합물과 관련지어 지베렐란(digibbellane)라고 하는 가상물질의 기본골격구조에 의거하여 명명된다. GA 는 지베렐란과 대장체(對掌体)의 관계에 있는 *ent*-지베렐란(*ent*-gibberellane, 그림 4-19)을 기본골격으로 하고 있다. 그리고 새로 발표되는 GA 는 분리되고 동정되는 차례에 따라 A 번호를 붙이게 되어 있다.

GA 는 현재까지 84 종류의 유리형 지베렐린과 8 종류의 복합형 지베렐린이 분리, 동정되어 그 구조가 결정되어 있다. 종자식물에서 GA 의 동정이 끝난 것은 15 과 이상, 150 여 종이 된다. 따라서 모든 종자식물에 존재하는 것으로 추상할 수 있다. 또 양치류와 태류에도 존재한다.

이끼에서는 조란기(造卵器, archegonium) 유도물질로서 GA_9 메틸에스텔 외에 GA 와 구조가 비슷한 안세리지오겐(antheridiogen)(그림 4-20)을 추출할 수 있다. 그밖에 곰팡이류에서도 동정되었다는 보고가 있다.

GA 는 식물체의 모든 기관과 조직에 분포하고 있다. 그러나 GA 는 반드시 각 분포된 기관과 조직에서 합성한다고는 할 수 없다. 다만 옥신처럼 어린 엽조와 미숙종자에서 합성하여, 통도조직을 통하여 전류되는 것으로 알려지고 있다.

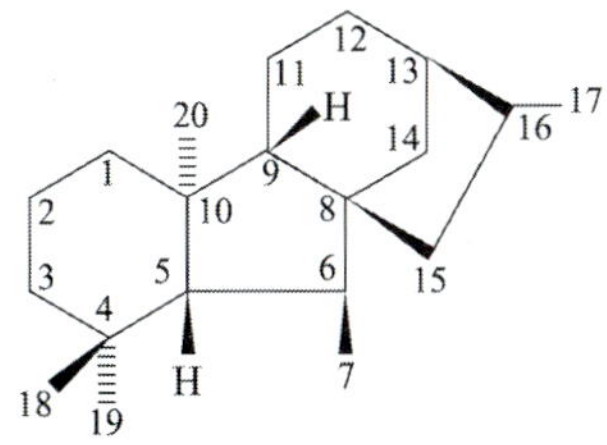

그림 4-19 *ent*-지베렐란

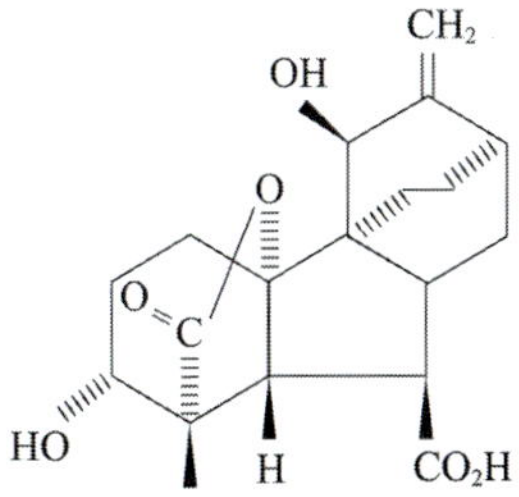

그림 4-20 안세리진산의 구조

(2) 지베렐린의 생합성

GA 생합성경로의 해명은 *Gibberella fujikuroi* 의 몇 가지 돌연변이주를 사용한 계와 식물의 미숙종자배유의 계 및 어린잎의 계 등을 사용해서 연구해 왔다. 그 결과, 예를 들면 곰팡이의 합성경로와 식물의 합성경로에서는 주경로가 다르고, 고등식물에서도 종에 따라 차이가 있다. 이러한 경로의 차이는 *ent*-지베렐란 골격에 수산기의 도입시기와 위치에 따라 달라지는 것으로 알려져 있다.

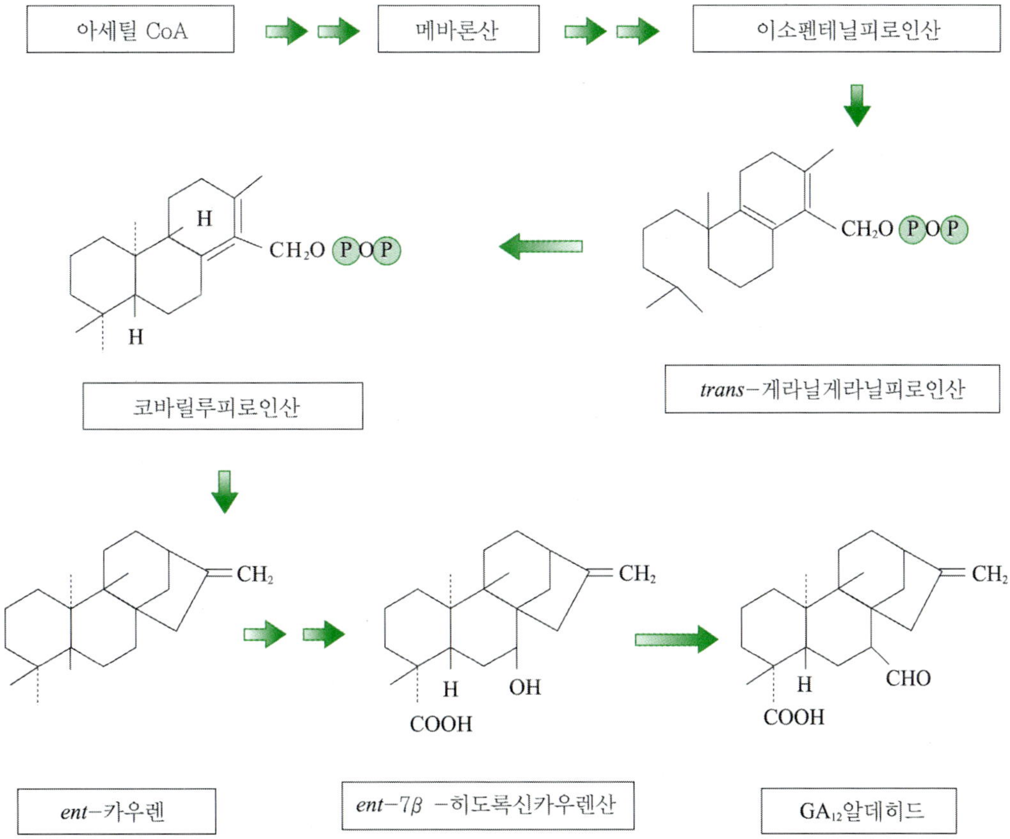

그림 4-21 지베렐린의 생합성경로 (*ent*-카우렌의 합성경로의 경우)

(3) 지베렐린의 생리작용

1) 잎의 성장촉진

무상식물(無傷植物)에 GA를 투여하면, 대체로 현저한 신장촉진반응이 나타난다. 특히 왜성식물의 대부분은 GA를 투여받으면 정상식물로 회복할 수 있는데, 이것은 GA가 식물의 키를 조절하는 호르몬이라는 것을 입증하는 것이다(그림 4-22).

그림 4-22 GA에 의한 왜성 옥수수의 정상회복

2) 세포분열과 세포신장의 촉진

지베렐린에 의해 영양성장을 촉진시킨다는 것은 지베렐린이 세포분열과 세포신장의 두 과정에 영향을 줌으로써 나타나는 현상이라 할 수 있다. 무상식물을 GA 처리하면 경정밑 분열조직(莖頂下分裂組織, sub-apical meristem)의 세포의 분열이 현저하게 촉진된다.

왜성식물에서는 대체로 정상(고성)에 비해 세포의 길이가 짧을 뿐만 아니라 세포수도 적지만 GA 처리를 하면 세포수도 증가하고, 세포의 길이도 증가한다. 급속한 신장촉진을 GA에 의한 세포수의 증가만으로는 설명할 수 없다. 세포신장은 옥신에 의해서도 조절받고 있으므로 GA는 이 옥신작용에 어떻게 관여하고 있는가를 항상 고려해야 한다.

세포막 미소관의 배향(配向)은 세포벽의 가장 안쪽에서 합성되고 첨착(添着)되는 셀룰로오스(cellulose)와 마이크로피브릴(microfibril)의 배향과는 평행관계에 있는데, 셀룰로오스와 마이크로피브릴의 합성방향이 미소관의 배향에 의해 결정된다.

GA는 세포벽 미소관을 세포의 신장축에 대해 직각이 되도록 배향시킴으로써 세포벽에서 새로 합성되는 셀룰로오스와 마이크로피브릴의 배향을 역시 직각배향으로 하게 한다.

이러한 세포벽은 가로방향(세포신장 장축방향)에 대해 잠재적으로 큰 신전력(伸展力)을 갖게 된다. GA는 이와 같이 미소관에 대한 영향을 통하여 세포벽, 즉 세포의 신전능력을 높게 하는 것이로 보인다.

3) 분화와 기관형성

GA가 기관분화에 미치는 영향은 조직의 생리적 조건이나 다른 호르몬의 존재에 따라 일정하지 않으나, 일반적으로는 억제적이며, 부정근 형성에는 저해적이다.

4) 화아의 분화

장일식물이 비유도 조건하에서는 GA에 의해 화아형성을 유도시킨 예가 많다. 그러나 단일식물은 일반적으로 영향을 받지 않으나 봉선화, 백일초처럼 화아유도를 받는 것도 많다. 저온요구식물은 저온처리(低溫處理, vernalization)를 하지 않더라도 GA에 의해서 추태(抽苔, bolting ; 줄기의 신장촉진)나 개화에 이르게 된다.

5) 과실과 배의 성장

GA는 착과와 과실의 성장에도 필요하다. 발육 중인 과실에서는 GA의 함유량이 비교적 높았지만 성숙함에 따라서 감소한다. 자연조건에서는 일반적으로 과실의 성장에는 종자가 필요하다는 점에서 종자에서 성장물질이, 즉 옥신과 GA가 공급되는 것으로 알려져 있다.

여기서 완두 꼬투리의 성장은 종자를 제거하면 정지하지만 배반을 GA+옥신 처리하면, 꼬투리는 정상성장을 계속한다. 따라서 과실의 정상성장에는 적어도 GA와 옥신이 필요하고, 이들 물질은 종자에서 공급되는 것으로 보고 있다.

종자가 형성함에 따라 배유 내의 GA와 옥신량도 증가하는데, 이들 호르몬량은 종자와 꼬투리 및 과실의 성장이 최대가 되기 전에 최고치를 나타낸다. 미숙종자의 배유 안에는 GA 생합성의 전 반응계가 들어있어서, 무세포계에서의 GA 생합성 실험재료로 이용된다.

배유에서 합성되는 GA는 과실의 성장을 조절하는 외에 배의 성장에도 이용되고 있다.

(1) 시토키닌의 종류와 분포

시토키닌의 종류는 천연형과 합성형으로 분류할 수 있다. 분리하여 동정되고 있는 천연시토키닌의 종류는 27개인데, 모두가 N^6 치환의 아데닌환을 갖는다. N^6의 치환기는 O-히드록시벤질아데닌의 경우를 제외하면 모두가 이소펜테닐 골격으로 되어 있다.

한편 합성시토키닌으로는 푸린환의 6-아미노기 치환체인 많은 유연화합물이 합성되어 이들의 생리활성이 많이 밝혀지고 있다. 몇 가지 생리활성을 갖는 합성시토키닌을 그림 4-25에 나타냈다.

시토키닌은 많은 조류를 포함한 식물조직에서 분리할 수 있었고 거의 모든 기관에 존재하고 있다. 그리고 배양세포의 캘러스와 크라운골 및 근류에도 존재하고 있다.

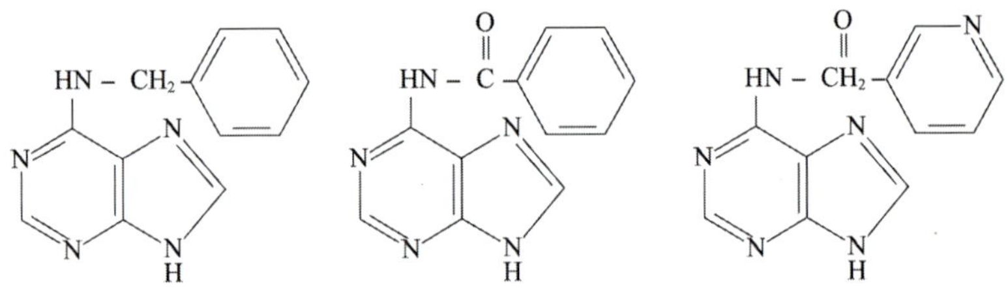

6.-벤질아미노푸린　6.-벤조일아미노푸린　6.-(2-피리딜)아미노푸린

그림 4-25
생리활성이 큰 몇 가지 합성 시토키닌

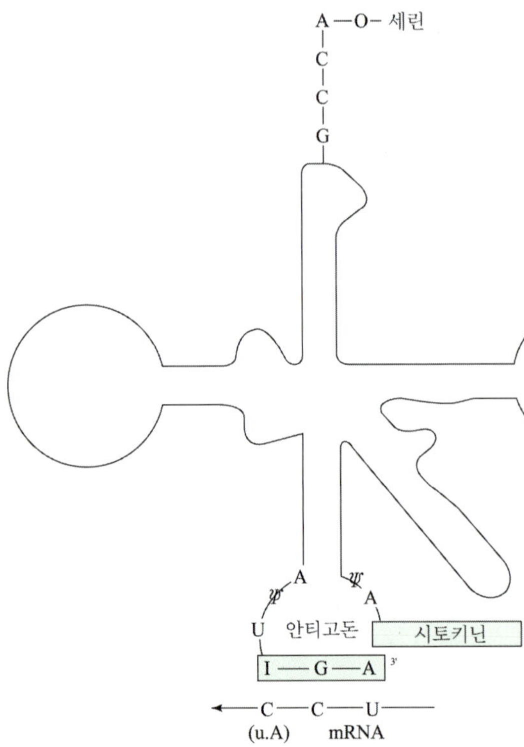

그림 4-26
시토키닌이 들어있는 tRNA

시토키닌은 또한 도관과 사관을 통하여 쉽게 이동할 수 있으므로 식물체의 모든 부분에 분포하며, 따라서 여러 부분에서 검출할 수 있다.

고등식물에서 중요한 시토키닌으로는 제아틴과 측쇄가 같은 그 유도체 및 리보실제아틴이다. 이소펜테닐아미노푸린(ip)과 그 리보시드도 식물체 안에 존재하는데 오히려 박테리아, 점균 및 이끼류의 성장에 필요한 것으로 알려져 있다.

뿌리는 식물체 내에서 시토키닌이 합성되는 장소의 하나로 되어 있다. 목부수액이나 일비액(溢泌液) 내에 다량의 시토키닌이 들어있는 점이나 뿌리에 각종 스트레스를 투여하면 목부수액 내의 시토키닌량이 변화한다는 점에서 입증할 수 있다.

시토키닌은 tRNA 기원으로 되어 있다. 그림 4-26 에서와 같이 tRNA 중의 U 에서 시작되는 코돈에 대응하는 안티코돈을 갖는 것은 안티코돈의 3′말단의 이웃위치에 시토키닌이 끼어들어가고 있음을 의미한다.

(2) 시토키닌의 생합성

tRNA 의 일부에 시토키닌이 들어 있다는 점에서 그림 4-27 처럼 대사회전이 빠른 tRNA 의 분해로 유리형 시토키닌 (특히 iP)이 공급되는 것으로 보고 있다.

(3) 시토키닌의 생리작용

1) 세포의 분열과 확대

옥신과 동시에 투여하면 시토키닌이 배양조직(세포)의 세포분열을 촉진시킨다는 것은 널리 알려진 일이다.

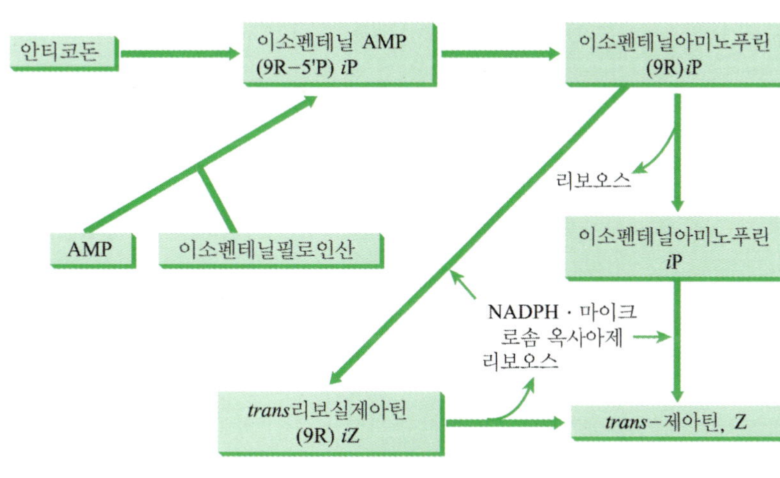

그림 4-27 고등식물에서 시토키닌의 합성 추정경로

그런데 시토키닌의 작용은 세포의 상태에 따라 다르고 일반적으로는 분화된 세포의 분열을 유기한다.

시토키닌을 1 차 배양이 끝난 후에 재차 투여하면 세포분열은 동조적으로 일어나게 되므로 시토키닌의 작용점은 세포주기에서 G_2 또는 G_2에서 유사분열의 이행시기에 있는 것으로 보고 있다.

세포의 신장에 대해서는 대체로 저해적이지만 세로방향의 확대(비대)를 촉진한다. 옥신과 지베렐린은 종축방향으로 세포용적의 증가(신장)를 유도하는데 대해, 시토키닌이 횡축방향으로 용적의 증가를 유기한다는 것은 세포벽에 영향을 미치는 호르몬의 차이 때문이라고 하겠다.

2) 분화와 형태형성

시토키닌은 몇 가지 식물에서 경정의 세포분열을 촉진할 뿐만 아니라 분화와 형태형성에도 영향을 미친다. 그리고 옥신과 동시에 투여하면 목부분화를 촉진시키기도 한다. 또 세포내 기관에 있어서는 엽록체의 발달을 촉진시킨다. 황화된 오이나 수박의 자엽 등에서는 라메라가 발달하여 그라나 수를 증가시키는 등 엽록체구조의 발달을 촉진시킨다. 그밖에 포리솜 형성촉진과 미토콘드리아 수의 증가를 촉진한다.

그리고 기관분화에도 영향을 준다. 특히 배양조직이나 캘러스 조직에서는 그림 4-28 에서와 같이 일반적으로 옥신과 농도의 비율에 따라 결정되지만, 단독으로도 촉진 또는 억제의 효과를 나타낸다. 이때에는 물론, 내생옥신의 수준이 관건이 된다.

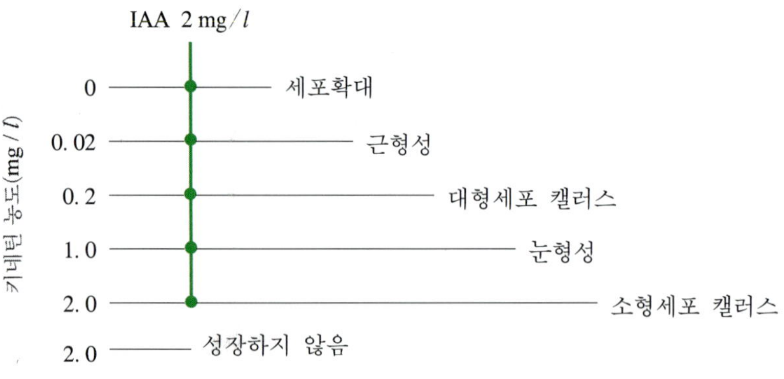

그림 4-28
배양조직의 분화에 대한 옥신/시토키닌 농도비의 영향 (담배의 수)

3) 노 화

절취한 잎은 녹색이 점점 엷어지면서 단백질함량도 감소하지만 엽병에서 부정근이 형성되면 단백질량은 재차 상승하면서 녹색도 다시 짙어진다. 이것은 뿌리에서 합성된 시토키닌의 작용 때문이다.

시토키닌은 일반적으로 절제된 잎의 노화를 억제하는 작용, 즉 노화의 특징인 엽록소와 단백질 및 핵산의 감소와 호흡이 상승하고 세포의 막구조의 붕괴, 그리고 리보솜 소실 등의 진행 지연을 일으키는 작용을 한다. 이 작용은 시토키닌의 특징적 작용의 하나임과 동시에 생물검정법으로도 이용되고 있다.

4. 아브시스산

아브시스산(abscisic acid, ABA)이 발견될 때까지는 주로 세 가지 범주에서 연구가 추진되어 왔다. 첫째는 눈 휴면과의 관계인데 눈의 성장을 억제하는 물질의 추궁이다. 둘째는 식물조직에서 옥신의 주출분획(산성에텔 분획)에 들어 있어서 아베나 자엽초나 완두줄기 절편의 옥신 생물검정법에서 저해작용을 나타내어, 옥신과는 상반작용을 나타내는 물질에 관한 것이다. 셋째는 잎, 줄기, 과실의 기관탈리를 일으키는 물질의 탐색이다. 그런데 이들의 연구는 모두가 공통의 물질, 즉 아브시스산과 연결되고 있는 것이다.

(1) 휴면물질

스웨덴의 T. 헨베리는 감자덩이줄기의 휴면아에 관한 연구에서 괴경의 최외층 추출물에는 아베나 굴곡시험에서 옥신작용을 억제하는 물질이 다량으로 포함되어 있는데, 이 물질은 휴면이 타파하면 동시에 타파된다는 것을 발견했다. 그 후 여러 식물에서 이러한 현상이 발견되어, 그는 이들 물질이 성장과정에서 저해물질의 조절적 역할을 한다는 것을 확인하였다. 그리하여 저해물질 β(inhibitor β)와 같은 역할을 하는 물질로 알게 되었으며, 위의 휴면유도물질은 저해물질 β 외에 존재하는 것으로 판명되어 도르민(dormin)이라고 명명했다(1964 년).

(2) 기관탈리물질

1953 년 미국의 칸스(H. R. Carns)는 목화의 과실에 IAA 작용저해물질이 있다는 것을 발견했다. 목화의 어린 과실의 탈리현상이 시작할 때에는 이 물질은 최대량이 되었다. 그리고 이 물질의 활성분획물을 어린 과실에 투여하면 탈리가 촉진된다는 것을 확인하였다. 그 후에는 목화의 성숙과실에서 성장저해물질을 분리하여 아브시스신(abscisin)이라고 명명하였는데 구조까지는 결정되지 못했다.

이 연구는 미국의 아디코드(T. Adicott, 1964) 등의 연구로 목화의 어린 과실에서 이들 활성물질을 주출 분리하였다. 목화 유식물을 사용한 생물검출법을 개발하여 과실 대신에 엽병 탈리의 지표로서 사용하였는데, 상술한 아브시스신과는 차이가 있어 아브시스신Ⅱ라고 명명했고, 1965 년에는 구조식도 결정되었다(그림 4-29).

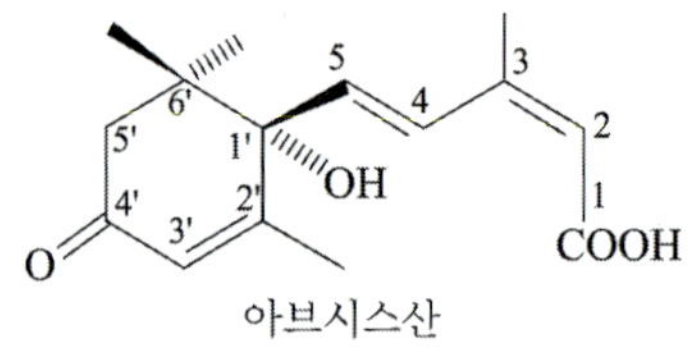

그림 4-29 아브시스산의 구조식

(3) 아브시스산의 분포

ABA 는 식물계에 널리 분포하고 있지만 태류나 조류 및 박테리아 등에서는 분리되어 있지 않다. 그러나 고등식물에서는 거의 모든 기관과 조직에 분포하고 있는데, 이것은 ABA 가 도관과 사관을 통하여 전류하기 때문이다. ABA 는 잎, 뿌리, 미숙종자에서도 합성된다.

잎에서는 엽육세포의 엽록체에 다량으로 축적되어 수분스트레스(수분결핍)가 잎에 작용하면 이 양이 배로 증가하고, 세포질에서는 10 배 이상으로 증가한다. 이것은 엽록체가 ABA 의 합성장소라는 것을 뜻한다.

(4) 아브시스산의 생합성

고등식물에서의 ABA 합성경로는 ABA 가 C_{15} 의 세스퀴테르펜 화합물이므로 메바론산에서 이소펜테닐피로인산을 거쳐서 합성되는 것으로 알려졌다.

그림 4-30 고등식물에서의 ABA 의 생합성경로

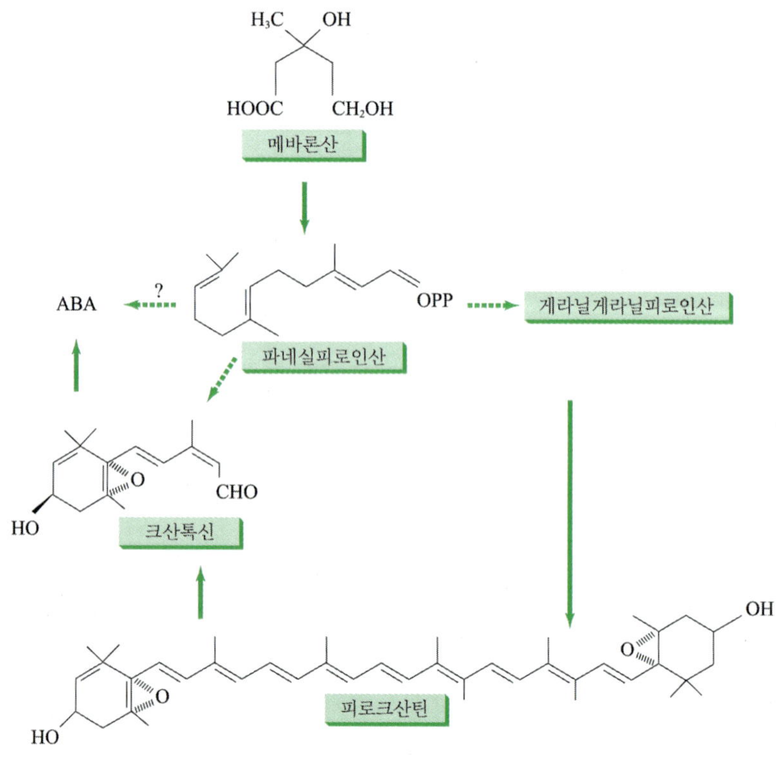

C_{15}의 파네실루피로 인산에서 직접 합성되거나 C_{40}의 카르티노이드(피로크산틴)에서 분해된 후에 합성되는가에 대해서는 완전히 증명되어 있지 않고 있다. 최근에는 그림 4-30에서처럼 피로크산틴이 리폭시나아제 또는 광인산에 의해 C_{15}의 크산토크신이 생기고, 이것이 전구체가 되어 ABA로 전환되는 것으로 알려져 있다.

(5) 아브시스산의 생리작용

1) 다른 호르몬의 촉진작용에 대한 억제효과

ABA는 다른 성장을 촉진하는 식물호르몬의 작용을 저해하는 억제적인 식물호르몬으로 알려져 있다. ABA는 귀리, 밀 자엽초 절편 등 또는 토마토의 줄기, 벼의 중배축, 오이의 배축에서는 신장촉진작용을 한다. 그리고 수분스트레스를 받은 식물은 정아우세가 해제되고 측아의 성장이 촉진할 때, 측아의 성장을 위해 정아우세 해제작용을 한다.

성장에 대한 억제효과는 ABA를 제거하면 가역적으로 소멸되므로 ABA는 독성을 갖고 있는 것이 아니고, 그 억제효과는 호르몬으로서 작용하는 정상적인 생리작용이라고 할 수 있다.

2) 종자형성

종자가 형성될 때에는 ABA 함량도 그 과정에 따라 증가하는데, 이 현상은 단자엽류, 쌍자엽류를 막론하고 볼 수 있다. 종자형성시의 ABA의 역할은 미숙배 발아의 억제를 먼저 들 수 있다. 이것은 미발아 종자에서는 ABA 함량이 많지만, 배가 발아능력을 얻게 되더라도 발아할 때까지의 유도기는 길지만 시간이 경과할수록 이 유도기는 짧아져서 이의 단축이 ABA 함량의 감소와는 평형적인 관계를 나타내게 한다.

3) 종자의 휴면

ABA의 증가 또는 함량이 종자의 휴면유도와는 인과관계에 있는가 또는 ABA 함량의 저하가 휴면종자의 발아에 필요한 것인가에 대해서는 아직은 뚜렷하지 않다.

표 4-4 물푸레나무 종자의 발아와 ABA 함량

종 류		발 아(%)	ABA 함량	
			μg/kg	μmol/kg
Fraxinus americana	휴면종자	0~3	450	1.7
	저온처리종자	70~95		
	휴면종자의 종피		730	2.8
	저온처리종자의 종피		490	1.8
Fraxinus ornus	비휴면종자	75	110	0.4
	종피		220	0.8

그런데 *Fraxinus americana* 의 휴면종자에서는 다량의 ABA 가 특히 종피에 다량으로 포함되었고, 저온처리로 휴면을 타파하면 ABA 의 함량이 감소한다. 그런데 종피를 제거하면 저온처리를 하지 않더라도 발아한다. 또한 휴면종자를 물로 충분히 씻으면 발아가 되는 경우가 있는데, 이것은 종자에 들어있는 ABA 또는 다른 저해물질이 씻겨 나가기 때문이다(표 4-4).

4) 기관탈리와 노화 및 과실의 추숙

ABA 의 발견과 그 이름의 유래는 기관탈리(器官脫離, abscission)의 현상과 관계가 있었으나, 현재는 ABA 가 기관탈리와는 직접 관여하고 있는 것으로 결론을 내리고 있지 않다. 이것은 ABA 의 초기연구에서는 잎, 꽃, 과실의 탈리와 내생 ABA 양 변화와의 관련성에 관한 연구가 많았기 때문이다.

ABA 는 잎이나 꽃의 노화를 촉진하지만 이 때에는 에틸렌생성과도 관계가 있게 된다. 따라서 ABA 에 의해 기관탈리가 일어나는 것은 에틸렌의 생성이 촉진하기 때문에 발생하는 노화진행의 2 차적 효과에 의한 것으로 보고 있다. 많은 과실에서 ABA 함량은 후숙함에 따라 증가하고 있으나, 그의 증가가 추숙의 방아쇠가 된다고는 할 수 없다. 예를 들면 토마토의 과실은 녹색성과(綠色成果, mature green)가 나타나기까지 ABA 함량의 증가가 계속되지만 크리막테릭호흡(climacteric, 呼吸, 후술)이 시작하기 전에 감소한다.

5) 기공의 개폐

기공의 개폐는 공변세포 팽압의 변화 때문에 일어난다. 공변세포의 용질(삼투물질)의 농도가 커지면 흡수현상이 일어나면서 팽압이 높아져, 기공이 열리게 된다. 반대로 용질의 농도가 낮아지면 팽압도 낮아져서 기공은 닫혀진다. 이 때의 용질은 K^+이다. 공변세포는 K^+를 흡수하면 그에 대응하여 H^+가 공변세포로부터 아포플라스트(apoplast)인 세포벽에 분비한다. 따라서 ABA 에 의한 기공의 폐쇄는 H^+분비의 정지와 K^+의 아포플라스트에 유리를 야기하게 된다.

용질은 공변세포의 액포에서 축적되고 있으므로 ABA 가 작용하면 용질은 액포막(液胞膜, tonoplast)을 통하여 세포질에 이동하고, 이어서 플라스마막을 향하여 이동하게 된다.

5. 에틸렌

가스등의 조명용 가스 혹은 난방용 가스를 이용함에 따라 식물에 미치는 영향이 크다는 것은 오래 전부터 알려져 왔다.

1901 년 넬즈보넬즈보(D. Neljubow)는 실험실과 온실에서는 완두의 유식물이 수평방향으로 뻗었다는 것, 1908 년 미국의 평범한 온실재배가가 온실에서 재배한 카네이션의 꽃이 닫혀져서 다시 열리는 일이 없었다는 것 등의 작은 발견이 시초가 되었는데, 이것은 전자의 경우 가스에서, 후자의 경우는 가스관의 파괴로 누출된 가스로 인해 극히 낮은 농도의 에틸렌(ethylene)이 이러한 작용을 야기했다는 것이다.

그 후 1910 년 미국의 카즌스는 오렌지가 생성하는 가스가 바나나 성숙의 촉진역할을 한다고 했으며, 1934 년 영국의 게인(R. Gane)은 사과의 에틸렌생성 가능성을 증명했고, 1935 년 미국의 잔마만 등은 옥신이 에틸렌의 생성 촉진을 규명했다. 또 1959 년 바그(S. P. Burg) 등에 의한 에틸렌의 정량적 측정에 가스크로마토그래피의 유용성 등의 연루로 에틸렌은 과실의 성숙을 촉진시키는 기체의 호르몬뿐만 아니라 식물의 성장과 분화의 과정을 조절하는 호르몬이라는 인식을 뚜렷하게 매듭짓게 되었다.

이러한 결과로 옥신에 의해 유도되는 에틸렌은 상편성장(上偏成長, epinasty), 기관탈리, 성장저해, 발아촉진, 죽기팽윤 등의 옥신작용과 밀접한 관계가 있다는 것을 시사하게 되었다.

(1) 에틸렌의 생합성

식물은 에틸렌을 메티오닌이라는 아미노산에서 합성한다. 그림 4-31 과 같이 메티오닌은 ATP 와 반응하여 메티오닌 아데노실 트란스페라아제(methionine-adenosyl-transferase)의 작용으로 활성화된 메티오닌이라는 S-아데노실메티오닌(S-adenosylmethionine, SAM)이 된다.

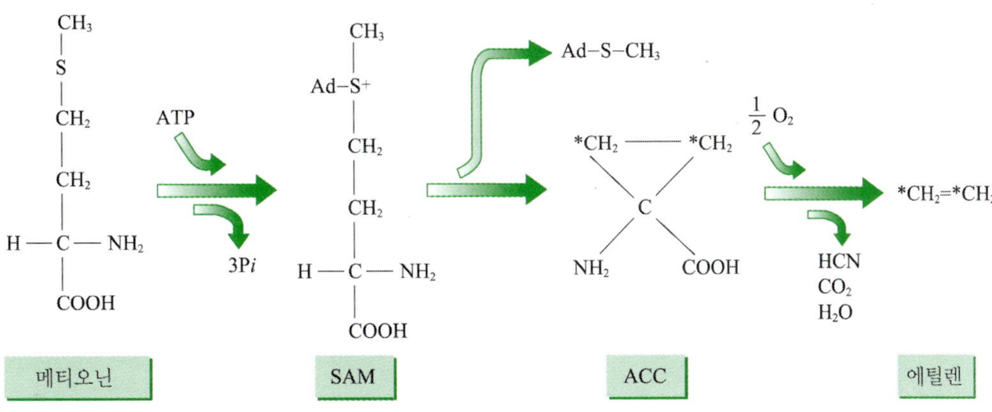

그림 4-31 에틸렌의 생합성경로

이어서 ACC 합성효소(ACC synthase)의 작용으로 1-아미노시클로프로판-1-카르본산(1-aminocyclopropane-1-carboxylic acid, ACC)가 되어, 여기서 탄산가스, 암모니아, 개미산 등과의 작용으로 에틸렌이 된다. 여기서 SAM은 생체 내에서는 메틸기 전이반응, 폴리아민의 합성 등에는 중요한 역할을 하는 물질이다.

(2) 에틸렌의 생리작용

1) 성 장

에틸렌은 특수한 예를 제외하면 신장에는 저해적이지만, 한편 비대생장도 유도한다. 어두운 곳에서 재배한 황화된 완두콩의 유식물에 에틸렌을 투여하면 줄기의 신장생장이 저해되고, 비대생장이 일어나서 중력굴성반응(굴지성)이 소실된 후에는 수평성장을 일으키는 삼중반응(三重反應, triple responses)이 동시에 일어나는데, 이것을 한 때는 에틸렌의 생물적 검출기준으로 삼은 적도 있었다. 표 4-5와 같이 완두의 유식물에서는 에틸렌의 전구체인 ACC의 성장이 저해되고 에틸렌 생성이 증가한다.

표 4-5 완두 유식물의 성장과 에틸렌생성에 미치는 ACC의 영향

ACC 처리(mM)	성 장(%)	에틸렌 생성(pmol · h^{-1} · g^{-1} 생중량)
0 (대조)	100	10
0. 1	68	55
0. 4	50	900
1. 0	24	1350

2) 휴면의 타파

에틸렌을 처리할 때는 휴면종자의 발아가 유도되는 예로 몇 가지가 알려져 있다. 땅콩에는 휴면하는 형과 휴면하지 않은 형의 두 가지 종자가 있는데, 전자는 흡수하더라도 에틸렌은 거의 생성하지 않았으나, 후자는 발아와 동시에 에틸렌이 생성하기 시작한다.

휴면종자에 에틸렌을 투여하면 발아를 유도한다. 땅콩 종자의 휴면은 종자를 덮고 있는 갈색의 엷은 껍질의 존재와도 유관하다. 일반적으로 휴면종자를 고온(40∼45℃)에서 처리하면 휴면이 타파되는데, 이때는 에틸렌이 생성한다.

3) 과실의 추숙

에틸렌은 과실의 추숙에 중요한 작용을 한다. 과실을 추숙하는 과정이 호흡에서는 두 가지 형태가 있다(그림 4-32).

하나는 추숙이 시작하는 직전에 급격한 호흡의 상승을 나타냈는데, 이것을 크리막태릭 호흡이라 한다. 또 추숙기간 중에 호흡의 변화가 적고 낮게 유지되는 것을 비크리막태릭형이라 한다.

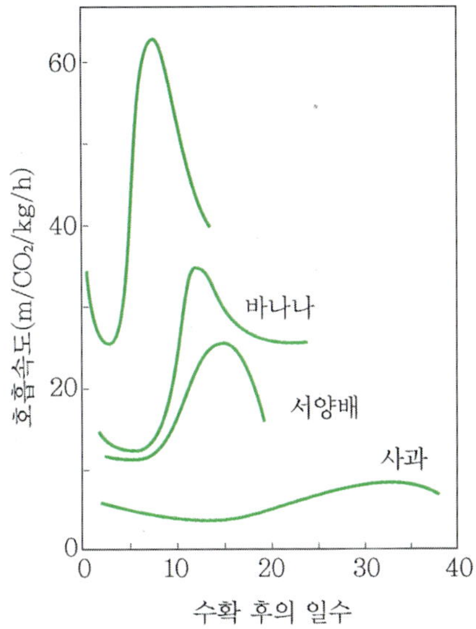

그림 4-32 각종 과실의 크리막태릭 호흡

과실의 추숙과정에서는 호흡의 상승, 막투과성의 변화, 엽록소의 분해와 다른 색소의 합성, 유기산, 당 등의 생성, 조직(과육)의 연화, 방향화 등의 변화가 나타나는데, 여기서 에틸렌이 관여하는 기구에 대해서 뚜렷하게 밝혀져 있는 것은 거의 없다. 그러나 크리막태릭형 과실에서는 에틸렌이 생성불능 조건하에 둔다거나, 생성 중인 에틸렌을 제거하면 추숙과정을 지연시킬 수 있다. 그러나 에틸렌을 투여하면 다시 추숙현상이 나타나기 시작한다. 따라서 적어도 크리막태릭형 과실에서는 에틸렌은 추숙을 시동하게 하는 호르몬이라고 할 수 있다.

표 4-6 크리막태릭형과 비크리막태릭형 호흡을 하는 과실

크리막태릭형	비크리막태릭형
아보가도, 복숭아, 살구, 메론, 무화과나무, 사과, 수박, 토마토, 바나나	딸기, 올리브, 오렌지, 카카오, 오이, 포도, 레몬, 체리, 블루베리

4) 기관탈리

잎, 과실, 꽃, 눈 등의 기관이 줄기에서 탈리하는 것은 모두가 이들 기관의 줄기에 붙은 부분에서 형성되는 이층(離層, abscission layer) 때문이다. 이층에서는 세포벽이 분해하여 세포 간에 분리현상이 나타나는데, 에틸렌은 이러한 탈리를 촉진시킨다.

에틸렌을 투여하면 이층을 형성하는 조직의 세포가 확대되고, 동시에 셀룰라아제나 폴리갈락튜로나아제의 활성이 커지면서 세포벽의 분화가 일어나기 시작한다. 그 결과 이 조직은 기계적으로 약해지면서 탈리현상을 일으킨다.

이층 형성의 조절에는 내생에틸렌이 관여하고 있다는 것이 에틸렌작용의 저해제인 CO_2 나 Ag^+ 또는 에틸렌의 합성저해제인 AVG (amino-ethoxyvinylglycine)을 투여하거나 생성되는 에틸렌을 탈기 제거하면 기관탈리가 억제되는데, 여기에서 추정할 수 있다. 실제로 이층형성과정에서 일어나는 셀룰라아제의 생산이나 세포확대가 일어나기 전에 에틸렌과 ACC 의 증가현상이 일어난다.

5) 노 화

잎의 노화의 특징은 엽록소가 분해할 때 생기는 황색화현상을 들 수 있다. 잎의 절편을 에틸렌 처리하면 엽록소의 분해 단백질 및 전분 등의 고분자화합물의 분해가 일어난다. 그리고 이들 물질의 분해에 관련되는 반응과정에 관여하는 각종 가수분해효소의 활성도 커진다.

이는 일반적인 노화의 현상이다. 노화의 진행에서는 세포의 막구조도 붕괴한다. 에틸렌을 처리하면 엽록소의 분해촉진과 엽록체의 붕괴현상도 일어난다. 또한 에틸렌은 노화발생시 세포막의 투과성의 증가도 현저하게 증가시킨다.

4-5 화아의 분화

식물은 일정시기가 경과하면, 영양성장(營養成長, vegetative growth)에서 생식성장(生殖成長, reproductive growth)으로 성장단계가 전환된다. 그리하여 꽃의 기본이 되는 꽃눈의 원기가 정아(頂芽, 끝눈, terminal bud) 또는 측아(側芽, 곁눈, lateral bud)로 생기는데, 이것을 꽃눈의 분화(화아형성, 화성, 최화)라 하며, 영양과 일장(日長, day-length) 및 온도의 영향을 많이 받는다. 그리하여 봉오리, 꽃, 과실 등의 번식기관을 형성하면서 식물체의 발육을 완성시킨다(그림 4-33).

식물은 체내의 탄소(C)화물량과 질소(N)량 분량의 관계가 화아분화와 개화결실을 지배하는 경우가 있는데, 이 관계를 탄소-질소비율(C/N ratio)이라 하며, 이 값이 클수록 화아형성과 동시에 결실도 양호해지고, 특히 열대원산식물(예를 들면, 토마토, 가지, 고추 등)에는 잘 적응된다.

질소비료를 수목류에 과잉으로 투여하면 영양성장이 왕성한 반면, 화아의 형성은 불량하다. 이러한 현상은 주위에서 쉽게 찾아볼 수 있다.

일반적으로 밤낮의 길이는 계절이나 위도의 고저에 따라 달라지는데, 낮(명기)의 길이를 일장(일조시간, 욕광[浴光]시간, 명기의 길이[daylength])라 하며, 이 일장의 장단(長短)에 따라 화아분화와 개화시기 등이 달라진다. 이것을 식물의 광주기(光周期, photoperiodism) 또는 일장효과(日長效果)라 한다.

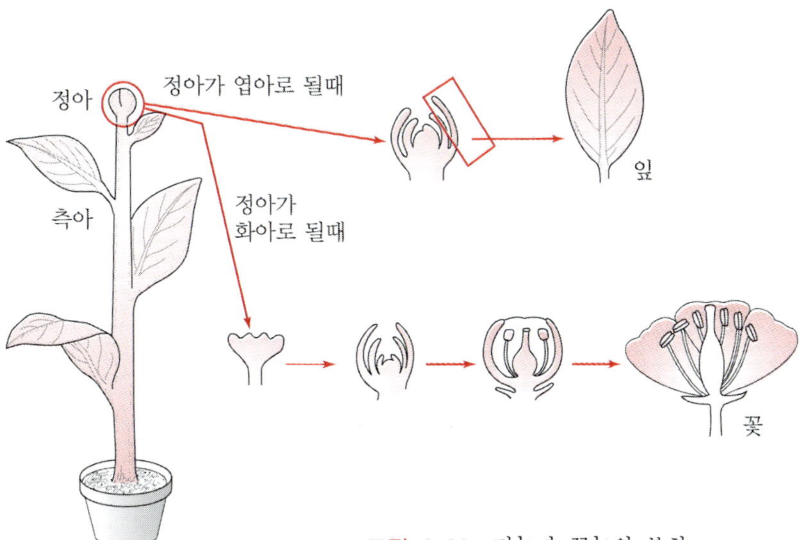

그림 4-33 곁눈과 꽃눈의 분화

식물에는 일정시간 이상의 암기를 가진 광주기(명기와 명기의 관계)일 때에 화아를 분화하는 단일식물(短日植物, short-day plant), 그리고 명기가 일정시간 이상일 때에 화아를 분화하는 장일식물(長日植物, long-day plant)이 있다.

그러나 화아분화가 광주기와는 그다지 관계를 갖지 않는 중성식물(中性植物, day neutral plant)도 있다. 표 4-7에는 단일, 장일식물 및 중성식물의 식물별 한계일조시간(限界日照時間)을, 그림 4-34에는 단일·장일식물과 광주기와의 관계를 나타내었다.

광주기에 의한 자극은 식물의 잎에서 감수되고 여기서 화아자극물질이 생성되어 줄기에 이동, 경정 또는 곁눈의 분열조직에 전달된 후 화아를 형성하게 한다.

단일식물을 단일처리한 가지를 장일조건 아래에서 생육하여 화아가 형성되지 않는 식물에 접목을 하더라도 대목에서는 화아가 분화한다. 이런 점에서 광주기의 자극을 전달하는 것은 구체적으로는 밝혀져 있지 않으나 호르몬 같은 물질일 것으로 추상하여 그 물질을 플로리젠(florigen=flower to produce)이라 부르고 있다.

그림 4-34
단일·장일 식물과 광주기와의 관계

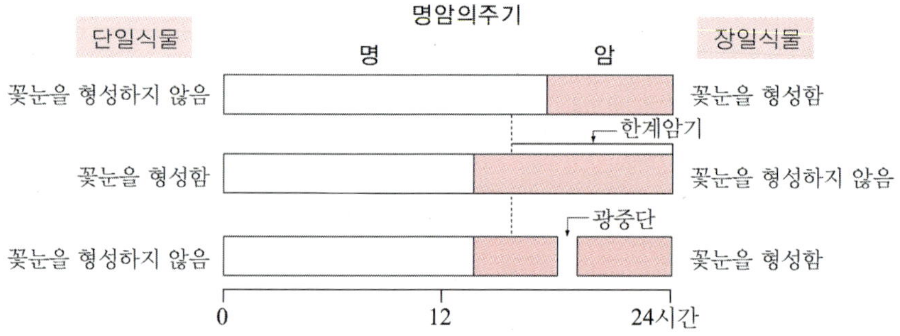

표 4-7 단일식물, 장일식물 및 중간식물

	식 물 이 름	한계일시간(hr)
단일식물	도꼬마리	15～15. 5
	대 두	14～16
	코스모스	12～13
	담 배(멜리랜드종, 맘모스종)	13～14
	국 화	14～14. 5
	두두러기쑥	14～14. 5
	포인세티어	12～12. 5
	기타 가을 개화성 일년생 식물	12～12. 5
장일식물	사탕무(일년생)	10～11
	무	10～11
	사리풀(일년생)	10～11
	시금치	13～14
	무궁화	12～13
	기타 많은 여름개화 1년생과 2년생 식물	12～13
중성식물	토마토, 옥수수, 메밀, 금어초, 담배(대부분의 품종), 고추, 오이 등	

한편 옥신이나 지베렐린처리로 화아분화가 형성되는 경우도 있다. 따라서 이 물질이 이들 성장호르몬과는 어떤 관계가 있는 것으로 추정된다.

실제로 단일식물이 화아를 분화할 경우는, 광주기의 암기가 한정일조시간 이상 중단되지 않고 계속되어야 되고, 장일식물은 암기가 한정일조시간보다 짧은 경우에만 화아분화를 하게 된다. 따라서 암기의 효과는 암기를 약간이라도 단축시키거나 또는 섬광 등으로 광중단하면 무효가 된다.

예를 들면 단일식물인 도꼬마리의 암기가 9 시간이면 화아는 분화하지만 8.5 시간이면 분화하지 않는다. 반대로 장일식물에서는 화아가 분화되지 않는 긴 암기로 광중단하면 화아가 분화한다. 이와 같이 광주성에서는 암기가 중요한 역할을 하는 것으로 볼 수 있다.

따라서 장일식물과 단일식물은 같은 광주성의 기구를 갖고 있지만 그 작용이 반대로 일어나는 것으로 해석할 수 있다.

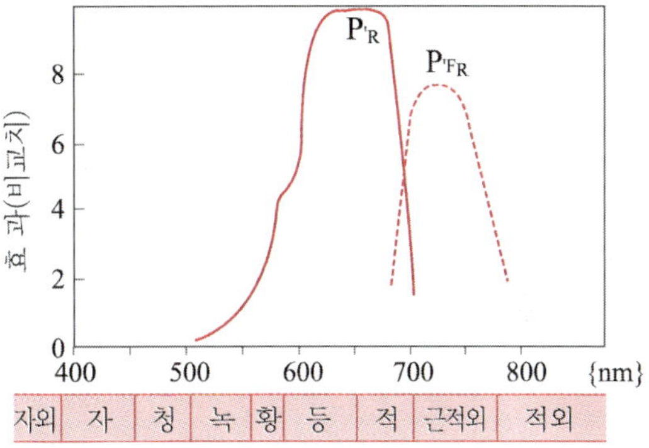

그림 4-35 도꼬마리의 단일처리 시에 있어, 광중단에 유효한 광(P′R)과 광중단 제거에 유효한 광(P′FR)과의 작용 스펙트럼

광중단에 유효한 빛은 적색광인데, 적색광을 조사한 후에 바로 근적색광을 조사하면 그 효과는 상실한다. 그러나 적색광을 다시 조사하면 효과가 나타나지만, 이 효과도 근적색광으로는 소실되어 버린다. 이러한 2 단 스위치의 실체는 피토크롬(phytochrome)이라는 색소단백질이다.

즉 피토크롬의 PR 형은 적색광을 흡수해서 PFR 형이 되고, PFR 형은 근적색광(또는 암소)에서는 PR 형이 된다. 그림 4-35 에는 이들 광작용의 스펙트럼을 나타냈다.

광주기는 계절과 더불어 변화한다. 그러나 저위도(열대)지역에서는 그 변화는 매우 미약하고, 반대로 고위도(한대)지역에서는 대단히 현저하다. 이것은 온도라는 조건이 첨가되어 지구상의 식물분포에 제한을 주는 이유가 되기도 한다.

화아분화가 계절의 영향을 크게 받는 예는 담배의 멜리랜드라는 품종으로 잘 설명하고 있다. 즉 일장이 긴 여름에 재배하면 키가 4.5 m 까지 성장하더라도 개화하지 않았던 것이, 늦가을 무렵에 묘를 온실에서 재배하면 키가 불과 1 m 정도로만 성장하더라도 개화하고, 많은 종자를 형성하게 된다.

온도조건도 계절에 따라 변화하는데, 그 변화의 양상도 위도에 따라 다르다. 식물은 온도조건에 따라 화아분화, 즉 개화시기가 달라지는 경우가 많다. 추파성(2 년생, 월년성) 식물은 가을에는 영양성장을 하고, 겨울에 저온상태에 있게 되면 봄에는 화아가 분화해서 개화하여 결실한다.

이러한 것을 춘파성(1 년생) 식물처럼 봄에 발아시킨다면 그 해에는 개화하지만 결실하는 일은 일어나지 않는다.

그러나 봄에 발아시키고, 인위적으로 일정기간 동안 저온처리를 하면 그 해의 광주조건으로 그 해에 개화와 결실을 시킬 수 있다. 이러한 저온처리를 춘화처리(春花處理, vernalization)라 한다. 이 처리는 식물이 발아 후라면 어느 시기에서도 가능하다.

추파성과 춘파성은 한 개의 유전자로 지배되는 형질인데, 저온처리는 춘파성에만 있고 추파성에는 없는 어떤 종의 생리효과 대신이 되는 것으로 보고 있다. 춘화처리는 추파성인 밀과 그 밖의 작물재배에도 많이 이용하고 있다.

그림 4-36
담배의 일장효과에 관한 실험

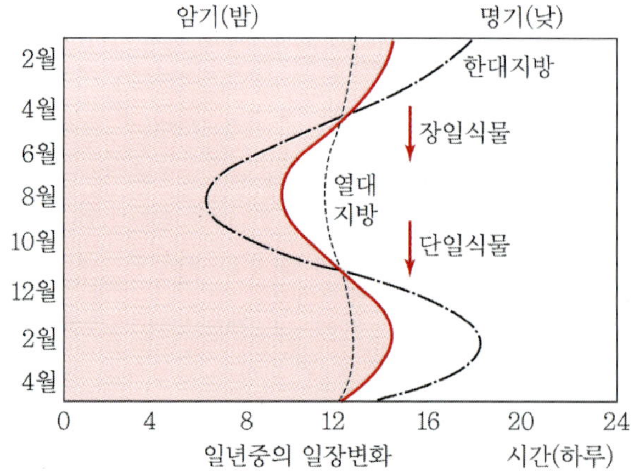

그림 4-37 온대에서 나타나는 일장변화와 화아의 분화기간

연습문제

1. 식물의 생육에 있어, 반드시 필요로 하는 필수원소는 어떤 기준에 의거하여 결정하게 되는지 설명하시오.

2. 고등식물의 생육에 필요한 필수원소의 종류는 어떻게 분류되는지 설명하시오.

3. 대기의 N이 식물의 영양으로 이용되는 과정을 요약하시오.

4. 집에서 버리는 음식의 찌꺼기가 비료성분으로 이용되는 과정을 요약하시오.

5. N, P, K을 비료의 3요소로 규정하는 식물영양학적 근거를 제시하시오.

6. 우리의 주식인 쌀은 종자의 발아에서 시작하여 어떤 과정을 거쳐 우리들에게 식량자원으로 제공되고 있는지 설명하시오.

7. 식물호르몬이 동물호르몬과 근본적으로 다른 점은 지적하시오.

8. 식물호르몬으로 알려져 있는 종류와 각각의 중요한 생리적 기능을 설명하시오.

9. 생장조절물질이 식물호르몬과 다른 점을 지적하시오.

10. 자연환경요인 중에서 식물의 생장에 미치는 영향을 예를 들어서 설명하시오.

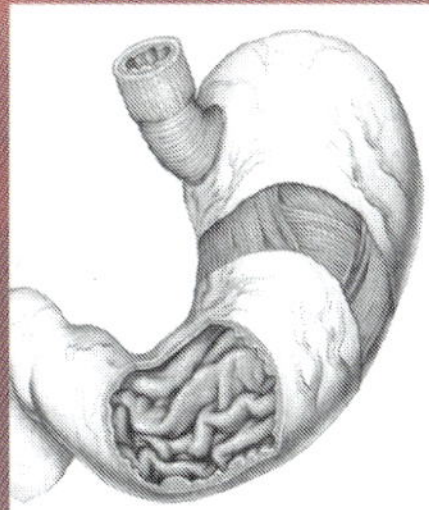

제 5 장

동물의 영양과 생리

종속영양생물(從屬營養生物, heterotroph)인 동물은 생명활동에 필요한 물질과 에너지를 영양소에서 얻어야 하는데, 이러한 영양물질은 대개 고분자의 유기물로 이루어져 있으므로 세포막을 통하여 흡수되지 않는다. 따라서 이러한 고분자 유기물은 여러 가지 효소작용에 의하여 가수분해를 거쳐 흡수되고, 흡수된 영양소, 노폐물, 기체 및 호르몬 등은 순환기관(circulatory organ)에 의해 체내의 한 부분에서 다른 부분으로 수송된다.

동물은 체내의 수분함량과 각종 이온의 농도 및 분포를 일정하게 해주는 삼투조절(osmoregulation) 기능에 의해 항상성(恒常性, homeostasis)을 유지하고 노폐물은 체외로 방출된다. 또한 동물은 이물질(異物質, foreign paraticle)의 침입을 받았을 때, 이들 비자기(非自己, non-self)물질들을 자기(自己, self)의 성분과 식별하여 대항함으로써 자신의 몸을 보호한다.

5-1 먹이의 소화와 영양소의 흡수

5-1-1 입

소화는 입(mouth)에서부터 시작되는데, 혀(舌, tongue)와 이(齒, teeth)는 입 안에 들어온 음식물을 잘 섞으면서 잘게 부수어, 삼키기 쉽게 해주는 저작작용(咀嚼作用, mastication)을 한다. 이는 앞니(前齒, incisor), 송곳니(犬齒, canine), 앞어금니(小臼齒, premolar), 뒤어금니(大臼齒, molar)로 나누어지는데, 포유류의 이는 종에 따라 구성 및 개수가 다른 특징을 지니고 있어 일정한 치식(齒式, dental formula)으로 표시한다.

그러므로 이는 동물을 분류하는 데 중요한 표징이 되기도 한다. 즉, 사람의 치식은 위쪽과 아래쪽이 다같이 2. 1. 2. 3 이고, 개는 위쪽이 3. 1. 4. 2 아래쪽이 3. 1. 4. 3 이다.

토끼는 위쪽이 2. 0. 3. 3 아래쪽이 1. 0. 2. 3 이고, 고양이는 위쪽이 3. 1. 2. 1, 아래쪽이 3. 1. 3. 1 이며, 소는 위쪽이 0. 0. 3. 3, 아래쪽이 3. 1. 3. 3 등으로 나타난다. 사람의 경우에 이의 구조는 그림 5-1 과 같다.

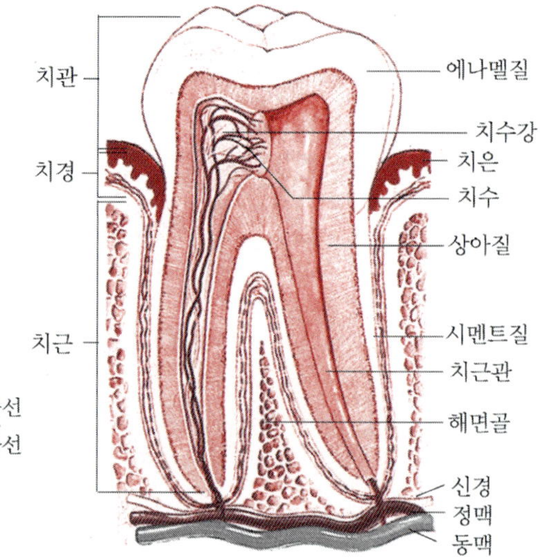

그림 5-1 이의 구조(사람)

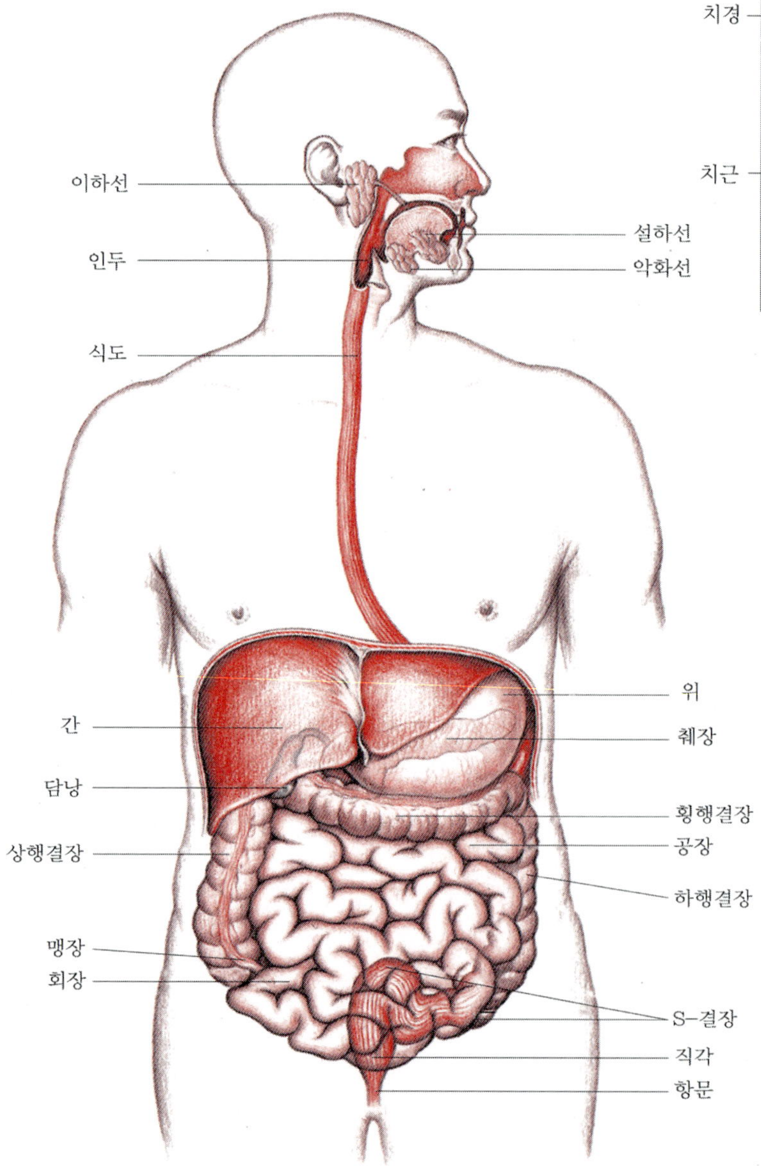

그림 5-2 인간의 소화기관

한편 분쇄된 음식물은 3 쌍의 타액선(唾液腺, salivary gland)인 이하선(耳下腺, parotid gland), 악하선(顎下腺, submandibular gland) 및 설하선(舌下腺, sublingual gland)에서 분비되는 타액과 섞인다(그림 5-2 참조).

타액(침, saliva)은 pH 6.4~6.8 로서 약산성으로 대부분이 물이고, 약간의 염류와 점액성 당단백질인 뮤신(mucin) 및 타액 아밀라아제(salivary amylase)라는 소화효소로 구성되며, 성인은 하루에 약 1,200 ml ~1,500 ml 가 분비된다.

아밀라제는 전분을 가수분해하여 이당류인 맥아당으로 분해시키는 효소이지만, 음식물이 입 안에 머무르는 시간이 짧기 때문에 이 소화현상은 거의 일어나지 않는다. 그러므로 타액의 작용은 주로 분쇄된 음식물을 적셔서 삼키기 쉽게 해주는 윤활제 역할을 한다고 보겠다.

입에서 넘어가는 음식물은 인두를 지나 식도의 연동운동(蠕動運動, peristalsis)에 의해 위(胃, stomach)로 이동한다. 음식물을 삼킬 때에는 음식물이 콧속으로 들어가지 못하도록 연구개(軟口蓋, soft palate)가 올라가 막아주고, 기관으로의 유입을 막기 위해서 후두개(epiglottis)가 기관입구를 덮어주며, 입으로 역류하지 못하도록 혀의 기부와 근육벽이 후두의 입구를 막는 불수의운동이 일어난다(그림 5-3).

동물에 따라서는 식도부위에 특수소화기관(조류의 소낭 또는 개구리의 전위 등)이 있어서 먹이를 저장하거나 일시적인 소화작용이 일어나는 것도 있지만, 대부분의 고등 포유동물의 본격적인 소화는 위에서 시작된다.

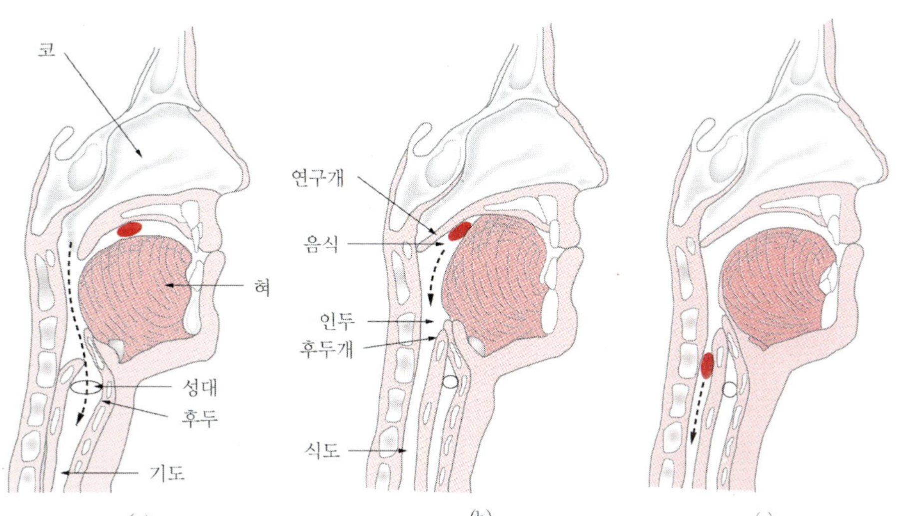

그림 5-3 호흡(a)과 음식물을 삼킬 때(b · c)의 혀의 후두개 위치

5-1-2 위

위는 복강 뒤쪽에 위치하며, 평활근섬유로 된 두꺼운 근육층으로 이루어져 있고, 위벽에는 수많은 위선(胃腺, gastric gland)이 분포하고 있다. 위선은 주세포(主細胞, chief cell) 및 부세포(副細胞, parietal cell) 등의 점액세포(粘液細胞, mucous cell)들로 이루어져 있다(그림 5-4).

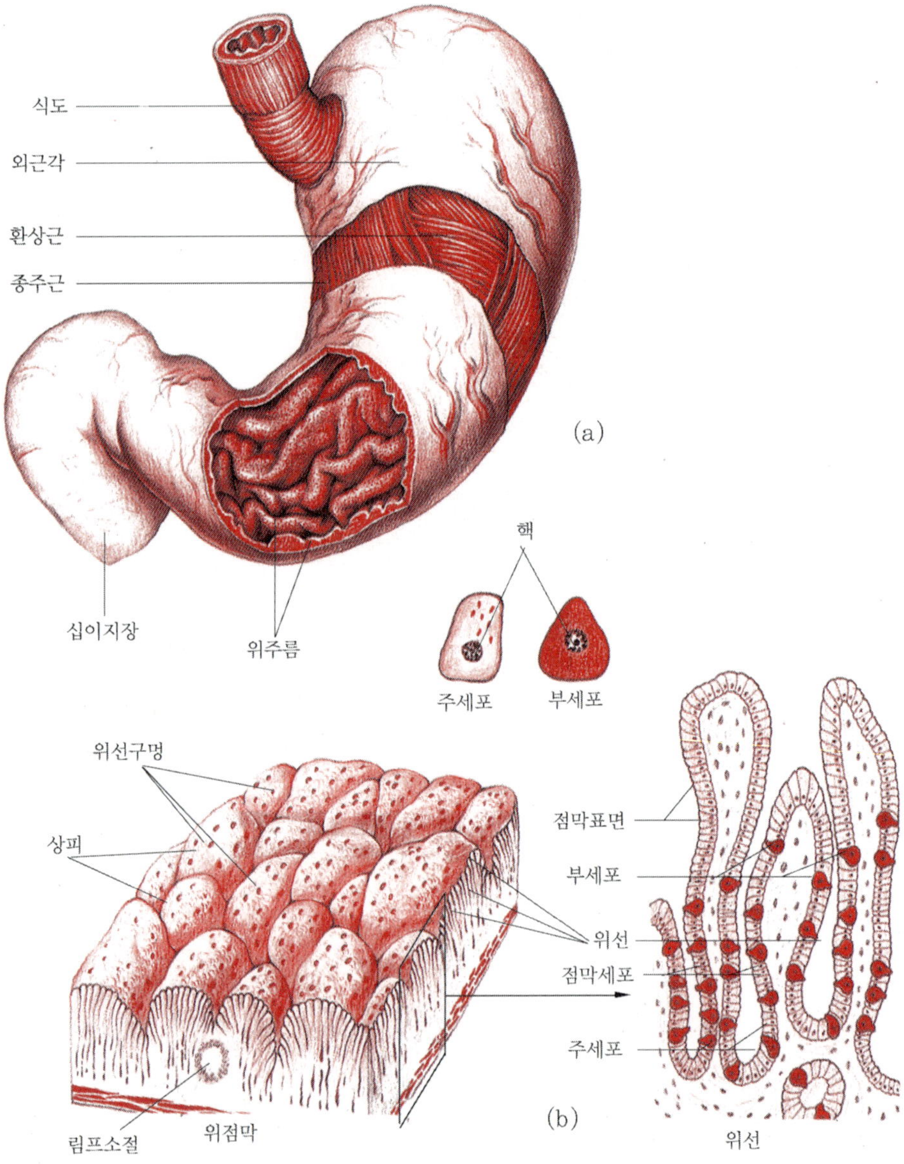

그림 5-4 사람의 위(a)와 위점막 · 위선의 구조(b)

음식물이 위에 들어오면 위근육 운동에 의해 위선에서 분비되는 위액과 혼합되어 강력한 소화작용이 일어난다. 즉, 음식물이 위벽에 닿으면 신경과 가스트린(gastrin)이라는 호르몬의 작용으로 위점막에서 위액(胃液, gastric juice)이 분비되는데, 그것은 점액, 펩시노겐(pepsinogen), 염산, 리파아제(lipase) 등의 혼합물로 된 담황색의 액체이다. 이러한 위액은 0.2~0.5%의 염산을 함유하므로 강한 산성을 나타내는데, 순수 위액의 pH는 1~2이다.

염산은 부세포에서 분비되며, 주세포에서 분비되는 불활성형의 효소전구체(酵素前驅體, zymogen)인 펩시노겐을 펩신(pepsin)으로 활성화시키는 작용을 한다. 활성형인 펩신은 단백질의 펩티드(peptide)결합을 부분적으로 가수분해하여 여러 가지 길이의 폴리펩티드(polypeptide)로 분해시킨다.

점액은 위에서 소화효소의 작용을 돕는 한편, 그 속에 함유된 당단백질인 뮤신(mucin)이 위의 내벽을 덮게 하여 펩신에 의해 위내벽단백질 자체가 소화되는 것을 막아주는 보호기능을 가진다.

레닌(rennin)은 유아시기의 소화에서 특히 중요한 효소로서, 액체성분인 우유가 위를 빨리 통과하지 못하도록 한다. 즉, 우유의 단백질성분인 카세인(casein)을 반고체인 파라카세인으로 바꾸어 펩신에 의해 소화되지 못하도록 해준다. 그러나 이 효소는 성인이 되면 거의 없어지는 것으로 알려져 있다. 지질가수분해효소는 지방분해효소이지만 위에서는 지방의 소화가 거의 일어나지 않는다.

이렇게 위에서 소화된 음식물은 반유동성인 유미즙(乳糜汁, chyme)이 되어 위의 운동으로 유문부(幽門部, pyloric region)를 지나 십이지장으로 옮겨지는데, 그 사이에는 유문괄약근(幽門括約筋, pyloric sphincter)이 있으며, 이것의 여닫이는 유문반사에 의해 조절되고 있다.

5-1-3 소 장

소장(小腸, small interstine)은 길이가 약 7 m의 가늘고 긴 소화관으로, 앞에서부터 약 20 cm를 십이지장(十二指腸, duodenum), 그 다음 약 1 m의 부분을 공장(空腸, jejunum), 나머지 부분을 회장(回腸, ileum)이라 한다. 거의 모든 소화관이 그렇듯이 소장도 다음과 같은 조직으로 이루어져 있다(그림 5-5 참조).

첫째는 혈관이 분포되어 있는 내면의 점막층(mucosa), 둘째는 소성결합조직 내에 풍부한 조직과 림프관 및 점막하신경총(Meissner's plexus)을 갖는 점막하층(submucosa)이다.

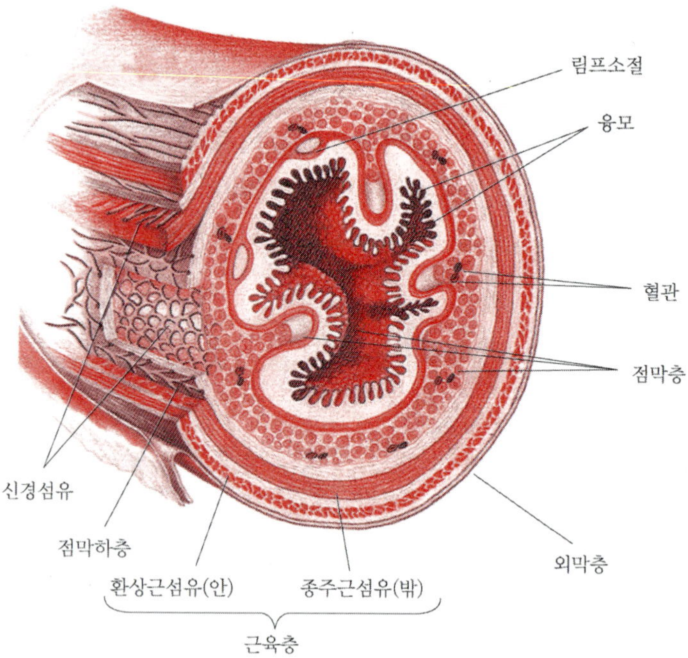

그림 5-5 소장의 단면도

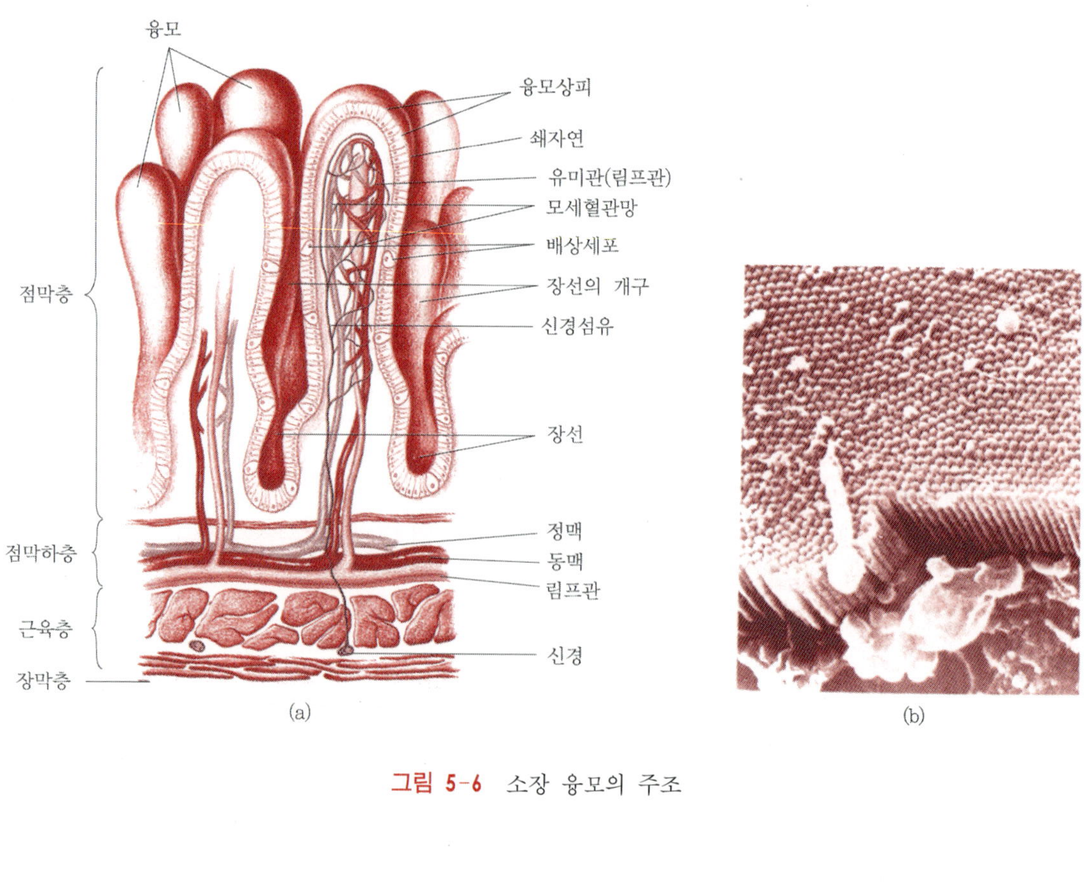

그림 5-6 소장 융모의 주조

셋째는 안쪽에 환상근섬유(circular muscle fiber)로, 바깥쪽에 종주근섬유(longitudinal muscle fiber)로 이루어진 중층의 외근층(muscularis externa), 넷째는 제일 바깥쪽의 장막층(serosa)으로 구성되어 있다.

소장의 안벽은 무수히 많은 융모(絨毛, villi)로 주름이 잡혀 있어서 소화산물과의 표면적을 넓게 해주며, 융모를 이루는 표피세포의 표면은 수천 개의 미세한 원주형 돌기의 구조물인 미융모(microvilli)로 되어 있다.

전자현미경으로 미융모를 관찰하면 표피층을 덮고 있는 조문연(條紋緣, striated border)을 볼 수 있고, 융모 속에는 모세혈관과 유미관(乳糜管, lacteal)이 있어 소화물질을 흡수하도록 되어 있다(그림 5-6 참조).

또한 이들의 굴곡운동은 소장내용물의 혼합과 소화산물의 이동을 돕는다. 소장에서의 소화작용은 융모 사이의 장선(腸線, intestinal gland)에서 분비되는 장액(腸液, intestinal juice) 및 췌장에서 십이지장으로 분비되는 췌장액 안에 들어있는 여러 종류의 소화효소들에 의하여 이루어지는데, 대부분의 소화작용은 십이지장에서 이루어진다(표 5-1 참조).

표 5-1 중요한 소화효소

효 소	분비선	최적 pH	기 질	분해 산물
아밀라아제	타액선	6.0~6.8	전 분 글리코겐	말토오스 과당류
펩 신	위 선	1.0~2.0	단백질	폴리펩티드
렌닌(또는 chymosin)	위 선	4.0	카제인	응고된 카제인
트립신	췌 장	7.0~8.0	폴리펩티드	펩티드
키모트립신	췌 장	7.0~8.0	폴리펩티드	펩티드
아밀라아제	췌 장	7.1	전 분 글리코겐	말토오스
리파아제	췌 장	7.0~8.0	지 방	지방산 글리세롤
RNase DNase	췌 장	7.0~8.0	핵산 RNA DNA	뉴클레오티드
카르복시펩티다아제	장 선	7.0~8.0	펩티드	아미노산
아미노펩티다아제	장 선	7.5~8.5	펩티드	아미노산
엔테로키나아제	장 선	7.5~8.5	트립시노겐	트립신
말타아제	장 선	7.5~8.5	말토오스	포도당
슈크라아제	장 선	7.5~8.5	슈크로오스	포도당, 과당
락타아제	장 선	7.5~8.5	락토오스	포도당, 유당

5-1-4 췌장과 간

췌장(膵臟, pancreas)은 위와 십이지장 사이에 있으며, 여러 가지 소화효소를 포함한 알칼리성의 췌장액을 십이지장으로 분비하는데, 이는 십이지장벽에서 나오는 세크레틴(secretin)이라는 호르몬에 의해 촉진된다.

췌장액에는 중탄산나트륨($NaHCO_3$)이 많이 함유되어 있어서 위에서 보내진 산성의 유미를 중화시킬 수 있고, 그렇게 함으로써 췌장액과 장액에 포함된 pH 7~8인 여러 소화효소들의 작용을 가능하도록 해준다(표 5-1 참조). 이러한 소화효소들 중 단백질의 가수분해효소는 전구체(precursor)로 분비된다.

트립시노겐 $\xrightarrow{\text{엔테로키나아제}}$ 트립신

키모트립시노겐 $\xrightarrow{\text{트립신}}$ 키모트립신

카르복시펩티다아제 전구체 $\xrightarrow{\text{트립신}}$ 카르복시펩티다아제

즉, 트립시노겐은 장점막에서 분비된 엔테로키나아제(enterokinase)의 작용에 의해 펩티드의 일부가 떨어져 나감으로써 활성형인 트립신(trypsin)으로 되며, 이어 트립신이 다른 단백질 가수분해효소의 전구물질을 활성화시킨다.

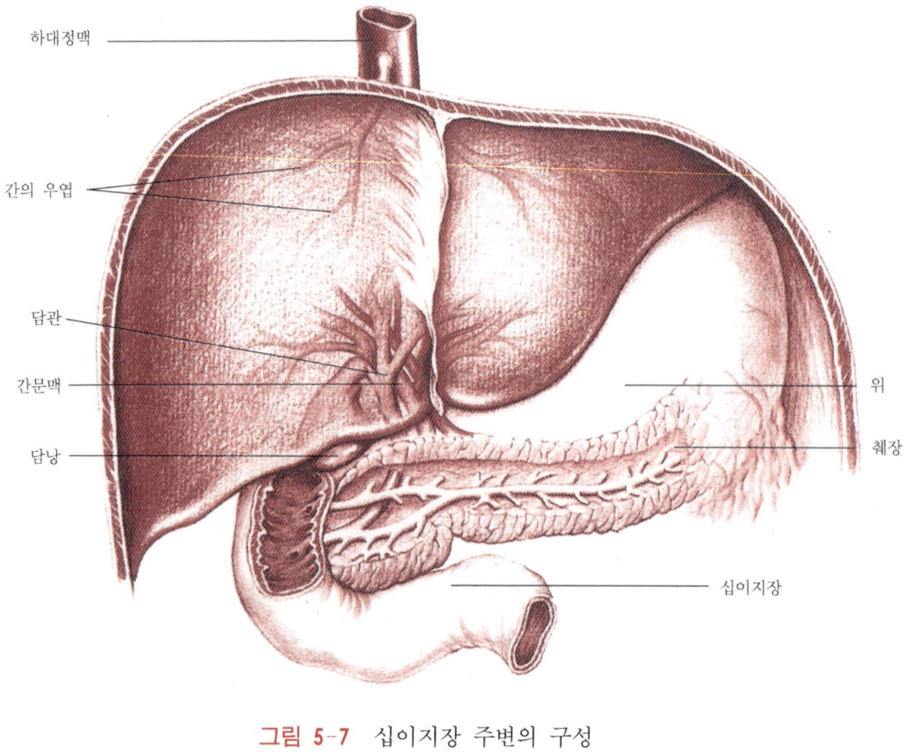

그림 5-7 십이지장 주변의 구성

이와 같이 췌장 내에서는 불활성형인 전구체가 합성 저장되므로 췌장조직 단백질이 가수분해되는 일은 없으며, 또한 췌장에서도 트립신 억제제(trypsin inhibitor)인 단백질을 합성하여 트립신에 의한 췌장조직의 손상을 방지하기도 한다.

췌장은 이들 소화효소 외에 인슐린(insulin)과 글루카곤(glucagon)이라는 호르몬을 분비하여 혈당량을 일정하게 유지시켜주는 작용을 하는데, 이에 대해서는 내분비계에서 설명하기로 한다.

간(肝, liver)은 담즙(膽汁, bile)을 만들어 일단 담낭(膽囊, gall bladder)에 저장하며, 이 담즙의 분비 역시 십이지장벽에서 나오는 호르몬인 콜레시스토키닌(cholecystokinin, CCK)에 의해 일어난다. 담즙은 알칼리성인 황금색의 액체로서 대부분이 물이며, 담즙산염(膽汁酸鹽, bile salts), 담즙색소(bile pigment), 콜레스테롤(cholesterol), 무기염류 및 레시틴(lecithin, 인지질의 일종) 등을 함유한다.

담즙산염은 소화에 관여하는데, 이는 소화효소가 아니고 지방질을 유화(emulsification)하여 지질가수분해효소에 의한 지방분해 및 흡수를 도우며, 장에서 지용성 비타민의 흡수를 원활히 해주는 작용을 한다.

한편 간은 소화에 관계되는 일 외에도, 장에서 흡수된 여러 가지 영양소의 전환, 저장 및 공급, 요소합성, 해독작용, 혈류조절, 혈액응고인자인 프로트롬빈의 합성, 체온조절 등 여러 기능을 가지고 있어서 체내 물질대사의 중추역할을 담당하고 있다.

5-1-5 대 장

대장(大腸, large inteatine)은 소장에 이어 항문(肛門, anus)에 이르는 비교적 굵은 관으로 이루어져 있으며, 맹장(盲腸, caecum), 결장(結腸, colon) 및 직장(直腸, rectum)으로 나누어진다.

소화와 그 산물의 흡수는 소장에서 이루어지므로, 대장은 소장을 거쳐서 온 내용물로부터 주로 수분을 흡수하는 작용을 하며, 탈수된 찌꺼기가 대변(feces)으로서 직장의 강한 연동운동에 의해 배변(defecation)된다. 또 대장에 기생하는 세균들에 의해 합성되는 몇 가지 비타민(비타민 K, B_1, B_2 등)과 아미노산을 흡수하는 작용도 한다.

5-1-6 흡 수

소화의 결과로 생긴 산물인 아미노산, 지방산, 글리세롤(glycerol) 및 포도당과 그밖에 각종 단당류 및 뉴클레오티드(nucleotide) 등은 모두 소장의 융모돌기에서 흡수된다. 즉 단당류와 아미노산, 글리세롤 및 일부 지방산(탄소수 10 이하)과 핵산의 분해산물은 융모의 모세혈관으로 흡수되어 혈액을 따라 간문맥(肝門脈, hepatic portal vein)을 거쳐 간으로 운반된 후, 심장을 통해 각 조직세포로 공급된다. 그러나 지질의 소화산물은 이와 다른 과정과 경로로 흡수된다(그림 5-8).

즉, 소화산물인 지방산, 모노아실글리세롤 등은 담즙산염과 반응하여 미셀(micelle)을 형성함으로써 미세융모의 쇄자연(刷子緣, brush border)으로 접근이 촉진되며, 지방산이나 모노글리세리드(monoglyceride)는 융모막을 통과하여 상피세포로 이동된다.

이들 분자들은 상피세포에서 소포체에 존재하는 합성효소에 의해 지방으로 재합성되고, 흡수된 콜레스테롤(cholesterol)이나 인지질 등과 함께 구형의 지질입자로 응집되며, 그 위에 얇은 단백질피막이 쌓이는데,

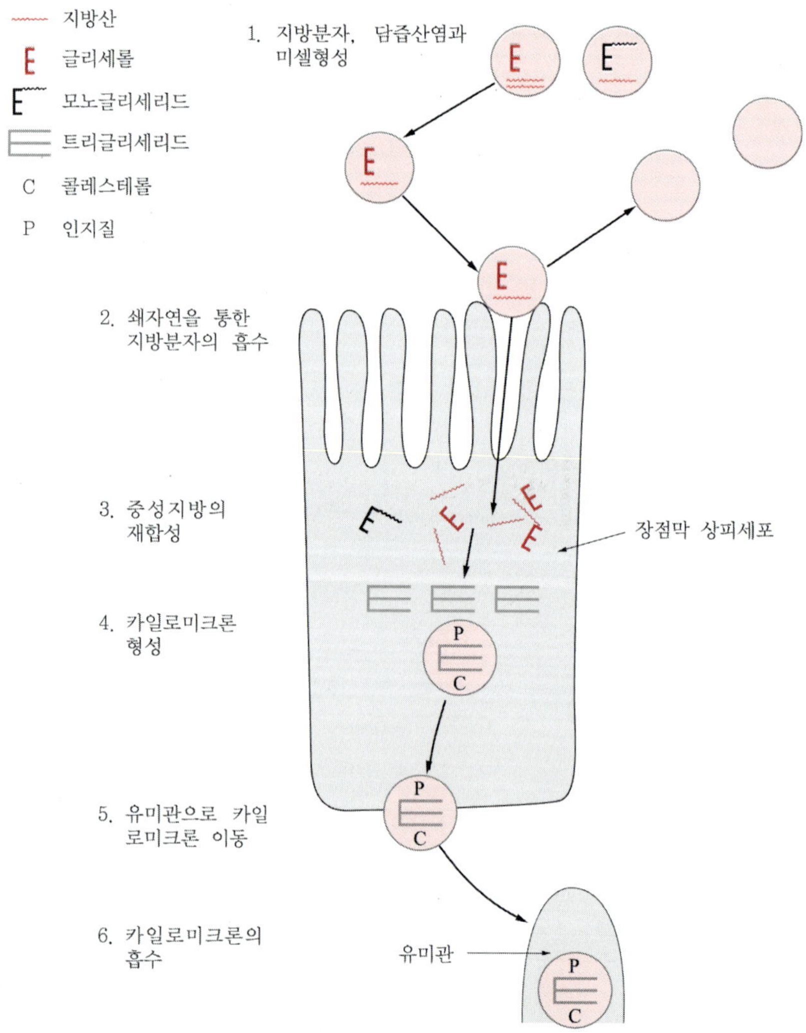

그림 5-8 지방의 흡수경로

그것을 카일로미크론(chylomicron)이라 한다.

카일로미크론은 상피세포에서 유미관(乳糜管, lacteal)으로 이동되고, 림프관(lymph duct)을 따라 흉관(胸管, thoracic duct)을 거쳐서 결국은 혈액으로 운반된다. 흡수되는 지방의 약 90%가 이와 같은 경로를 통해서 혈액으로 운반된다. 지방이 많이 들어있는 음식을 섭취한 후에는 혈액 내에 카일로미크론이 많이 존재하게 되므로 몇 시간 동안은 혈장의 색깔이 혼탁한 우유빛이 된다.

융모막을 통해 소화산물이 흡수될 때, 일부는 촉진확산에, 일부는 능동수송(能動輸送, active transport)에 의한다. 특히 포도당과 단당류 및 아미노산의 흡수는 능동수송에 의하는데, Na^{+}이 존재할 때에 운반이 활성화된다고 알려져 있다.

5-2 호흡과 순환

5-2-1 호 흡

동물은 소화와 흡수로 얻은 영양물질을 순환에 의하여 각 조직세포로 공급하고, 이 물질들을 산화시킴으로써 생명활동에 필요한 에너지를 얻고 있다. 산화과정에서는 산소가, 전자와 수소의 궁극적인 수용체가 되므로 산소가 존재하지 않으면 동물은 에너지를 얻을 수 없게 된다. 동물은 체내에 산소저장 능력이 없기 때문에 외부환경으로부터 끊임없이 산소를 공급받아야 하며, 산화의 결과로 생성된 탄산가스(CO_2) 또한 체내에 다량 축적될 수 없으므로 곧 외부로 방출시켜야만 한다.

이와 같이 동물은 항상 외부로부터 산소를 얻고, 체내에서 생성된 탄산가스를 외부로 배출하는 기체의 교환을 하고 있는데, 이 과정을 호흡(呼吸, respiration)이라 한다. 호흡은 그 과정에 따라 외호흡(外呼吸, external respiration)과 내호흡(內呼吸, internal respiration)으로 구별한다.

1. 호흡기관

체제가 극히 간단한 하등동물에서는 특수하게 분화된 호흡기관(呼吸器官, respiratory organ)이 없으며, 몸을 구성하는 세포들이 직접 외부환경에 노출되어 있으므로 단순한 기체의 확산에 의해 호흡을 한다. 그러나 동물의 체제가 복잡해짐에 따라 몸의 각 부분으로 기체를 도입하는 호흡기관이 발달하게 된다(그림 5-9 참조).

(1) 피 부

편형동물, 환형동물 등의 하등 무척추동물은 특수한 호흡기관을 갖고 있지는 않지만, 체표를 통해 직접 외계와 기체교환을 하는데, 이러한 동물의 몸 표면에는 항상 점액이 분비되어 있어 산소가 직접 이 용액에 용해되어 표피세포 속으로 확산되어 들어간다. 이를 피부호흡(cutaneous respiration)이라 한다[그림 5-9 (a)].

(2) 숨 관

곤충들은 주로 기관(氣管, trachea)으로 호흡을 하는데, 가슴과 배의 각 체절마다 1쌍씩의 기문(氣門, spiracle)이 열려 있고 이것과 연결된 기관과 기낭(氣囊, air sac)이 몸 속으로 많은 가지를 내며 뻗어 있다[그림 5-9 (b)].

기문의 입구에는 많은 극모(棘毛, bristle)가 나 있어 내부로 들어가는 공기를 여과시키며, 기관의 벽은 키틴질(chitin)로 되어 있고 기관의 끝에는 체액이 채워져 있어서 여기에 산소나 탄산가스가 녹으면 확산에 의해 기체교환이 일어난다. 한편 기체의 출입은 몸의 굴곡운동이나 기문의 개폐에 의하여 이루어진다.

(3) 아가미

물속에서 생활하고 있는 어류, 갑각류 및 대부분의 연체동물은 아가미(鰓, gill)로 호흡한다. 아가미는 여러 겹의 엷은 막이 심한 굴곡을 이루어물과의 접촉면적을 넓혀주며, 이 막에는 많은 모세혈관이 분포하고 있어서물이 아가미를 통과하는 동안에 확산으로 기체교환이 일어난다[그림 5-9 (c), (d)].

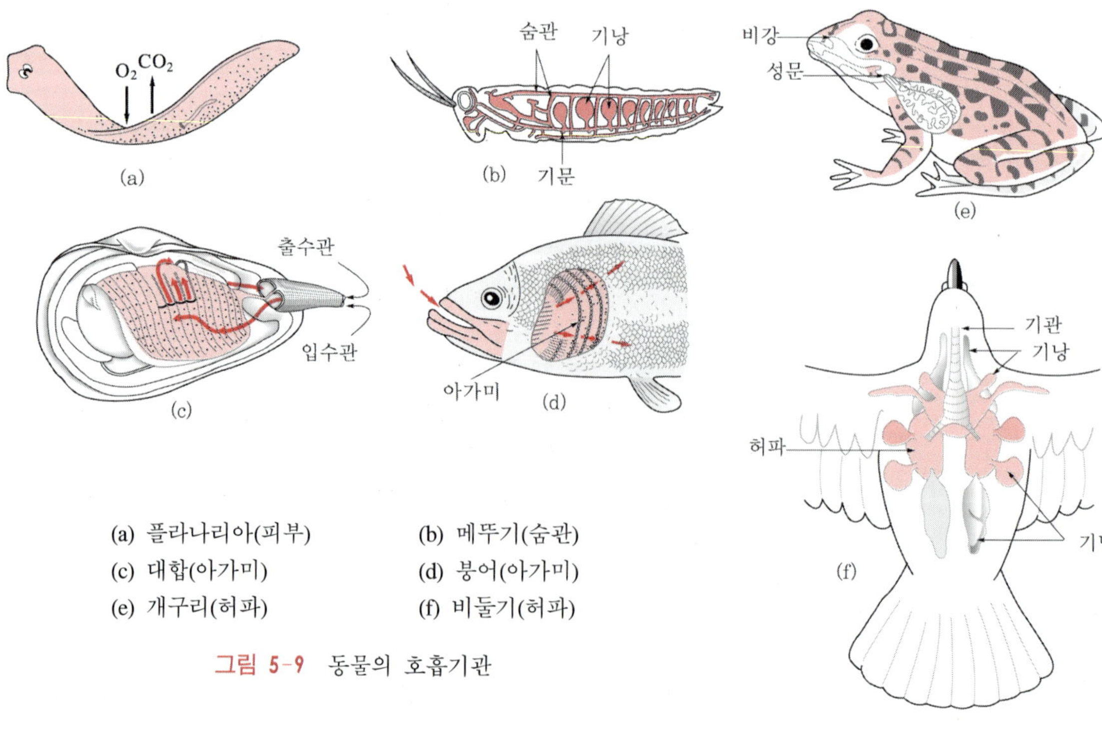

(a) 플라나리아(피부) (b) 메뚜기(숨관)
(c) 대합(아가미) (d) 붕어(아가미)
(e) 개구리(허파) (f) 비둘기(허파)

그림 5-9 동물의 호흡기관

대합조개의 경우, 아가미를 덮고 있는 섬모가 유동적으로 운동을 하여 입수관(入水管, incurrent siphon)으로 물이 들어오고 출수관(出水管, excurrent siphon)을 통해 물을 내보낸다[그림 5-9 (c)].

(4) 폐

어류를 제외한 대부분의 척추동물들이 가지는 호흡기관은 폐(肺, lung)로서, 발생학적으로는 소화관의 앞부분에서 유래된 내배엽성 기관이며, 동물의 진화 정도에 따라 그 구조에 많은 차이가 있다.

양서류인 개구리의 폐는 2개의 엷은 막으로 된 주머니 모양의 간단한 구조를 가지며, 성문(聲門, glottis)을 통해서 구강에 연결되어 있다[그림 5-9 (e), (f)]. 폐의 내면에는 주름이 접혀 있어 공기와의 접촉면적을 크게 하며, 혈관이 많이 분포되어 기체교환이 이루어진다.

폐에 공기를 채울 때는 두 단계를 거치는데, 우선 비공(鼻孔, nostril)을 통해 구강에 공기를 채운 후에 후비공(後鼻孔, choana)을 닫은 다음에는 성문을 통해 폐로 보낸다. 대부분의 양서류에서는 표피(表皮, skin)를 통해서도 기체교환을 하고 있는데, 이는 피부가 젖어있는 상태에서만 이루어진다.

파충류의 폐는 양서류에 비해 비교적 넓은 표면적을 가지므로 공기와의 접촉면적이 크며, 늑골(肋骨, rib)의 운동으로 기체의 출입을 촉진시켜 기체교환이 효과적으로 이루어진다.

조류의 폐는 파충류와 유사하지만 날개의 운동과 기낭(氣囊, air sac)이 있어서 더욱 효과적인 기체교환을 할 수 있다. 조류는 항온동물이므로 외부환경의 온도변화에 관계없이 체온(보통 40°C)이 항상 일정하다. 이 체온은 주로 근육운동에 의해 생긴 열로써 유지된다. 한편 근육운동은 세포호흡으로 생성된 에너지에 의해 이루어지므로 많은 산소를 필요로 하게 된다.

조류의 폐는 이와 같이 다량의 산소 수요를 충족시키기 위하여 폐에 여러 쌍의 기낭을 가지고 있다[그림 5-9 (f)]. 기낭은 풍선 모양의 주머니로서 그 속에 공기를 채워서 호흡할 때 폐에 신선한 공기를 공급해 주며, 또 새가 날 때 부력을 일으키는 역할도 한다.

사람을 비롯한 포유류의 호흡기관은 후두(喉頭, larynx)에 연결된 기관(氣管, trachea)의 아래쪽 끝이 좌우로 나누어져 기관지(氣管枝, bron- chus)를 이루고, 폐 속에서 소기관지(小氣管支, bronchiolus)로 나누어져 수많은 폐포(肺胞, alveoli)에 연결된다.

성인의 폐에는 약 3억 개의 폐포가 있는데, 각 폐포는 많은 주름이 접혀진 상피세포들로서 폐의 내부면적을 넓혀서 공기와의 접촉을 크게 하며, 그 둘레를 모세혈관이 치밀하게 둘러싸서 기체교환이 효과적으로 이루어지고 있다.

그림 5-10에서 보듯이 횡격막(橫隔膜, diaphragm)은 사람의 체강(體腔, body cavity)을 복강과 흉강으로 나누는데, 폐의 표면과 흉벽의 내면은 흉막(胸膜, pleura)이라는 엷은 섬유성 막으로 싸여 있고, 그 사이에 흉막액(胸膜液, pleural fluid)이 들어 있어서 폐의 팽창과 수축에 따르는 두 흉막 사이의 마찰을 줄여 주는 윤활제 역할을 한다.

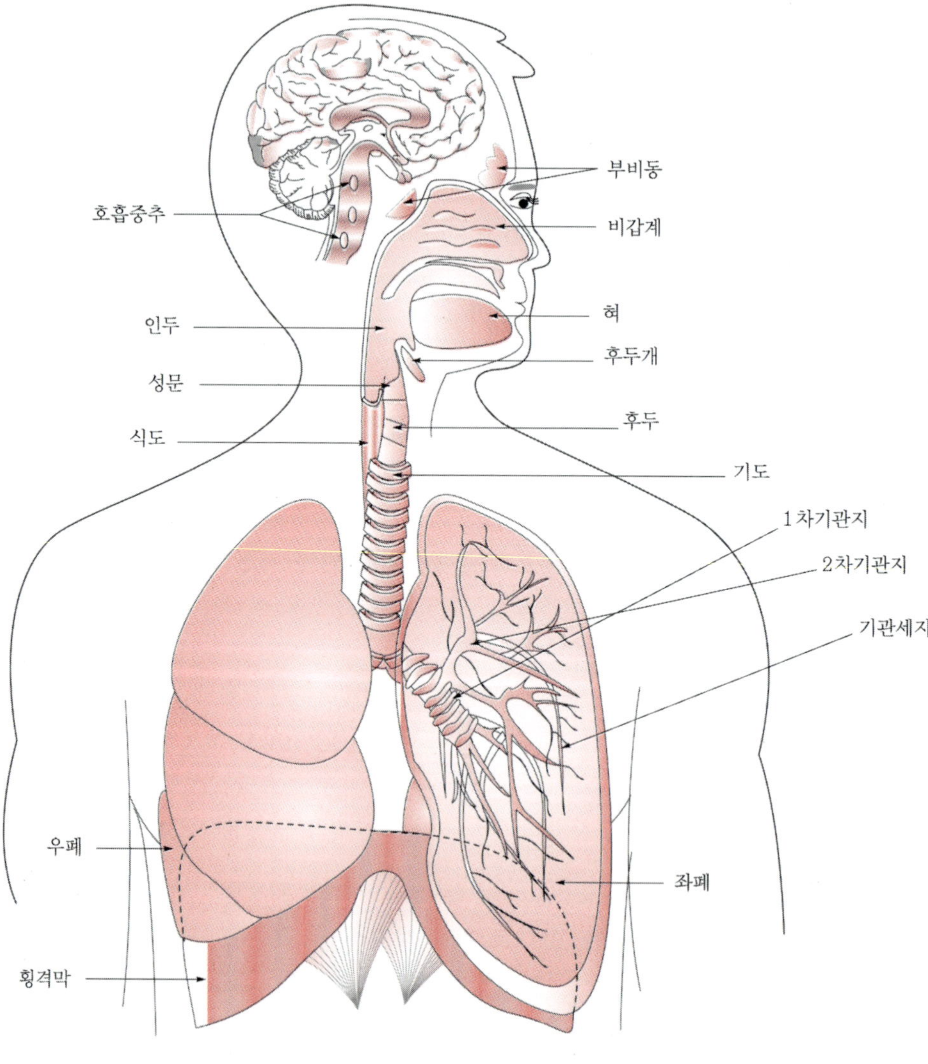

그림 5-10 사람의 폐의 구조

2. 호흡운동

호흡기관의 호흡운동은 동물의 종류에 따라 각기 그 양상이 다르다. 고등동물의 경우, 공기를 폐 속으로 빨아들이는 흡식(吸息, inspiration)과 폐 속의 공기를 외부로 배출하는 호식(呼息, expiration)의 두 가지 운동으로 이루어진다. 사람의 폐에서는 기체의 출입이 늑골과 횡격막의 운동에 의해 이루어지는데, 늑골은 그 안팎에 붙은 내-외늑간근(內外肋間筋, internal-external intercostal muscle)에 의해 조절된다(그림 5-11).

흡식을 할 때는 외늑간근이 수축하여 늑골을 위로 치켜올리고, 횡격막이 수축하여 아래로 내려오면 흉강의 부피가 커지고 흉강내압이 낮아지므로 공기는 외부로부터 폐 속으로 들어온다.

이어서 호식을 할 때는 외늑간근과 횡격막이 이완되면서 폐를 압축하여 공기는 밖으로 밀려 나가게 된다.

정상호흡을 할 경우, 사람은 1분간 15~18회의 호흡운동을 하게 되며, 1회의 호흡운동에 의해 출입하는 공기의 양을 호흡용량(呼吸容量, tidal volumes)이라 하는데 약 500 ml 이다. 휴식상태에 있는 사람의 1회 호흡량은 500 ml 이지만 폐가 최대로 흡식할 경우에는 상당량의 공기를 채울 수 있다.

이와 같이 심호흡운동에 의한 폐의 총용량을 폐활량(肺活量, vital capacity)이라 하며, 성인 남자의 경우는 약 4000 ml 에 달한다.

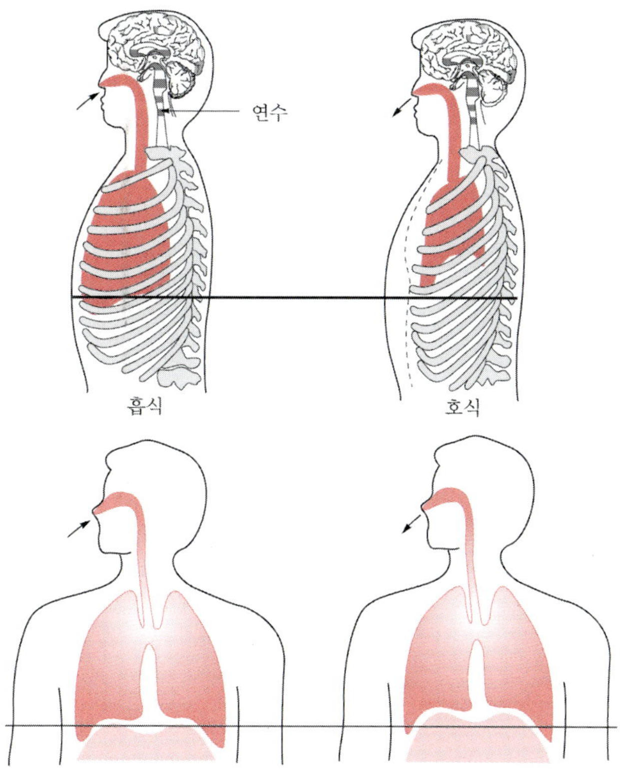

그림 5-11 인간의 호흡운동

이 경우 최대호식 후에도 폐에는 약 1200 m*l* 정도의 공기가 남아 있는데, 이를 잔기용량(殘氣用量, residual volume)이라 한다.

3. 기체교환

혈액과 폐포 사이의 기체교환은 전적으로 두 가스 분압(分壓, partial pressure)의 차이에 따른 확산에 의한다. 호기와 흡기의 조성과 용적비는 표 5-2 와 같다.

표 5-2 흡기와 호기의 조성

조 성	흡 기(%)	호 기(%)
질 소(비활성기체 포함)	79	79
산 소	20. 9	14. 0
탄산가스	0. 04	5. 6

폐포내 산소의 분압은 약 100 mmHg 이며, 폐포 모세혈관 내의 산소 분압은 훨씬 낮아서 40 mmHg 에 지나지 않는다. 따라서 폐포 내의 산소는 혈액 속으로 확산한 결과, 혈액이 폐를 떠나 조직으로 갈 때에 산소의 분압은 폐포의 그것과 같은 100 mmHg 까지 올라가게 된다.

이와 마찬가지로 폐포에 들어오는 혈액 내 탄산가스의 분압은 50 mmHg 정도의 압력을 가지며, 폐포내 탄산가스의 분압은 40 mmHg 정도이므로 탄산가스는 혈액에서 폐포로 확산되는 것이다. 혈액이 폐를 통과하는 속도가 상당히 빠름에도 불구하고 짧은 시간 내에 기체교환이 충분히 일어나는 이유는, 폐포 주위에 모세혈관이 빽빽한 망상구조를 이루는 극히 얇은 막으로 되어 있기 때문이다.

4. 호흡운동의 조절

동물은 활동상태에 따라 호흡속도(조직세포의 산소소비량)가 변한다. 심한 운동을 하면 조직세포의 산소소비량은 평상시의 20～25 배로 증가되므로, 호흡운동을 빨리 또는 깊이 하여 필요한 산소를 공급하게 된다. 이와 같은 호흡운동속도의 증가요인을 산소의 결핍으로 생각하기 쉬우나, 실험결과에 의하면 산소의 결핍은 호흡운동속도 조절에는 거의 관계가 없음을 알 수 있다.

즉, 보통 공기 대신에 100% 산소만으로 호흡할 경우, 호흡회수나 깊이에 거의 변화가 없는 반면, 92%의 산소와 8%의 탄산가스로 된 혼합기체를 호흡했을 때는 호흡회수가 급격히 증가하고 깊이도 커진다. 이 혼합기체 중 산소의 양은 보통 공기내의 산소량(약 20%)보다 많은 양이므로 산소결핍에 의한 변화는 아닌 것이다. 그러므로 호흡운동의 조절요인은 탄산가스의 농도임을 알 수 있다(그림 5-12).

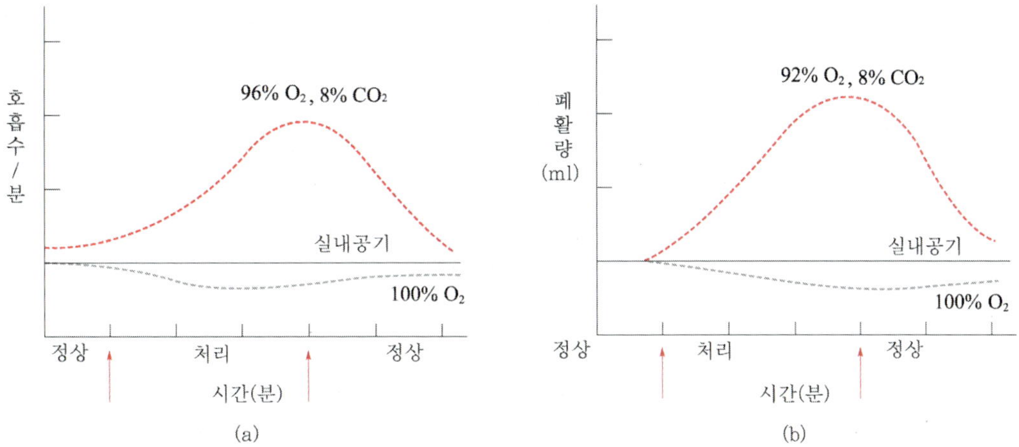

그림 5-12 공기의 조성에 따른 호흡회수(a)와 폐활량의 변화(b)

호흡운동은 뇌의 연수(延髓, medulla oblongata)에 있는 호흡중추에 의하여 반사적으로 조절되는데, 여기에 탄산가스 농도변화에 민감하게 반응하는 세포들이 있어서 혈액 속에 녹아있는 탄산가스의 양이 증가하면 호흡중추의 흥분이 커지며, 따라서 호흡운동의 회수와 깊이가 증가한다. 이와 같이 호흡운동은 자율적으로 일어나지만, 횡격막과 늑골의 근육이 대뇌의 의식중추와 연결된 신경의 지배를 받고 있으므로 의식적으로도 호흡은 조절될 수 있다.

5. 기체운반

(1) 산소의 운반

혈액과 체내 조직세포 간에 기체의 교환은 기체의 분압차에 의한 확산으로 이루어지는데, 호흡경로에 따른 각 부분의 기체분압은 표 5-3과 같다.

이 표에서 알 수 있는 바와같이, 기체확산에 의해 폐포 내의 산소는 전신을 돌고 온 정맥혈 속으로, 정맥혈 내 탄산가스는 폐포 쪽으로 확산된다. 그러면 정맥혈은 동맥혈이 되고, 순환하여 몸의 각 조직에 도달하면 역시 위와 같은 기체분압의 차이에 의해 산소는 조직세포 속으로, 탄산가스는 조직세포에서 혈액 속으로 이동한다.

표 5-3 외호흡의 각 경로에 있어서 O_2 와 CO_2 의 분압

호흡경로	O_2 (mmHg)	CO_2 (mmHg)	호흡경로	O_2 (mmHg)	CO_2 (mmHg)
들 이 마 신 공 기	158	0. 3	동 맥 혈	100	40
허파꽈리 내의 공기	100	40	조 직 세 포	1~40	52
정 맥 혈	40	46	내쉬는 공기	116	27

포유동물의 경우, 산소운반의 주체는 적혈구의 헤모글로빈(hemoglobin, Hb)으로서, 산소와 쉽게 결합되거나 해리될 수 있는데, 이 가역반응은 주로 주위에 있는 산소의 분압차이에 의해 결정되며, 헴 1분자에 산소 1분자가 결합되므로 Hb 1분자는 4분자의 산소와 결합할 수 있다.

$$\underset{\substack{\text{헤모글로빈}\\(\text{암적색})}}{Hb + 4\,O_2} \;\underset{\text{산성, 고온(조직), 낮은 }O_2\text{, 높은 }CO_2}{\overset{\text{높은 }O_2\text{, 낮은 }CO_2\text{, 중성, 저온(폐)}}{\rightleftarrows}}\; \underset{\substack{\text{산화헤모글로빈}\\(\text{밝은 적색})}}{Hb\,(O_2)_4}$$

100 ml 의 동맥혈은 약 20 ml 의 산소를 운반하는데, 이 중 약 3 ml (약 1.5%)는 혈장에 용해된 상태로, 나머지는 Hb 에 의해 운반된다. Hb 와 산소의 결합량을 산소분압에 따라 그래프로 그린 것을 산소-헤모글로빈 해리곡선(oxygen-hemoglobin dissociation curve)이라 한다(그림 5-13).

이 곡선은 S 자 모양을 하는데, 폐포의 산소 분압인 100 mmHg 에서 Hb 가 대부분(약 95%) 산소와 결합하며, 이것이 조직세포의 산소분압인 40 mmHg 이하에서는 HbO_2 의 포화도가 급격히 감소하여 다량의 산소가 빠른 속도로 방출되는 것을 볼 수 있다.

Hb 와 산소의 결합은 탄산가스의 농도에 의해 영향을 많이 받는다. 혈액내 탄산가스 농도가 높아지면 H^+ 농도가 증가하고 따라서 pH 가 낮아지기 때문에 HbO_2 는 쉽게 해리된다.

이렇게 해서 탄산가스 농도가 높은 조직세포에서는 HbO_2 가 쉽게 해리되어 다량의 산소가 공급되고, 반대로 탄산가스 농도가 낮은 폐포에서는 더 많은 산소가 쉽게 Hb 와 결합되는 것이다.

온도의 증가도 역시 Hb 의 산소결합능을 저하시킨다(그림 5-14). 따라서 근육운동이 많은 부분의 국부적 온도증가(또한 탄산가스량 증가)가 이 조직으로의 산소공급을 더 크게 해주는 것이다.

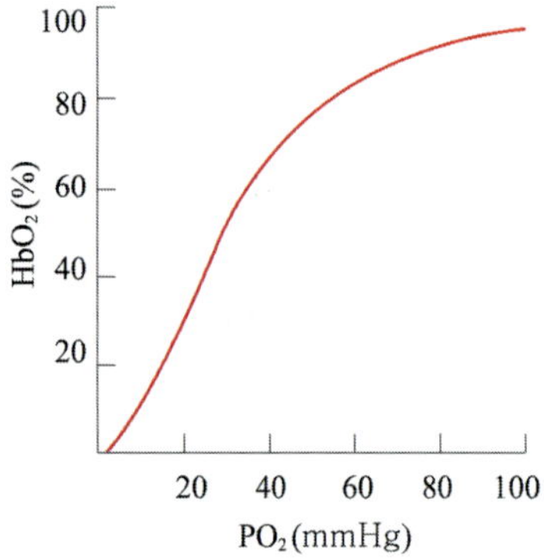

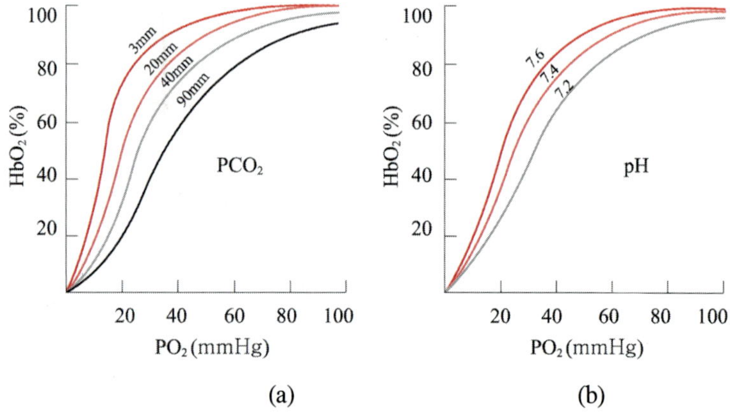

그림 5-13 산소-헤모글로빈 해리곡선

그림 5-14 Hb 의 산소결합능에 미치는 CO_2 (a) 및 pH (b)의 영향

Hb는 또한 일산화탄소(CO)와의 친화력이 산소보다 약 230배나 크며, 일단 결합하면 잘 해리되지 않는다. 따라서 공기중에 일산화탄소가 산소의 1/200,000만 있어도 혈액내 Hb의 1/2은 산소를 운반하지 못하기 때문에 조직세포는 산소부족상태에 빠진다.

이와 같이 Hb와 산소의 결합은 산소분압뿐만 아니라, 탄산가스의 분압, pH, 온도, 일산화탄소 등에 의해 영향을 받으며, 그밖에 무기염류의 존재, 적혈구 및 해당작용의 부산물로 생성될 수 있는 2,3-이인산글리세르산(2,3-diphosphoglycerate, DPG) 등에 의해서도 영향을 받는다.

(2) 이산화탄소의 운반

물에 대한 탄산가스의 용해도는 산소에 비하여 대단히 크므로 (약 20배), 탄산가스는 혈액에 용해되어 탄산이 되며, 일부는 해리하여 H^+와 HCO_3^-로 될 것이다.

$$CO_2 + H_2O \rightleftharpoons H_2CO_3 \rightleftharpoons H^+ + HCO_3^-$$

혈액으로 운반되는 모든 탄산가스가 위와 같이 단순히 혈당에 용해되어 운반된다면 혈액의 pH는 급격히 저하되어 치명적인 상태가 될 것이다. 그러나 조직에서 생성되는 탄산가스는 일부(5~10%)만이 혈장에 용해된 상태로 운반되며 나머지는 적혈구 내로 확산되다.

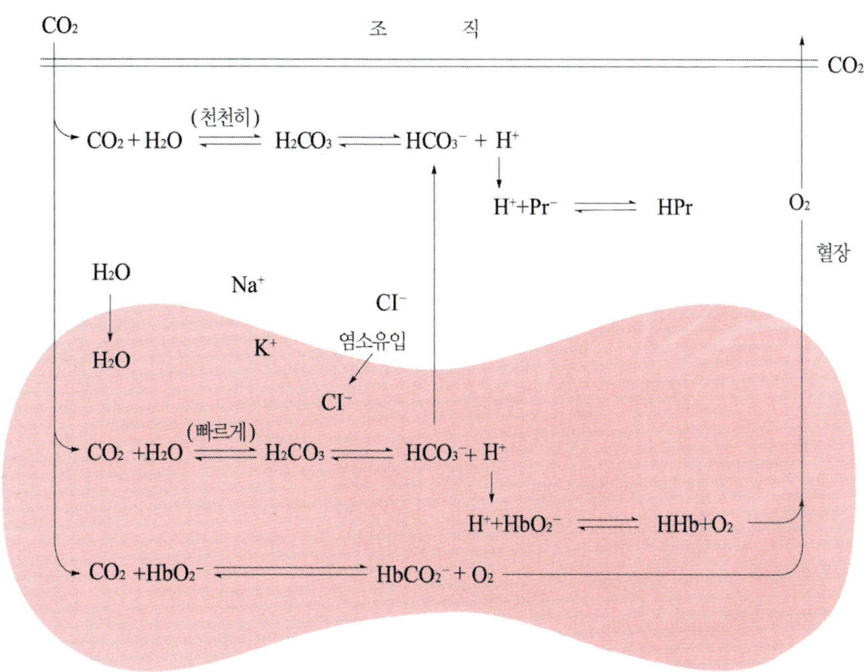

그림 5-15 혈액과 조직 사이의 CO_2 운반경로 (Pr : 단백질, Hb : 헤모글로빈)

또 일부는 Hb와 결합하여 Hb-CO_2 (carbamino Hb) 형태로 운반되며, 대부분이 적혈구 내에 존재하는 탄산탈수소효소(carbonic anhydrase)의 작용으로 즉시 적혈구 내 물 분자와 결합하여 쉽게 H_2CO_3 로 되고, 이것 역시 해리하여 H^+과 HCO_3^- 가 된다.

탄산가스는 Hb 분자의 산소결합부위와 다른 부위에서 결합되지만, 산소가 조직으로 방출하면 Hb 의 탄산가스 결합능이 약간 증가되며, 반대로 폐포에서는 Hb 가 산소와 결합함으로써 탄산가스의 배출이 증가된다.

이렇게 형성된 HCO_3^- 는 대부분이 혈장 속으로 확산되어 나가는 한편, 앞의 혈장에서 생긴 H^+과 적혈구 내에서 생긴 H^+은 혈구 내의 Hb와 결합하여 완충작용에 의한 pH 의 변동을 막는다(그림 5-15).

이와 같이 탄산가스의 대부분은 HCO_3^- 의 형태로(약 85%), 일부는 $HbCO_2$ 의 형태로 폐포까지 운반되어 위 반응의 역반응으로 방출된다.

5-2-2 동물의 순환

1. 순환계

단세포동물이나 하등 무척추동물(해면동물, 자포동물, 유즐동물 및 선형동물)에는 세포가 직접 외부환경과 접하고 있으므로 물질운반을 위해 특별히 분화된 순환기관이 없으나, 체제가 복잡한 고등 다세포동물에는 물질을 효과적으로 운반할 수 있도록 분화된 순환기관이 있다.

고등동물의 순환기관은 절지동물이나 연체동물에서 볼 수 있는 것과 같이 혈관의 끝이 세포간극(細胞間隙, intercellular space) 또는 체강(體腔, body cavity) 속에 열려있어 혈액이 속으로 스며든 후, 다시 혈강으로 모이는 개방혈관계(開放血管系, open circulatory system)와 환형동물이

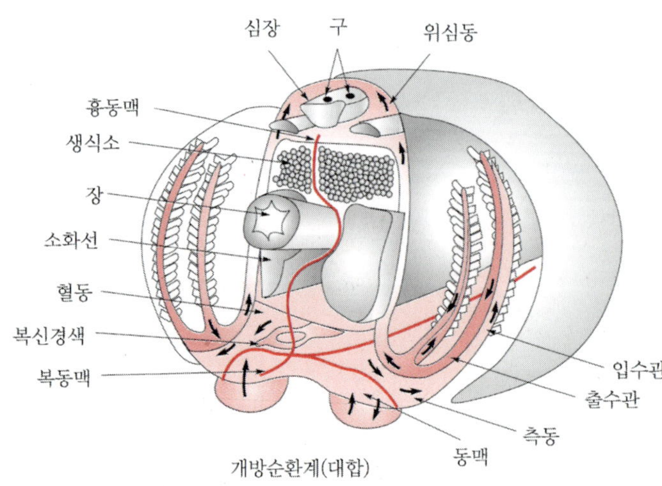

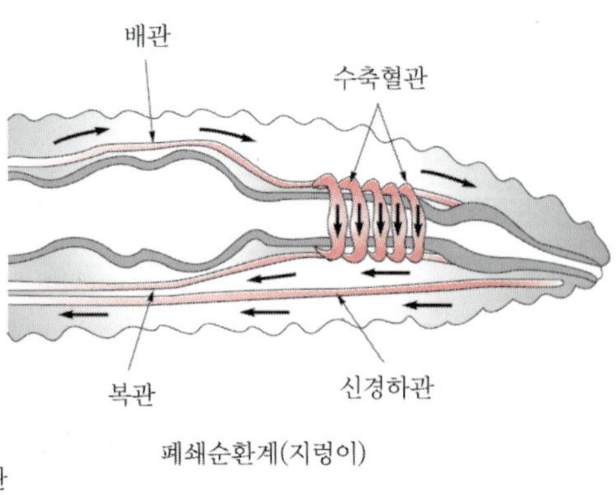

그림 5-16 동물의 순환계

나 척추동물의 경우처럼 혈액이 일정한 관 속만을 흐르는 폐쇄혈관계(閉鎖血管系, closed circulatory system)로 나뉜다(그림 5-16).

2. 심장과 혈관

사람을 비롯하여 포유동물은 폐쇄순환을 하는데, 심장과 혈관 등에 의해 이루어진다. 심장에서 조직까지의 굵은 혈관을 동맥(動脈, artery)이라 하고, 조직세포 사이에 분포된 가는 혈관을 모세혈관(毛細血管, capillary)이라 하며, 모세혈관이 모여서 심장으로 되돌아오는 혈관을 정맥(靜脈, vein)이라 한다(그림 5-17).

이러한 혈관들은 혈액이 흐르는 통로가 될 뿐만 아니라 혈류의 속도, 혈액의 분배 등을 조절한다. 동맥은 탄력성이 강한 근육성 막을 가지고 있어, 높은 혈압에도 견딜 수 있다. 정맥은 동맥에 비해 얇고 탄력성도 낮으나 군데군데 판막(valve)이 있어 혈액의 역류를 막는다(그림 5-18 a). 모세혈관은 한 층의 상피세포들로 이루어진 가늘고 얇은 혈관으로(직경 7.5 μm), 체내 곳곳에 분포되어 있으며, 상피세포들 사이에 얇은 구멍들이 열려 있어서 조직세포와 물질교환을 한다(그림 5-18 b).

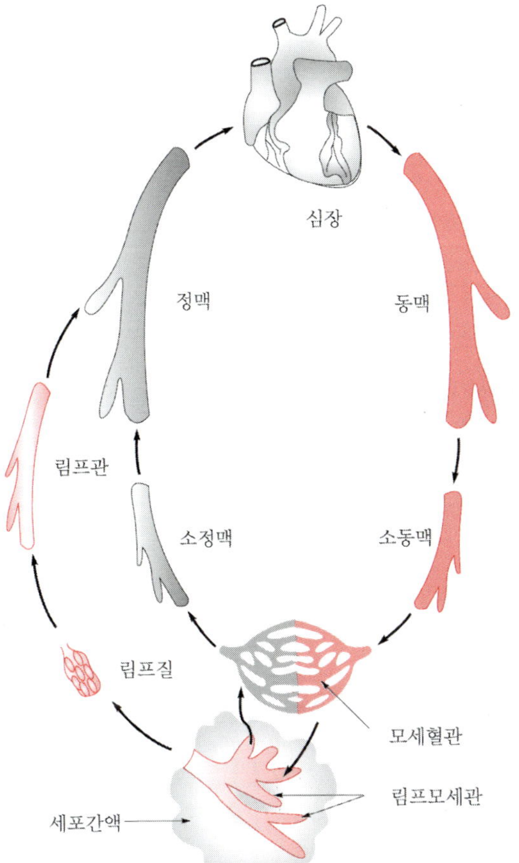

그림 5-17 혈관의 종류

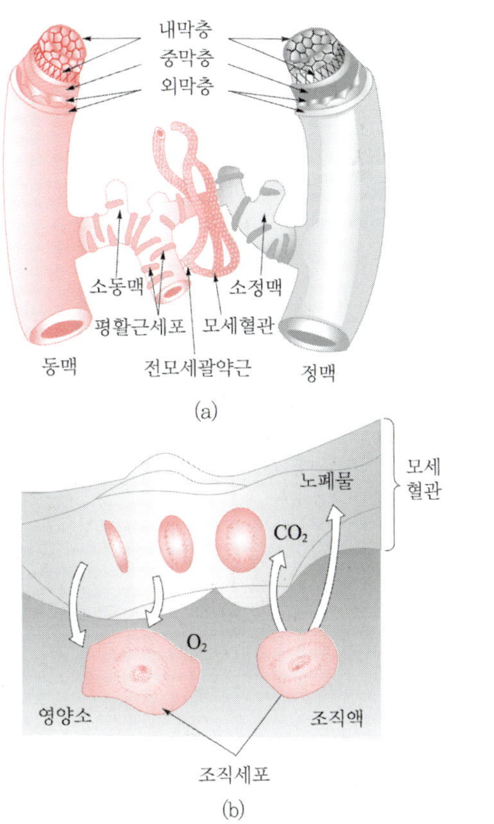

그림 5-18 혈관의 근육구조(a)와 모세혈관을 통한 물질운반(b)

한편 정맥의 혈압은 매우 낮으므로, 정맥 주위 근육의 수축력에 의해 정맥혈이 심장으로 돌아올 수 있다.

3. 심장의 박동과 조절

심장의 박동은 자율적이어서 심장을 체외로 적출하여도 적당한 조치를 하면 박동을 계속한다. 이와 같은 박동의 자동성은 심장의 수축이 중추신경의 지배를 받지 않고도 수축하는 능력이 있기 때문이다.

심장의 박동원(搏動原, pacemaker)은 우심방 상부에 해당하는 동방결절[洞房結節, sinoauricular (SA) node]에 있으며, 이 부분의 조직은 신경조직과 근육조직의 공통적 성질을 가진 특수한 조직(purkinje 조직)으로 이루어져 있기 때문에 심장의 모든 부위에 주기적으로 단속전류자극을 보내어 박동을 일으킨다.

이 박동원전위(pace maker potential)는 좌우심방으로 가서 심방을 수축시키며, 이어 우심방과 우심실 사이의 방실결절[傍室結節, atrioventricular (AV) node]을 거쳐 방실섬유속(傍室纖維束, atrioventricular bundle, His bundle)에 전달되어 심실벽을 수축시킨다(그림 5-19).

보통 심장의 전기적 활동을 증폭하여 기록한 그림을 심전도(心電圖, electrcardiography, ECG)라 하는데, 이 분석법은 심장의 상태 측정이나 손상범위의 진단에 이용되고 있다(그림 5-20).

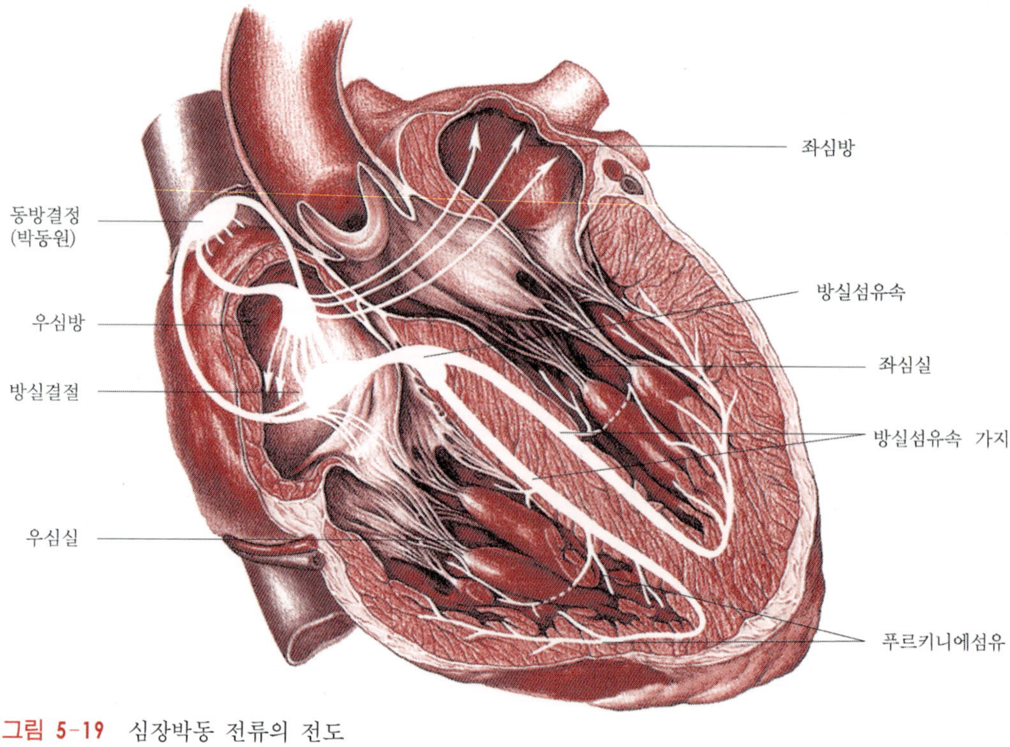

그림 5-19 심장박동 전류의 전도

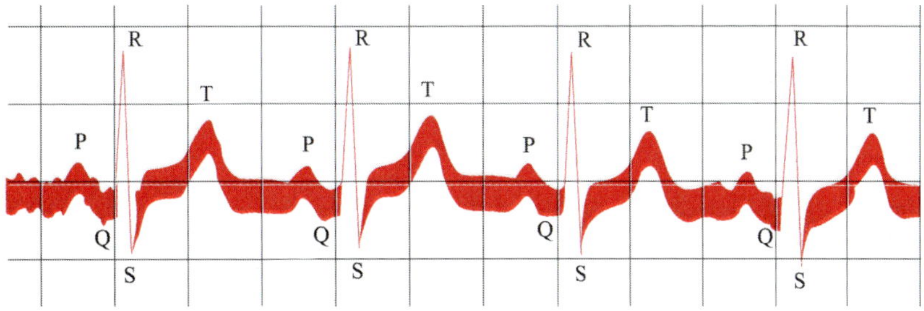

그림 5-20
정상인의 심전도

심장은 1 분마다 약 72 회 박동하므로 1 회 박동할 때 걸리는 시간은 약 0. 8 초이며, 이를 심장주기(心臟週期, cardiac cycle)라고 한다. 심장주기는 크게 수축기(收縮期, systole)와 확장기(擴張期, diastole)로 나누며, 이 과정을 보면 그림 5-21 과 같다.

심장 근처에 청진기를 대보면 심장이 뛰는 소리를 들을 수 있는데, 이를 심음(心音, heart sound)이라 한다. 심음은 심장의 1 주기 동안에 2 종류의 소리가 들리는데, 한 가지는 긴 소리이면서 저음이고, 다른 것은 짧은소리로 앞의 소리보다 고음이다.

전자를 제 1 심음(first heart sound)이라 하고, 후자를 제 2 심음이라 한다. 제 1 심음은 주로 판막이 닫히는 것에 의해 일어나며 심실 수축의 시작을 의미하고, 제 2 심음은 심실확장기 초기에 들린다(그림 5-21).

심음은 판막의 운동과 깊은 연관성이 있으므로, 이 소리들은 심장판막에 일어나는 병을 진단하는 데에 도움을 준다. 심장의 박동은 중추신경계(中樞神經系, central nervous system)에 의해서도 지배를 받는다. 박동의 조절중추는 연수(延髓, medulla olbongata)에 있는데, 여기서는 교감신경(交感神經, sympathetic nerve)과 부교감신경(副交感神經, parasympathetic nerve)의 두 가지가 나온다. 교감신경은 박동율을 증가시키고, 부교감신경은 박동률을 낮추는 작용을 한다.

이 두 신경은 대뇌의 의식중추로부터 지배를 받지 않으므로 의식적으로 심장박동율을 조절하지는 못하지만, 사람이 공포를 느낄 때나 격렬한 운동을 할 때 일어나는 정신적 흥분은 교감신경을 자극하여 박동률을 증가시킨다. 또한 심한 운동을 할 때는 혈액 내의 CO_2 농도나 H^+ 농도가 증가하고 체온이 올라가서 심장박동을 빠르게 해준다.

심장이 1 회 박동할 때 심실이 한 번 수축하여 내보내는 혈액량을 박동량(搏動量, stroke volume)이라 하는데, 안정시 성인의 경우에는 약 70 *ml* 이다.

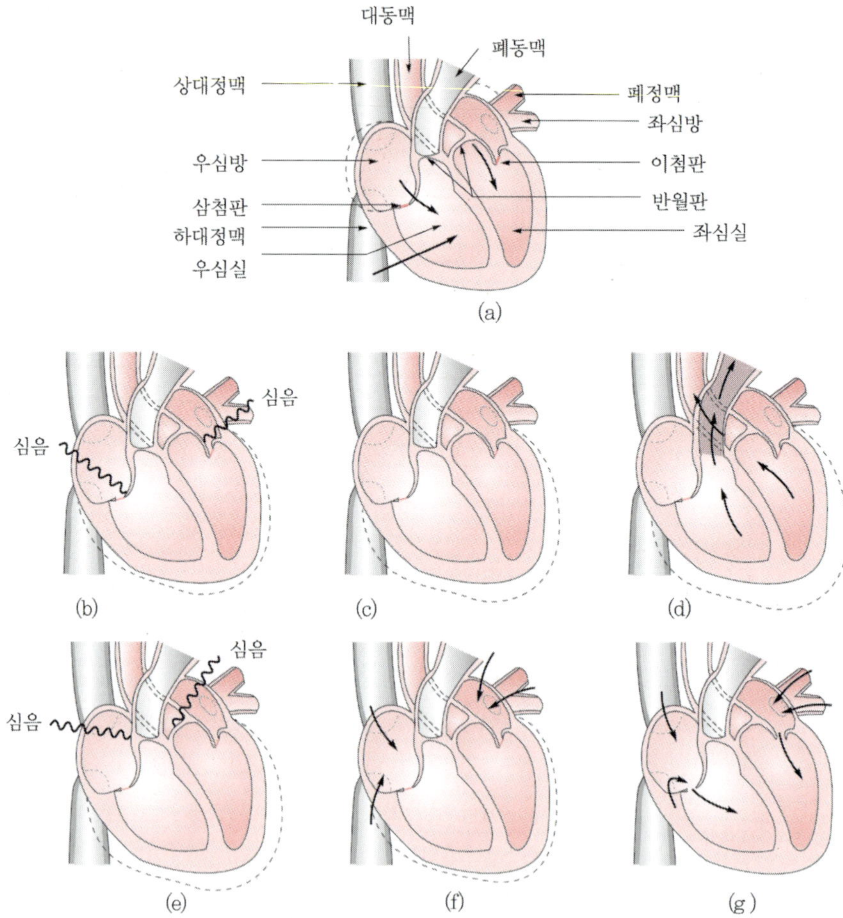

(a) 심방수축기
(b) 심실수축개시
(c) 압력상승기
(d) 혈액이동
(e) 심실확장개시기
(f) 압력하강기
(g) 심실로의 혈액이동기

그림 5-21 심장주기

1 분간의 심장박동수(heart rate)는 72 회이므로, 1 분 동안 심장이 동맥 안으로 밀어내는 혈액량은 박동량×박동수(70 ml × 72 = 5, 040 ml/min)로 계산될 수 있으며, 이를 심박출량(cardiac output)이라 한다.

심장의 박동으로 대동맥에 밀려나온 혈액은 혈관에 압력을 주게 되는데, 이를 혈압(血壓, blood pressure)이라 한다. 혈압은 대동맥에서 가장 높고 심장에서 멀어짐에 따라 낮아지며, 모세혈관과 정맥에서는 거의 없는 상태가 된다. 혈압은 심장박동에 의한 것이므로 심실이 수축할 때 가장 높고 이완할 때 가장 낮은데, 전자를 수축기혈압(收縮期血壓, systolic pressure), 후자를 확장기혈압(擴張期血壓, diastolic pressure)이라 한다. 정상인의 혈압은 약 120/80 mmHg 이다.

혈액이 흐르는 속도는 동맥에서 가장 빠르고, 다음이 정맥이며, 모세혈관에서 가장 늦다. 이는 혈압과 각 혈관 총단면적의 차이에서 오는 현상이다. 신경 또한 동맥혈류에 영향을 주는데, 신경자극에 의한 동맥근육의 수축이 혈관의 내경을 줄이므로 혈압은 높아지고 혈류량은 감소하게 된다. 또 혈관이 확장하는 경우에는 반대효과를 나타낸다.

4. 혈액의 순환경로

전신을 돌고 온 혈액은 먼저 상대정맥(上大靜脈, superior vena cava)을 통하여 우심방으로 들어온다. 심방이 수축하면 우심방과 우심실 사이에 있는 삼첨판(三尖瓣, tricuspid valve)이 열려서 혈액이 우심실로 내려간다. 이어 심실이 수축하면 삼첨판은 닫히고, 혈액은 폐로 가는 두 갈래의 혈관인 폐동맥(肺動脈, pulmonary artery)으로 밀려 나간다.

우심실과 폐동맥 사이에는 반월판(半月瓣, semilunar valve)이 있어서 심실이 수축하면 열리고, 이완하면 닫힌다. 좌우 양쪽 폐에 각각 도달한 혈액은 폐에서 모세혈관으로 갈라져 CO_2와 O_2의 교환이 이루어진다. 가스교환의 결과로 탄산가스를 내보내고 산소를 공급받은 혈액은 폐정맥(肺靜脈, pulmonary vein)을 거쳐서 좌심방에 들어오는데 심장과 폐 사이의 혈액순환을 폐순환(肺循環, pulmonary circulation)이라 한다.

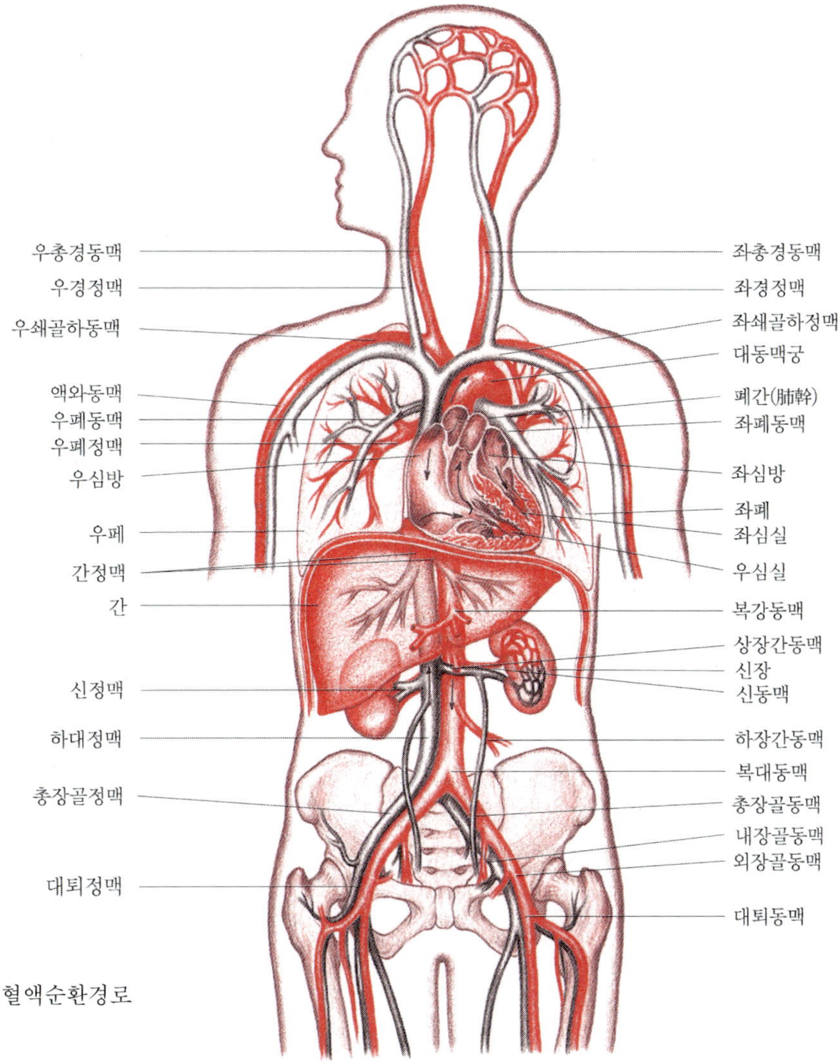

그림 5-22 인체의 혈액순환경로

좌심방에 흘러들어온 혈액은 심방의 수축에 의하여 이첨판(二尖瓣, bicuspid valve)을 거쳐 좌심실로 들어가고, 이어 심실의 수축에 의하여 좌심실의 반월판을 거쳐 대동맥(大動脈, aorta)으로 밀려 나간다. 대동맥은 반월판 바로 위에서 두 개의 가지를 내는데, 이 두 개의 가지는 심장을 순환하는 관상동맥(冠狀動脈, coronary artery)이 되어 심장근육에 혈액을 공급한다. 이 관상동맥은 심장의 표면으로 노출되어 소동맥으로 갈라지고, 소동맥은 심장의 각 부분에 산재하는 모세혈관에 혈액을 공급한다.

이렇게 하여 심장근육의 계속적 박동을 위한 산소를 지속적으로 공급하고 있는 것이다. 대동맥은 여러 갈래로 나누어지면서 몸의 각 부분에 분포된다. 그런데 몸의 모든 조직세포에 산소를 공급하고 탄산가스를 받아들인 혈액은 정맥으로 모인 다음, 상대정맥을 거쳐서 우심방에 도달한다. 좌심실에서 우심방에 이르는 혈액순환을 체순환(體循環, systemic circulation)이라 한다(그림 5-22 참조).

모든 혈액은 상대정맥을 통해서 바로 우심방으로 들어가나, 소화기관을 거친 정맥혈만은 반드시 일단 간(肝, liver)을 거친 뒤에 하대정맥(下大靜脈, inferior venacava)을 통해 심장으로 들어간다. 이것은 소화기관에서 흡수된 물질들을 간에 운반하여 간에서 흡수, 전환, 제독 등의 과정을 거치게 한 후에 체순환계로 투입하기 위한 것이다. 소화기관에서 간에 이르는 이 혈관계를 간문맥(肝門脈, hepatic portal vein)이라 한다.

5. 순환의 말초조절

모세혈관 벽에는 근육이 없기 때문에 직접 조절할 수는 없지만 모세혈관조직의 작용은 정밀한 조절하에 있다. 즉, 소동맥과 소정맥 사이를 잇는 혈관을 주관(主管, throughfare vessel)이라 하는데, 이것으로부터 모세혈관이 파생된다(그림 5-23).

또한 주관으로부터 모세혈관이 분지되는 곳에 전모세관괄약근(前毛細管括約筋, precapillary spincter)이라 불리는 근육의 고리가 있어서, 이 근육이 이완되면 혈액이 모세혈관으로 들어가게 되고, 수축되면 모세혈관으로 통과하는 혈류가 차단된다.

일반적으로 체내에 산재해 있던 소동맥을 협착(狹窄, constriction) 또는 확장(擴張, dilatation)시키는 자극이, 역시 전모세관 괄약근의 협착 및 확장을 유발시킨다.

한편 조직 공간 속에 있는 세포들이 대사를 왕성하게 할 때는 모든 모세관 괄약근을 이완시키는 물질을 분비하여, 모세혈관을 통한 혈류량을 증가시킴으로써 대사에 필요한 산소의 원활한 공급과 대사로 인한 노폐물의 제거를 원활하게 이룰 수 있다.

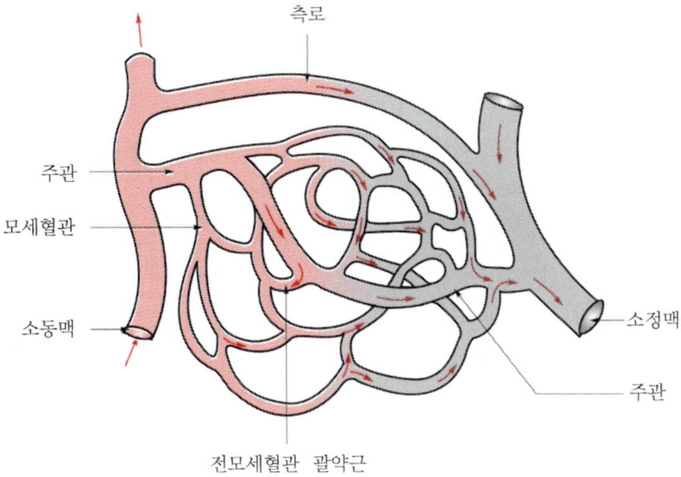

그림 5-23 모세혈관의 구조

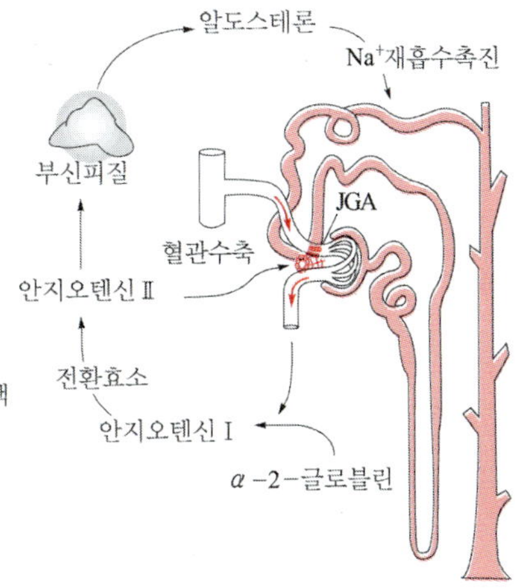

그림 5-24 신장에 의한 혈압조절

포유류의 신장(腎臟, kidney)은 혈압의 감시자 역할을 하여, 혈액량의 균형과 혈압을 일정하게 유지해 주는 기능을 갖는다(그림 5-24). 신장은 펩티드 분해효소인 레닌을 분비함으로써 이와 같은 기능을 수행한다. 즉, 레닌의 기질은 간에서 합성되어 혈액으로 방출되는 안지오텐시노겐(angiotensinogen)으로서, 레닌의 작용으로 펩티드결합이 절단되어 10개의 아미노산으로 형성된 펩티드를 안지오텐신 I (angiotensine I)이라 하는데, 이것은 생리적 활성이 약하다.

그러나 안지오텐신 I 은 혈장내 일종의 펩티다아제인 전환효소(轉換酵素, converting enzyme)에 의해 2개의 아미노산이 더 떨어져 나가 안지오텐신 II (angiotensine II)가 된다. 안지오텐신 II는 신소동맥벽의 근육을 수축시켜 사구체모세혈관다발로의 혈류량을 감소시킨다.

이렇게 하여 혈관은 혈액량의 균형을 되찾고 정상혈압을 유지한다. 또 안지오텐신 II는 부신(副腎, adrenal)에 작용하여 알도스테론(aldosterone)호르몬의 분비를 촉진하며, 알도스테론은 직접 신세뇨관에 작용하여 Na^+이온의 재흡수를 촉진시킨다. 이에 따라 물도 재흡수되어 혈액량과 혈압을 정상으로 유지하게 한다.

6. 혈액의 구성

혈액은 세포성분인 혈구(血球, blood cell)와 세포간 물질인 혈장(血漿, plasma)으로 이루어져 있다. 사람의 혈액은 무게가 체중의 약 8%를 차지하며 물보다 점성이 크고(5~6배), pH는 약 7.4이다. 혈액을 뽑아서 시험관에 넣어 방치해 두면 잠시 후 혈액응고가 일어나 상층에 맑은 용액이 스며 나오는데, 이를 혈청(血淸, serum)이라 한다.

밑에 응고된 혈병(血餠, blood clot)은 혈장 내의 피브리노겐(fibrinogen)이 트롬빈(thrombin)이라는 효소의 작용을 받아 변화한 피브린(fibrin)이 혈구들과 엉켜서 응고한 물질이다.

(1) 혈 구

세포성분인 혈구는 혈액의 약 45%를 차지하는데, 혈구에는 적혈구(赤血球, erythocyte 또는 red blood cell ; RBC)와 백혈구(白血球, leucocyte 또는 white blood cell, WBC) 및 혈소판(血小板, thrombocyte, blood platelet)이 있다.

혈액 안에는 적혈구가 가장 많아 정상인에서는 1 μl의 혈액 안에 여자 약 450만 개를, 남자는 조금 많아서 약 500만 개를 가지며, 포유류를 제외한 모든 척추동물의 적혈구는 유핵세포이다. 사람의 적혈구는 지름이 7.5 μm, 두께가 약 2 μm 되는 원반모양을 한 세포로서, 이 독특한 구조가 세포와 혈장 사이의 가스교환을 더 용이하게 해 준다.

성인의 경우에 적혈구는 적골수(赤骨髓, red bone marrow), 특히 늑골(肋骨, rib), 흉골(胸骨, sternum), 척추골(脊椎骨, vertebrate)에서 생성되며, 생성초기에는 핵이 뚜렷하지만 성숙됨에 따라 핵이 없어지고 혈색소인 헤모글로빈(hemoglobin, Hb)이 축적되어 혈관 내로 들어간다. Hb 분자는 중앙에 Fe 원자가 결합된 포르피린(porphyrin)고리화합물인 헴(heme)분자 4개가 글로빈 단백질 4개와 결합된 단백질이다.

한 개의 적혈구는 약 2억 8천만 개의 Hb 분자를 함유하는데, Hb 분자는 철을 함유하는 붉은 색의 헴을 가지고 있어서 적혈구가 붉게 보이며, 따라서 혈액 전체도 붉은 색을 나타낸다. 사람의 적혈구는 수명이 120일 정도인데, 이 시기가 지나면 간이나 비장(脾臟, spleen)에서 파괴되며(매초 240만 분자 정도), 골수세포에서는 새로운 적혈구를 생성

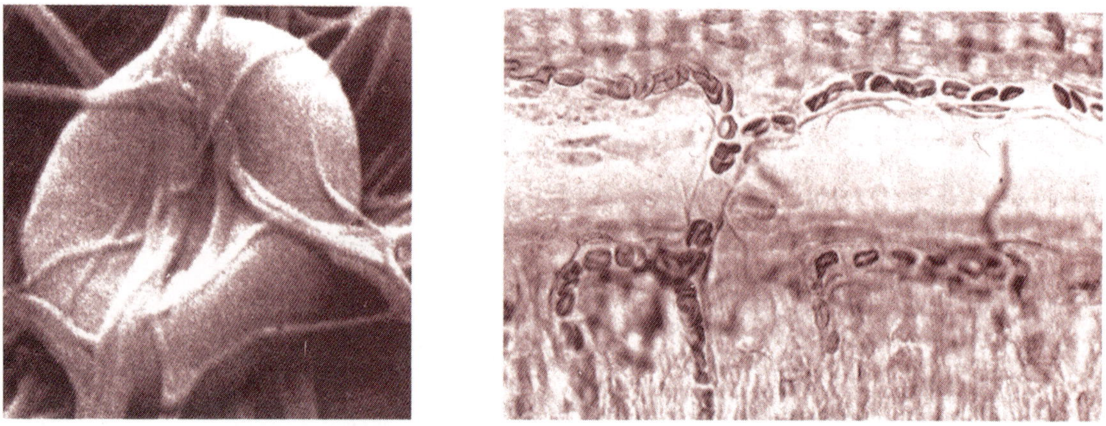

그림 5-25 적혈구의 주사전자현미경 사진

하여 이를 보충한다.

백혈구는 성인의 경우에 혈액 $1\mu l$당 6,000~8,000개이다. 어린이는 성인의 약 2배를 가지며, 아메바운동을 하기 때문에 그 모양과 크기가 일정하지 않고, 일반적으로 적혈구보다는 큰 세포(직경이 8~15 μm)로 Hb를 갖지 않아 무색이며 유핵세포이다.

혈액 안에서는 모양, 크기, 과립상태, 핵의 모양과 수 등에 따라 5가지형이 있는데, 이들을 과립백혈구와 무과립백혈구로 나눈다.

과립백혈구들은 적골수에서 생성되는데, 세포질에 뚜렷한 과립을 가지며, 호중성구(好中性球, neutrophil) 호염기성구(好鹽基性球, basophil) 및 호산성구(好酸性球, eosinophil)의 3종류가 있다.

무과립백혈구는 세포질에 과립이 없고, 핵물질을 많이 함유하며, 림프구(淋巴球, lymphocyte)와 단핵구(單核球, monocyte)가 이에 속한다. 혈액내 백혈구는 호중성구(65~70%)와 림프구(약 25%)가 대부분을 차지하며, 적혈구와는 달리 백혈구는 모세혈관벽을 벗어나와 조직세포 속을 드나들면서 외부에서 감염되어 들어온 세균이나 해로운 이물질을 탐식(ingestion)하는 식균작용(食菌作用, phagocytosis)을 하는데 특히 호중성구와 단핵성구가 이에 관여한다. 침투된 세균에 대항하여 식균작용을 한 결과, 많은 백혈구는 세균의 독소에 의해 죽게 되는데, 감염된 조직세포에 때로는 파괴된 모세혈관에서 들어온 적혈구가 죽은 백혈구와 같이 섞여 축적되면 고름(pus)이 된다.

림프구는 대개 림프절(lymph node)에서 생산되며, 식균작용은 하지 않으나 항체생성에 관여하여 역시 병원체에 대항한다. 한편 단핵구는 직경 20 μm 정도 되는 가장 큰 백혈구로서 골수에서 생성되는데, 핼액안에서 24시간 정도 지나면 순환계를 떠나 조직으로 가서 더 큰 세포로

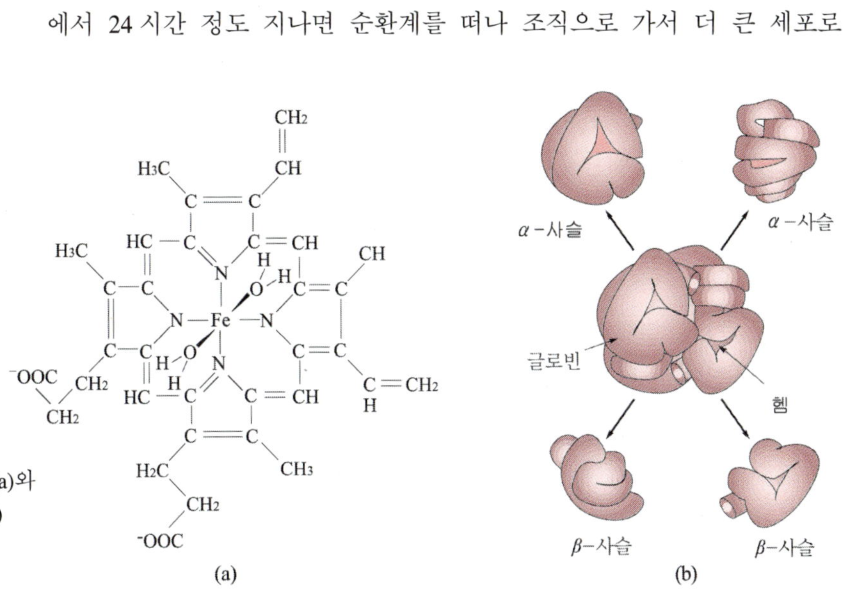

그림 5-26 햄의 구조(a)와 헤모글로빈의 구성(b)

분화되어 대식세포(大食細胞, macrophage)가 된다. 대식세포는 빠른 속도로 박테리아, 죽은 세포 및 조직파편 등을 포식하는 작용을 한다.

호산성구와 호염기성구의 수는 매우 적으며, 이들은 알레르기 반응(allergic reaction)에 관여하는 것으로 알려져 있으나 그밖에 정확한 생리기능에 대해서는 아직 잘 알려져 있지 않다. 원인은 모르지만 골수에서 과다 생산되어 혈액 내의 백혈구 수가 급증(1 μl 당 100 개 이상)하는 경우가 있는데, 이런 질환을 백혈병(白血病, leukemia)이라 한다. 백혈병은 일종의 혈액암으로서 여러 가지 해로운 증상(빈혈, 순환장애 등)이 나타나며, 치료가 어려워 사망하는 경우가 많다.

혈소판은 지름 2~4 μm 정도 되는 원형의 작은 무핵세포로서, 성인은 1 μm 당 약 30 만 개를 갖고 있으며 수명은 약 10 일이다. 이것은 골수 내에 있는 거핵세포(巨核細胞, megakaryocyte)에서 잘려나간 세포질조각이라고 생각한다. 혈소판은 혈액응고에 관여하고 있는데 이에 대해서는 뒤에서 설명하기로 한다.

(2) 혈 장

세포간 물질인 혈장(plasma)은 담황색의 맑은 액체로서 그 화학조성은 표 5-4 와 같다.

표 5-4 혈장의 구성

성 분	구성비(%)
물	~90
혈장단백질(혈청알부민, 혈청글로불린, 피브리노겐 등)	7~8
무기이온(Ca^{2+}, Na^+, Mg^{2+}, K^+, Cl^-, HCO_3^- 등)	~0.9
기타 물질(영양소, 노폐물, 호르몬 등)	~2.0

혈장단백질(plasma protein)은 보통 혈청 알부민(serum albumin ; 4.2%), 혈청 글로불린(serum globulin ; 2.6%), 피브리노겐(fibrinogen ; 0.3%) 및 그 밖의 단백질들로 구성되며, 이 중 알부민과 피브리노겐은 간에서 생성된다. 글로불린은 여러 종류의 단백질 혼합물로서 그 중 하나가 순환항체인 γ-글로불린(γ-globulin)이며, 피브리노겐은 혈액응고의 필수 성분이다. 이때 혈청단백질을 분리, 검사하는 방법 중의 하나가 전기영동법(電氣泳動法, electrophorsis)이다.

이 방법은 구성단백질들이 그 등전점(等電點, isoelectric point)의 차이에 따라 일정 pH 의 완충용액(대개 알칼리성)에서 음(-)으로 하전되며, 각 단백질 종에 따라 하전량의 정도가 다르게 나타나는 성질을 이용한 것이다.

혈청시료를 일정 pH 용액 하에서 지지물질(여지 또는 겔) 위에 올리고 일정크기의 직류전류가 음에서 양으로 일정시간 흐르도록 하여 영동시킨다.

이어서 단백질 특히 염색약으로 염색을 하면, 이동속도에 따라(즉, 하전량의 크기에 따라) 분리된 밴드(band)를 볼 수 있다(그림 5-27). 이 밴드들 중 가장 뚜렷하고 양극에 가장 가까이 이동하는 것이 혈청 알부민이고, 이어 이동속도에 따라 α-글로불린, β-글로불린 및 γ-글로불린이 나타난다.

혈장 내 무기이온 중 Cl^-, Na^+, Ca^{2+}이 가장 많고, 그밖에 K^+, Mg^{2+}와 기타 미량의 여러 이온들이 존재하는데, 대부분이 염의 형태로 존재하며, 포유류 혈장 내의 총 무기염류의 농도는 약 0.9%로서 이들 이온들의 평형관계가 세포활동에 큰 영향을 준다. 혈장 안의 유기물질로서는 호르몬, 효소, 혈액응고인자, 요산, 크레아틴(creatine) 등이 있어 각각 특수한 기능을 담당하며, 또 영양물질인 아미노산, 지방산, 지질, 단백질, 탄수화물 등이 있는데, 혈장 내 탄수화물은 주로 포도당으로서 혈액내 100 mg/100 m*l* 의 일정농도를 유지한다.

7. 혈액의 기능

혈액의 중요한 기능은 체내 조직세포 안팎으로의 물질운반(transport), 체내 조직세포 기능인 조절작용(regulation) 및 보호작용(protection)으로 나눌 수 있다.

혈장의 조성에서 보듯이 그 대부분을 차지하는 물은 혈액을 따라 운반되는 모든 물질의 효과적인 매체가 된다. 따라서 소화관으로부터 흡수된 영양소, 각 조직세포의 대사로 생성된 대사산물, 노폐물, 그리고 각 내분비기관에서 분비되는 호르몬 등이 혈장에 용해되어 체내 각 부분으로 운반되는 것이다. 그러나 기체운반인 경우에는 혈장과 적혈구가 관계한다.

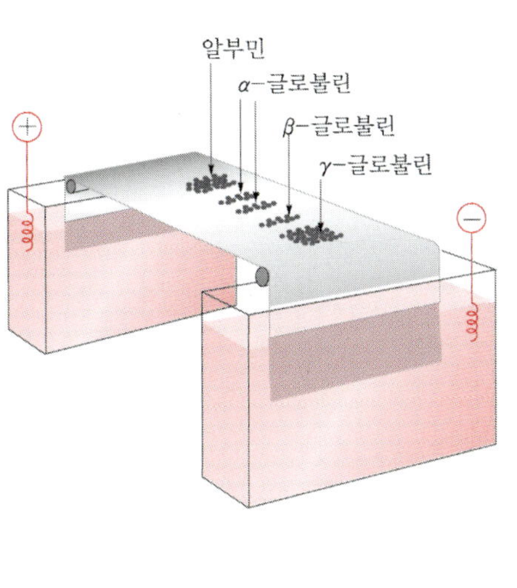

그림 5-27 전기영동법에 의한 혈청단백질의 분리

혈장단백질 중 특히 혈청 알부민은 혈액 안의 삼투압(滲透壓, osmotic pressure)을 유지하여 모세혈관과 조직 사이에 수분의 출입을 조절해 준다. 혈액은 또한 순환에 의해 대사도(代謝度, metabolic rate)의 차이, 환경에 노출되는 정도의 차이에 의한 온도의 변화를 막아서 체온을 일정하게 조절해 주는 작용을 한다. 혈액은 세포 내의 산-염기 평형조절에 의한 pH를 일정하게 유지해 주는 작용도 한다.

혈액은 외부로부터 들어오는 각종 병원체로부터 몸을 보호하는 작용을 하고 있는데, 항체(抗體, antibody)가 이 일을 담당한다. 항체는 혈청단백질인 γ-글로불린으로서 각종 세균 또는 그들이 생성하는 독성물질 및 그밖에 고분자의 이물질(단백질, 다당류, 핵산 등)이 체내로 들어왔을 때 혈액 안에서 형성된다.

체내에 들어온 이러한 이물질을 항원(抗原, antigen)이라 하며, 항체는 항원에 대해 강한 특이성(specificity)을 가지고 있다. 이와 같이 특이한 항원-항체반응을 통해 체내에 들어온 여러 가지 이물질들을 제거하는 현상을 면역(免疫, immunity)이라 한다.

8. 혈액의 응고

혈관이 파손되면 곧 혈액응고(血液凝固, blood coagulation)현상이 일어나 계속적인 출혈을 막는다. 파손된 혈관으로부터 혈액이 흘러나오면, 손상된 혈관 부위에 부착된 혈소판과 혈관 주위의 조직세포들에서 용출된 일종의 인지질 단백질이, 혈액 내에 존재하는 여러 응고인자(凝固因子, clotting factor, 일종의 혈청단백질)들에 의해 활성화되어 트롬보플라스틴(thromboplastin)을 형성한다.

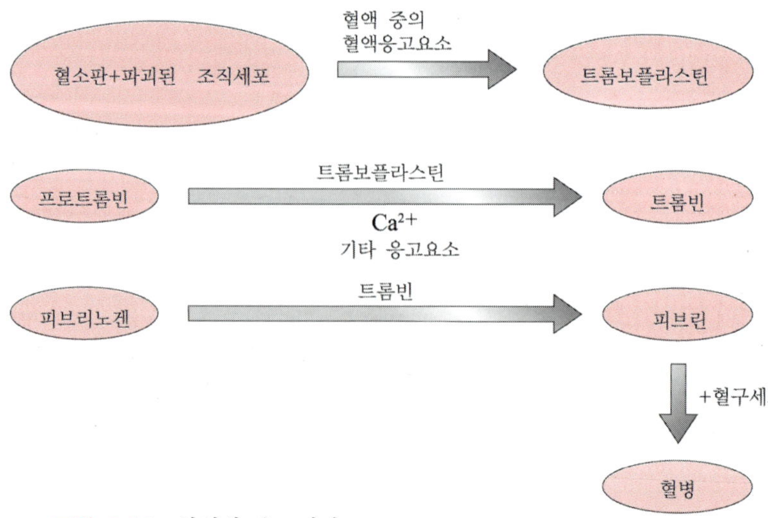

그림 5-28 혈액의 응고기작

트롬보플라스틴은 Ca^{2+} 존재하에 또 다른 혈액 응고인자들과 협동작용으로 프로트롬빈(prothrombin)을 트롬빈(thrombin)으로 전환시키며, 트롬빈은 일종의 효소로서 혈장단백질인 피브리노겐(fibrinogen)을 불용성 단백질인 피브린(fibrin)으로 전환시킨다. 이 피브린에 혈구들이 엉켜서 혈액은 응고되며 혈병(血餠, blood clot)이 생긴다.

응고에 관여하는 물질(혈소판, 혈장 내 응고인자, 프로트롬빈 등) 중 어느 하나라도 결핍되면 응고가 잘 일어나지 않아, 작은 상해에 의해서도 내·외적으로 심한 출혈을 하게 된다.

혈액응고과정에서 트롬보플라스틴 작용에는 Ca^{2+}이 필요하므로, Ca^{2+}과 결합하여 불용성 물질이 되는 수산염(oxalate)이나 구연산염(citrate)을 가해주면 응고가 일어나지 않는데, 이런 물질을 항응고제(抗凝固劑, anticoagulant)라 하며, 간에서 합성되는 헤파린(heparin)도 강력한 항응고제이다.

9. 혈액형

사람의 적혈구 막에는 약 30여 종의 응집원(凝集原, agglutinogen, 항원)이 있는데, 이러한 항원들이 혈장에 존재하는 응집소(凝集素, agglutinin, 항체)와 반응하면 응집현상을 일으킨다. 혈액형은 적혈구에 존재하는 특정항원의 유무에 따라 구별하며, 가장 많이 알려진 것이 ABO 혈액형과 Rh 혈액형이다.

(1) ABO 혈액형

ABO 혈액형은 각 혈액의 적혈구가 갖는 항원의 기호에 따라 A, B, AB, O 형의 4가지로 나눈다. 이러한 항원은 유전적으로 결정되는 것이며, 각 인종에 따라 그 표현형의 출현빈도는 각각 다르다(표 5-5).

한편 혈장에는 항원 A, B에 대하여 각각 α(항 A)와 β(항 B)항체가 있다. 수혈(輸血, transfusion)을 할 경우에는 혈액을 제공하는 사람(donor)과 받는 사람(recipient)의 혈액형 사이에 수혈가능 여부를 반드시 검사해야 한다. 부적합한 혈액형 사이에서 수혈을 하면 항원-항체반응에 의한 적혈구의 응집현상이 일어나 위험한 부작용을 가져오며, 심한 경우에는 생명에까지 위협을 받게 된다.

표 5-5 ABO 혈액형과 수혈

혈액형	출현빈도율 (동양인)	항 원 (적혈구)	항 체 (혈 장)	줄 수 있는 혈액형	받을 수 있는 혈액형
A	41%	A	β (항 B)	A, AB	O, A
B	9%	B	α (항 A)	B, AB	O, B
AB	3%	A, B	—	AB	O, A, B, AB
O	46%	—	α, β	O, A, B, AB	O

수혈에 있어서 문제가 되는 것은 공혈자의 적혈구가 수혈자 혈장 안의 항체에 의해 일어나는 응집현상뿐이며, 반대로 공혈자의 혈장에 의해 수혈자의 적혈구가 응집되는 일은 거의 없다.

왜냐하면 후자의 경우, 공혈자의 혈장내 항체는 수혈자의 혈장에 의해 수혈 즉시 희석되기 때문이다. 그러므로 O형 혈액형인 경우에는 적혈구에 항원이 없으므로 응집이 일어날 수 없고, 또 혈장내 항체는 수혈자의 혈장에 의해 곧 희석되므로 이를 만능공혈자(萬能供血者, universal donor)라 부른다. 또한 AB형은 이와 정반대의 현상을 나타내므로 만능수혈자(萬能受血者, universal recipient)라 한다.

(2) Rh 혈액형

ABO 혈액과 관계없이 Rh 항원(Rh factor)의 유무에 따라 분류할 수도 있다. 레자스 원숭이(*Macacus rhesus*)의 적혈구를 토끼에 주사했을 때 생기는 면역혈청(immune serum)을 얻어내어 이를 사람의 혈액과 섞었을 때 혈구가 응집하는 경우를 Rh 양성(Rh^+)이라 하고, 응집하지 않는 경우를 Rh 음성(Rh^-)이라 한다.

이는 Rh^+인 사람의 적혈구에는 Rh 항원이라는 응집원이 있기 때문이다. 이 Rh 항원도 유전성이며, Rh^+가 우성(domenat)이다. 백인은 약 15%가 Rh^-인 반면에 한국인은 0.4% 정도에 불과하다.

Rh^-인 사람이 Rh^+인 사람의 혈액을 수혈받을 경우, 처음에는 별로 지장이 없으나 수혈을 거듭하면 처음 받은 적혈구의 Rh 항원에 대한 항체(항 -Rh)가 혈장 내에서 생성되어 다음에 수혈을 받는 Rh^+의 적혈구와 응집하여 수혈부작용을 가져오므로, Rh^+혈액을 반복해서 수혈받으면 안된다. 또한 Rh 항원은 우성유전을 하므로, Rh^+인 아버지와 Rh^-인 어머니 사이에서는 Rh^+인 태아가 생기기 쉽다.

이 경우 임신 중 태아 적혈구 내 항원(Rh 인자)이 태반(胎盤, placenta)을 통해 모체의 혈액으로 들어오면 모체의 혈장 내에 항체가 형성된다. 이때 모체의 적혈구는 Rh^-이므로 지장이 없으나, 이 항체가 태반을 거쳐 태아의 혈액 속으로 들어오면 태아의 혈구(Rh^+)와 응집하게 된다.

첫 아이는 모체 혈액에 생긴 항-Rh의 양이 적기 때문에 큰 장애는 없으나, 임신을 거듭하면 모체 내 항체농도가 높아져서 태아의 혈구가 파괴된다. 이를 태아적아세포증(胎兒赤芽細胞症, erythroblastosis fetus)이라 하며, 결국 유산이나 사산하는 경우가 많다.

10. 림프계

혈장의 1/3~2/3는 모세혈관을 통해 조직세포로 들어오는데, 이들의 대부분은 모세혈관 끝의 소정맥(小靜脈, venule)을 통해 되돌아간다.

그러나 일부는 남아서 조직세포 사이를 채우고 있는데 이것을 림프(淋巴, lymph)라 한다. 모세혈관을 통해 여과되어 나온 혈장단백질은 확산에 의해 모세혈관으로 되돌아간다.

즉, 조직세포 사이를 채우고 남는 림프는 몸의 각 부분에 퍼져 있는 림프모세관(lymph capillary)을 통해 림프관에 흡수된다. 림프모세관은 그 끝이 맹관(盲管)이며, 그 막은 투과성이 매우 커서 림프 안의 단백질이나 기타 큰 분자들도 통과시킨다(그림 5-29).

림프관에는 군데군데 판막이 있어, 림프는 한 방향으로만 흐르며, 근육운동에 의한 압력을 받아 신체의 중심부 쪽으로 이동하는데 그 속도는 매우 느리다.

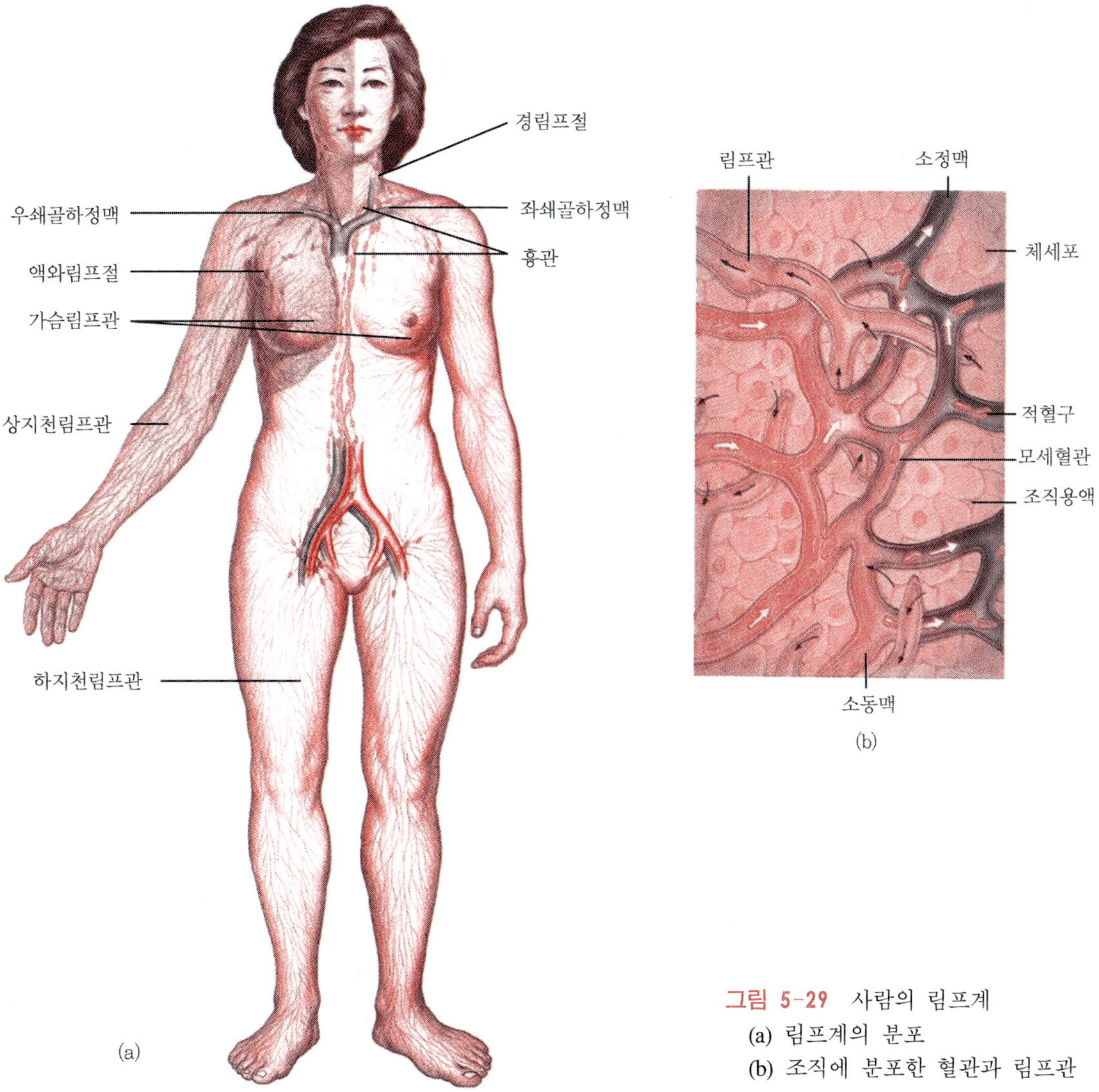

그림 5-29 사람의 림프계
(a) 림프계의 분포
(b) 조직에 분포한 혈관과 림프관

이들 림프관은 여러 개가 모여 점점 굵은 관이 되고, 좌우 두 줄기의 굵은 흉관으로 모인 후 좌·우 각각의 쇄골하정맥(鎖骨下靜脈, subclavicular vein)을 통해 혈관과 합쳐져 심장으로 들어간다.

림프관의 곳곳에는 림프절(lymph node)이 있으며, 이곳에서도 역시 림프구(lymphocyte)가 생성되어 쇄골하정맥을 통해 혈액에 합쳐진다. 이와 같이 림프계는 조직액 내로 나온 혈장단백질을 회수하여 조직압이 올라가는 것을 막는 작용과, 소화관으로부터의 지질분자의 흡수 및 면역기작에 의해 세균들에 대항하는 생체방어기능을 한다.

5-3 배설과 항상성

5-3-1 배설기관

아메바나 짚신벌레와 같은 원생동물들은 수축포(收縮胞, contractile vacuole)가 배설을 담당하는데 비해 편형동물, 유형동물 및 윤형동물 등의 배설기관은 원신관(原腎管, protonephridium)이다. 원신관은 몸을 따라 좌우 한 쌍의 가느다란 관을 형성하고, 그 말단에 있는 화염세포(火焰細胞, flame cell)의 섬모운동으로 노폐물을 배설한다[그림 5-30 (a)].

지렁이와 같은 환형동물은 몸의 앞쪽 1~3째 마디와 마지막 마디를 제외한 각 마디에 좌우 한 쌍으로 된 신관(腎管, nephridium)이 있으며, 몸속 섬모를 가진 깔때기 모양의 신구(腎口, nephrostome)를 통해 노폐물을 모아서 신관을 따라 신문(腎門, nephridiophore)으로 배설한다[그림 5-30 (b)]. 곤충이나 거미 등의 절지동물은 장에 부착되어 있는 말피기관(malpighian tubule)에서 걸러진 배설물질을 소화관을 통해 대변과 같이 배출한다[그림 5-30 (c)].

대부분 척추동물의 배설기관은 신장(腎臟, kidney)으로서 동물의 진화 정도에 따라 그 구조도 다양할 뿐 아니라 배설물질에도 차이가 있다. 다른 동물에 비해 포유동물의 배설기관이 비교적 잘 밝혀져 있으므로, 사람의 신장을 예로 들어 그 구조와 기능에 대해 알아보기로 한다.

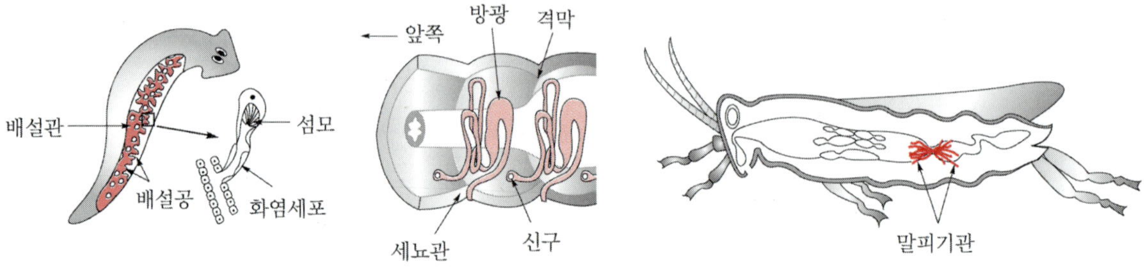

그림 5-30 동물의 배설기관

5-3-2 신장의 기능

신소체의 기능은 혈액을 여과(濾過, filteration)한 후, 체내에 유용한 물질을 재흡수(再吸收, reabsorption)하는 과정에서 남는 찌꺼기를 세뇨관으로 보내서 오줌(尿, urine)을 생성하는 것이다. 구심성세동맥(求心性細動脈, afferent arteriole)으로 사구체에 들어온 혈액은 이에 미치는 높은 혈압에 의해 물, 무기염류, 포도당, 요소 등 작은 분자들이 여과되어 보우만낭으로 들어가며, 이 여과된 혈액은 원심성 세동맥(遠心性細動脈, efferent arteriole)으로 나간다.

보우만낭에 모인 신여과액(nephric filtrate)은 먼저 근위세뇨관으로 들어가서 긴 고리 모양의 헨레고리(henle's loop)를 지나 원위세뇨관으로 오는 도중에, 이들을 둘러싼 모세혈관 사이에서 재흡수가 일어난다. 세뇨관에서의 재흡수는 주로 ATP 에너지 소비에 의한 능동수송(能動輸送, active transport)에 의하며, 일부는 삼투현상에 의한 수동적 물질이동에 의해 일어나는데, 여기에서 막대한 양의 재흡수가 일어난다(그림 5-31).

사람의 경우, 사구체에서 여과된 180 *l* 의 여과액 중 179 *l* 가 재흡수되며, 나머지 1 *l* 정도는 오줌(尿)으로 배설된다. 근위세뇨관에서는 여과액의 65% 정도가 재흡수되는데 포도당, 아미노산, 비타민 및 각종 이온들이 그 내용물이다. 또 헨레고리, 원위세뇨관을 지나면서 재흡수가 계속되며, 혈액 내의 농도에 따라 흡수되는 양도 달라진다(그림 5-31).

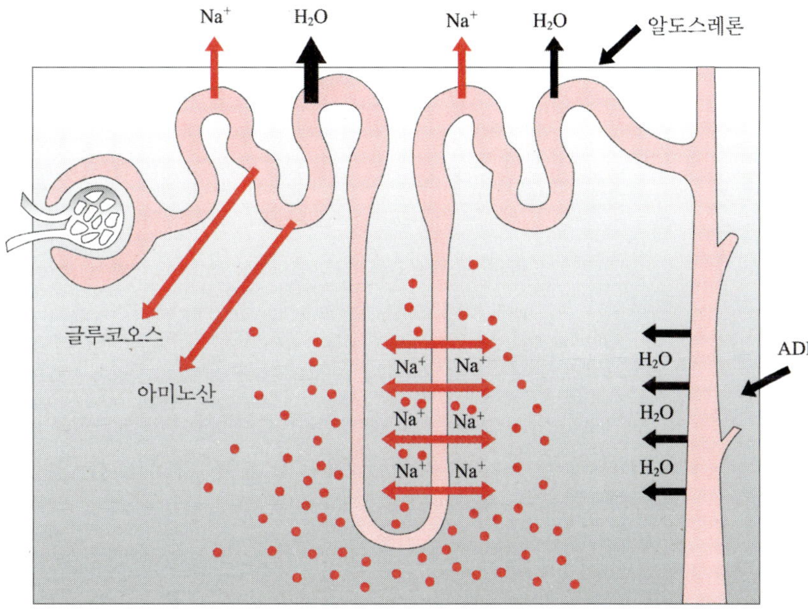

그림 5-31
신세뇨관에서의 흡수기작과 조절

그러나 요소는 대부분이 흡수되지 않는데 이는 아마도 담체(擔體, carrier molecule)가 없기 때문인 것으로 생각된다. 한편 K^+, H^+, NH_4^+ 등의 이온들과 약물질 등이 세뇨관으로 분비되어 혈액에서 제거되는데, 이는 주로 원위세뇨관 부위에서 일어난다. 특히 H^+의 분비는 혈액의 pH 조절에 중요한 역할을 한다.

이와 같이 세뇨관에서 재흡수되고 남는 것이 집합관(集合管, collecting duct)에 연결되어 신우에 모이게 되며, 신우에 모인 오줌은 수뇨관(輸尿管, ureter)을 따라 방광(膀胱, urinary bladder)으로 내려간다. 일정량의 오줌이 방광에 모이면 수의적 및 불수의적인 신경작용에 의해 방광근과 요도 괄약근(urethral sphincter)이 수축하여 요도(urethra)를 통해서 체외로 배출되는 것이다.

5-3-3 신장기능의 조절

수분은 80~85%가 근위세뇨관에서 재흡수되며, 필요에 따라 원위세뇨관과 집합관에서 다시 재흡수가 일어난다. 이와 같이 원위세뇨관과 집합관에서 일어나는 수분의 선택적인 재흡수는 뇌하수체(腦下垂體, pituitary gland) 후엽호르몬의 하나인 항이뇨호르몬(antidiuretic hormone, ADH)에 의해 조절된다(그림 5-31 참조).

즉, 혈액 내 수분함량이 떨어지면 이것이 뇌하수체를 자극하여 ADH가 분비되며, 이 호르몬이 원위세뇨관과 집합관의 세포로 하여금 수분 재흡수를 촉진시켜 오줌의 양이 줄어들게 하는 것이며, 만약 혈액에 수분함량이 많으면 ADH 분비는 저하되므로 혈액 내 수분함량을 일정하게 조절해 주는 것이다.

만약 ADH 분비가 안 되는 경우에는 수분 재흡수가 일어나지 못하여, 매일 20 *l* 이상의 많은 배뇨량을 갖게 되는 요붕증(尿崩症, diabetes insipidus)에 걸리게 된다. 세뇨관에서의 Na^+의 재흡수는 부신피질호르몬인 알도스테론(aldosterone)에 의해 촉진되는데, 이에 대해서는 내분비계에서 다루기로 한다.

신장은 앞에서 살펴본 바와 같이 물질대사에 의해 생긴 노폐물의 배설작용 외에도 혈액 내 이물질이나 혈장 내에 다량 축적된 성분의 제거 등 혈액성분과 혈액량을 일정하게 유지하도록 하는 작용을 하여 신체의 항상성을 유지시켜 주는 중요한 역할을 한다.

5-3-4 질소 배설물

아미노산의 탈아미노과정(deamination)이나 핵산 등의 분해에 의해 생긴 질소 배설물인 암모니아(NH_3)는 심한 독성을 나타내므로, 동물은 이를 곧 체외로 배출하거나, 독성이 극히 적은 물질로 전환시켜 저장한 후에 배출시킨다.

대부분의 무척추동물 중 일부 어류는 암모니아 상태로 배출하며, 곤충류, 파충류의 일부와 조류는 암모니아를 요산(尿酸, uric acid)으로, 포유류와 양서류, 그리고 파충류의 일부에서는 요소(尿素, urea)의 형태로 바꾸어 배출한다.

사람의 질소배설물도 주로 요소 형태인데, 이는 각 조직세포의 탈아미노과정에서 생긴 암모니아가 혈액에 녹아 간(肝, liver)에 모인 후 간에 있는 여러 효소작용에 의해 탄산가스와 몇 가지 아미노산이 관여하여 만들어지며, 이 과정을 요소회로(尿素回路, urea cycle) 또는 오르니틴회로(ornithine cycle)라 한다(그림 5-32).

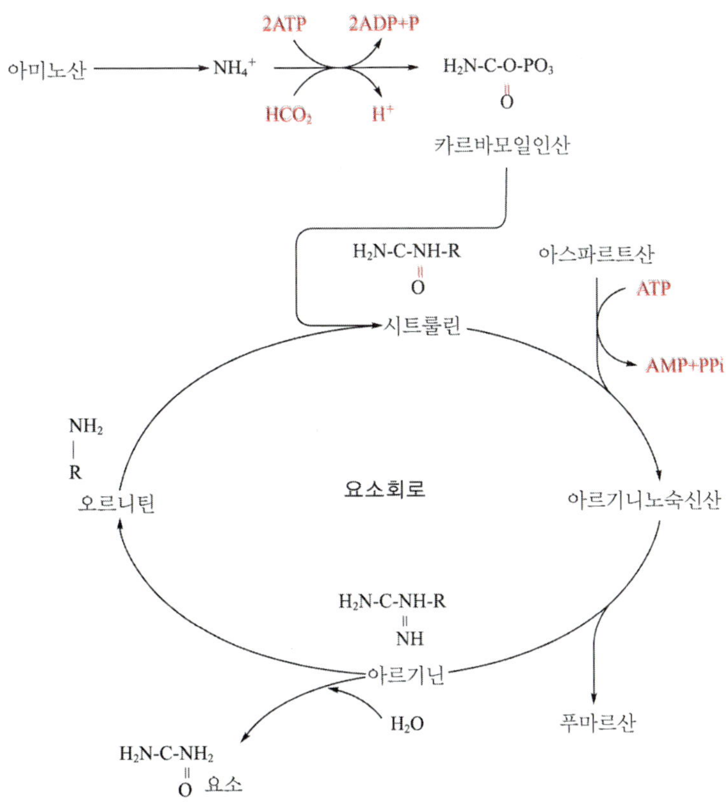

그림 5-32
요소의 합성경로

5-4 면역계를 통한 자기방어

5-4-1 비특이적 방어기구

동물의 표피를 덮고 있는 피부(skin)는 병원체나 항원의 침입을 차단시키는 방어벽으로 작용하며, 피부로 배설되는 땀(sweat)이나 피지(皮脂, sebum)에 섞여 나오는 화학물질은 세균을 죽이는 역할도 한다.

음식물과 같이 섞여서 들어오는 미생물들은 위에서 분비되는 산이나 효소에 의해 파괴되기도 하며, 흡식공기와 같이 들어오는 병원체도 코나 호흡식 점막에서 분비되는 점액에 걸리면 코나 가래 등에 의해 외부로 배출된다.

병원균이 조직세포 내로 침투되었을 때에는 또 다른 비특이적 방어기구가 작용한다. 예를 들면 어떤 종류의 세포는 비루스의 침입을 받았을 때 인터페론(interferon)이라는 단백질을 합성, 분비하며, 분비된 인터페론은 비특이적 림프구의 하나인 NK 세포(natural killer cell)를 활성화시켜 비루스에 감염된 세포를 죽임으로써 비루스를 제거한다. 또한 감염되지 않은 세포에 작용하여 항비루스 단백질을 생산하게 함으로써 비루스가 공격하지 못하게 하기도 한다.

다음에 비특이적 방어의 대표적인 것으로서 염증(炎症, inflammation)과 식균작용(phagocytosis)에 대해 좀 더 상세히 알아보도록 한다.

인터페론

병원균이 조직을 침입하면 다른 비특이성 방어기작이 활성화된다. 예를들면 어떤 종류의 세포는 비루스나 세포내 기생체(세균, 곰팡이 및 원생동물)에 의해 감염되었을 때 인터페론이라는 단백질을 분비함으로써 반응한다. 이러한 종류의 단백질은 다른 세포를 자극시켜 항비루스단백질이 생성되고 이로 인해 세포는 비루스가 필요로 하는 고분자물질의 생성을 중단한다. 인터페론에 노출된 세포에서 생성된 비루스입자는 감염 중인 세포에서 효과적이지 못하다.

인터페론은 또한 NK 세포(natural killer, NK cell)를 자극한다. 이러한 세포는 비루스로 인해 손상된 숙주세포를 감지하며 이를 죽인다.

1. 염 증

병원체가 조직에 감염되었을 때 감염조직 부위에서는 염증을 일으킨다(그림 5-33 참조). 즉, 손상받은 세포는 히스타민(histamine)이나 키닌(kinin) 등의 화학물질을 만들게 되며, 이들의 작용으로 손상받은 부위의 모세혈관들이 확장된다. 그러므로 감염부위로 혈류량이 증가되어, 감염부위의 피부가 붉게 보이고 열이 오르게 된다.

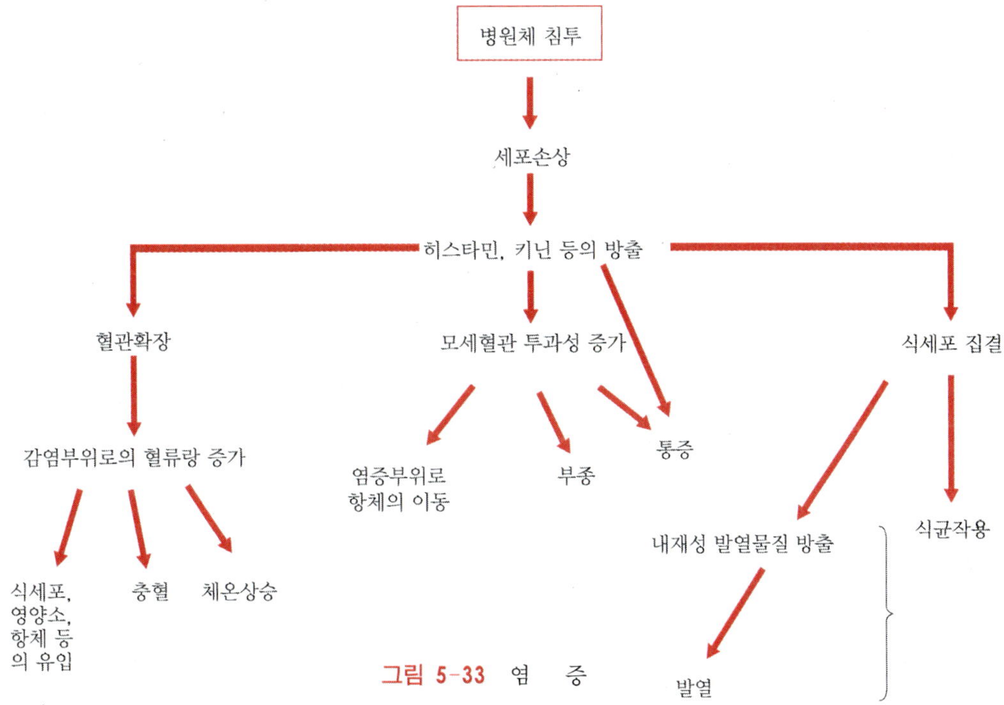

그림 5-33 염 증

또한 모세혈관의 투과성이 커짐으로써 혈장성분이 감염조직 부위로 많이 이동하여 세포간질액(interstitial fluid)의 용적이 늘어나는 부종(浮腫, edema)이 되고, 부종과 손상세포에서 방출되는 화학물질에 의해 염증이 생길 때 통증(pain)을 느끼게 된다.

또한 염증 시 혈류량의 증가는 많은 수의 식세포(호중성 백혈구와 단핵구 등)들을 감염부위로 보내는 결과를 초래하여, 이들 백혈구와 대식세포(macrophage)들이 감염균을 탐식하면 리소좀(lysosome) 내의 각종 가수분해 효소가 이들을 분해하여 제거한다. 염증의 특징인 농(膿, pus)은 식세포들과 죽은 세균이 모여서 이루어진 것이다.

이상은 국소적 염증이고, 때로는 전신성인 염증도 있으며, 또 염증이 경과하는 지속시간에 따라 급성(acute) 및 만성(chronic)인 경우도 있다.

2. 식균작용

염증은 식세포작용을 촉진시키는데, 식세포는 침투한 세균(이물질)을 인식하고 접근하여 세포막의 함입(invagination)으로 세균을 둘러싸서 세포질 안으로 끌어들여 파고솜(phagosome)을 형성한다.

이어서 식세포의 리소좀이 파고솜에 접근하여 융합된 파고리소좀(phagolysosome)이 되면 식세포는 과산화수소(H_2O_2)나 O^- 등을 내어 세균을 파괴시키며, 또한 식세포 내의 리소좀에서 방출되는 여러 가지 가수분해효소들이 세균물질을 분해하여 그 분해산물을 세포 밖으로 제거시킨다(그림 5-34)

호중성 백혈구는 20여 개 정도의 세균을 식작용한 다음에 죽으며, 대식세포는 그 수명이 지속되는 동안 100여 개의 세균을 식작용할 수 있다. 특히 대식세포는 여러 부위의 조직에 분포하여 있으면서 침입해 들어오는 세균을 식작용으로 파괴시킨다.

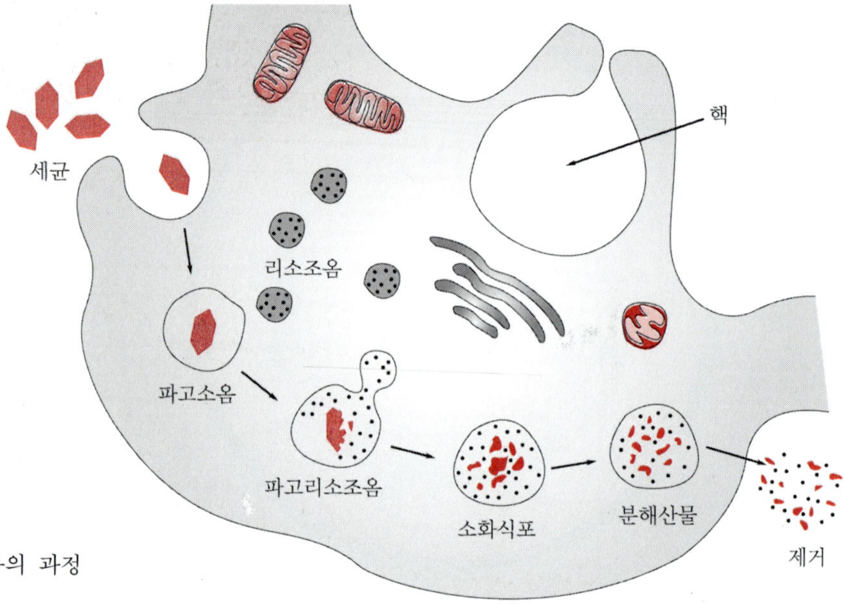

그림 5-34 식세포작용의 과정

5-4-2 면역반응

면역반응은 척추동물이 가지는 특이한 방어기구로서 두 가지 반응계로 나뉜다. 첫째는 이물질에 대항하는 순환항체(循環抗體, circulating antibody)를 생산하여 면역기능을 나타내는 체액성 면역계(體液性免疫系, humoral immune system), 둘째는 비루스의 파괴, 피부염증과 같은 지연성 과민반응(遲延性過敏反應, delayed hypersensitivity) 또는 암세포나 이식조직에 대한 거부반응 등에 관여하는 세포성 면역계(細胞性免疫系, cellular immune system)이다.

이 두 가지 면역계는 완전히 독립되어 이루어지는 것이 아니고, 상호 협력하여 방어기능을 수행하고 있다. 또한 이와 같은 면역계는 면역기억(immune memory)을 나타내는 특징을 가지고 있다. 그러므로 어떤 이물질(항원)과 처음 만나 반응(1차반응, primary response)한 뒤에 다시 동일한 이물질을 만나는 경우, 1차반응에 비해 신속하고 강력한 반응(2차반응, secondary response)을 나타낸다.

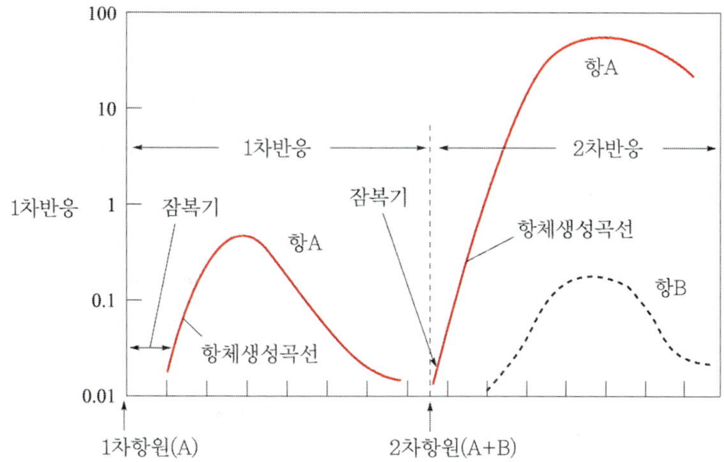

그림 5-35 면역계의 1 차반응과 2 차반응

1. 면역계의 세포

면역계에 관여하는 세포는 림프구(淋巴球, lymphgocyte)와 대식세포(macrophage)이다. 특히 림프구는 모든 면역반응의 특이성을 결정해 주는 세포이다. 림프구는 동물체 안에서 조직세포 사이를 왕래하며 혈액과 림프를 따라 순환하고, 또 림프기관인 비장(脾臟, spleen)이나 림프절(淋巴節, lymph node)에 축적되어 있기도 한다. 양서류 이상의 척추동물에서 림프구는 T-세포(T-림프구)계와 B-세포(B-림프구)계로 분류된다.

T-세포는 배(胚, embryo)의 난황낭(yolk sac)이나 간에, 태아 후기부터는 골수(骨髓, bone marrow)에 정착된 간세포(幹細胞, stem cell)의 일부가 흉선(胸線, thymus)으로 이주하여 성숙한 세포이다.

B-세포도 기원은 T-세포와 같으나, 조류의 경우에는 파브리시우스낭(bursa of Fabricius)을, 포유류에서는 이에 대응하는 기관을 중심으로 분화·성숙한다. B-세포는 항원에 의해 분화하여 항체를 합성하는데, 이 항체는 항원 특이결합부위가 있으며, 동시에 항원을 인식하는 능력이 있다.

합성된 항체는 혈액 속으로 분비되어 체액성 면역을 담당한다. T-세포는 인식분자를 분비하는 것이 아니고, 여러 가지 기능을 갖는 세포군으로 분화되며, 이들 각 세포군은 침입항원(또는 세포)에 대해 세포독작용(細胞毒作用, cytotoxic effect)을 나타내거나, 항원에 의해 자극을 받는 B-세포 및 T-세포의 성숙과 분화를 돕거나 억제하는 기능을 나타내는 세포성 면역을 담당한다. 이들 두 세포계는 서로 다른 기능을 나타내지만, 그 모양은 거의 유사하여 형태적으로 구별하기가 어렵다.

그러나 이들 세포는 각기 그 고유의 세포막 표지인자(surface marker)들을 가지고 있으므로, 그 표식인자를 분석함으로써 구분이 가능하다.

또한 주사전자현미경(scanning electron microscope)으로 관찰하면, 일반적으로 B-세포의 막 표면에 미세돌기가 많이 나타난다.

한편 대식세포(macrophage)는 그 기원이나 기능에 대해 아직 논란이 많으나, 혈액 내의 단핵구(單核球, monocyte)가 체내 여러 조직부위로 이동하여 분화된 것으로 생각되고 있으며, 부정형 형태의 위족을 내어 빨리 운동하는 성질을 갖는다.

대식세포는 세망조직 내에 들어 있으므로 세망내피계(細網內皮系, reticuloendothelial system, RES)라고도 불린다. 대식세포는 이물질을 포식하여 가수분해시키는 식세포작용을 하므로, 비특이적 면역작용에도 관여할 뿐 아니라 다른 식세포와는 달리 죽은 세포(죽은 적혈구나 과립백혈구)도 포식, 소화하여 처리해내는 청소부(scavenger) 역할을 한다.

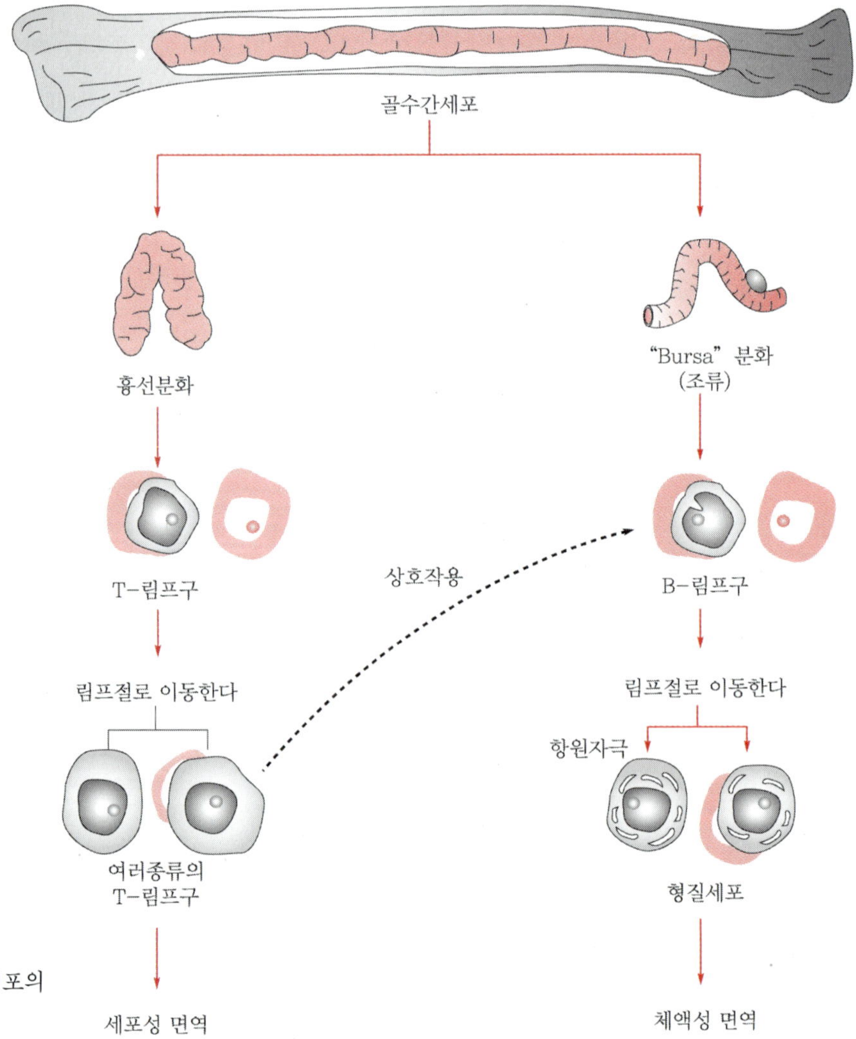

그림 5-36 T-세포와 B-세포의 기원과 기능

또한 아직 그 기작이 상세히 밝혀져 있지는 않지만 항원을 인식, 결합해서 림프구(T-세포와 B-세포)에 전달하여 줌으로써 이들 세포들에 의한 면역의 개시 및 조절작용을 갖는 특이적 면역반응의 중계자 역할을 하는 것으로 알려져 있다(이런 경우 antigen presenting cell, APC 또는 A-세포라 부르기도 한다).

2. 체액성 면역

동물체에 항원이 들어왔을 때, 그 항원에 특이한 항체단백질이 어떻게 형성되는가 하는 문제는 아직도 명확히 밝혀져 있지 않다. 그러나 체내에는 어떤 항원에 대하여 특이하게 반응할 림프구가 처음부터 존재하고 있으며, 림프구막 표면에 항원을 인식하는 분자를 갖고 있을 것으로 믿어지는 실험결과들이 많이 발표된 바 있다.

실제로 최근에는 B-세포에서 막결합-면역글로불린(membrane bound immunogolbulin)의 존재가 증명되었으며, 이것이 항원에 대한 수용체(receptor)로 작용한다는 것이 밝혀졌다(T-세포의 항원수용체도 밝혀짐).

따라서 항원이 막수용체에 결합되면 그것이 자극이 되어 곧 유사분열을 반복하여 그 항원에 대한 항체만을 생산하는 단일 클론(clone)세포를 만들어 내고, 각 클론에서 서로 다른 단일클론항체(monoclonal antibody)가 합성된다는 것이다.

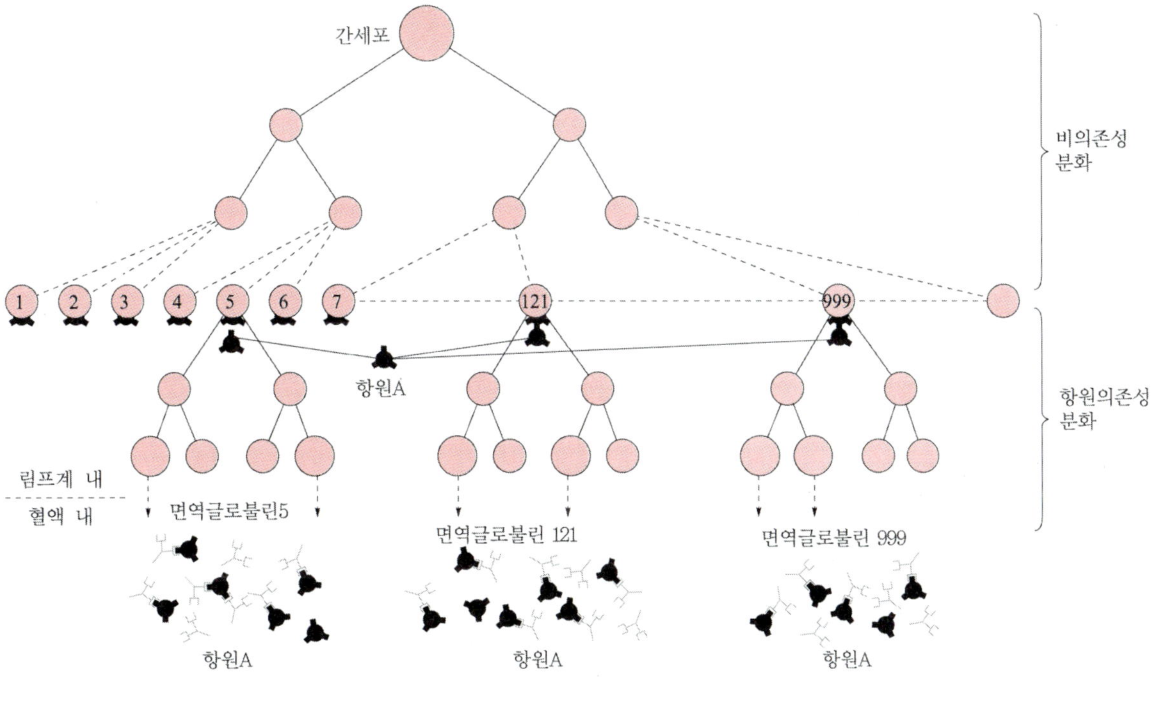

그림 5-37 클론선택성의 모식도

이와 같이 수많은 림프구 중 어느 특정 세포들만이 항원에 의해 선택적으로 자극받아 클론을 형성하면서 항체를 만든다는 이론이 클론선택설(clonal selection theory)이다(그림 5-37).

이와 같이 림프구의 클론 형성에 의해 만들어져 특정 항체를 계속 생산해 내는 세포를 형질세포(形質細胞, plasma cell)라 한다. 그러나 림프구의 분열에서 생성된 일부세포는 형질세포로 되지 않고, 그 항원에 대해 특이하게 반응하는 림프구로 남아서 오랫동안 존재하는데, 이를 기억세포(記憶細胞, memory cell)라 하며, 이것은 같은 항원이 재차 침입할 때에 곧 분열을 개시하여 형질세포로 전환된 후에 항체를 생산한다.

3. 항체의 구조와 성질

체액성 면역을 나타내는 항체는 혈청을 전기영동하면 그 분획이 가장 느린 속도로 이동하여 양(+)극쪽의 γ-이동속도 부위에 걸쳐서 길게 나타난다(β-이동속도를 갖는 것도 있음). 이 분획에 속하는 물질이 γ-글로불린인데, 화학적으로 분석하면 매우 이질적(異質的, heterogeneous)인 당단백질(糖蛋白質, glycoprotein)의 집단으로 이루어져 있으며, 면역글로불린(immunoglobulin, Ig)이라고도 부른다.

항체가 이와 같은 이질성을 보이는 것은 각종 항원결정기의 특이한 단백질의 구조 때문이다. 따라서 항체의 구조를 결정하기가 어려웠으나 다행히 암의 일종인 다발성 골수종(多發性骨髓腫, multiple myeloma) 환자에게서는 한 가지 종류의 균질인 항체분자만이 생성된다는 사실이 밝혀졌다.

이 면역글로불린을 사용한 G. M. Edelman 과 R. Porter (1972 년 노벨 생리의학상 받음) 등의 연구결과로 항체분자의 구조가 밝혀졌다.

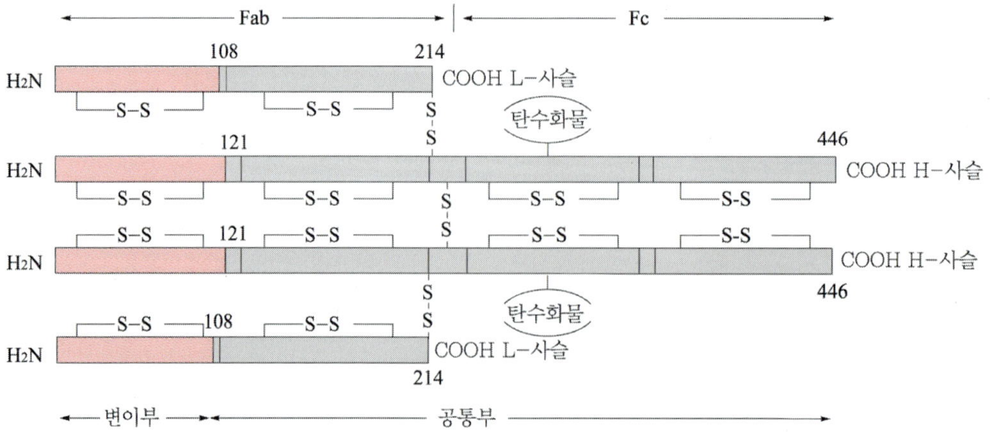

그림 5-38 항체분자(IgG)의 구조

즉, 항체분자는 비교적 분자량이 작은(분자량 약 23,000) L-사슬(light polypeptide chain, L-chain)과 이보다는 분자량이 큰(분자량 53,000~ 75,000) H-사슬(heavy polypeptide chain ; H-chain)이 각각 2개씩 모여, 각 사슬간 디설피드결합(S-S 결합)이나 비공유결합(noncovalent interac- tion)으로 이루어져 있다.

항체의 기본구조는 H_2L_2로 구성되며, H-사슬에는 약간의 탄수화물이 결합되어 있다(그림 5-38). 혈청에 존재하는 면역글로불린 중에는 이들 기본구조가 2~5개까지 결합되어 중합체(polymer)를 이루는 것도 있다.

한편 면역글로불린 구조의 특성을 알아보기 위해 항체에 단백질분해효소의 하나인 파페인(papain)을 처리한 결과, 항체는 두 부분으로 분리되었다. 하나는 항원과 결합하는 성질을 가진 N-말단부위의 항원결합조각(fragment antigen binding ; Fab)이고, 다른 하나는 항원과는 결합하지 않으나 쉽게 결정으로 될 수 있는 C-말단부위인 결정체조각(fragment crystalline ; Fc)이었다. 이와 같은 연구결과로, 항체에서 항원과 결합하는 부위, 즉 항체의 특이성에 관여하는 곳은 H-사슬과 L-사슬의 N-말단 부위임을 알게 되었다.

항원과 항체가 만날 때 두 물질 사이에는 열쇠와 자물쇠가 들어맞는 것 같은 상호보완적인 구조를 이루며, 항원-항체복합체(antigen-antibody complex)를 형성하는데, 그 친화도나 결합력은 항체에 따라 모두 차이가 있다(그림 5-39).

다발성 공수종환자의 혈청에서 여러 종류의 단일항체분자를 분리하여 그것들의 1차구조를 비교해 본 결과, H-사슬의 C-말단 쪽으로 약 3/4과 L-사슬의 C-말단 쪽의 1/2은 아미노산의 배열순서가 매우 유사하나 나머지 N-말단쪽 부위는 사람마다 다름을 것을 알 수 있었다.

이 동일한 부위를 일정부위(一定部位, constant region, C)라 하며, 나머지 부분을 변이부위(變異部位, variable region, V)라 한다. 이들 각 부위의 H-사슬과 L-사슬은 약 110개의 아미노산을 단위로 1차구조가 거의 유사한 폴리펩티드를 이루므로, 이들을 각각 도메인(domain)이라 부른다. 그리고 각 도메인은 디설피드결합에 의해 루프(loop) 모양을 이룬다(그림 5-40).

한 가지 항원에 의해 생성된 항체는 항원의 극히 작은 일부 특정 부위와만 결합하는데, 이와 같은 항원 내의 특정 결합부위를 항원결정기(抗原決定基, antigenic determinant 또는 epitope)라 한다(그림 5-39 참조).

항원으로 작용하는 것은 단백질, 다당류, 당단백질, 핵단백질, 지질단백질 등 모두 거대분자이므로, 한 종류의 단백질 항원일지라도 몇 부위의 서로 다른 항원결정기(5~10부위)를 가진다.

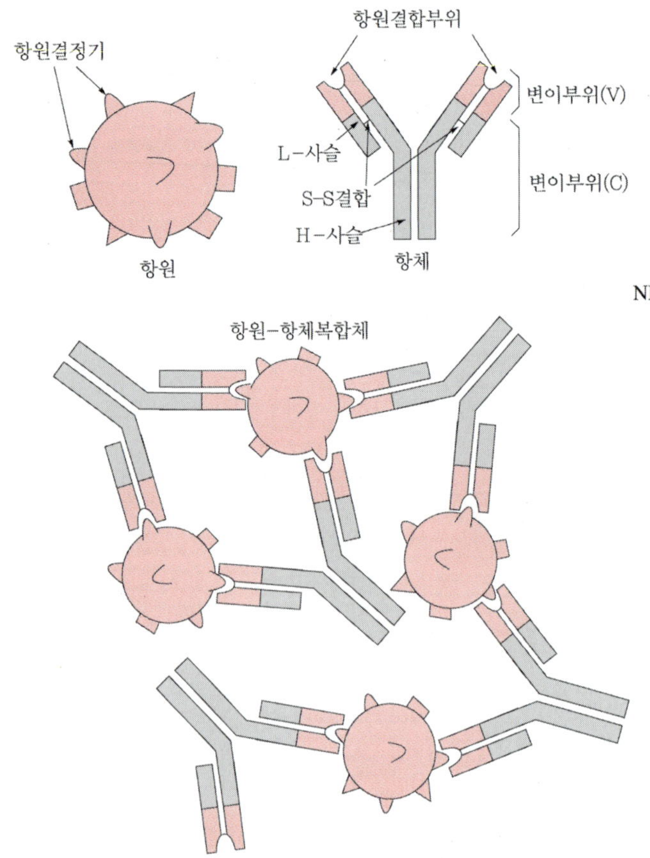

그림 5-39 항원, 항체 및 항원-항체 복합체의 모식도

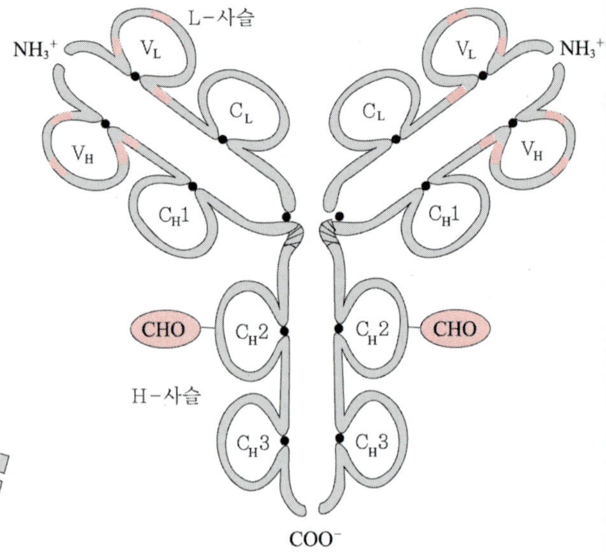

그림 5-40 항체분자의 도메인구조

따라서 순수분리한 단일 단백질을 항원으로 면역시켰을 경우에도 항원분자 내의 여러 항원결정기에 대응하는 다양한 항체들이 생성된다. 그러므로 하나의 항원에도 몇 개의 항체분자가 결합할 수 있게 된다.

DNP (dinitrophenol)와 같은 간단한 화합물은 그 자체가 면역원의 성질을 갖지 못하나, 항원결정기의 역할을 할 수 있으므로, 이것을 단백질에 결합시킬 경우(소의 혈청알부민과 결합시켜 DNP-BSA로 만듦)에는 면역원으로 작용한다. 그러므로 DNP-BSA를 토끼에 주사하여 면역시키면 이 항원분자 내의 여러 항원결정기에 대응하는 각종 항체분자들이 생기며, 그들 중 하나가 DNP에 특이한 항체분자인 것이다.

이와 같이 그 분자자신은 면역원성을 갖지 못하나, 거기에 어떤 단백질이 결합하면 항원으로 작용하며, 그 대응 항체와 반응할 수 있는 물질분자를 합텐(hapten)이라고 한다. 따라서 항원(엄밀히 말하면 항원결정기)은 그 숫자에 있어서 무한대에 달한다고 볼 수 있으며, 생성될 수 있는 항체는 $10^6 \sim 10^7$ 가지로 추정되고 있다.

(1) 항체의 종류

면역글로불린(immunoglobulin, Ig)은 구조의 차이에 의해 IgG, IgA, IgM, IgD, IgE의 5종류로 나누어지는데, 하등 척추동물에는 IgM만이 존재하며, 양서류에는 IgM과 IgG가, 포유류에는 IgM, IgG 및 IgA가 존재하며, 사람의 경우에는 다섯 종류가 모두 발견된다.

이들 항체의 H-사슬을 이루는 폴리펩티드 사슬은 각각 종류가 다르고, L-사슬은 공통된 폴리펩티드 사슬로 이루어져 있다. 그러나 한 종류의 Ig일지라도 H-사슬의 구조에 약간씩 차이가 나는 경우가 있어서 이를 아군(亞群, subgroup)으로 나누어 구별한다.

반면에 모든 면역글로불린에 공통적인 L-사슬은 κ형(kappa type)과 λ형(lambda type) 두 가지만을 가지는데 정상인의 면역글로불린 중 2/3가 κ형 L-사슬을 갖고, 나머지 1/3이 λ형 L-사슬로 이루어져 있다.

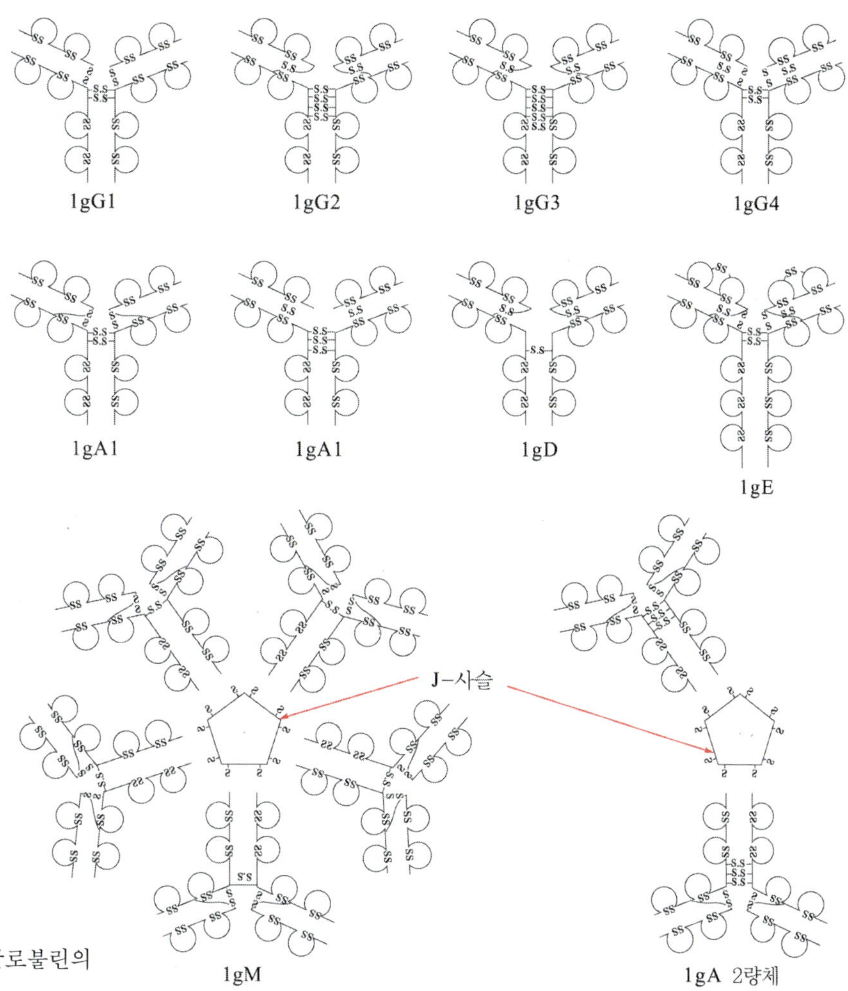

그림 5-41 사람의 면역글로불린의 종류와 구조

한 가지 면역글로불린은 반드시 한 종류의 L-사슬로 구성된다.

현재 각종 면역글로불린의 H-와 L-사슬의 1차구조가 밝혀져 있다. 사람의 혈액 내에 있는 항체는 약 75%가 IgG이며, 체액성 면역을 담당하는 주체로서 보체결합능과 Fc 수용체 결합능을 갖는다. 사람의 경우 IgG는 구조적 차이에 의해 IgG 1, IgG 2, IgG 3 및 IgG 4의 4가지 아군(subgroup)으로 구분된다(그림 5-41).

IgM은 단위분자 5개로 이루어진 5량체(pentamer)로서, J-사슬(J-chain)이라는 폴리펩티드가 단위분자의 연결에 관여하는 것으로 알려져 있으며, 보체결합능을 가진다. IgA는 혈청에도 존재하지만 주로 타액, 눈물, 장액 등 거의 모든 외분비액(external secretion)에 포함되어, 외부로부터 공기나 음식과 함께 점막을 통해 들어오는 병원체에 대한 감염을 방어하고 있다.

또 초유(初乳, colostrum)에도 다량이 들어 있어, 신생아가 장관(腸管)으로부터 감염되는 것을 막아주고 있다. 그런데 외분비액에 존재하는 IgA는 단위분자 2개가 역시 J-사슬에 의해 연결된 2량체(dimer)이며, 이 분자에는 분비분자[secretory component (SC)]라는 제 4의 펩티드도 함유되어 있음이 알려져 있다.

IgE는 즉시형 과민증(immediately hypersensitivity)의 하나인 알레르기(allergy)를 일으키는 항체로서 레아진(reagin)이라고 불리기도 하는데, 이에 대해서는 뒤에 설명하기로 한다.

IgD 항체는 체액 중에 극히 미량이 존재하며, 이것의 기능에 대해서는 잘 알려져 있지 않지만, B-세포막 표면에서 IgM과 함께 발견되어 항원 수용체로서의 중요성이 인정되고 있다.

표 5-6 사람의 5가지 면역글로불린의 종류와 소단위 구조

종 류	H-사슬	아 군	L-사슬	분 자 식
IgG	γ	γ_1, γ_2 γ_3, γ_4	κ 또는 λ	γ_2, κ_2 γ_2, λ_2
IgA	α	α_1, α_2	κ 또는 λ	$(\alpha_2\ \kappa_2)\ n^{\alpha}$ $(\alpha_2\ \lambda_2)\ n^{\alpha}$
IgM	μ	—	κ 또는 λ	$(\mu_2\ \kappa_2)_5$ $(\mu_2\ \lambda_2)_5$
IgD	δ	—	κ 또는 λ	$(\delta_2\ \kappa_2)$ $(\delta_2\ \lambda_2)$
IgE	ε	—	κ 또는 λ	$(\varepsilon_2\ \kappa_2)$ $(\varepsilon_2\ \lambda_2)$

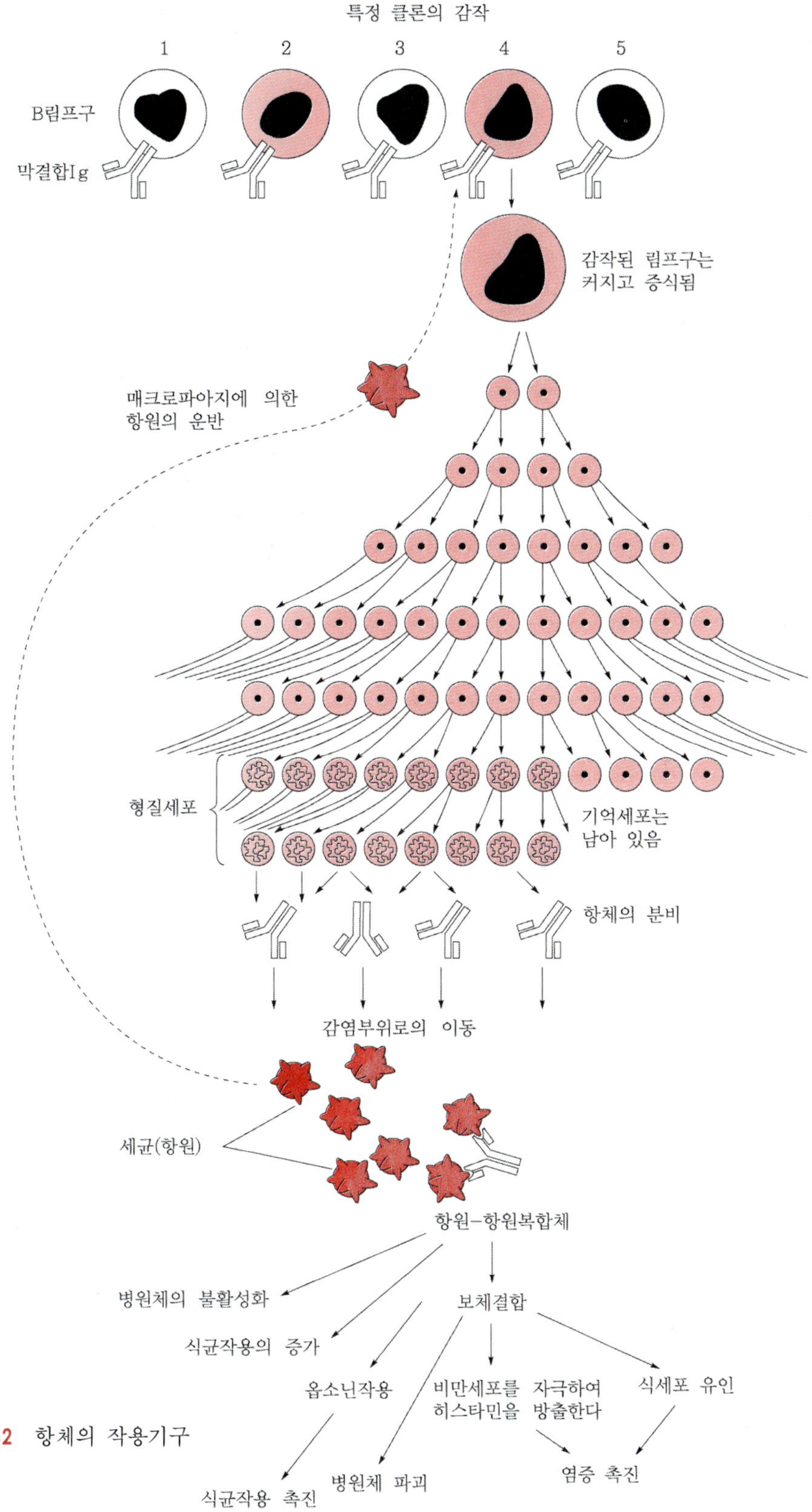

그림 5-42 항체의 작용기구

(2) 항체의 작용과 보체

앞에서 살펴본 바와 같이, 항체는 그 대응 항원(병원체)을 인식, 결합하여 항원-항체복합체를 형성함으로써 생물학적 방어기능을 갖도록 활성화된다. 항원-항체복합체는 병원체, 혹은 병원체가 분비하는 독(毒, toxin)을 불활성화시킨다.

또한 병원체 막항원에 항체가 결합됨으로써 식세포(대식세포와 호중성 백혈구)에 의한 식균작용을 촉진시키기도 하며, IgM과 IgG 항체들은 보체계(補體系, compliment system)에 의한 생물학적 기능의 발현, 즉 항원-항체 복합체에 활성화된 보체가 결합되어 병원체를 파괴시키거나 식세포작용이 촉진되도록 유도하기도 한다(그림 5-42).

식세포(단핵구, 대식세포, 호중성구)들이 이물질을 인식하여 결합하고 포식(ingest)할 때, 이 물질이 IgM이나 IgG 항체와 결합되어 있으면, 식세포와 이물질과의 결합능이나 식세포 작용이 촉진된다.

이와 같이 이물질에 항체(또는 보체나 다른 특이 단백질)가 결합됨으로써 식세포들의 작용을 촉진시켜 주는 것을 옵소닌작용(opsonization)이라 하며, 이때 결합된 분자들을 옵소닌(opsonin)이라 부른다.

혈청글로불린의 약 10%를 차지하는 보체(補體, complement, C)는 항체가 결합하고 있는 세균(항원)의 용균에 필요한 혈청단백질들로 이루어져 있다. 보체성분(complement components)은 제 1 성분, 제 2 성분…… 제 9 성분으로 알려져 있어서 그들의 각각을 C_1, C_2, C_3 ……C_9 이라고 한다. 면역복합체는 C_1, C_2, C_3 ……C_9 의 순으로 연속적인 활성화반응의단계를 거치면서 면역반응에 관여한다.

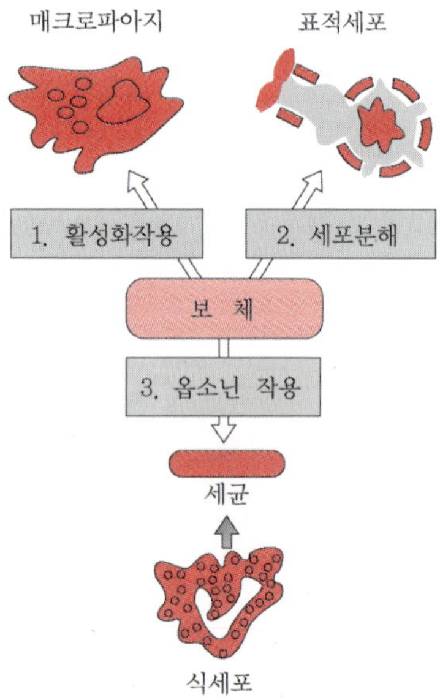

그림 5-43 보체계의 생물학적 기능

보체의 기능은 크게 3가지로 나눌 수 있다. 첫째는 대식세포에 작용하여 감염 부위의 급성 염증을 촉진시키는 면역계의 활성화작용이고, 둘째는 침입한 이종세포인 항원과 항체(IgG 및 IgM)가 결합하면, 활성화된 보체가 Ig에 결합되어(보체고정, complement fixation) 이종세포막의 분해를 야기시키는 세포분해작용(cytolysis)이며, 셋째는 보체 중의 하나인 C_3가 이물질에 결합됨으로써 식세포에 의한 식균작용을 촉진시키는 옵소닌작용이다(그림 5-43).

(3) 항체분자의 다양성

앞에서 살펴본 바와 같이, 항원에 대항하여 생산되는 항체분자는 수없이 많은 다양성(diversity)을 갖는다. 이 다양성이 발생되는 기작에 대해서는 다음과 같은 2가지 학설이 제시된다.

그 중의 하나는 생식세포유전자설(germ line theory)로서, 생명체는 태어날 때부터 각종 항체를 만들어 낼 수 있는 능력을 가진 유전자를 지닌다는 생각이다. 특히 항체분자의 다양성은 V-부위(V-region)의 구조에 의하여 결정되므로 V-부위를 지배하는 유전자의 수가 많아야 하는데, 항원(항원결정기)의 수는 무한대이고, 포유류가 갖는 유전자의 수는 약 100만 개 정도밖에 안 되므로, 태어날 때부터 충분한 유전자를 갖는다는 것은 무리가 있다.

이러한 문제점을 보완한 또 하나의 학설이 체세포돌연변이설(somatic mutation theory)로서, 동물체는 항원에 특이한 항체를 생산할 수 있는 소수의 가변부 유전자(V-gene)를 가지고 태어나, 림프구의 DNA의 변이에 의해 각각 다른 V-유전자를 갖는 림프구를 생성할 수 있다는 것이다.

이러한 변이는 흉선이나 파브리시우스낭(또는 이의 대응기관)에서 일어나며, 이렇게 됨으로써 V-유전자와 C-유전자(C-gene)가 작용하여 다양한 분자를 합성해 낼 수 있다는 것이다. 최근의 연구보고들에 의하면 위의 두 학설을 복합시킨 이론으로 항체의 다양성 발현을 설명할 수 있다는 것이 지배적인 견해이다.

4. 세포성 면역

T-세포는 그 자신이 직접, 또는 대식세포의 도움을 받아 항원에 특이적으로 응답하여 증식, 분화한다. 그럼으로써 여러 가지 기능세포가 되고 이들이 각종인자를 생산, 분비하여 면역기능을 갖게 되는데, 이를 세포성면역(cell-mediated immunity)이라 한다.

대부분의 세포성 T-림프구는 그 크기가 작고 비활성상태인 소림프구(small lymphocyte)로 존재하지만, 대식세포가 운반해 오는 항원에 의해 소림프구가 감작(感作, sensitize)된다.

감작된 림프구는 일정한 크기로 커지고, 유사분열을 반복하여 증식됨으로써 많은 수의 클론(clone)세포가 된다. 이어서, 이 세포들은 독성 T-세포(cytotoxic T-cell ; Tc), 보조T-세포(helper T-cell ; T_H), 억제성 T-세포(suppressorT-cell ; T_S) 및 기억세포(memory cell) 등의 T-세포 아군으로 분화되고, 이 세포들은 림프절을 떠나 감염부위로 이동된다.

독성 T-세포는 침입세포의 막표면 항원(surface antigen)과 결합하여 림포카인(lymphokine ; LK)이라는 여러 가지 당단백질 인자를 방출한다.

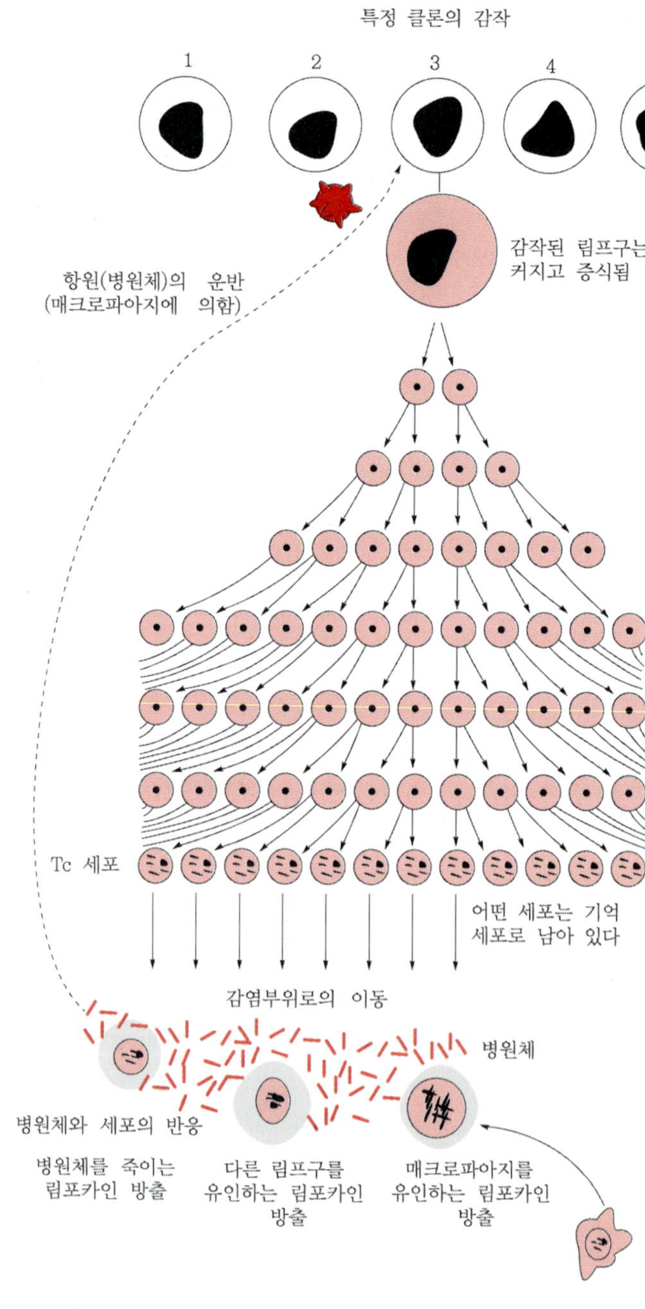

그림 5-44 세포성 면역의 작용기구 (Tc-세포)

일부의 림포카인은 직접 병원체를 죽이기도 하며, 일부는 감염부위의 다른 T-세포에 작용하여 활성화시킨다. 또 다른 림포카인은 많은 수의 대식세포를 감염부위로 유인하여 염증을 촉진시키며, 강력한 식세포작용을 갖도록 한다. Tc-세포는 특히 비루스, 진균류(fungus) 또는 숙주세포 안에서 살 수 있는 세균들에 대해 강력히 작용한다.

즉 이들 병원체가 생체세포에 침입하면 생체세포는 변형되며, Tc-세포는 이 변형된 세포를 이물질로 인식하여 파괴시킨다. Tc-세포는 암세포와 이식조직의 세포도 역시 파괴시킨다.

보조 T-세포(T_H)는 B-세포가 항원에 반응하여 항체생산세포인 형질세포로 분화 및 성숙되는 것을 도와주는 작용을 하며, 억제성 T-세포(T_S)는 세포성 면역이나 체액성 면역반응을 억제하는 기능을 갖는다.

한편 앞의 분화된 T-세포 중 일부 세포는 기억세포로서 림프조직에 남아 있게 되는데, 이 세포들은 여러 해 동안을 살아 있으므로 체액성 면역에서와 마찬가지로, 같은 병원체가 재차 침입할 때 즉각적인 면역반응의 발현에 관여하는 것이다.

최근에 문제시되는 AIDS (후천성 면역결핍 증후군, acquired immune deficiency syndrome)환자는 T-세포의 수가 정상인에 비해 매우 감소되어 있으며, 특히 T_H-세포에 대한 Ts-세포의 비율이 상당히 커서 감염에 대한 저항력이 매우 저하되어 있다.

따라서 AIDS 환자는 폐렴이나 암등에 걸려서 죽게 된다. 흔하지 않게 발견되는 백혈병 유발 비루스가 AIDS 를 일으킬 수 있다고 추정되고 있으며, 이 비루스는 성적접촉이나 수혈에 의해 전염되는 것으로 알려지고 있다.

다음에는 세포성 면역계가 주로 관여하는 이식면역과 종양면역에 대해서 살펴보기로 한다.

(1) 이식면역

사람의 경우에 자기 자신의 조직을 자기 몸의 다른 부분에 이식할 때(autograft)는 거부반응이 없으나, 타인의 조직을 이식할 때(allograft)는 거부현상이 일어난다. 이와 같이 동종이식 조직에서조차 거부반응이 나타나는 것은 동종세포 간에도 세포표면 항원에 차이가 있음을 시사하는 것이며, 이러한 항원을 조직적합성 항원(histocompatibility antigen)이라고 부른다.

이들 세포막 표면의 항원은 결국 유전자의 정보에 의해 발현된 것이며, 이 유전자들은 집단을 이루고 있어서 주 조직적합 유전자 복합체(major histocompatibility complex, MHC)라 부른다.

현재 생쥐의 H-2 항원계와 사람의 HLA (human leucocyte antigen)항원계가 알려져 있으며, H-2는 생쥐의 17번 염색체상에, HLA는 사람의 6번 염색체상에 밀집해 있는 유전자군에 의해 지배된다.

이들 조직적합성 유전자는 5종류의 연관된 유전자로 이루어져 있으며, 각 유전자는 여러 가지 대립유전자(allele)를 갖는 유전적 다형성(polymorphism)을 가지므로 같은 종의 개체라도 각각 다른 조직적합성 항원을 갖게 된다. 그러므로 숙주면역계는 이식된 조직을 비자기로 인식하여 T-세포계가 이식조직을 공격하여 파괴시키는 거부반응(graft rejection)을 보이게 되는 것이다.

따라서 조직이식 전에 반드시 공여자와 수여자 조직간의 조직적합시험(tissue matching)을 실시해 보아야 하며, 또한 이식 후에도 이식거부의 방지를 위한 면역억제 조치를 하여야 한다.

(2) 종양면역

동물체는 세포집단에 변이세포가 출현할 경우 이것을 식별하여 배제하는 면역학적 감시(immunosurveillance)기능을 가지는데, T-세포계가 이를 담당한다.

일부 정상세포는 비루스, 호르몬, 방사선, 환경으로부터의 암유발원(carcinogen) 등에 의해 계속 암세포(cancer cell)로 전환되고 있으며, 암세포는 정상세포와는 다른 암 특이표면 항원(tumor specific surface antigen)을 가진다고 알려져 있다.

그러나 전환되는 비정상세포가 면역학적 감시기구에 의해 파괴됨으로써 생명체는 항상성을 유지하며, 면역학적 기구가 실패할 경우 비정상세포는 빠른 속도로 증식하여 암(cancer)이 되는 것이다. 즉 암세포를 공격, 제거하는 기능을 담당하는 것은 독성 T-세포, 대식세포 및 NK-세포(natural killer cell) 등이다(그림 5-45).

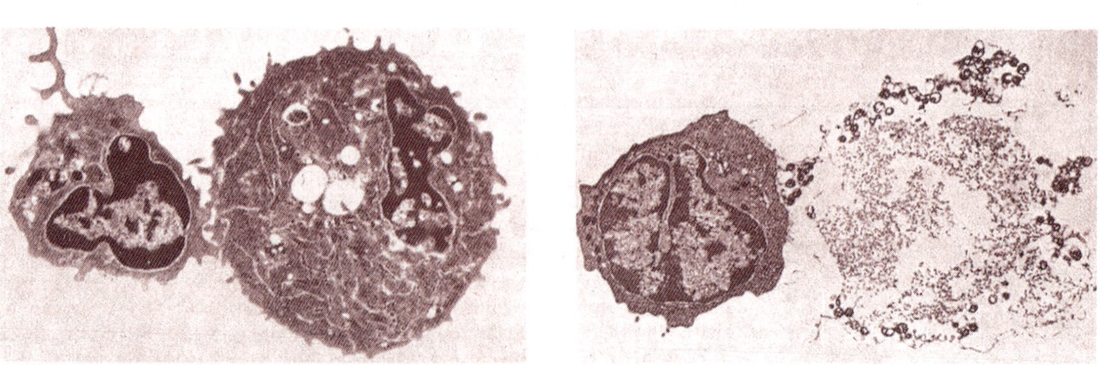

그림 5-45 독성 T-세포(T_K)가 암세포를 공격 파괴하는 전자현미경사진

그런데 이와 같은 면역계 세포들이 암세포를 인식하지 못하거나, 인식하더라도 암세포를 공격하지 못하기 때문에 암이 발생하는 것으로 생각하고 있으나, 아직도 그 원인에 대해서는 상세히 밝히지 못하고 있는 실정이다.

최근에는 발암에 대한 면역학적 감시기구설 자체도 부정하는 연구보고들이 나오고 있어서, 아직까지 발암기작에 대해서는 더 밝혀야 할 숙제로 남아 있다. 그래서 발암의 원인을 구명하기 위한 연구와 더불어, 암의 조기 발견과 효과적인 암치료법 개발에 대한 연구에 박차를 가하고 있다.

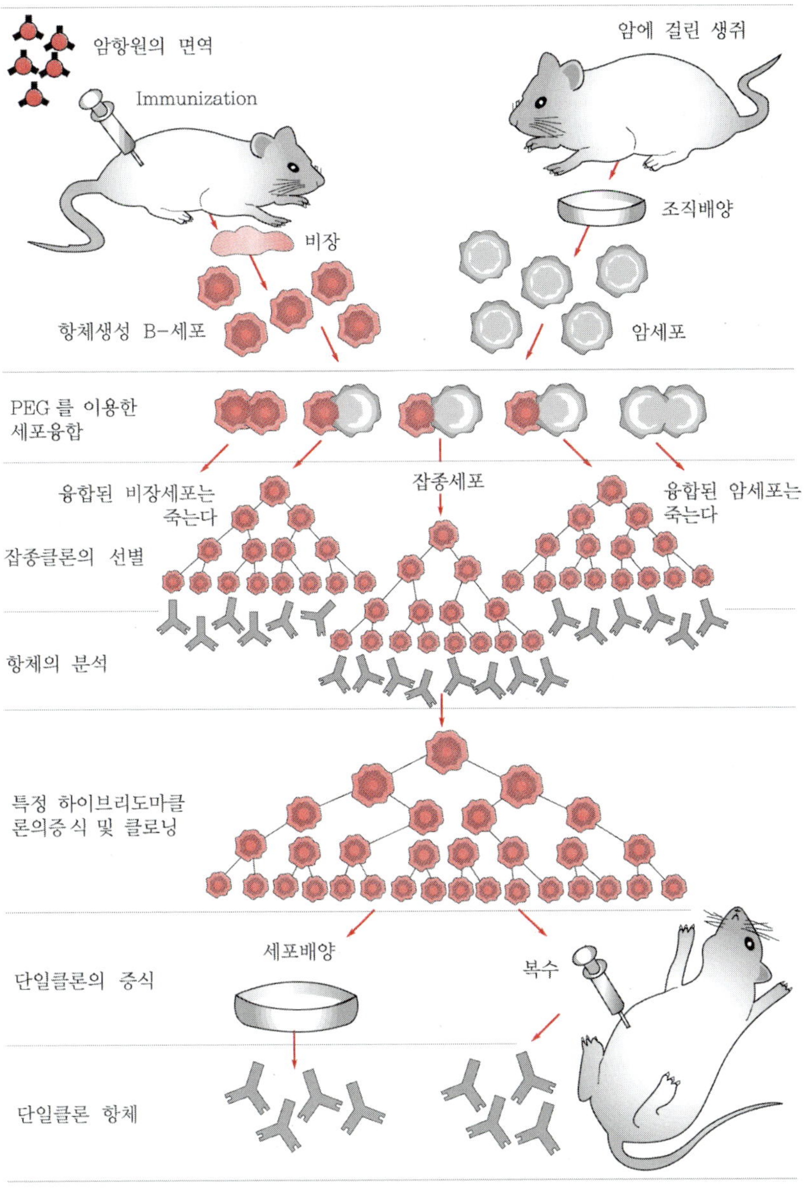

그림 5-46
단일클론 항체생산을 위한 하이브리도마 기술의 모식도

암치료를 위한 새로운 방법의 하나가 하이브리도마(hybridoma)기술에 의한 단일클론항체(monoclonal antibody)의 생산이다(그림 5-46).

그 과정을 간단히 살펴보면, 사람의 암(세포)특이항원을 생쥐에 면역시킨 후, 생쥐가 암항원에 대한 항체를 생성하기 시작했을 때, 생쥐의 비장을 절취한다.

절취한 비장에서 항체합성분비세포인 B-림프구를 분리해낸 다음, 다른 생쥐의 골수종세포(myeloma cell)와 섞어서, 세포융합(cell fusion)을 촉진시키는 폴리에틸렌 글리콜(polyethylene glycol, PEG)로 처치하여 융합시킨다. 이어서 융합된 세포만이 자랄 수 있는 HAT (hypoxanthine-aminopterine-thymidine)배양액을 이용하여 이들 세포를 배양하면서 잡종세포(hybrid cell)를 선별한다.

골수종세포는 일종의 암세포이므로 잡종세포는 끊임없이 분열증식하여 많은 세포를 만들며, 비장세포가 갖는 특정항체 생산능력(면역시킨 특정항원에 대한)에 의해 항체를 생산하여 세포 밖으로 분비한다.

따라서 면역학적 분석방법에 의해 출발 면역항원인 암항원에만 반응하는 양성클론을 선정한 다음, 이들을 한 배양조에 하나의 양성 클론세포가 분배되어 자라도록 하는 제한희석법(serial dilution)으로 클로닝(cloning)함으로써 단일클론을 만든다.

이 단일클론이 만드는 항체 중에서 어느 것이 암항원의 단일특정항원결정기와만 반응하는 단일클론항체(monoclonal antibody)인가를 확인한다. 그런 다음, 그 항체를 만드는 단일클론세포를 같은 계통의 생쥐에 면역시키고, 채취한 복수(ascitic fluid)로부터 단일클론항체를 분리해 낼 수 있다.

이렇게 하여 만든 특정 암특이 항원에 대한 단일클론항체를 동일 암환자에 주사하면 암세포와만 선택적으로 결합되며, 또한 이들 단일클론항체에 항암약제를 결합시켜 주사하면 암세포에게 항암약제가 작용할 수 있다는 원리로서, 현재 학계에서는 이러한 치료제 개발연구에 몰두하고 있다.

5. 면역학적 관용

앞에서 살펴본 바와 같이, 동물체는 자기와 비자기를 식별하는 능력을 갖고 있는데, 비자기에 대해서는 면역반응을 하지만 자기에 대해서는 면역반응을 보이지 않는다는 개념을 면역학적 관용(immunological tolerance)이라 한다. 그러나, 1945년 이란성(二卵性, dizygotic) 쌍둥이소 사이에서 상대조직항원에 대해 상호 면역거부를 일으키지 않는 관용을 보인다는 연구결과가 보고됨으로써, 동물체는 비자기항원에 대해서도 면역학적 관용이 있음을 알게 되었다.

즉, 이란성 쌍둥이들은 조혈기관처럼 유전적으로 서로 다른 조직형을 가짐에도 불구하고, 상호간의 조직거부 없이 태생기간 동안 태반을 통해 서로 혈액을 교환하는 안정된 키메라(chimera)로 존재하였던 것이다. 이들은 출생 후에도 쌍둥이간에는 서로 상대방 조직에 대한 이식거부를 갖지 않는 관용을 보였다(그림 5-47).

이러한 현상은 P. Medawar 등에 의해 실험적으로 증명되었다. 이들은 순계의 신생(newborn)생쥐(A 계)에 다른 계통(B 계)생쥐의 성체로부터 분리한 비장세포를 주입하고, 6 주 후에 B 계와 또 다른 계통(C 계)의 생쥐로부터 조직을 이식해 본 결과, B 계조직에 대해서는 거부반응을 보이지 않고, C 계조직에서만 거부반응이 일어났다(그림 5-48).

이 실험결과는 A 계의 생쥐가 성숙해 가면서 B 계 항원에 대하여 면역학적으로 관용을 갖게 됨을 말해 준다. 이와 같은 면역학적 관용의 유도는 태생기 또는 신생기 동물의 경우에서만 가능한 현상이다.

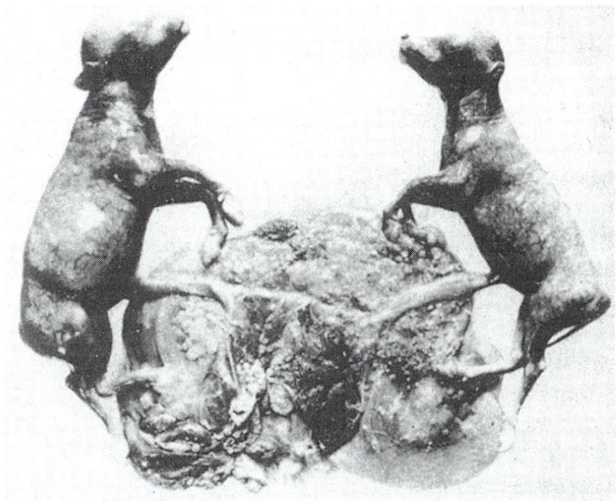

그림 5-47 태반에 융합된 이란성 쌍둥이 소

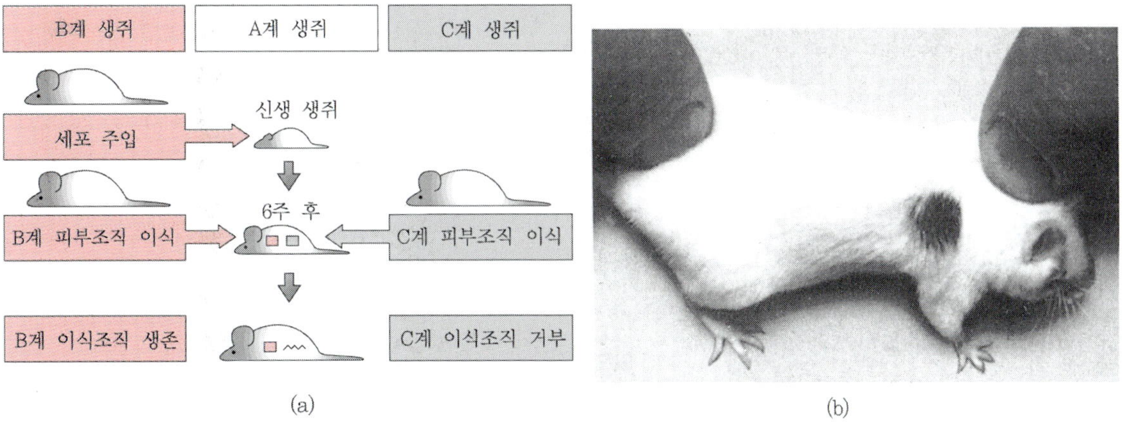

그림 5-48 면역학적 관용

이렇게 볼 때, 면역반응이란 어떤 항원(자기와 비자기)에 대해 관용을 갖지 않아서 나타나는 현상이라고 역설적으로 말할 수도 있다. 그러나 어떤 기작에 의하여 관용을 갖게 되는지는 아직도 설명할 수 없으므로 앞으로 이 부분에 대해서 많은 연구가 요구된다. 현재로서는 T_H-세포기능결여에 의한 관용과, T_S-세포기능의 활성화에 따른 면역반응의 억제 등으로 인한 관용으로 추정하고 있다.

6. 과민성 반응

대체로 면역계는 병원체에 대항하여 생물체를 보호함으로써 항상성을 유지시켜주는 작용을 한다. 그러나 때때로 면역계가 생체에 불리하게 작용하는 경우도 있는데, 과민성반응(過敏性反應, hypersensitivity)은 이와 같이 생체에 대해 해로운 쪽으로 나타나는 면역반응의 형태이다. 이에는 여러 가지가 있지만 알레르기(allergy)와 자가면역병(自家免役病, autoimmune disease)이 그 대표적인 예로서, 이에 대해 간단히 살펴보기로 한다.

(1) 알레르기 반응

알레르기 증상이 있는 사람은 알레르겐(allergen)이라 부르는 먼지, 꽃가루, 동물의 털, 약물 및 일부 음식물 등의 아주 약한 항원에 대해서도 특이항체를 생산하는데, 이것은 레아진(reagin)이라 불리는 IgE 로서, 이 항체에 의해 알레르기 반응이 일어난다(그림 5-49).

알레르기에도 여러 종류가 있지만, 개쑥갓꽃가루(ragweed pollen)가 알레르기로 작용하는 고초열을 예로 살펴본다.

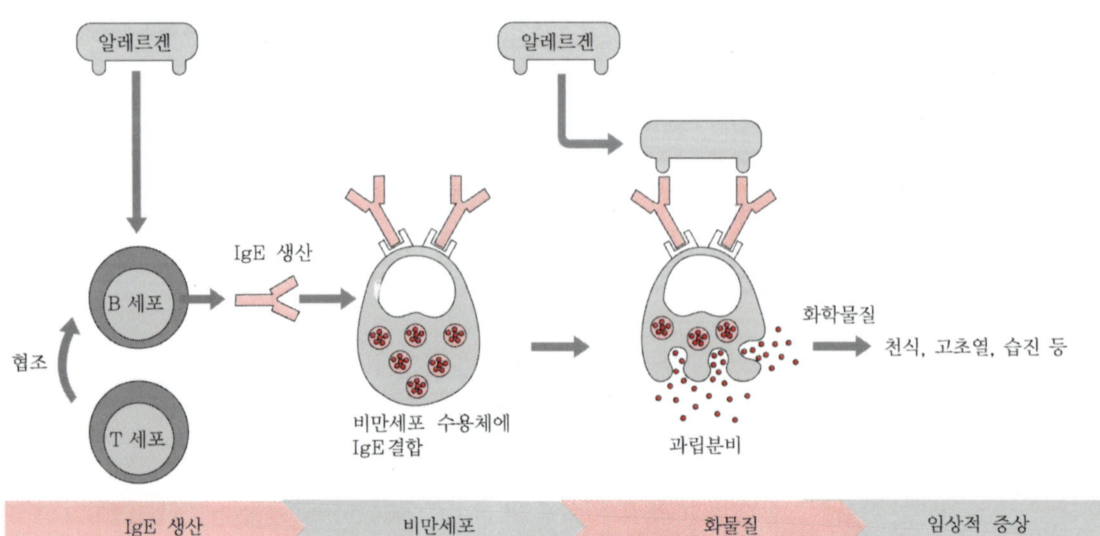

그림 5-49 알레르기반응의 진행과정 모식도

알레르기 증상이 있는 사람이 꽃가루 알레르겐에 접하면, 기도나 비점막(nasal mucosa)의 B-세포가 자극을 받아 IgE 항체를 합성, 방출하게 되며, 방출된 레아진은 비만세포(mast cell)의 IgE 수용체에 결합된다. Fc 부분을 통해 비만세포와 결합한 IgE 항체에 알레르겐이 결합되면, 비만세포는 세포내부의 과립 속에 들어있는 히스타민(histamine), 세로토닌(serotonin) 등의 화학물질을 방출시킨다.

이 화학물질이 주변세포에 작용하여 혈관확장, 모세혈관 투과성의 증가로 인해 부종과 충혈을 가져오는 염증을 일으킨다. 콧속이 불편함을 느끼며, 콧물이 많이 나고, 코가 막히며, 연속적으로 재채기를 하는 등의 증상이 나타난다. 이런 경우에 화학물질의 방출정도는 사람에 따라서 조금씩 다른데, 심한 경우 기관이 붓는 등 고초열 증세를 나타낸다.

알레르기 중에는 페니실린 주사나 곤충의 독 등에 의해 온몸에 알레르기반응이 유발되는 매우 위험한 경우가 있는데, 이를 전신성 아나필락시스(systemic anaphylaxis)라 한다. 이때는 다량의 히스타민이 순환계로 방출되어 혈관수축과 혈관막 투과성이 증가되어, 쇼크(shock)로 사망하는 경우도 있다. 알레르기 반응의 증상은 항히스타민(antihistamine) 약제를 투여함으로써 그 증세를 경감시킬 수 있다.

(2) 자가면역병

때때로 면역조절기구에 이상이 생겨 동물체에서 자신의 조직항원에 대한 자가항체(自家抗體, autoantibody)나 T-세포군을 생성하는 면역반응을 일으키는데, 이러한 면역계장애에 의한 질환을 자가면역병(autoimmune disease)이라 부른다.

이러한 질환 중에는 하시모도 갑상선염(Hashimoto's thyroiditis), 애디슨씨병(Adison'sdisease), 류마티스성 관절염(rhematid arthritis), 중증근무력증(重症筋無力症, myasthenia gravis) 및 전신홍반성낭창(systemic lupus erythematosus, SLE) 등, 생체기관에 특이적인 것과 비특이적인 것 등 상당히 많은 종류가 발견되어 있다.

하시모도 갑상선종은 자가면역병의 하나로서, 주로 중년 여성에게 많이 생기며, 갑상선종(goiter)을 형성하고 때로는 갑상선기능 저하증상을 보인다. 이런 환자의 혈액에서는 갑상선호르몬 합성에 관여하는 티로글로불린(thyroglobulin)에 대한 항체가 많이 발견되므로, 이 항체가 티로글로불린과 결합되어 손상을 주거나 파괴시켜 호르몬합성장애를 일으키는 것으로 생각되고 있다. 이와 같은 자가면역의 발현에 대해서도 몇 가지 가설이 제시되고 있지만, 아직도 그 발현기작에 대해서는 명확히 설명되지 못하고 있는 실정이다.

연·습·문·제

1. 지방의 흡수가 포도당의 흡수와 어떻게 다른지 설명하시오.

2. 간의 4가지 기능을 쓰시오.

3. 이화작용과 동화작용의 예를 각각 두 개씩 드시오.

4. 간이 어떻게 혈당량을 안정화시키는데 기여하는지 설명하시오.

5. 글루코오스신생합성이 언제, 그리고 왜 중요한지 설명하시오.

6. 케톤체는 어떤 기능을 하며, 케톤증이란 무엇인지 설명하시오.

7. 신체는 왜 다음의 영양물질을 필요로 하는가?

   (1) 필수아미노산
   (2) 칼슘
   (3) 요오드
   (4) 철
   (5) 비타민 A
   (6) 비타민 D

8. 다음의 물질이 결핍되면 어떤 일이 일어나는가?

   (1) 필수아미노산 (2) 비타민 D
   (3) 비타민 K (4) 콜레스테롤

9. 순환계의 5가지 기능을 열거하시오.

10. 개방혈관계와 폐쇄혈관계를 비교하시오.

11. 혈장단백질의 중요한 기능을 열거하시오.

12. 적혈구와 백혈구를 구조와 기능면에서 비교하시오.

13. 혈액응고과정을 요약하시오.

14. 물고기, 개구리, 도마뱀, 새의 심장을 비교하시오.

15. 상대정맥에서 대동맥, 경정맥에서 콩팥으로 적혈구의 이동경로를 설명하시오.

16. 간문맥계의 기능은 무엇인지 설명하시오.

17. 림프계는 어떻게 체액평형유지를 보존하는가? 혈장, 장내 체액, 림프의 관계는 무엇인가?

18. 특이적 방어기작과 비특이적 방어기작을 비교하시오. 침입하는 병원균에 즉각적으로 대처하는 기작은 무엇인가? 두 가지 기작이 어떻게 협조해서 작용하는가?

19. 세포성 면역과 항체성 면역 사이의 유사점 2가지와 차이점 3가지를 기술하시오.

20. 항체가 병원균을 괴멸시키는 3가지 방법을 기술하시오.

21. 수동면역은 왜 일시적인지 설명하시오.

22. 면역학적 관용이란 무엇인지 설명하시오.

23. 이식거부반응은 무엇이며, 이것의 면역학적 원리는 무엇인지 설명하시오.

24. 고초열같은 알레르기반응이 일어나는 면역학적 현상들을 열거하시오.

25. 자기면역병은 무엇인지 두 가지 예를들어 설명하시오.

26. 다음 동물에서 가스교환을 비교하시오.

(1) 지렁이
(2) 메뚜기
(3) 물고기
(4) 개구리

27. 폐포 내의 공기가 대기 중의 공기와 조성면에서 왜 다른지 설명하시오.

28. 흡입된 먼지를 제거하기 위해 인간의 호흡계는 어떤 기작을 갖는가? 너무 많은 더러운 공기가 흡입되어 이러한 기작이 효율적으로 작용할 수 없을 때 어떤 일이 일어나는가?

29. 산화헤모글로빈의 해리에는 어떤 요소들이 영향을 미치는지 설명하시오.

30. 다음 생물들이 물질대사노폐물을 제거하는 기작을 비교하시오.

(1) 지렁이
(2) 편형동물
(3) 가재
(4) 곤충
(5) 척추동물

31. 삼투조절을 설명하고 바닷물고기의 삼투조절법을 설명하시오.

32. 인간의 배설계에서 다음의 것들과 관련된 구조를 설명하시오.

(1) 여과
(2) 흡수
(3) 뇨형성
(4) 뇨의 일시적 저장
(5) 뇨의 체외배출

33. 다음 질소노폐물을 비교하고 어떻게 형성되는지 설명하시오.

(1) 암모니아
(2) 요산
(3) 요소

34. 정상인 사람에게서는 왜 포도당이 뇨에 존재하지 않으며, 당뇨병 환자에서는 포도당이 존재하는가 설명하시오.

제6장

생체기능의 조절

생물을 둘러싸고 있는 외부환경은 매우 다양하고, 또 끊임없이 변하고 있다. 동물체는 이 환경요인인 자극(刺戟, stimulus)을 신속히 감수하고, 그에 대해 적절한 반응을 나타내는 통합기능(intergration)을 가짐으로써 환경으로부터 오는 스트레스를 해소하며 생명을 유지하고 있다. 동물체는 이와 같이 자극에 대해 반응하는 자극감수성(刺戟感受性, irritability)을 가지고 있으며, 진화의 정도에 따라 특정한 자극에 대해서만 수용하고 흥분할 수 있도록 분화된 부위가 있어 이를 자극수용기(刺戟受容器, stimulus receptor)라 한다.

이처럼 자극수용기가 자극을 받아 생성된 흥분이 구심성 신경을 통해 중추부에 전달되면 감각을 느끼며, 또 원심성 신경을 통해 그에 대한 적절한 반응을 취함으로써 동물체 전체로서 조화된 행동을 통합, 조절해 준다. 이와 같은 조절기능은 신경계(神經系, nervous system)에서뿐만 아니라 내분비계(內分泌系, endocrine system)에서도 담당한다. 그런데 전자의 조절기능이 신속하고 일시적인 것에 비해 후자는 완만하면서도 지속적인 것이 특징이다.

6-1 신경계

6-1-1 신경세포

몸의 한 곳에서 다른 곳으로 흥분을 전도해 주는 신경계의 구조적, 기능적 단위를 뉴런(neuron)이라 한다. 이는 핵과 세포질로 이루어진 세포체(cell body)와 그것으로부터 뻗어 나온 많은 섬유(纖維, fiber) 또는 돌기(突起, process)들로 이루어져 있다(그림 6-1). 세포체와 섬유는 뉴런에 따라 구조와 크기가 다양하지만, 대체로 세포체에는 핵과 세포소기관들이 함유되어 있으며, 조면소포체(rough endoplasmic reticulum)와 리보솜이 많이 존재한다.

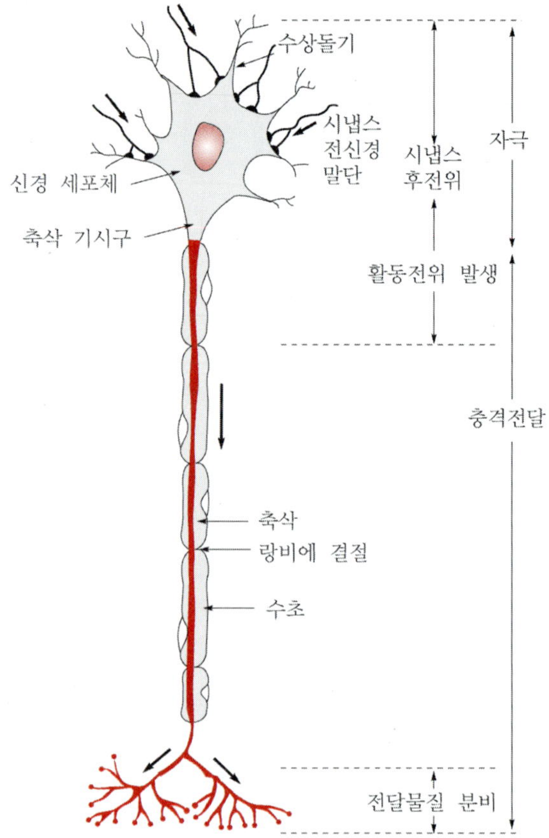

그림 6-1 운동뉴런의 구조

그러므로 염색을 하면 진하게 나타나는 니슬소체(Nissl's bodies)가 보이는데, 이는 단백질합성 기능이 있다. 또한 세포질에는 다량의 미소관(microtubule)과 미세섬유(microfiber)가 있어서 뉴런의 형태유지 및 물질이동기능을 갖고 있으며, 세포질일부가 돌출하여 신경섬유를 형성하고 있다.

이들 섬유 중에 짧고 수가 많은 섬유를 수상돌기(樹狀突起, dendrite)라 하고, 긴 섬유를 축삭돌기(軸索突起, axon)라 한다. 축삭돌기는 보통 하나가 달려 있으며, 그 끝은 가늘고 수많은 가지로 나누어진 축삭말단(軸索末端, axon terminal)을 이루어 이웃 신경세포의 세포체 또는 수상돌기와 연접되어 있다.

대부분 중추신경계 세포의 축삭돌기의 표면은 지방이 주성분인 미엘린(myelin)이라는 물질로 된 여러 겹의 막으로 싸여 있는데, 이를 수초(髓鞘, myelin sheath)라 하며, 이 막의 바깥을 다시 투명하고 얇은 막인 신경초(神經鞘, neurilemma)가 둘러싸고 있다. 수초의 곳곳에는 랑비에 결절(Ranvier' node)이라는 고리 모양의 홈이 오목하게 패어져 있어 축삭돌기가 노출되어 있다.

수초나 신경초는 신경돌기를 보호하며, 흥분전도에 있어서 일종의 절연체로 작용하여 흥분전도 속도를 크게 해주는 작용을 한다. 수초는 돌기주변에 있는 시반세포의 세포막이 확장되어 이루어진 것이며(그림 6-2), 이 시반세포 세포막의 유·무에 따라 신경세포를 유수신경세포(有髓神經細胞, myelinated nerve cell)와 무수신경세포(無髓神經細胞, non-myelinated nerve cell)로 나눈다. 축삭돌기는 수많은 결체조직으로 싸여 있는데, 이들을 신경교(神經膠, neuroganglia)라 한다.

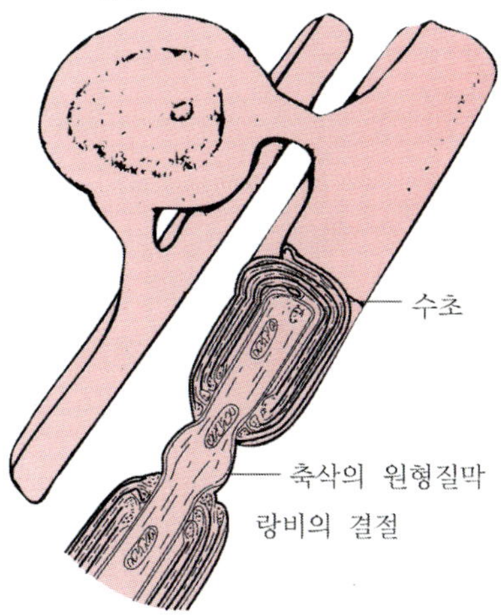

그림 6-2 수초의 형성

신경세포(뉴런)는 기능에 따라 여러 자극수용기로부터 중추계로 흥분을 전달해주는 구심성 뉴런(diffusion neuron)인 감각뉴런(sensory neuron), 중추의 흥분을 근육이나 내분비기관과 같은 반응기관으로 전달하는 원심성 뉴런인 운동뉴런(motor neuron) 및 주로 척수(脊髓, spinal cord)와 뇌에 있는 것으로서 감각뉴런과 운동뉴런 사이의 흥분을 중계하는 연합뉴런(association neuron)으로 나눈다.

6-1-2 신경의 흥분과 전도

감각기관과 중추부, 중추부와 운동기관 사이의 흥분전달은 신경섬유를 거쳐 이루어지는데, 이러한 신경의 흥분전도는 주로 전기화학적 현상에 의한다. 예리한 미소전극(微小電極, microelectrode)과 신경세포에서 일어나는 전기적 현상을 증폭하여 기록하는 기록장치(cathod ray oscilloscope, CRO)를 이용하여 측정한 바에 의하면(그림 6-3 (a) 참조), 휴지상태일 때 신경섬유의 내부는 세포외액(extracellular fluid)에 대해 전기적으로 음(−)으로 하전되어 있다.

세포막을 경계로 한 전위차는 약 70 mV 정도인데, 이것을 휴지막전위(休止膜電位, resting membrane potential)라고 한다.

이와 같이 신경섬유의 막이 전기적으로 분극(polarization)되어 있는 것은 막 내외의 이온농도차에 기인한다. 즉, 막내부에는 외부보다 약간 많은 음이온이 존재하며, 외부에는 내부보다 양이온이 좀 더 많이 존재하는데, 이와 같이 막 내외에 이온의 분포차가 생기는 원인은 막 자체의 이온에 대한 선택투과성(選擇透過性, selective permeability)과 ATP 에너지 소모에 의한 능동수송(能動輸送, active transport) 등에 의한 것으로 생각된다.

실제로 막 내부에서는 K^+와 유기 음이온의 농도가 높고 Na^+이온의 농도가 낮으며, 반대로 막 외부에는 Na^+와 Cl^-의 농도가 높다. 휴지막전위는 세포막이 K^+에 대해 상대적으로 높은 투과성을 나타냄으로써 발생되며, 그 값은 네른스트식(Nernst equation)에 의해 계산되는 평형전위(equilibrium potential, Ex)와 대략 일치한다.

신경세포를 오실로스코프에 연결하여 자극을 주고 막전위의 변화를 살펴보면, 자극에 의해 막전위가 감소되는 탈분극(脫分極, depolarization)을 일으킨다. 이때 자극의 크기가 낮을 경우는 앞의 과정이 소멸되어 버리고, 막전위는 원래의 −70 mV 로 회복되는데, 이런 자극을 역하자극(閾下刺戟, subthreshold)이라고 한다.

그러나 자극이 약간 커서 15 mV 정도까지 탈분극시켜 막전위가 −55 mV 정도까지 이르면 급격한 탈분극을 일으키게 되는데 이러한 탈분극을 일으키는 최소의 자극을 역치자극(threshold)이라 하며 이때 전위는 0 전위를 넘어 순간적으로 +35 mV 정도의 정점에 이르는 역전위현상을 보인 다음 즉시 본래의 휴지막전위상태로 되돌아가는 재분극(再分極, repolarization)이 일어난다. 이와 같은 신경세포에서 일어나는 일련의 전위변화를 활동전위(活動電位, action potential)라고 한다[그림 6-3 (b)].

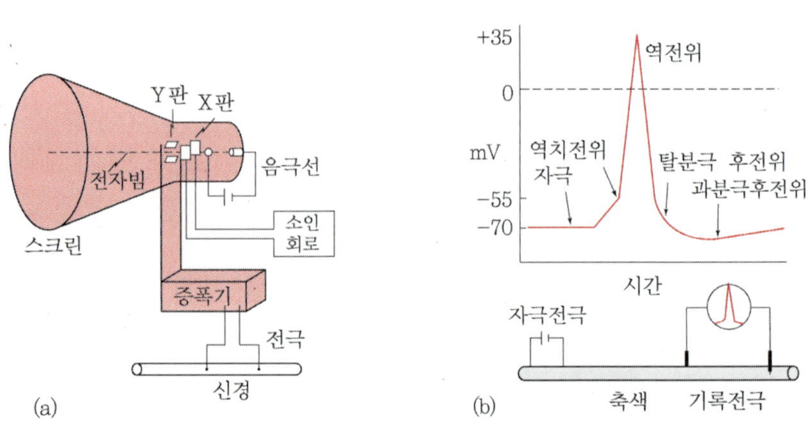

그림 6-3 음극선 오실로스코프의 구성(a)과 활동전위 곡선(b)

활동 전위의 발생은 자극에 의해 Na^+에 대한 막 투과성이 커져 Na^+가 막 내부로 들어와서 탈분극을 유발하고, 역치자극에 도달하면 Na^+에 대한 막의 투과성이 급격히 증대되어 다량의 Na^+이 들어오게 된다.

이어서 세포막을 통한 Na^+의 투과성은 감소되며, 이와 병행하여 K^+ 투과성이 서서히 커져서 K^+의 유출이 일어나므로 막전위가 휴지전위상

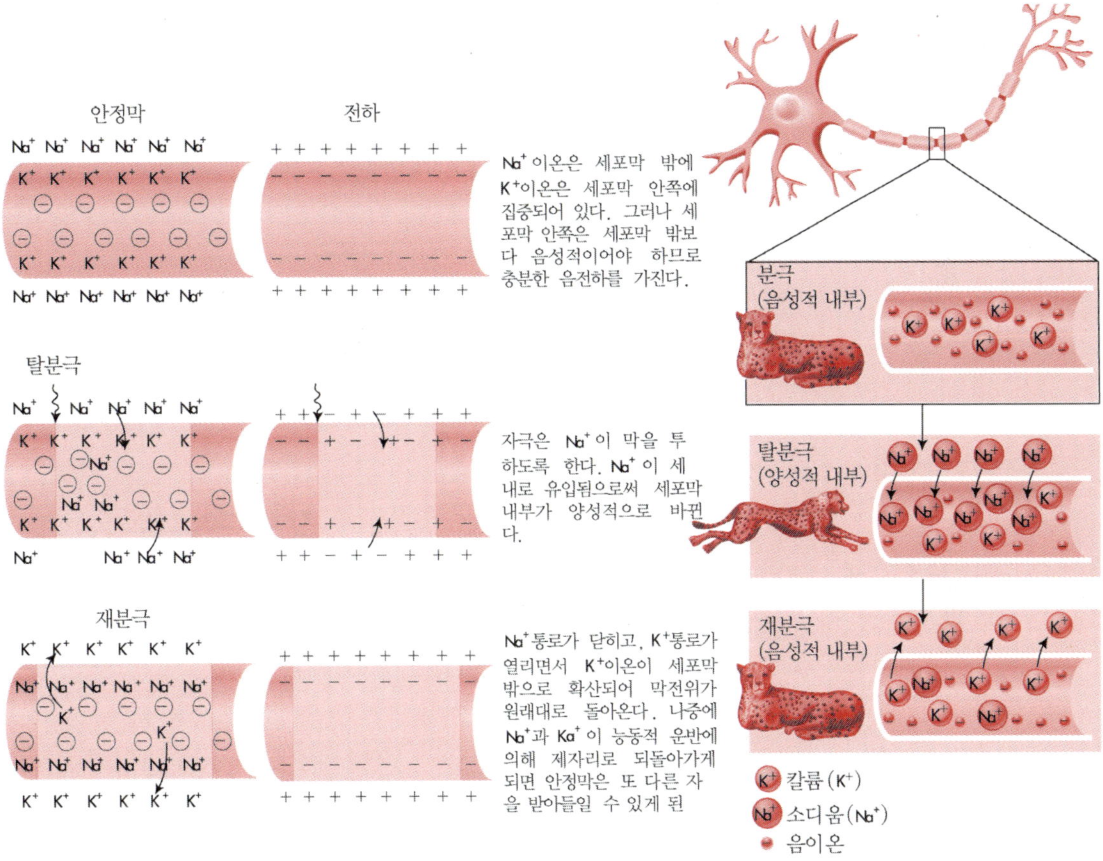

그림 6-4 탈분극과 재분극

태로 재분극되어 생기게 되는 것이다.

이와 같이 신경의 흥분은 자극으로 인한 Na^+이온의 갑작스런 유입에 의해 탈분극상태가 되는 전기화학적 현상이다. 앞에서 자극에 의해 유입된 Na^+은 위의 기작과는 별도로 신경세포막의 물질이동 기작인 능동수송에 의해 막 밖으로 유출되고, 동시에 K^+은 유입되어 막 내외의 이온 분포는 원래의 상태로 된다.

신경 충격의 크기는 뉴런의 성질에 의하는데, 신경세포는 자극의 크기가 역치이상이면 그 크기에 상관없이 똑같이 탈분극을 일으켜 흥분

하므로, 이를 실무율(悉無律, all-or-none)이라 한다.

신경섬유에 첫 번째 자극 후 1/1000초 내에 두 번째 자극을 주면 두 번째 자극에 대해서는 신경자극이 일어나지 않는데, 이 시기를 불응기(不應期, refactory period)라 한다. 한편 자극 부위의 탈분극은 국소회로전류(局所回路電流, local circuit current)의 흐름에 의해 인접하는 부위로 차례로 전파됨으로써 흥분의 전도가 일어난다(그림 6-5). 이와 같은 사실은 다음의 실험을 통해서 알 수 있다.

즉, 기록전극을 모두 세포막 외부에 연결하고 자극에 의해 생성되는 전위의 변동을 음극선 오실로스코프에 연결하여 기록해 본 결과, 그림 6-6와 같이 2상성 활동전위(二相性 活動電位, biphasic action potential) 곡선으로 나타났다.

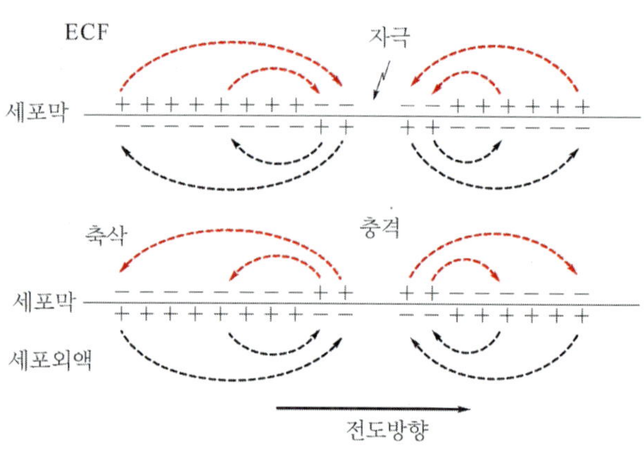

그림 6-5 국소회로전류의 흐름에 의한 신경전도

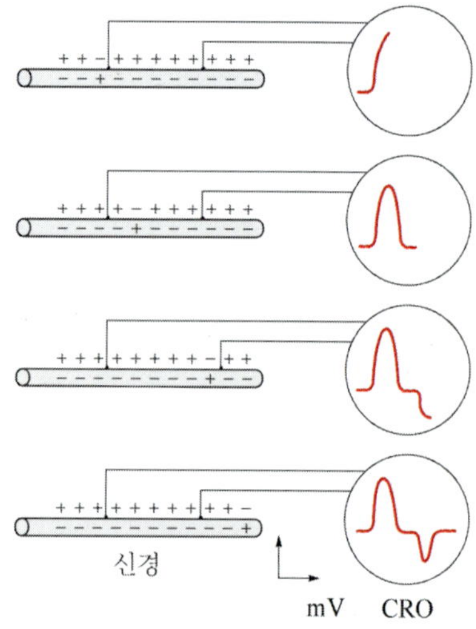

그림 6-6 2상성 활동전위

이는 흥분 부위의 탈분극전위(−)가 이웃 비흥분 부위로 이동됨을 보여주는 실험증거라 하겠다. 이 회로전류는 흥분부위의 양쪽방향으로 흐르나, 주핵체 방향으로 흐르는 전류는 소멸되고 신경말단 부위로만 흥분이 전도된다.

유수신경의 수초는 지방질로 되어 있기 때문에 전기 저항이 대단히 크므로, 탈분극의 이동은 랑비에 결절에서만 일어난다. 따라서 신경흥분은 한 결절에서 다음 결절로 빠른 속도로 전달되는데, 이를 도약전도(跳躍傳導, saltatory conduction)라고 한다.

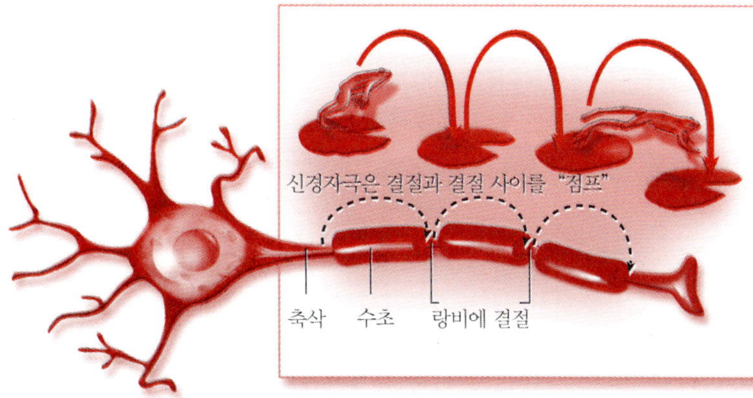

그림 6-7 도약전도

6-1-3 시냅스

한 뉴런의 축삭돌기 말단(axon terminal)과 다른 한 뉴런의 세포체와 수상돌기가 만나는 부위를 시냅스(synapse)라 하는데, 앞의 뉴런을 시냅스전신경섬유(presynaptic nerve fiber)라 하고, 후자를 시냅스후신경섬유(postsynaptic nerve fiber)라 한다. 이 둘 사이에 구조적인 연결은 없으며, 시냅스간극(synaptic cleft)이라는 약 20 nm 정도의 체액으로 충만된 간격이 있다(그림 6-8 참조).

축삭돌기 말단에는 약간 팽창된 시냅스혹(synaptic knob)이라는 미세한 주머니 모양의 구조물이 있고, 그 속에는 많은 시냅스소포(synaptic vesicle)가 있으며, 각 소포 속에는 화학전달물질(chemical transmitter)이 들어 있다. 이 화학물질의 대표적인 것이 아세틸콜린(acetylcholine, Ach)이다.

그러나 중추신경계의 시냅스에는 Ach 외에 아미노산(glycine, glutamic acid, aspartic acid, gamma aminobutyric acid, GABA)분자나 아미노산 유도체(norepinephrine, serotonine, dopamine)들이 있다.

축삭돌기의 흥분이 시냅스혹에 도달하면 Ca^{2+}이온이 세포 안으로 유입되고, 그 작용으로 시냅스소포가 막 가까이로 이동되고 엑소사이토시스(exocytosis)에 의해 Ach 이 분비되어 시냅스간극으로 방출된다.

이 물질이 확산에 의해 시냅스후뉴런(postsynaptic neuron)의 세포체 또는 수상돌기의 수용체와 결합하면 앞의 신경흥분 기작에서와 같이 시냅스 후신경섬유의 막은 Na^{+}에 대한 투과성을 증가시켜 막 내외의 전위차를 감소시킴으로써 활동전위를 생성시킨다.

이와 같은 변화를 흥분성 시냅스후전위(excitatory postsynaptic potential ; EPSP)라고 한다(그림 6-8).

한편 어떤 시냅스에서는 신경말단에 온 충격이 탈분극을 억제하는 경우가 있는데, 이 경우는 신경말단의 시냅스혹에서 억제성 화학전달물질(GABA 로 추측됨)이 방출된다.

이 물질이 시냅스후신경섬유막의 K+유출을 증가시켜 세포 내는 외부보다 음하전(陰荷電)되는 과분극(過分極, hyperpolarization)상태가 되는데, 이를 억제성 시냅스후전위(inhibitory postsynaptic potential ; IPSP)라 하며 −80 mV 까지 내려간다. 따라서 과분극된 뉴런은 높은 역치를 갖게 되므로 쉽게 자극되지 않는다.

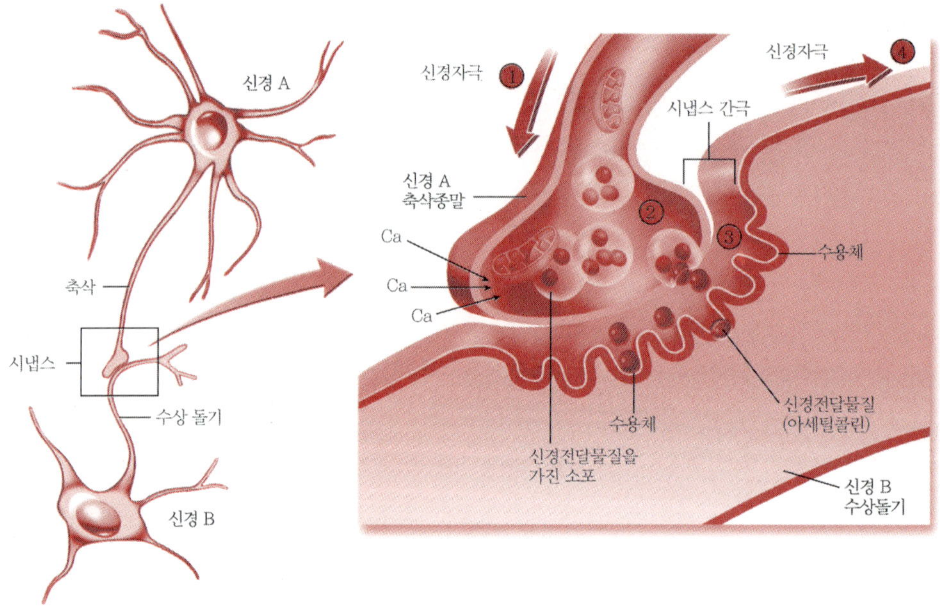

그림 6-8 시냅스 전도의 모식도

하나의 연합뉴런이나 또는 운동뉴런은 그 수상돌기와 세포체에 수많은 시냅스혹이 연결되어 있는데, 이들 중 어떤 것은 흥분성 전달물질을 분비하지만, 겨우 0.5 mV 의 EPSP 를 일으키기 때문에 오직 1 개의 흥분성 시냅스만으로 시냅스후뉴런의 활동전위를 일으키기에는 적은 값이다.

그러나 다수의 흥분성 시냅스가 동시에 활동하게 되면 이들 각각에서 형성되는 EPSP 는 합쳐져서 시냅스후뉴런의 역치에 도달하기도 하고(공간적 가중, spatial summation), 몇 개의 흥분성 시냅스가 단속적으로 반복하여 흥분하게 되면 EPSP 는 합쳐져서(시간적 가중, temporal summation) 역치에 도달하게 된다.

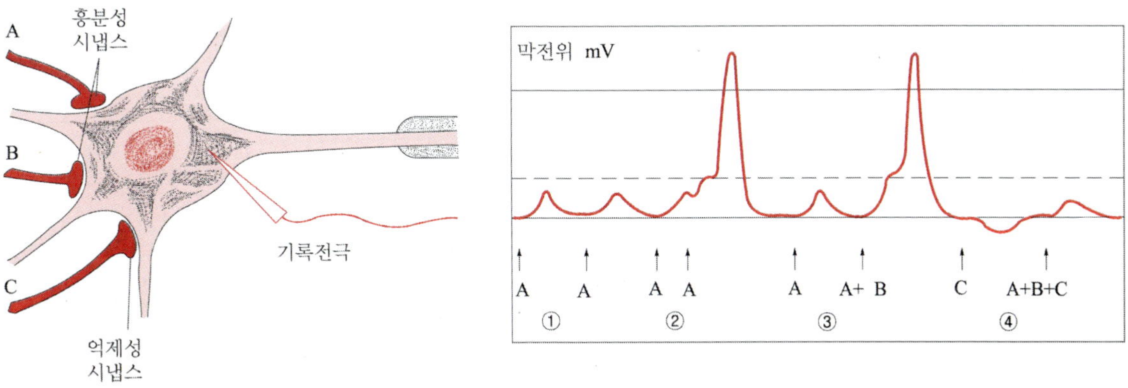

그림 6-9 뉴런의 발생에 대한 흥분성 시냅스후전위(EPSP)와 억제성 시냅스후전위(IPSP)의 효과

억제성 시냅스도 똑같은 방법으로 작용하게 되는데, 이들 중 많은 것들이 신속하게 반복적으로 자극을 받게 되면 IPSP는 합쳐져서 억제작용을 하게 된다. 따라서 시냅스후뉴런이 흥분되느냐 억제되느냐 하는 것은 시냅스 표면에서 일어나는 IPSP와 EPSP 사이의 차이로 결정된다.

수상돌기에서는 아세틸콜린이 분비되지 않으므로, 흥분은 항상 한 뉴런의 축삭돌기에서 다른 뉴런으로만 전도된다. 시냅스에서의 흥분전달은 아세틸콜린의 확산에 의한 것인데, 이 확산속도는 탈분극의 이동속도보다 아주 느리기 때문에 흥분의 전도속도는 시냅스에서 가장 지연된다(시냅스 지연, synaptic delay).

또한 시냅스 주변에는 시냅스로부터 나온 아세틸콜린을 분해하는 효소인 아세틸콜린에스테라아제(acetyl-cholinesterase)가 많이 존재하는데 이 효소가 여기서 확산되어 나온 아세틸콜린을 아세트산(醋酸)과 콜린으로 분해한다. 따라서 뉴런이 하나의 자극에 의해 연속적으로 탈분극을 되풀이하는 일은 없다.

연속적인 자극이 주어질 경우 시냅스혹에 축적되어 있던 아세틸콜린의 양이 급격히 줄어들게 되고, 결국 흥분은 시냅스를 건너지 못하여 신경이 피로해지며 마비가 올 수 있는데, 이와 같이 시냅스는 축삭돌기에 비해 불안정하다.

자극이 멈추면 축삭돌기의 끝에서 콜린아세틸라아제(cholineacetylase)라는 효소로써 ATP 에너지를 이용하여 아세틸콜린을 합성, 시냅스 소포에 저장하여 다음 자극에 대비하게 되는 것이다.

시냅스 중 일부는 시냅스전뉴런의 말단과 시냅스후뉴런의 막이 거의 연접되어 있는 형태가 있는데, 이 경우엔 시냅스전뉴런의 탈분극 전류가 직접 시냅스후뉴런으로 이동된다. 이를 전기시냅스(electric synapse)라 한다.

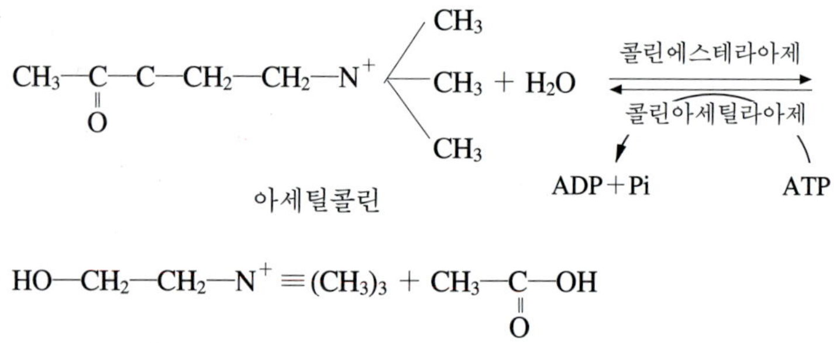

아세틸콜린

콜린 아세트산

뉴런의 축삭이 분지하여 다수의 시냅스결합을 만드는 경우, 이를 발산(divergence)이라 하며, 다수의 뉴런에서 1개의 뉴런으로 시냅스 결합이 되어 있을 때, 이를 수렴(convergence)이라 한다(그림 6-10).

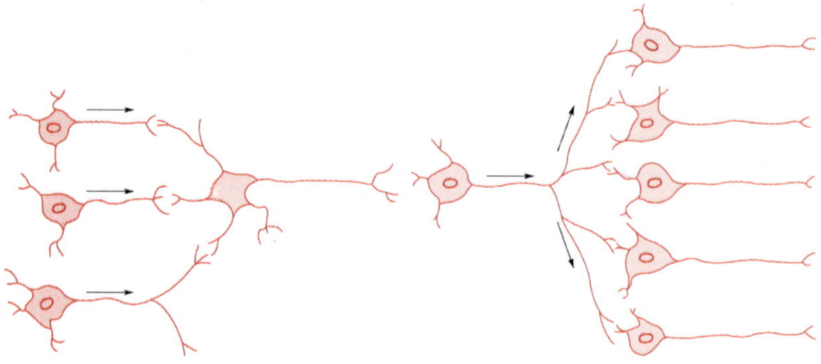

(a) 수 렴 (b) 발 산

그림 6-10
신경회로의 종류

6-1-4 중추신경계

사람의 중추신경계(中樞神經系, central nervous system, CNS)는 다른 척추동물의 경우에서와 같이 뇌(腦, brain)와 척수(脊髓, spinal cord)로 이루어져 있다(그림 6-11 참조).

이 조직들은 뼈와 3겹의 뇌척수막(meninges)인 경(수)막(dura mater), 지주막(蜘蛛膜, arachnoid) 및 안쪽의 얇은 유막(柳幕, pia mater)으로 덮여 있으며, 지주막과 유막 사이인 지주막하강(蜘蛛膜下腔, subarachnoid cavity) 안에는 뇌척수액(cerebrospinal fluid)이 차 있어서 외부의 충격을 완충시켜 준다.

뇌 속에는 뇌 척수액으로 차 있는 뇌실(cerebral ventricle)이 4개 있으며, 이들 중 2개에는 모세혈관망이 있어서 혈액과 뇌척수액 사이에 물질교환이 끊임없이 일어나고 있다. 그리고 뇌실 속에는 섬모상피가 덮여 있어서 뇌 척수액의 순환을 돕는다.

1. 척 수

척수는 추골(椎骨, vetebra) 속에 위치하며, 내부가 신경주핵체와 무수 신경축삭 및 신경교세포(glia cell)들과 혈관들로 이루어진 H자 모양의 회백질(灰白質, grey matter)로 되어 있고, 외부는 신경섬유 다발이 상하 좌우로 달리고 있는 부분으로서 백질(白質, white matter)로 되어 있다. 이것은 뇌와 말초신경(末梢神經, peripheral nerve) 사이의 신경흥분의 전달을 하는 한편, 각종 반사(反射, reflex)의 중추역할을 맡는다.

예를 들면 뜨거운 난로에 손이 닿았을 때 무의식중에 순간적으로 손을 떼게 되는데, 이것은 반사활동으로 환경변화에 대해 신속한 활동을 전개함으로써 신체를 보호하는 것이다.

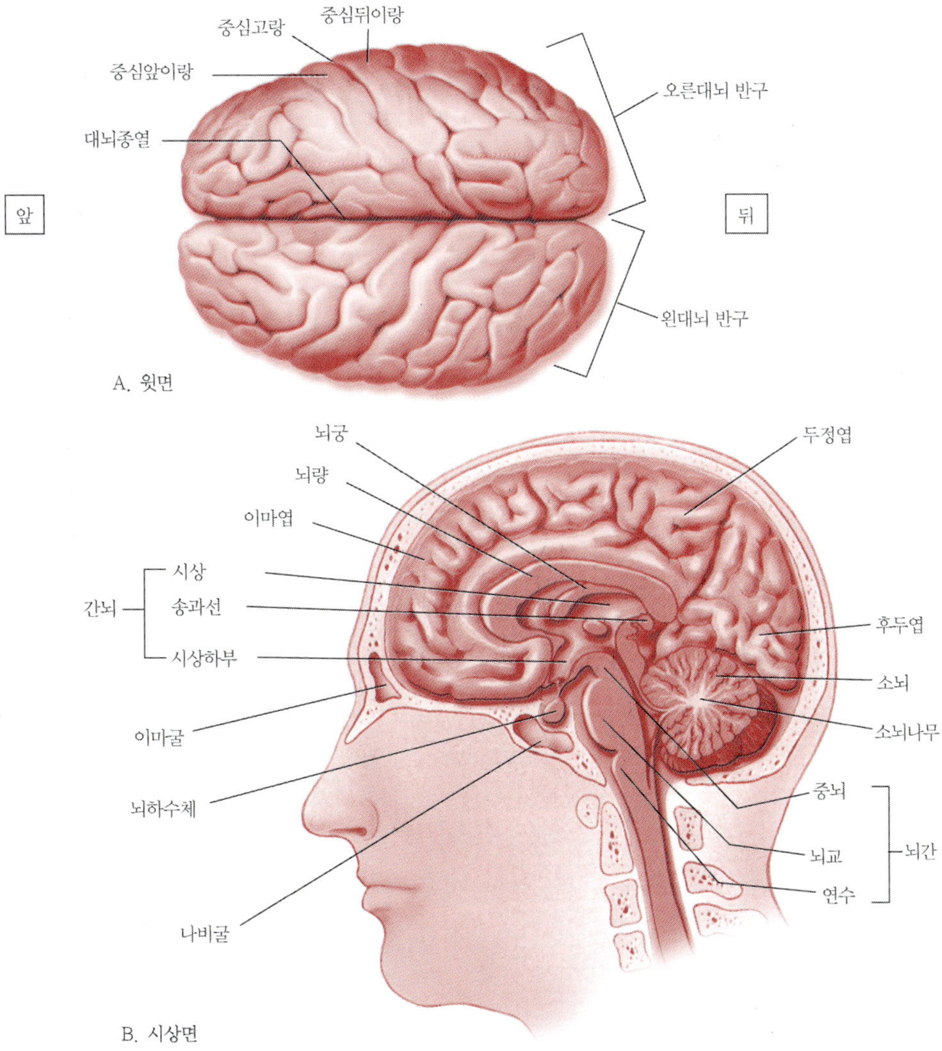

그림 6-11 뇌의 윗면(A)과 시상면(B)

반사는 자극으로 일어난 감각기관의 흥분이 구심신경(求心神經, afferent nerve)을 따라 척수에 들어오면, 대뇌를 거치지 않고 척수 안의 시냅스나 연합뉴런을 거쳐 직접 원심신경(遠心神經, efferent nerve)을 통해 운동기관에 전달되는 것을 말하는데, 그 경로를 반사궁(反射弓, reflex arc)이라 한다(그림 6-12).

이러한 예는 척수를 반사중추로 하는 반사활동인데, 이와는 달리 뇌에 반사중추가 있는 동물도 많다. 동물은 나면서부터 선천적 또는 본능적으로 가지는 반사가 있는데, 이를 무조건반사(無條件反射, unconditioned reflex)라 하며, 후천적 경험에 의해 얻어지는 반사를 조건반사(條件反射, conditioned reflex)라 한다.

조건반사의 경우에 대뇌가 개입되는데, 예를 들면 개에게 먹이를 줄 때, 일정한 소리를 들려주면서 먹이 주는 일을 되풀이하면 나중에는 소리만 들어도 침을 흘리게 된다. 이는 대뇌가 인식한 청각과 침을 분비하는 무조건반사가 결부되어 이루어지는 현상이다.

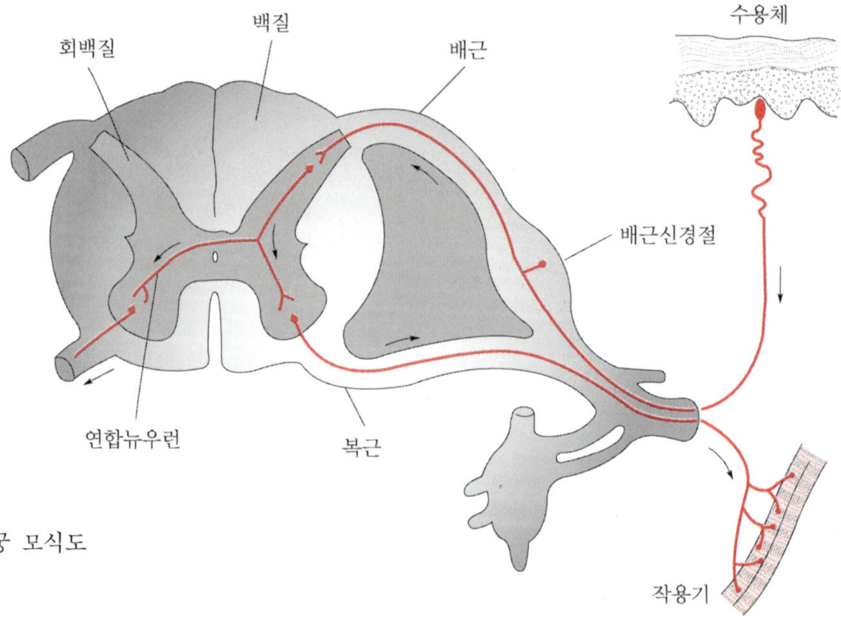

그림 6-12 척수의 반사궁 모식도

2. 뇌

중추신경계에서 척수를 제외한 부분을 뇌(腦, brain)라 하고, 이는 대뇌(大腦, cerebrum), 간뇌(間腦, diencephalon), 중뇌(中腦, mesencephalon), 소뇌(小腦, cerebellum), 연수(延髓, medulla oblongata)로 구분된다.

대뇌는 가장 고위 중추로서 뇌의 대부분을 차지하며, 종주구(longitudinal groove)에 의해 좌우 두 반구(hemisphere)로 나누어져 있고, 척수신경 행로의 교차 때문에 뇌의 좌반구는 몸의 우측을, 우반구는 좌측을 지배하게 된다.

사람의 대뇌는 표층부가 대뇌피질(大腦皮質, cerebral cortex)로서 회백질로 이루어져 뇌의 대부분을 둘러싸고 있고, 안쪽이 백질로서 피질의 세포들과 연결된 신경섬유가 연결되어 있다. 다른 포유류와 마찬가지로 사람의 대뇌 피질은 기능적으로 3 부위로 나눈다.

즉, 말초신경을 통해 들어오는 감각정보를 받아들이는 감각령(sensory area), 의식과 운동을 조절하는 운동령(motor area) 및 사고, 학습, 언어, 기억, 판단 및 정서 등을 담당하며 운동령과 감각령을 연합하는 기능을 갖는 연합령(association area)이다.

실험동물의 일정 피질부위를 외과적으로 제거, 파괴하거나 또는 노출된 뇌의 일정부위를 자극하였을 때 나타나는 반응을 관찰하면, 대뇌피질의 기능적 위치를 알아 낼 수 있다(그림 6-13).

간뇌는 중뇌와 대뇌 사이에 있으며, 대뇌피질로 가는 감각신경들의 통로인 시상(視床, thalamus)과 그 아래에 연결된 위장기능(胃腸機能), 체온, 혈관운동, 체내수분함량, 수면, 정서반응 등의 조절 중추인 시상하부(視床下部, hypothalamus)로 이루어져 있다.

시상하부의 아래 끝에는 뇌하수체(腦下垂體, hypophysis)가 달려 있고 중뇌는 소뇌의 앞쪽에 위치하며, 소뇌와 마찬가지로 몸의 평형을 조절하는 데 관여하는 것으로 알려져 있다. 소뇌는 대뇌의 뒤쪽 아래에 위치하며, 역시 좌우 2 개의 반구로 나뉜다.

소뇌는 몸의 평형 및 운동의 중추로서 특히 운동성이 큰 동물에서 잘 발달되어 있는데 이와 같은 소뇌의 기능은 의식과는 관계없이 일어난다.

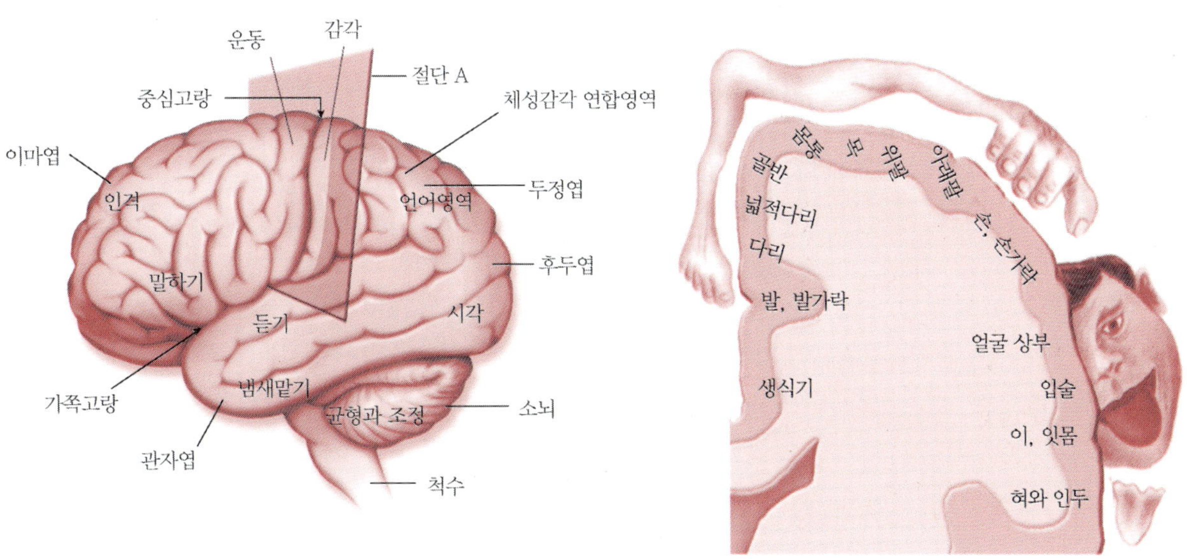

관상절단면 A

그림 6-13 대뇌피질의 기능부위

표 6-1 뇌신경

번호	명 칭	기 능
Ⅰ	후신경(嗅神經, olfactory nerve)	후각
Ⅱ	시신경(視神經, optic n.)	시각
Ⅲ	동안신경(動眼神經, oculomotor n.)	안구운동, 동공수축(부교감신경)
Ⅳ	활차신경(滑車神經, trochlear n.)	안구운동
Ⅴ	삼차신경(三叉神經, trigeminal n.)	얼굴, 눈, 코, 이, 잇몸 및 혀의 감각, 하안근의 운동
Ⅵ	외선신경(外旋神經, abducens n.)	안구운동
Ⅶ	안면신경(顔面神經, facial n.)	미각의 일부, 얼굴, 머리, 외이, 목의 운동, 타액선분비(부교감신경)
Ⅷ	청신경(聽神經, auditory n.)	청각, 평형감각
Ⅸ	설인신경(舌咽神經, glossopharyngeal n.)	미각의 일부, 구개(口蓋), 편도선, 인두의 촉각, 온도감각, 타액선의 분비(부교감신경)
Ⅹ	미주신경(迷走神經, vagus n.)	인두근의 운동, 심장활동 억제, 소화기관의 운동과 분비조절
Ⅺ	부신경(副神經, accessory n.)	목 및 후두근의 운동
Ⅻ	설하신경(舌下神經, hypoglossal n.)	혀의 운동

연수는 뇌와 척수의 경계부분으로 뇌와 척수 사이의 신경흥분을 전달하는 역할 외에 호흡, 혈관운동, 심장박동, 소화액 분비 등의 반사운동에 관여하는 많은 중추들을 가지고 있다.

6-1-5 말초신경계

말초신경계는 중추신경계로부터 몸의 각 부분에 분포되어 있는 감각신경과 운동신경들을 말하며, 그 기능에 따라 체성신경계(體性神經系, somatic nervous system)와 자율신경계(自律神經系, autonomic nervous system)로 나눈다. 사람의 뇌신경은 12쌍이 있으며, 뇌의 각 부분에서 감각기관, 근육 및 내장기관에 분포된다(그림 6-14 참조).

파충류, 조류 및 포유류도 사람의 경우와 같이 12쌍의 뇌신경을 갖고 있지만, 어류와 양서류는 처음부터 10쌍만 가지고 있다.

이들 중 일부 뇌신경(Ⅰ, Ⅱ, Ⅷ)들은 감각신경이며, 일부(Ⅲ, Ⅳ, Ⅵ, Ⅺ, Ⅻ)는 운동신경이고, 그 밖에는 두 가지를 모두 포함하는 혼합신경이다. 뇌신경의 명칭과 그 작용은 표 6-1에 표시하였다.

사람의 척수신경은 좌우 31쌍이 있으며, 이들은 모두 혼합신경이다. 각 척수신경은 척수와 연결된 굵은 섬유다발로 이루어져 있다. 등쪽에서 나온 좌우 한 쌍을 배근(背根, dorsal root)이라 하며, 이는 말초기관에서 중추로 들어오는 감각신경을 수용한다.

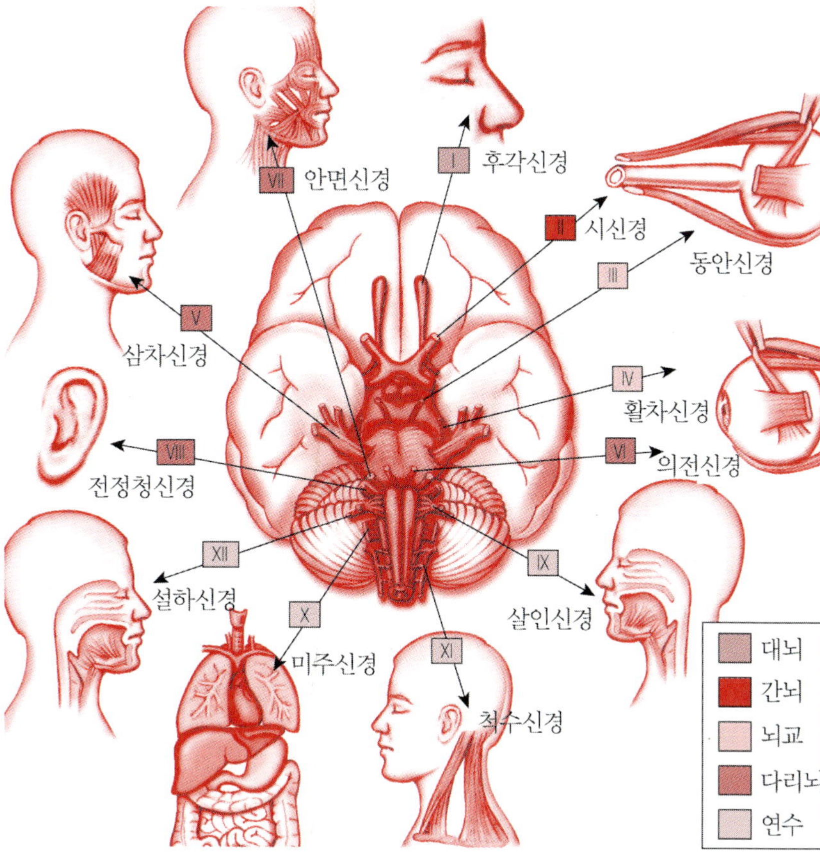

그림 6-14 뇌신경의 말초분포 부위

배쪽에서 나온 한 쌍을 복근(腹根, ventral root)이라 하는데, 이는 중추에서 운동기관으로 가는 운동신경을 수용한다(그림 6-15).

감각신경과 운동신경은 척수의 회백질 속에서 여러 개의 연합뉴런에 의해 서로 연락되고 있으며, 감각신경의 세포들은 배근의 중간쯤에서 신경절(神經節, ganglion)을 형성하고 있다. 감각신경과 운동신경은 척수 밖에서 한 다발로 합쳐졌다가 다시 갈라져서 각 말초기관에 도달한다.

6-1-6 자율신경계

자율신경계는 주로 평활근의 운동과 분비선의 활동을 지배하여, 생체 내부의 환경을 일정하게 유지시켜 주는 기능을 한다. 자율신경계는 교감신경계(交感神經系, sympathetic nervous system)와 부교감신경계(副交感神經系, parasympathetic nervous system)로 구성되며, 많은 기관이 두 신경의 지배를 받는데, 대부분은 서로 길항적으로 작용한다.

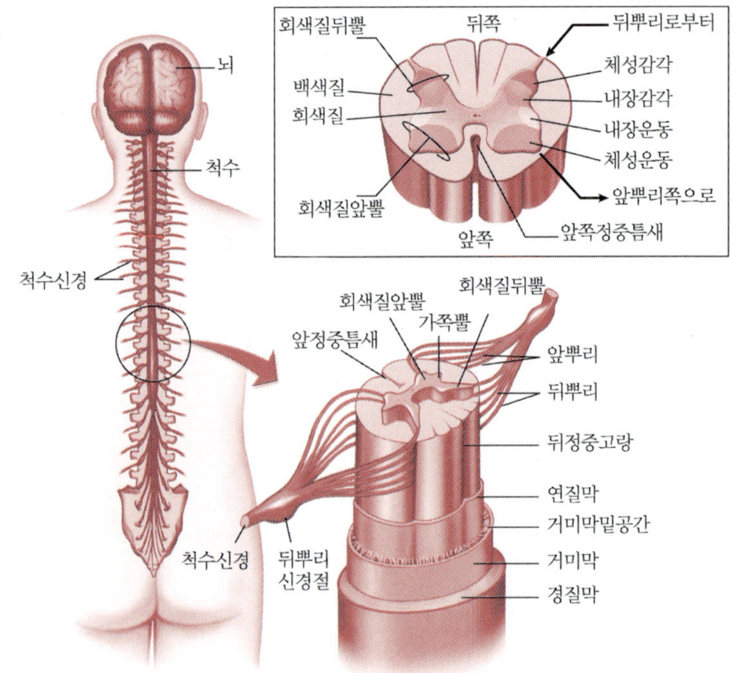

그림 6-15
척수신경의 구조

자율신경계는 중추신경계와 효과기 사이에 두 개의 뉴런으로 구성되어 있는데 중추부분 뉴런의 섬유를 절전섬유(節前纖維, preganglionic nerve fiber)라 하고, 말초부분 뉴런의 섬유를 절후섬유(節後纖維, postganglionic nerve fiber)라고 하며, 절후섬유의 세포체가 모인 곳을 신경절이라 한다.

자율신경이 흥분하면 그들의 절전섬유 말단에서 아세틸콜린이 분비되며, 이 아세틸콜린이 신경절에서 시냅스를 통해서 절후신경을 흥분시키면, 내장기관에 분포하고 있는 절후섬유의 말단에서는 교감신경의 경우에는 노르에피네프린(norepinephrine)이, 부교감신경의 경우에는 아세틸콜린이 분비된다.

일반적으로 교감신경의 신경절은 중추 가까이에 있으므로 하나의 절전섬유가 다수의 절후신경을 지배하며, 또한 노르에피네프린의 작용으로 교감신경의 지배력은 광범위하고 지속적이다.

반면, 부교감신경은 신경절이 내장에 극히 가까운 부분에 있기 때문에 절전섬유는 극히 소수의 절후섬유를 지배하고, 또한 아세틸콜린의 분해가 빠르므로 그 작용이 국부적이고 지속시간이 짧다(그림 6-16 참조).

자율신경계는 대뇌의 직접적인 지배를 받지 않고 독자적으로 작용하는 신경이라 하여 그 명칭이 붙었지만, 실제로 이들 신경의 작용은 시상하부와 기타 중추신경의 지배를 받고 있 따라서 어느 정도는 의식적인 조절이 가능하다.

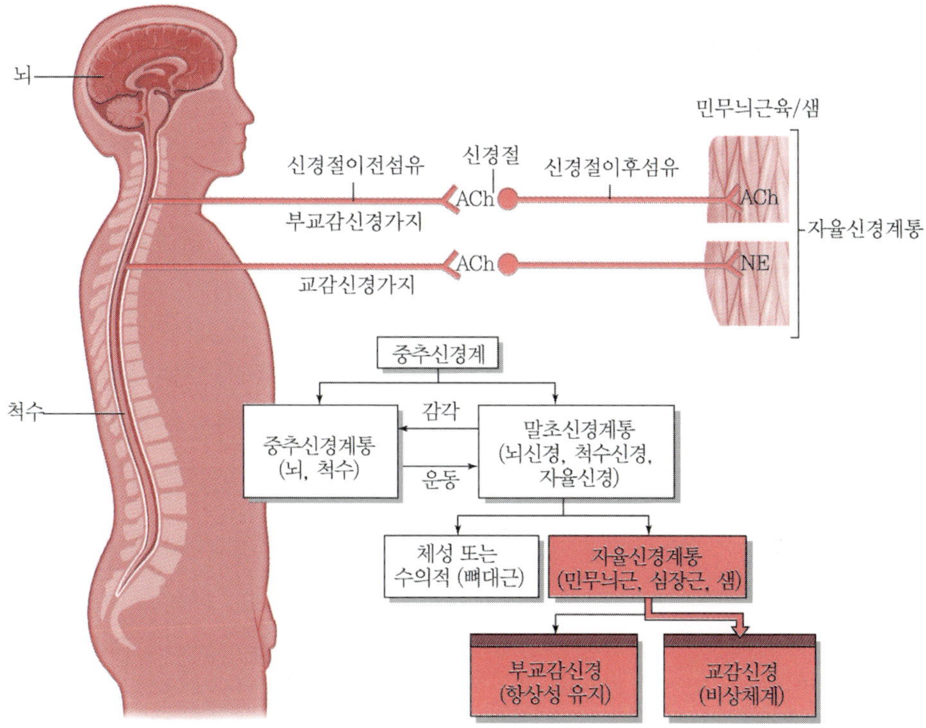

그림 6-16 자율신경계

6-2 감각과 감각기관

동물은 원생동물과 같은 단세포동물일지라도 특별한 자극을 수용하도록 분화된 수용부위를 가지고 있으며, 고등동물은 환경변화에 따른 각종 자극을 감지하여 흥분할 수 있는 분화된 수용기세포(receptor cell)를 갖고 있는데, 이들 수용기세포와 그 부속세포들(accessory cells)을 포함하여 자극수용기(刺戟受容器, stimulus receptor) 또는 감각기관(感覺器官, sense organ)이라 한다.

자극의 종류에는 빛, 열, 전기, 기계적 충격, 화학물질 등 여러 가지가 있으며, 이 중 어떤 감각세포를 흥분시킬 수 있는 특정자극을 그 감각세포의 적합자극(適合刺戟, adequate stimulus)이라 한다. 예를 들면 눈의 적합자극은 400~700 nm 의 전자파이며, 귀에 대한 것은 $2 \sim 6 \times 10^4$ 헤르츠(hertz, Hz)의 음파이다.

이러한 적합자극이라 하더라도 감각을 일으키는 데는 일정한 크기 이상의 자극이 필요한데, 감각할 수 있는 최소자극의 강도를 역치(閾値, threshold)라 한다.

감각기관이 적합자극을 감지할 수 있는 것은 수용기세포와 그 부속세포의 특이한 구조 때문인데, 각 감각기관은 특정 적합자극에 대해서 민감하지만, 자극의 세기가 충분히 클 때는 다른 종류의 자극에 대해서도 반응을 나타낸다(예를 들면, 눈에 강한 압력이 가해졌을 때 빛을 느끼는 경우).

또한 각 감각종류의 차이는 자극에 따른 에너지 형태가 다르기 때문이 아니고, 수용기로부터 중추에 이르는 신경경로에 따라 중추에 생기는 감각이 달라지는 것이다. 즉, 시신경(視神經)에 전기자극을 주더라도 눈에 빛을 비출 때와 같은 감각이 생긴다.

각 수용기세포는 자극에너지를 흡수하여 이를 전기에너지로 전환함으로써 수용기전위(受容器電位, receptor potential)를 만들며, 이 활동전위가 중추로 전달되어 자극이 감지된다.

자극수용기는 자극의 종류에 따라 촉각 · 압각 · 온각 · 냉각 · 통각 · 청각 등의 기계적 수용기(mechanical receptor)와 시각과 같이 가시광선에 대해 반응하는 광수용기(光受容器, photoreceptor) 및 미각이나 후각처럼 화학적 자극에 민감한 화학수용기(化學受容器,chemoreceptor)로 나눈다. 본 장에서는 이들 감각기관의 구조와 기능에 대해 알아본다.

6-2-1 기계적 수용기

기계적 수용기에는 접촉 · 압력 · 중력 · 신장력 · 운동 또는 온도 등 역학적 변형이나 진동을 수용하는 것으로 촉각 · 압각 · 통각 · 청각 · 평형감각 등에 관계하는 많은 수용기가 포함된다.

1. 피부수용기

고등동물의 피부각은 서로 다른 감각세포에서 일어나는데, 이들은 형태적으로 유사한 유리신경종말(遊離神經終末, free nerve ending)에 특수한 보조적 구조물을 가지고 있다.

즉, 압각수용기인 파치니소체(Pacinian corpuscle), 냉 · 온각수용기인 크라우제소체(organ of Krause)가 있으며, 촉각수용기인 마이스너소체(Meissner's corpuscle), 메르켈소체(Merkel's disc) 및 루피니소체(organ of Ruffini) 등이다(그림 6-18).

촉각(觸覺, touch)의 감각세포들은 피부 가까이에 분포하고, 특히 모낭(毛囊, hair follicle) 주위에 많이 분포하고 있어서 물체가 털에만 닿아도 예민하게 촉각을 일으키는데, 이것은 모낭의 움직임이 이 감각세포에 자극되기 때문이다.

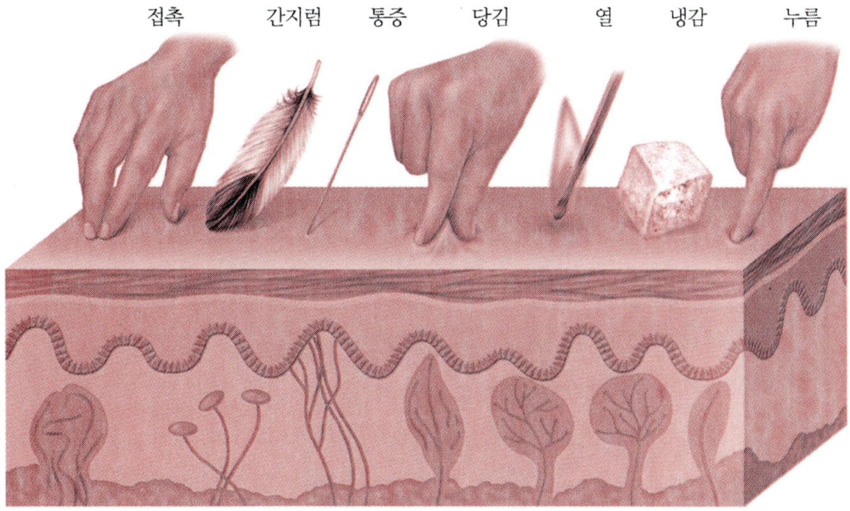

그림 6-17 촉감의 유형

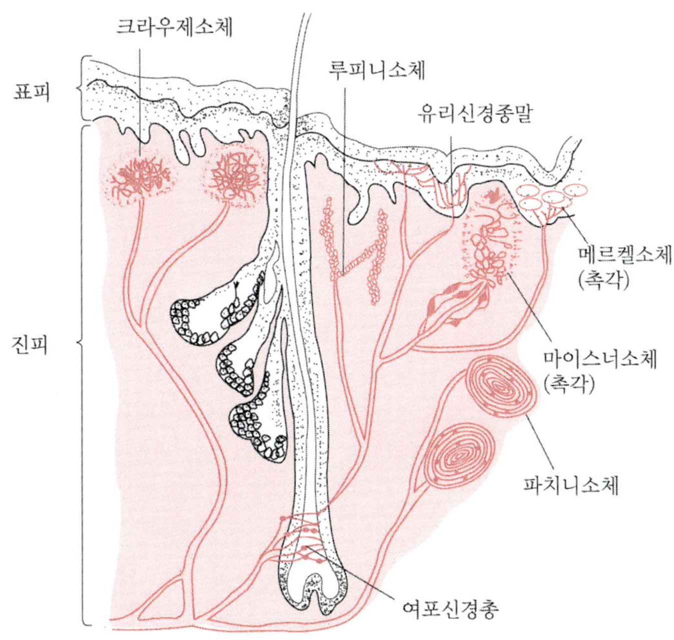

그림 6-18 사람의 피부에 있는 수용기

압각(壓覺, pressure)은 촉각보다 강한 기계적 압박에 의해 피부 속 깊숙한 곳에 있는 파치니 소체에 자극되어 감각이 일어난다. 통각(痛覺, pain)은 특별히 분화된 감각세포가 없으며 감각신경의 끝이 바로 자극을 받아 감각하는데, 다른 피부각수용기에 비해 그 수가 많으며, 뇌를 제외한 모든 조직에 분포되어 있다.

온각(溫覺, warm)을 감지하는 온각수용기는 루피니소체가, 냉각을 감지하는 냉각수용기는 크라우제소체가 담당하는 것으로 알려져 있지만, 유리신경말단을 가진 신경섬유도 온도 감수성이 있다고 생각되고 있다.

2. 고유수용기

척추동물은 골격근이나 관절의 운동으로 장력이 변화되는 것을 감지·반응하는 고유수용기(固有受容器, proprioceptor)를 갖고 있다. 고유수용기에는 근운동을 감지하는 근방추(筋紡錘, muscle spindle), 근육과 뼈 사이에 있는 건(腱, tendon)의 장력을 수용하는 골지 건기관(Gogi tendon organ), 인대(ligament)의 운동을 감지하는 관절수용기(joint receptor)의 3가지가 있는데, 이들은 모두 장수용기(張受容器, tonic receptor 또는 stretch receptor)이다.

근방추는 추내섬유(intrafusal fiber)라는 특수한 근섬유의 다발이 결합조직에 싸여서 일반 근섬유와 병렬로 위치하는데, 추내섬유 중앙부에는 횡문이 없고, 여기에 신경말단이 분포한다. 따라서 근방추가 늘어나면 이 감각신경말단이 탈분극하고, 신장의 정도에 따라 구심성 흥분이 발생한다.

근방추에는 동시에 반응하는 2종류의 감각신경말단이 있는데, 하나는 주로 신장속도에 관한 정보를, 다른 하나는 길이에 관한 정보를 중추로 전달하는 작용을 한다. 이들 고유수용기로부터의 정보는 자세와 운동을 제어할 수 있는 본질적인 역할을 담당한다(그림 6-19).

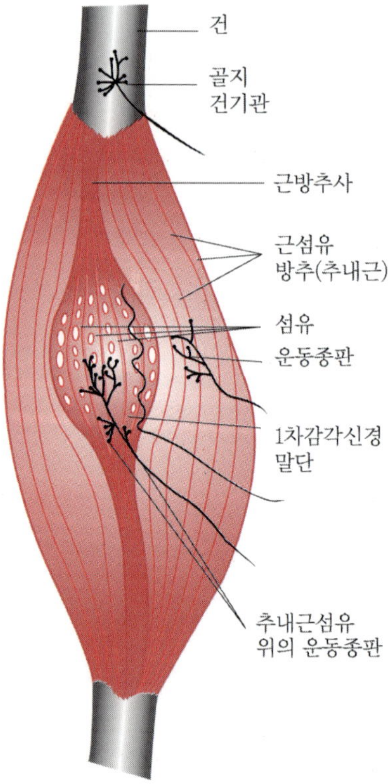

그림 6-19
근방추와 골지 건기관

3. 청각과 평형감각

척추동물의 경우, 소리를 감각하는 것은 청각기관(聽覺器管, auditory organ)인 귀인데, 귀는 외이(外耳), 중이(中耳), 내이(內耳)로 나누며, 청각은 내이의 와우(蝸牛, cochlea)에 있는 코르티기관(Corti's organ)에서만 감각되고, 내이 중 통낭(通囊, utricle), 소낭(小囊, saccule) 및 반규관(半規管, semicircular canal)은 평형감각(平衡感覺, static sense)을 담당한다.

공기를 매체로 하는 음파는 먼저 외이에 집중된 후 외이도(外耳道, outer auditory canal)를 거쳐, 중이에서 고막(鼓膜, tympanic membrane)을 진동시킨다.

고막은 추골(malleus), 침골(砧骨, incus), 등골(鐙骨, stapes)의 3가지 이소골(耳小骨, ossicle)이 차례로 연결되어 있는데, 이들 이소골의 모양과 연결방식은 고막의 진동을 효과적으로 증폭시킨다.

한편 중이의 유스타키오관(Eustachian tube)은 비인후(鼻咽喉, nasopharynx)와 연결되어 외기(外氣)와 통하게 되어 있어서 고막 내외 공기의 압력을 일정하게 유지시켜 준다.

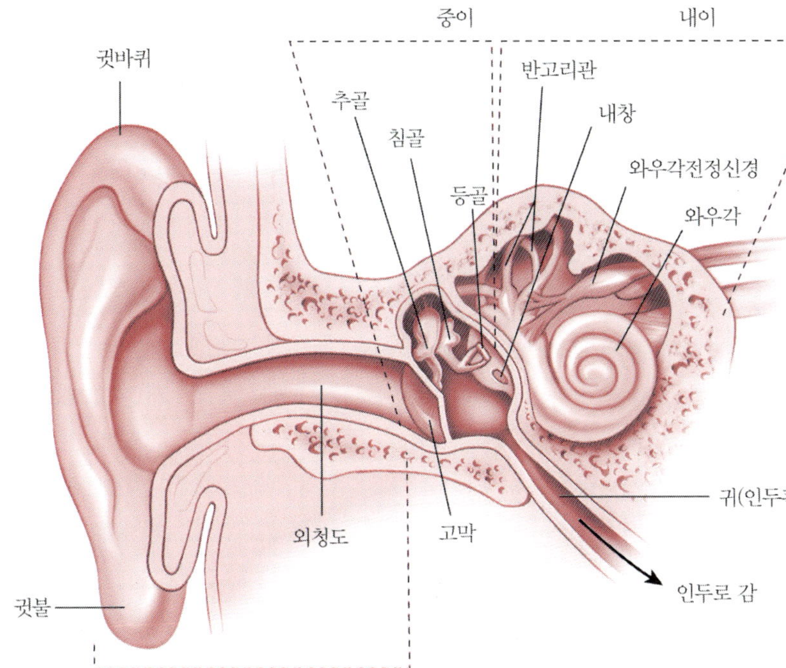

그림 6-20 귀의 구조

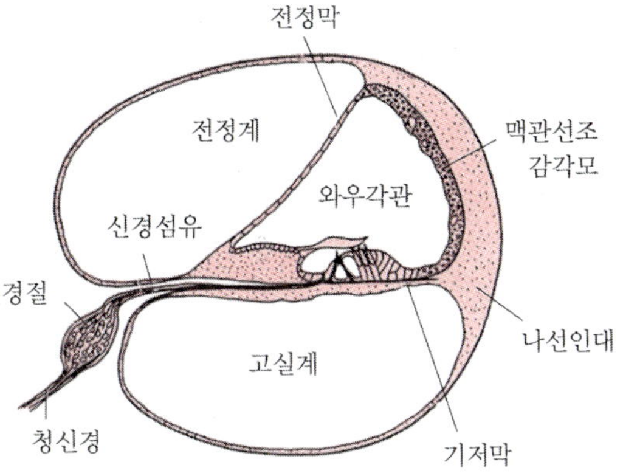

(c) 와우의 단면도

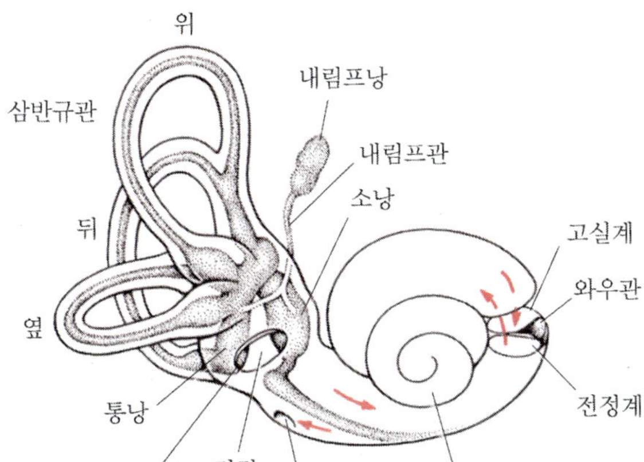

(b) 내어(와우와 반규관)

그림 6-21 귀의 내부기관 구조

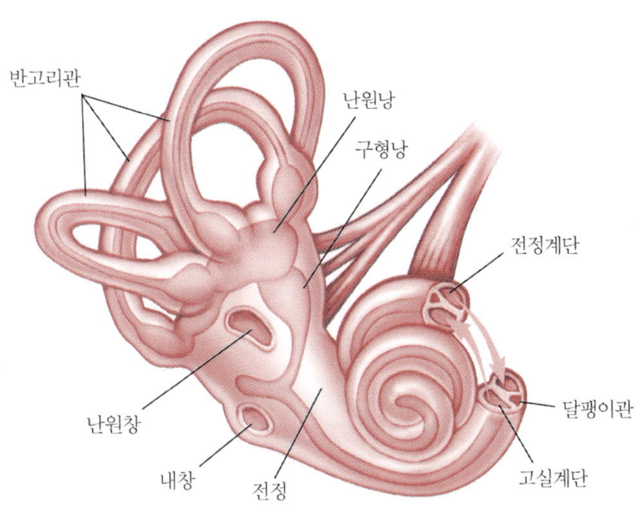

이소골에 의하여 증폭된 진동은 등골에서 와우의 난원창(卵圓窓, oval window)에 연결되어 내이에 이른다. 소리의 감각은 내이 중 와우에서 이루어지는데 와우는 뼈 속에 뚫린 관상구조물로서 그 속에 림프가 차 있으며, 와우 속은 기저막(基底膜, basilar membrane)과 전정막(前庭膜, vestibular membrane)에 의해 전정계(前庭階, vestibular channel), 와우관(蝸牛管, cochlear channel) 및 고실계(鼓室階, tympanic channel)의 3 부분으로 나누어진다(그림 6-21 참조).

또한 전정계와 고실계 속에는 뇌척수액과 같은 성질의 외림프(perilymph)가 차 있고 와우의 한쪽 끝에서 서로 통하고 있으며, 와우관 속에는 내림프(endolymph)가 가득 차 있다. 기저막에는 청각을 감지하는 유모세포(有毛細胞, hair cell), 즉 청세포(聽細胞, auditory cell)가 자리 잡고 있다.

청세포 표면에는 많은 섬모가 내림프에 닿는 쪽에 나 있어서, 난원창의 진동으로 림프가 움직이면 이 액체의 압력은 정원창(正圓窓, round window)으로 진동해 나간다.

림프의 진동이 청세포의 섬모를 흔들리게 하고 이 섬모의 움직임이 청세포의 흥분을 일으키며, 흥분은 청신경에 의해 대뇌피질의 청각령에 전달되어 소리의 감각을 일으킨다. 청세포와 그를 둘러싼 지지세포들을 합쳐서 코르티기관(Corti's organ)이라 한다(그림 6-21 참조).

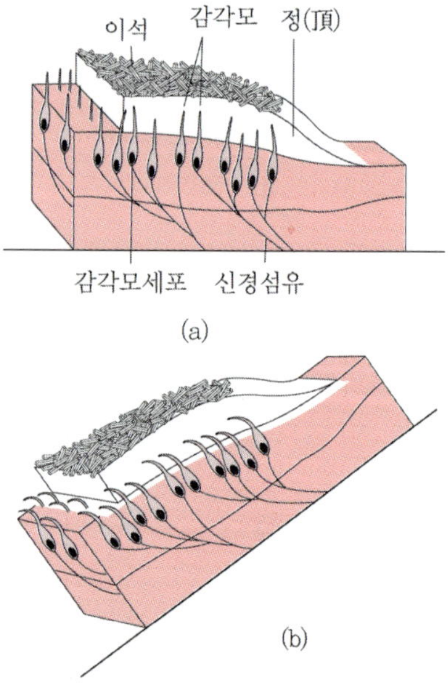

그림 6-22 소낭과 통낭의 내부구조
머리의 위치가 바뀌면(a 에서 b 로), 이식이 감각모를 자극하여 충격이 뇌에 전달된다.

사람의 귀는 대단히 정확하지만 파괴되기 쉬운 감각수용체이다. 젊었을 때는 16 에서 20,000 Hz 의 빈도(頻度, frequency)와 넓은 범위의 강도(强度, intensity)까지 들을 수 있으나, 나이가 들수록 이런 능력은 차차 감소된다.

박쥐의 청각능력은 대단하여 150,000 Hz 의 높은 빈도까지 들을 수 있다고 한다. 이러한 초음파는 거의 직선으로 나가는 빈도인데 박쥐가 아주 어두운 곳을 지날 때에 물체를 인식할 수 있을 뿐만 아니라, 곤충이 날아가더라도 이런 초음파의 메아리를 이용하여 진로를 판단한 후에 다가가 포식해 버린다.

평형감각은 중력에 대한 몸의 위치와 운동을 느끼는 감각으로, 사람은 내이에 있는 통낭, 소낭 및 반규관에 의해 감각된다. 이 중 통낭과 소낭은 주머니 모양으로 되어 몸의 위치를 감각하는 기관으로, 이 속에 림프가 채워져 있고 섬모를 가진 유모세포(hair cell)들이 있다.

이 섬모 위에는 탄산칼슘($CaCO_3$)과 단백질로 된 많은 평형석(平衡石, otolith)이 깔려 있어서, 몸이 움직이면 평형석이 따라 움직여 섬모를 자극하게 된다(그림 6-23 참조). 이 자극에 의한 감각세포의 흥분이 신경을 통해 중추에 도달되어 몸의 위치감각을 일으킨다.

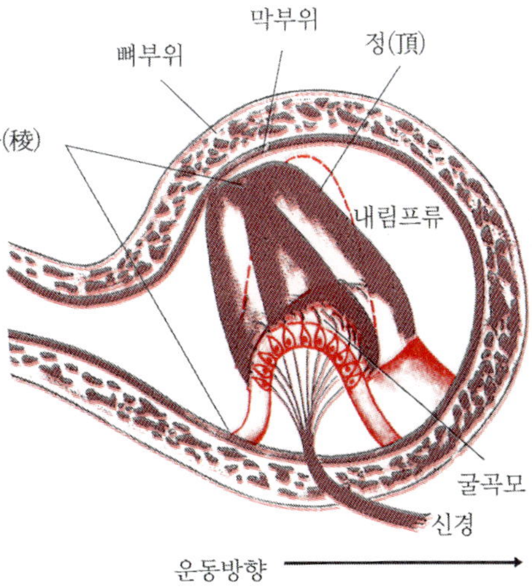

그림 6-23 회전에 의한 반규관 내림프의 이동모양

반규관은 몸의 회전을 감각하며 3개의 반달모양의 고리관이 서로 직각을 이루고, 속에는 역시 내림프와 긴 섬모를 가진 유모세포가 들어 있다. 머리를 회전하면 반규관도 회전하므로 그 속의 림프의 움직임에 따라 유모세포도 움직여서 감각세포를 자극하게 된다(그림 6-23 참조).

6-2-2 화학수용기

동물의 섭식이나 생식기능 등은 화학적 요인에 의해 조절되거나 영향을 받는다. 따라서 동물은 각종 화학적 자극을 감지하는 화학수용기를 가지며, 그 중 고도로 분화되고 민감한 화학수용기가 포유류의 미각 및 후각의 수용기이다.

1. 미 각

물질의 맛을 느끼는 감각이 미각(味覺, taste sense)인데, 척추동물의 미각수용기는 혀에 있는 미각세포로서, 이들 몇 개가 모여 미뢰(味蕾, taste bud)를 형성한다(그림 6-24).

미각세포가 물질과 접하는 면에는 미융모(微絨毛, microvilli)를 가지며, 그 표면이 점액으로 적셔져 있어서 화학물질이나 이온 등이 거기에 녹아 미세융모에 작용하여 미세포를 자극하는 것이다. 사람의 미각에는 단맛, 신맛, 짠맛, 쓴맛을 감지하는 미뢰가 혀의 여러 곳에 분포되어 있으며, 이들의 조합에 의해서 여러 가지 맛을 느끼게 된다.

2. 후 각

물질의 냄새는 비강(鼻腔) 윗부분의 점막에 있는 후각상피(嗅覺上皮, olfactory epithelium)를 이루는 섬모세포에 의해 감지된다.

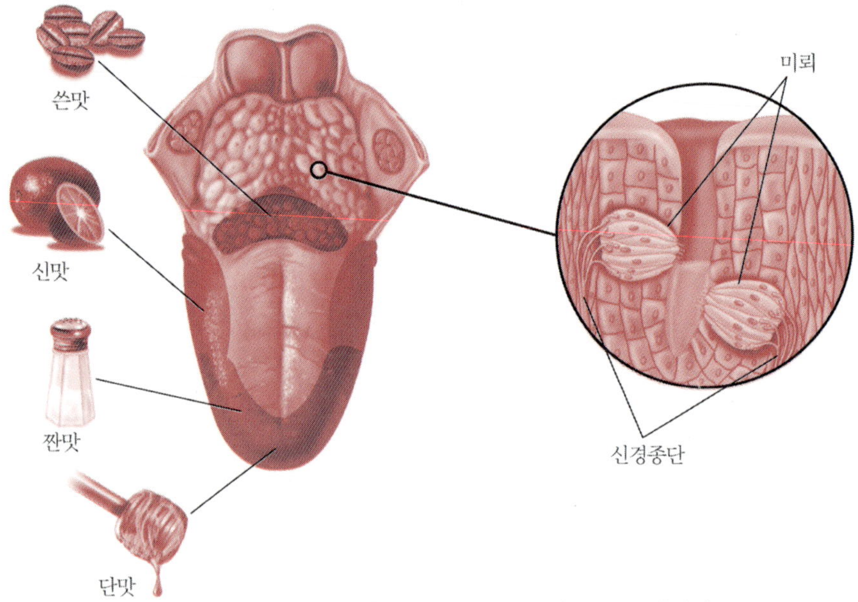

그림 6-24 미뢰의 구조

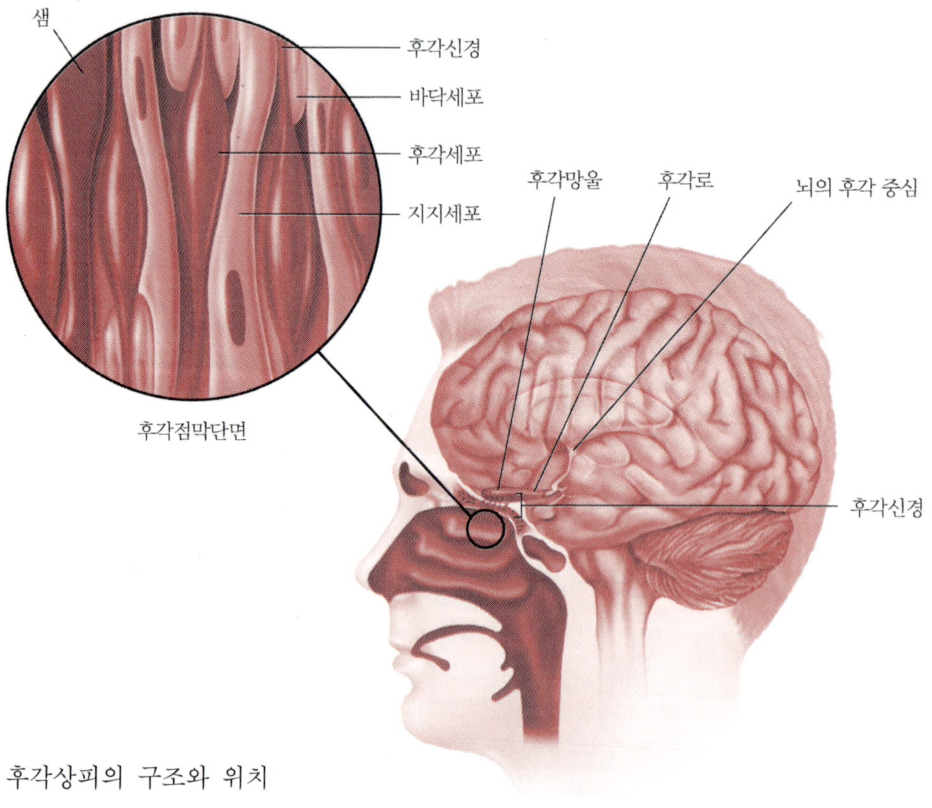

그림 6-25 후각상피의 구조와 위치

후각상피는 주위 세포들로부터 분비된 점액으로 덮여 있으며, 여기에 기체 상태의 물질이 용해되면 후각세포를 자극하여 냄새를 느끼게 된다(그림 6-25).

사람의 후각은 다른 포유동물에 비하면 둔한 편이지만, 그 역치는 매우 낮아서, 미각에 비해 상당히 예민하나 피로하기 쉬운 특징을 가지고 있다.

6-2-3 온도수용기

일반적으로 동물의 표피는 온도자극에 대해 수용능력을 가지는 것으로 생각되나, 정확한 온도수용기작에 대해서는 거의 밝혀져 있지 않다.

앞에서 설명한 대로, 포유류의 경우는 피부나 혀에 분포된 유리신경종말이나 특이온도수용기가 온도의 변화를 감지한다. 또한 시상하부에서는 체내외 온도수용기로부터 오는 정보를 통합, 조정하여 체온을 조절하는 기능을 담당하는 것으로 알려져 있다.

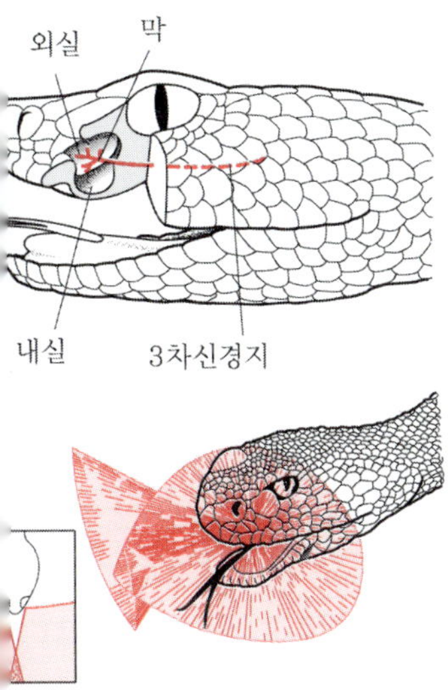

그림 6-26 방울뱀의 안면공의 구조

한편 일부 뱀종류(pit vipers와 boas)는 안면공기관(顔面孔器官, pit organ)이라는 일종의 온도수용기를 가지고 있는데, 이것은 눈 아래의 조그만 구멍으로서 그 바닥부분에 주머니 모양으로 부푼 신경말단이 분포한다(그림 6-26).

이 안면공기관은 먹이의 위치를 알아내는 예민한 기능을 하며, 예를 들어 들쥐와 같이 주위의 온도보다 10℃ 정도 체온이 높은 먹이가 있을 때, 40 cm 정도 떨어져서도 그것을 감지할 수 있다고 한다.

6-2-4 광수용기

빛은 여러 가지의 다른 파장을 갖는 복사에너지로서, 10 m 이상의 파장을 갖는 라디오파로부터 10^{-12} m의 파장을 갖는 감마선에 이르는 복사선의 스펙트럼을 나타낸다(그림 6-27). 이 중에 동물이 시각으로 감지할 수 있는 것은 400~700 nm의 가시광선과, 이보다 파장이 조금 큰 적외선의 일부뿐이다.

동물의 광수용기는 원생동물에서 척추동물에 이르기까지 다양한 구조를 가지며, 명암(明暗)만을 감지하는 것에서부터 빛의 방향, 색상 및 물체의 상까지 식별하는 것 등, 진화단계에 따라 여러 정도의 분화를 볼 수 있다. 물체의 상을 식별할 수 있는 눈으로는 절족동물이나 곤충류의 복안(複眼)과 연체동물인 두족류 및 척추동물의 카메라 눈이 있다.

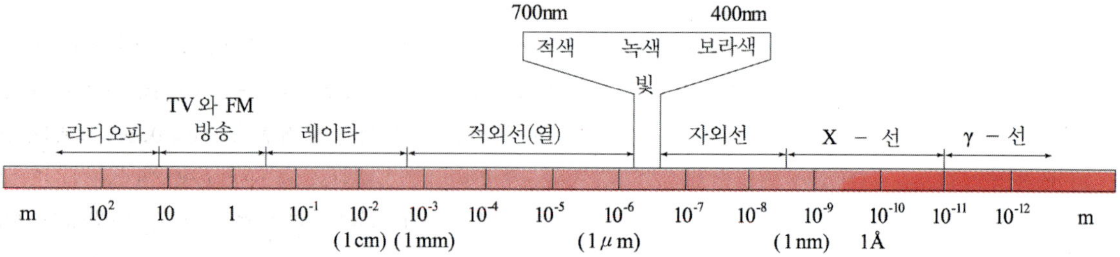

그림 6-27 전자파 복사선의 스펙트럼

1. 복 안

절지동물의 눈은 그 구조나 기능에 있어서 연체동물이나 척추동물의 눈과는 차이가 있다. 복안(複眼, compound eye)은 수많은 개안(個眼, ommatidium)으로 구성되어 있는데(그림 6-28 참조), 각 개안은 렌즈와 투명한 원추정체(圓錐晶體, crystal cone) 및 광각세포(光覺細胞)인 시세포(視細胞, visual cell)로 되어 있으며, 시세포의 내부에는 감간(感桿, rhabdome)이라고 하는 부분이 있어서 광선에 대하여 반응한다. 또한 색소세포(pigment cell)가 시세포의 주변을 둘러싸고 있다.

광선 중 시세포의 장축(長軸)에 평행으로 들어오는 광선만 시세포를 자극하며, 나머지 광선은 색소세포에 흡수되어 버린다. 따라서 각 개안은 공간의 어느 한 점만을 향하고 있고, 이 점으로 충분한 강도의 광선이 들어올 때만 이를 감각한다.

그러나 개안이 많이 모여서 복안을 구성하고 있으므로 복안은 그 시계(視界)가 상당히 넓다. 즉, 각 개안은 물체의 한 점만을 감각하지만 복안은 이 점들이 무수하게 많이 연결되어 하나의 상을 보게 된다.

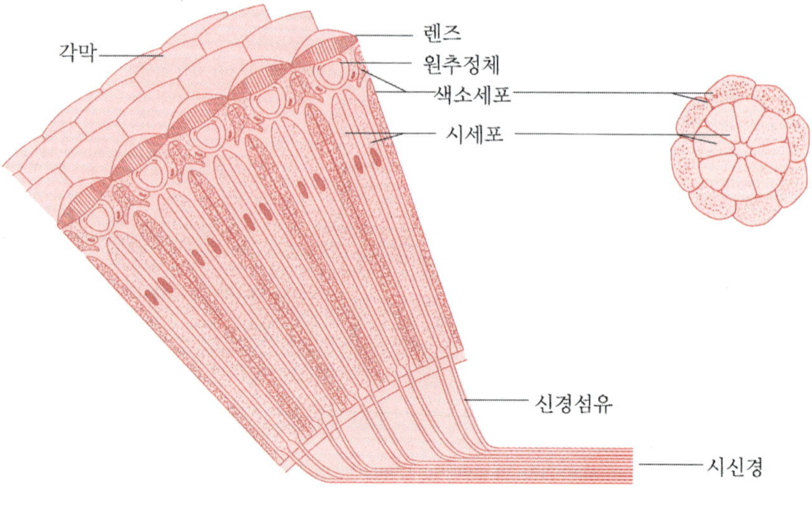

그림 6-28
곤충의 복안 구조

그러므로 벌이나 잠자리의 눈처럼 개안의 수가 많은 복안일수록 뚜렷하고 섬세한 상을 볼 수 있으며, 메뚜기처럼 개안의 수가 적은 복안은 흐린 상을 보게 된다.

복안의 특징은 물체의 움직임을 잘 감각할 수 있다는 점이다. 물체가 움직임에 따라 개안들의 반응 또한 다음 개안으로 차례로 이동하게 됨으로, 절지동물들은 정지하고 있는 물체보다는 움직이는 물체를 더 용이하게 식별한다.

2. 사람의 눈

사람의 눈은 제일 바깥층이 공막(鞏膜, sclerotic coat)으로 되어 있고, 이 막의 앞면에 투명한 각막(角膜, cornea)이 있다. 공막의 바로 안쪽은 맥락막(脈絡膜, choroid coat)이라 하는 부분이며, 여기에는 모세혈관이 풍부하게 분포되어 있다. 맥락막의 안쪽에는 색소층이 있어서 암실의 암막과 같은 역할을 하며, 그 내부에 망막(網膜, retina)이 있다. 각막과 공막의 경계 부분에서 안쪽으로 돌출한 막이 홍채(虹彩, iris)이고, 그 중앙에 동공(瞳孔, pupil)이 있으며, 홍채에 달린 근섬유에 의하여 동공의 크기가 조절된다.

홍채와 맥락막의 경계 부분에는 모양체(毛樣體, ciliary body)가 있고, 홍채 바로 뒤에는 수정체(水晶體, lens)가 있다. 수정체는 소대섬유(小帶纖維, suspensory fiber)에 의하여 모양체에 매달려 있다. 수정체와 각막 사이는 수양액(水樣液, aqueous humor)으로 채워져 있으며, 수정체 뒷부분의 안구(眼球)는 초자양액(硝子樣液, vitreous humor)으로 충만되어 있다. 안구 후면의 내벽을 덮고 있는 망막에는 시세포들이 위치해 있다(그림 6-29 참조).

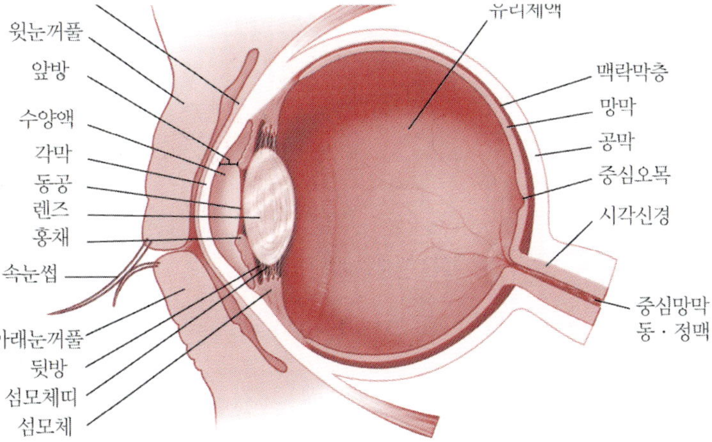

그림 6-29 사람 눈의 구조와 기능

시세포에는 밝은 빛에 예민하고 색각(色覺)에 관여하는 추세포(錐細胞, cone cell)와 약한 빛에 예민하며 명암과 형태만을 느끼는 간세포(稈細胞, rod cell)가 있다. 추세포는 주로 망막의 중심부위에 밀집해 있고, 간세포는 중심에서 벗어난 부위에 산재해 있다(그림 6-30 참조).

이 시세포들은 변형된 뉴런으로서, 이곳에서 발생한 충격은 연합뉴런을 지나 시신경(視神經, optic nerve)에 이른 후, 대뇌에 전달된다. 간세포 속에는 감광작용에 관여하는 로돕신(rhodopsin) 또는 시홍(視紅, visual purple)이란 물질이 들어 있는데, 이 물질은 옵신(opsin)이라는 단백질과 비타민 A 의 산화물인 시스형 레티날(11-*cis*-retinal)이 결합된 분홍색 물질이다.

간세포가 빛을 받으면 루미로돕신(lumirhodopsin)과 메타로돕신(metarhodopsin) 등의 중간물질을 거쳐 트랜스형 레티날(*trans*-retinal)과 옵신으로 분해되는데, 그 과정 중에 자극이 전달된다. 트랜스형 레티날은 효소작용에 의해 다시 시스형 레티날로 산화되며, 이것이 옵신과 결합하여 로돕신으로 재생된다(그림 6-31 참조). 비타민 A 는 감광물질인 로돕신의 합성에 쓰이므로 이 비타민이 결핍되면 결과적으로 야맹증(夜盲症, night blindness)이 일어난다.

추세포에 대해서는 간세포만큼 잘 밝혀져 있지 않으나, 사람의 추세포에는 청색, 적색, 녹색의 빛을 잘 흡수하는 3 종류의 색소세포가 있는데, 이들 색소는 세포물질 중 하나로서 앞의 로돕신의 옵신과 다른 형태의 단백질과 레티날로 구성된 아이오돕신(iodopsin)이 알려져 있다.

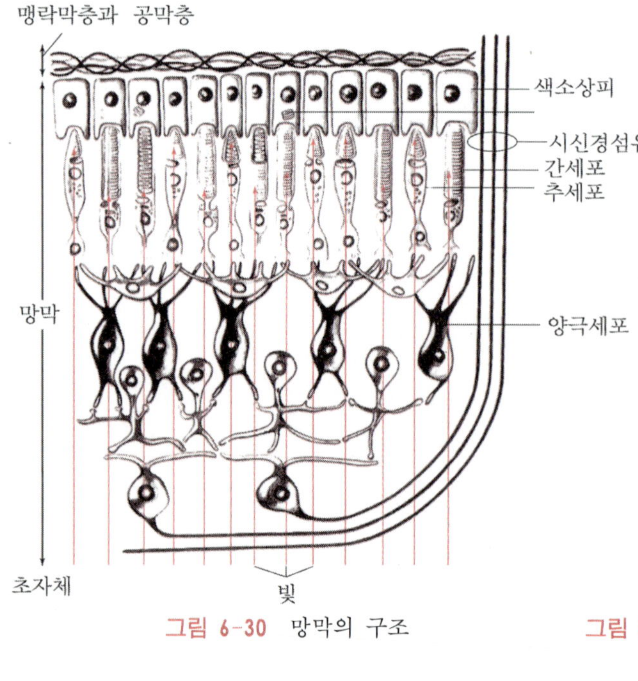

그림 6-30 망막의 구조

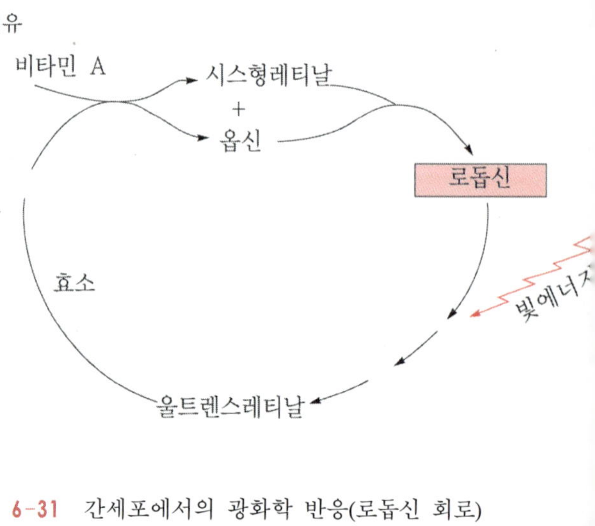

그림 6-31 간세포에서의 광화학 반응(로돕신 회로)

색각은 위 3원색의 어느 하나, 또는 이들의 조합에 의해 색을 식별하는 것으로 생각된다.

간세포나 추세포에서 일어난 모든 충격은 시신경을 통하여 대뇌로 전달되는데, 망막의 한 부분에는 약 100만 개의 뉴런이 다발로 분포되어 있다. 따라서 이곳에는 시세포가 분포하고 있지 않기 때문에 상의 초점이 여기에 떨어질 때는 감각을 일으키지 않으므로 이 부분을 맹점(盲點, blind spot)이라 한다.

6-3 내분비계

6-3-1 호르몬의 구조와 분류

호르몬은 화학구조상 아민류(amins), 프로스타글란딘류(prostaglandins), 스테로이드류(steroids), 폴리펩티드류(polypeptides)의 4가지로 분류할 수 있다(그림 6-32 참조).

척추동물의 부신수질에서 분비되는 에피네프린(epinephrine)과 노르에피네프린(norepinephrine)이 아민류 호르몬에 속하며, 이들은 아미노산인 티로신(tyrosine)으로부터 합성되는 유도체이다[그림 6-32 (a) 참조].

불포화지방산의 유도체로는 프로스타글란딘(prosta- glandin ; PG)으로 PGE, PGF 등이 있으며, 그 생리기능에 대해서는 현재 많은 연구가 이루어지고 있다[그림 6-32 (c) 참조].

척추동물의 부신피질 호르몬이나 정소 및 난소에서 합성 분비되는 성호르몬(sex hormone)은 스테로이드 호르몬에 속하는데, 이들은 모두 콜레스테롤로부터 합성되는 호르몬들이다[그림 6-33 (d) 참조].

폴리펩티드(단백질)호르몬에는 9개의 아미노산으로 이루어진 옥시토신이나 항이뇨호르몬 같은 짧은 폴리펩티드 호르몬이 있는 반면에[그림 6-32 (b) 참조], 인슐린, 글루카곤, 부신피질 자극호르몬, 성장호르몬, 부갑상선호르몬 등과 같은 30~40개의 아미노산으로 이루어진 긴 폴리펩티드 호르몬이 있다(그림 6-33 참조).

이 중 인슐린은 2개의 폴리펩티드, 즉 21개의 아미노산으로 이루어진 A-사슬과 30개의 아미노산으로 이루어진 B-사슬로 구성되어 있는 단백질호르몬(분자량 57,000)으로서, 이 호르몬의 1차구조는 1953년 영국의 F. Sanger 등에 의해 밝혀졌으며, 단백질의 1차구조를 최초로 밝힌 예이기도 하다.

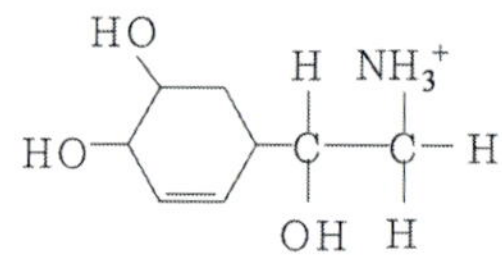

노르에피네프린

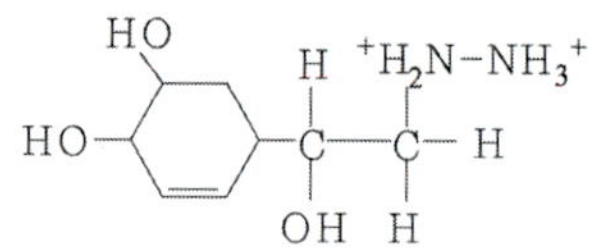

에피네프린

갑상선 호르몬

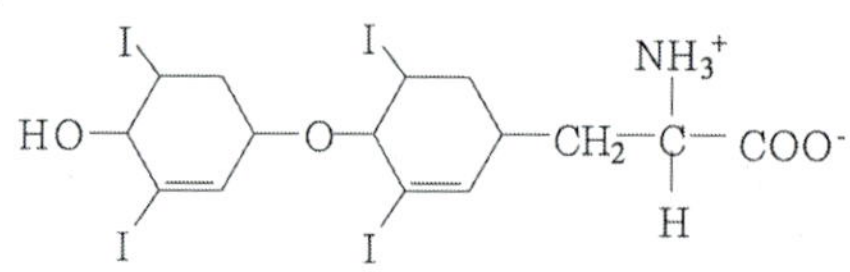

티록신(T_3)

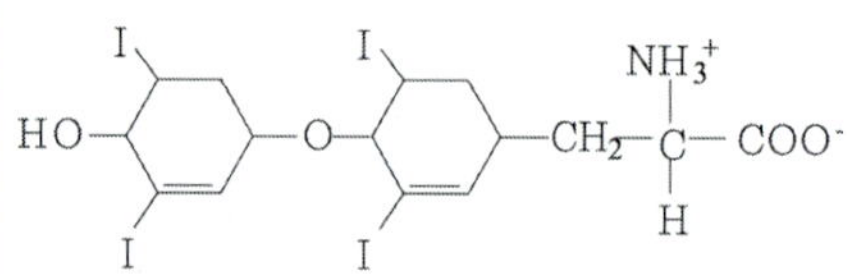

트리요오드티로닌(T_3)

(a) 아민호르몬

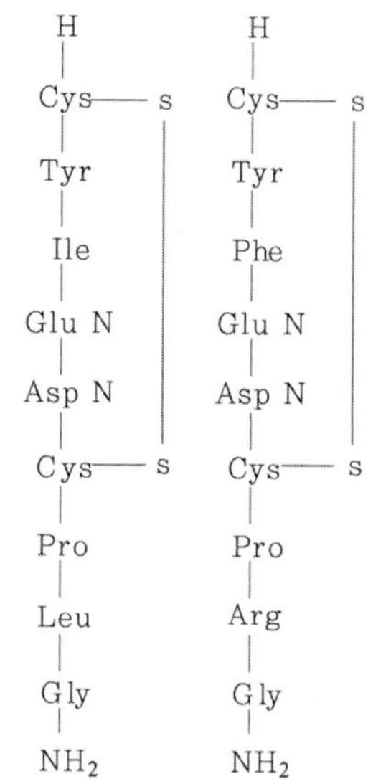

옥시토신 항이뇨호르몬

(b) 폴리펩티드 호르몬

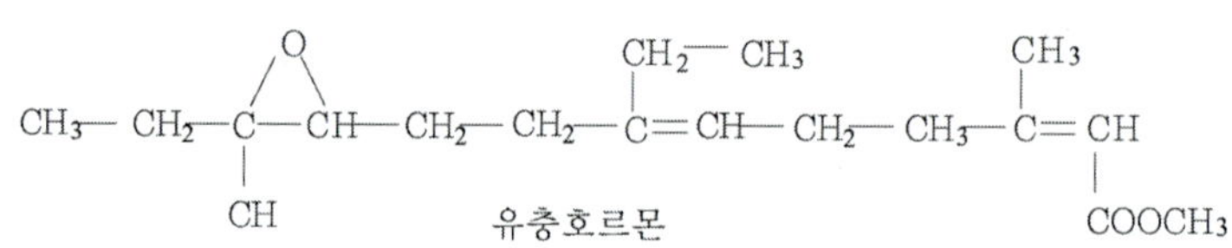

유충호르몬

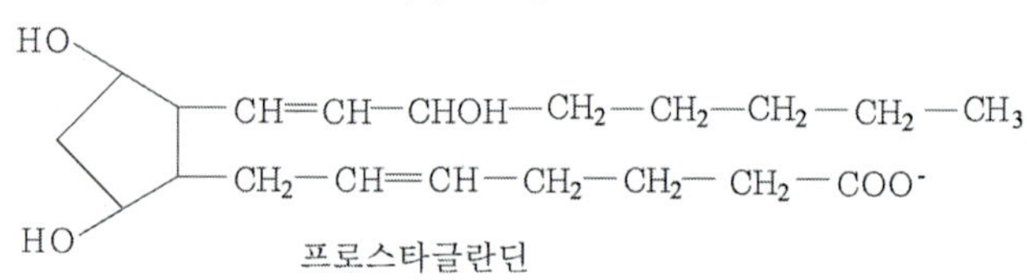

프로스타글란딘

(c) 불포화지방산의 유도체

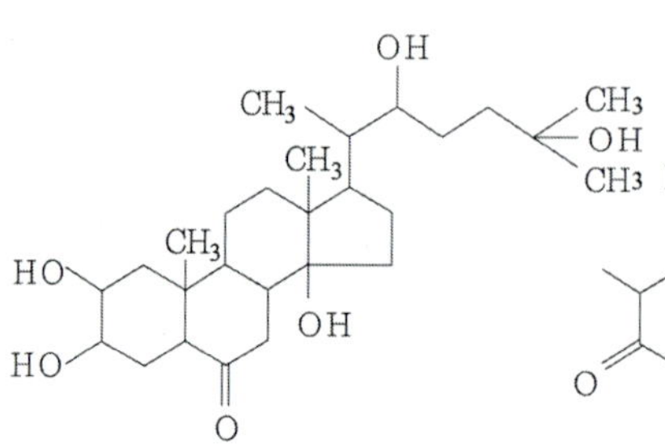

탈피호르몬(엑디손)

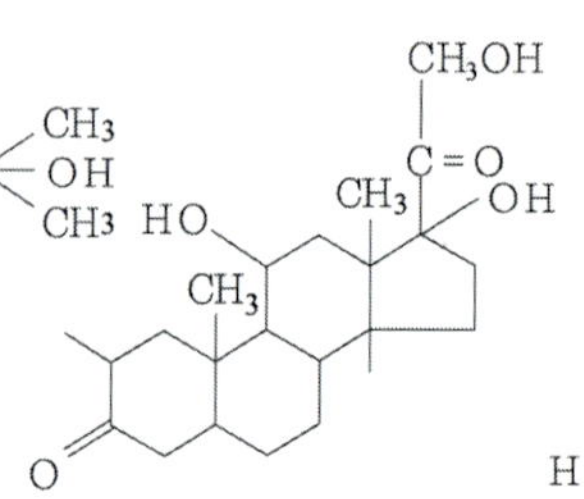

코르티솔

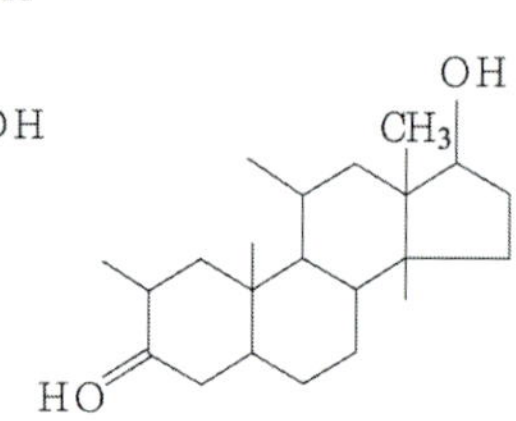

에스트라디올

(d) 스테로이드 호르몬

그림 6-32 호르몬의 종류

그 후 인슐린은 원래 84개의 아미노산으로 이루어진 단일 펩티드로 합성되었다는 것이 알려졌는데(이를 proinsulin이라 함), 이 펩티드 중 33개의 아미노산으로 된 펩티드(이를 연결펩티드라 함)가 효소에 의해 잘려져서 2개의 펩티드로 되었다는 사실이 밝혀지게 되었다.

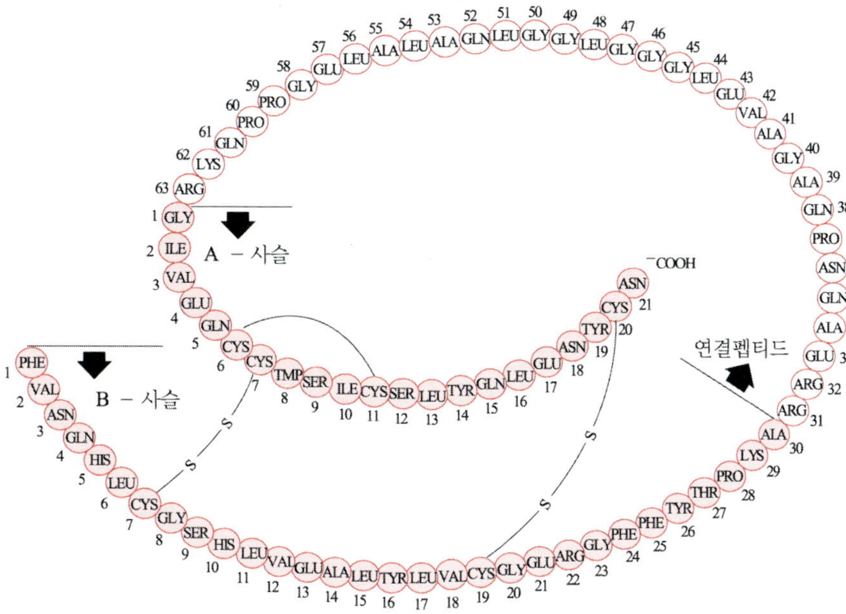

그림 6-33
인슐린전구체
(proinsulin)의 구조

6-3-2 호르몬의 작용기작과 조절

내분비선에서 분비된 각종 호르몬은 혈액을 따라 각 표적기관에 운반되는데, 이때 미량의 호르몬만이 유리형(遊離形)으로 이동되며, 대부분의 호르몬은 혈장 단백질(운반 단백질)에 결합되어 운반된다.

혈액 안에는 여러 종류의 호르몬이 존재하는데, 이들이 어떻게 표적기관세포에만 선택적으로 작용하여 그 생리적 기능을 발휘하는가에 관한 작용기작에 대해서는 현재 두 가지 면으로 생각하고 있다.

첫째, 핵에 작용하는 유전적인 조절양식으로, 호르몬이 세포막과 핵막을 투과하여 핵에 결합함으로써, 유전자의 활성화에 의한 단백질이나 효소의 합성을 유도한다는 생각이다.

이 경우, 호르몬은 세포질 내의 특이수용체와 결합한 복합체의 형태로 핵에 이동되며, 이와 같은 작용은 서서히 일어나는 반면에 지속기간이 좀 더 긴 것이 특징이다.

스테로이드 호르몬(steroid hormone)과 갑상선 호르몬(thyroid hormone) 등 비교적 분자의 크기가 작고 지질 2중층막을 통과할 수 있는 호르몬들이 이에 속하는데, 구체적인 작용기작에 대해서는 아직 잘 밝혀져 있지 않다.

둘째, 분자가 크거나 세포막을 투과하지 못하는 호르몬들로서, 단백질 호르몬이나 부신수질 호르몬이 이에 해당되며, 이들 호르몬은 세포막에 있는 특이수용체와 복합체를 형성하여 세포막의 특이효소(예 : adenylate cyclase)를 활성화시킨다.

이어서 활성화된 효소의 작용으로 제 2 차 전달물질(예 : cyclic AMP, cAMP)이 합성되고, 이 2 차 전달물질(second messenger)의 농도수준에 의해서 여러 가지 세포기능을 조절하게 된다는 것이다(그림 6-34).

호르몬분비의 조절은 음성 피드백(negative feedback)기작에 의해 조절되고 있다. 즉, 혈액 내 호르몬 자체의 농도나 그 호르몬에 의하여 표적조절에서 나타나는 반응효과가, 역으로 해당 내분비선의 호르몬 합성이나 분비를 억제시킴으로써 항상 일정한 준위의 호르몬 작용을 갖도록 한다. 이 조절기작은 각종 호르몬 조절의 기본 원리로서, 둘 또는 그 이상의 호르몬이 관여하는 경우도 있다.

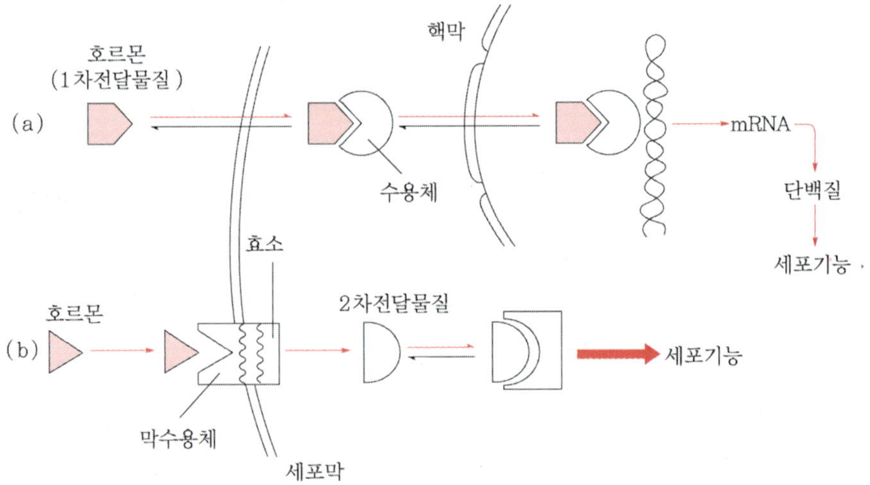

그림 6-34
호르몬의 작용기작
(a) 유전적 조절
(b) 2 차 전달물질에 의한 조절

6-3-3 척추동물의 내분비계

호르몬은 성장, 대사조절, 각 세포로의 영양소 분배, 생식 및 조직액과 혈액의 체액평형 유지 등 다양한 생리기능을 조절한다.

현재까지 내분비기관이 알려진 동물은 척추동물과 일부의 환형, 연체 및 절지동물인데, 다음에서는 주로 사람을 중심으로 척추동물의 내분비계에 대해 살펴보기로 한다(그림 6-35 참조).

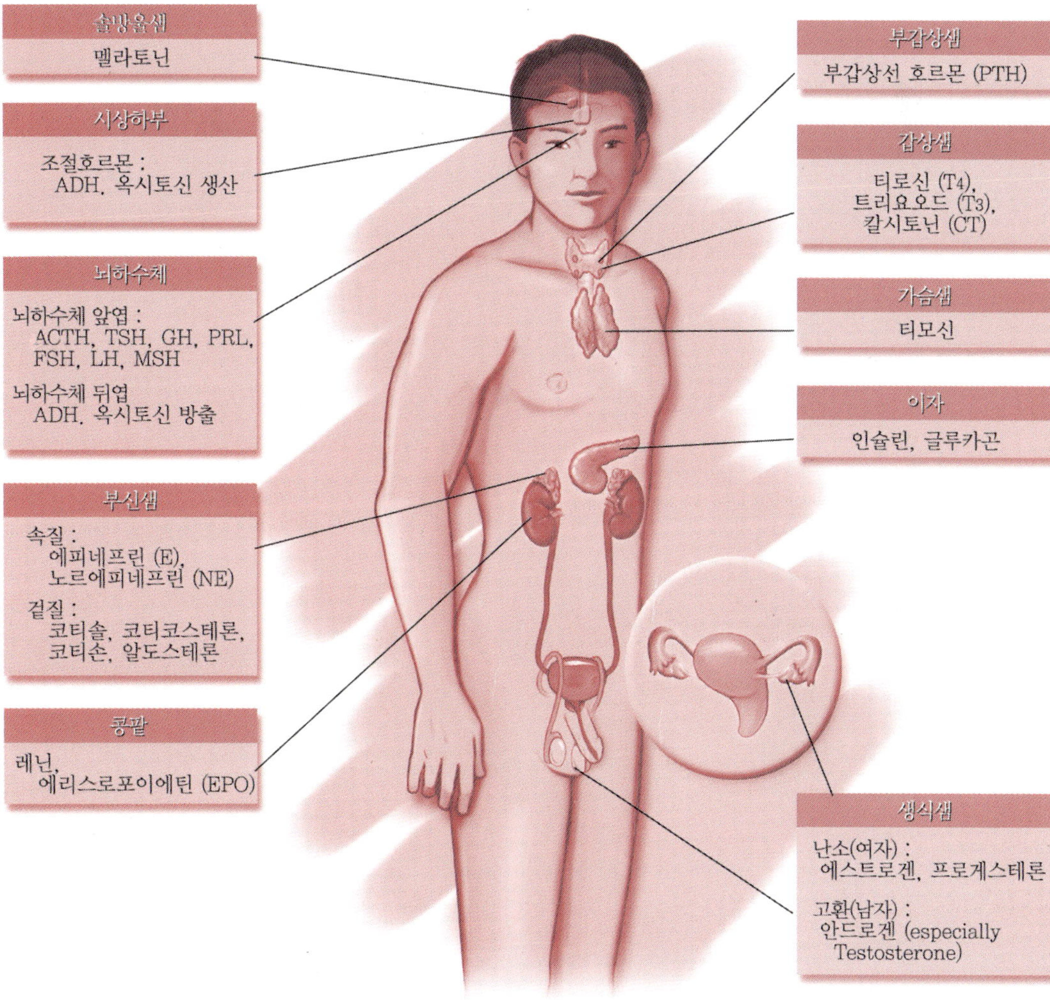

그림 6-35 사람의 내분비기관

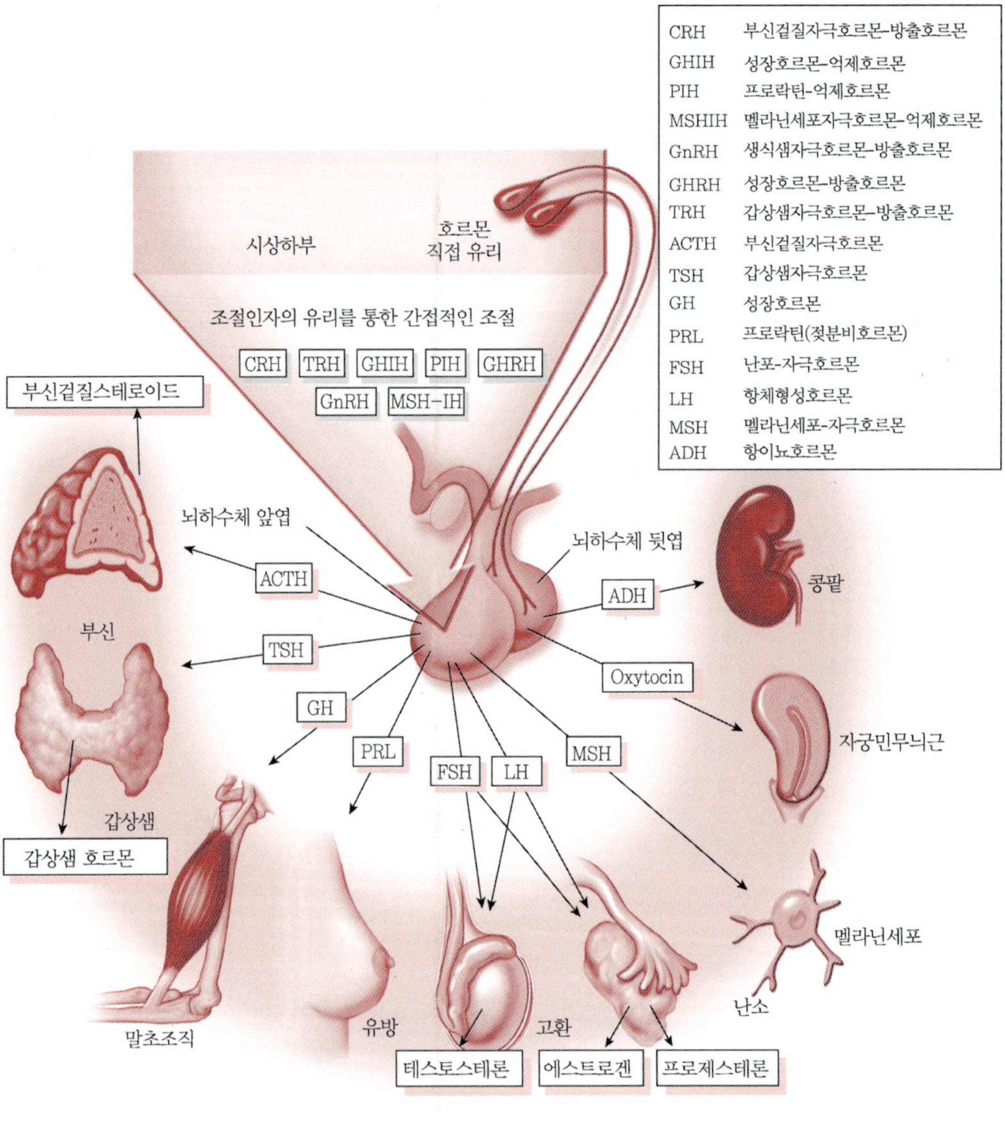

그림 6-36 시상하부와 뇌하수체 앞엽 · 뒤엽 및 표적장기와 연관된 호르몬들

1. 뇌하수체와 시상하부

뇌하수체(腦下垂體, pituitary gland, hypophysis)는 뇌의 아래쪽에 붙어 있는 작은 조직으로, 그 형태와 기능에 따라 전엽(前葉, anterior lobe), 중엽(中葉, intermediate lobe), 후엽(後葉, posterior lobe)으로 나누어진다. 사람의 경우, 중엽은 어릴 때만 보이고 성인이 되면 흔적만 남는다.

한편, 뇌하수체 후엽은 진정한 의미의 내분비선이 아니고, 시상하부의 신경세포에서 생산된 호르몬이 신경축삭을 따라 이곳에 오면 이를 저장해 두었다가, 신경흥분이 전달되면 호르몬을 혈액 내로 방출한다.

따라서 뇌하수체 후엽을 신경하수체(神經下垂體, neurohypophysis), 전엽을 선하수체(腺下垂體, adenohypophysis)라고도 부른다(그림 6-36 참조).

(1) 뇌하수체 후엽 호르몬

후엽에서는 두 가지 호르몬이 분비되는데, 옥시토신(oxytocin)은 평활근, 특히 여성의 자궁 평활근을 수축시켜 출산을 돕는다. 또, 이 호르몬은 유선 벽의 근상피세포(筋上皮細胞, myoepithelial cell)에 작용하여 젖의 배출을 촉진시킨다. 유두를 빨면 여기서 구심흥분이 시작되어 시상하부를 자극하고 옥시토신이 혈관 안으로 분비되면, 이것이 혈액을 따라 유선을 자극하여 젖의 분비가 촉진된다(그림 6-37 참조).

항이뇨 호르몬(antidiuretic hormone, ADH)은 신세뇨관(腎細尿管)에서 수분이 재흡수되는 것을 촉진하여 체내 수분함량을 조절하는데, 이 호르몬의 분비가 부족하면 신장에서 다량의 수분이 손실되어 요붕증(尿崩症, diabetes insipidus)을 일으키게 된다.

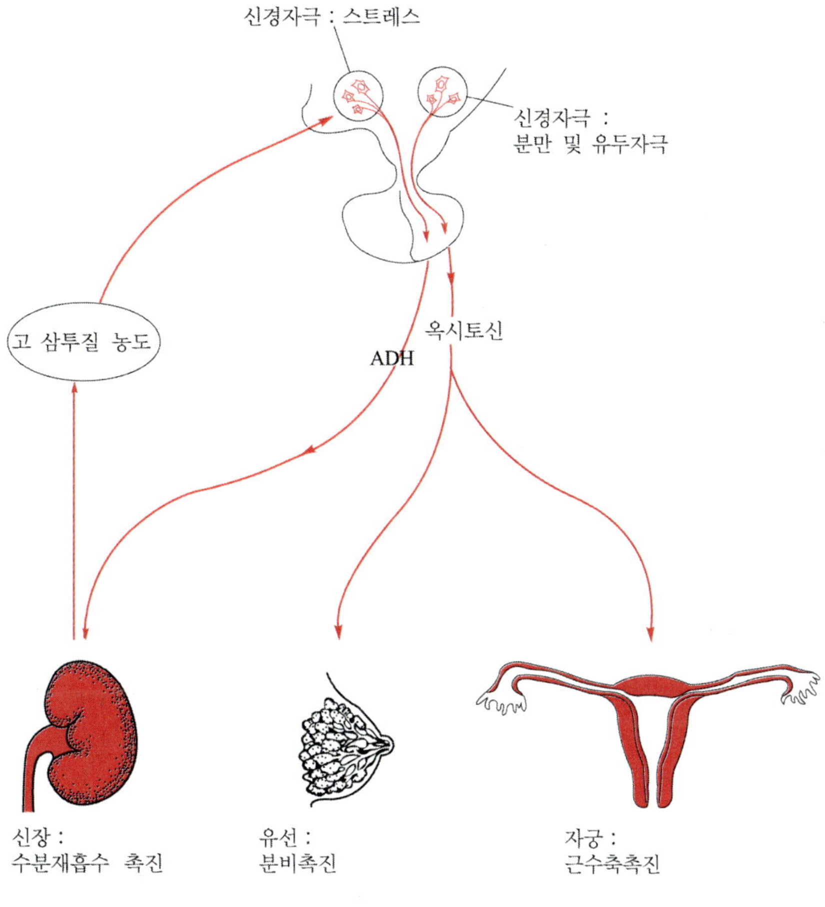

그림 6-37 뇌하수체 후엽호르몬의 작용

한편 이 호르몬이 다량으로 투여될 때는 동맥혈관을 수축시켜 혈압을 상승시키므로, 바소프레신(vasopressin)이라는 명칭이 붙었으나, 평상시에는 체내에서 다량 분비되는 일이 없다.

(2) 뇌하수체 전엽 호르몬

전엽에서 분비되는 각종 호르몬은 다른 내분비선의 기능을 조절하는 중추적 역할을 맡고 있는 단백질호르몬이다. 이들 전엽호르몬은 시상하부(視床下部, hypothalamus)에서 분비하는 조절인자(조절 호르몬)에 의해 촉진 또는 억제되며, 이 조절인자는 현재 8가지가 알려져 있다.

1) 성장(成長)호르몬 (growth hormone, GH)

191개의 아미노산으로 된 단백질호르몬(분자량 22,000)으로, 명칭에서 알 수 있듯이 골격과 몸 전체의 성장을 촉진한다. 특히 노년기와 청년기 때에 분비가 활발하다. 이 호르몬은 성장세포에 직접 작용하기보다는 소마토메딘(somatomedin 또는 insulin like growth factor I)이라는 폴리펩티드를 합성, 분비하도록 작용하여 단백질합성을 증가시킴으로써 근육, 연골, 골, 그리고 결합조직 등의 생장을 촉진시킨다. 유년기에 성장호르몬의 분비감퇴는 소인증(小人症, dwarfism)을 일으키며, 분비과다는 거인증(巨人症, gigantism)을 일으킨다(그림 6-38 참조). 여성의 경우에는 분만 후에 모유생산을 자극시키는 작용도 한다.

그림 6-38 거인증이 있는 환자

2) 갑상선자극호르몬 (thyroid stimulating hormone ; TSH)

이 호르몬은 분자량이 약 30,000의 당단백질 호르몬으로서, 갑상선에 작용하여 티록신 분비를 촉진시킨다.

티록신의 분비가 많아지면 이것이 혈액을 따라 전엽에 작용하여 TSH 분비를 억제한다(feedback mechanism). 갑상선의 작용에서 본 바와 같이 TSH의 과다분비도 갑상선종(甲狀腺腫, goiter)을 일으킬 수 있다.

3) 부신피질자극호르몬 (adrenocorticotrophic hormone, ACTH)

39 개의 아미노산으로 된 폴리펩티드로, N-말단 24 개의 아미노산만으로도 그 기능을 발휘하는데, 이 펩티드 부위는 동물종류 사이의 ACTH 에서 동일하나, C 말단 16 개의 아미노산은 서로 다름이 밝혀져 있다. ACTH 는 부신피질을 자극하여 주로 글루코코르티코이드의 생성 분비를 촉진한다.

4) 여포자극호르몬 (follicle stimulating hormone, FSH)

여성의 경우에는 난소내 여포의 발달을 촉진시키며, 황체형성호르몬(LH)과 함께 작용하여 여포로부터 에스트로겐의 분비와 난자(卵子, ovum)의 성숙을 촉진시킨다. 남성의 경우에 세정관(細精管, seminiferous tubule)의 발달과 정자(精子, sperm)의 생성을 촉진시킨다.

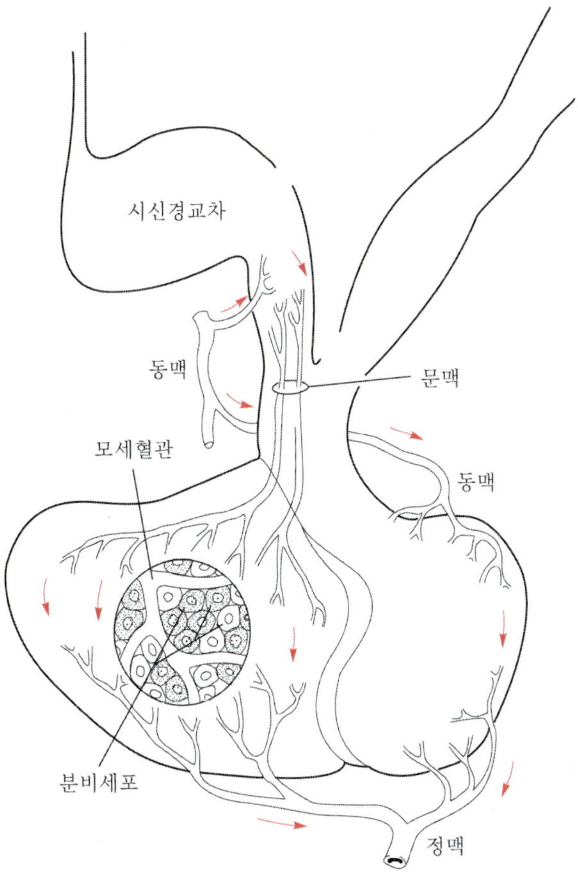

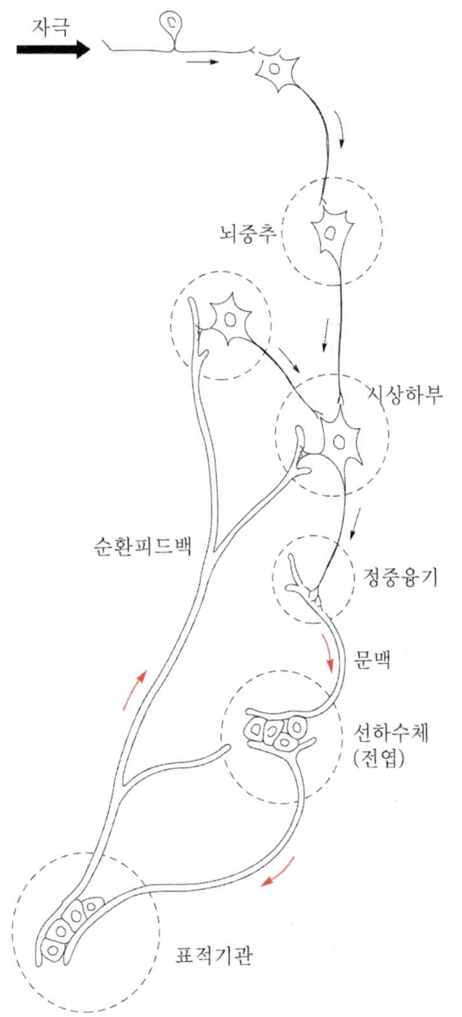

그림 6-39 시상하부로부터 호르몬-방출 촉진, 억제인자의 이동경로

5) 황체형성호르몬 (luteinizing hormone, LH)

여성의 난소에서 성숙한 난자가 여포를 뚫고 나오면 여포에 남은 세포들은 황체(corpus luteum)를 형성하는데, 이 변화를 촉진하는 것이 LH이다. 남성의 경우에는 이 호르몬이 안드로겐의 분비를 촉진한다.

6) 유선자극호르몬 (prolactin)

198 개의 아미노산으로 된 단백질호르몬(분자량 약 23,000)으로서, 유선(乳腺, mammary gland)의 발육과 젖단백질(milk protein)합성을 촉진시키는 작용을 한다.

7) 색소포자극호르몬 (melanocyte stimulating hormone, MSH)

MSH 는 ACTH 와 유사한 아미노산 배열 순서의 구조를 갖는 작은 펩티드호르몬으로, 멜라닌(melanin)이라는 검은 색소를 가지고 있는 색소세포(色素細胞, melanocyte)를 자극한다. 이 색소세포는 피부에 많이 분포되어 있어 사마귀, 주근깨를 만들고 피부색을 검게 하는 작용을 한다. 사람의 경우, 평상시에는 MSH 가 크게 작용하지 않지만 임신을 했을 때는 분비가 증가되어 피부가 검게 되고 기미가 많이 생기게 된다.

사람 이외에 척추동물의 대부분은 이 호르몬이 중엽에서 생성·분비되어 체색변화에 관여한다.

(3) 시상하부

최근에 뇌하수체 전엽호르몬의 분비는 시상하부(視床下部, hypothalamus)에서 방출되는 촉진 또는 억제성(releasing 또는 inhibiting) 신경분비호르몬(neurosecretory hormone)에 의해서 조절되고 있음이 밝혀지고 있다. 또한 이들도 일종의 폴리펩티드 분자로서, 시상하부에 걸쳐 있는 특이문맥계(portal vessel)를 거쳐 전엽으로 이동되어 그 작용을 나타낸다(그림 6-35).

현재까지 알려진 시상하부호르몬에는 성장호르몬-방출호르몬(GH-releasing hormone, GRH), 성장호르몬-방출-억제호르몬(GH-release-inhibiting hormone, GRIH) 등 8 종류가 있다.

2. 갑상선

갑상선(甲狀腺, thyroid gland)은 목의 후두(喉頭, larynx) 아래에 있는 두 개의 잎 모양으로 된 작은 조직인데, 내부는 갑상선호르몬의 생성과 저장을 담당하는 수많은 분비성 세포로 이루어져 있다.

이 세포들이 혈액으로부터 흡수한 요오드를, 자신들이 합성한 티로글로불린(thyroglobulin)이란 당단백질에 결합된 티록신분자에 결합시켜 갑상선호르몬을 합성·저장한다.

이에는 트리요오드티록신(triiodothyroxine, T_3)과 티록신(thyroxine, T_4)이 있으나, 생리적으로 중요하며 가장 많이 합성되는 것이 티록신이다.

한편 혈액으로 방출된 티록신은 TBG (thyroxine binding globulin), TB-PA (thyroxine binding prealbumin) 같은 특정의 혈장단백질에 결합되어 표적기관으로 운반되는데 갑상선호르몬은 모든 조직세포의 기초대사율을 촉진시킨다. 그래서 실험동물에 티록신을 주사하면 산소 소비량이 증가하여 체내의 열 발생을 가져오며 단백질 합성을 촉진시켜 생장을 왕성하게 해준다. 한편, 양서류의 경우에는 변태(變態, metamorphosis)를 촉진시키는 작용을 하기도 한다.

갑상선의 비대 등에 의하여 분비가 과다하게 되면(갑상선기능 항진증, hyperthyrodism) 체온이 올라가며, 글리코겐 분해에 의한 과혈당증(過血糖症, hyperglycemia)이 되고, 체중이 감소되며, 심할 경우에는 안구돌출(眼球突出), 갑상선종, 맥박수 증가 등의 증상이 따르는 바세도우씨병(Basedow's disease, 미국에서는 Grave's D. 라고 함)에 걸리게 된다.

반대로 분비저하일 경우에는 (갑상선기능 저하증, hypothyroidism), 어린이 및 청소년의 경우에는 대사율 저하, 정신적, 신체적 및 성적 발육부진 등의 증상을 갖는 크레틴병(cretinism)에 걸리며, 성인은 점액수종(粘液水腫, myxedema)에 걸려서 대사율 저하, 체중감소 및 피부가 몹시 거칠어지는 증상이 나타난다. 한편 요오드가 결핍된 음식물을 먹고 사는 지방의 사람들은 갑상선이 부어서 단순갑상선종(單純甲狀腺腫, simple goiter)에 걸리게 되는데, 이는 일종의 풍토병(風土病)이며, 요오드가 함유된 음식물을 먹으면 쉽게 치유할 수 있다.

갑상선의 기능은 뇌하수체 전엽호르몬인 TSH (thyroid stimulating hormone)에 의해 음성피드백(negative feedback) 기작에 의해 조절된다. 즉, 뇌하수체에서 분비되는 TSH 가 갑상선에 작용하여 갑상선호르몬의 합성 및 분비를 증진시켜 혈액 내 갑상선호르몬이 정상 수준에 도달하면 TSH 의 방출은 억제된다. 또한 TSH 의 방출은 시상하부에서 방출되는 TRH (TSH-releasing hormone)에 의하여 조절되는데, 혈액 내 갑상선호르몬의 농도가 커지면 TRH 가 시상하부와 뇌하수체 전엽에 음성 피드백으로 작용하며 TSH 의 분비가 억제되는 것이다.

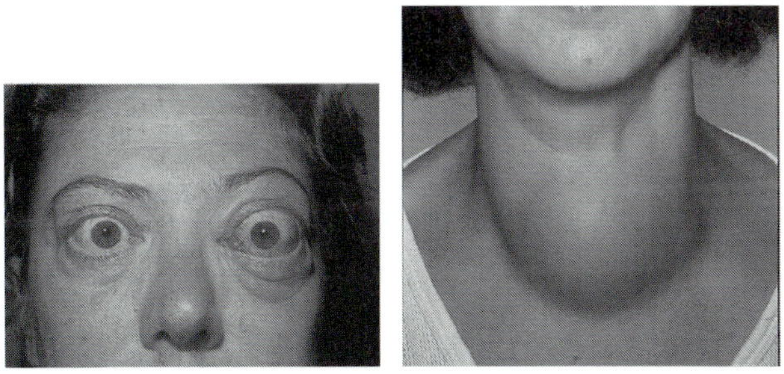

그림 6-35 갑상샘항진증

3. 부갑상선

부갑상선(副甲狀腺, parathyroid gland)은 갑상선의 등쪽에 붙은 2 쌍의 작은 내분비선으로, 파라티로이드 호르몬(parathyroid hormone, PTH)이 분비되는데, 이 호르몬은 83 개의 아미노산으로 구성된 단백질 호르몬(분자량 8, 500)이다. PTH 는 첫째, 골격으로부터 Ca^{2+}의 방출을 증진시키고, 둘째는 장에서의 Ca^{2+}의 흡수를 촉진시키며, 셋째는 신세뇨관에서 Ca^{2+}의 재흡수를 촉진시킨다.

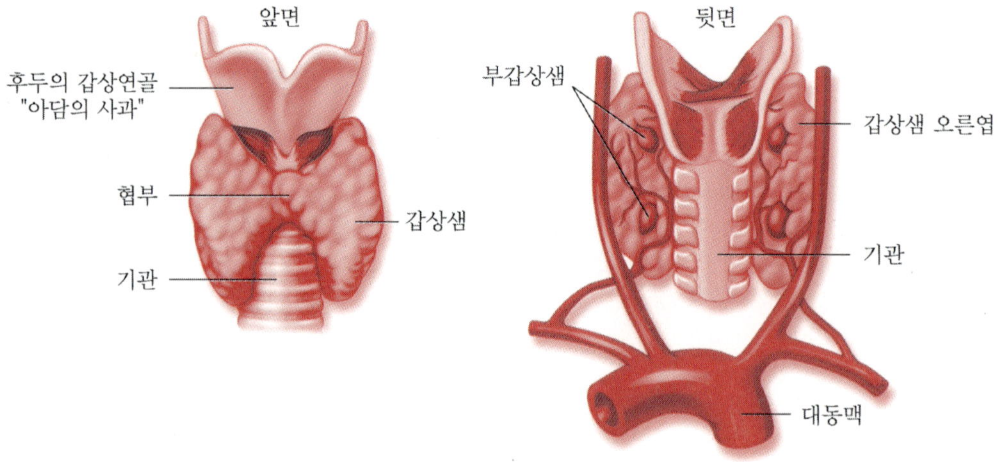

그림 6-41 갑상샘과 부갑상샘

이와 같은 작용의 결과로 혈액 내 Ca^{2+}의 농도가 증가된다. 또한 이 호르몬은 신세뇨관에서의 PO_4^{3-} 의 재흡수를 억제함으로써 뼈(성분이 대부분 $Ca_3(PO_4)_2$ 임)에서의 Ca^{2+} 방출로 인한 PO_4^{3-}의 과도한 축적을 막는다(그림 6-42).

PTH 의 분비는 혈액 내 Ca^{2+}의 양에 의해 조절되고 있다. 즉, Ca^{2+}의 양이 많으면 분비가 억제되고, 감소하면 촉진된다.

또한 혈액 내 Ca^{2+}의 농도가 커질 경우에는 PTH 의 분비가 억제될 뿐 아니라, 갑상선에서 칼시토닌(calcitonin)이라는 호르몬이 분비됨으로써 신속하게 혈액 내 Ca^{2+}의 농도를 낮추어 Ca^{2+}의 일정농도를 유지시킨다.

PTH 의 과량분비(過量分泌, hyperparathyroidism)는 뼈를 약화시켜 골절(骨折, fracture)을 일으키기 쉽고, 또한 혈액내 과량의 Ca^{2+} 중의 일부가 신장을 통해서 뇨로 빠져나갈 때 신장에 PO_4^{3-} 가 침착되어 신석(腎石, kidney stone)을 형성해서 요도를 막음으로써 위험하게 되는 수도 있다.

PTH가 결핍될 경우(hypoparathyroidism)에 신경과 근육의 과민성을 나타내는 근강축증(筋强縮症, tetany)을 초래하게 되는데, 이 때는 음식물에 Ca^{2+}을 첨가하거나 PTH의 작용과 유사한 기능을 나타내는 비타민 D를 섭취함으로써 치유될 수 있다.

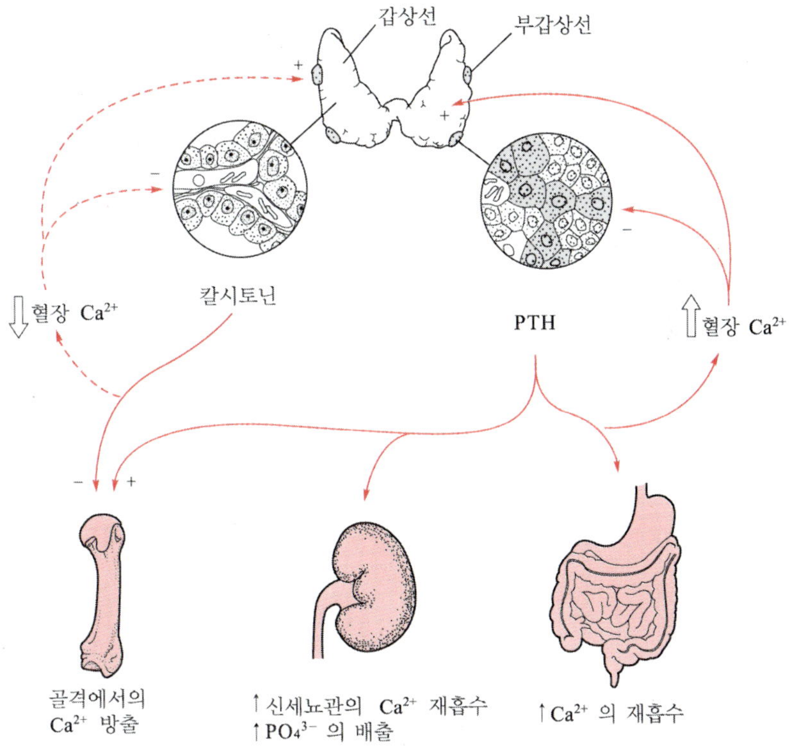

그림 6-42 부갑상선 호르몬(PTH)의 작용과 조절

4. 췌 장

대부분 척추동물의 췌장(膵臟, 이자, pancreas)에는 작은 세포의 집합체들이 흩어져 있는데, 이를 랑게르한스섬(Langerhans' islands)이라 한다. 랑게르한스섬은 두 가지 세포, 즉 α-세포(α-cell)와 β-세포(β-cell)로 구성되어 있는데, α-세포에서는 글루카곤(glucagon), β-세포에서는 인슐린(insulin)이라는 호르몬이 분비된다(그림 6-43).

인슐린은 51개의 아미노산으로 구성된 2개의 폴리펩티드로 이루어진 단백질(분자량 5,700)호르몬인데(그림 6-30 참조), 이 호르몬은 대부분의 세포(특히 간, 근육과 지방세포)에 작용하여, 포도당이 혈액으로부터 세포 안으로 이동을 촉진시킨다. 그리고 글리코겐이나 지방으로 전환시켜 혈당이 일정한 농도(사람의 경우 약 100 mg/m*l* 혈액)를 유지하도록 조절한다. 또한 인슐린은 단백질 합성도 촉진시킨다.

췌장에서 인슐린의 합성이나 분비가 저하상태일 경우에 당뇨병(糖尿病, diabetes mellitus)이 되는데, 이 병에 걸리면 과량의 혈당을 글리코겐이나 지방으로 전환시키지 못하여 혈당량은 더욱 많아지게 되고(과혈당증, hyperglycemia), 신세뇨관에서는 여과되어 나오는 포도당을 전부 재흡수하지 못해 오줌으로 배출한다(糖尿, glycosuria).

한편 이 경우 각 세포들이 포도당을 이용할 수 없으므로 지방을 세포호흡재료로 이용하게 되는데, 지방산의 분해가 너무 과도하게 일어나면, 이를 완전히 산화시키지 못하므로 케톤체(아세톤, 아세토아세트산 등) 합성이 일어난다.

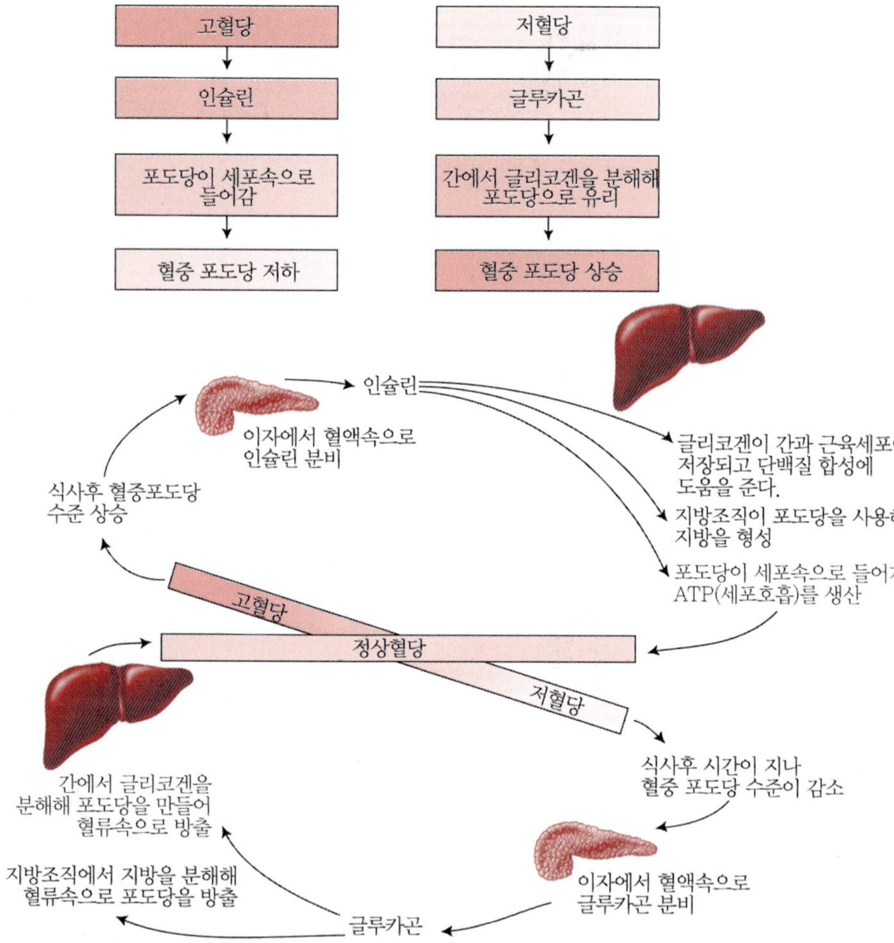

그림 6-43 췌장호르몬의 작용과 조절

그 결과, 케톤체가 과량으로 혈액에 쌓이게 되어 혈액의 pH가 떨어지는 케토산증(ketoacidosis)을 유발하게 된다. 또한, 사구체 여과액 안에 있는 과량의 당과 케톤체에 의해 삼투압이 높아지므로, 세뇨관에서의 수분 재흡수가 방해되어 수분이 많이 배설되는 탈수증상을 동반한다.

따라서 인슐린 투여로 치료를 해야 하며, 그렇지 않을 경우에 계속적인 당의 손실과 체액의 pH 저하로 혼수(昏睡, coma)상태가 되며, 심하면 죽게 된다.

종래는 돼지의 인슐린을 정제하여 치료제로 이용해 왔는데, 최근에는 유전자 조작에 의한 유전공학적 방법에 의해 생산하고 있다.

글루카곤도 29개의 아미노산으로 된 단백질(분자량 3,500) 호르몬이며, 이것은 간에서 글리코겐의 분해를 촉진시켜 혈당량을 높이는 작용을 한다. 이와 같이 췌장에서 분비되는 인슐린과 글루카곤은 서로 길항작용(拮抗作用)을 하여 혈당량의 항상성(恒常性, homeostasis)을 유지해 준다.

글루카곤과 같이 인슐린에 길항작용을 하는 호르몬에서는 GH, ACTH TSH 등의 뇌하수체 전엽호르몬과 코르티코스테로이드(corticoste-roid)와 에피네프린과 같은 부신 호르몬이 있다.

5. 부 신

부신(副腎, adrenal gland)은 신장 위에 있는 2개의 작은 조직으로 구조나 기능상으로 판이한 두 부분으로 나뉘어져 있다. 그 외부를 피질(皮質, cortex)이라 하고, 내부를 수질(髓質, medulla)이라 한다.

부신수질은 그 기원이 신경조직, 특히 교감신경조직과 유사하며 분비하는 물질도 같으므로, 신경조직의 일부로 보고 있다. 부신수질호르몬에서 중요한 것은 에피네프린(epinephrine)으로서, 그 기능은 간이나 근육에서 글리코겐 분해에 의한 혈당량 증가, 지방조직에서의 지방분해 촉진, 산소 소모량 증가 등의 체내 물질대사 촉진작용과 심장박동(심근수축)촉진에 의한 혈압상승, 내장 평활근의 수축작용 등이다.

또 하나의 호르몬은 노르에피네프린(norepinephrine)인데, 이것도 에피네프린과 그 기능이 유사하며, 혈압상승은 주로 동맥혈관 수축작용에 의해 일어난다. 이 호르몬은 오한, 쇼크, 피로 등 갑작스러운 주위환경 변화에 의해 생명이 위급한 상태에 처했을 때 강력하게 작용하므로 응급호르몬(emergency hormone)이라 불리기도 한다.

이처럼 위의 두 호르몬이 유사한 기능을 하는 경우도 있으나, 표적기관 세포막의 수용체에 따라 그 작용이 다르게 나타난다. 즉, 각 조직세포의 아드레날린성 수용체(adrenergic receptor)에는 α-수용체와 β-수용체가 있으며, 전자에 호르몬이 결합하면 cAMP의 양을 낮추며, 후자의 경우에는 cAMP의 합성량을 증가시켜 준다. 에피네프린은 주로 β-수용체에, 노르에피네프린은 α-수용체에 결합한다.

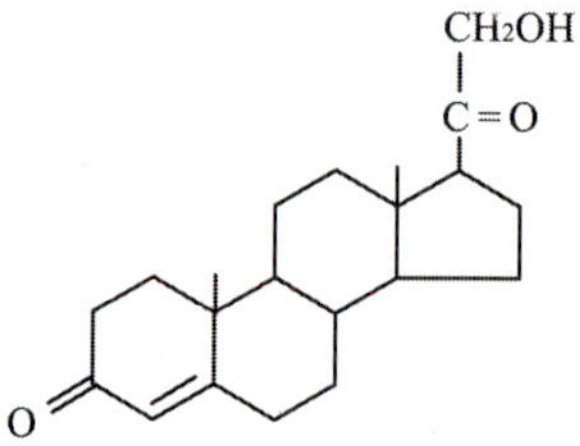

11- 데옥시 코르티코스테론

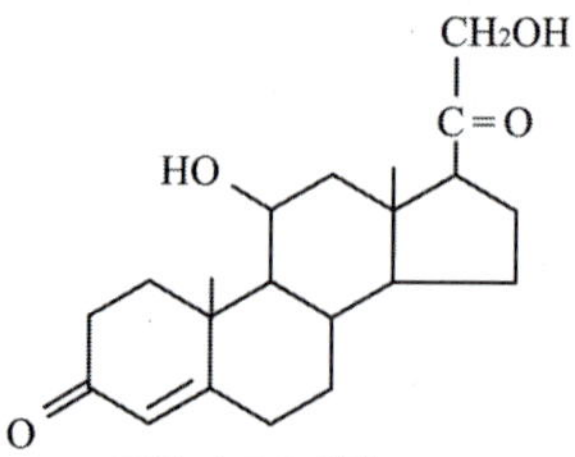

코르티코스테론

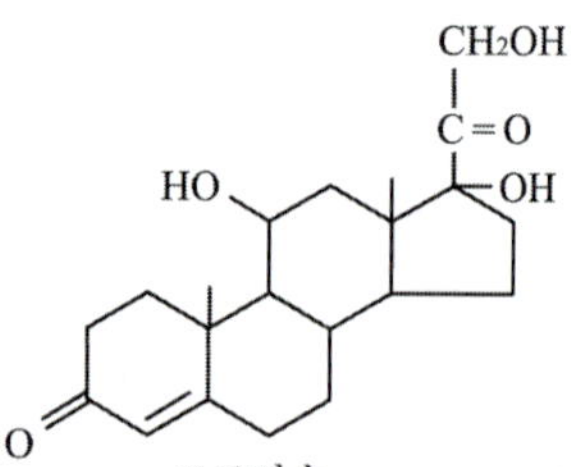

코르티솔

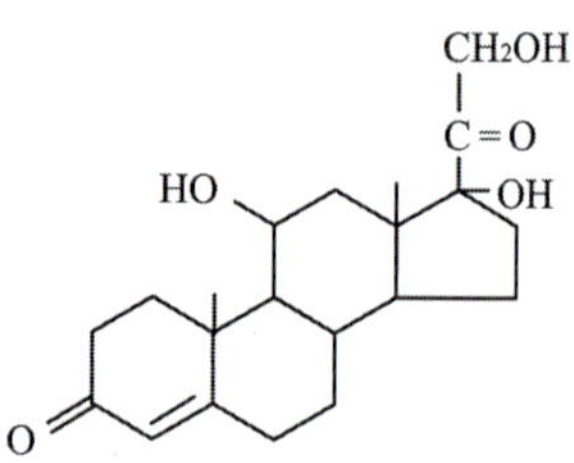

코르티손

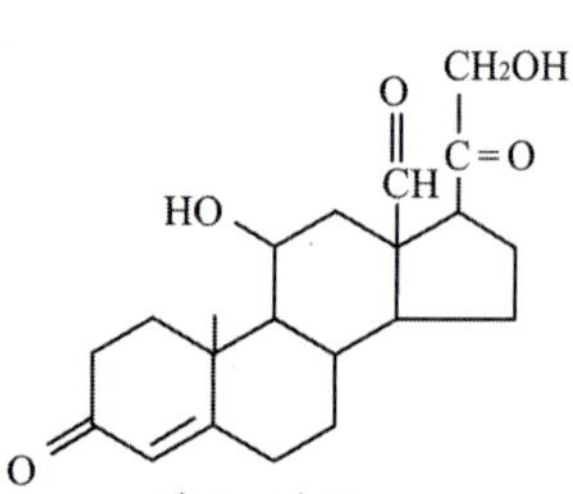

알도스테론

그림 6-44 부신호르몬의 화학구조

부신피질에서는 서로 구조가 비슷한 많은 종류의 스테로이드(steroids) 계통의 호르몬이 분비되는데 기능상으로 크게 봐서 탄수화물 대사에 관여하는 당류피질 호르몬(glucocorticoid hormone), 무기염 대사에 관여하는 염류피질 호르몬(mineralocorticoid hormone)으로 나눈다.

(1) 글루코코르티코이드

대표적인 글루코코르티코이드(glucocorticoid)는 코르티손(cortisone)과 코르티솔(cortisol)로서, 혈액 내 CBG (corticosteroid binding globulin)에 결합되어 운반되며, 표적세포에서 지질과 단백질을 탄수화물로 전환시키는 기능이 있다.

또한 탄수화물의 분해에 의해 혈당을 높이는 등, 주로 탄수화물 대사에 관여하는데, 이밖에 세균감염에 의한 염증(inflammation)을 억제하는 항염작용(anti-inflammatory action)도 있다. 이 호르몬의 분비는 뇌하수체 전엽호르몬인 ACTH에 의하여 촉진되고, 혈액 내 글루코코르티코이드가 많아지면 혈액을 따라 뇌하수체와 부신피질에 작용하여, ACTH와 글루코코르티코이드의 분비를 억제시키는 피드백 기작(feedback mechanism)에 의하여 조절된다.

(2) 미네랄로코르티코이드

미네랄로코르티코이드(mineralocorticoid)의 대표적인 것은 알도스테론(aldosterone)인데 이것은 신세뇨관에서 Na^+ 재흡수와 K^+의 배출을 촉진하여 체액 내의 Na^+과 K^+을 평형을 유지하고, 조직 내의 수분함량을 조절해 주는 작용을 한다. 따라서 부신을 제거할 경우, 생명 유지에 더 중요한 것은 알도스테론이다. 미네랄로코르티코이드는 혈액 내 Na^+ 농도의 저하, K^+농도의 증가 및 혈액량의 감소가 오면 분비가 촉진되는데, 그것은 주로 혈액 내 안지오텐신Ⅱ(angiotensinⅡ)라는 물질에 의하며, 또한 ACTH에 의해 조절된다.

6. 생식소

생식소(生殖巢, gonad)는 생식세포를 생성하는 외에 성호르몬을 분비하는데, 이들도 콜레스테롤로부터 합성되는 스테로이드호르몬으로서 안드로겐(androgen), 에스트로겐(estrogen) 및 프로게스테론(progesterone) 등이 있다. 안드로겐과 에스트로겐은 성장과 발육 및 분화를 촉진하며, 또한 성장과 성행위 및 생식주기 등에 중요한 역할을 한다. 남성 호르몬 중 대표적인 것이 테스토스테론(testosterone)으로서, 성기능 및 제 2차 성징 발현에 관여한다(그림 6-45).

에스트로겐은 성숙한 난소(卵巢, ovary)의 여포(濾胞, follicle)에서 분비되는 호르몬으로서, 여성의 제 2 차 성징을 발현시키고, 지방 축적을 촉진한다.

프로게스테론은 배란 후에 황체(黃體, corpus luteum)에서 분비되며, 배란을 억제하여 임신을 지속시키며, 유선(乳腺, mammary gland)의 발육을 촉진한다. 이들 호르몬의 분비는 뇌하수체 전엽호르몬인 FSH 와 LH 에 의해 조절된다.

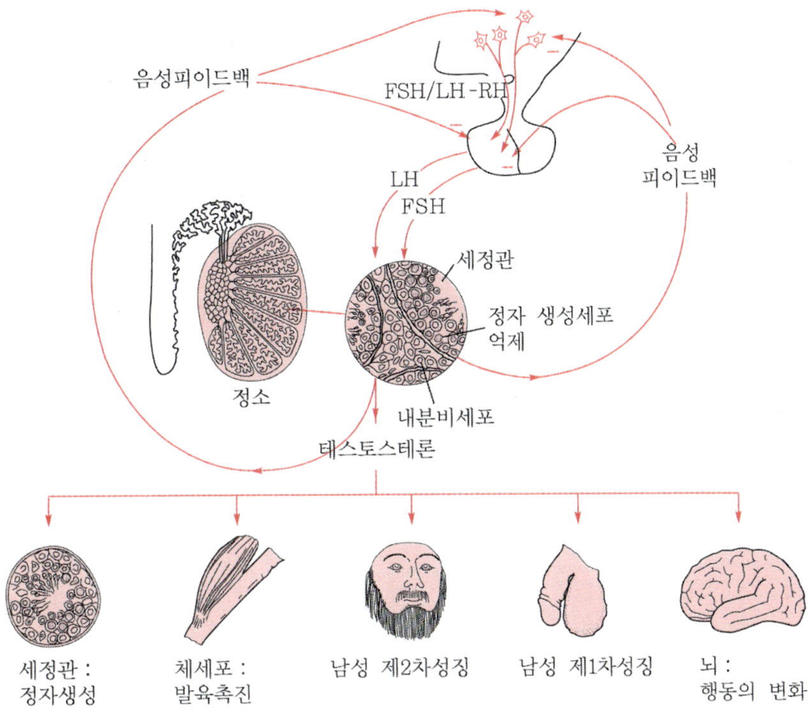

그림 6-45 남성의 생식호르몬(테스토스테론)의 작용

6-3-4 곤충 호르몬

곤충의 변태(變態, metamorphosis)에 호르몬이 관여한다는 것은 여러 실험에 의해 비교적 잘 알려져 있는데 이러한 호르몬에 의한 발생조절은 매우 복잡하고 종에 따라 다르다.

일반적으로 환경적인 요인(예를 들면 온도변화)이 뇌에 있는 신경분비세포에 영향을 미치고 이들 세포가 일단 활성화되면 전흉선 자극호르몬(prothoracic tropic hormone, PTTH)을 분비하는데, 이는 축삭을 따라 내려와서 카디아카체(corpora cardiaca)에 저장된다. 전흉선자극호르몬은 다시 카디아카체에서 분비된 후 전흉에 위치한 전흉선(前胸腺, prothoracic gland)을 자극시켜, 엑디손이라 부르는 탈피호르몬(molting homone)을 분비하는데, 탈피호르은 성장과 탈피를 촉진시킨다.

한편 미성숙곤충(유충)에서 뇌에 위치한 한 쌍의 분비선인 알라타체

(corpora alata)라 부르는 내분비선은 유충호르몬(juvenile hormone ; JH)을 분비하는데, 이 호르몬은 각 유충 탈피마다 변태를 억제하여 곤충은 크기는 증가하지만 미성숙상태(유충상태)를 유지하게 된다. 그래서 탈피 후에도 곤충은 계속 유충기에 머무르게 된다. 유충호르몬의 농도가 떨어지면 변태가 일어나서 곤충은 번데기(pupa)로 바뀌고, 유충호르몬의 부재 속에서 번데기는 탈피하여 성충이 된다. 알타라제의 분비작용은 신경계에 의해 조절되는데, 유충호르몬의 양은 계속되는 탈피와 더불어 감소한다(그림 6-46).

일반적으로 온대지방에 사는 대부분의 곤충들은 일조시간이 짧은 가을에 번데기로 되어, 겨울 동안에는 변화 없이 휴면상태로 남게 되는데, 이 기간에는 **PTTH**나 엑디손이 형성되지 않는다. 봄이 되면 다시 **PTTH**와 엑디손이 생성되어 변태가 이루어지며, 이어서 성체로 태어나게 된다.

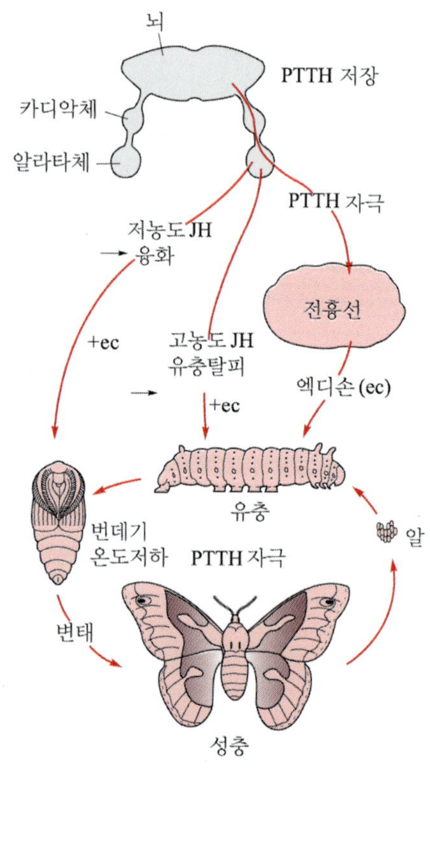

그림 6-46 호르몬의 작용에 의한 누에나방의 변태과정

연 습 문 제

1. 뉴론과 신경을 비교하시오.

2. 여러분 앞에 인상이 험악한 괴물이 갑자기 나타났다고 가정해 보자. 여러분이 도망가기 전에 어떠한 과정들이 여러분의 신경계 내에서 일어나는지 기술하시오.

3. 원심성 뉴론과 구심성 뉴론의 기능을 비교하시오.

4. 다음 항목들의 기능을 설명하시오.

   (1) 미엘린
   (2) 신경절
   (3) 교질세포
   (4) 수상돌기
   (5) 축삭

5. 뉴론의 휴지막전위는 무엇을 의미하며 $Na^{+}-K^{+}$펌프는 휴지막전위에 어떤 기여를 하는지 설명하시오.

6. 활동전위는 무엇이며, 이것의 역할은 무엇인지 설명하시오.

7. 실무율 법칙은 무엇인지 설명하시오.

8. 도약전도와 미엘린이 덮이지 않은 뉴론을 비교하시오.

9. 칼슘이 많이 존재할 때 신경기능은 어떻게 영향을 받는지 설명하시오.

10. 다음 항목들의 기능은 무엇인지 설명하시오.

    (1) 아세틸콜린
    (2) 콜린에스테라아제
    (3) 노르에피네프린

11. 수렴과 분기를 비교하시오.

12. 가중과 소통에 대해서 설명하시오.

13. 도피반사를 나타내는 그림을 그리고, 관련된 뉴론의 명칭과 신경전도 방향을 표시하시오.

14. 히드라와 플라나리아의 신경계를 비교 · 설명하시오.

15. 양측신경계의 특징과 이점을 설명하시오.

16. 편형동물과 척추동물의 신경계를 비교하고 이들 신경계가 동물생활에 어떤 영향을 미치는지 설명하시오.

17. 배의 전뇌, 중뇌, 후뇌로부터 유도되는 성숙한 척추동물의 뇌를 나타내시오.

18. 뇌에 있는 다음 각 구조들의 기능을 설명하시오.

연수, 중뇌, 소뇌, 시상, 시상하부, 대뇌

19. 물고기의 중뇌와 대뇌 포유동물의 중뇌와 대뇌를 비교 · 설명하시오.

20. 중추신경계의 보호막과 뇌척수액의 기능을 설명하시오.

21. 교감신경계와 부교감신경계의 구조와 기능을 비교 · 설명하시오.

22. 기계적 수용기는 무엇이며, 3가지 예를 쓰시오.

23. 자기수용기는 무엇이며, 포유동물에서의 이것의 기능은 무엇인지 설명하시오.

24. 인간의 눈을 그리고, 각 부분마다 명칭을 쓰시오. 그리고 망막에서 간상체와 추상체는 어떻게 분포하는지 설명하시오.

25. 광수용기와 빛에 의해 자극받는 기작을 설명하시오. 그리고 로돕신의 기능은 무엇이며, 어떻게 재생되는지 설명하시오.

26. 다음 시각장애가 만들어지는 해부학적 기형은 무엇인지 설명하시오.

(1) 근시
(2) 원시
(3) 난시

27. 사람의 눈이 가깝고 먼 시야와 어둡고 밝은 빛에 어떻게 적응하는지 설명하시오.

28. 사람의 귀를 그리고, 각 부분의 명칭을 쓰시오.

29. 귀가 소리파장의 자극을 받았을 때, 감각세포에 의해 일어나는 기작을 쓰시오.

30. 평형석은 무엇이며, 이것의 역할은 무엇인지 설명하시오.

31. 곤충의 복안과 포유동물의 눈을 비교하시오.

32. 대부분의 호르몬은 어떻게 전달되는가? 표적조직은 호르몬을 어떻게 인식하는지 설명하시오.

33. 스테로이드호르몬이 어떻게 유전자를 활성화시키는지를 도표로 그리시오.

34. 호르몬의 작용에서 cAMP 는 어떠한 역할을 하는지 설명하시오.

35. 음성피드백 조절기작이 다음 호르몬 분비를 어떻게 조절하는지 도표로 나타내시오.

(1) 부갑상선호르몬
(2) 코디졸
(3) 갑상선호르몬

36. 곤충의 성장에서 호르몬적 조절을 나타내는 도표를 그리시오.

37. 사람의 몸에서 다음 내분비선들의 위치를 쓰시오.

(1) 뇌하수체
(2) 갑상선

(3) 부갑상선
(4) 랑게르한스섬
(5) 부신

38. 다음 선들이 분비하는 호르몬과 이들의 기능을 설명하시오.

(1) 뇌하수체후엽
(2) 뇌하수체전엽
(3) 갑상선
(4) 랑게르한스섬
(5) 부신수질
(6) 부신피질

39. 시상하부가 내분비기능에 미치는 영향을 설명하시오.

40. 성장을 자극시키는 데에 있어 성장호르몬과 갑상선호르몬의 작용을 설명하시오.

41. 성장호르몬과 갑상선호르몬의 과대분비와 과소분비에 관련된 성장의 비정상성을 비교하시오.

42. 혈당농도의 조절에서 인슐린과 글루카곤의 작용을 비교하시오.

43. 당뇨병에는 어떤 생리적 장애가 관련되는지 설명하시오.

44. 여러분이 전임학생(full-time student)이고, 달갑지 않은 과중한 업무를 맡았다고 생각해 보자. 게다가 더 이상 만족할 수 없는 관계에 있다고 할 때, 부신선이 어떻게 이러한 만성적 스트레스에 대처해야 하는지 설명하시오.

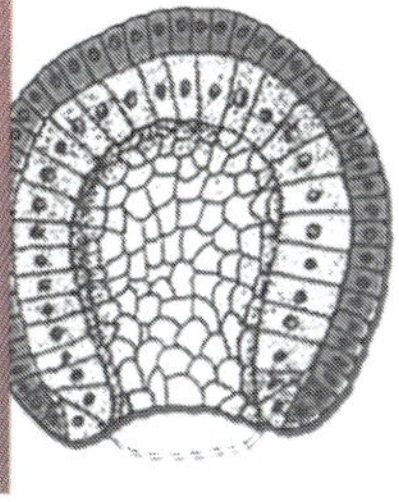

제7장 생물의 증식

생물은 생존하는 과정에서 환경의 변화, 질병 또는 단순한 노쇠에 의하여 죽은 개체만큼의 새로운 개체를 만든다. 이와 같이 모든 생물은 자신의 종족을 영구히 보존하기 위한 수단으로써, 생식을 통하여 연속성을 지니는 종족유지의 본능이 있다.

분자적인 수준에서의 생식은 핵산의 반보존적인 복제에 의한 연속성을 들 수 있지만, 생물의 개체생식, 즉 자손을 생산하는 방법에는 두 가지가 있다. 하나는 암컷과 수컷에서 유래한 각각의 생식세포(배우자, gamate)의 결합으로 새로운 개체를 만드는 유성생식(有性生殖, sexual reproduction)이고, 다른 하나는 생식세포와는 무관하게 개체가 증식하는 무성생식(無性生殖, asexual reproduction)이다.

7-1 생식의 종류

7-1-1 무성생식

무성생식은 배우자와 관계없이 모체가 둘로 나누어지거나 출아 및 이분법 등으로 새로운 개체를 발생시키는 생식방법으로, 유전적인 종족의 고유성을 가장 확실하게 유지하는 생식법이다.

이분법(二分法, binary fission)은 원생동물에서 흔히 볼 수 있는 생식방법으로서 짚신벌레와 같이 모체가 횡분열(横分裂, transverse division)하거나, 트리파노소마(Tripanosoma)와 같이 종분열(縱分裂, longitudinal division)하여 새로운 개체를 발생시킨다.

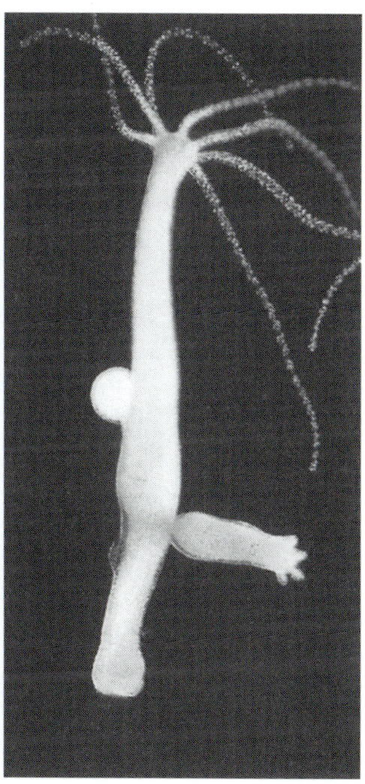

그림 7-1
Hydra piradi 의 출아

출아법(出芽法, budding)은 해면, 와충류, 히드라(그림 7-1 참조) 등에서 볼 수 있는 생식방법으로 모체의 일부분에서 돌기가 자라 새로운 개체를 만든다. 이때 새로운 개체는 모체로부터 완전히 분리되어 독립 생활을 하거나 모체에서 붙어서 생활하는 것도 있다.

도롱뇽, 도마뱀, 불가사리, 게 등은 꼬리, 집게 등 몸의 일부분에 결손이 생기면 그곳이 새롭게 생겨난다. 이와 같이 없어진 몸의 일부가 재생되는 것도 생식의 한 방법이라 할 수 있다. 모체가 여러 조각으로 분리되면, 각각의 조각들은 모체와 같은 완전한 개체로 발생한다. 이와 같은 단편생식법(斷片生殖法, fragmentation)은 갈고리촌충과 같은 편충 동물에서 흔히 볼 수 있다.

7-1-2 유성생식

유성생식은 암컷으로부터 생겨나온 자성배우자(雌性配偶者, female gamete) 또는 난자(egg)와 수컷에서 생긴 웅성배우자(雄性配偶者, male gamete) 또는 정자(sperm)가 수정(fertilization)을 하여 접합자(zygote)를 이루고, 이 수정란(fertilized egg)이 발생과정을 거쳐 새로운 개체가 된다. 이와 같이 암·수배우자의 결합에 의한 생식방법을 양성생식(兩性生殖, bisexual reproduction)이라고 한다.

난자는 운동성이 없는 큰 세포로서 배발생과정에 필요한 영양분(난황)을 저장하고 있다. 이에 비해 정자는 운동성이 있는 작은 세포로서 편모운동으로 난자가 있는 곳까지 유영해 간다.

무성생식은 유전형질이 한 어버이로부터만 자손에게 전달되나, 유성생식은 유전형질이 두 어버이로부터 전달된다. 두 어버이로부터 유전형질을 전달받은 유성생식은 종래의 유전적인 다양성을 증진시키는 장점을 가지고 있다.

그림 7-2
체외수정(a)과
체내수정(b)

수정은 동물의 종류에 따라 체내에서 일어나는 체내수정(體內受精, internal fertilization)과 체외에서 일어나는 체외수정(體外受精, external fertilization)으로 나뉜다(그림 7-2). 체외수정을 하는 대부분의 수서동물은 암컷과 수컷이 물속에 난자와 정자를 동시에 방사하여 물속에서 수정이 일어나므로 손실되는 양을 감안하여 많은 수의 난자와 정자를 방사하여 종족유지를 가능하게 한다. 일부의 육서동물과 대부분의 어류 및 수서동물은 체외수정을 한다.

7-1-3 암컷과 수컷의 성 염색체

대부분의 동물에서 암컷의 세포는 두 개의 동일한 성염색체로 X 염색체(X chromosome)를 가지고 있다. 이와는 달리 수컷에서는 하나의 X 염색체와, 감수분열 동안 X 염색체와 부분적인 접합을 이루는 작은 Y 염색체(Y chromosome)로 구성된 두 종의 성염색체가 한 조를 이룬다. 사람의 경우에 남성은 22 쌍의 상염색체(autosome)와 하나의 X 염색체, Y 염색체를 갖고, 여성은 22 쌍의 상염색체와 2 개의 X 염색체를 갖는다.

7-2 식물의 생식과 수정

7-2-1 세 균

세균(細菌, bacterium)은 원핵의 단세포생물로서 일반적으로 무성생식인 2 분열로 증식한다(세균의 발육). 이 증식은 그림 7-3 에서와 같이 ① 분열개시의 준비기라고 할 수 있는 유도기, 이어서 ② 일정시간마다 분열을 반복하면서 대수적으로 증식하는 대수기를 거쳐 바로 ③ 분열이 정지하는 정상기에 들어가는 세 단계의 시기를 거친다.

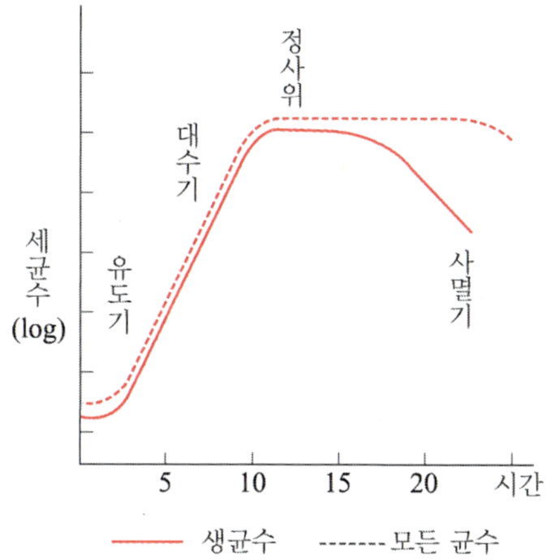

그림 7-3 세균의 증식양상

세균을 고형배지에서 배양하면 증식기에는 육안으로도 볼 수 있는 세균덩어리(bacterial colony)를 형성한다. 덩어리는 세포의 종류에 따라 형태, 크기, 색깔 등이 일정하며 세균을 감별할 때 사용한다.

세균에도 자웅성이 있기 때문에 자웅의 세포가 접합(接合, conjugation)한다는 사실이 대장균에서 발견된 이후 세균의 유성생식이라는 용어를 사용하게 되었다. 그 후 접합은 많은 세균에서도 발견되었고, 이종 세균 간에서도 일어난다는 것을 알게 되었다.

대장균(大腸菌, *Escherichia coli*, K-12 주)은 (2～4)×(0.4～0.7) μm 가량의 간균인데, 37℃에서는 1회가 10～15분 속도로 2분열이 일어나며, 24시간에는 한 세포에서 10^{12}개 가량으로 증식한다. 원핵의 유전물질(DNA)은 환상 이중나선 DNA로서 길이는 약 1 mm (체장의 약 1,000배)이고 2,000～3,000개의 유전자가 있는데, 이곳을 주염색체(主染色體)라고 부르고 있다.

그밖에 복수로 작은 환상 이중나선 DNA를 갖는 경우도 있는데, 그 중에는 성인자(性因子, sex factor)인 F인자(fertility factor)를 갖는 경우도 있어 이것을 가진 F^+가 수컷이고, 갖지 않는 F^-는 암컷이다. F^+주는 성섬모(性纖毛, sex pilus)인 F섬모라는 돌기로 F^-주가 접합하여 F인자를 F^-주에 옮긴다. 이러한 방법으로 많은 F^-주가 F^+주로 변화한다. 이 경우 주염색체의 유전자는 F^-주에는 이동하지 않는다. 그러나 이 유전자가 이동하는 경우도 있다. 이것은 숙주에 F^+주 외에도 다음과 같은 것이 있기 때문이다.

1. Hfr (high frequency of recombination)주

그림 7-4에서와 같이 F인자가 주염색체에 편입된 것인데 접합에 의해 F인자가 F^-주에 이동하며, F인자는 남는다. 주염색체의 이동이 끝나는 시간은 90분인데, 접합을 몇 분 동안 하느냐에 따라 이동되는 유전자가 결정되므로 대장균의 주염색체상의 유전자 지도는 90분의 환상구조를 나타낸다.

2. F′(F-prime)주

주염색체에 편입된 F인자가 주염색체상의 유전자 일부를 가지고 주염색체에서 분리되는 것을 말한다. 이 F′주가 F^-주와 접합하면 주염색체의 특정 유전자가 F인자에 의해 F^-주에 옮기게 되는 것이다.

일반적으로 F인자처럼 작은 환상 두 개 사슬 DNA에서 주염색체와 세포질 사이를 왕복하며, 주염색체와 마찬가지로 한 개의 복제단위(레플리콘, replicon)를 가진 것을 플라스미드(plasmid)라 한다. 이것을 이용하여 특정한 유전자를 특정한 세포에 넣을 수 있다(전달성 플라스미드).

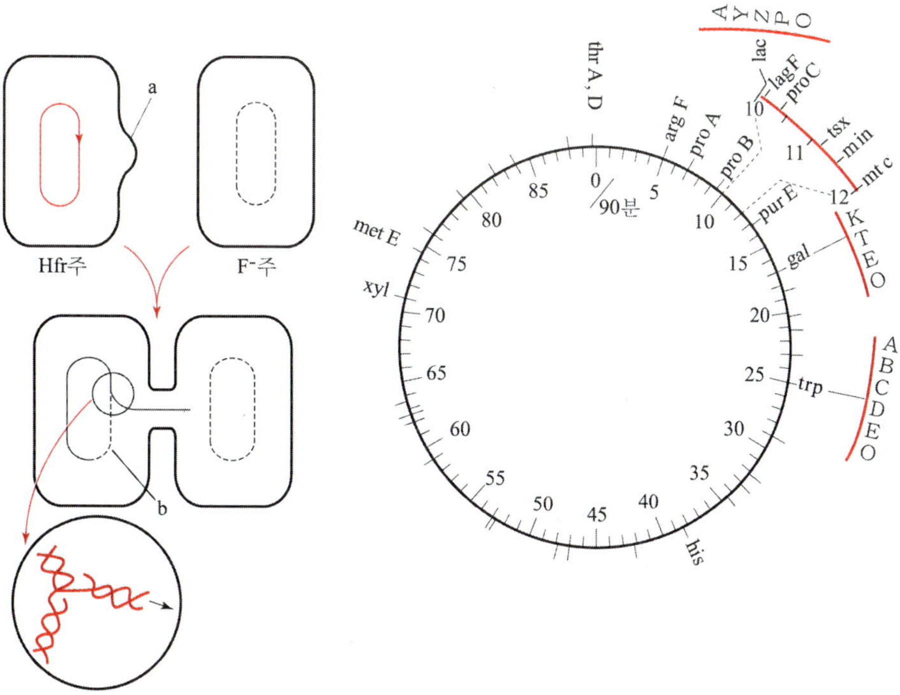

그림 7-4 대장균의 접합과 유전자 지도

바이러스의 증식

바이러스가 생세포에 감염하면 그 세포를 붕괴(용균, bacteriolysis)하여 다수의 바이러스 입자가 증식해 나간다(1단계 증식). 그러나 바이러스 증식이 일어나지 않는 경우도 있는데 이것은 대장균에 감염하는 대장파아지에 관한 많은 보고가 있다. 대장균 K 12에 감염하는 λ파아지(λ phage)는 올챙이형으로 그 감염은 꼬리부분에서 균체에 흡착하여 핵산 DNA를 주입한다. 이 파아지가 약독성인 경우는 20~30분 후에 균체세포가 용균을 일으켜서 수백 개의 파아지 입자를 방출한다. 그 과정은 다음과 같다.

① 균체세포의 DNA가 분해하여 물질대사가 정지한다.
② 파아지의 DNA가 복제하고, 증식한다.
③ 파아지의 두부와 꼬리부 단백질이 합성된다.
④ DNA, 두부, 꼬리부가 합체하여 파아지 입자가 된다.
⑤ 용균효소(溶菌酵素, lysozyme)에 의해 균체세포의 용균이 일어나서 파아지 입자가 생겨 나온다.

이 파아지가 약독성인 경우에는 주입된 파아지의 DNA는 복제와 증식하지 않고, 주염색체에 편입되어 그의 복제단위의 일부가 된다. 이것을 용원화(溶原化, lysogenization)라 하는데 용균을 일으킬 수 있는 상태에 있다는 것을 뜻한다. 이러한 상태에 있는 파아지를 프로파아지(prophage)라 하고 균체세포를 용원주(溶原株, lysogenic strain)라 한다.

파아지가 용원화된 상태에 있을 때, 자외선이나 마이토마이신(mitomycine) 등으로 처리하면 파아지의 DNA는 주염색체에서 분리하여 용균을 일으키게 된다(용균의 유도). 이때 파아지의 DNA가 주염색체의 일부 유전자를 가지고 떨어지면 그 유전자를 가진 파아지 입자가 생산하게 된다.

이러한 파아지 입자는 불완전하기 때문에 감염은 하지 않지만 건전한 파아지와 혼합 감염시키면 새 균체세포에 특정한 유전자를 이입시킬 수 있다.

이것을 형질도입(形質導入, transduction)이라 하며, *Salmonera* 속의 쥐 티프스균에서 처음으로 발견되었다. 다만, 파아지의 경우는 균체세포의 주염색체에 편입되는 장소가 결정되어 있어서 그 장소에 가까운 특정한 유전자만이 도입하지 못하는데, 이러한 파아지도 전달성 파아지라고 할 수 있다.

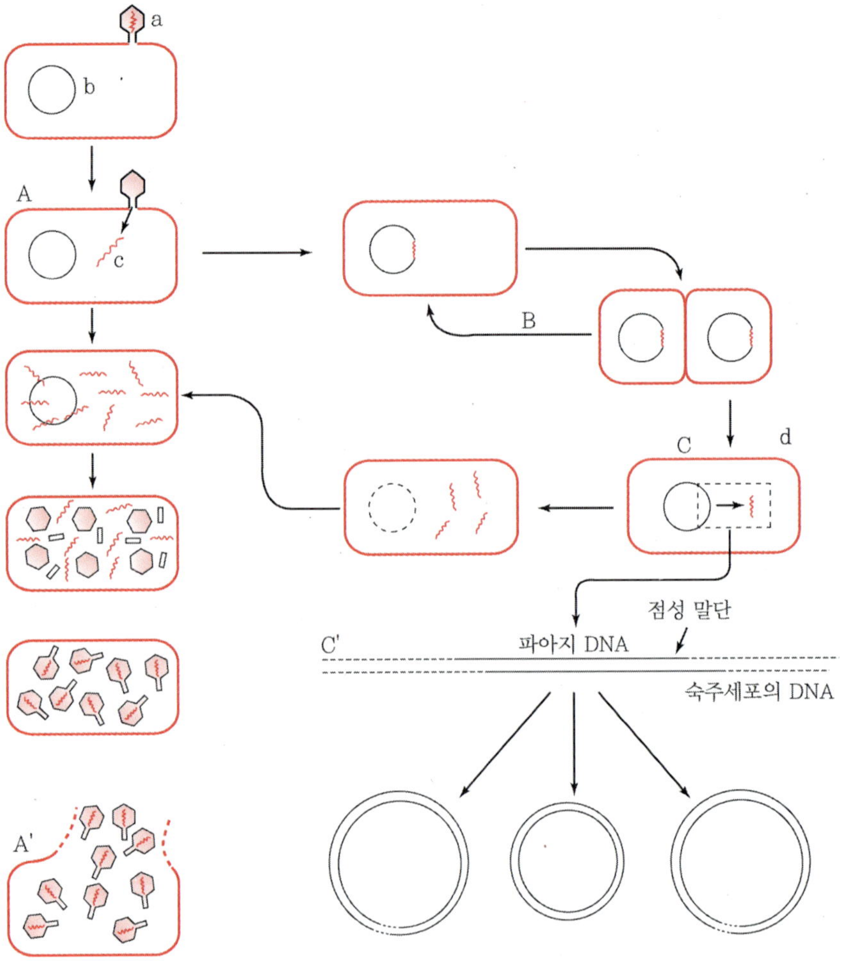

그림 7-5
바이러스의 증식과 용원화 및 용균유도

7-2-2 균 류

균류(菌類, fungus, 진균류)에는 광합성 세균이 없으므로 부생(腐生, saprophagye) 또는 기생(寄生, parasitism)으로 생존할 수밖에 없기 때문에 종속영양생물(從屬營養生物, heterotroph)이라 한다. 이 생물에서의 생식은 포자에 의해 일어나는데 포자에는 진정포자와 영양포자가 있다.

변형균류(變形菌類, Myxomycota)(문) 점균류(粘菌類, fungus)에서의 영양체는 다핵(핵은 복상)이며, 알몸 상태로 된 원형질의 덩어리인 변형체

(變形體, plasmodium)(원형체)인데, 습한 부후목재(腐朽木材)나 낙엽 등에서 영양을 취한다(부생). 변형체에서는 다수의 돌기가 생겨 포자낭(胞子囊, porangium)(자실체)을 형성하고, 핵이 감수분열을 한 후 다수의 포자(진정포자)를 형성한다.

포자는 물이 있는 곳에서는 발아해서 한 개의 편모를 가진 배우자가 된다. 두 개의 배우자가 합일(수정)하면 편모를 잃고, 복상인 핵을 가진 아메바 모양의 접합체(接合體, 점액아메바, myxamoeba)가 된다. 이것이 핵분열을 한 후 성장하면 변형체가 된다.

많은 균류에서 영양체는 균사(菌絲, hypha)로 구성된 균사체(菌絲體, mycelium)로서 균사에는 다세포의 것과 다핵체의 것이 있으며, 포자로 증식한다. 포자에는 무성적으로 형성되는 영양포자(분생포자, 내생포자, 후막포자, 기타)와 유성적으로 형성되는 진정포자(접합포자, 자낭포자, 담자포자 등) 등이 있다.

예를 들면 자낭균류(子囊菌類, Ascomycota)는 분생포자(분생자)라는 영양포자와 대응하는 성(자웅)의 균사 간, 또는 균사나 분생포 간에 접합이 일어나서 생긴 자낭포자라는 진정포자가 생긴다. 또한 담자균류(擔子菌類, Basidiomycoda)는 균사가 접합해서 2 핵(n+n)의 2 차균사의 끝이 담자자루가 되고 그 끝에는 4 개의 담자포자라는 진정포자가 생긴다.

이와 같이 자낭균류(담자균류도 같음)의 진정포자에 의한 생식은 유성생식이며, 포자가 발아하면 균사가 된다. 또 이러한 포자를 만드는 큰 균사조직인 생식체(자실체)를 버섯(mushroom)이라 한다.

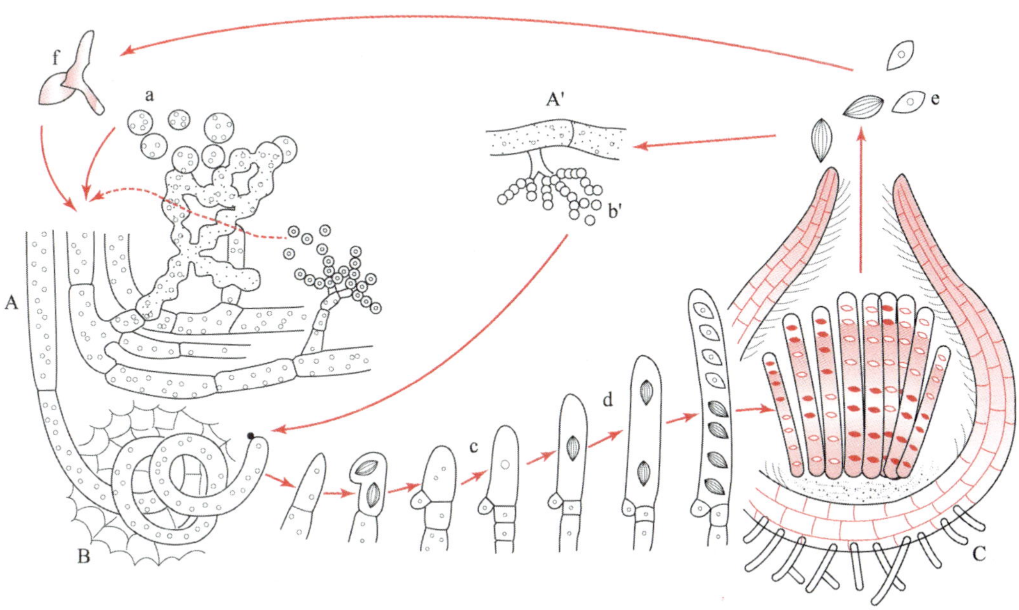

그림 7-6 자낭균류의 생활사(붉은빵곰팡이)

7-2-3 식 물

식물에는 생활체(식물체)의 핵상(核相)이 단상(單相, n)만의 것(단상식물, 單相植物, haploid), 단상과 복상(複相)인 것(단복상식물 ; 單複相植物, diplohaplont), 복상(複相)만의 것(복상식물, 複相植物, diplont)의 3가지가 있다.

1. 단상식물

단상식물은 예컨대, 차축조류(車軸藻類, 녹색식물)의 차축(*Chara*)처럼 생식기는 가지의 기부(基部)에 부착하고, 조난기에서는 한 개의 자성배우자(난)가, 조정기에는 세포가 배열된 조정사(造精絲)의 각 세포에서 웅성배우자가 한 개씩 생긴다. 수정란은 감수분열을 하여 단상인 차축조로 성장한다.

2. 단복상식물

단복상식물은 생활체에 단상인 배우체(配偶體, gametophyte)와 복상인 포자체(胞子體, spolophyte)가 있는 식물을 말한다. 두 생활체는 같은 형으로, 구별이 잘 되지 않은 것일수록 원시형에 가깝고, 배우체나 혹은 포자체의 어느 한 개가 주생활체로 된 것이 보다 진화된 것이라고 한다.

예를 들면 갈조류(褐藻類, brown algae)의 *Dyctyota*는 끝이 갈라진 리본모양의 해조로, 외형상은 자웅의 배우체와 포자체의 구별이 잘 되지 않는다. 자성배우체에서는 조난기가 겹치면서 붙어서 대형 난을 형성하고, 웅성배우체에서는 조정기가 겹치면서 붙어 한 개의 편모를 가진 정자를 많이 형성한다.

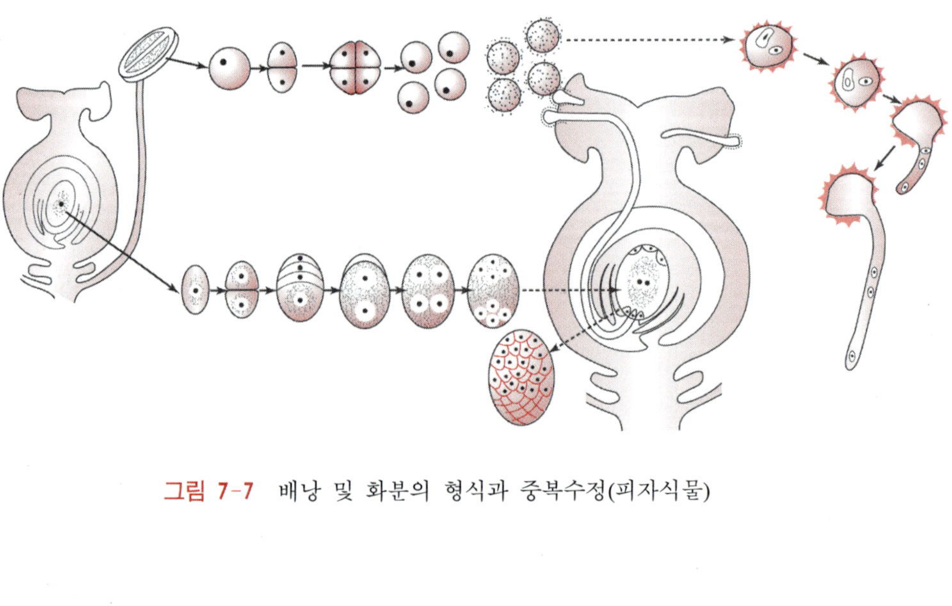

그림 7-7 배낭 및 화분의 형식과 중복수정(피자식물)

난과 정자는 체외에서 수정하여 포자체가 되고, 이 안에는 4개의 포자낭이 배열하고 있는데, 각 포자낭에 4개의 포자(4분포자)를 형성한다. 그리고 각 포자가 발아해서 배우체가 된다.

또 *Cutleria*에서 중요한 생활체는 배우체인데, 자웅의 양배우체는 2개의 편모를 가진 대형인 자성배우체와 소형인 웅성배우체를 형성한다. 두 개의 배우체가 수정해서 생긴 접합자(接合子, zygote)는 발아해서 작은 포자체가 되는데, 여기에 유주자낭이 생겨서 감수분열에 의해 2개의 편모를 가진 포자, 즉 유주자(遊走子, zoospore, 움직이는 포자)가 다수 생긴 후 각 유주자가 발아해서 배우체가 된다.

종자식물(種子植物, Spermaophyta)의 생활체는 포자체뿐이고, 두 배우체는 포자체에 기생한 형태가 된다. 자성배우체는 배낭(胚囊, embryo-sac)이고, 웅성배우체는 화분(花粉, pollen)이다.

피자식물에서 난세포는 암술의 기부가 되는 씨방에 둘러싸인 배주안에서 형성된다. 여기서는 배낭모세포(2 n)가 감수분열하여 단상인 배낭세포를 만든다. 배낭모세포는 3회만 세포분열을 한 후, 부분적으로 세포의 구획을 만들고, 결국 난세포 한 개와 극핵 두 개 등을 포함하는 복잡한 배낭을 형성한다.

한편 화분(花粉, pollen)은 수술 끝에 붙어있는 약(葯, anther)에서 형성된다. 약의 중앙에 있는 세포가 분열하여 복사의 화분모세포가 생기고, 이것이 감수분열을 하여 단상의 화분세포가 되며, 다시 이것이 성숙하면 두꺼운 외막을 갖는 화분이 된다.

화분이 암술 끝의 끈적끈적한 주두(柱頭, stigma)에 부착하는 것을 수분(受粉, pollination)이라 한다. 수분 후에는 화분의 외막에 있는 소공에서 화분관(花粉管, pollen tube)이 뻗어나간다. 이 사이에 화분의 핵은 화분관 쪽으로 이동하여 분열하고 두 개의 정핵을 형성한다. 화분관의 선단이 배낭에 도달하면 한 개의 정핵은 난세포와 합체하고, 다른 정핵은 두 개의 극핵과 합치한다.

이 과정에서는 소위, 동시에 두 개의 수정이 일어나기 때문에 중복수정(重複受精, double fertilization)이라 한다. 수정된 난세포는 2 N이 되어 배로 발생한다. 3개의 핵인 합일한 쪽은 3 n의 배유핵이 되는데, 이것은 배가 발육할 때의 영양이 되는 배유(胚乳, endosperm)조직의 기초가 된다. 이것들을 포함한 배주(胚珠, ovule) 전체가 종자(種子, seed)이다.

한편 양치식물(羊齒植物, Bryophyta)의 포자체는 배우체에 비하면 작으며, 포자체가 배우체에 기생한 형태를 취한다.

일반적으로 배우체를 유성세대(배우세대), 포자체를 무성세대(포자세대)라고 하는데, 두 세대가 생활환 중에서 교대로 나타나는 것을 세대교번(世代交番, alteration of generation)이라 한다.

3. 복상식물

복상식물은 복상의 식물체만으로, 단상인 생활체는 없다. 녹조류(綠藻類, green algae)의 *Codium* 이나 갈조류의 *Sagassum* 에서는 자웅이주의 생활체가 같지만 난과 정자는 생활체의 움푹 패인 곳(생식기소)에 생기며, 얼핏 보아서 동물의 생활체와 비슷하다.

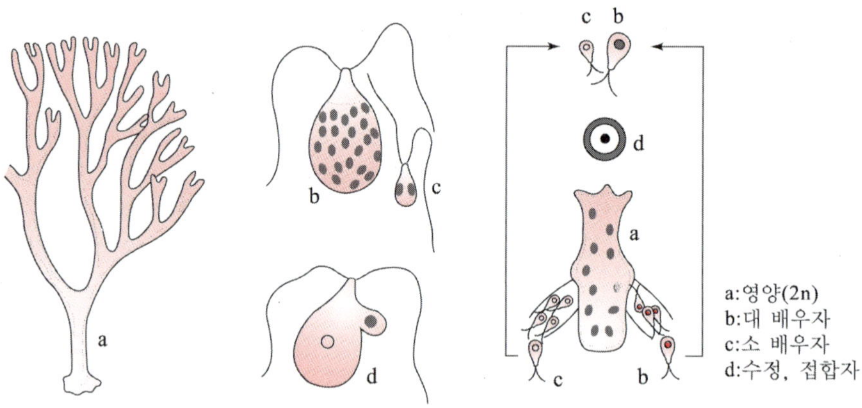

그림 7-8 녹조류의 배우자와 그의 생활사 (청각)

7-3 동물의 성(性)과 생식(生殖)

7-3-1 성의 결정

사람과 대부분의 동물에서, 남성은 대부분 Y 염색체의 존재에 의해서 결정된다. 이에 대한 많은 증거는 비정상적인 성염색체 조성을 갖는 사람의 연구에서 볼 수 있다. XXY 조성을 갖는 사람은 생식선의 발달이 불충분하지만 외형적으로는 거의 정상적인 남성이다(클라인펠터증후군). Y염색체 없이 한 개만의 X 만을 갖는 사람은 미숙한 여성의 모습을 보인다(터너증후군).

사람과 많은 종에서 정상적인 수컷은 하나의 X 염색체와 하나의 Y 염색체를 가지며, 정자의 반은 X 염색체, 나머지 반은 Y 염색체를 갖는다. 모든 난자는 하나의 X 염색체를 갖고 있다(그림 7-9 참조).

X 를 가진 난자가 X 를 지닌 정자에 의해 수정되면 XX 의 자성접합자가 형성되고, Y 염색체를 갖는 정자에 의해 수정되면 XY 의 웅성접합자가 형성된다. 사람은 X 와 Y 를 지닌 정자의 수가 동일하며, 따라서 여성 대 남성의 비가 1 : 1 이라고 본다.

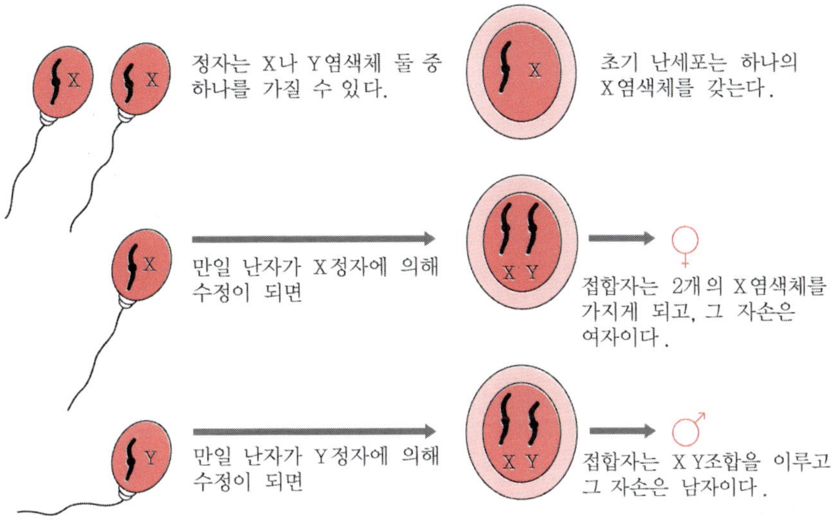

그림 7-9 성의 결정

그러나 실제로는 남아가 여아보다 더 많이 임신되고, 태어나기 전에 남아가 더 많이 사망한다. 실제로 통계자료에 의하면, 출생 시 그 비율이 1 : 1이 아니고 100명의 여아가 태어날 때마다 106명의 남아가 태어나고 있다. 이런 현상에 대한 원인으로 알려진 것은 없으나 Y를 지닌 정자가 경쟁에 있어 약간 유리한 점을 가지고 있을 것으로 추측된다.

7-3-2 생식방법과 생활사

생식과정은 동물의 종류에 따라 다양하고, 또 같은 종류일지라도 크게 다를 수 있다. 섬모충류(짚신벌레 등)는 영양조건이 좋을 때는 무성생식으로 개체수를 늘려가지만, 영양상태 등이 좋지 않으면 다른 개체끼리 접합(conjugation)을 일으켜 핵의 일부(소핵, micronuclei)를 교환함으로써 새로운 유전자조성을 갖는 개체가 된다.

히드라충류에 속하는 오벨리아(*Obelia*)는 무성세대(無性世代, asexual generation)와 유성세대(有性世代, sexual generation)가 교대로 일어난다. 이와 같은 현상을 순정세대교번(純正世代交番, metagenesis)이라 한다.

오벨리아에 고착생활을 하는 폴립세대(polyp generation)가 무성생식인 출아법으로 부유생활을 하는 해파리세대(medusa generation)를 발생시킨다. 이 해파리는 배우자를 만들어 유성생식을 하는데 그 결과로 생긴 플라눌라(planula)유생을 거쳐 새로운 폴립세대가 발생하게 되므로 폴립세대와 해파리세대가 계속 교대된다. 따라서 폴립과 해파리는 모두 배수체생물로서 복상(diplophase)의 세대가 교대로 나타난다(그림 7-10).

그림 7-10 순정세대교번(a)과 암수동체(b)

수컷과 암컷의 배우자가 수정하지 않고 단독으로 발생하여 새로운 개체를 만드는 것을 단위생식(單爲生殖, parthenogenesis)이라 한다. 단위생식은 개미, 꿀벌, 진딧물, 바퀴벌레 등의 일부 절족동물에서 볼 수 있다. 특히 도마뱀은 암컷만의 단위생식에 의해 증식하지만 어느 시기가 되면 수컷이 생겨서 유성생식을 한다.

꿀벌의 여왕벌 생식기관에는 수컷으로부터 받은 정자를 저장하는 근육성 판막이 달린 주머니가 있다. 알을 낳을 때에 판막이 열리면 난자와 정자가 수정하여 암벌이 되고, 판막이 닫혀 있을 때 산란된 미수정란은 발생과정을 거쳐 수벌이 된다. 어떤 말벌은 미수정란으로부터 발생하는 단위생식세대와 수정란으로부터 발생하는 유성세대가 교대로 일어난다.

진딧물은 이른 봄에 수정란에서 발생한 간모(stem mother)가 단위생식으로 암컷인 태생모(viviparousfemale)를 만들고, 이것은 여름 동안에 단위생식세대를 여러 번 되풀이하여 증식한다. 가을이 되면 태생모에서 수컷이 생겨서 양성생식을 하여 수정란을 만든다. 이와 같이 단위생식과 유성생식이 번갈아 일어나는 세대교번을 양성단위생식교번(兩性單爲生殖交番, heterogamy)이라 한다.

성게, 불가사리, 갯지렁이, 개불, 송사리 등의 무척추동물이나 개구리, 토끼 등의 척추동물일지라도 인위적으로 단위생식을 유발시킬 수 있다. 한 예로 개구리알을 작은 침으로 찌르거나, 흔들어주거나, 물속의 염분 농도를 변화시키거나, 기타 물질을 첨가시킴으로써 발생을 유도시킬 수 있다. 이와 같이 인위적으로 여러 가지 자극으로 발생을 유도시키는 것을 인위단위생식(人爲單爲生殖, artificial parthenogenesis)이라 한다.

한편 알에서 핵을 제거한 난자에 정자를 투입시켜 발생을 유도하는 것을 동정생식(童貞生殖, ephebogenesis)이라 한다. 이것은 정자 단독으로 발생하는 것은 아니지만 유전물질이 부계의 것만으로 되어 있으므로 웅성생식(雄性生殖, androgenesis)이라고도 한다. $MgCl_2$, $Ca(PO_4)_2$ 및 붕사 등의 혼합용액에 해삼의 미수정란을 담그면 난핵이 알 밖으로 나오게 된다. 여기에 성게의 정자를 넣어서 포배기까지 발생시킨 예도 있다. 알에서 난핵을 제거하고 알을 유리조각과 같은 것과 함께 시험관에 넣고 흔들면 여러 개의 난편으로 분리된다. 이 난편에 정자를 투입시켜 발생을 유도하는 것을 난편생식(卵片生殖, merogamy)이라 한다. 이것도 인위단위생식의 한 예로 알려져 있다. 이와 같은 인위단위생식 방법은 현재 핵치환이라는 생물공학기법의 기초가 된다.

동물의 간장에 기생하는 흡충류 중 어떤 종류는 숙주의 몸 안에서 성충이 유성생식을 하여 수정란을 낳고, 이 수정란이 숙주의 몸 밖으로 나와 유생으로 된다. 이 유생은 우렁이나 달팽이 등에 기생하여 스포로시스트(sporocyst)가 되고, 그 몸속에 수많은 레디아(redia)라고 하는 유생이 발생한다. 또 레디아 몸속에서는 수많은 세르카리아(cercaria)라는 유생이 발생하여 개체수가 증식한다. 이와 같이 유생을 거쳐서 개체수를 증식시키는 것을 유생생식(幼生生殖, paedogenesis)이라 한다. 유생생식과 유성생식이 번갈아 일어나는 것을 양성유생생식교번(兩性幼生生殖交番, allogenesis)이라고 한다.

무척추동물 중에는 자웅동체현상(雌雄同體現象, hermaphroditism)이 있다. 촌충(*Taenia*)은 한 개의 개체가 숙주에 들어가서 종족을 유지하기 위해 계속 증식시키는데, 이와 같은 동물은 한 개체에 자·웅생식계가 함께 있어서 난자와 정자는 자가수정(自家受精, self-fertilization)을 한다. 반면에 같은 자웅동체인 지렁이는 다른 개체와 교미를 하여 상대방 정자를 받아들여 수정시킨다[그림 7-10 (b)].

7-3-3 생식계

동물마다 생식과정은 다르나 생식계의 일반적인 구조 및 기능을 아는 것은 생식을 이해하는데 도움이 될 것이다.

웅성생식계는 정자를 형성하는 정소(精巢, testis)와 정자를 몸 밖으로 운반하는 정관(sperm duct)으로 구성되어 있다. 정관의 일부분에는 정자를 저장할 수 있도록 변형된 저정낭(貯精囊, seminal vesicle)이 있다. 그러나 사람의 저정낭은 정자를 저장하지 못하므로 다른 동물의 것과는 다르다. 생식계는 정액을 만드는 부속선을 포함하고 있으며, 수정관의 마지막 부위는 교미기관인 음경으로 열려 있다(그림 7-11).

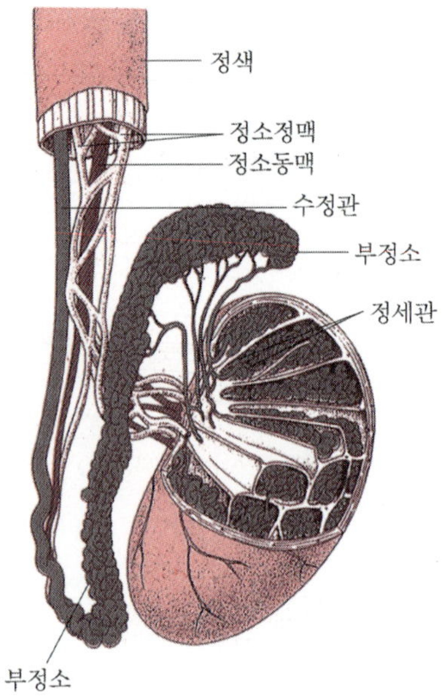

그림 7-11 사람의 정소, 부정소 및 정색의 구조

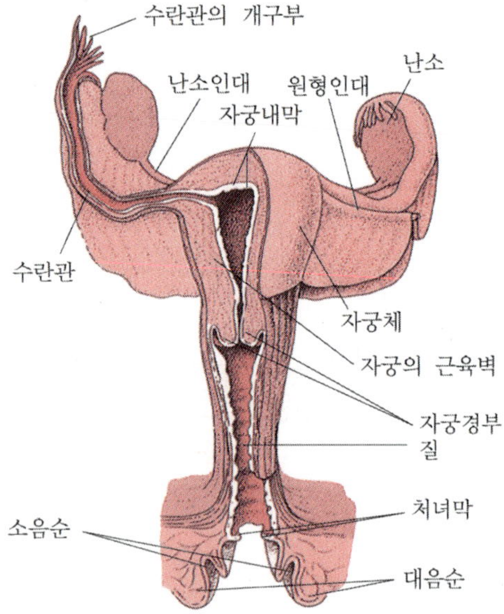

그림 7-12 여성 생식계의 전면구조

자성생식계는 난자를 형성하는 난소(卵巢, ovary)와 난자를 운반하는 수란관(oviduct)으로 되어 있다. 어떤 동물에서는 수란관에서 난각(egg shell)의 성분 등이 분비되고, 수컷으로부터 운반된 정자가 저장될 수 있도록 정액저장소(seminal receptacle)로 변형된 곳도 있다. 또 어떤 경우는 수란관이 난자를 저장하거나 수정란이 발생하는 장소인 자궁(uterus)으로 변형되어 있고, 그 끝부분은 수컷의 교미기관을 받아들일 수 있도록 질(膣, vagina)로 변형되어 있다(그림 7-12).

포유동물에서는 태아가 발생하는 동안에 배를 자궁에 착상시켜 영양을 공급하고, 신생아에게 먹일 유즙(乳汁, milk)을 생산하는 구조들이 발달되어 있다.

이러한 과정은 시상하부, 뇌하수체 전엽, 난소 등에서 분비하는 여러 가지 호르몬의 작용으로 일어난다. 대부분의 어류와 같이 체외수정을 하는 동물에는 교미기관이 없는 등, 생식계는 동물에 따라 매우 다양하게 분화되어 있다.

1. 웅성생식계

(1) 정소 및 정자형성

척추동물과 곤충 등의 정자형성과정(精子形成過程, spermatogenesis)은 웅성생식소인 정소의 정세관(seminiferous tubule)에서 일어난다. 정세관 벽 안쪽 표면에는 미분화세포인 정원세포(精原細胞, spermatogonia)로 둘러싸여 있다(그림 7-13).

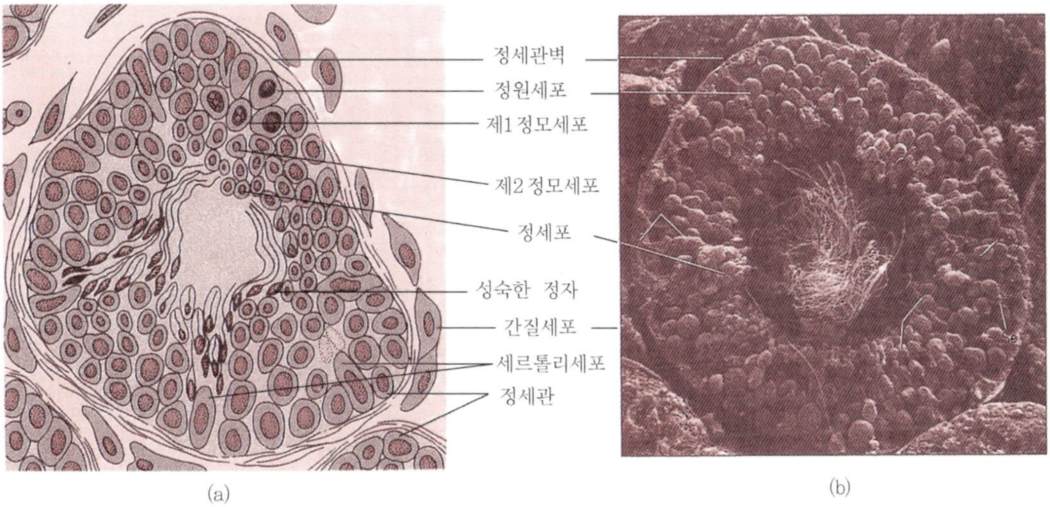

그림 7-13 정자를 형성하는 포유류 정세관의 횡단면

초기의 정원세포들은 체세포유사분열에 의하여 세포수가 계속 늘어나고, 성숙하여 사춘기가 되면 약 절반이상이 제 1 정모세포(第一精母細胞, primary spermatocyte)가 된다. 제 1 정모세포는 제 1 차 감수분열을 하여 제 2 정모세포(第二精母細胞, secondary spermatocyte)가 된다.

이 제 2 정모세포는 제 2 차 감수분열로 염색체수가 반으로 줄어든 정세포(精細胞, spermatid)가 된다. 결과적으로 한 개의 제 1 정모세포는 두 번에 걸친 감수분열로 4개의 정세포를 만든다(그림 7-14).

이 정세포는 복잡한 정자변형과정(精子變形過程, spermiogenesis)을 거쳐 성숙한 웅성배우자인 정자로 분화된다. 이와 같은 정자형성과정은 대부분의 동물에서 봄·가을에 일어나지만, 사람은 계절과 관계없이 정자가 형성된다.

정자 변형과정에서 정세포 핵 안의 염색질은 응축되어 정자의 두부(head) 대부분을 차지하고 나머지 세포질은 정자의 중편(middle piece)과 미부(tail)가 된다. 정자의 맨 앞부분에 위치한 첨체(acrosome)에는 골지장치에서 형성된 효소가 들어있어, 수정 시 정자가 난막을 통해서 난자 안으로 들어가도록 한다.

정세포 안에 있는 두 개의 중심립은 핵 뒷부분으로 이동하여, 하나는 기부중심소립(基部中心小粒, proximal centriole)이 되고, 다른 하나는 말부중심소립(末部中心小粒, distal centriole)이 된다.

말부중심소립의 미세소관들은 정자의 꼬리부분이 만들어질 때에 뻗어나와 편모를 형성하는데, 정자의 꼬리 부분인 편모는 다른 세포의 편모보다는 약간 길지만 전형적인 '9+2' 미세소관배열(microtubular pattern)로 되어 있다.

대부분의 정자는 편모를 가지고 있으나 회충과 같은 일부 동물의 정자는 편모가 없어서 아메바운동으로 이동한다. 정세포의 미토콘드리아는 편모의 기부에 모여서 정자의 중편을 형성하며, 정자의 추진운동에 쓰이는 에너지를 마련한다(그림 7-15).

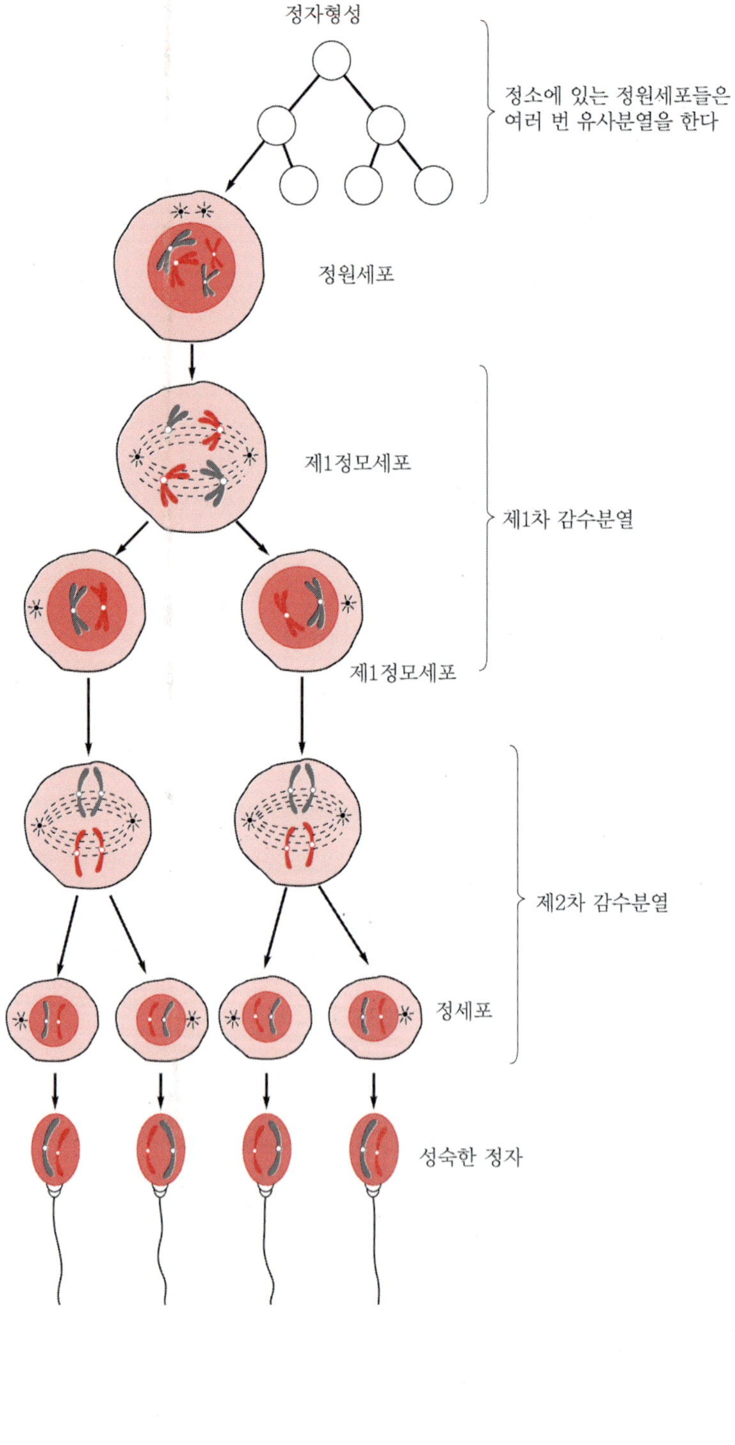

그림 7-14 정자 형성과정

사람의 정소는 배(embryo) 시기에 복강 내에서 발생하여 출생 약 2개월 전에 음낭으로 내려와 체온보다 약 2℃ 낮게 유지된다. 정소가 음낭(scrotum)으로 내려오지 않을 경우, 정세관은 퇴화하여 정자를 형성하지 못한다. 음낭은 서혜관(鼠蹊管, inguinal canal)에 연결되어 골반강에 매달려 있다. 정소가 음낭으로 내려올 때에 혈관, 신경 등이 함께 내려온다. 그리고 혈관, 신경 등은 정소거근(cremaster muscle)과 결합조직에 둘러싸여 있는 정삭(精索, spermatic cord)의 가운데를 간다.

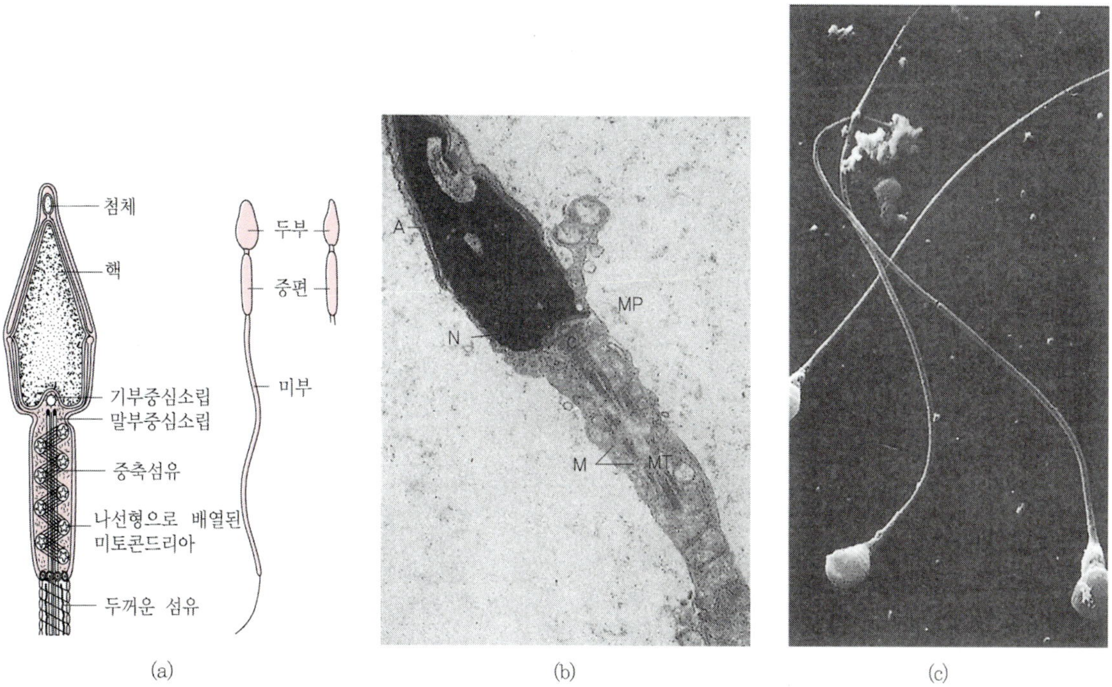

그림 7-15 정자의 구조

(2) 정자의 운반

정자는 정소의 정세관을 거쳐 수출세관(efferent ductule)을 통해서 부정소(副精巢, epididymis)로 간다. 부정소는 코일과 같은 관으로 되어 있는 정자의 저장장소로, 이곳에서 정자가 완전히 성숙된다. 부정소를 떠난 정소는 정관(ductus deferens)을 통과하는데 정관은 음낭으로부터 서혜관을 지나 골반강으로 뻗어있다. 정관에서 정자는 짧은 사정관(射精管, ejaculatory duct)으로 이동된다.

사정관은 전립선(前立腺, prostate gland) 한가운데를 관통하여 요도(urethra)에 열려있으며, 요도까지 운반된 정자는 음경을 통해서 체외부로 나간다(그림 7-16).

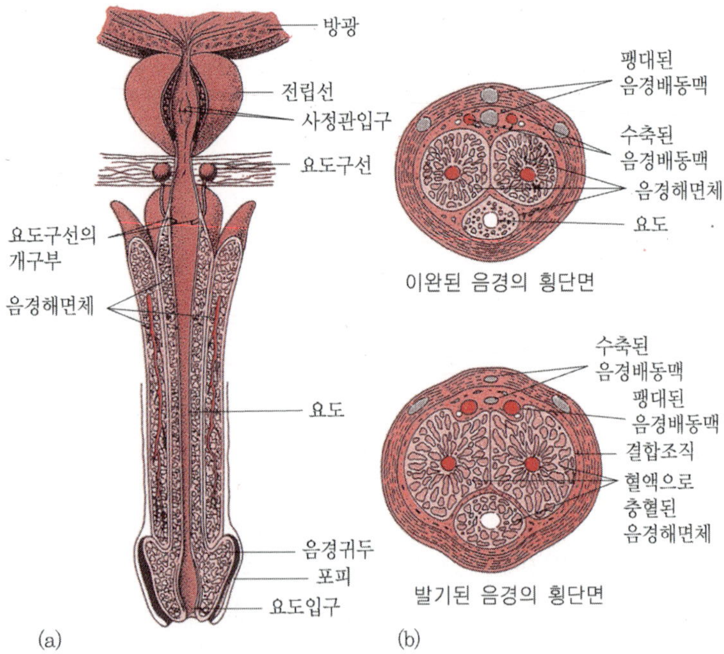

그림 7-16
음경의 내부구조

정자는 정자수송관을 통해 운반될 때 부속선의 분비물과 혼합된다. 이것을 정액(semen)이라 하며, 한 번 사정될 때에 약 3.5 *ml*가 체외로 나간다. 정액은 정소에서 형성된 약 4억 개의 정자와 저정낭, 전립선, 요도구선(bulbourethral gland 또는 Cowper's gland) 등에서 방출되는 분비물로 되어 있다. 방광 좌우에 한 개씩 있는 저정낭은 정관으로 열려있고, 전립선은 방광의 바로 밑에 위치하여 알칼리성 분비물을 요도로 방출한다. 요도구선은 정액이 사정될 때 알칼리성 액체를 분비하여 산성화된 요도를 중성화시키며 윤활제 역할도 한다.

음경은 발기성 교미기관으로 정자를 자성의 생식기관까지 운반한다. 음경은 음경간(shaft)과 음경귀두(glans)로 되어있고, 주름진 표피(prepuce 또는 foreskin)가 음경귀두의 기부를 덮고 있다. 음경내부는 발기성 조직인 해면체(cavernous body) 3개가 음경길이 방향으로 평행하게 배열되어 있으며, 이 중 한 개가 음경을 지나는 요도를 둘러싸고 있다.

해면체는 정맥동양구조(venous sinusoid)인 혈관들로 구성되어 있다. 성적 자극을 받으면 신경자극이 음경의 동맥을 팽대시켜 해면체가 팽대된다. 이로 인해서 정맥을 압축하게 되어 해면체는 더욱 충혈된다. 사람의 음경은 경골을 포함하고 있지 않으나, 박쥐와 같은 포유동물은 음경에 경골을 가진 것도 있다.

(3) 웅성 생식호르몬

사람의 경우 약 10세가 되면 뇌의 시상하부가 성숙하기 시작하여 이

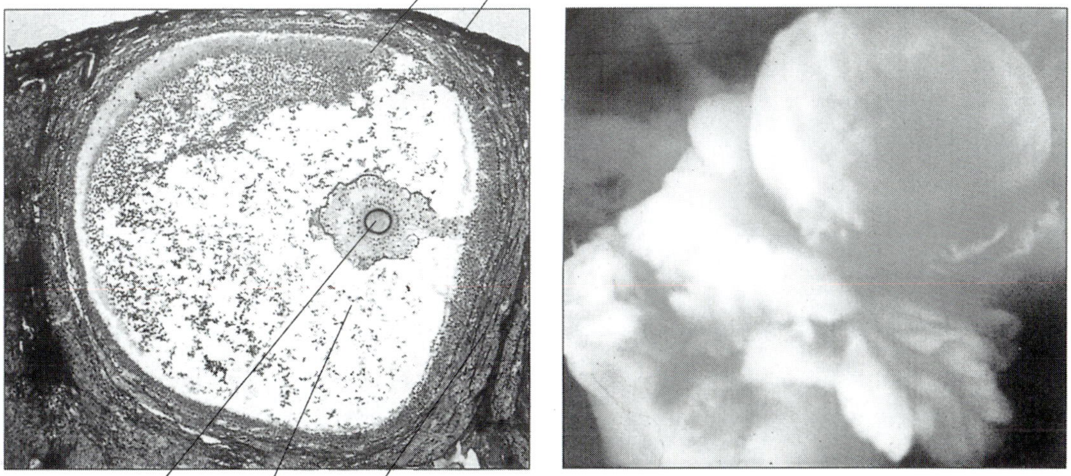

그림 7-19 발달 중인 그라프 여포

태아가 모체 내에서 발생하는 동안 난원세포는 성숙하여 제 1 난모세포가 되고, 출생할 때에는 제 1 차 감수분열 전기에 머물러, 이 상태가 유아기까지 지속된다.

사춘기가 되면 뇌하수체전엽호르몬인 여포자극호르몬의 자극으로 일부의 여포가 발달하면서 제 1 난모세포는 제 1 차 감수분열을 하여 제 2 난모세포(secondary oocyte)와 세포질이 거의 없는 제 1 극체(first polar body)가 된다. 제 2 난모세포는 계속하여 제 2 차 감수분열을 하나, 중기에서 멈춘다. 중기의 제 2 난모세포는 수정이 되었을 때 핵분열이 계속되어 성숙란(ovum)과 제 2 극체가 형성된다. 제 1 극체는 분열하지 않거나 분열을 계속하여 2 개의 제 2 극체로 되는데, 후에 이 3 개의 극체는 모두 퇴화되어 없어진다.

난모세포와 주위의 여포세포들 사이에는 투명대(透明帶, zona pellucida)라는 두꺼운 막이 생긴다. 투명대 주위의 여포세포들은 분비작용으로 여포액을 간직하는 여포강(follicular cavity)을 형성한다. 여포세포가 계속 증식함에 따라 여포강도 커지며 난자는 한쪽으로 치우치는데 이 시기를 그라프 여포(Grafian follicle, 성숙여포)라 한다(그림 7-19).

발육초기에는 몇 개의 여포가 동시에 약 1 주일 동안 성숙하나 이후 1 개의 그라아프 여포만이 계속 발달하여 난소의 표면으로 이동하게 되고 월경주기 중기에 여포가 파열을 일으켜서 여포액과 더불어 난자가 골반강으로 나오게 된다. 이 현상을 배란(排卵, ovulation)이라 한다. 배란 후 난소에 남게 되는 여포조직은 황체(黃體, corpus luteum)로 되어 잠정적으로 내분비기능을 유지하게 된다.

(2) 난자의 운반

배란된 난자는 수란관 입구인 누두(infundibulum)의 난관채(fimbria)의 도움으로 수란관(輸卵管, uterine tube, oviduct)으로 들어간다. 수란관 벽의 근육이 수축하여 수란관 연동운동이 일어나고 동시에 수란관 상피세포의 섬모운동에 의해 난자는 수란관을 따라 이동하게 된다. 난자가 수란관의 입구를 지나 팽대부(ampulla)에 이르렀을 때 일반적으로 수정이 일어나지만, 미수정란은 이곳에서 퇴화하여 없어진다.

한 쌍의 수란관은 배 모양으로 된 자궁(uterus)으로 이어진다. 주먹만한 크기의 자궁은 골반강의 중앙에 위치하고 평활근과 자궁내막으로 된 두꺼운 벽을 가지고 있다. 자궁내막은 임신에 대비해서 일정한 주기로 두꺼워진다(그림 7-12 참조). 수정이 되면 두꺼워진 자궁내막에 수정란이 착생하게 되고, 이곳의 모세혈관으로부터 영양물질과 산소를 공급받아 발생을 계속하게 된다. 그러나 수정이 되지 않으면 자궁내막이 퇴화하여 체외로 방출하게 된다. 이 과정을 월경(月經, menstruation)이라 한다.

(3) 유 선

유선(乳腺, mammary gland)은 15 내지 20 개의 유선소엽(mammary glandular lobe)으로 되어 있고, 각 엽은 작은 포도송이와 같은 선포(alveoli)와 이것에 연결된 분비관으로 되어 있다(그림 7-20). 각 선포에서 나온 분비관은 유두의 표면에 열려있다. 각 유선엽 주위에는 지방조직으로 차 있고, 유방(breast)의 크기는 이 조직의 양에 달려있으므로 유방의 크기와 유즙 생산과는 아무런 관계가 없다.

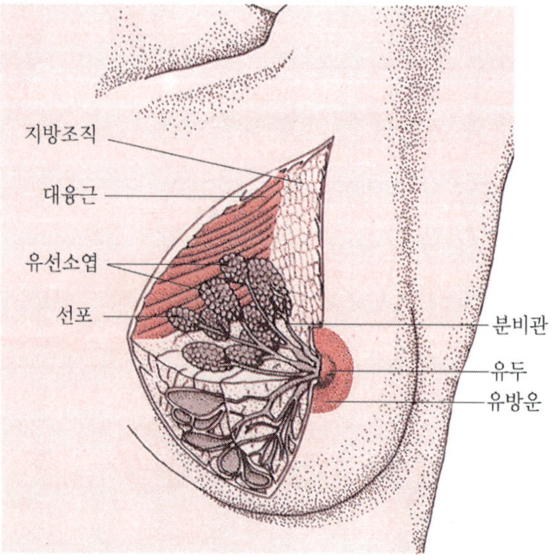

그림 7-20 성숙한 여성의 유방구조

임신을 하게 되면 황체와 태반(placenta)은 에스트로겐(estrogen)과 프로게스테론(progesterone)을 분비하여 유선의 발달을 자극한다. 출산 후 뇌하수체전엽에서는 유선자극호르몬(prolactin)을 분비하여 유선으로 하여금 유즙을 생산하도록 자극하며, 출산 후 약 2일 동안 지방이 거의 없는 단백질과 젖당이 풍부한 초유(colostrum)를 생산하고, 그 이후부터는 보통의 유즙이 생산된다. 유아가 모체의 젖을 빨면 반사작용으로 모체의 뇌하수체에서는 유즙형성호르몬과 옥시토신(oxytocin)을 분비하고, 옥시토신은 선포를 둘러싸고 있는 평활근을 수축시켜 유즙분비를 촉진한다.

수유(breast feeding)는 산모에게 있어 옥시토신으로 자궁벽을 자극하여 임신 전의 자궁크기로 수축시켜 주는 한편, 수유아에게는 모체의 항체를 공급하는 등 생물학적으로 매우 중요하다. 모체의 항체는 생후 6개월 내지 12개월까지 유아성 설사와 호흡식 질병 등으로부터 수유아를 보호한다.

(4) 월경주기의 호르몬조절

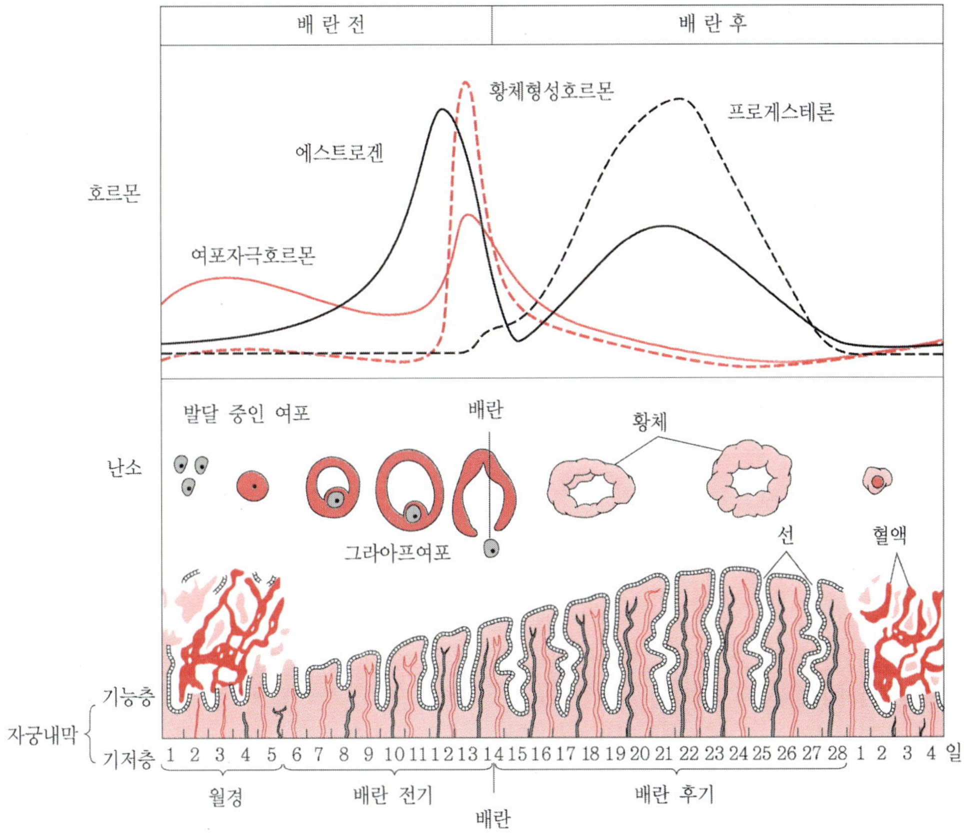

그림 7-21 여성의 월경주기

사춘기가 되면 뇌하수체전엽은 생식선 자극호르몬(gonadotropic hormone)인 여포자극호르몬과 황체형성호르몬을 분비하여 난소를 활성화시킨다. 또 이 호르몬들은 난소에서 분비되는 에스트로겐 및 프로게스테론과 상호작용하여 월경주기를 조절한다(그림 7-21 참조).

월경주기는 사춘기에서부터 폐경기(menopause)까지 매달 지속된다. 여성마다 일정하지는 않지만 전형적인 월경주기는 28 일이다. 월경이 시작되는 날이 새로운 월경주기의 첫날이고 배란은 14 일쯤 되어서 일어난다. 월경주기 중에서 약 5 일 동안의 기간에 뇌의 시상하부가 분비하는 생식선 자극분비호르몬(gonadotropin releasing hormones, GnRH)이 분비되면, 뇌하수체전엽은 이 호르몬의 자극을 받아서 여포자극호르몬을 분비한다. 이 호르몬은 난소에서 몇 개의 여포가 성숙하도록 자극한다. 월경주기의 배란전기(preovulatory phase)가 되면 여포세포를 둘러싸고 있는 결합조직세포들은 스테로이드호르몬인 β-에스트라디올(β-estradiol)을 분비하여 자궁내막을 자극한다.

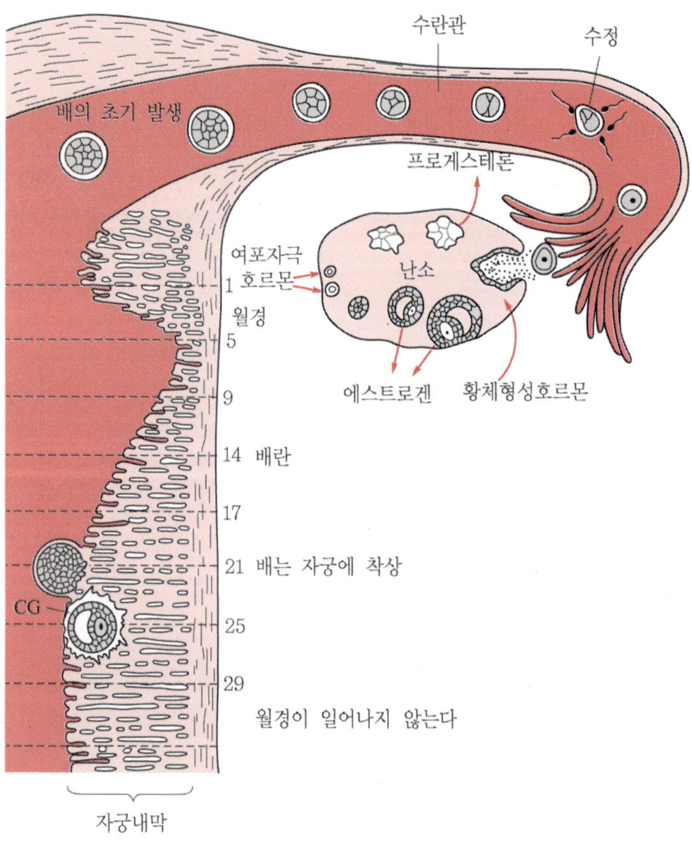

그림 7-22 여성의 월경과 임신

사람의 경우는 에스트라디올이 중요한 에스트로겐이다. 그 결과 자궁내막은 새로운 혈관과 선을 발달시키면서 두꺼워진다. 혈액 내에 에스트라디올의 농도가 급격히 증가하면 뇌하수체전엽이 자극을 받아 황체형성호르몬을 분비하며, 이 호르몬은 다시 여포자극호르몬과 함께 배란을 촉진하게 된다. 또 황체형성호르몬은 배란 후에는 난소에 남아 있는 여포의 잔유조직을 자극하여 황체를 형성하게 된다.

배란후기(排卵後期, postovulatory phase)에는 황체가 에스트라디올과 프로게스테론을 분비한다. 자궁은 이들 호르몬의 작용으로 임신준비 태세를 갖춘다. 프로게스테론은 자궁내막의 선조직에 작용하여 영양물질이 풍부한 분비액을 분비하게 하며, 수정란이 발생하여 4일째 된 초기배가 자궁에 도달하면, 분비물은 초기배의 영양물질로 이용된다. 배가 자궁내막에 착상되면 배 주위에 형성된 막에서 태반생성생식선자극호르몬(human chorionic gonadotropin, HCG)이 분비되어 황체의 정상기능을 유지하도록 한다.

난자가 수정하지 못하거나 또는 수정란이 착상하지 못할 경우에는 황체는 퇴화되기 시작하여 프로게스테론과 에스트라디올의 혈중농도가 크게 떨어짐과 아울러서 자궁내막의 혈관, 특히 나선동맥이 수축하여 괴사(necrosis)에 빠져 비대된 자궁내막의 일부 조직층이 파괴된다. 이로 인한 자궁내막의 조직파편과 선 분비물이 섞인 약간의 혈액, 즉 월경액(menstrual fluid)이 몸 밖으로 나오게 된다(약 35 ml). 이 월경액은 섬유소를 용해시키는 성질이 있어서 응고하지 않으며 동물에 주입하면 어떤 독성을 나타낸다.

남성의 테스토스테론의 작용과 같이 에스트라디올은 사춘기의 여성 생식기관과 2차성징을 발현시키고 신체의 성장을 촉진시켜 여성의 체형을 이루도록 한다. 여성에서도 부신피질에서 테스토스테론이 소량 만들어진다. 사춘기에 여성의 몸이 급격히 성장하고, 음모, 보조모가 발생하는 것 등이 이 호르몬의 작용이다. 남성에서는 에스트라디올이 정소에서 분비된다.

월경주기를 조절하는 호르몬들의 상호작용에 대해서는 아직도 밝혀져야 할 것들이 많다. 뇌의 시상하부에서 분비되는 생식선자극분비호르몬은 뇌하수체전엽에 작용하여 여포자극호르몬과 황체형성호르몬을 분비하게 하고, 이 두 호르몬은 여포성숙을 촉진시킨다.

이 때 발달 중인 여포에서 에스트라디올이 분비되어 황체형성호르몬 분비의 급격한 증가를 유발시켜 배란과 황체형성을 자극한다. 황체에 의해 유지되는 에스티라디올과 프로게스테론의 혈중농도의 증가는 뇌하수체전엽에 직접 작용하여 여포자극호르몬과 황체형성호르몬의 분비를 오히려 억제한다. 황체가 퇴화되기 시작하면 에스트로겐과 프로게스테론의 혈중농도가 떨어지는 반면, 여포자극호르몬과 황체형성호르몬을 분비시켜서 이들의 혈중농도가 증가한다.

(5) 불 임

정자의 수가 정액 1 m*l* 당 2 천만 개 이하인 남성을 보통 불임남성이라고 한다. 부부가 아기를 갖고자 해도 갖지 못할 때 병원에서는 남성의 정자 수를 측정해 보고, 또 그 모양 등을 조사해 본다. 정액 속에 비정상적인 정자를 많이 가지고 있는 남성이 간혹 있는가 하면 정자가 전혀 없는 남성도 흔히 있다. 유행성 이하선염(mumps)을 앓고 있는 성인 남성의 약 4 분의 1 은 정소에 염증이 있을 경우가 있다. 이런 남성의 일부에서는 정원세포가 죽게 되어 영원한 불임이 된다.

여성이 불임될 수 있는 한 가지 원인은 수란관의 상처이다. 흔히 임질로 일어나는 수란관염증은 결국 상처로 남고 이것 때문에 나중에 난자가 자궁으로 운반되지 못하게 된다. 수란관이 부분적으로 수축되면 수정란은 자궁으로 내려가지 못하고 수란관 안에서 발생한다. 이같은 현상을 수란관 임신(tubal pregnancy)이라 한다.

수란관은 자궁벽에 비해서 훨씬 약한 벽을 가지고 있기 때문에 발생중인 배를 도저히 지탱하지 못한다. 따라서 수란관이 파열하여 모체의 생명에 위협을 주기 전에 수란관과 배를 수술로 제거하여야 한다.

수란관의 장애를 가진 여성도 병원의 도움으로 아기를 낳을 수 있다. 즉, 먼저 난소에서 난자를 꺼내어 실험실에서 남편의 정자와 수정시켜 수정란을 부인의 자궁에 다시 넣는다. 그러면 부인의 자궁에는 아무런 이상이 없기 때문에 수정란은 자궁벽에 착상하여 정상적으로 발생을 하게 된다.

7-4 동물의 발생

발생(發生, development)은 한 생명체가 수정에서부터 죽을 때까지 전 생애를 통해 유전형질의 엄격한 규제를 받아가며 복잡하고 고도의 체계화된 개체로 분화되는 모든 변화과정을 가리키는 말이다. 이 단원에서는 수정에서부터 배의 발생과정에 대해 주로 설명하면서 출생 후에 일어나는 현상에 대해서도 약간 언급하기로 한다.

17 세기에 많은 학자들은 난세포 속에 매우 작지만 완전한 형상을 갖춘 사람의 모습이 들어있다고 생각했다. 그들은 신체의 모든 부분이 완성되어 존재하기 때문에, 배는 크기만 성장할 것이라고 믿었다.

이러한 개념을 전성설(前成說, preformation theory)이라 하며, 인간의 완성된 형상(homunculus)이 난자 속에 있다는 난자설 주창자와 정자 속에 들어있다고 믿는 정자설 주창자도 있었다.

전성설과 상반되는 후성설(後成說, theory of epigenesis)은 정밀한 실험기술이 발달함에 따라 정자 또는 난자 속에는 생명체의 축소체가 들어있지 않다는 것이 밝혀짐으로써 실험적으로 지지를 얻었다.

오늘날 생물의 발생은 한 개의 수정란이 분열하고 성장하여 복잡한 조직 및 기관으로 분화함으로써 하나의 완전한 개체를 이룬다는 개체발생(個體發生, ontogenesis)과, 발생과정을 거치는 동안 그들의 조상들이 거쳐온 진화과정을 보여주면서 발생한다는 계통발생(系統發生, phylogenesis)의 개념으로 생명의 신비로움을 실증하고 있다. 그러나 현대과학의 견해로 볼 때 전성설도 부분적으로는 옳은 면이 있다고 본다. 접합자 안에 작은 사람이 실존하지는 않지만 유전물질인 DNA 내에 화학적으로 정확하게 코팅된 작은 사람의 청사진이 들어있다고 볼 수 있다.

7-4-1 발생과정

접합자는 현미경으로 겨우 관찰되는 작은 한 개의 세포이지만 발생과정을 거치면 혈액, 골격, 뇌 등 복잡한 많은 구조를 만들고 결국 생물의 한 개체가 된다. 이 과정에서 세포증식, 성장, 형태형성, 세포분화 등이 균형있게 일어나게 된다.

단세포인 접합자(수정란)는 핵분열과 세포질분열을 하여 2개의 세포로 되고, 또 각각 분열하여 4개의 세포가 된다. 이와 같이 세포분열과정은 계속 되풀이되어 많은 세포가 형성된다. 배, 태아 및 성체의 성장은 세포수뿐만 아니라 크기도 증가해서 일어난다. 성장과정에서 알맞은 체형을 형성하자면 구조나 체형에 맞게 증식된 세포가 배열되어야 한다. 즉, 세포들은 복잡하면서도 정확하게 이동하여 조직과 기관들의 복잡한 모양을 만들어가야 한다. 이 과정을 형태형성이라 한다.

배발생 초기의 세포들은 분열을 되풀이할 때마다 구조와 기능이 다른 새로운 세포로 된다. 분열을 되풀이한 세포들은 발생과정을 거치면서 초기 배의 세포와 생화학적이나 구조적으로 다르기 때문에 수행하는 기능도 다르다. 척추동물의 성체를 구성하는 200가지 이상의 세포들은 단순한 것에서 구조 및 기능이 보다 복잡해져서 특수한 상태로 되는데 이를 세포분화라 한다.

발생이란 이러한 세포증식, 성장, 형태형성, 세포분화 등이 서로 밀접하게 연관되어 일어나는 현상을 말한다.

7-4-2 수 정

수정은 정자와 난자가 만나 서로 융합하여 접합자인 수정란(fertilized egg)이 되는데, 다음 3가지 기능을 갖는다. 첫째, 정자진입(semination) 과정에서 난자는 정자로부터 반수의 염색체(haploid chromosome)를 받아들여 배수의 염색체(diploid chromosome)를 가지게 된다. 둘째, 이때 대부분의 포유동물들은 자손의 성(sex)이 결정되며, 셋째 난자를 활성화시켜 발생을 시작하게 한다.

수정의 진행과정은 정자가 난자에 접근하여 난자 안으로 들어가고, 정핵과 난핵이 융합하면 난자가 활성화되는 순서로 진행되는데 난자가 활성화되면 발생이 시작된다. 일부 동물에서는 난자가 정자를 유인하는 화학물질을 분비하나, 대부분의 동물에서는 주화성 물질을 분비하지 않기 때문에 정자와 난자의 만남은 대부분 우연으로 이루어진다.

난자에 의한 정자의 활성화반응인 첨체반응(acrosome reaction)은 해산동물인 성게(sea urchin)를 대상으로 많은 연구가 이루어졌다. 정자가 난자의 젤리층(jelly coat)에 접근하면 정자의 첨체에서 효소가 분비되어 당단백질층인 젤리층을 분해한다.

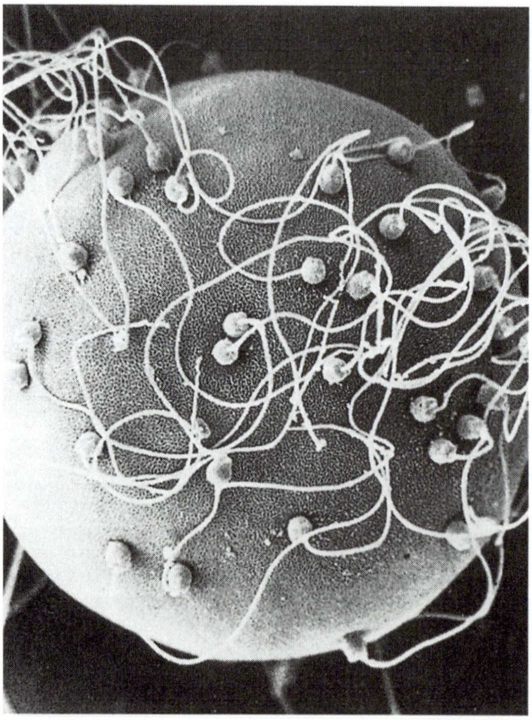

그림 7-23 성게알의 난황막에 결합한 정자의 주사 (전자현미경 사진)

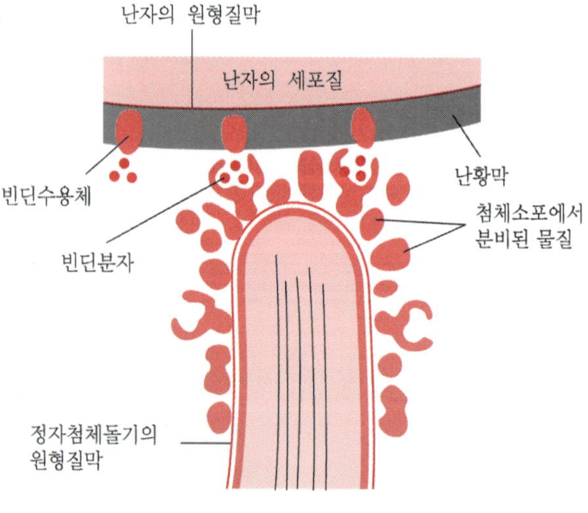

그림 7-24 성게 첨체돌기의 빈딘분자들

이어서 첨체와 핵 사이에 있던 액틴분자들이 중합되어 액틴 필라멘트를 형성하여 세로로 놓이며, 정자의 두부 앞쪽으로 긴 첨체돌기(acrosomalprocess)가 형성된다. 이 돌기를 통해서 정자는 난황막(vitelline membrane)과 접촉하게 된다(그림 7-23).

정자의 첨체돌기막에는 빈딘(bindin)이라는 분자가 있고, 난자의 난황막에는 빈딘분자와 결합할 수 있는 빈딘수용체(bindin receptor)가 있어서 이 두 분자의 결합으로 첨체돌기와 난황막이 결합하게 된다(그림 7-25). 빈딘수용체는 당단백질로서 생물의 종류에 따라 다르다.

난황막에 분포하는 많은 미세융모 중 정자의 두부와 인접한 미세융모들은 융기하여 정자두부를 둘러싸서 수정돌기(受精突起, fertilization cone)를 만든다(그림 7-26). 수정돌기가 수축하면 정자는 난세포 안으로 끌려 들어가고 정자와 난자의 원형질막은 서로 융합하게 된다.

포유동물의 난자는 투명대 외측에 여포세포들이 돌기를 내어 히알루론산(hyaluronic acid)이 주성분인 물질들에 의해 세포들이 굳게 접촉해 있는 방사관(corona radiata)에 둘러싸여 있다. 정자가 난자에 진입하려면 이 층을 통과해야만 한다. 난자에 접근한 정자는 히알루로니다아제(hyaluronidase)와 당단백질분해효소(acrosomal protease)를 분비하여 여포세포들이 결합하고 있는 유대를 풀고 정자의 접촉점에서 난막을 용해시켜 알 안으로 진입하게 된다.

곤충류와 경골어류의 정자에는 첨체반응이 없는 반면, 난자의 난막에는 정자가 통과할 수 있는 난문(micropyle)이 있다.

성게는 정자가 난자로 들어가는 순간 다른 정자가 들어가지 못하도록 두 가지 중요한 반응이 일어난다. 하나는 정자가 진입하는 순간(2~3초 이내)에 급속한 정자침입 억제현상(fast block to polyspermy)이 일어난다.

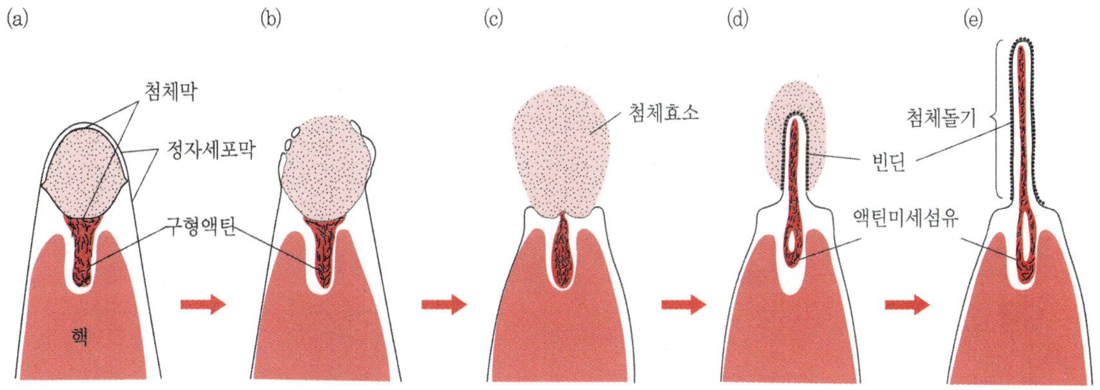

그림 7-25 성게 정자의 첨체반응

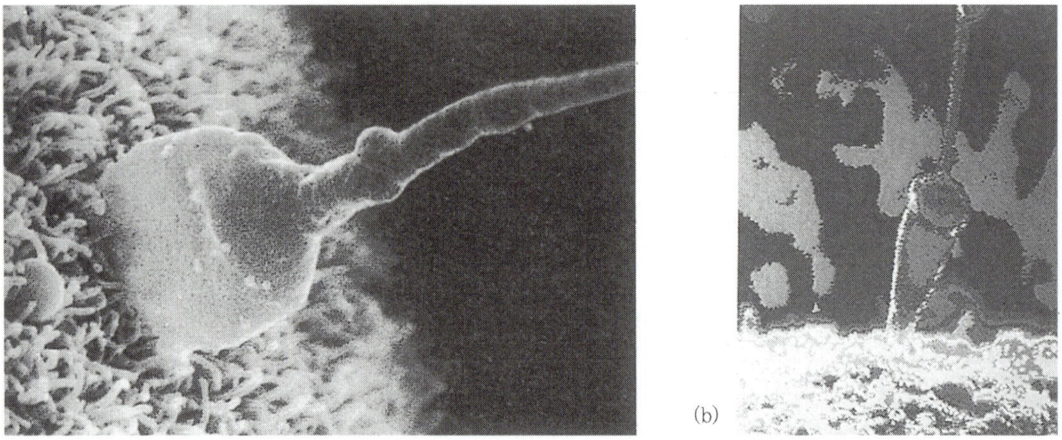

그림 7-26 성게알에 침입하고 있는 정자의 전자현미경 사진

이 현상은 난세포의 원형질막에서 일어나는 탈분극을 동반한 전위변화로서 난자의 원형질막에 정자가 접근하지 못하도록 하여 다른 정자의 진입을 방지한다.

급속한 정자침입억제형상은 잠시 지속된 후(2～3 분)에 막전위가 휴지막전위상태로 되돌아간다. 즉, 급속한 정자침입 억제현상에 이어, 곧 완만한 정자침입억제현상(slow block to polyspermy)이 일어난다. 완속한 정자침입억제현상은 난세포의 피층반응(cortical reacion)을 통해서 일어나지만 정자가 진입하게 되면 난세포의 원형질막에 Ca^{2+}의 유입이 촉진된다. 또한 세포질 내 Ca^{2+}의 농도가 증가되면 원형질막 바로 안쪽에 있는 많은 피층과립(cortical granule)의 엑소사이토시스가 촉진된다.

그 결과 피층과립 내의 분해효소, 점액다당류와 같은 내용물이 난세포 밖으로 분비되어, 어떤 분해효소는 난황막과 원형질막 사이의 결합을 분리시키고, 또 다른 분해효소는 난황막에 있는 빈딘수용체를 분해한다. 그 결과 점액다당류는 수분을 흡수하여 난황막과 원형질막 사이의 간격(난황주변간격, perivitelline space)을 넓혀주어 수정막(受精膜, fertilization membrane)을 만드는 데 기여한다. 수정막이 형성되면 난자에 다른 정자의 진입은 영구히 일어날 수 없게 된다(그림 7-27).

정핵이 수정돌기를 통해서 난세포로 들어가면 정핵은 난세포의 미세소관들에 의해 난핵으로 인도된다. 난세포로 들어간 정핵은 팽창하여 웅성전핵(malepronucleus)이 되고, 난핵 역시 자성전핵(female pronucleus)이 되어 두 전핵은 융합하여 배수성인 핵을 가진 수정란이 된다.

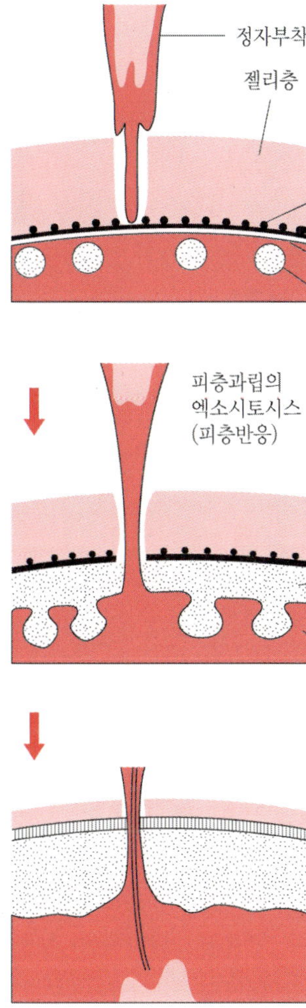

그림 7-27 정자침입 후 성게알에서의 피층반응

7-4-3 수정에 의한 난자의 활성화

정자가 난자 안으로 진입하면 난세포 내에는 Ca^{2+}의 증가로 pH가 상승하고, 피층반응을 일으키며, 화합물의 산화증가로 산소이용률이 높아지는 등의 물질대사 변화가 일어난다.

대부분의 난자가 수정란이 되면 mRNA 및 리보솜 등이 활성화되어 단백질합성이 급격히 증가한다. 또 반면에 두꺼비의 한 종인 *Xenopus leavis*는 난자가 난소 안에서 성숙하는 동안에는 rRNA 합성이 활발하나 배란 시에는 합성이 정지되고, 수정란이 난할을 하는 동안에는 합성되지 않으나 낭배형성 후에는 활발하게 합성한다.

양서류를 비롯한 많은 동물에서는 정자진입 후에 수정란의 세포질 재배열이 시작된다. 양서류의 경우, 흑색과립을 포함하는 표층세포질 일부가 회전하듯 이동하여 적도면 바로 위에 회색세포질을 노출시킨다.

회색을 띠는 이 세포질을 회색신월환(灰色新月環, gray crescent)이라 하는데, 이곳에서 나중에 낭배형성이 일어난다(그림 7-28).

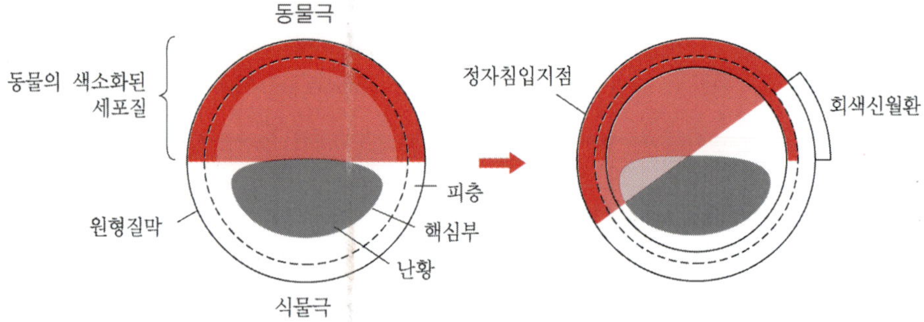

그림 7-28
회색신월환의 형성

7-4-4 난할과 포배

수정이 일어난 직후 수정란은 빠른 속도로 유사분열을 반복한다. 이와 같은 발생초기 수정란의 분열을 총체적으로 난할(卵割, cleavage)이라 한다. 한 개의 수정란은 난할을 하여 2 개의 세포(2 세포기)로 되고, 2 개의 세포는 다시 4 개의 세포(4 세포기)가 된다. 이들 세포는 난할의 반복으로 세포수가 계속 증가하여 결국 32 세포기의 배(성게의 경우)를 형성하는데, 이를 상실배(桑實胚, morula)라고 한다. 상실배의 세포들은 난할을 계속하여 수백 개의 세포들이 점진적으로 한 층으로 배열된 포배(胞胚, blastula)를 형성하며, 포배의 가운데에는 액체로 채워진 포배강(胞胚腔, blastocoele)이 형성된다.

난할의 결과, 형성된 배의 각 세포를 할구(割球, blastomere)라 하며, 난의 종류에 따라 난할로 생긴 할구의 크기가 다를 경우가 있는데, 큰 것을 대할구(macromere), 작은 것을 소할구(micromere)라고 한다. 난할이 일어나는 동안 할구는 성장하지 않고 분열만 계속하기 때문에 할구의 크기가 점점 작아진다.

초기 난할의 주요 목적은 수정란이 동물의 기본구조 단위가 될 수많은 작은 할구로 되어 발생 중인 배에서 쉽게 이동할 수 있게 하는 것이다. 즉, 할구의 이동은 배의 구조 및 여러 가지 원기형성에 중요한 구실을 한다. 초기의 모든 할구는 아메바운동으로 이동하고, 각 할구는 상대방 할구의 표면에 있는 단백질성분에 의해서 이동방향이 정해지며, 또 이 단백질성분은 서로 인지하게 되어 배의 원기 및 조직형성을 하는데 중요한 작용을 한다.

1. 난할의 유형

난자 내의 난황은 단백질 및 지방성분 등의 복합물질로서 발생과정에 배의 영양이 되고, 난황의 양과 분포는 동물마다 다를 뿐만 아니라 난할에도 큰 영향을 받는다.

물고기, 양서류, 파충류 및 조류의 난자에는 다량의 난황이 세포질의 아래쪽, 즉 식물극(植物極, vegetal pole)에 치중되어 있는 반면 그 반대편 동물극(動物極, animal pole)에는 난황이 거의 없다. 이와 같은 난자를 단황란(端黃卵, telolecithal egg)이라 한다.

원색동물인 창고기와 성게의 난자는 난황이 비교적 적고 균등하게 분포되어 있는 등황란(等黃卵, isolecithal egg)으로 되어 있다. 곤충의 난자는 난황이 세포질 중심부에 치우쳐 있으며, 이러한 것을 중황란(中黃卵, centrolecithal egg)이라 한다. 등황란은 할구의 크기가 같거나 거의 같은 크기로 분열하는 전할(全割, holoblastic cleavage)을 한다.

전할의 한 유형인 방사형 난할(radial cleavage)에서는 동물극과 식물극을 잇는 난할면으로 첫 분열이 일어나는데, 이같은 분열을 경할(經割, meridional cleavage)이라 한다. 첫 경할의 결과, 수정란은 같은 크기의 2개의 할구로 나뉜다.

두 번째 난할은 첫 난할면에 직각으로 양극을 잇는 경할을 하여 똑같은 크기의 4개의 할구가 된다. 세 번째 난할은 1, 2차 난할면과 교차되는 수평면에서 일어나는 위할(緯割, latitudinal cleavage)을 하여 동물극 쪽에 4개, 식물극 쪽에 4개, 총 8개의 할구가 형성된다.

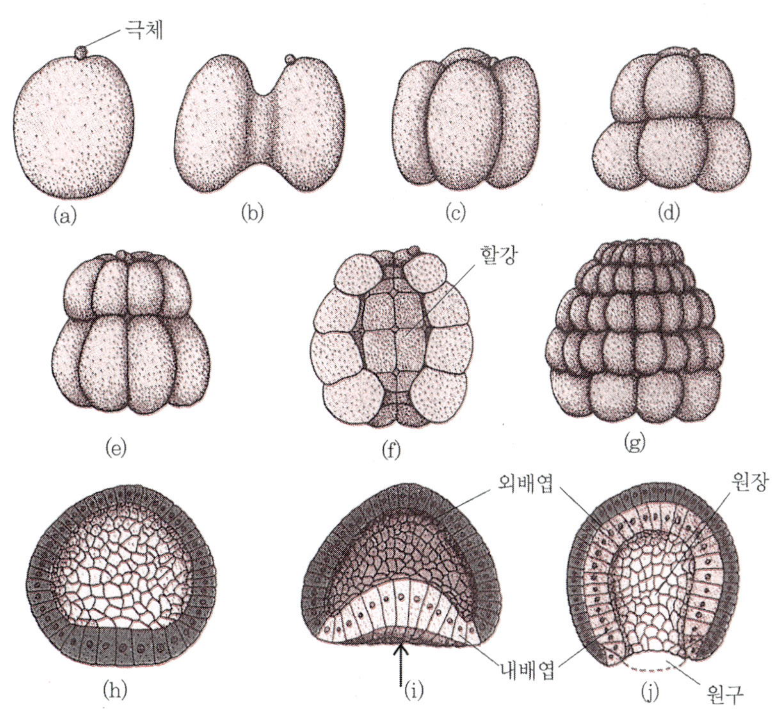

그림 7-29 창고기의 등할과 낭배형성

계속되는 난할은 경할, 위할의 순으로 일어나서 각각 16, 32 세포기를 형성하여 발생해 간다(그림 7-29).

대부분의 연체동물과 환형동물의 수정란도 전할의 한 유형인 나선형 난할(螺旋形卵割, spiral cleavage)을 한다(그림 7-30 참조). 나선형 난할의 특징은 대부분이 극축(polar axis)에 대해 사선축(obligue axis)으로 일어나는데 1, 2 차 난할이 모두 사선축 방향으로 일어나므로 할구들이 나선형으로 배열된다.

경골어류와 양서류 등의 단황란은 식물극 쪽의 난할이 매우 느리고 동물극에 비하여 할구도 크다. 포배기 할구들의 배열을 보면 동물극에는 소할구가 많으나 식물극에는 대할구로 되어 있으며, 그 수도 상당히 적다(그림 7-31 참조).

파충류, 조류 및 일부 어류 등의 단황란은 난황을 다량으로 함유하는 식물극이 대부분을 차지하고 난핵과 진정한 세포질은 난황의 정점에 치우쳐 있는 배반부에서 난할이 일어난다.

배반엽(blastoderm)은 배반(胚盤, blastodisc)이 세포분열하여 형성되고, 이렇게 하여 포배가 되면 할구들은 상배엽(epiblast)과 하배엽(hypoblast) 두 층을 형성하는데(그림 7-33 참조), 이 두 층은 할강에 의해 서로 떨어져 있다. 상배엽과 하배엽으로 구성된 배반은 하배엽 아래쪽에 가로 놓여있는 배하강(subgerminal)에 의해 난황과 분리되어 있고, 배하강 바로 위의 배반부분은 투명하여 투명역(area pellucida)이라 하며, 배하강의 양쪽 주변부의 난황에 접해 있는 어둡고 불투명한 배반부분을 불투명역(area opaca)이라 한다.

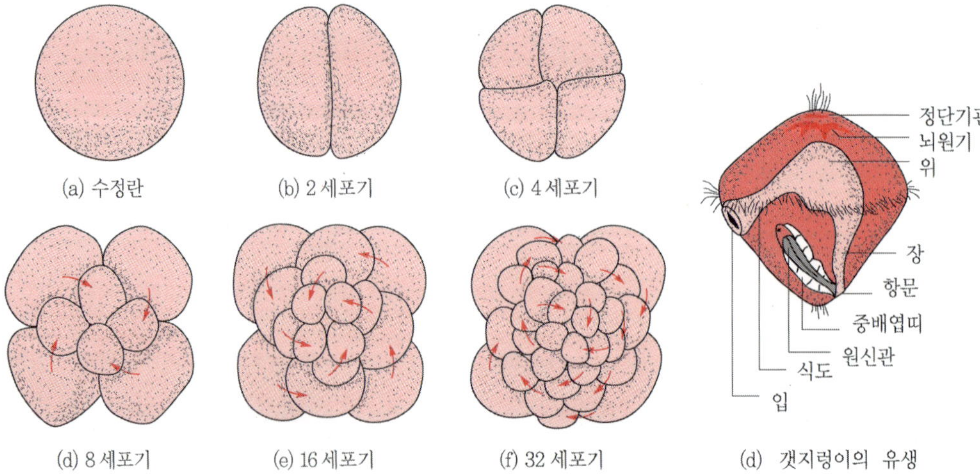

그림 7-30 환형동물의 발생

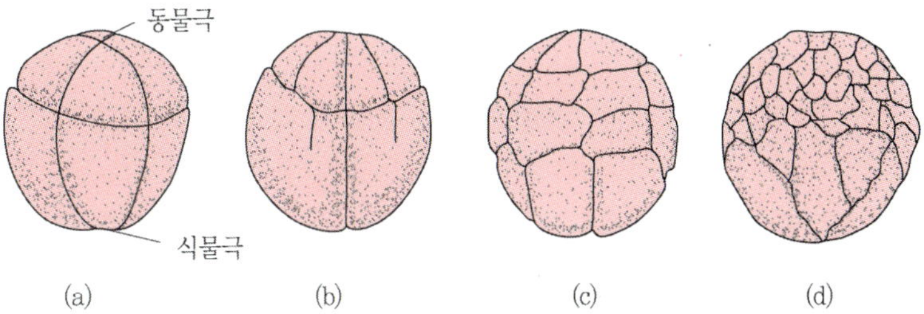

그림 7-31
개구리의 난할모식도

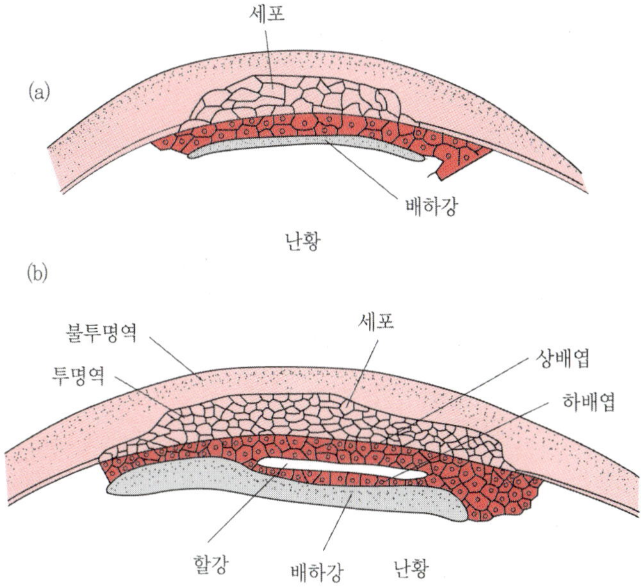

그림 7-32
조류의 난할

7-4-5 낭배형성

단층의 세포로 된 포배는 계속 분열하여 배의 안쪽으로 접혀 들어가서 2 내지 3층의 배엽(germ layer)을 형성한다. 이 과정을 낭배형성(囊胚形成, gastrulation)이라 하고, 이 과정에서 형성된 배를 낭배(gastrula)라 한다.

낭배는 2배엽(외배엽, 내배엽)으로 되는 강장동물을 제외한 모든 다세포동물(후생동물, metazoa)에서는 3배엽, 즉 바깥쪽으로부터 외배엽(外胚葉, ectoderm), 중배엽(中胚葉, mesoderm), 내배엽(內胚葉, endoderm)으로 구성된다.

각 배엽의 운명은 내배엽에서 소화관의 안쪽 표면이 형성되고 또 간장, 췌장, 폐의 원기가 된다. 외배엽은 피부의 상피, 신경계, 감각기관을 발생시키고, 외배엽과 내배엽 사이에 위치한 중배엽은 골격계, 근육, 순환계, 배설계, 생식계 등으로 각각 분화된다.

낭배형성은 동물의 종류에 따라 다소 차이는 있지만, 이들 동물이 한 계통으로서 진화된 것이라고 생각되는 계통 발생의 좋은 예가 되기도 한다. 낭배형성의 유형을 살펴보면 대략 다음과 같다.

1. 창고기의 낭배형성

창고기(*Amphioxus*)의 낭배형성(그림 7-29 참조)은 포배기의 동물극쪽 세포들이 세포분열을 왕성하게 하여 식물극 쪽으로 세포가 밀려오게 됨으로써 난황을 비교적 많이 가지고 있는 식물극 쪽의 세포들은 할강 안쪽으로의 함입(invagination)이 일어난다. 함입이 계속되어 접혀 들어간 세포층과 바깥세포층이 서로 만나 할강은 없어지고 안팎의 두 세포층이 형성된다.

이 세포층 중 밖의 것을 외배엽, 안쪽의 것을 내중배엽(mesentoderm)이라 한다. 함입으로 말미암아 새로 생긴 공간을 원장(原腸, archenteron)이라 하고, 식물극 쪽에 밖으로 열려있는 입구를 원구(blstopore)라 한다.

원구가 있는 부분이 성체의 끝부분에 해당하고 반대쪽이 머리가 된다. 원장을 이루고 있던 내중배엽의 일부 세포들은 분리되어 나와 체절을 이루는 중배엽을 형성하게 되는데 이 시기를 낭배라 한다.

2. 양서류의 낭배형성

양서류의 낭배형성은 포배기의 식물반구세포들이 난황을 많이 가진 큰 할구들로 배 안으로 함입하지 못하므로 동물극의 세포들이 분열하여 식물극 쪽으로 밀려 내려와 함입하게 된다(그림 7-33 참조).

함입은 적도면 바로 아래의 식물극에서 일어나는데 동물극에서 내려온 세포들은 수정란에서 회색신월환이 분포하는 장소와 일치하는 원구를 통해 낭배 안으로 이동된다. 원구 위쪽을 원구배순(dorsal blastoporal lip), 아래쪽을 원구복순(ventral blstoporal lip), 양쪽의 부분을 원구측순(lateral blastoporal lip)이라고 한다.

세포의 이동은 처음에 원구배순부에서 시작하여 점진적으로 넓혀져 원구는 점차로 둥근 환을 이루게 된다. 원구 가운데에 원구순으로 둘러싸인, 난황이 풍부한 식물극 세포들이 있는 곳을 난황전(卵黃栓, yolk plug)이라고 한다.

이 부분은 발생이 진행함에 따라 원구배순이 하강함으로써 안쪽으로 함입되어 밖에서는 볼 수 없게 된다. 원구를 통해서 배 안으로 이동한 세포들은 내배엽과 중배엽을 만들고 바깥쪽에 머물러 있던 세포들이 외배엽으로 된다.

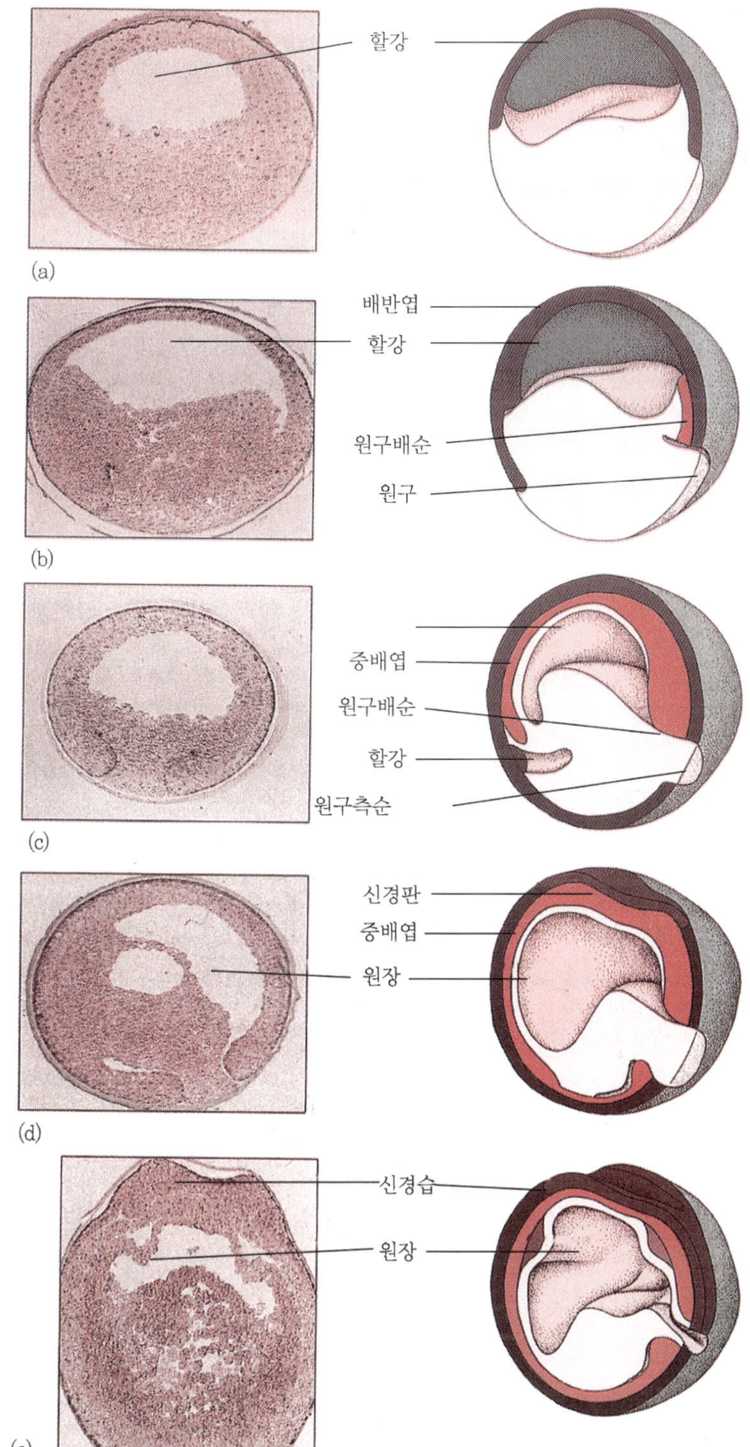

그림 7-33 개구리알의 발생단계

3. 조류의 낭배형성

조류의 낭배형성은 배반엽이 분층법(delamination)으로 상배엽과 하배엽으로 분리된 다음에 상배엽의 세포들이 배의 정중선을 따라 이동하여 정중선의 배벽을 두껍게 한다. 두꺼워진 배벽의 중앙부에 원조(原條, primitive streak)라고 하는 홈이 나타나며, 다시 원조가 발달하면서 중앙부 안으로 패인 홈이 나타나는데 이 홈을 원구(primitive groove)라 하고, 원구의 양쪽에 융기한 부위를 원습(primitive fold)이라 한다.

원조 앞쪽에 반원형으로 부풀어 있는 부위를 원결절(原結節, primitive node) 또는 헨젠결절(Hensen's node)이라 한다. 원조를 이루고 있는 세포들은 배 안에서 앞쪽과 옆쪽으로 이동하여 내배엽과 중배엽을 형성하고 바깥쪽은 외배엽이 된다(그림 7-34 참조).

창고기, 불가사리, 양서류 등에서는 내배엽과 외배엽이 원구를 형성하며 유래되나, 조류에서는 원조에서 이들 배엽이 유래되며 원장이 형성되지 않는다.

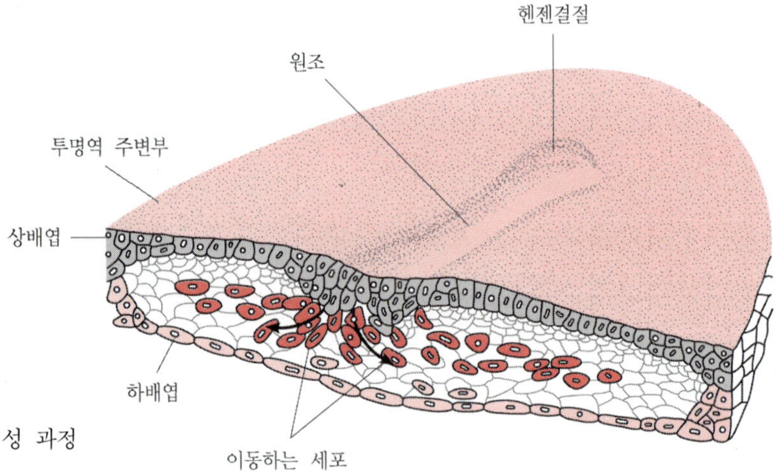

그림 7-34 조류의 낭배형성 과정

7-4-6 기관형성

외배엽, 중배엽, 내배엽 등 3 배엽을 형성한 낭배는 이어서 기관형성(器官形成, organogenesis)을 시작한다(표 7-1 참조). 낭배는 먼저 뇌, 척삭, 척수 등과 같은 기관을 형성하고 이어서 모든 기관을 형성해 나간다. 우선 배의 길이를 따라 세포들이 간상형으로 배열하여 척삭(脊索, notochord)을 형성한다. 발생 중인 척삭은 바로 위의 외배엽조직이 비후되어 신경판(神經板, neural plate)이 형성되도록 유도한다.

신경판의 중앙에 위치한 세포들은 아래쪽으로 이동하여 신경구(神經溝, neural groove)를 만들고, 양측에 있는 세포들은 위로 자라서 신경습

(神經褶, neural fold)을 형성했다가 결국 서로 만나서 신경관(神經管, neural tube)을 만든다(그림 7-34 참조).

배에서 앞부분의 신경관은 뇌가 되고 그 나머지 뒷부분은 척수가 된다. 뇌가 될 신경관 부위는 팽대하여 전뇌, 중뇌, 후뇌를 분화시키고 후뇌는 한번 구부러져 능형뇌로 되며, 전뇌는 주로 양쪽으로 성장하여 대뇌반구의 원기를 만든다.

발생 중인 뇌와 척수에서는 여러 가지 운동신경이 발생하게 되고, 지각신경도 여러 곳에서 발생하여 뇌와 척수로 이어진다. 신경습이 융합하여 신경관을 형성할 때, 그 위에 신경제(neural crest)조직이 외배엽으로부터 떨어져 나온다.

표 7-1 배엽의 운명

낭배	외배엽	신경계와 감각기관, 피부의 상피와 그 부속기관(손톱, 발톱, 머리털 등), 뇌하수체, 신장의 수질
	중배엽	골격, 근육, 순환계, 배설계, 생식계, 피부의 진피, 소화관의 외층
	내배엽	소화관의 내면층, 기관과 폐의 내면층, 수뇨관과 방광의 내면층, 간, 비장

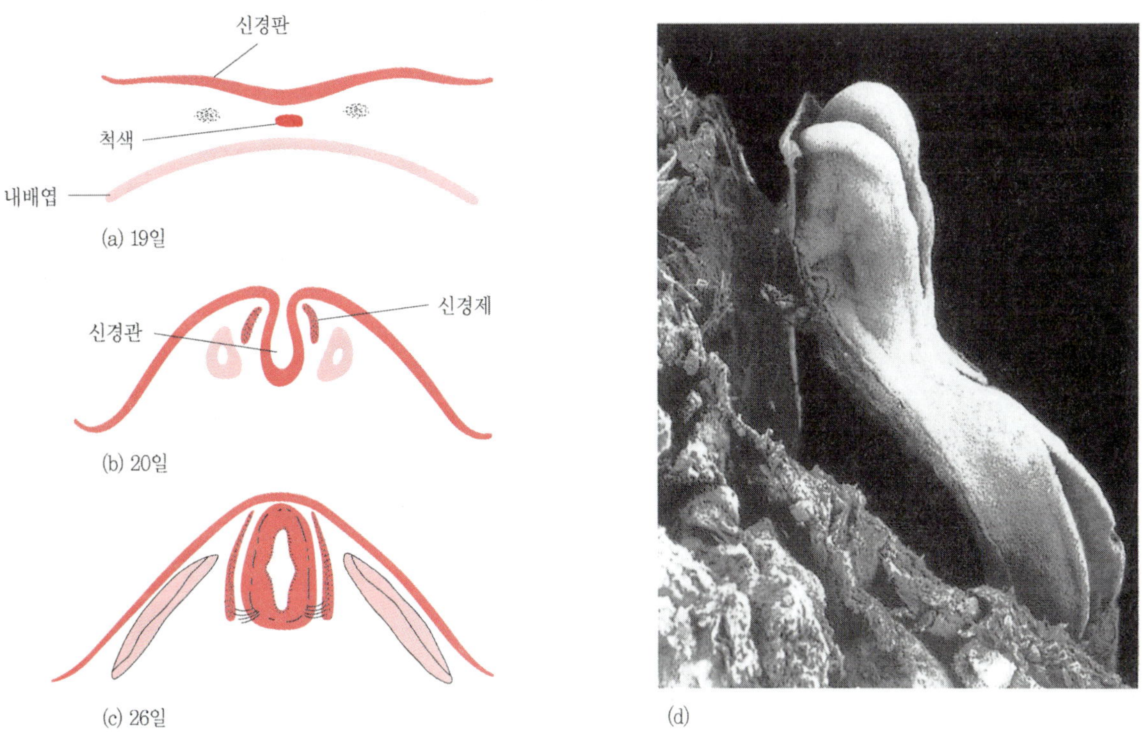

그림 7-35 사람의 초기신경계 발당과정을 묘사한 배의 단면도

세포들은 신경관 주위에서 아래로 이동하여 배근신경절(dorsal root ganglion), 절후교감신경원(postsympathetic neuron) 등을 형성한다. 배근신경절에 있는 지각신경세포로부터 감각기관 쪽으로는 수상돌기가 자라고, 척수 쪽으로는 축삭이 자란다. 그 밖에도 부교감신경계의 신경원, 부신수질의 에피네프린(epinephrine) 생성세포, 상피의 색소세포, 일부 두개골 등이 신경제에서 발생한다.

신경제가 발생하고 있을 때, 다른 기관들도 발생하여 모습을 드러내기 시작한다. 맨 먼저 내배엽으로 된 소화관이 전장과 후장의 상태로 형성되고, 후에 난황낭(yolk sac)으로 이어지는 관이 막혀 중장이 생긴다. 또 간장, 췌장 및 기관 등이 전장에서 발생하고 기관이 아래로 더 자라서 폐의 원기를 만들며(그림 7-36), 전장의 가장 앞부분이 인두가 된다. 중배엽에서는 심장을 포함하는 순환계, 골격계, 근육, 신장, 생식기관 등이 발생한다.

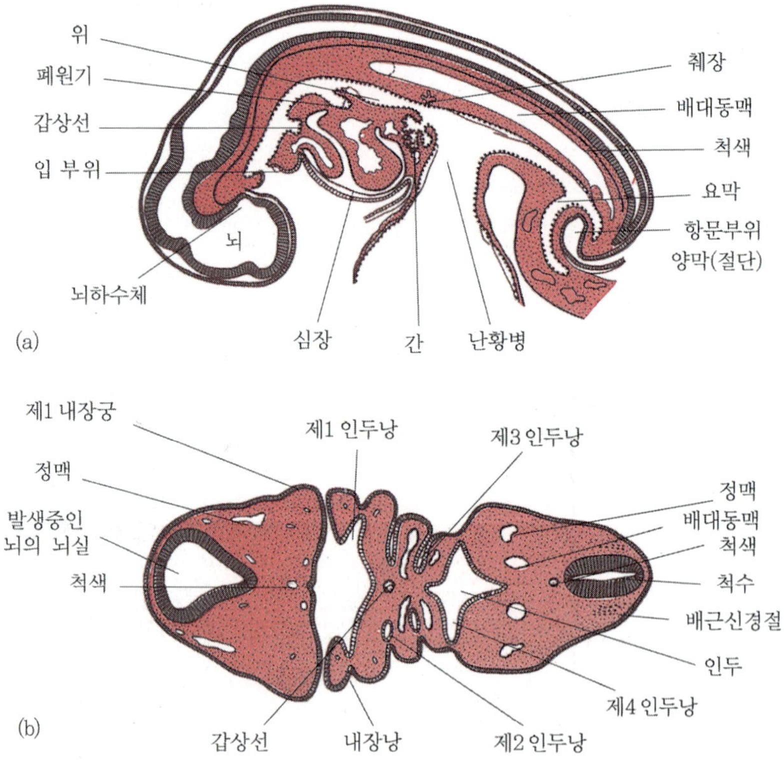

그림 7-36
기관형성

7-4-7 사람의 발생

수정으로부터 출생 전까지 사람의 발생은 모체의 마지막 월경 첫날부터 약 280 일이, 임신으로부터는 약 266 일이 소요된다.

1. 초기발생

수정 후 약 24 시간이 경과하면 수정란은 감수분열을 끝내고 유사분열을 하여 2 세포배(two-cell embryo)가 된다. 세포가 계속 분열한 4 세포배는 수란관을 따라 자궁으로 이동하면서 세포수를 증가시켜 상실기에 이르러 자궁에 도달(수정 후 약 5 일)한다(그림 7-37, 7-38 참조).

배는 자궁선에서 분비하는 영양액에 잠긴 채, 2 내지 3 일 동안 발생을 계속하여 포배기에 이른다. 포배기 배의 영양막(trophoblast)은 후에 장막(chorion)과 양막(amnion)이 되고, 영양막 바로 안쪽 세포들이 모여서 내세포집단(inner cell mass)을 형성한다. 이 내세포집단은 계속 분열하여 앞으로 사람을 발생시킬 배가 된다(표 7-2 와 그림 7-39 참조).

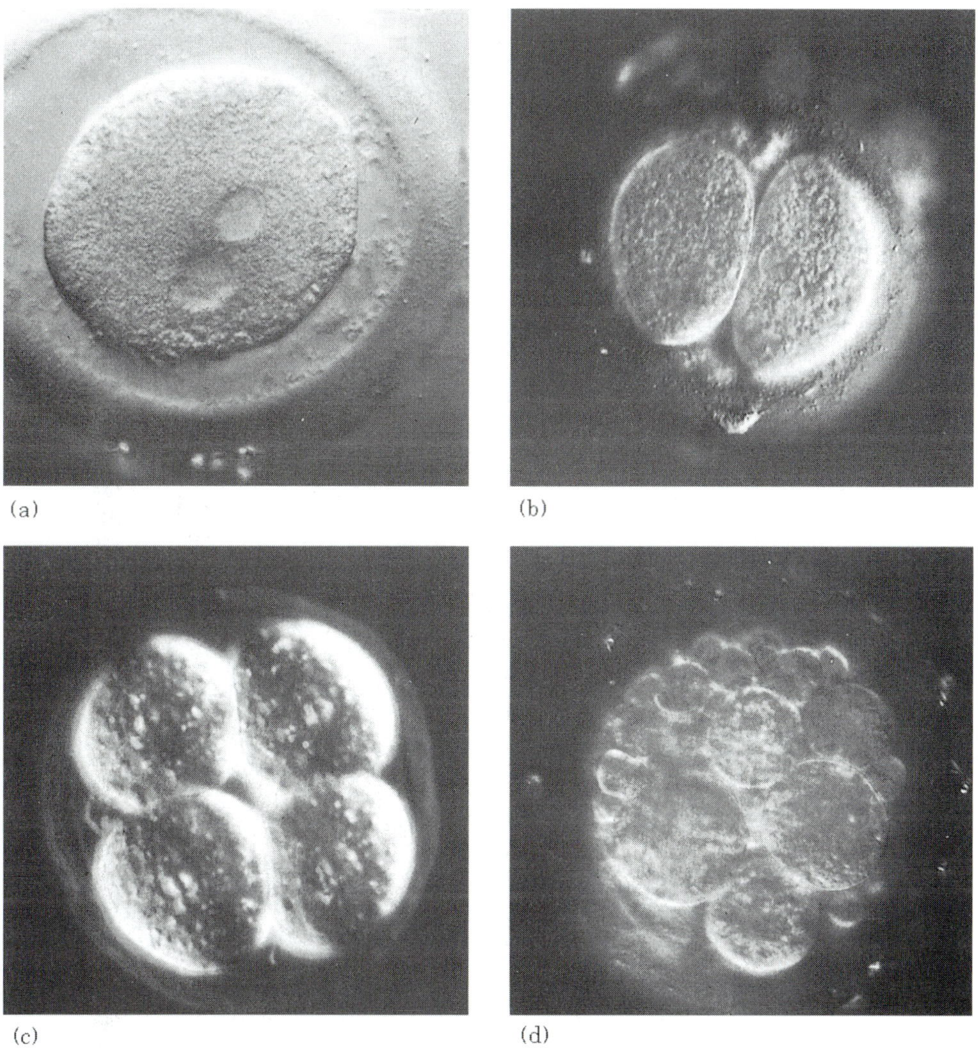

그림 7-37 사람의 초기 배발생

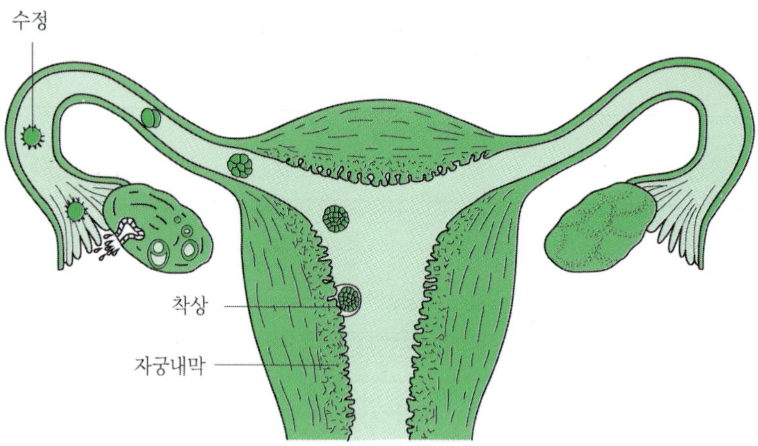

그림 7-38
사람의 배가 수정에서 착상에 이르는 발생과정

표 7-2 사람의 배에서 일어나는 중요한 발생과정

수정후 경과시간	일 어 나 는 일 들
24 시간	배는 2 세포기에 이른다.
3 일	상실배는 자궁에 이른다.
7 일	배반은 착상하기 시작한다.
2.5 주	척색과 신경판이 형성되고 심장을 만들 조직이 분화한다. 난황낭과 장막에서 혈구들이 형성된다.
3.5 주	신경관이 형성되고 눈과 귀의 원기가 나타난다. 인두낭이 형성되고 간원기가 분화한다. 호흡기계와 갑상선이 막 발생하기 시작하고 심장관이 융합하여 구부려지고 박동하기 시작한다. 혈관이 생긴다.
4 주	사지 원기가 나타나고 전뇌, 중뇌, 후뇌가 형성된다.
2 개월	근육이 분화되고 배가 움직일 수 있다. 생식소가 정소와 난소로 구분되고 뼈가 경화된다. 중심적인 피질이 분화되고 주요 혈관들이 최종 위치를 취한다.
3 개월	외적인 관찰로 성을 알 수 있고 척색이 퇴화한다. 림프선이 발생한다.
4 개월	얼굴이 사람 모습을 나타내기 시작하고 대뇌엽이 분화한다. 눈, 귀, 코가 더 정상적인 모습을 띤다.
7~9 개월	태아 솜털이 났다가 다시 없어진다. 신경세포가 수초로 둘러싸이게 되고 몸 크기가 엄청나게 커진다.
266 일(수태후)	출생

2. 쌍생아

만약 2 세포기 배의 두 세포가 따로 분리되거나, 포배기의 내세포집단이 두 세포군으로 분리되면 똑같은 유전자를 갖는 일란성 쌍생아(identical twin)가 발생한다. 배란기에 2 개의 난자가 동시에 배란되어 이들이 각각 수정이 됨으로써 정상적으로 발생할 경우에 이란성 쌍생아(fraternal twin)라고 한다. 이란성 쌍생아는 서로 다른 유전자가 조성되어 성이 다르거나 모습이 완전히 다를 수 있다.

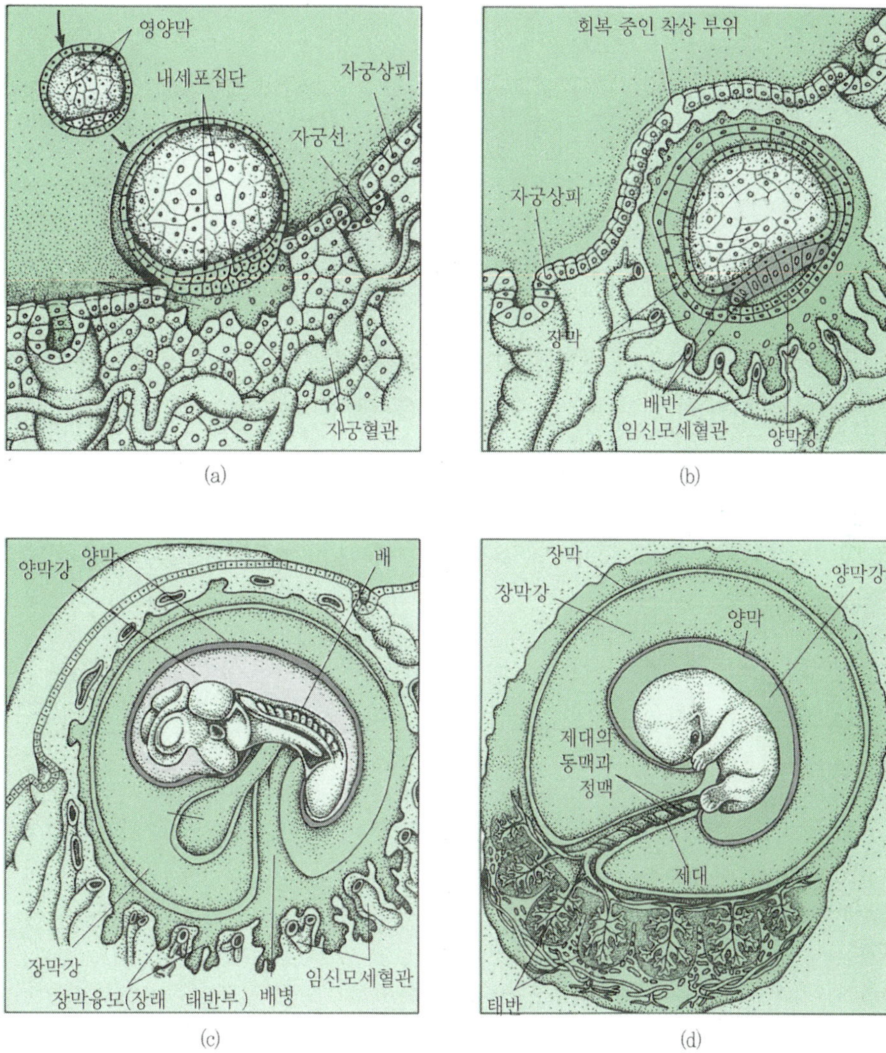

그림 7-39 사람의 초기배 착상과 발생

3. 착 상

발생이 시작된 지 약 7일이 되면 배는 자궁내막에 착상하기 시작한다(그림 7-39 참조). 자궁상피층과 접하고 있는 배의 영양막 세포들은 효소를 분비하여 상피층을 붕괴시키고, 상피기저부까지 내려간 배는 곧 재생된 상피세포들로 완전히 덮히며 자궁내막 안에서 발생을 계속한다(그림 7-40). 배의 자궁 내 착상은 발생 약 9일 경에 끝나며, 임신부 월경주기의 약 23일에 해당되나, 임신 중임을 임신모 스스로가 대부분 느끼지 못한다.

4. 기관형성

자궁에 착상된 배의 내세포집단의 일부 세포들은 편평세포가 되어 내배엽으로, 일부 세포들은 원주상세포로 되어 외배엽으로 분화된다.

발생을 시작한지 2 내지 3 주가 되면 조류의 낭배형성 과정과 거의 비슷하게 진행되어 척삭과 신경판이 형성된다. 이어서 신경관이 발생하여 5 주째가 되면 전뇌, 중뇌, 후뇌가 완성되고 6 주째가 되면 전뇌로부터 대뇌반구의 원기가 나타나기 시작한다.

발생을 시작한 지 한 달 동안에 중배엽에서 심장의 모습이 나타나기 시작한다. 심장은 분당 약 60 회까지 박동을 하고(그림 7-40) 인두, 기관의 원기, 간장, 췌장, 담낭 및 사지의 원기 등이 분화된다(그림 7-41, 7-42, 7-43 참조).

약 5 주가 되면 꼬리가 뚜렷이 나타나지만(그림 7-42), 성장이 매우 느려 8 주 말이 되면 몸의 크기에 비해 매우 작아서 확인하기 어렵고, 근육이 발생하여 약간 몸을 움직일 수 있으며, 뇌도 기능을 수행하기 시작한다. 발생을 시작한 지 2 개월이 지났을 때부터의 배를 태아(胎兒, fetus)라고 한다.

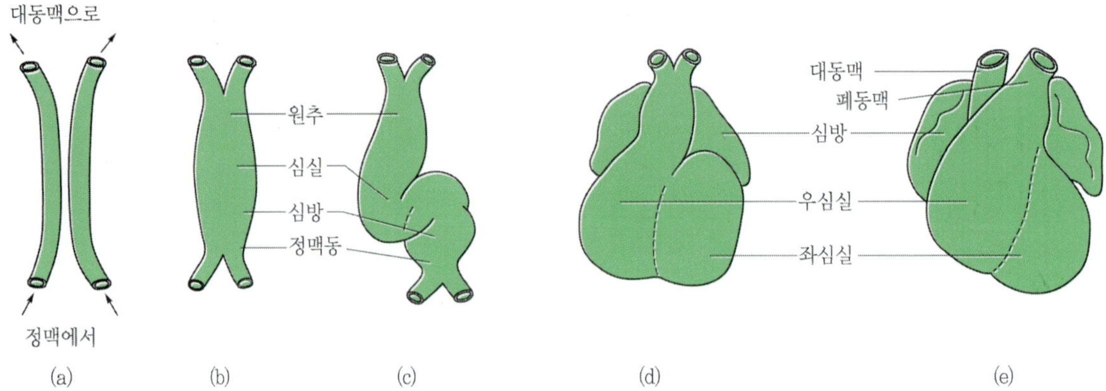

그림 7-40 사람의 배발생 3 주 경에 일어나는 심장의 발생과정

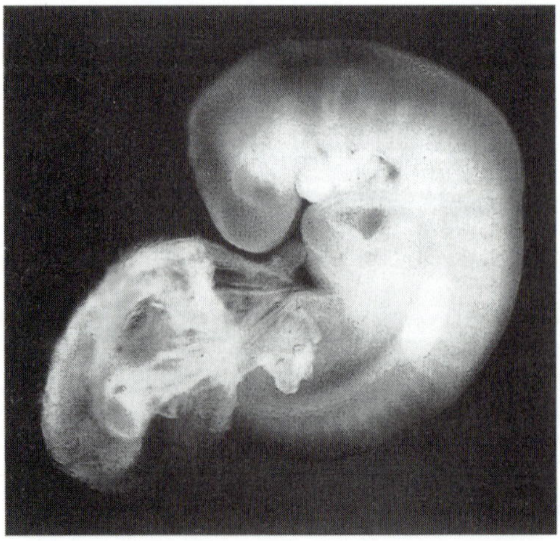

그림 7-41 수정후 29 일된 사람의 배

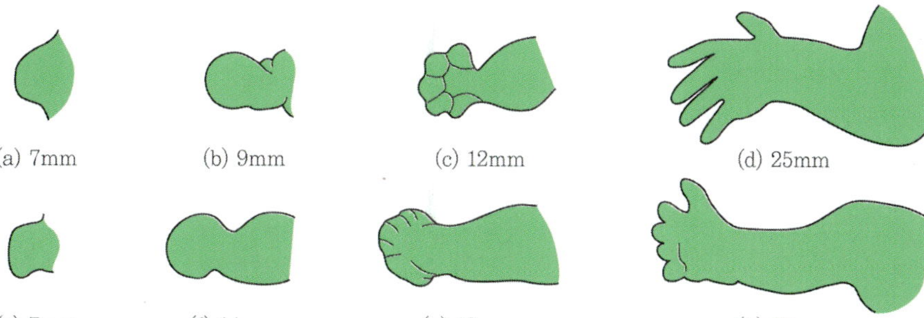

(a) 7mm (b) 9mm (c) 12mm (d) 25mm

(e) 7mm (f) 14mm (g) 18mm (h) 25mm

그림 7-42 사람의 팔(위쪽)과 다리(아래쪽)의 발생

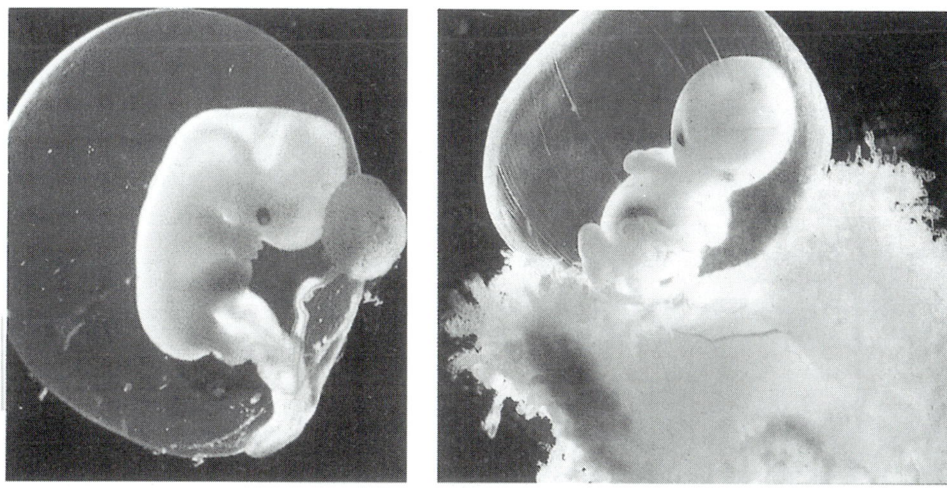

(a) (b)

그림 7-43 발생 중인 사람의 배

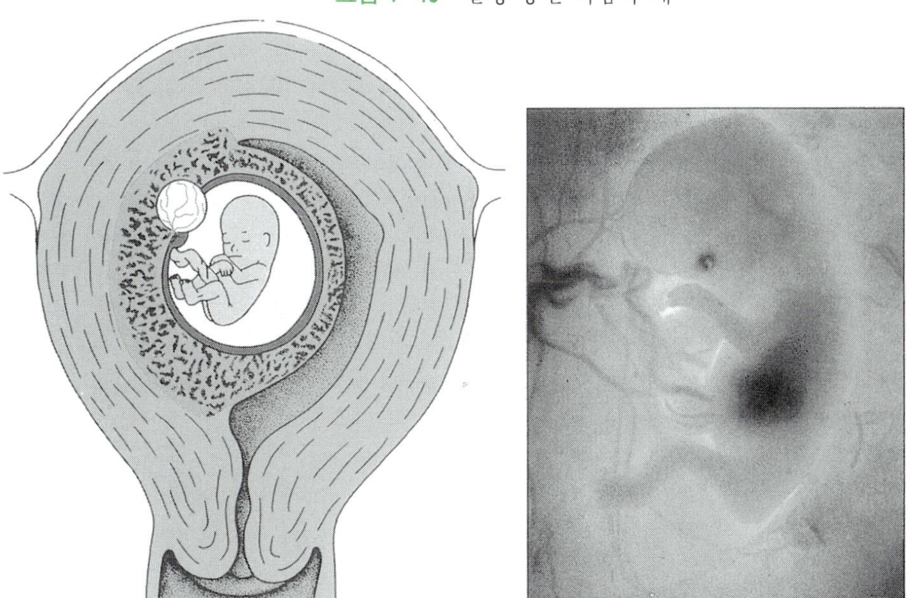

그림 7-44 발생 10주째인 사람의 태아

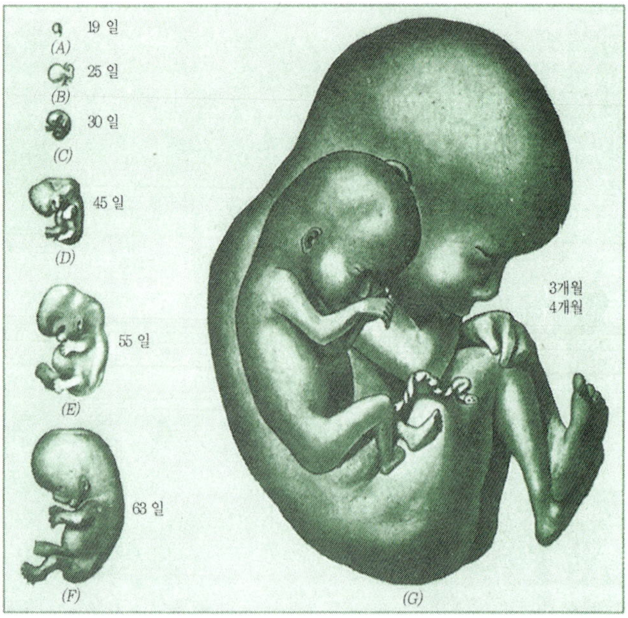

그림 7-45 발생시기에 따라 나타나는 태아의 형태

12주 말이 되면 태아는 사람의 모습을 하게 되고, 외부생식기도 확인된다. 귀와 눈도 제 위치에 이르고 일부 골격도 나타나며 척삭은 퇴화한다. 태아의 크기는 대략 56 mm의 키에 14 kg의 몸무게에 이르고 호흡운동도 한다(그림 7-44, 7-45 참조).

5. 후기발생

4개월에서 6개월까지의 태아는 심장박동이 분당 약 150번에 이르고 양막강 안에서 자유로이 움직인다. 7개월부터의 태아는 빠르게 성장하여 조직과 기관이 마지막으로 분화된다. 이 시기에 태아가 예정보다 이르게 출생하게 되면 태아는 정상적인 호흡을 하려고 하며 움직이거나 울 수도 있다. 그러나 뇌와 폐가 아직도 충분히 발달되어 있지 않아서 대부분의 경우에 태아는 살지 못한다.

7개월이 되면 대뇌가 빠르게 성장하고 회전(convolution)도 한다. 이 시기의 태아의 몸은 대부분 배냇머리(lanugo)로 덮여 있으나 대부분의 경우는 출생 전에 없어진다.

7-4-8 발생과정의 조절

접합자가 분열을 반복하여 형성된 세포들은 발생과정을 거치면서 서로 다른 조직과 기관계를 분화시켜 성체의 몸 구조와 같은 태아를 발생시킨다.

현대생물학에서 해결해야 할 가장 중요한 문제 중의 하나는, 하나

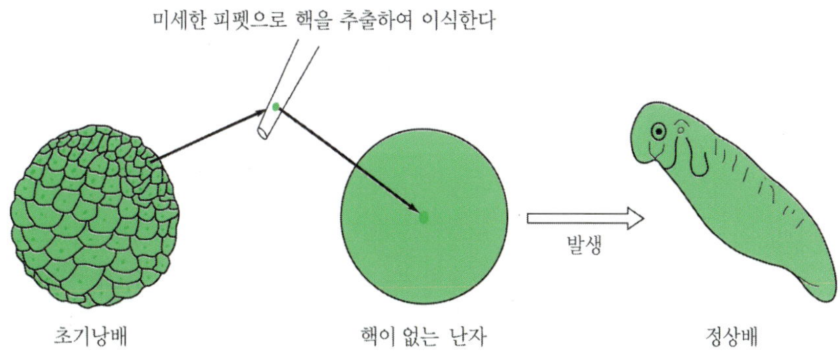

그림 7-46 개구리의 초기낭배의 이식실험

의 세포인 수정란이 어떻게 구조나 기능, 그리고 화학적 특성에서 현저히 다른 여러 가지 종류의 세포들로 분화시키는 조절기작이 과연 무엇이냐 하는 것이다. 이것에 대한 대답은 아직 원초적인 단계에 있지만, 지금까지 알려진 것 중에서 몇 가지를 개념적으로 소개한다.

연체동물인 *Dentalium* 에 속하는 한 종의 조개의 알은 적도면에 과립을 많이 포함하고 있는 부분이 있어서 수정란이 난할하면 식물극 쪽에 투명한 세포질이 한 할구에 붙어서 극엽(polar lobe)을 형성한다. 이 극엽이 있는 할구를 분리하여 발생시키면 정상적으로 발생하지만 극엽이 없는 할구는 중배엽으로부터 분화되는 기관이 없는 기형으로 발생한다.

다른 예로서 성게의 경우[그림 7-47 (e) 참조]와 같이 세포질에 발생을 조절하는 어떤 요인이 있을 수 있다. 즉, 수정란에 불균등하게 분포하고 있는 세포질의 물질들이 초기배의 분화에 영향을 준다.

수정란이 난할할 때 두 세포에 전달되는 세포질은 다르고, 그 후에도 각 세포마다 전달되는 세포질의 내용물도 같지 않다.

이와 같은 세포질 내용물의 차이는 결국 발생과정에서 영향을 준다. 난자의 세포질은 단백질합성에 필요한 RNA 를 대부분 포함하고 있다. RNA 합성을 저해하는 액티노마이신(actinomycin)을 수정란에 주입시키면 배는 궁극적으로 생존하지 못하지만 난할은 정상적으로 일어난다.

그러나 단백질합성을 저해하는 시클로헥사미드(cycloheximide)를 수정란에 처리하면 난할이 일어나지 않는다. 따라서 단백질합성은 정상적인 난할을 위해 꼭 필요하며, 단백질합성에 필요한 mRNA 는 수정이 일어나기 전에 이미 난자에 있었던 것으로 귀결된다.

유전자의 역할로는 R. Briggs 와 T. King 이 개구리의 초기낭배의 한 세포에서 들어낸 핵을, 핵을 제거한 난자에 넣어준 결과 정상적으로 개구리가 발생되었다고 하였다(그림 7-47).

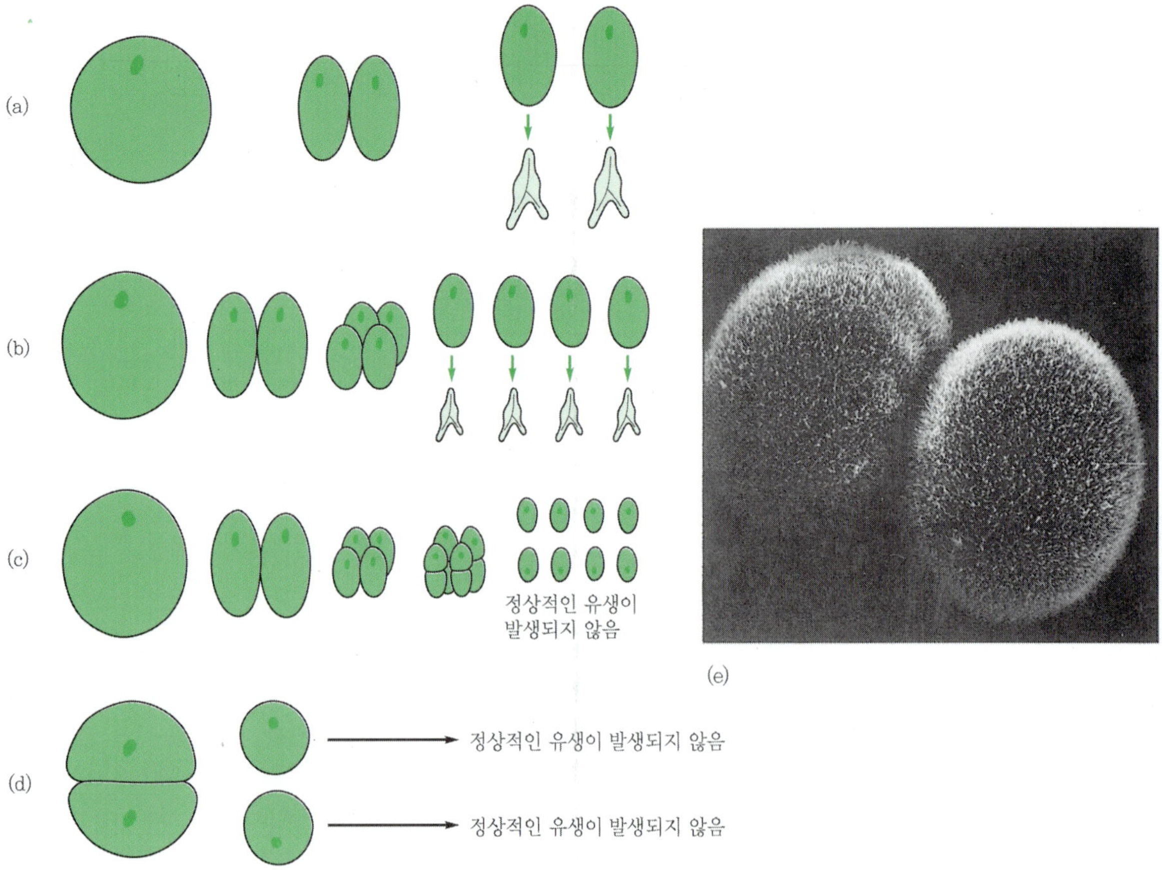

그림 7-47 세포질 인자가 발생에 미치는 영향

즉, 핵 안에는 발생과정을 조절하는 유전정보가 들어있어서 사람의 수정란의 유전자가 사람을 만들 수 있는 정보를 가지고 있다.

따라서 같은 사람이라도 사람에 따라 유전정보가 다를 때, 갈색 눈을 가진 사람이 발생하는가 하면 푸른 눈을 가진 사람도 발생한다. 그러므로 배나 태아의 모든 세포는, 조직이나 기관을 분화시키는 구조유전자(structural gene)뿐만 아니라 이러한 유전자를 조절하는 조절유전자(regulatory gene)도 포함되어 있다고 한다.

이웃 세포까지 분화를 유도함으로써 세포 스스로가 발생과정의 조절에 참여할 수 있다. 발생 중인 배와 태아의 특정 세포가 특정 물질을 분비하면 인근세포 주위에는 이 물질의 농도가 높고, 멀리 떨어져 있는 세포 주위에는 농도가 낮다. 이러한 농도의 차이는 세포들의 위치와 관련하여 어떤 정보를 제공하여 세포분화를 결정할 생화학적 반응을 일으킬 수 있다. Hans Spemann은 개구리의 초기낭배에서 원구배순의 조직편을 끊어내어 낭배의 복면할강 속에 이식한 결과, 배순의 이식조직으로부터 제 2 의 척삭이 발생하였음을 발견하였다. 이 이식조직에 덮인 위층이 신경판으로 발생하여 결국 신경관을 형성하였다.

이와 같이 이식조직은 그 주위의 숙주세포로 하여금 정상 발생과정을 바꾸도록 유도하여 제 2 의 배가 그곳에 생기게 된다. Spemann 은 이 원구의 배순을 형성체(形成體, organizer)라 하였고, 이것이 이끄는 일을 유도작용이라 하였다. 즉, 형성체는 신경관의 형성을 유도시킴으로써 형태형성과 분화를 일으킨다. 이 신경관은 그 후 다른 구조의 형성을 유발시킨다.

한편 초기낭배에서 신경관으로 발생하게 될 외배엽조직 편을 끊어내어 복면의 외배엽에 이식시키면 신경관으로 발생하지 않고 피부를 형성한다. 반대로 복면의 것을 장차 신경관으로 발생하게 될 배면에 이식하면 복면의 외배엽조직은 신경관 형성에 기여한다. 그러나 낭배후기에서 똑같은 실험을 하면 위와는 다른 현상이 나타난다. 즉, 장차 신경관으로 될 외배엽조직을 복면에 이식하여도 신경관으로 분화되고, 복면의 외배엽조직을 장차 신경관으로 될 배면의 외배엽에 이식하여도 피부로 분화한다.

따라서 초기낭배와 후기낭배 사이에는 무엇인가 어떤 일이 일어났음이 분명하다. Spemann 은 장차 신경관으로 될 배면의 외배엽조직 바로 아래의 척삭세포가 이러한 변화를 일으킨다고 주장하였다. 후기배에서는 척삭세포가 어떤 물질을 분비하여 바로 위에 있는 배면의 외배엽세포를 자극한다.

그 결과 배면의 외배엽세포들은 신경조직으로 분화된다. 그러나 초기배에서는 배면의 외배엽조직을 자극하는 물질이 분비되지 않아서 이 외배엽세포들은 피부조직으로 분화될 수 있다. 또한 후기낭배의 외배엽세포들은 유도물질(inducer)의 영향으로 그들의 운명이 결정되기 때문에 쉽게 바뀔 수 없게 된다. 그 후 많은 실험결과에 의하면 발생의 진행방향은 배나 태아의 세포들 사이에 어떤 물질이 교환되고 이 물질이 세포 안에서 어떤 유전자를 활성화시키느냐에 따라 달라진다고 한다.

비유전적인 요인이 유전적인 요인과 상호 작용하여 발생과정을 조절할 경우도 있다. 발생과정에서 비유전적인 요인이 분화를 결정하는 데 중요하게 작용할지라도 최종적인 조절은 유전자가 한다. 배세포가 세포물질이 불균등하게 분포해 있거나, 인접세포가 분비한 유도물질에 노출되거나, 환경요인이 달라지거나 하면 분열은 하여도 서로 다른 두 세포로 될 수 있다. 두 세포가 서로 다르다는 것은 화학적 조성도 다름을 의미한다.

세포 내의 화학적 조성이 달라지게 되면 이제까지 불활성인 유전자가 활성화되면서 특정단백질의 합성을 촉진하게 되거나, 그 반대의 경우도 있을 수 있다. 그 결과 새로운 세포가 분화되어 새로운 조직이나 기관형성에 기여할 수 있다.

끝으로 세포주위의 환경이 발생과정을 조절할 수 있다. 생체 안에서 생장 중인 세포집단들은 조직마다 다르기는 하지만 영양물의 성분, 발생저해물질 및 항물질대사산물(antimetabolites)의 존재, 여러 가지 환경요인 등에 대하여 민감한 반응을 나타낸다. 이와 같은 여러 가지 요인 중 어떠한 것이라도 발생의 중요한 시기에는 배발생과 분화과정에 변화를 일으킬 수 있다.

형성체

척색중배엽이 신경관을 유도한 것은 배에서 최초의 유도이며, 이것에 잇따라 유도된 조직이 다시 다음의 조직을 유도한다. 이렇게 유도의 연쇄반응이 시작되어 배의 다양한 기관과 조직이 형성되어 간다. 배의 모든 기관은 유도의 끈으로 연결되어 있고, 그 정점에 척색중배엽이 위치하고 있는 것이다.

원구배순부와 같이 그것이 접하고 있는 다른 부분에 작용하여 발생에 유도적인 영향을 주는 성분을 형성체(organizer)라고 하는데, 이와 같은 형성체는 여러 종류가 있으므로 배발생은 이들에 의한 일련의 연쇄반응에 의해서 유도된다고 볼 수 있다.

연 습 문 제

1. 무성생식이란 무엇인가? 그 종류를 쓰고 설명하시오.

2. 감수분열과 유사분열의 유사점과 차이점을 설명하시오.

3. 난자와 정자의 형성과정을 설명하시오.

4. 난자와 정자의 기능에 대한 구조적 적응을 설명하시오.

5. 난자의 성숙과 배란까지의 과정을 호르몬과 연결하여 설명하시오.

6. 수정과정을 설명하시오.

7. 등황란, 단황란 및 중황란의 기본적인 차이를 설명하시오.

8. 외배엽, 중배엽, 내배엽은 성체에서 어떤 기관이 되는지 설명하시오.

9. 척추동물에서 척수는 어떻게 형성되는지 설명하시오.

10. 개구리의 발생과정 중 수정에서부터 신경배 형성까지를 설명하시오.

11. 신경배 형성 후에 각 배엽의 분화를 설명하시오.

12. 형성체란 무엇인가? 형성체가 분화과정에서 어떤 역할을 하는가?

13. 초기발생에서 핵의 능력을 설명하시오.

14. 일란성 쌍생아, 이란성 쌍생아, 세 쌍둥이가 생기는 것에 대하여 설명하시오.

15. 바로 부화된 올챙이는 수정란보다 약간 크다. 그 이유를 설명하시오.

16. 조류와 사람의 초기발생의 비슷한 점과 다른 점은 무엇인지 설명하시오.

17. 전성설과 후성설을 설명하시오.

18. 세균의 증식과정을 예시하시오.

19. 균류의 생활사를 예시하시오.

20. 중복수정을 고등식물에서 예시, 설명하시오.

제8장 건강과 생명과학

8-1 건강과 병의 정의

WHO (World Health Organization, 세계보건기구)의 헌장에는 "건강을 신체적 · 정신적 · 사회적으로 볼 때, 완전히 만족할만한 상태에 있으며, 단순히 병 또는 병약(病弱)상태가 아닌 것만은 아니다." 라고 되어 있다.

일반적으로 병이란 "생물의 전신 또는 일부에서 생리상태에 이상이 야기되어 정상적인 기능을 영위할 수 없는 현상"으로, 즉 개체의 질서가 어떤 원인에 의해 난조상태에 있다는 것을 말한다.

여기서 어떤 원인이란 미생물의 침범을 받았을 때와 복잡한 생리학적작용의 협조로 신체를 안정시키고 있는 자기조절기구, 즉 항상성(恒常性, homeostasis)을 난조하게 하는 유해작용(stressor)으로 신체 안에는 비특이적인 긴장상태가 유발함으로서 일어난다.

따라서 개체의 질서를 유지하는 것이 건강상태 혹은 정상적인 생리적 상태이고, 이러한 질서가 파탄된 것이 '병 상태' 혹은 '병리적 상태' 라고 할 수 있다. 이때 건강상태와 병리상태 간의 경계를 어떻게 결정하느냐는 것이 결코 쉬운 문제는 아니라고 여겨진다.

8-2 미생물과 건강

8-2-1 사람과 미생물의 관계

사람을 둘러싸고 있는 환경에는 많은 미생물이 존재하고 있기 때문에 사람과 미생물 사이에는 여러 가지 관계가 있는 것으로 알려져 있다. 가령, 사람의 건강에 대해서 보면 사람과 미생물과는 직접적으로 관계를 맺고 있는 경우와 간접적으로 관계를 맺고 있는 경우가 있다.

사람에게 직접 해를 주는 미생물을 병원미생물이라 한다. 오랜 인류의 역사에서 보면, 태고시대부터 극히 최근에 이르기까지 병 중에서도 가장 큰 문제는 전염병(콜레라, 페스트, 각종 티푸스 등)에 의한 감염과의 투쟁의 연속이었고, 결핵 등으로 사람이 생명을 빼앗기는 일도 있었다. 이러한 것은 오늘날 암이 사람을 죽게 하는 병으로서 사람에게 죽음을 맞게 하는 것과 같은 경우이다.

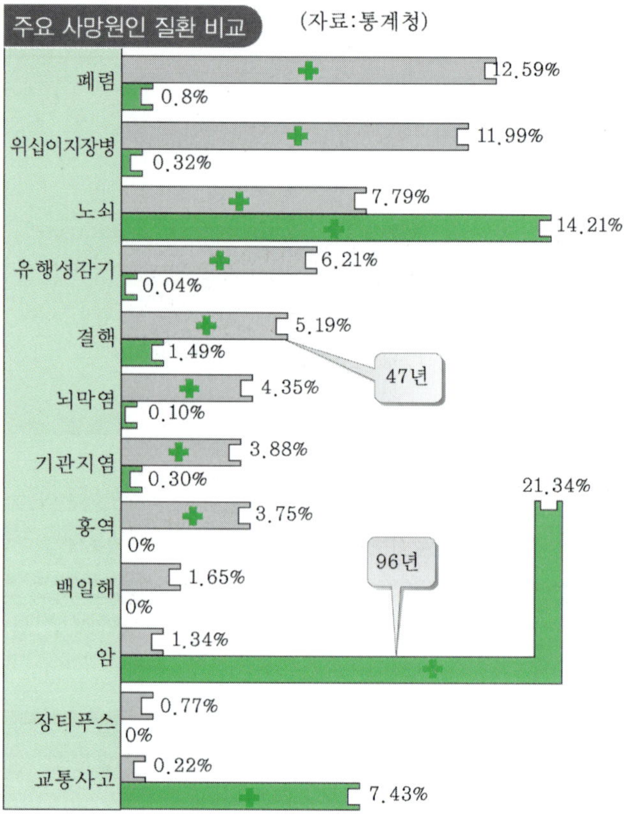

그림 8-1 감염증의 변천
통계청(조선일보, 98. 8. 10)

그런데 이러한 상황도 제 2 차 세계대전이 끝난 이후부터는 급변하게 되었다. 즉 2 차대전 이전에는 감염증이 가장 큰 부분을 차지하고 있었지만, 이후부터는 항생물질이나 백신 등의 개발로 감염증과 결핵에 의한 사망률은 급감했고, 그 대신 당뇨병, 고혈압 등의 성인병이 급증하게 되었다.

병에 대한 투쟁은 이러한 병의 변천을 충분히 이해하지 못하면 대응하지 못할 것이다. 여기서 밝혀 둘 것은 감염증의 환자가 결코 감소한 것이 아니고, 초기에 치료를 하였기 때문에 큰 문제로까지 발전하고 있지 않고 있다는 것으로 이해해야 할 것이다.

병원미생물 중에는 사람에게 유익한 미생물도 적지 않다. 그것은 장에서 공존하고 있는 세균군을 대표로 하는 공생미생물이다. 장내 미생물이 비타민을 생산하여 사람에게 공급하는 예는 잘 알려져 있다.

이와 같이 미생물은 여러 가지 유용물질을 생산하는 기능을 갖고 있기 때문에 그 기능을 이용해서 먹이, 음료 혹은 의약품의 생산에도 기여하고 있다. 따라서 미생물은 사람의 건강유지에 간접적으로 기여하고 있다는 생각이다. 특히 최근 유전자공학의 발전은 미생물의 중요성을 더욱 강조하고 있는 셈이다.

8-2-2 사람에 유해한 미생물

1. 병원미생물의 종류

감염증을 일으키는 병원미생물에는 세균, 리케차, 진균(곰팡이류), 바이러스 등의 종류가 있어서, 여러 가지 병의 증상을 나타내고 있다. 이들 병원미생물도 그 종류나 중요성 등이 시대가 변천함에 따라 변화하고 있다. 특히 2차대전 이후에는 커다란 변화를 나타내고 있는데, 감염증의 치료·예방법이 혁신적으로 발전하기 때문이다.

따라서 사람을 죽음에 이르게 하는 감염증은 페니실린을 비롯한 항생물질과 백신 등의 개발로 급속히 감소하였고, 결핵 등으로는 사망률이 매우 낮은 것으로 알려지고 있다.

제너의 종두발견 이후, 장기간에 걸쳐 만연되어 왔던 천연두도 백신의 전세계적인 보급으로 지구상에서 소멸된 것은 감염증에 의한 공포감이 거의 완전하게 제거되었다는 뜻이다.

다만, 이렇듯 세계적으로 장기간에 걸친 미생물에 의한 전염병과의 싸움에서 이겨냈음에도 불구하고 현재에도 새로운 문제가 야기되고 있는 것은, 앞으로도 감염증에 대한 투쟁이 계속될 것이라는 전망이다.

노인사망의 원인으로는 폐렴과 그에 따른 심부전증이 큰 비중을 차지하고 있다. 의학이 발달함에 따라 사람의 평균수명은 크게 연장되었지만 이것은 한편으로는 저항력이 약한 노인이 대폭적으로 증가한 셈이 되고 있다.

예를 들면 항생물질로 병원미생물의 증식을 억제시킨다 하더라도 이것을 섭식함으로써 죽어버리는 몸의 세포, 특히 백혈구의 기능이 저하되면 완전치료는 불가능하게 된다.

또한 보통은 약독성(弱毒性)으로 생체에 그다지 해를 주지 않는 세균이 감염을 일으키는 경우가 있는데, 이러한 감염을 기회감염(機會感染, opportunistic infection)[1]이라 하며, 감염을 일으키는 세균에는 항생물질의 효과가 적은 것이 특징이다.

표 8-1 우리나라의 전염병과 그 병원체

병 명	병 원 체	병 명	병 원 체
[1종 전염병]		**[2종 전염병]**	
콜레라	그람음성간균 (비브리오)	폴리오	RNA 바이러스 (피콜너바이러스)
페스트	그람음성간균 (엘시니아)	홍 역	RNA 바이러스 (오르토믹스바이러스)
발진티프스	리켓치아	유행성 이하선염	RNA 바이러스 (문프스바이러스)
파라티프스	그람음성간균 (살모네라)	일본뇌염	RNA 바이러스 (토가바이러스)
디프테리아	코리네박테리움 (그람양성간균)	공수병	RNA 바이러스 (바브도바이러스)
세균성 이질	그람성간균 (외에 아메바이질)	마라리아	원생동물
황 열	RNA 바이러스 (토가바이러스)	발진열	
[3종 전염병]		성홍열	그람양성바이러스 (연쇄구균)
결 핵	마이코박테리움 (결핵균)	재귀열	스피로히이터 (폴래리아)
성 병		아메바성 이질	그람성간균
매 독	스피로하이터 (트래포니어)	수막구균성 수막염	
임 질	그람음성구균 (너이세리어)	유행성 출혈열	RNA 바이러스 (아래너바이러스)
연성하감	그람음성간균 (헤모피리스)	파상풍	그람성간균 (클로스트리디움)
소계임프육아종증	그라미디어	후천성 면역결핍증(AIDS)	RNA 바이러스 (래트로바이러스)
나 병	마이코박테리움 (나균)	렙토스피라증	
		쯔쯔가무시병	리켓치아

또 항생물질은 감염성이 있는 세포에서는 대단히 유효하지만 널리 사용하고 있는 사이에 그 항생물질에 저항성을 나타내는 세균이 출현하기 시작한다. 이것을 약제내성(藥劑耐性, durg resistance)이라 하는데, 이 때문에 항생물질도 쓸모없게 되고 만다. 또 항생물질에 감수성이 있는 세균을 억제시키기 위한 내성균이 증가하는 경우도 있다.

---

1) 몸(숙주)의 저항력이 여러 가지 이유로 낮아지면, 평소에는 약한 독소이고, 비병원성인 균도 이에 따라 증식하여 감염병을 일으키는 경우가 있다. 감염저항력을 저하시키는 조건으로는 암 등이 진행된 상태, 혹은 여러 가지 약제에 의한 저항력의 저하 등을 들 수 있다. 원인이 되는 감염인자로는 세균, 진균, 바이러스, 원충 등 많은 종류가 있다.

이 약제내성은 내성유전자의 출현에 기인되는 경우가 많기 때문에 이 현상을 미생물이 갖는 기본적인 구조라고 볼 수도 있다.

따라서 아무리 새로운 항생물질을 투여하드라도, 바로 내성유전자를 갖는 세균으로 바뀌지는 셈이 되어, 이것으로는 어디까지나 숨박꼭질하는 셈이 되고 만다. 따라서 현재. 항생물질요법 연구에 있어서는 가장 중요한 문제로 제기되고 있다.

8-2-3 사람에 유익한 미생물

미생물 중에는 병원미생물과는 달리 사람에게 유익할 뿐만 아니라, 건강유지에도 대단히 중요한 역할을 하는 종류도 있다.

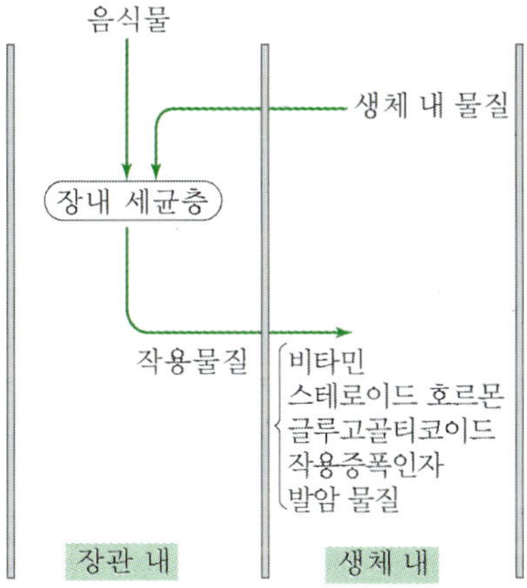

그림 8-2 장내세균총이 생산하는 물질이 생체기능에 미치는 영향

예를 들면 항상 여성의 장에만 존재하는 도테르라인(Doderlein)이라는 간균은 균의 침입에 대해 저항력을 제공한다. 그러나 가장 잘 알려져 있는 것으로는 사람의 장에 항상 서식하는 세포군[2]이다.

이 균총(菌叢)은 생식 직후부터 정착하기 시작하는데, 이것을 구성하는 균의 종류는 개인에 따라 일정치 않다. 이러한 세균은 여러 가지 중요한 물질을 생산해서 인체에 공급하게 되는데, 균의 종류가 다르면 그 균이 만드는 물질의 종류도 달라짐으로 개체 간에 체질의 차이가 있다는 것은 장내세균총(腸內細菌叢, intestinal flora)의 차이 때문이라고도 말할 수 있다.

장내세균총의 중요성은 항생물질을 사용하는 재료에서는 확실히 알 수 있다.

2) 장내 세포총(叢) 또는 장내 공생미생물이라고도 한다.

항생물질은 병원성 미생물뿐만 아니라 정상적인 장내세균의 담당부분에도 억제작용을 나타내므로 사람에 따라서는 비타민 생성이 결핍되는 경우도 있다. 장내세균총의 중요성은 동물을 무균동물 상태로 두면 더욱 확실히 알 수 있다.

무균동물이 되면 성호르몬의 기능이 저하하고, 부신피질호르몬에 대한 감수성과 기초대사량도 저하한다. 이러한 병적인 변화는 무균동물의 장내에 정상의 세균총을 정착시키면 바로 회복된다.

사람의 장에서는 섭취한 음식물과 체내에서 담즙 등을 통해 분비되는 여러 가지 생체 내의 물질 등을 재료로 하여 장내세균이 그 효소 등을 이용함으로써 화학변화를 일으키면서 여러 가지 물질을 만들고 있다.

그중에는 비타민 외에도 호르몬 유사물질, 대사에 관계하는 물질 등이 있어 이들이 흡수되면서 생체의 기능을 조절하는 데 작용하고 있다. 그런 뜻에서 장내세균총은 생체 내에 있는 호르몬을 만드는 기관과도 같은 역할을 하는 셈이 된다. 다만, 때로는 발암물질과 같은 유해물질을 만드는 경우도 있다.

최근에 위암 환자보다도 대장암 환자가 증가하게 된 것도, 첫째는 음식물의 변화이고, 두 번째는 그에 관계하는 장내세균의 작용 때문이 아닌가라는 생각을 하고 있다.

8-2-4 미생물과 바이오테크놀러지

위에서 밝힌 바와 같이, 미생물이 갖고 있는 기능을 이용하여 여러 가지 물질을 생산함으로써 사람의 건강에 유익하게 작용하고 있다는 것은 널리 알려져 있는 사실이다. 발효에 의한 술의 생산은 물론이고, 항생물질의 생산이 병원미생물의 배제에 크게 공헌하고 있다는 것도 이미 밝혀진 바이다.

그러나 미생물이 각광을 받고 있는 것은 대장균을 비롯한 유전자공학의 영역이라 할 수 있다. 그에 따라 인체가 만드는 중요한 물질을 대량으로 시험관 내에서 만들 수 있게 되었다.

인슐린이나 성장호르몬 등은 물론이고, 감염증 대책 면에서 B 형간염의 백신, 바이러스에 저항하기 위해 생체의 세포에서 인터페론 등이 유전자 치환으로 만들 수 있게 되었다. 미생물의 제압을 미생물로서 하는 것은 항생물질뿐만 아니라 새로운 유전자공학적 방법으로도 가능성이 있는 것이다.

8-3 감염증과 항생물질

8-3-1 감염증(infectious disease)

감염증은 병원미생물, 기생충 등 병원체가 사람이나 동물 등의 생물체에 침입한 후 정착, 증식하여 감염을 일으킴으로써 걸리는 질환을 말한다. 이것은 병원체가 몸의 조직을 파괴하거나 독소를 내어 몸에 해를 입힘으로써 발생하는 것인데, 반드시 일정한 잠복기를 거쳐야만 발병하는 특징이 있다.

병원미생물이 감염증의 주범임이 알려지기 시작한 것은 19세기에 들어와서부터이며, L.파스퇴르와 R.코흐의 연구에 힘입은 바 크다. 현재 병원미생물로는 세균, 스피로헤타, 리케차, 바이러스, 진균, 원충 등이 있다.

주된 감염경로로는 직접 병소에 닿는다든가, 환자의 침 · 가래의 비말을 흡입(비말감염)하여 감염되는 직접감염, 병원미생물로 오염된 식품, 음료수, 공기(먼지), 토양 또는 쥐, 곤충, 진드기 등 절지동물을 매개로 감염되는 간접감염을 들 수 있다. 병원미생물의 체내 침입구로는 호흡기, 소화관, 비뇨기, 생식기, 피부(주로 상처) 등이 있다.

대표적인 세균감염증에는 성홍열, 이질, 장티푸스, 결핵, 나병, 폐렴구균성폐렴, 기관지염, 신우염, 방광염, 화농증 등이 있으며, 스피로헤타감염증에는 매독, 렙토스피라증 등이 있다.

리케차감염증에는 발진열, 털진드기유충발진병 등이 있고, 바이러스감염증에는 유행성감기(인플루엔자), 간염, 소아마비, 일본뇌염, 유행성이하선염, 홍역, 풍진, 수두 등이 있다.

진균감염증에는 칸디다증, 백선(무좀, 버짐) 등이 있고, 원충감염증에는 아메바이질, 말라리아, 트리파노소마증(수면병) 등이 있다. 한편, 기생충감염증에는 디스토마병(흡충증), 촌충증, 십이지장충증 등이 있다. 유사용어로서 전염병이 있는데, 이는 전염성 감염증을 가리킨다.

8-3-2 향후의 감염증 연구방향

앞에서 감염증은 아직도 인체에 병원(病原)으로 중요한 문제가 있다는 것을 강조했다. 따라서 한 가지 한 가지 새로운 문제에 대한 연구의 방향도 중요하다. 그중 몇 가지에 대해서만 설명하기로 한다.

감염증에도 세균에 의한 감염과 바이러스에 의한 감염은 개념상 큰 차이가 있다. 그림 8-5에서 보는 바와 같이, 세균이 감염하는 경우 세포 내에는 들어가지 않고, 세포 밖에서 증식하여 염증을 일으키면서 인체에 해를 주지만 바이러스 감염의 경우는 세포 내에 들어가서 세포 내에서 증식한다.

그리고 어떤 경우에는 세포를 포식하기도 하고 혹은 세포 내의 유전자에 들어가기도 한다. 특히 후자의 경우는 치료가 매우 어렵게 된다. 세균감염의 치료는 세포 밖에 있는 세균을 항생물질로 증식하지 못하도록 하고, 체내의 식세포에 의해 처리하도록 한다.

이때 발생하는 문제로는 앞에서 설명한 바와 같이 세균이 항생물질에 대해 내성을 일으키는 유전자를 갖게 된다면, 생체를 방어하는 면역과 식세포의 기능이 충분히 발휘하지 못하게 된다.

바이러스의 경우는 세포 안에 들어가기 때문에 면역, 특히 항체에 대한 면역을 작용하지 못하게 될 뿐만 아니라, 바이러스의 증식을 특이적으로 억제하는 부작용이 적은 약제가 많지 않다는 문제가 있다. 따라서 현재의 바이러스에 대한 중요점은 백신에 의한 대책이다. 그러므로 바이러스에 직접 작용하는 약제를 개발하는 것이 바람직하다.

현재 미생물과의 투쟁에서 특별히 주목되고 있는 연구영역은 상술한 바와 같이 항생물질의 내성문제와 인체의 저항력을 어떻게 상승시켜야 하는가 하는 문제이다.

항생물질이 어떤 경우에나 내성발생을 막는 방법을 찾아낼 수만 있다면, 항생물질이 언제나 유효하게 되므로 새로운 항생물질을 개발할 필요가 없게 되어 감염증의 대책에 대해서는 크게 걱정할 필요가 없을 것이다. 그러나 이러한 개념에 대해서는 충분히 연구하여 왔었지만 구체적으로 아무런 결과를 얻어낼 수 없었다.

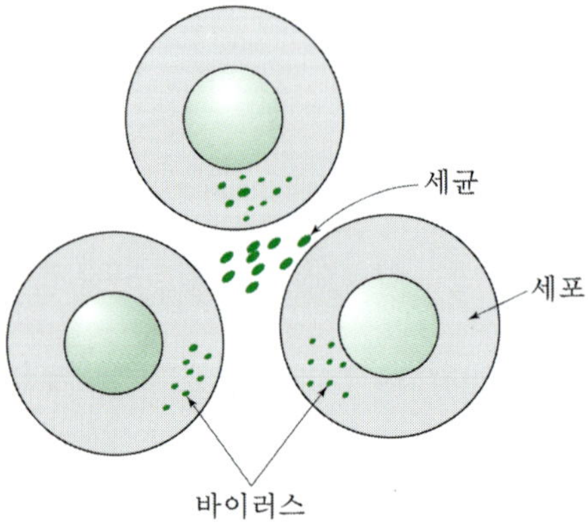

그림 8-3
세균감염과 바이러스 감염의 차이

최근에 항생물질의 내성유전자의 기능을 정지시키는 연구가 진행되고 있다. 이것은 내성유전자를 뽑아내서, 프로모터(promoter)라는 지령물질에 유전자를 역방향으로 결합시켜 이것을 내성유전자를 가진 세균에 편입시키는 것이다.

그렇게 되면 역방향의 유전자가 원래의 유전자의 기능을 정지시키기 때문에 이 세균에 다시 항생물질이 충분히 작용하게 될 것이다. 이 실험은 아직은 시험관 내에서의 연구에 불과하지만, 이 방면의 연구에 큰 지침이 될 것으로 기대된다.

감염증에 대한 대책으로 인체의 저항력을 높일 수만 있다면, 극단적으로 항생물질이 없더라도 세균을 전멸시킬 수 있고, 바이러스의 감염도 억제시킬 수 있는 가능성이 생기게 될 것이다. 또 그 정도까지는 무리라고 보지만, 저항력이 저하해서 기회감염이 일어나는 경우에 저항력을 정상상태로 되돌릴 수만 있다면 유효한 치료를 하는 셈이 될 수 있는 것이다.

최근에 백혈구 수를 증가시키거나 면역의 기능을 높이는 호르몬 같은 물질에 관한 연구도 진행되고 있는데, 동물실험에서는 백혈구수를 5,000/mm^3에서 500,000/mm^3까지 증가시킬 수 있게 되었다. 이 정도로 백혈구가 증가한다면 항생물질이 없더라도 세균과 능히 투쟁할 수 있을 것이다.

세균이 항생물질에 대해 내성을 일으키는 유전자를 갖게 된다면, 생체를 방어하는 면역과 식세포의 기능이 충분히 발휘하지 못하게 된다. 바이러스의 경우는 세포 안에 들어가기 때문에 면역, 특이 항체에 대한 면역을 작용하지 못하게 될 뿐만 아니라, 바이러스의 증식을 특이적으로 억제하는 부작용이 적은 약제가 많지 않다는 문제가 있다. 따라서 현재 바이러스에 대한 중요한 접근으로는 백신에 의거하는 대책인데, 향후에는 바이러스에 직접 작용하는 약제를 개발하는 것이 바람직하다다.

8-3-3 항생물질의 정의(definition of antibiotics)

항생물질은 특히 미생물에 의해 생성하여, 다른 세포의 발육 또는 기능을 저지하는 물질의 총칭인데, 동·식물에서 추출되는 항균물질을 포함시키기도 한다. 1941년 미국의 S.A.왁스먼은 세균에 의해 생합성되는 물질로서 다른 미생물의 생장을 저해하는 물질을 항생물질(antibiotic)로 정의하였으나 그 뒤 항종양·항바이러스항생물질이 발견됨으로서 왁스먼이 제창한 항생물질의 정의는 항균성항생물질로 한정되어, 현재와 같은 개념으로 확정하게 되었다.

또 미생물이 만드는 물질 중에는 항균작용을 나타내지 않고 효소저해작용과 특이적 약리작용을 가진 물질도 발견되어 의약품으로서의 효능도 주목하게 되었다. 이 물질들은 생산하는 미생물의 생육에 필수적인 것이 아니라는 뜻에서 미생물의 2차대사산물이라고 하며, 항생물질도 이 가운데 포함하고 있다.

지금까지 발견된 항생물질 수는 약 4,000종 이상이고, 3만 이상의 유도체를 생산했고, 50종 이상을 임상적으로 사용하고 있다. 항생물질의 발견으로 인류는 비로소 세균·리케차감염증을 극복하고, 곰팡이·바이러스성질환과 암의 치료도 기대하게 되었다. 오늘날 항생물질은 사람·가축의 의약품뿐만 아니라 농약이나 발육촉진을 목적으로 한 가축사료첨가제 등으로 널리 사용하게 되었다.

8-3-4 항생물질 내성(antibiotic resistance)

항생물질저항성이라고도 한다. 항생물질을 사용하고 있는 항생물질에 저항성의 미생물이 나타난다. 임상에서 문제가 되는 것은 포도상구균, 적리균, 살모넬라균 등의 장내규군, 결핵균 등에서 획득하는 내성이다. 또 녹농균과 같이 원래, 항생물질에 효과가 없는 세균도 있어, 이것을 항생물질내성이라 한다. 세균이 항생물질에 대해 저항성을 나타내는 생화학적 기구에는 다음과 같은 것이 있다.

① 항생물질에 의해 저해를 받는 반응을 우회하는 별도의 대사경로를 세포가 획득한다.
② 항생물질과 길항하는 대사산물이 생산하여, 축적한다.
③ 항생물질이 작용하는 표적효소의 생산이 증대한다.
④ 세균이 항생물질에 의해 저해되는 대사계를 필요로 하지 않게 한다.
⑤ 항생물질을 불활성화(장소에 따라서는 활성화) 혹은 대사하여 버리는 계가 증가한다.
⑥ 표적이 되는 효소가 변화하여 항생물질에 대한 결합성이 약하게 한다. 또, 기질에 대한 친화성이 보다 강해진다.
⑦ 항생물질의 세포로의 이입이 저하한다. 임상에서 볼 수 있는 내성균의 생화학적, 기구로서는 ⑤~⑦ 등을 증명하고 있다.

항생물질내성은 세균의 염색체유전자의 변화에 따라 전해지는 것과 세포질유전자인 플라스미드에 의해 내성이 전해지는 경우가 있다. 내성을 지배하는 유전자플라스미드는 R(resistance)인자라고 부른다. R인자는 환상두가닥구조를 하며, 분자량은 106~108의 단위이고, 내성화한 균 1개로 수 개~십수 개의 인자를 갖는다.

R인자는 어버이에서 전하는 뿐만 아니라, 내성균에서 감수성균에 접합 혹은 파지에 의한 형질도입에 의해 전달한다.

임상에서는 환자개개의 수준에서의 내성균의 문제에 더하여, 황색포도구균이나 녹농균에 의한 병원내감염도 문제가 되고 있다.

8-3-5 항생물질 작용(action of antibiotics)

감염증의 화학요법에 쓰이는 약제는 숙주세포에 영향을 적게 미치며 병원미생물의 증식을 저해한다. 이것을 선택 독성이라고 하는 화학요법의 기초개념이다. 각 약제의 작용은 선택 독성의 생화학적・분자생물학적 설명에 기초하며 그로부터는 새로운 약제 개발이 가능하다.

또한 항생물질의 작용메커니즘에 관한 연구는 세포분열・생체고분자합성・에너지대사 등 세포의 기본적인 기능의 해명에도 공헌하고 있다. 페니실린, 세팔로스포린류는 세균의 세포벽 생합성을 저해하는데, 동물세포는 세포벽이 없으므로 세균에 뛰어난 선택독성을 나타낸다.

스트렙토마이신을 비롯한 항생물질은 세균의 단백질 합성만 선택적으로 저해한다. 이것은 단백질을 합성하는 리보솜이 세균과 동물세포에서 서로 달라 항생물질이 동물세포의 리보솜에 결합하지 않기 때문이다. 이 그룹에는 아미노배당체 항생물질, 테트라사이클린류, 클로람페니콜, 에리트로마이신 등의 매크롤라이드항생물질, 바이오마이신을 포함한다.

리팜피신은 세균의 RNA합성효소에만 선택적으로 결합한다. 나이스타틴 등의 폴리엔 항곰팡이 항생물질은 곰팡이와 동물세포 세포막의 콜레스테롤에 작용하여 비교적 독성이 높다. 노보비오신은 세균의 DNA자이라이즈에 작용한다. 모넨신, 살리노마이신 등은 금속이온과 킬레이트를 만들어 이온통로구 항생물질이라고 부른다.

세포의 에너지 생산을 저해하는 안티마이신, 올리고마이신 등은 선택성이 없어 독성이 강하지만 생화학적으로는 중요한 시약이다. 한편 임상적으로 사용하는 제암항생물질은 대부분 DNA에 결합하여 DNA를 절단하거나 핵산합성을 저해하고 암세포뿐만 아니라 분열이 왕성한 정상세포에도 작용하므로 암에 대한 선택독성이 높지 못하여 조혈기능장애 등의 부작용이 심하다.

유사분열에 작용하는 빈카알카로이드・안사마이토신도 있다. 항바이러스제 튜니카마이신(1971)은 세포막의 당단백질 합성을 저해한다.

8-4 스트레스 (stress)

8-4-1 정 의

스트레스는 항상성의 개념에서 유래하였다. 생체의 기능이 외과적 부하로 평형상태의 난조형상이 여러 가지 외계와 내계의 원인으로 발생하는 변화하는 현상이라고 할 수 있다. 스트레스의 원인으로는 물리적 요인, 화학적 요인, 세균학적 요인, 정신적 요인 등으로 다양하다. 가정, 학교, 직장 등에서 직책상의 임무와 변화에 따른 책임, 대인관계에서의 갈등, 모든 신체적 조건 등이 부하가 될 수 있다,

스트레스에 대한 반응경로는 ① 아드레날린분비에 의한 경고반응의 시기(출격기) ② 부신피질이 비대하는 항출격기(저항기) ③ 부신피질기능의 감퇴에 따른 적응력이 감약하는 시기[피비(疲憊)기]로 구분한다. 스트레스의 기구에 대해서는 셀리에(Selye)의 학설이 유명하다.

8-4-2 스트레스 요인 (stressor)

생물학적 스트레스 상태를 일으킨 외인적 인자를 말한다. 크게 ① 물리학적 스트레스 요인 ② 생물학적 스트레스 요인 ③ 사회적 스트레스 요인으로 분류한다.

①에서는 한냉, 서열(暑熱), X선, 소음, 임신 등을, ②에서는 절식(絶食), 비타민 부족, 세균, 근육노동, 임신 등을, ③에서는 정신적 긴장, 불안, 공포, 흥분 등 각각 들 수 있다. 스트레스 요인에 생기는 내분비계의 반응은 원래는 적응을 목적으로 하는 것이지만, 과도하면 고혈압, 위궤양, 당뇨병 등의 적응병을 일으키는 것으로 보고 있다.

8-4-3 스트레스 궤양 (stress ulcer)

스트레스가 물리학적으로는 힘의 불균형으로 생긴 어긋난 형태를 말하는데, 이러한 스트레스의 개념을 의학적인 분야로 도입하게 된 것은 셀리에(Selye)의 학설에 의한 범적응증후군의 확립 때문으로 보고 있다. 생체에서도 여러 가지 유해인자가 스트레스 요인으로 작용하여 스트레스상태가 생겨 항상성이 파탄하여 병적상태를 제시하고 있다.

스트레스 궤양은 스트레스 요인으로 생긴 스트레스상태에서 위, 십이지장 등의 소화관에 생기는 급성 궤양을 말한다. 스트레스 요인이 되는 유해인자로서는 열상(熱傷), 외상, 급격한 온도변화, 소음 등의 물리적인 것과 불안, 긴장 등의 심리적인 것 등이 있는데, 열상 시의 커어링(Curling)

궤양, 뇌질환 등의 중추상해 시에 나타나는 쿠싱(Cushing)궤양은 스트레스 궤양의 범주에 속하고 있다. 소화관 특히 위, 십이지장이 정동(情動)과 내외상 등의 신체적 스트레스 요인의 궤양발생양식을 모식도로 나타내었다.

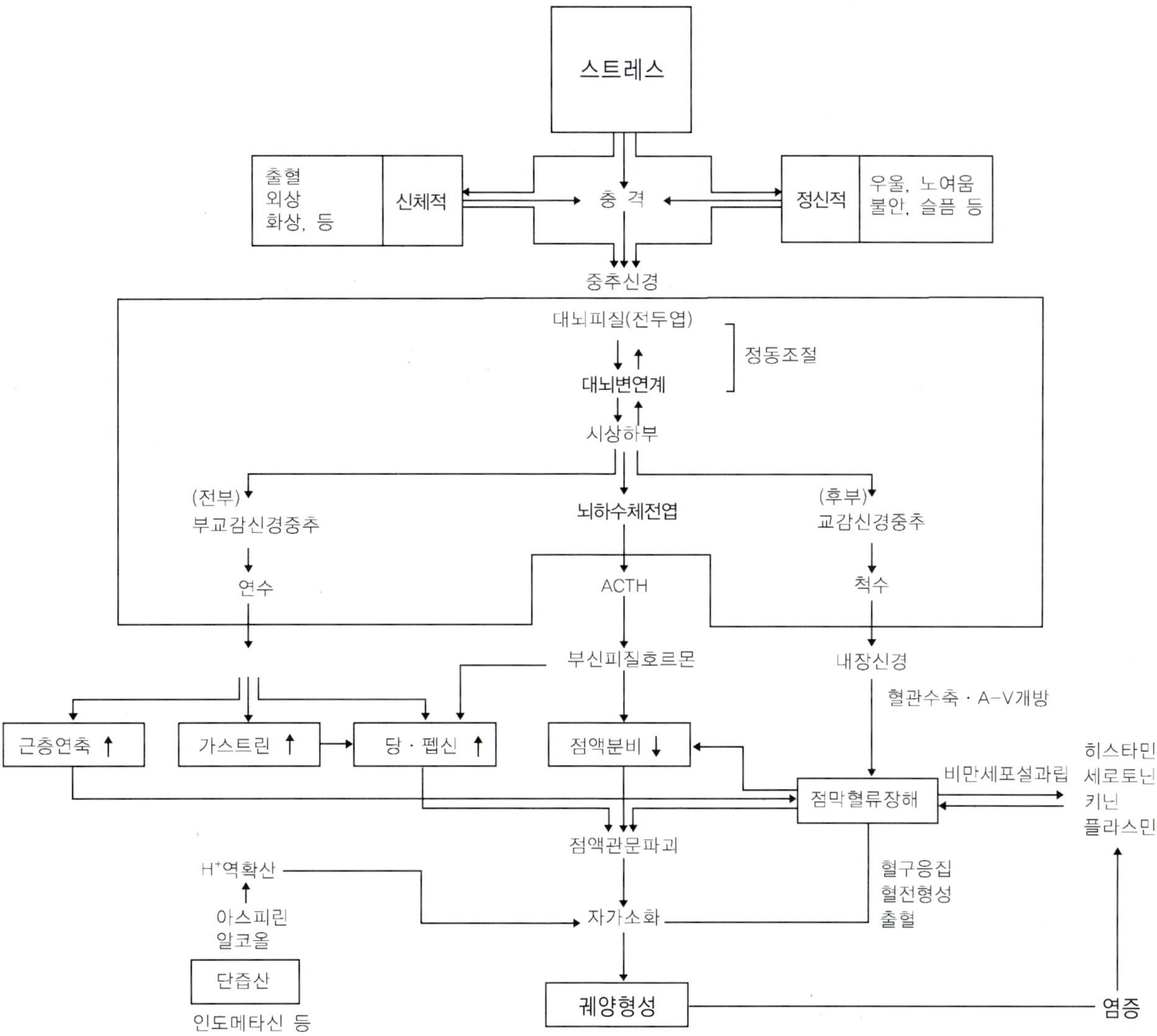

그림 8-4 스트레스에 의한 궤양의 발생 양식

8-4-4 스트레스 학설

셀리에(Selye)는 1936년, 생체가 외상, 중독, 한랭과 같은 비특이적인 자극 스트레스 요인에 당면하면 그 자극의 종류에 따라 관계가 없는 일련의 개체방위반응이 나타나는데, 여기서는 하수체전엽-부신피질계의 내분비계가 그 역할의 중요한 부분을 연출하는 것으로 제창하여 이것을 범적응증후군(general adaptation syndrome)이라고 명명하여 다음의 3기로 나눠 설명한 적이 있다.

① 경고반응기 : 충격상태가 생체에 돌연히 스트레스로 노출하게 되면 수분~24시간에 걸쳐 일어나서 혈압저하, 체온저하, 근긴장저하, 산증(acidosis), 백혈구감소 후 증가, 혈단증가 후 저하, 아드레날린분비 등의 현상이 나타난다. 항충격상태가 되면 하수체 전엽에서 ACTH를 분비함으로서 부신피질호르몬이 증가하여 생체의 저항력이 높아진다.

② 저항기 : 조직학적, 생화학적 검사는 정상상태로 되돌아 와서 원래의 상태가 되어, 스트레스 요인에 대한 저항력이 가장 높아진다.

③ 피로곤비기(疲勞困憊期) : 스트레스 요인이 오랫동안 지속되면 경고반응기의 여러 증상이 재현하게 되고, 최후에는 부신피질기능부전상태에 빠져 사망하게 된다.

8-4-5 스트레스 이완(stress relaxtion)

스트레스 요인으로 평활근에 장력이 생기면, 잠시 후에는 평활근이 이완하여 장력을 경감시키는 것을 말한다. 위, 장관(腸管), 방광, 정맥 등의 부피가 증가하면 이 현상에 의해 내압이 점차 내려가서 적응하게 된다.

8-4-6 스트레스 대처행동(stress coping behavior)

스트레스상태에서 스트레스를 저감하기 위해 사람이 취하는 의도적인 행동을 말한다. 종래, 대처(행동)라는 개념은 동물실험과 (정신분석학적) 자아심리학에서 이용하여 왔는데 R.S.라자루스(Razarus)가 처음으로 제창했다. 그 후 대처는 행동면과 정신면의 요법에서 환경과 내적인 욕구, 또는 이들 양쪽사이에 발생하는 갈등을 관리하려는 노력이라고 정의하였다.

즉, 사람이 생활변화 또는 초조한 상태에 직면할 때, 여기에 대처하기 위해 취하는 행동이라고 간단히 설명하고 있다. 예를 들면 그 원인을 규명하기 위해 해결하려는 행동, 스포츠, 취미 등으로 기분전환을 시도하려는 등은 스트레스를 경감하는 적극적인 행동(positive coping)이라고 할 수 있다.

한편 술을 마시고, 술주정을 하는 것, 물건을 던져, 부숨으로서 울분을 토한다거나, 자신의 원래의 행동과는 반대로 날뛰는 등의 행위로 스트레스를 증폭시키는 소극적인 행동(negative coping) 등을 들 수 있다.

8-4-7 스트레스 적혈구증가증 (stress polycythemia)

스트레스 다혈증이라고도 하며, 상대적 적혈구증가증의 하나이다. 비만형이며 흡연양이 많은 중년남성에 나타나기 쉽다. 현기증과 두통을 호소하며 고혈압, 콜레스테롤, 지질, 요산에 높은 값을 나타낸다.

총 적혈구수는 정상이라도 스트레스가 생기면 정맥 내의 혈장량이 감소하여 상대적으로 적혈구가 증가한 것처럼 나타내는 상태라고 할 수 있다. 안정을 유지하면 적혈구수는 정상화하게 된다.

8-4-8 스트레스 면접 (stress interview)

스트레스에 대한 생리적, 정신적 반응을 관찰하기 위해 시행하는 면접법을 말한다. 피검자의 심인(心因), 스트레스라고 볼 수 있는 사항을 듣거나 말하게 함으로서 스트레스사항을 작성하여 그 때의 심전도, 심박수, 혈압, 맥파(脈波), 내분비적 변화를 관찰한다.

정동성(情動性) 협심증 또는 동요성 고혈압환자에 대해서는 이러한 방법으로 심전도상에서 허혈성이 변화, 혈입이상상승, 심박수의 증가 등을 확인할 수 있다.

8-4-9 스트레스 단백질 (stress protein)

세포가 스트레스에 처했을 때 합성하는 단백질의 총칭이다. 스트레스 응답은 세포구성성분의 다양한 변화로 이루어지는 복잡한 반응이지만, 그 중 가장 중심적인 반응을 한다. 세포가 고온(열충격)에 처했을 때 합성을 유도하는 것이 열충격단백질이며, 단지 스트레스단백질일 때는 이것을 지적하는 경우가 많다.

산화스트레스에 의해 유도되는 많은 산화스트레스 단백질이나 세포에 있어서 유해한 활성산소를 소거하는 기능을 갖는 과산화물제거효소 등이 여기에 해당한다. 또한 빛이나 방사선에 의한 DNA손상이 생길 때에 유도되는 SOS응답에 따라 합성되는 단백질은 DNA의 수복을 지배하는 효소군이다.

8-4-10 스트레스 섬유(stress fiber)

긴장섬유, 장력섬유라고도 한다. 액틴을 주체로 한 미세섬유가 수십 개에서, 그 이상이 다발형태가 된 것으로 배양한 섬유아세포에서는 대단히 발달하고 있다. 이 경우 스트레스 섬유는 세포의 저면 가까이에 존재하고 그 한 끝은 세포접착반 부근에서 끝난다.

이 섬유가 어떠한 작용을 하는지는 불명이지만, 세포의 운동방향을 규정하는 것 또는 암유전자에서 형질전환하면 소실하는 것이 많기 때문에 세포의 형태나 기능에 관계하고 있는 것으로 생각한다.

이 구조에는 액틴가교 단백질인 액티노겔린(비근 α 액티닌), 필라민 또는 트롬보미오신이 관여하고 있다. 그리고 여러 가지 액틴결합단백질이 이 구조에 결합하고 있다. 또한 미오신도 결합하고 있어, 어느 정도의 수축능도 갖고 있다. 조직 내의 세포가 스트레스 섬유를 갖고 있다는 것에 대해 알려져 있는 것은 매우 적다.

8-4-11 스트레스 응답 (stress response)

세포가 외부환경의 각종변동(스트레스)에 의한 손상을 방어, 회복하는 기능을 하는 반응이다. 세균으로부터 고등식물, 척추동물까지 모든 생물에게 공통적으로 나타난다. 세포가 세포막에 의해 외부세계와 차단된다는 의미는 외부환경(온도, 압력, 빛, 방사선, 금속이온, 유해유기물 등)의 변화가 직접 내부환경의 변화로 이어지는 것을 막기 위한 것이다. 세포는 외부환경의 변동을 스트레스로 받아들이고 그것에 대처하는 기구, 즉 스트레스 응답을 진화의 과정에서 획득하였다.

스트레스 응답에는 고온(열충격)에 의해 유도되는 열쇼크 응답, 즉 고온에 의해 변성된 단백질의 변성침전을 막고 그 재생을 추구하는 기능, 방사선 등에 의한 DNA손상에 대처하는 SOS 응답, 활성산소에 의해 유도되는 산화스트레스 응답 등이 있고, 1종류의 스트레스가 복수의 스트레스 응답을 유도하는 것도 적지 않다.

세포분화

수정한 난은 빠른 속도로 세포분열을 반복하면서 세포수를 증가시키는데, 그 사이에 어떤 세포도 유사한 성질을 갖게 됨으로써 다른 세포와는 확실히 구별할 수 없게 된다. 그러나 수정 후에 일정한 시간이 경과하여 세포수가 일정한 수에 도달하게 되면, 세포의 일부가 다른 형태나 성질을 갖기 시작하는데, 이것이 세포분화라는 현상이다.

다세포생물에서는 모든 구성세포가 체내의 어떤 조직에 속하며, 그가 소속하는 조직에 특유한 형태와 기능을 갖게 된다. 어떤 방향으로 분화한 세포는 다른 방향으로 분화한 세포와는 확실히 다른 특징을 갖추고 있다. 조직의 일부가 상처를 입으면 그 주위의 세포는 조직의 특유한 형태나 기능이 정지하고 증식성 세포(탈분화)가 되어 세포분열을 개시하게 된다.

그러나 이 탈분화와 증식은 일과성의 것이라 상처의 치유에 알맞게 세포가 증식하면 다시 분화방향으로 전환하여, 원상태로 분화된 세포가 된다. 그 좋은 예가 재생간의 현상이다. 쥐의 간을 2/3 가량 수술로 제거하면 남은 간의 일부가 탈분화하여 증식을 계속한다. 며칠이 지난 후, 간장이 원상태의 크기로 되돌아갈 때가 되면 재분화는 이미 끝난 셈이 된다. 증식을 시작한 세포가 멈추지 않고 계속적으로 증식을 하는 경우는 없어서 정상적인 간의 크기로 조직이 되돌아가면 증식은 정지하게 된다.

8-5 암의 생명과학

8-5-1 암의 정의

생체를 구성하는 세포자체에서 발생하여 자율적으로 과잉 증식하는 세포집단을 종양(腫瘍, tumor)이라 하고, 그 중에서 악성화한 것을 암(癌, cancer)이라 한다. 그리고 상피성 조직에서 발생한 것을 암종(癌腫, carcinoma), 결합성 조직에서 발생한 것을 육종(肉腫, sarcoma)이라 하는데, 이들 사이에 악성화가 진전되면 구별할 수 없게 되므로 이들을 총칭하여 암이라 한다.

여기서 악성이란, 첫째 무제한적인 증식(infinite growth), 둘째 주위조직에 침윤(invation), 셋째 체내의 다른 부위로 전이(metastasis)하는 것으로 정의하고 있는데, 암을 이러한 정의에서 보면 그 개체는 죽게 된다. 어떤 이유로 암이 생기느냐에 대해서는 아직 알려져 있지 않다. 따라서 치료법도 충분히 발달되어 있지 않다.

8-5-2 암세포

암세포의 특징은 끊임없는 증식성이다. 암세포는 분화한 정상적인 체세포가 어떤 요인(암원성 요인)에 의해 변화해서 영속적인 탈분화를 일으켜서 증식성을 획득한 것으로 생각할 수 있다. 따라서 암세포는 원 조직의 정상세포와는 다른 특징을 많이 갖고 있다.

암세포의 각종 효소활성을 원 상태인 정상조직의 경우와 비교한다면 여러 가지 차이점을 발견할 수 있다. 그러나 각종 암세포 간의 효소적 특징3)은 유사하다. 그 결과 조직의 효소적 특징이 무엇이든 간에 암화됨에 따라 암세포 특유의 효소적 특징으로 수렴하게 되는 것으로 생각하게 되는데, 이것이 1956 년에 그린스타인(Greenstein)이 주장한 수렴설(收斂說, convergence theory)이다.

표 8-3 양성종양과 악성종양의 차이점

	양성종양	악성종양
발육형식	팽창성	침윤성
발육속도	완만	급속
발육정지	많음	드물다
이형성	가볍다	강하다
괴사, 출혈	적음	많음
재 발	적음	많음
전 이	없음	많음
전신에 미치는 영향	가볍다	현저하다

수렴설에 의하면 각종 암세포에는 정상세포와는 다른, 공통적인 생화학적 특징이 있어서 이것이 암세포에 특유한 유전형질 발현을 나타내고 있다는 것을 뒷받침하고 있는 셈인데, 암세포와 정상세포의 생화학적 특징의 차이를 상세하게 조사한다면 발암의 기작을 규명할 수 있을 것으로 생각할 수 있다.

이러한 주장으로 방대한 실험이 전세계적으로 진행돼 왔지만 뚜렷한 결론은 얻지 못하고 있다. 수렴설에 의한 접근은 모리스(Moris)에 의한 최소편기암(最小偏寄癌, minimal deviation hepatoma)의 발견으로 흔들리게 되었다.

3) 암세포의 효소적 특징이란 암세포가 갖고 있는 효소의 활성이 특징적으로 변화하고 있지 않느냐 하는 것이다.

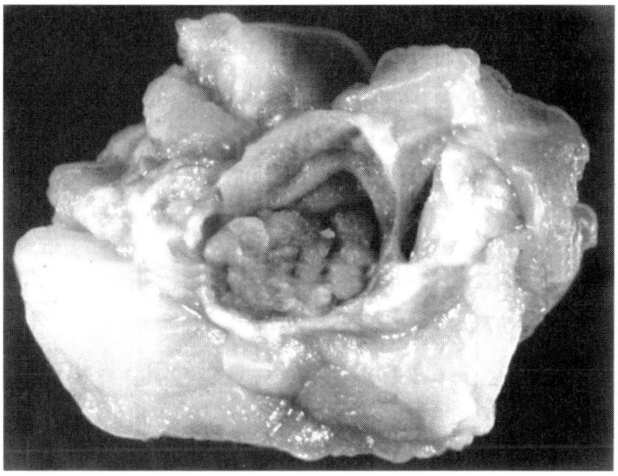

그림 8-5 암세포
(관내유두종)

이것은 암세포임에는 틀림이 없으나 정상세포에서 약간 암형 쪽으로 이행한 것으로, 세포는 그다지 탈분화되지 않고 증식속도도 악성도가 큰 암에 비하면 느린 편이다.

즉, 최소편기암은 수렴설로는 설명할 수 없는 셈이다. 그러나 최소편기암을 이용한다면 정상세포와 암세포를 구별할 수 있게 되므로, 이 양자를 구별하는 연구가 활발히 진행되고 있다.

간 재생에 있어서도, 정상세포가 상처를 입으면 증식하지만 조직이 원상태로 되돌아가면 증식은 멈추게 된다. 이에 비해 암세포의 경우 증식이 멈추지 않고 암조직은 점점 커진다. 이 차이의 설명으로 세포증식 저해인자나 세포증식 촉진인자의 유무를 규명할 수 있는데 결론은 아직 나와 있지 않다.

세포를 멸균한 샬레 배지에서 배양할 때, 세포가 샬레 바닥이 틈이 생기지 않도록 가득 채워지면 증식은 중지된다. 이것을 접촉저해(接觸沮害, contact inhibition)라 한다. 그런데 암세포는 비록 가득 채워지더라도 접촉저해는 일어나지 않고 겹쳐지면서 계속 증식해 나간다.

암세포와 정상세포는 여러 가지로 차이점이 있지만, 그 변이(變異)는 모두가 양적인 것이며 양자 간에 질적인 차이는 없다. 즉, 암세포는 정상세포의 특징을 모두 갖고 있다.

8-5-3 암유전자(oncogene)

세포암화를 유도하는 작용을 하는 유전자를 암유전자 또는 발암유전자라고 한다. 그들은 모든 척추동물세포는 C형의 RNA 암바이러스의 유전자를 통상의 유전자의 일부로 갖고 있는 것으로 생각했다.

그리고 그 유전자는 숙주세포의 제어유전자나 억제유전자에 의해 그 발현이 억제되고 있지만, 발암인자의 영향이나 노화과정에서 탈억제되어, 그 발암유전자부나 바이러스 유전자부가 발현하면, 세포가 암화하거나 암바이러스의 생산을 하게 된다는 가설을 세웠다.

이것에 의해 바이러스 발암과 화학발암의 기구에 통일적인 해석을 부여하려고 한 것이다. 이 주장은 전면적으로 정상은 아니지만, 세포염색체상에 암유전자가 잠재하고 있다는 사실, 즉 암원유전자의 존재를 지적하는 점에서 뜻이 깊다.

동물에 감염하여 급성에 종상형성을 유도하는 RNA암바이러스의 게놈에서 종양형성에 필수인 유전자를 동정하였다.

최초로 동정한 것은 라우스육종 바이러스의 src 암유전자이다. 그 후 여러 가지 바이러스에서 여러 가지 유전자가 나타나서 이들은 바이러스성 암유전자(v-onc)라고 총칭하게 되었다. 현재까지 알려지고 있는 v-onc의 수는 약 30가량이다. 중요한 것은 이들 v-onc는 원래 세포염색체에 있는 유전자가 발암능이 약하다는 것이다. 즉 v-onc가 없는 RNA 암바이러스에 이입된 것이기 때문이다. 암원유전자는 RNA암 바이러스 게놈에 이입할 때에 결실변이나 점 이변에 의해 암화능을 갖게 되는 것으로 생각했다.

한편 암원유전자는 경우에 따라서는 RNA암 바이러스에 이입되는 것이 없어, 화학발암물질의 작용이나 염색체 이상에 의해 암화능을 갖게 되기도 한다. 암화능이 있는 세포유전자를 세포성암유전자(c-onc)라고 부른다.

8-5-4 암유전자치료 (gene therapy of cancer)

세포의 암화에는 '암유전자'와 '암억제유전자'가 관계한다. 암유전자는 소위 가속장치 역할을 하는데, 여기에 변이가 생기면 암화는 촉진한다. 암억제유전자는 보통은 세포의 암화를 억제하고 있기 때문에, 변이가 생기면 제동장치에 이상이 생겨 암화하게 된다.

유전자치료의 대표적인 방법으로 암의 병소에 "p53"이라는 암억제유전자를 주입시키는 경우가 있다. 구체적으로, 아데노바이러스라는 바이러스를 무해화하여 운반체(백터)로 하고, 여기에 'p53'을 이입하며 병소에 주입하면 p53을 소위 항암제로서 사용하게 되어 선행하고 있는 구미지역에서의 연구결과를 보면 암이 축소하더라도 치료하기까지의 능력은 없는 것으로 되어 있다.

암은 세포의 유전자가 변이해서 생기기 때문에, 변이 항유전자를 원상태로 돌아오게 하는 것이 원래의 유전자 치료가 되어야 할 것이다.

이것이 성공하기 위해서는 원인이 되는 유전자변이의 상태가 판명되고 있어야 한다는 것, 유전자를 치료하는 방법이 확립되고 있어야 한다는 것,

모든 암세포의 유전자를 파악하는 것 등이 필요로 하는데, 모두가 어려운 문제이기 때문에 성공의 가능성은 아직은 희박한 상태라고 할 수 있다.

8-5-5 발 암

실험암의 연구에 있어 암화(carcinogenesis)에는 개시(initiation), 촉진(promotion), 진전(progression)의 3단계가 있고 각 단계는 복수의 단계로 구성하고 있는 것으로 생각하고 있다(다단계설). 세포는 이들 단계를 돌파하여 암이 된다.

암세포가 분열해서 생긴 딸세포는 모두가 암세포이다. 이것은 암이 유전적 변화라는 것을 시사하는 것이다. 즉, 증식의 억제가 없어지는 변화가 생긴 것이다. 따라서 발암은 유전자 수준에서의 변화에 의해 일어나는 것으로 생각할 수 있다. 현재 발암의 원인으로 생각할 수 있는 것은 체세포 돌연변이와 바이러스 감염에 의한 형질전환이다.

1. 체세포 돌연변이에 의한 발암

체세포란 성세포 이외의 세포를 말한다. 만일 세포분열 조절기구에 돌연변이가 발생하면 이상증식을 개시하여 암화되는 가능성이 생기게 된다. 암은 연령이 많을수록 일어나기 쉬우므로 발암에는 돌연변이가 몇 번 반복하는가 라는 것이 중요한 요인으로 생각된다.

현재 알려져 있는 발암인자의 대부분은 강력한 돌연변이 유발인자이다. 한 개의 유전자에는 세포분열마다 $10^{-6} \sim 10^{-9}$의 빈도로 자연돌연변이가 일어난다. 조직 1 g에 10^9개의 세포가 포함되었다고 한다면 상당히 잦은 빈도로 암이 발생하는 것으로 생각되지만 실제의 발암빈도는 대단히 낮다. 이것을 암세포 표면에는 특이적인 암항원이 있어 몸의 면역기구가 그것을 인식해서 암세포를 파괴하기 때문이다. 현재 알려져 있지않은 어떤 이유로 암세포가 면역계에 의한 파괴로부터 벗어난다면 암이 성장하여 면역계에서는 벗어나 버린다. 체세포 돌연변이를 유발하는 인위적 요인으로는 특히 방사선과 어떤 종류의 화학물질을 지적할 수 있다.

(1) 방사선의 영향

자외선이나 이온화 방사선은 강력한 발암인자로서 가령, 자외선으로 피부를 조사하면 피부암이 되고, X선조사로 각종 암이 발생하는 경우도 있다. 강력한 방사선 조사를 받은 세포는 죽지만 일부는 암화한다. 방사선 조사에 의한 염색체 이상(염색체수와 구조의 이상)이나 유전자 결손이 일어나기도 하지만 발암의 이유는 알려져 있지 않다.

(2) 발암성 물질(암원물질)의 영향

화학물질 투여에 의한 암화를 화학발암이라 한다. 니트로젠마스타드(nitrogen mustard)는 돌연변이 유발인자이지만, 동시에 강력한 발암제이기도 하다. 벤스피렌(bencepyren, 디젤의 폐기가스나 탄 식품에 있음)이나 아프라톡신 B_1 (aflatoxin B_1, 오래된 땅콩에 있음)도 강력한 발암제이지만 돌연변이 유발작용은 하지 않는다.

그러나 체내에 들어가면 효소에 의하여 에폭시드(epoxide)로 변한다. 에폭시드는 돌연변이 유발인자로서 발암작용을 한다. 이러한 종류의 물질은 많이 있다.

질산염도 그렇지만 그 자체에 발암성은 없으나, 세포 내에 들어가면 강력한 발암성을 가진 돌연변이 유발인자인 니트로소아민(nitrosoamine)으로 변화한다. 질산염은 소시지 등의 보존육(保存肉)용으로 많이 사용한다.

2. 바이러스에 의한 발암

바이러스 중에는 감염한 세포를 암화하는 종류도 있다. 물론 모든 바이러스가 발암성을 갖고 있는 것은 아니고, 모든 암이 바이러스 감염 때문에 일어나는 것도 아니다. 일반적으로 바이러스가 세포 안에 들어가면 숙주세포의 효소계를 이용하여 바이러스 유전자를 복제함으로써 바이러스 단백질을 형성한다.

그 결과, 세포 내에는 다수의 바이러스가 형성되어 숙주세포는 죽는다. 그러나 바이러스가 감염하더라도 세포 내에서는 증식하지 못하여 전자현미경으로도 바이러스 입자를 발견할 수 없는 경우도 있다.

감염된 바이러스가 증식하는 대신에 세포 염색체 DNA 에 바이러스 DNA 를 삽입했기 때문이다. 즉, 세포염색체가 새로운 유전자를 획득한 셈이다. 이 현상을 세포의 형질전환(形質轉換, modulation)이라 하며 암화한다.

발암 바이러스로서 알려져 있는 것으로는 라우수 육종바이러스(Rous sarcoma virus, 닭에 발암), 폴리오마바이러스(poliovirus 생쥐에 발암), SV 40 바이러스(SV 40 virus, 원숭이에 발암), 아데노 바이러스(Adenovirus, 대형동물이나 사람에 발암), 헤르페스 바이러스(herpesvirus, 사람에 발암) 등이 있다.

8-5-6 발암의 기작

방사선이나 암원물질 등에 의해 세포에서 발생한 변이는 그대로 바로 발암에 연결되지 않는다. 유전자에 생긴 변이는 세포가 가진 유전자 DNA 수복기능에 의해 소실되는 경우가 많다. 다만 변이가 완전히 수복되지 않는 경우는 그것이 몇 번에 걸친 세포분열 끝에 암성 변이로서 자손세포에 고정된다.

암성의 가능성을 가진 변이가 세포에 나타나는 것과, 그것이 암화의 방향으로 고정되는 두 과정을 합쳐서 이니시에이션(initiation)이라고 부르며, 변이를 일으키게 하는 인자를 이니시에이터(initiator)라 한다.

이니시에이션을 받았다고 하더라도 바로 암화했다고는 말할 수 없고, 이 세포가 암화하기 위해서는 다른 자극이 필요하다. 이 자극인자를 프로모터라고 부른다. 이니시에이션을 받은 세포가 프로모터에 의해 발암하기까지는 일종의 잠복기간이 있는데, 그 기간은 일정하지 않다.

표 8-4 암의 종류와 발생유전자

병 명	유 전 자	암발생 주요 장기명
	암유전자	
다발성 분비선종증 2A형	RET	갑상선, 갈색세포종
다발성 분비선종증 2B형	RET	갑상선, 갈색세포종
		점막신경종
가족성 갑상선암	RET	갑상선
	암억제유전자	망막아세포
가족성 망막아세포종	RBI	연부조직, 부신피질, 뇌
리·프라오메니아증후군	p. 53	조혈조직
		신장
윌무스종양	WT I	대장, 위, 췌장
가족성 선종성 폴리포시스	APC	신장
von Hippel-Lindau 병	VHL	유방
가족성 유암	BRCA 1	유방
가족성 유암	BRCA 2	흑색세포
가족성 메라노머	p. 16	피부의 말초신경
신경성 유종증 1형	NF 1	청신경
신경성 유종증 2형	NF 2	피부
가족성 피부기저	Patched	
세포암증후군(글로린)		
Lynch 증후군	DNA의 수복에 관한 유전자	대장, 자궁내막, 위
	MMR	
색소성 건피증	(MSH 2, MLHI, PMSI, PMS 2)	
Cockeyne 증후군	XP	피부
브름즈후군	CS	피부
말초혈관확장성 운동실조증	RECQ	여러 가지 장기
(alaxia-telangictasia)	ATM	조혈조직

이와 같이 발암에는 이니시에이터와 프로모터가 작용하지만, 이니시에이터나 프로모터도 각각 단독으로는 발암작용을 갖지 않는 경우가 있다.

예를 들면 DMBA (7, 12 dimethylbenzo[α]anthracen)라는 발암물질을 마우스의 피부에 소량으로 바르면 발암은 하지 않지만 이니시에이션이발생한다. 그 후 그 부위에 클로톤 기름을 바르면 발암하게 된다.

담배연기의 타르도 이니시에이터로서 작용하고 있는 것으로 보고 있다. 이 2 단계 설에서도 모든 발암기작을 전부 설명할 수 있는 것이 아니고, 이니시에이터나 프로모터의 작용기구 등도 밝혀지지 않은 점이 많다. 암화는 세포의 유전적 변화이며, 발암의 기구를 알고 효과적 치료법을 얻기 위해서는 세포생물학의 발전이 필요하다.

연 습 문 제

1. 건강의 정의를 논하고, 각자의 입장에서 건강의 유지책을 도출하시오.

2. 노화의 기작을 설명하고, 노화방지책을 도출하시오.

3. 사람과 식물의 노화과정과 현상을 지적하고, 예방대책을 각각 지적하시오.

4. 사람에게 유해한 미생물을 예를 들어 설명하시오.

5. 사람에게 유익한 미생물을 예를 들어 설명하시오.

6. 암세포와 정상세포의 차이점을 지적하시오.

7. 암세포와 병원미생물이 인체에 감염하는 경로의 차이점을 설명하시오.

8. 발암의 기작을 설명하고, 예방대책을 도출하시오.

제 9 장

유전과 유전정보

유성생식을 하는 종에 있어서 양친의 형질은 반드시 그 자식들에게 전해진다. 그러나 이와 같은 유전형질은 어버이로부터 자식에게 직접 전해지는 것이 아니라, 그 형질을 발현시키는 기초가 되는 유전자가 전해지는 것이다. 이것이 유전을 이해하는 제일 첫 걸음이다. 따라서 유전자의 실체와 자손에게 전해지는 방법, 특정 유전자를 받아들이면 거기에 대응하는 형질이 어떻게 나타나는가 등을 명확하게 해 나가는 것이 유전의 연구라고 할 수 있다.

오늘날 생체 고분자의 구조나 생화학적 반응 등의 연구가 비약적으로 발전하여 세포수준에서 명확하게 밝혀진 유전현상이 분자 수준에서 해명되기까지에 이르렀다. 더욱이 유전자(DNA)의 유전정보를 인위적으로 조합할 수 있게 되었고, 또한 유성생식의 한계를 넘어서 이종생물 사이에서도 유전자를 조합시키는 것이 가능하게 되었다.

또 생물 진화는 개체뿐만 아니라 종과 아종의 유전형질의 변화이다. 따라서 진화의 기구를 이해하는 데는 개체군(집단)의 유전자구성의 변화와 그 기구를 명확하게 밝혀 나가지 않으면 안 된다. 이것이 집단유전학(集團遺傳學, population genetics)이다.

9-1 염색체와 유전자

멘델은 완두콩의 교배실험에 의해서 어버이의 형질이 자손에게 일정하게 나타나는 법칙성을 찾아내었고, 처음으로 유전자와 그 행동개념을 확인하여 유전현상의 분석을 가능케 하였다. 동시에 유전자들은 염색체의 일부분을 이루고 있으며, 직선상으로 배열되어 있고, 또한 각 유전자들은 염색체상의 특정한 위치에 존재한다는 것이 알려지게 되었다(그림 9-1). 그러므로 유전자가 자손에게 전달되어 가는 양식은 염색체와 똑같다고 하는 것이 명백해졌다.

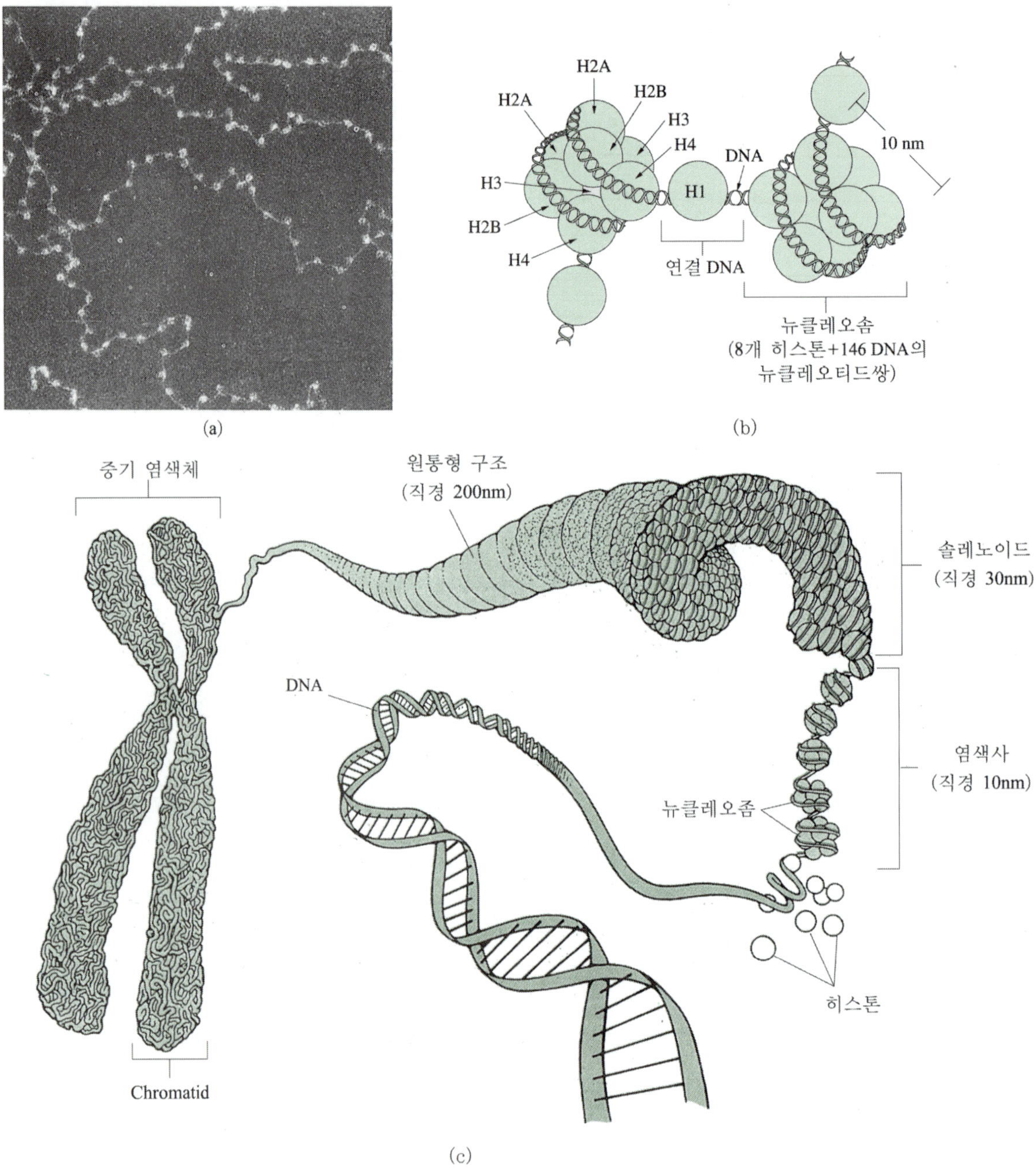

그림 9-1 뉴클레오솜

(a) 닭의 적혈구세포로부터 추출한 염색사 사진. 사진의 구슬들이 뉴클레오솜이며, 줄은 뉴클레오솜 사이에 존재하는 DNA 이다. (b) 뉴클레오솜에서 히스톤과 DNA 와의 배열. 각 뉴클레오솜은 중심체(core)를 이루는 8 개의 히스톤 집합체와 그 주위를 나선 구조로 둘러싸고 있는 DNA 로 구성. 8 개의 히스톤은 각 2 개씩의 H 2 A, H 2 B, H 3 와 H 4 로 되어 있다. 히스톤 H 1 은 뉴클레오솜 사이의 연결 DNA (spacer)와 결합되어 있다. (c) 응축된 염색체로 농축된 뉴클레오솜의 모델. 염색사(뉴클레오솜과 그 사이의 DNA)는 원통형의 코일 솔레노이드 구조로 배열되어 있으며, 이 구조의 직경은 30 nm 이다. 솔레노이드 또한 직경이 200 nm 인, 촘촘한 나선형 태로 꼬여 있다.

9-1-1 대립형질과 대립유전자

교배에 의해서 형질의 유전을 분석할 때에는 먼저 쌍이 되는 형질(대립형질)을 선택하여 그 대립형질을 발현하는 쌍이 되는 유전자(대립유전자)를 생각하지 않으면 안 된다. 그림 9-2 에서와 같이 어느 하나의 대립형질의 한쪽 [T]를 발현하는 유전자를 T, 다른 쪽 [t]를 발현하는 유전자를 t 로 하면 [T]와 [t]가 대립형질이며 T 와 t 가 대립유전자이다.

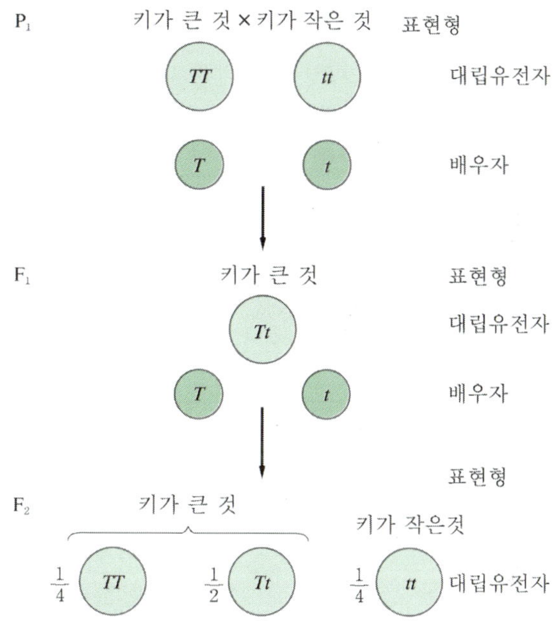

그림 9-2 완두줄기의 크기에 대한 멘델의 실험결과를 유전자형으로 표시한 것

이배체(2 n)의 개체는 이 대립유전자를 T/T, T/t 및 t/t 로 갖는다. 이것을 유전자형(遺傳子型, genotype)이라고 하며, 이것에 대해서 T 와 t 를 표현형(表現型, phenotype)이라고 한다. 또 T/t 같은 유전자형을 갖는 것을 이형접합체(異形接合體, heterozygote)라 하며, T/T 및 t/t 를 동형접합체(同形接合體, homozygote)라 한다.

표현형이 [T]이고 유전자형이 T/T 개체와 표현형이 [t]이며, 유전자형이 t/t 인 개체를 교배시키면 유전자형이 모두 T/t 의 자손이 나온다. 이것은 감수분열에 의해서 생긴 배우자에 의해 양친으로부터 (T) 및 (t)가 자손에게 전해지기 때문이다. 이와 같은 자손을 잡종 제 1 대, F_1 (first filial generation)이라고 한다(그림 9-2).

이와 같이 한 쌍의 대립유전자에 대한 잡종을 단성잡종(單性雜種, monohybrid)이라고 한다. 또한 T/t (F_1)의 표현형이 [T]로 되는 것은 유전자 T 가 t 를 눌러서 T 가 나타나는 형질이 발현하기 때문이다.

이 경우에 T를 우성유전자(優性遺傳子, dominant gene), t를 열성유전자(劣性遺傳子, recessive gene)라고 하며, T와 t는 우열의 관계에 있다고 한다.

9-1-2 F_2의 분리

F_1 끼리(T/t와 T/t)의 자손을 잡종 제 2 대라고 한다. 이 경우, F_1의 배우자는 T와 t의 두 종류가 감수분열에 의해서 동수끼리 만들어진다. 따라서 이 배우자의 수정에 의해 F_2에서는 양친(T/T, t/t)의 유전자형이 일정한 비율로 분리되어 진다. 즉, 유전자형 TT, Tt, tt가 각각 1/4, 2/4, 1/4의 비율로 생겨난다. T가 t에 대해서 우성의 경우는 형질 [T]와 [t]의 분리 비는 3 대 1로 된다.

그림 9-3은 두 쌍의 대립유전자를 R, r 및 Y, y로 하고, 양친을 R/R Y/Y, r/r y/y로 하였을 때 자손들의 유전자형과 표현형의 비율을 알아내는 퍼네트 사각형(punnet square)방식으로 F_1의 유전자형은 R/r Y/y로 나타난다. 이와 같은 잡종을 양성잡종(兩性雜種, dihybrid)이라 한다. 이 두 쌍의 대립유전자는 각각 다른 염색체에 있을 때는 그 행동이 염색체 단위로 일어나기 때문에 서로 독립적으로 행동한다.

따라서 F_1의 배우자는 (RY), (Ry) , (rY) 및 (ry)가 동수가 된다. 이때 유전자 R이 r에, Y가 y에 대해 우성이면 F_2에 있어서 표현형의 분리비는 9 : 3 : 3 : 1이 된다(그림 9-3). 또한 대립 유전자가 3쌍, 4쌍의 경우(3성잡종, 4성잡종)도 생각할 수 있다(多性雜種, polyhybrid).

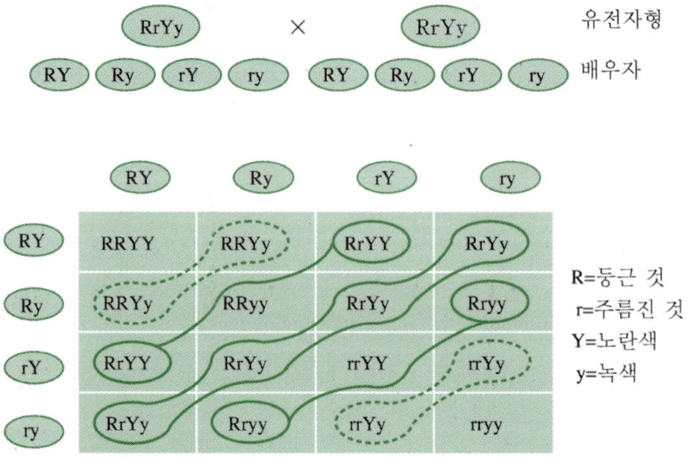

둥글고 노란색 R-Y- 9/16
둥글고 녹색 R-yy 3/16
주름지고 노란색 rrY- 3/16
주름지고 녹색 rryy 1/16

그림 9-3 양성잡종에 대한 퍼네트 사각형 분석에 의한 유전자형과 표현형의 분리

9-1-3 대립유전자의 상호작용

대립유전자는 우열의 관계 외에 그림 9-4 에서와 같이 F_1 이 양친의 중간을 나타내던지(불완전우성), 양친의 어느 쪽보다 더 닮은 경우(부분우성)가 있다. 또 F_1 이 양친의 어느 한쪽보다도 강한 형질을 발현하는 경우도 있다(초우성). 이와 같이 A 와 a 의 관계를 대립 유전자 내의 작용(intra-allelic interaction)이라고 한다.

초우성(超優性, over-dominance)은 F_1 의 생활력(크기, 내성, 출산성 등)이 양친의 어느 것보다도 우수하다고 할 수 있는 잡종강세(雜種强勢, heterosis)의 원인 중 하나이다. 잡종강세는 특히 근친교배를 오랫동안 계속한 계통 사이의 F_1 에서 현저하게 나타난다. 옥수수, 오이, 토마토, 배추, 닭 등 많은 작물이나 가축에서 잘 이용되어 왔다.

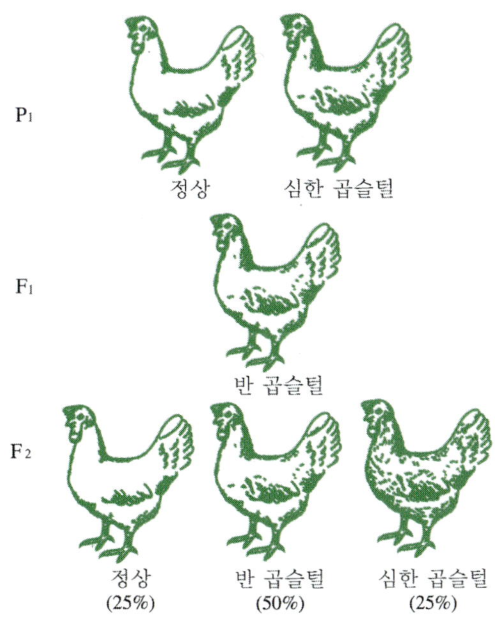

그림 9-4 곱슬털 닭에 의한 불완전우성 유전의 예

9-1-4 유전자의 연관

유전자의 수(초파리에서는 8,000 이상, 사람에서는 몇 만이라고 생각되어짐)는 염색체 수(n)보다 많기 때문에 당연히 하나의 염색체 위에 여러 개의 유전자가 존재한다. 이 때문에 각 대립유전자는 감수분열에 의한 독립된 분리가 불가능하다. 이와 같은 경우를 유전자의 연관(連關, linkage)이라고 한다.

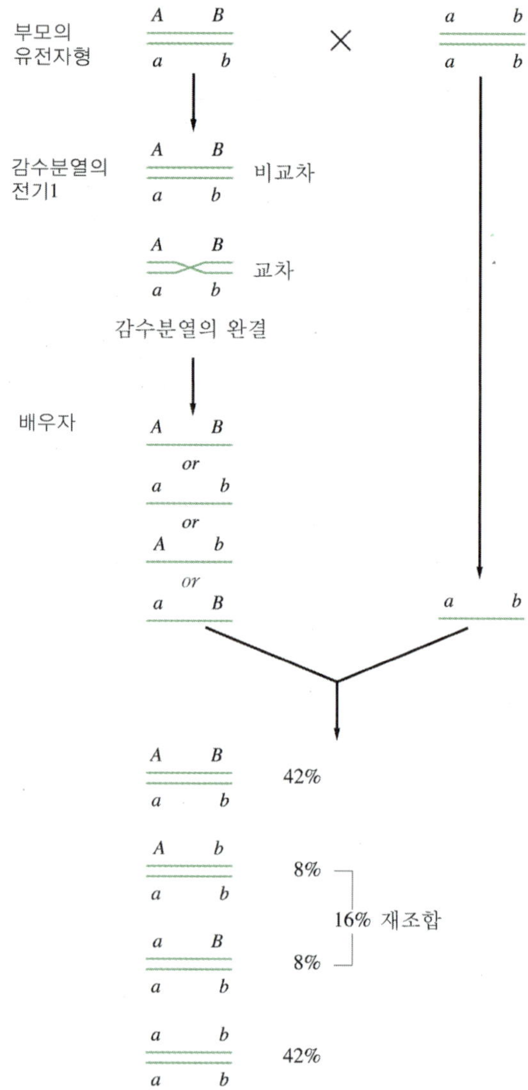

그림 9-5 유전자 A와 B가 연관되어 있을 때, 교차의 결과로 생긴 염색체 재배열

그림 9-5에서와 같이, 두 쌍의 대립유전자를 A와 a 및 B와 b라고 할 때, A와 B (및 a와 b) 또는 A 와 b (a와 B)가 같은 염색체 위에 있을 경우 네 종류의 배우자는 동수씩 나오지 않는다. 즉, (Ab)와 (aB) 또는 (AB)와 (ab)가 전혀 나타나지 않거나(완전연쇄) (AB)와 (ab) 혹은 (Ab), (aB)에 비해서 적다. 후자의 경우는 양대립유전자가 같은 염색체 위에 있어도 감수분열을 할 때에는 상동염색체 사이에 교차가 일어나기 때문이다.

이것을 유전자의 교차(交叉, crossing over) 또는 재조합(recombination)이라 하며, 이들이 일어나는 교차율(交叉率, crossing over value)은 양대립유전자 간의 거리에 비례한다.

이 율이 O(0%)일 때에는 완전연쇄를 나타내고 0.5(50%)는 양대립유전자가 독립된 경우이다. 이 율을 구하는 데는 검정교배 또는 F_2의 분리의 관찰 결과로부터 어떤 비율로 배우자가 만들어졌는가로 추정한다. 이와 같이 하여 각 염색체상에 어떠한 유전자가 어떠한 순서로, 또 어떤 간격으로 배열되어 있는가를 파악할 수가 있고 염색체지도(染色體地圖, chromosome map, 유전자지도, 그림 9-6)가 작성된다.

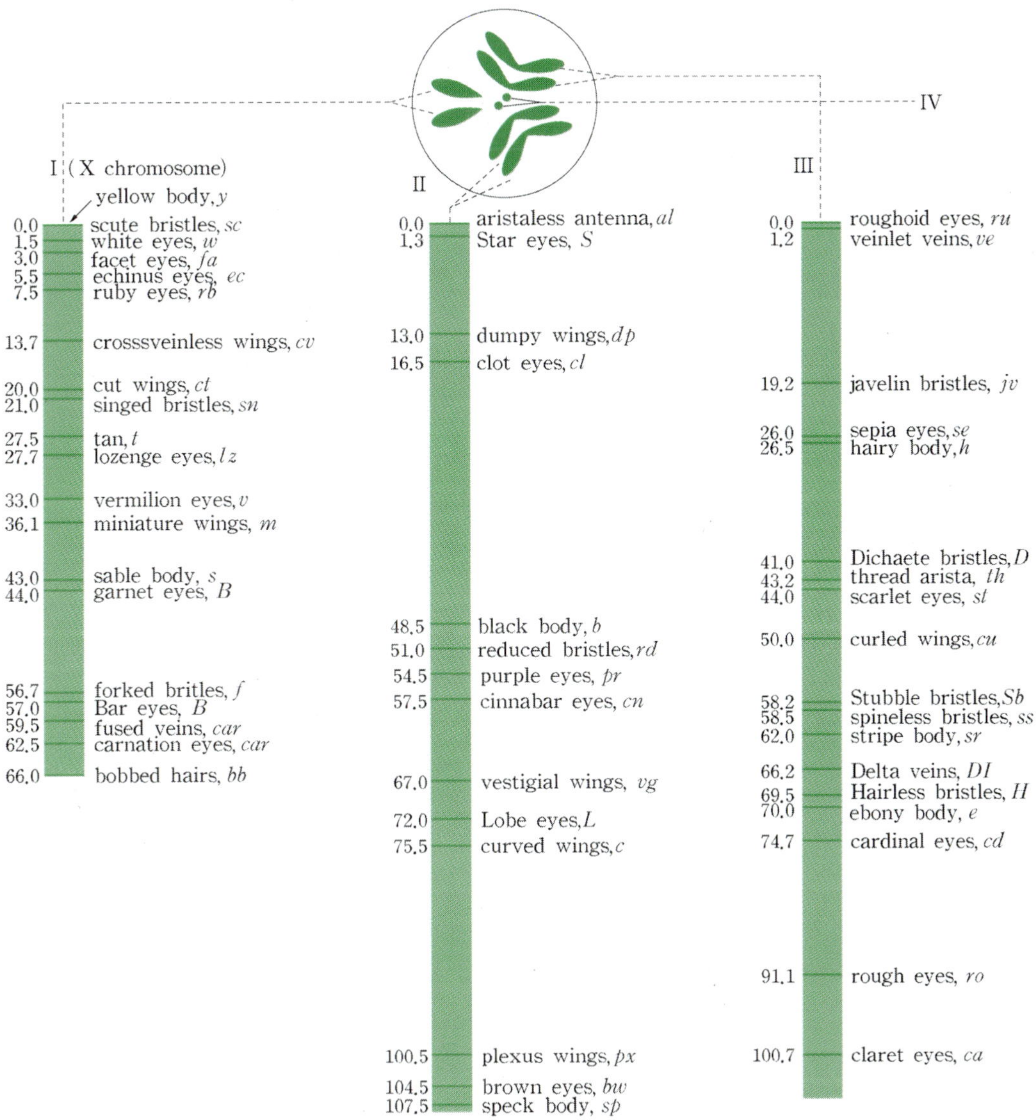

그림 9-6 초파리 4개의 연관그룹 중 3개에 대한 염색체지도

작은 네 번째 염색체의 지도는 제외되었다. 연관그룹과 대응되는 염색체가 점선으로 연결되어 있다. 편의상 각 염색체의 한쪽 끝을 0으로 표시하였다. 교차지도 단위가 왼쪽에 표기되어 있으며, 돌연변이 대립인자의 이름과 유전적인 표시법이 오른쪽에 표기되어 있다.

9-1-5 복대립 유전자

염색체의 특정위치(유전자 좌, gene locus)에 다른 형질을 발현하는 세 개 이상의 유전자가 자리를 차지할 때에 생기는 것으로, 이들 한 무리의 유전자를 복대립유전자(複對立遺傳子, multiple allele)라고 하며, 이것에 대응하는 형질을 복대립 형질이라고 한다.

사람의 ABO 식 혈액형은 복대립 유전자 I^A, I^B 및 I^O 에 의한 유전형질이다. I^A 와 I^B 는 I^O 에 대해서 우성이고 I^A 와 I^B 사이에는 우열 관계는 존재하지 않는다. 따라서 유전자형과 표현형의 관계는 다음과 같다.

I^O/I^O .... O 형
I^A/I^A, I^A/I^O .... A 형
I^B/I^B, I^B/I^O .... B 형
I^A/I^B .... AB 형

단, 최근 I^A 와 I^B 는 염색체상의 위치가 조금 다르게 되어 있다는 것이 알려져, 위(僞)대립 유전자가 옳다고 여겨진다.

9-1-6 반성유전

많은 생물은 암컷과 수컷으로 성이 분화되어 있으며, 성의 결정에는 주로 성염색체(性染色體, sex chromosome)가 관여한다. 성염색체에는 다른 형질에 관여하는 유전자도 있으며, 성염색체와 관련된 유전현상을 반성유전(伴性遺傳, sex-linked inheritance)이라고 한다.

예를 들면 성의 결정양식이 XY 형일 때, X 와 Y 사이의 비상동부위에 이 우열유전자가 있을 경우 수컷(XY)에서는 그 유전자 한 개로 그 형질이 발현된다.

초파리의 흰눈 유전자, 사람의 색맹과 혈우병 등의 유전자에 의한 반성유전은 잘 알려져 있다(표 9-1). 색맹의 경우에는 적색맹과 녹색맹의 두 종류가 있으며, 정상-색약-색맹과 복대립유전자의 관계에 있다. 더욱이 어느 유전자가 Y 염색체 위에만 자리를 잡고 있을 때 유전자는 부친으로부터 수컷의 자손 외에는 전해지지 않는데, 이것을 한성유전(限性遺傳, sex-limited inheritance)이라고 한다.

또한 상염색체상의 유전자에 의한 경우에도 호르몬 등의 관계로 그 형질이 한쪽의 성 외에는 나타나지 않는 경우가 있는데, 이를 종성유전(從性遺傳, sex-controlled inheritance)이라고 한다.

표 9-1 성 연관 유전작용을 하는 인간의 색맹

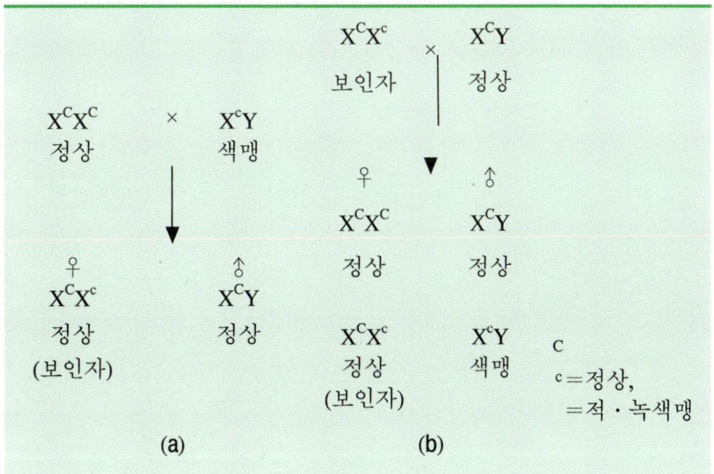

(a) 정상인 여성과 색맹인 남성, (b) 보인자인 여성과 정상인 남성의 결혼 시 태어날 수 있는 자손의 성과 이와 연관된 표현형과 유전자형

9-1-7 세포질 유전

유전형질의 발현이 세포질의 차이에 의해서 지배되는 경우가 있다. F_1 의 형질이 어느 것을 모친으로 하는가에 의해서 결정된다. 즉, 역교배(逆交配, reciprocal cross, 상반교배)로 결과가 달라질 때가 있다.

이와 같은 유전을 세포질유전(細胞質遺傳, cytoplasmic inheritance)이라 한다. 그 하나는 모친의 핵 내 유전자의 작용으로 미리 세포질에서 만들어진 물질이 배우자의 세포질을 통해 자손의 형질에 영향을 주는 경우이다. 이것은 F_1 이 항상 모친의 형질을 나타내고 F_2 에서 우성형질이 발현하며 F_3 에서 분리된다(지체유전, 遲滯遺傳, delayed inheritance).

예를 들면 우렁이 껍질의 감기는 양식, 누에 알 색깔의 유전에서 나타난다. 다른 하나는 핵 내 유전자와 무관하게 세포질에 의해 지배되는 경우이다. 그 좋은 예는 식물의 반점으로, 세포질의 엽록체의 유무에 의한다. 또 옥수수 세포질에 있는 미토콘드리아의 DNA (세포질인자)에 지배된다고 생각되는 웅성불임, 대장균의 플라스미드에 의한 형질전환 등 각자 특유의 DNA 가 발견된다.

9-2 유전정보의 발현

유전자형에 대응하는 표현형이 실제의 형질로 나타나는 과정을 유전형질의 발현(phenotypic expression, 유전자의 형질발현, 유전정보 발현)이라고 한다.

이 기작에 대해서는 비들과 테이텀(G. W. Beadle and E. L. Tatum)이 붉은떡곰팡이(*Neurospora crassa*, 자낭균)의 영양 요구성변이주의 연구로부터 제창된 1 유전자 - 1 효소가설(一遺傳子-一酵素假說, one gene - one enzyme hypothesis)이 기초가 되었다.

9-2-1 유전자란?

1. 1 유전자-1 효소설

유전자는 한 종류의 효소 활성을 지배한다는 학설이 1 유전자 - 1 효소설이며, 이 설에 따르면 각 형질은 유전자에 의해서 합성된 효소들의 생화학적 반응에 의해서 발현한다고 설명된다. 그림 9-7 에서와 같이 1951 년 비들과 테이텀이 붉은떡곰팡이에 대하여 일련의 실험을 수행한 결과, 유전자와 효소 간의 정밀한 관계를 도식화 할 수 있었다.

그들은 돌연변이체를 얻기 위해 곰팡이에 X-선을 사용하여 특정한 영양소를 첨가하지 않으면 정상적인 배양액에서는 성장하지 못하는 여러 돌연변이체 곰팡이를 얻어냈다. 정상적인 곰팡이는 그들 스스로 이러한 영양소를 합성할 수 있다. 그러나 각 돌연변이체는 필요한 영양소 합성의 각 단계를 촉매하는 효소가 결핍되어 있다.

그 결과, 서로 다른 돌연변이체에 각기 다른 정상적인 효소가 결핍되어 있어 필요로 하는 영양소도 각각 다르다. 단일 돌연변이에 의하여 결함이 생긴 것으로 판명된 돌연변이체를 이용하여 지도작성(mapping) 실험을 수행한 결과, 비들과 테이텀은 돌연변이와 생화학적 대사 과정에서 필요한 특정 효소의 결핍이 1 : 1 로 대응됨을 발견했다.

이 결과로 그들은 한 유전자가 한 효소의 합성을 지시한다고 제안하였으며, 이것을 단일유전자/단일효소 가설(one gene/one enzyme hypoth esis)이라고 한다. 지금은 유전자와 효소와의 관계가 이들이 제안한 것보다 훨씬 복잡하다고 알려져 있으나, 이들은 개로드가 오래 전에 제안했던 유전자와 효소 간의 관계를 분명하게 증명하였다.

페닐케톤뇨증

이 병은 개로드(Garrod A. E., 1902)가 기재한 사람의 지능 장애를 일으키는 상염색체상의 단순열성 유전병으로 페닐알라닌이라는 아미노산을 히드록실화해서 티로신으로 변화시키는 효소(페닐알라닌 히드록실라제)의 결여에 의한다. 이때 뇌척수액과 혈액 속에 페닐알라닌이 축적돼 산화되어 페닐피르빈산이 되어 지능장애를 일으키며, 동시에 오줌 속에 다량 배출된다. 유전병이지만 모자의 신중한 식이요법에 의하여 신생아의 지능장애를 방지할 수 있다.

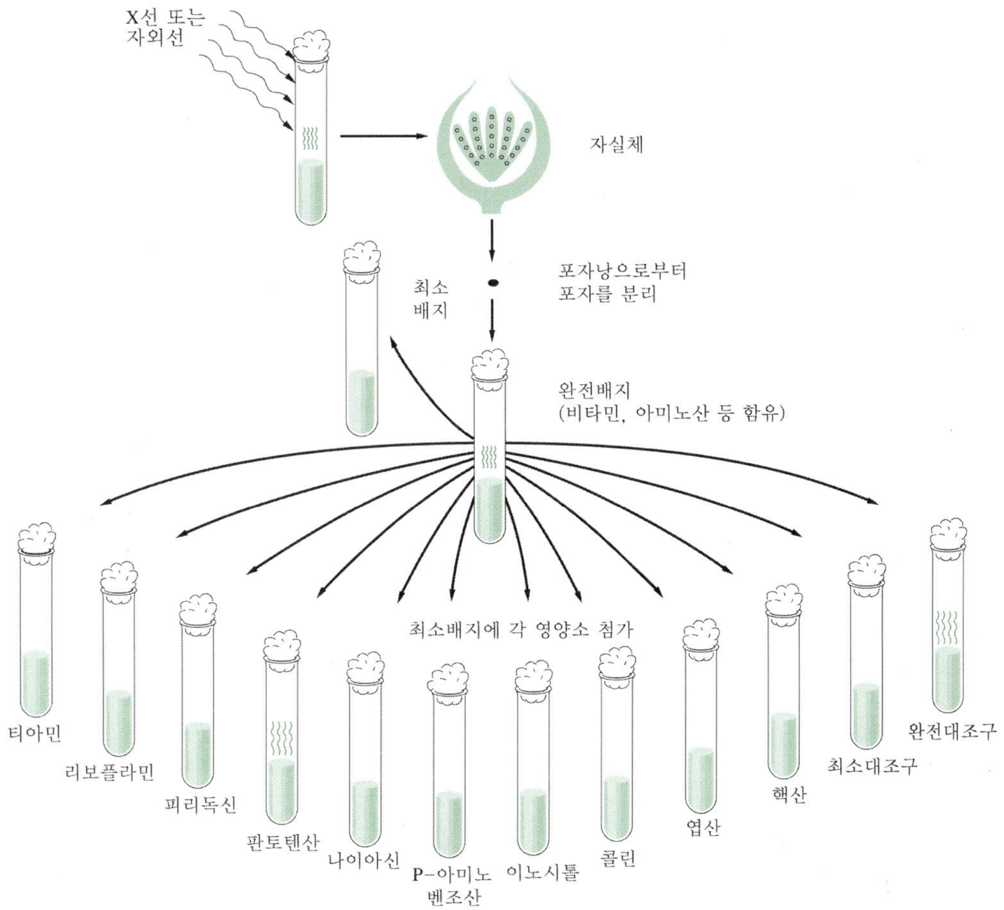

그림 9-7 붉은 떡곰팡이에서 영양요구성 돌연변이원을 알아내기 위한 비들과 테이텀의 실험

하나의 포자를 비타민, 아미노산, 그리고 다른 다양한 영양물질이 있는 완전한 배지에 배양한다. 여기에서 자란 포자를 최소배지(왼쪽)로 옮긴다. 이 최소배지에서 보통 붉은떡곰팡이는 자랄 수 있는데, 이것은 여기에 존재하는 물질을 이용하여 요구되는 모든 혼합물을 합성할 수 있기 때문이다. 만약 옮긴 포자가 최소배지에서 자라지 못한다면 그것은 영양요구성 돌연변이체이다. 또한 한 영양물질이 포함된 최소배지에서 위의 영양성 돌연변이체가 성장을 한다면, 그 돌연변이체는 바로 그 영양물질 합성에 관여하는 효소가 결핍된 돌연변이체임을 암시한다.

2. 단일유전자/단일폴리펩티드 가설

1957년 인그람(V. M. Ingram)이 겸상적혈구 빈혈증(sickle-cell anemia, 멘델법칙으로 유전되는 질병)은 표 9-2와 같이 β-폴리펩티드사슬 중 하나의 아미노산이 정상 헤모글로빈과 다르다고 발표하였다(헤모글로빈은 두 개의 α-폴리펩티드사슬과 두 개의 β-폴리펩티드사슬로 구성되어 있다). 이 관계는 유전자가 단백질의 아미노산 서열을 지정함을 암시한다. 즉, 개체 안에서 특수한 임무를 수행하는 헤모글로빈과 같은 단백질이나 효소를 포함한 모든 단백질(폴리펩티드사슬)조립에 대한 정보는 유전자에 의하여 제시된다.

표 9-2 헤모글로빈의 β-사슬을 이루고 있는 개시부분의 아미노산 서열

	(1)	(2)	(3)	(4)	(5)	(6)	(7)
정 상	Valine	histidine	Leucine	Threonine	Proline	Glutamic acid	Glutamic acid
겸상적혈구 빈혈증	Valine	histidine	Leucine	Threonine	Proline	Valine	Glutamic acid

* 6번째 아미노산인 글루탐산이 발린으로 치환됨으로써 겸상적혈구 빈혈증이 유발된다.

인그람은 단일유전자-단일효소 가설을 단일유전자-단일폴리펩티드 가설로 개칭하면서 다음 사실을 강조하였다.

유전자들은 그 자체로 완전한 단백질을 형성하는 폴리펩티드를 지정할 뿐만 아니라, 헤모글로빈 같이 복합단백질을 형성하는 개개의 폴리펩티드도 지정한다. 이러한 복합단백질에 대한 유전정보는 하나의 유전자에 의한 것이 아닌, 여러 유전자에 의하여 지정된다. 폴리펩티드사슬을 합성하는 유전자를 구조유전자(構造遺傳子, structural gene)라고 칭한다.

3. 유전자=DNA

유전자가 유전의 기본단위로 알려진 후에 생물학자들은 유전자란 무엇인가? 또한 어떻게 작용하는가? 한 세포에서 다음 딸세포로 염색체상에 있는 유전자들의 전달(transmission)이 어떻게 유전정보(遺傳情報, genetic information)를 전달할 수 있는가? 유전정보들은 어떻게 저장되었으며, 또한 생물체에 의하여 어떻게 사용되고 있는가?

이러한 질문들에 답하기 위하여 유전자들과 그들의 작용에 대한 분자수준의 연구가 계속되어 왔으며, 생물학의 한 분야인 분자유전학(分子遺傳學, molecular genetics)으로 발전하였다. 특히 이 분야는 복잡한 생화학적 기술과 생물체 내에서의 반응 과정에 대한 분자 수준의 지식이 증가함에 따라 1950년대 이후부터 급속하게 발전되어 왔다.

분자 유전학자들이 당면한 첫 번째 과제는 '분자 수준에서 어떠한 물질이 실제로 유전물질을 구성하고 있는가'하는 점이었다. 1902년 슈톤(Sutton)과 보베리(Boveri)에 의하여 염색체유전설(染色體遺傳說, chromosome theory of inheritance)과 함께 모간(T. H. Morgan)과 그의 동료들이 유전자는 염색체상에 직선상으로 배열되어 있다는 사실을 밝혀 낸 후로, 생물학자들은 유전물질이 염색체 안에 존재함을 알게 되었다.

초기 화학적인 분석 결과로 염색체는 DNA와 단백질로 이루어졌음이 밝혀졌다(현재는 약간의 RNA도 존재한다고 알려졌다). 그 후의 질문은 DNA와 단백질 중에서 어느 것이 실질적인 유전물질인가 하는 것

이었다. 그러나 몇몇 분자 유전학적인 연구결과로 단백질이 아닌 DNA 가 유전물질임이 밝혀졌다.

(1) 형질전환

1928 년 영국의 그리피스(Griffith)는 폐렴쌍구균을 사용하여 흥미 있는 실험을 수행하였다(그림 9-8 참고). 폐렴쌍구균은 병원성인 S 형 균과 비독성인 R 형 균 계통이 있다.

독성인 S 형 균은 숙주의 공격으로부터 자신을 보호하는 부드럽고 끈적끈적한 다당류로 된 막을 형성하지만, 비독성 R 형균에는 이것을 합성하는 효소가 없다.

따라서 S 형 균은 표면이 매끄러운 형태(smooth type, S 형)의 콜로니(colony)를 형성하고, R 형 균은 울퉁불퉁한 모양(rough type, R 형)의 콜로니를 형성한다.

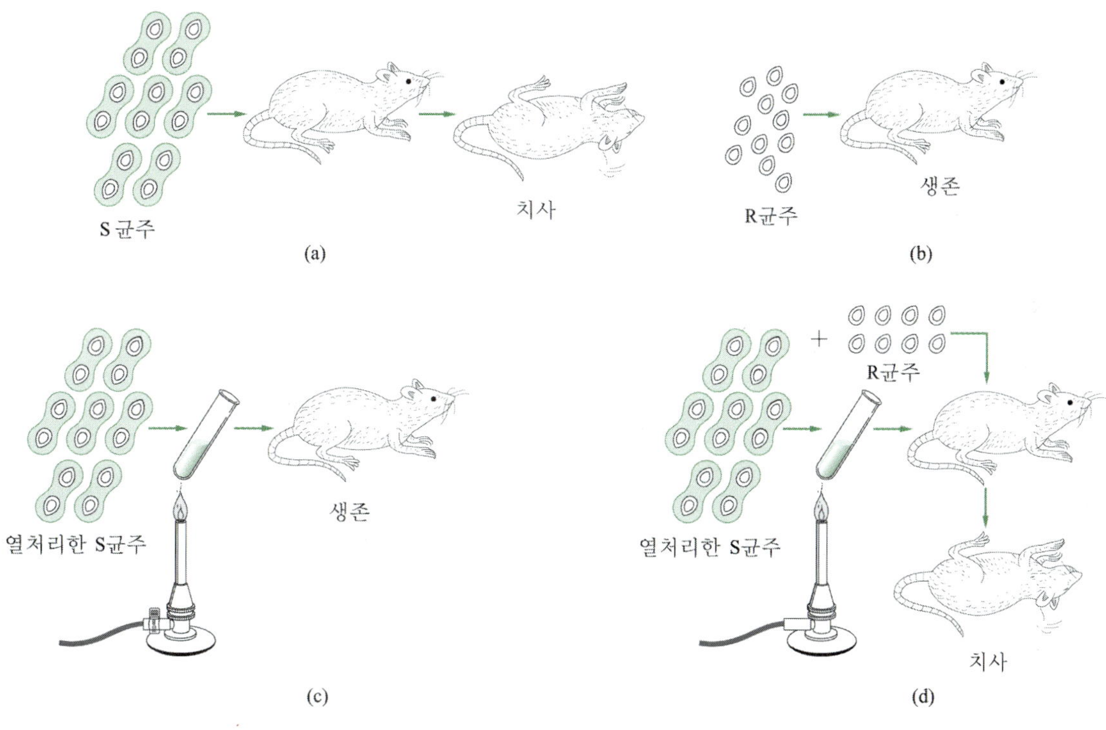

그림 9-8 그리피스의 형질전환 실험

(a) S 균주 박테리아를 주사한 쥐는 폐렴으로 죽는다.
(b) 비병원성인 R 균주 박테리아를 주사한 쥐는 살아남는다.
(c) 열로 처리한 S 균주 박테리아를 주사한 쥐는 살아남는다.
(d) 살아있는 R 균주 박테리아와 열로 처리한 S 균주 박테리아를 함께 주사한 쥐는 폐렴으로 죽는다.
또한 이 쥐에서 S 균주 박테리아를 얻을 수 있다.

그리피스는 살아있는 S 형 균을 쥐에다 주사하면 쥐가 죽지만, 살아있는 R 형 균 또는 가열하여 살균한 S 형 균을 주사하면 쥐는 그대로 생존한다는 사실을 관찰하였다. 그런데 죽은 S 형 균을 살아있는 R 형 균에다 섞은 혼합액을 주사하였더니 쥐가 죽었으며, 그 쥐를 해부한 결과 체내에서 살아있는 S 형 균이 검출되었다. 그래서 그는 죽은 S 형균에 있는 어떤 물질이 살아있는 R 형 균에 들어가서 R 형 균을 S 형 균으로 변화시켰다고 추측하였다.

이러한 그리피스의 생각은 1944 년 미국의 아베리(Avery)와 멕카르티(McCarty) 등의 공동연구에 의해서 사실로 확인되었다. 그들은 S 형 균에서 추출한 DNA 를 R 형 균과 혼합하면, S 형 균이 생긴다는 사실을 알았다.

즉 독성인 S 형 균의 DNA 가 다당류의 막을 만드는 데에 필요한 효소를 합성하도록 함으로써 비병원성인 R 형 균주를 병원성으로 변화시켰다는 사실을 증명하였다. 그리고 순수 분리한 단백질, 탄수화물 및 지질 등은 R 형 균의 비독성을 변화시키지 못한다는 것도 증명하였다.

생물의 어떤 계통(공여체)으로부터 추출한 DNA 를 다른 계통(수용체)에 첨가하였을 때, 그 DNA 가 수용체에 들어가서 공여체의 유전형질을 발현하여 자손으로 유전되는 현상을 형질전환(形質轉換, transformation)이라 한다. 이러한 명백한 실험결과에도 불구하고 많은 학자들은 DNA 가 유전물질이라는 사실을 확신하지 못하고 있었다.

(2) DNA 와 바이러스 감염

그림 9-9 는 1952 년 미국의 허시(A. Hershey)와 체이스(M. Chase)가 박테리오파지(bacteriophage, 간단히 파지라고도 함)를 사용한 실험결과를 나타낸 것이다. 박테리오파지는 박테리아를 죽이는 바이러스로 DNA 와 단백질로만 되어 있으며, 파지가 박테리아에 침입할 때는 DNA 만 들어가고 단백질은 밖에 남는다.

허시와 체이스는 대장균(*Escherichia coli*)과 파지를 함께 배양하면 대장균은 죽고 그 대장균에서 새로운 많은 파지가 검출되는 것을 보고, 파지의 유전물질이 대장균에 들어갔기 때문이라고 생각하였다. 이것을 확인하기 위해서 그들은 파지의 DNA 에는 ^{32}P, 단백질에는 ^{35}S 가 표지되도록 하였다. 단백질에는 S 가 있으나 P 가 없고, 핵산은 P 를 포함하고 있으나 S 가 없으므로 단백질과 핵산을 쉽게 표지할 수 있다.

방사선물질로 표지한 파지를 정상적인 대장균과 함께 배양한 다음, 원심분리하여 대장균의 세포벽에 부착된 파지의 단백질을 분리시켜서 방사성 물질을 조사하였다.

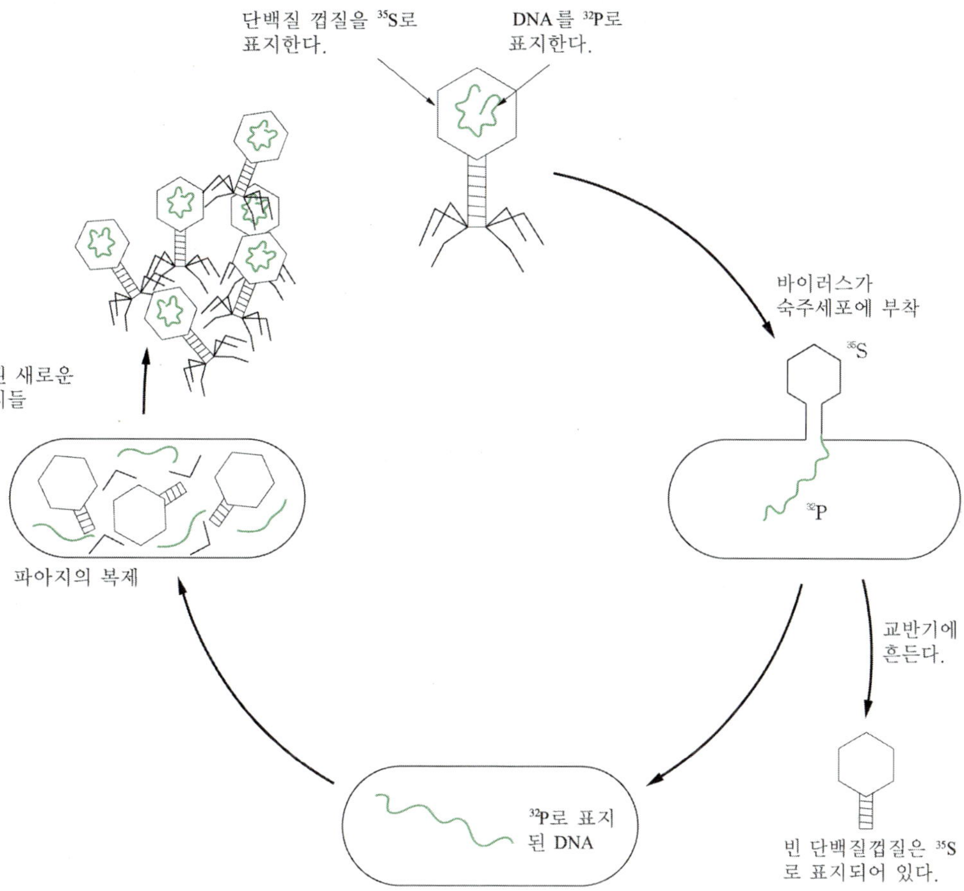

그림 9-9 허쉬-체이스의 박테리오파지 실험
^{35}S 는 단백질에서만 발견되고 ^{32}P 는 핵산에서 발견되어 유전물질이 핵산임을 증명한 실험

그 결과, 대장균에서는 ^{32}P 만 검출되고 ^{35}S 는 균체 밖에 남아 있었다. 이로써 대장균에 들어간 것은 파지의 DNA 라는 것을 알았다. 결국 대장균으로 들어간 파지의 DNA 가 새로운 파지를 만들어 낸 것이다.

나중에 그들은 순수분리된 DNA 가 숙주세포의 효소계를 이용하여 새로운 파지와 단백질을 만든다는 것을 증명하였다. 허시와 체이스의 실험은 유전자의 실체가 단백질인가 핵산인가 하는 논쟁을 마감하는 결정적인 계기가 되었다.

그런데 모든 바이러스가 파지처럼 DNA 와 단백질만으로 된 것은 아니다. 담배모자이크 바이러스(TMV)와 같은 특수한 바이러스들은 RNA 를 유전물질로 사용한다. 또 어떤 바이러스는 단백질의 일부 또는 전부가 박테리아 속으로 들어가는 것도 있다. 그런 점에서 허시와 체이스는 멘델이 그랬던 것처럼 행운아였다.

박테리아에 침입한 파지의 DNA가 증식하는 과정에서 파지 DNA에 박테리아 DNA가 끼여 들어가기도 하며, 그 파지가 다른 박테리아에 침입하였을 때에 거기서 앞서 박테리아의 형질이 발현하게 되는데, 이러한 현상을 형질도입(形質導入, transduction)이라 한다.

(3) DNA : 유전물질

왓슨(Watson), 크릭(Crick), 프랭크린(Franklin), 차거프(Chargaff)와 윌킨즈(Wilkins) 등에 의해 DNA 분자구조가 밝혀짐으로써, DNA가 유전물질임이 재확인되었다. 이들이 발견한 구조에 의해 핵산인 DNA가 유전정보의 전달, 또는 발현을 위한 가장 적절한 성질이 있음이 확인되었다.

그림 9-10은 핵산 분자들의 구성성분을 나타낸 것으로 아데닌과 구아닌은 퓨린인 반면, 시토신과 티민 및 우라실은 피리미딘이다. 뉴클레오시드(nucleoside, 당과 염기만으로 구성)들은 인산기에 의하여 서로 연결되어, 그림 9-11과 같이 DNA와 RNA를 구성하는 뉴클레오티드(nucleotide) 사슬을 형성하게 된다.

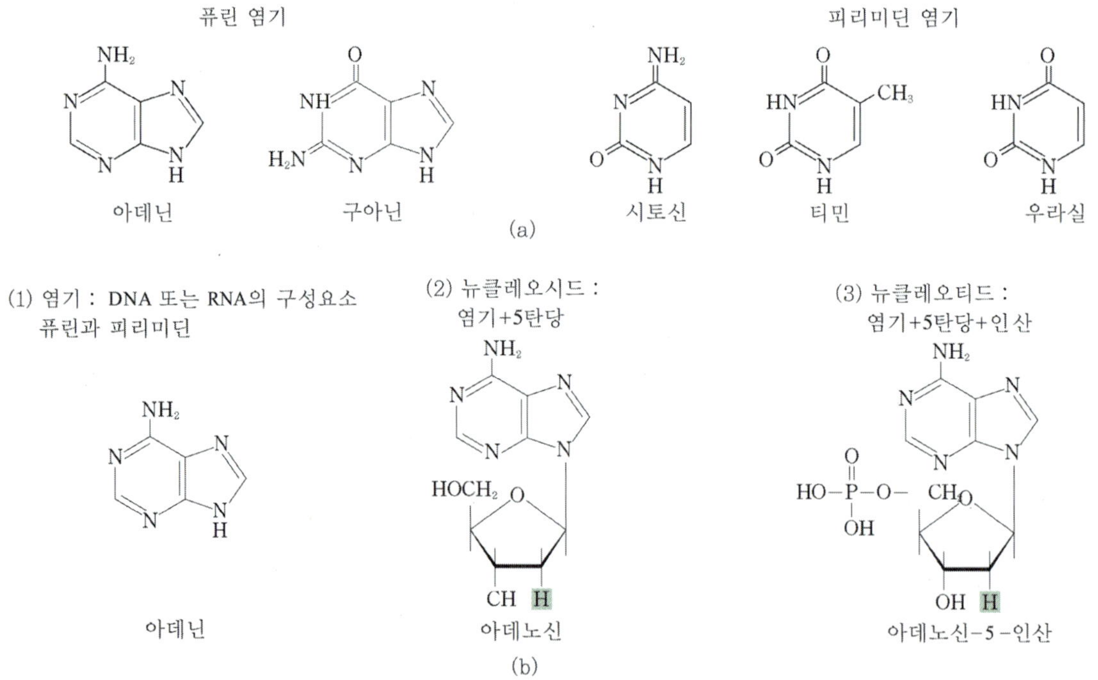

그림 9-10 핵산분자들의 구성성분

(a) DNA와 RNA에서 발견되는 2개의 퓨린과 3개의 피리미딘.
(b) 핵산은 퓨린이나 피리미딘 염기, 5탄당(리보스나 2-디옥시리보스)과 인산기로 구성된 뉴클레오티드들의 중합체이다.
그림은 DNA의 성분들을 보여주고 있다. RNA에서는 검게 표시된 부분의 H가 OH로 치환된다.

4. 유전정보의 흐름

단백질이 유전물질 자체는 아니지만 유전자에 의해서 합성된 1 차산물이며, 생물의 모든 형질을 나타내는 직접적인 물질이다. 단백질 합성의 과정은

$$\circlearrowleft \text{DNA} \xrightarrow{\text{전사}} \text{RNA} \xrightarrow{\text{번역}} \text{단백질}$$

인 유전정보 흐름의 원리(central dogma)로 설명된다.

DNA 폴리뉴클레오티드 가닥의 구조

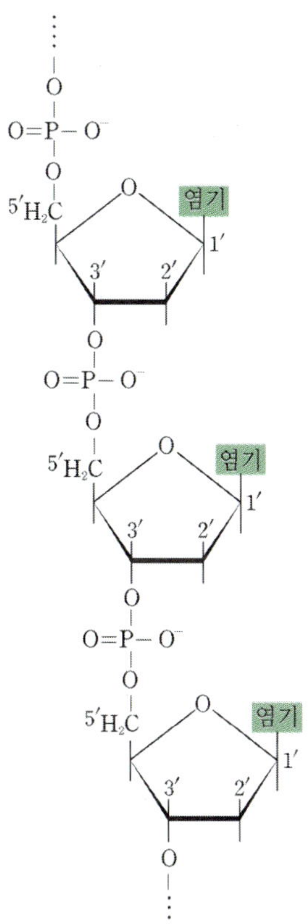

그림 9-11
DNA 사슬의 일부분
각 뉴클레오시드는 이웃한 뉴클레오시드와 인산기에 의하여 서로 연결되어 있다. 하나의 5 탄당의 3 ′탄소와 이웃한 당의 5 ′탄소가 연결되며, 당의 3 ′과 5 ′탄소는 폴리뉴클레오티드 사슬의 방향을 나타내는데 사용됨

DNA 의 원형화살표는 DNA 의 자기증식을 뜻하며, DNA 에서 RNA 가 합성되는 과정을 전사(轉寫, transcription)라 하고, 이 RNA 는 전령 RNA (messenger RNA, mRNA)이다. mRNA 를 주형으로 단백질이 합성되는 과정을 번역(飜譯, translation)이라고 하며, 이 유전정보의 전달은 DNA 로부터 일방적인 과정에 의하여 일어난다.

단백질합성의 첫 단계는 mRNA 의 전사인데, 이중나선의 DNA 가닥이 풀려서 한 가닥이 주형이 된다. 주형의 염기서열에 따라서 상보적인 RNA 의 염기서열이 결정되며, 이 서열이 유전정보의 암호(codon, 표 9-3)를 만든다.

단백질합성에는 mRNA 이외에도 아미노산을 운반하는 운반 RNA (transfer RNA, tRNA), 단백질 합성 장소를 제공하는 리보솜 RNA (ribosomal RNA, rRNA)가 있어야 한다.

tRNA 의 구조는 클로버잎 모양으로 되어 있고, 아미노산과 결합할 위치와 mRNA 의 유전암호에 결합할 위치를 가지고 있다. mRNA 의 유전암호(codon)와 결합하는

tRNA 의 부위를 안티코돈(anticodon)이라 한다(그림 9-14 참조). 단백질합성의 과정은 편의상 폴리펩티드의 시작, 신장 및 종결로 구분하여 설명한다.

9-2-2 유전자 발현

유전정보는 뉴클레오티드(nucleotide)의 순서로서 DNA 분자 속에 암호화되어 있으며, 이들은 아미노산 순서를 지정하고 결국에는 폴리펩티드(polypeptide)를 지정한다. 이러한 과정은 전사와 번역의 두 과정으로 나눌 수 있다.

전사는 DNA 분자의 유전암호를 '읽고 다시 쓰는' 과정이다. 이 전사 과정 중에 DNA 의 한 가닥은 상보적인 RNA 의 가닥을 형성하게 된다. 즉, DNA 의 뉴클레오티드 순서를 지정하게 되는데, 이는 상보적인 염기쌍의 형성을 통하여 이루어진다. 표 9-4 에는 DNA 와 RNA 에서 상보적인 염기쌍을 구성하는 뉴클레오티드를 나타내고 있다.

표 9-3 유전정보의 암호(codon)

	제 2 뉴클레오티드				
제 1 뉴클레오티드	U	C	A	G	제 3 뉴클레오티드
U	UUU, UUC: Phenylalanine (Phe) UUA, UUG: Leucine (Leu)	UCU, UCC, UCA, UCG: Serine (Ser)	UAU, UAC: Tyrosine (Tyr) UAA Stop UAG Stop	UGU, UGC: Cysteine (Cys) UGA Stop UGG Tryptophan (Trp)	U C A G
C	CUU, CUC, CUA, CUG: Leucine (Leu)	CCU, CCC, CCA, CCG: Proline (Pro)	CAU, CAC: Histidine (His) CAA, CAG: Glutamine (Gln)	CGU, CGC, CGA, CGG: Arginine (Arg)	U C A G
A	AUU, AUC, AUA: Isoleucine (Ile) AUG Methionine (Met) or start	ACU, ACC, ACA, ACG: Threonine (Thr)	AAU, AAC: Asparagine (Asn) AAA, AAG: Lysine (Lys)	AGU, AGC: Serine (Ser) AGA, AGG: Arginine (Arg)	U C A G
G	GUU, GUC, GUA, GUG: Valine (Val)	GCU, GCC, GCA, GCG: Alanine (Ala)	GAU, GAC: Aspartic acid (Asp) GAA, GAG: Glutamic acid (Glu)	GGU, GGC, GGA, GGG: Glycine (Gly)	U C A G

표 9-4 DNA 와 RNA 사이의 상보적인 염기쌍

DNA	RNA
아데닌	우라실*
시토신	구아닌
구아닌	시토신
티 민	아데닌

* RNA 는 티민이 아니라 우라실을 사용함에 유의하라. 전사 중인 DNA 가닥에서 아데닌이 나타나면 RNA 분자에는 우라실을 넣게 된다.

DNA 로부터 전사된 RNA 가닥을 전령 RNA 라고 한다. 여기서 전령이라 하는 것은 DNA 에 포함된 유전정보를, 아미노산이 모여 단백질을 합성하는 세포질까지 운반한다고 붙여진 이름이다. 번역은 유전정보를 DNA 로부터 옮겨 받은 mRNA 가 폴리펩티드를 생산하는 과정이다.

전사된 mRNA 가닥은 세포질로 이동하여 리보솜과 결합하게 되며, 리보솜은 mRNA 가닥을 따라 유전암호를 읽게 된다. mRNA 가닥을 따라서 세 개씩의 뉴클레오티드를 읽을 때마다 특정한 아미노산이 결합된 특정한 운반 RNA (tRNA)가 리보솜에 결합하게 된다.

리보솜이 mRNA 가닥을 따라서 이동하면서 다음의 코돈(codon)이 읽혀지게 되며, 여기에 다시 특정 아미노산이 결합된 tRNA 가 결합하여 결국에는 아미노산의 사슬, 즉 폴리펩티드를 형성하게 된다.

1. 유전암호

유전정보가 DNA 로부터 RNA 로, 다시 단백질로 이동되는 과정을 이해하기 위해서는 우선 유전암호에 대한 이해가 있어야 한다. DNA 분자는 유전정보를 세 개의 뉴클레오티드의 형태로 구성하고 있는데, 이 같은 유전암호의 기본단위를 코돈(codon)이라고 하며, 이 암호를 mRNA 가 받아서 세포질로 나오게 되는 것이다.

이와 같은 유전암호인 코돈의 해석은 많은 연구자들에 의하여 수행되어 표 9-3 과 같은 결과를 얻을 수 있었다. 또한 많은 종류의 생물체, 즉 동물, 식물, 세균, 바이러스에서 사람에 이르기까지 유전암호는 공통적이라는 것을 알게 되었다. 다시 말하면, 같은 코돈은 모든 생물체에서 같은 아미노산을 지정한다는 것이다.

2. 전 사

전사(transcription)는 그림 9-12 에서와 같이 DNA 와 상보적인 RNA 가닥을 생성하는 과정을 뜻한다. 즉, 전사과정은 두 가닥의 DNA 중에 한 가닥을 주형(鑄型, template)으로 하여 단일가닥의 RNA 를 합성하는 것이다. 전사과정에 상보적인 염기쌍의 형성이 관여한다는 점에서 DNA 의 복제와 유사하기도 하지만 DNA 의 복제와는 전혀 다른 효소가 전사과정에 참여한다는 점에서는 다르다.

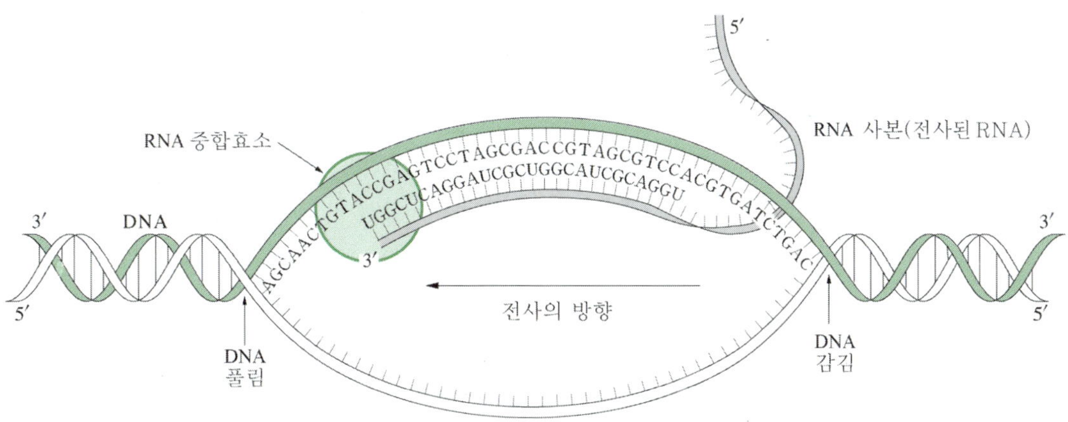

그림 9-12 전사과정

전사는 DNA 2 가닥 중 하나가 주형이 되어 상보적인 RNA 가닥이 조립되는 과정을 말한다. 이때 유전자가 시작하는 부분을 프로모터(promoter)라 부르며, RNA 중합효소와 시그마인자 복합체가 인식할 수 있는 특정한 뉴클레오티드로 구성되어 있다.

(1) 원핵세포의 전사

세균 등 원핵세포에서의 전사에 관한 것은 거의 분석이 되었으며 진핵세포에서도 유사한 과정을 거치는 것처럼 보인다. 이러한 전사과정 중에서 가장 중요한 역할을 하는 효소는 DNA 의존성 RNA 중합효소(DNA-dependent RNA polymerase)이다.

전사는 RNA 중합효소(RNA polymerase)가 하나의 유전자의 시작부분에 결합함으로써 시작되는데, RNA 중합효소와 결합하는 폴리펩티드인 시그마 인자(sigma factor)가 전사의 시작부분을 인식하는 데 있어서 중요한 역할을 한다(그림 9-12).

원핵세포의 유전자(prokaryotic gene)에 있어서 유전자가 시작하는 부분을 프로모터(promoter)라 부르며 RNA 중합효소와 시그마인자 복합체가 인식할 수 있는 특정한 뉴클레오티드가 구성되어 있다. 일단 RNA 중합효소가 결합되면 DNA 나선(DNA helix)이 열리게 되고 DNA 주형(template)의 염기순서를 읽어서 거기에 상보적인 RNA 분자를 조합해 나간다.

RNA 중합효소는 5′→3′방향으로 한 번에 하나씩의 뉴클레오티드를 중합할 수 있으며, 유전자의 끝부분에 도달했을 때는 특수한 염기순서로 구성된 종결신호(終結信號, termination signal)를 만나게 된다.

이때에 또 다른 폴리펩티드의 하나인 rho 단백질의 도움을 받아서 전사가 종결되어 RNA 중합효소와 새로 형성된 RNA 분자는 주형 DNA 로부터 떨어져 나가게 된다. 이때 만들어진 RNA 는 DNA 이중나선(double helix) 중에 단 한 가닥의 DNA 와 상보적이다. 원핵세포에 있어서는 이때 전사된 RNA 가 아무런 수정 없이 단백질합성에 참여할 수 있는 전령 RNA 로 된다.

(2) 진핵세포의 전사

진핵세포에서의 전사과정은 앞에서 언급한 원핵세포의 전사과정과 매우 유사한 점이 많지만 몇 가지 점에서 상이한 부분이 존재한다. 그 첫 번째는 진핵세포에서는 전사가 핵막으로 둘러싸인 핵 속에서 일어나는데 원핵세포의 경우에는 핵과 세포질을 구분해 주는 핵막이 존재하지 않는다. 그러므로 원핵세포의 mRNA 는 즉시로 단백질 합성에 참여할 수 있지만, 진핵세포의 경우는 일련의 수정단계를 거친 후, 핵에서 세포질로 이동한 다음에 번역과정을 거친다.

대부분의 진핵세포의 mRNA 는 초기에 만들어진 1 차 RNA 전사체 보다도 짧다. 진핵세포의 RNA 전사체 수정과정 중에 가장 특징적인 것은 비암호화(noncoding)된 부분의 제거과정을 들 수 있다.

진핵세포의 구조 유전자(structural gene)는 엑손(exon)이라 불리는 암호화(coding)된 부분과 인트론(intron)이라 불리는 비암호화된 부분이 섞여 있는 split gene 으로 구성되어 있다.

따라서 전사된 초기의 RNA 는 1 차 전사체라 불리며 엑손과 인트론 부분을 함께 포함하고 있고, 그림 9-13 에서 보는 바와 같이 인트론 부분을 제거하는 편집과정을 거쳐서 mRNA 를 형성한다.

이와 같이 인트론 부분을 제한효소(endonuclease)로 잘라 내고 다시 ligase 로 붙이는 과정을 splicing 이라 하며, small nuclear RNA (snRNA) 라는 일종의 RNA 가 관여한다. 이러한 split gene 은 원핵세포에서는 발견되지 않으나 진핵세포에서는 보편적으로 발견되고 있다.

번역과정에서 중요한 역할을 하는 운반 RNA 와 리보솜 RNA 도 유전자로부터 전사된다. 원핵세포의 경우는 rRNA 와 tRNA 를 전사하기 위해 특별한 RNA 중합효소를 필요로 하지 않지만 진핵세포의 경우에는 두 가지의 다른 RNA 중합효소를 필요로 한다.

구조 유전자를 전사하는 데 쓰이는 것이 RNA polymerase II 이고, rRNA 등을 전사하는 데에 이용되는 것이 RNA polymerase I 이며, tRNA 등을 전사하는 것은 RNA polymerase III의 작용이다.

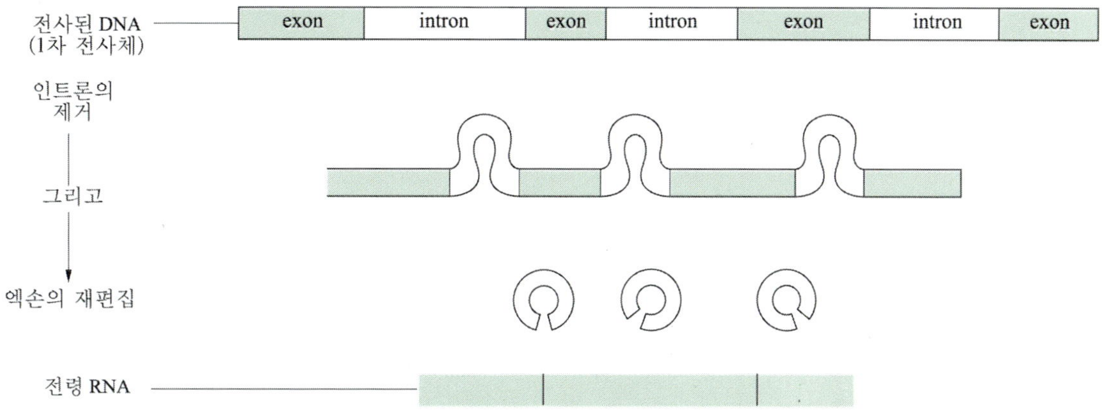

그림 9-13 진핵세포의 핵에서 1 차전사체로부터 기능적인 mRNA 가 만들어지는 과정. 인트론은 번역되지 않기 때문에 제거되며 재편집 과정에 의하여 기능적인 mRNA 가 만들어진다.

3. 번 역

번역(translation)과정은 mRNA 가 리보솜과 결합하여 암호를 해독하는 과정이다. 이러한 과정이 진행되기 위해서는 많은 효소들과 에너지 및 아미노산들이 공급되어야 한다.

(1) 운반 RNA 와 리보솜

유전암호의 번역에는 tRNA 라고 하는 특수한 분자가 필요하며 tRNA 는 mRNA 보다 훨씬 작고, tRNA 분자 안에서 상보적인 염기쌍을 형성하기 때문에 그림 9-14 와 같이 클로버 잎 모양을 하고 있다. 각 tRNA 분자는 20 개의 다른 아미노산 중에서 단 하나의 아미노산과 결합할 수 있으며 각각의 경우에 특수한 효소의 작용을 필요로 한다.

이와 같이 하여 아미노산이 tRNA 에 결합한 것을 tRNA 가 'charged' 되었다고 한다. 각 tRNA 는 mRNA 의 특정 코돈과 상보적인 세 개의 염기로 이루어진 안티코돈(anticodon)을 갖는다. 단백질이 합성되기 위해서는 mRNA 에 리보솜이 결합하여야 하며, 각 리보솜은 두 개의 크고 작은 아(亞)단위로 구성된다.

박테리아에서 리보솜은 50 S 와 30 S (S 는 Svedberg 상수)로 구성되고 진핵세포에서는 60 S 와 40 S 의 아단위로 구성된다. 각 리보솜의 아단위는 단백질과 핵산으로 구성되는데, 리보솜을 형성하는 RNA 를 리보솜 RNA (rRNA)라고 한다.

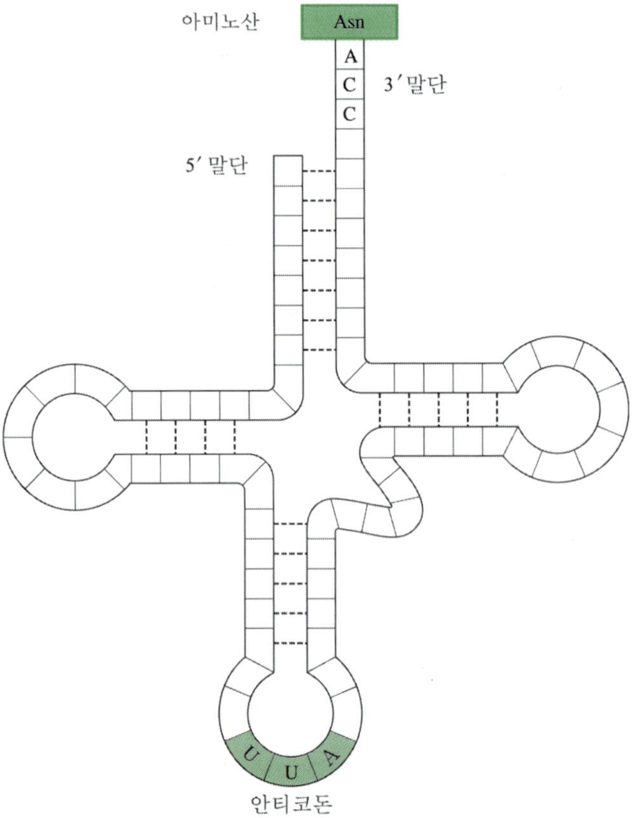

그림 9-14 운반 RNA (tRNA).
아미노산이 결합되는 위치는 3′말단 쪽의 CCA 다음이다. 하나의 tRNA 는 한 종류의 아미노산하고만 결합한다.
각각의 tRNA 는 mRNA 의 특정 코돈과 상보적인 특정한 세 염기로 구성된 anticodon 을 갖는다.

리보솜의 각 아단위들은 단백질을 만들지 않을 때는 따로따로 떨어져서 자유롭게 떠다니며, 단백질을 합성할 때는 mRNA에 결합하여 두 개의 크고 작은 아단위가 결합하여 하나의 완전한 리보솜을 형성한다.

단백질 합성이 끝나서 완전한 폴리펩티드가 만들어진 다음에는 리보솜은 각 아단위로 해리된다. 하나의 mRNA 에는 하나의 리보솜만이 결합하는 것이 아니라 여러 개의 리보솜이 동시에 결합하며, 이것을 폴리리보솜(polyribosome) 또는 폴리솜(polysome)이라 부른다.

그림 9-15 는 번역과정을 나타낸 것이다. mRNA 의 세 nucleotide 순서를 코돈(codon)이라 하며, 이는 하나의 아미노산을 지정하게 된다. mRNA 의 코돈과 염기쌍을 이룰 수 있는 tRNA 의 세 뉴클레오티드를 안티코돈(anticodon)이라고 한다.

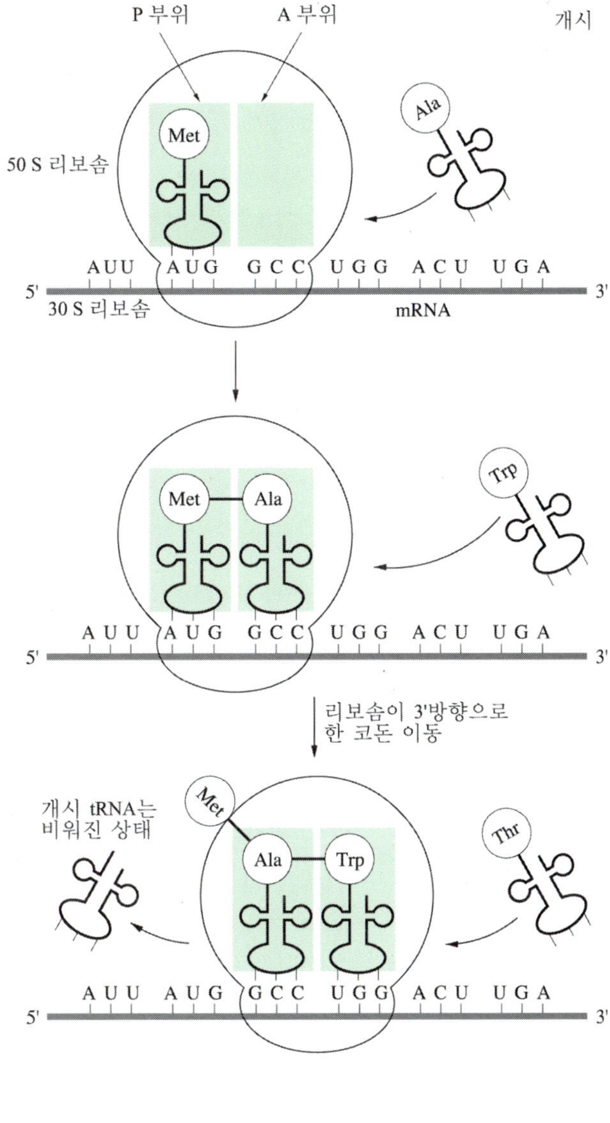

그림 9-15 번역과정에 의한 단백질 합성기구의 모식도
번역은 메티오닌을 특정화하는 AUG 코돈으로부터 시작된다. 번역의 종결은 UAA, UGA 또는 UAG 등의 종결 코돈에 의하여 이루어지며 이때에는 A 부위에 tRNA 대신 분리요소가 결합하게 된다.

이러한 결합과정을 통해 암호에 맞는 아미노산을 tRNA가 mRNA로 운반해 와서 폴리펩티드를 형성할 수가 있다.

(2) 번역의 기작

번역의 시작은 그림 9-15에서와 같이 mRNA와 리보솜의 30 S가 결합함으로써 시작되며, 그 다음으로는 50 S 아단위가 30 S/mRNA 복합체에 결합한다. 완전히 결합된 리보솜에는 두 개의 AA-tRNA (아미노산이 결합된 tRNA)가 결합할 수 있는 자리가 있는데, 하나는 A 부위(peptidyl site)라고 한다.

mRNA의 첫 번째 코돈과 첫 번째 AA-tRNA는 리보솜의 P 부위에 결합하게 되며, 이웃한 A 부위에도 적절한 AA-tRNA가 결합하게 된다. 이때에 두 아미노산 사이에 효소의 작용에 의하여 펩티드결합이 형성되며, 첫 번째 아미노산에서 tRNA가 떨어져 결국 P 부위로 이동하면서 빈자리로 된 A 부위에는 mRNA와 상보적인 AA-tRNA가 들어가서 같은 작업을 되풀이하여 펩티드사슬을 늘려 나가게 된다.

펩티드사슬의 신장이 정지되는 것은 mRNA의 종결코돈(termination codon : UAA, UAG, UGA)에 의해 이루어진다. 이때 형성된 폴리펩티드사슬은 세포질로 방출된다.

4. 유전자 발현의 조절

다세포생물의 각 조직을 이루고 있는 세포는 하나의 수정란에서 난할을 통해 이루어졌기 때문에, 모든 세포는 동일한 유전자를 가지고 있다. 그러나 그 세포들도 조직의 종류에 따라 그 기능이 다르게 된다.

이와 같이 동일한 유전자로 구성된 세포들이 다른 형질을 발현하는 것을 분화라고 하며 세포가 분화과정을 거쳐 각각 다른 형질을 나타내는 것은 유전자 발현이 어떤 조절을 받고 있기 때문이다.

대장균과 같은 미생물의 세포 안에도 많은 유전자가 작용하고 있지만 항상 모든 유전자가 동시에 활동하는 것은 아니다. 이와 같은 유전자, 즉 구조유전자의 발현을 조절하는 조절유전자가 존재하는데, 이들은 적절한 시간에 구조유전자의 발현을 시작하기도 하고 끝내기도 하는 역할을 한다.

(1) 원핵세포의 유전자조절

박테리아에서는 조절 부위가 그들이 조절하는 몇 개의 구조유전자들과 함께 존재하는데 이를 '오페론(operon)'이라 부른다. 이들 구조유전자들은 하나의 단위로 전사되어 한 가닥의 mRNA를 형성하지만, 이 mRNA가 번역된 후에는 몇 종류의 다른 단백질들이 만들어지게 된다.

현재까지 가장 잘 연구된 오페론은 락토스 오페론(lactose operon 또는 lac operon)인데 1961 년, 자콥(F. Jacob)과 모노드(J. Monod)에 의하여 제시되었으며 유전자 발현조절의 대표적인 예로 알려지고 있다.

그림 9-16 과 같이, lac 오페론은 다섯 개의 유전적 단위로 구성되어 있는데, P 와 O 라는 2 개의 조절부위와 X, Y, Z 라는 3 개의 구조유전자가 존재한다. P 위치는 프로모터(promoter)라고도 하는데 이는 RNA 중합효소가 붙을 DNA 부분이다. 적절한 조건에서 RNA 중합효소는 구조유전자 X, Y, Z 로부터 mRNA 전사를 촉매한다. 또 다른 유전적 부위인 R 은 조절유전자인데 실질적으로는 오페론에 포함되지 않지만 이것은 오페론의 기능적 조절을 담당한다.

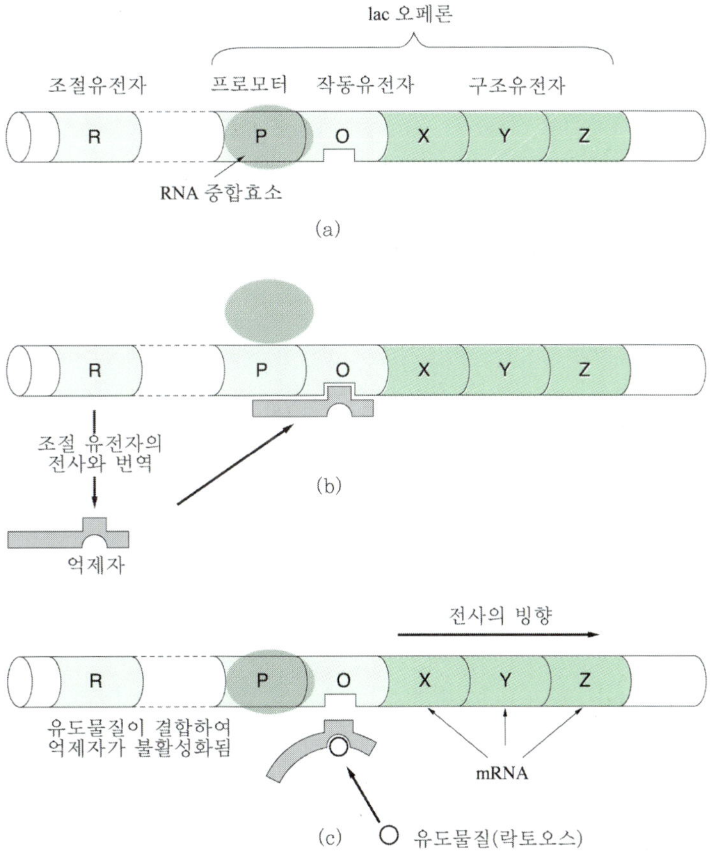

그림 9-16 대장균의 lac 오페론의 기능을 설명하고 있는 자콥-모노드의 구조유전자 조절의 모델. (a) 오페론의 프로모터 자리에 RNA 중합효소가 결합하여 전사가 시작됨. 조절유전자 부위가 오페론에 인접해 있지 않음을 유의하라. (b) 억제자(repressor)가 오페론의 작동유전자 부위에 결합하여 RNA 중합효소가 프로모터 자리에 붙지 못하며 따라서 전사가 억제된다. (c) lac 오페론의 억제가 해제된 상태(induced). 유도물질(락토스)이 억제자와 결합함으로써, 억제자의 형태가 변화하며 따라서 RNA 중합효소의 작용이 방해받지 않으므로 구조유전자의 전사가 진행된다.

조절유전자는 억제자(repressor)를 코딩하고, 이 억제자는 두 개의 결합부위를 가지는데, 그 하나는 락토스와 다른 하나는 작동유전자와 결합할 수 있다.

억제자는 다른 입체성 단백질(allosteric protein)이다. 즉, 한 결합부위의 구조가 다른 결합부위의 상태에 따라서 영향을 받는다. lac 오페론의 억제자의 경우에 락토스와 결합하지 않았을 때에만 작동유전자에 결합할 수 있다. 만약 억제자가 락토스와 결합했을 때에는 억제자의 구조에 변화를 초래하여 더 이상 작동유전자에 결합할 수 없게 된다.

lac 오페론에서 억제자가 작동유전자에 결합하면 RNA 중합효소는 P 위치에 결합하지 못함으로 인해 구조유전자 X, Y, Z 도 전사를 할 수 없다. 이런 경우는 배지에 락토스가 거의 존재하지 않을 때 일어난다. 락토스 양이 증가하면 락토스는 억제자와 결합하며, 이 결합이 억제자의 구조를 변형시켜 더 이상 작동유전자 부위에 결합을 못하게 한다.

따라서 이때는 RNA 중합효소가 P 위치에 결합할 수 있으며 구조유전자의 전사가 일어날 수 있게 된다. 여기서 만들어진 mRNA 가 번역되고 lactose 를 분해하는 효소들이 만들어지면 락토스의 농도는 다시 낮아지고 억제자는 다시 작동유전자에 결합하여 효소합성을 중단시킨다.

그러므로 이러한 경우 락토스를 유도물질(誘導物質, inducer molecule)이라 하며, 유도자(誘導者, inducer)가 존재할 때는 전사가 시작되고 유도자가 없을 때는 전사가 중단된다. lac 오페론처럼 영양분이 존재하지 않을 때에는 이들의 분해효소가 만들어지지 않다가 영양분이 존재할 때는 분해효소가 유도되므로 경제적인 조절시스템이라 하겠다.

(2) 진핵세포의 유전자조절

진핵세포에서는 박테리아에 존재하는 오페론과 같은 것이 밝혀진 바 없으며 진핵세포 유전자조절은 박테리아만큼 잘 알려져 있지 않다. 대부분의 경우에는 관련된 구조유전자들이 조화를 이루도록 조절되고 있지만, 박테리아의 오페론처럼 한군데에 모여 있는 것이 아니라 진핵세포 유전자 전체에 퍼져 있다.

진핵세포 유전자 발현에 있어서 많은 성과를 거두고 있는 부분은 호르몬에 의한 조절이다. 몇 가지의 호르몬은 직접 또는 간접으로 특정 유전자의 전사에 영향을 미칠 수 있다.

즉, 어떤 호르몬은 진핵세포 유전자의 특정 부위에 직접 결합함으로써 조절기능을 나타내는데 반하여 다른 호르몬은 1 차적으로 원형질막에 결합하여 2 차적인 메신저(second messenger), 즉 유전자조절에 관여할 수 있는 환상 AMP (cyclic AMP) 같은 물질의 생산을 유발한다.

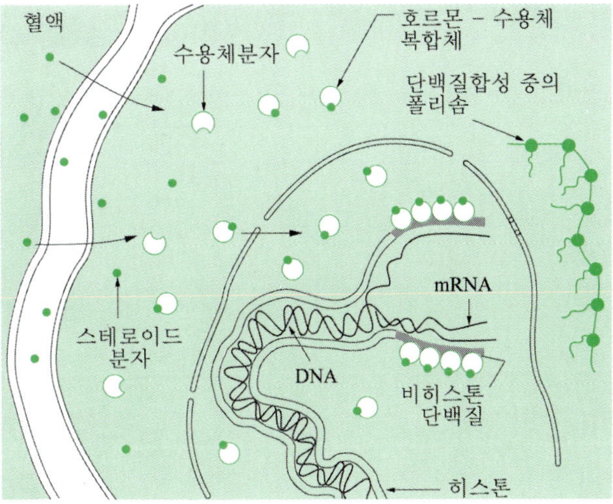

그림 9-17 스테로이드 호르몬에 의한 유전자 발현의 조절
스테로이드 호르몬 분자가 수용체 단백질을 지닌 표적세포 안으로 들어가면 수용체 단백질과의 결합이 일어난다. 호르몬과 수용체가 복합체를 이룬 다음 핵으로 이동하여 특정 유전자를 활성화시켜 특정 단백질을 생산하도록 한다.

그림 9-17은 유전자 발현에 직접적으로 영향을 미칠 수 있는 스테로이드 호르몬을 예로 든 것이다. 그림과 같이, 스테로이드 호르몬은 표적이 되는 조직의 세포로 들어간다. 만약 그 세포가 실질적인 표적세포라면 이 스테로이드와 복합체를 만들 수 있는 수용체 단백질을 가지며 호르몬과 수용체의 복합체가 핵 안으로 이동하여 DNA에 결합한다.

스테로이드 호르몬과 수용체의 복합체는 RNA 중합효소의 활성을 조절하는 것으로 추정되며, 그 결과로 특정의 mRNA 전사가 일어나고 거기에 해당하는 단백질이 합성된다. 그러므로 이 호르몬이 세포 안으로 들어왔을 때, 특정 유전자가 활성화되거나 되지 않는 것은 수용체 단백질의 존재 유무와 관련이 있다.

진핵세포 유전자의 조절은 또한 개체의 발생에 있어서도 중요한 역할을 한다. 복합적인 다세포 생물에 있어서 구조적 또는 기능적으로 다른 역할을 하는 여러 형태의 세포를 만들기 위해 많은 유전자가 특정시기에 발현이 시작되었다가 중단되곤 하는 일이 일어난다.

9-3 돌연변이

어떤 원인으로 세포의 유전물질이 변화하면 형질에 변화가 생겨 이것이 자손에 전달되는 경우를 돌연변이(突然變異, mutation)라고 하며, 이 변화는 딸세포로 유전될 수 있다. 이와 같은 돌연변이에는 염색체 돌연변이 같은 거대돌연변이와 유전자상의 변화인 유전자 돌연변이의 두 종류가 있다.

9-3-1 유전자 돌연변이 (gene mutation)

유전자 돌연변이는 점 돌연변이(點突然變異, point mutation)라고도 하며, 이와 같은 점 돌연변이는 DNA 분자에 있어서 하나의 염기변화에 의하여 초래되는 것이므로 현미경으로 발견할 수 없다. 돌연변이의 정의는 염색체 돌연변이와 점 돌연변이 모두를 포함하지만, 점 돌연변이가 훨씬 많은 빈도수를 가지므로 일반적으로 돌연변이라 함은 점 돌연변이를 말한다. 이와 같은 점 돌연변이에는 몇 가지 형태가 있다.

첫 번째 형은 침묵 돌연변이(silent mutation)인데, 돌연변이 후에도 같은 아미노산을 나타내어 표현형의 변화가 없는 경우이다. 예를 들어 전령 RNA 에서 CGC 가 CGU 로 변화되었다고 하여도 결국은 똑같은 아르기닌을 코딩한다. 이와 같이 침묵 돌연변이는 표현형의 변화를 초래하지 않는다.

두 번째로 착오 돌연변이(missense mutation)가 있는데 이는 유전암호가 본래의 아미노산과는 다른 아미노산을 지정하는 코돈으로 변화하는 경우를 말한다. 겸상적혈구 빈혈증의 헤모글로빈 돌연변이가 그 대표적인 예이다. 이것은 하나의 염기가 치환에 의해 GAG 가 GUG 로 되어 글루타민산이 발린으로 바뀌게 된 것이다.

점 돌연변이의 세 번째 형태로 프레임쉬프트 돌연변이(frameshift muta-tion)가 있다. DNA 로부터 전사된 mRNA 는 각각의 세 개씩의 염기가 읽혀지는 코돈의 연속이다. 만약 하나의 뉴클레오티드가 DNA 에 삽입되면 그 위치를 포함하는 코돈과 그 이후에 읽혀지는 변형된 폴리펩티드로 번역되게 된다.

그림 9-18 은 이러한 프레임쉬프트 현상을 설명하고 있다. 두 번째와 세 번째, 코돈 사이에 구아닌(guanine)이 삽입되어 세 번째와 네 번째 아미노산을 비롯하여 모든 폴리펩티드의 아미노산 서열이 바뀌는 것이다.

이전	AUG 메티오닌	CCA 프롤린	UAC 티로신	UGG 트립토판
이후	AUG 메티오닌	CCA 프롤린	(G)UA 발린	CUG G– 류신

그림 9-18 여분의 뉴클레오티드 하나가 DNA 가닥에 끼여들어가 그로부터 전사된 mRNA 에서 프레임쉬프트 돌연변이 효과를 보여주고 있는 mRNA 조각. G가 삽입된 후의 모든 코돈은 변화가 일어나 잘못된 아미노산이 번역과정에 들어간다.

9-3-2 염색체 돌연변이 (chromosome mutation)

유전자 그 자체가 변하지 않아도 유전자를 지니고 있는 염색체의 수 및 구조의 변화(染色體 異狀, chromosome aberration)에 의해서 유전적 변이가 생기는 경우이다. 염색체 수의 변화는 생물의 생활에 필요한 유전자의 한 조를 지니고 있다고 생각되는 기본염색체의 한 조(X), 즉 게놈(genome) 전체가 증감하여 배수체(倍數體, polyploid), 반수체(半數體, haploid)를 만드는 경우와 게놈 내의 일부의 염색체가 증감하여 이수체(異數體, aneuploid)를 만드는 경우가 있다. 배수체에는 같은 게놈이 배가한 동질배수체(同質倍數體, autopolyploid)와 다른 게놈을 조합하여 배가된 이질배수체(異質倍數體, allopolyploid)가 있다.

배수화에 의하여 감수분열에 이상이 생겨 불임이 된다든가 식물에서는 식물체가 거대화하여 성분이 증가하는 경우가 많다. 이수체에서는 어느 염색체가 증감하였느냐에 따라 형질의 변화가 나타난다. 이것을 이용해서 각각의 염색체의 유전적인 효과를 알 수가 있다.

그림 9-19 와 같이 염색체구조의 변화에는 일부분의 결실(deletion), 일부분이 여분으로 생긴 중복(duplication), 일부분의 유전자 배열이 역으로 된 역위(inversion), 어떤 염색체의 일부분이 다른 부분에 또는 다른 염색체에 옮겨진 전좌(translocation) 등이 있다. 이와 같은 염색체의 구조 변화와 더불어 유전자가 증감한다든가 인접해 있는 유전자의 작용이 변화되어 표현형에 영향을 주는 경우가 있다.

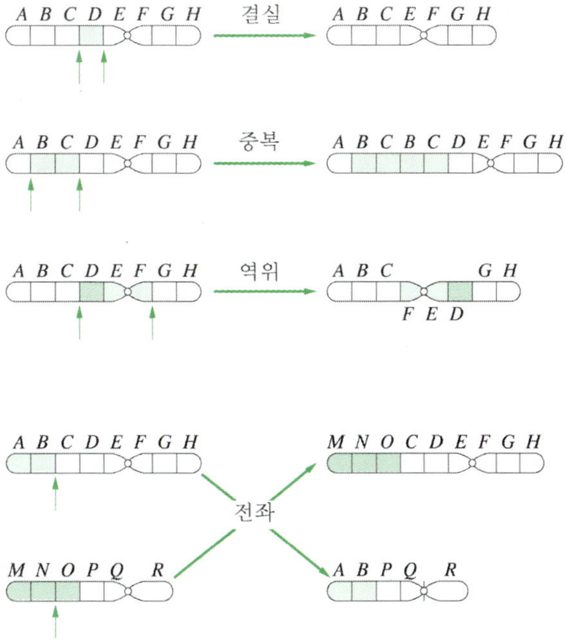

그림 9-19 염색체 돌연변이
화살표는 염색체가 끊어진 곳을 나타내고 치환된 염색체의 부분들은 검게 나타냄.
결실의 경우는 끊어진 염색체 조각이 다른 염색체에 부착하지 않고 없어진다. 중복의 경우는 한 염색체의 끊어진 조각이 상동염색체에 붙는 것을 말한다.
역위는 한 염색체상에서 유전자 좌가 역전되는 현상을 말한다. 전좌의 경우는 한 염색체의 조각이 상동염색체가 아닌 다른 염색체와 결합하는 것을 말한다.

1. 체세포 돌연변이

생식세포가 아닌 체세포에 돌연변이가 일어나면 그 세포로부터 유래한 조직과 원래의 조직이 섞여져서 모자이크가 되는 경우가 있다. 또 식물에서 한 눈의 성장조직에 변화가 일어나 그 가지 전체가 변화하는 경우도 있다. 이것을 가지변화 또는 아조변이라고 한다. 이것은 과수류에서 흔히 볼 수 있다. 예를 들면 귤의 조생온주는 온주밀감으로부터, 또한 사과의 스타킹은 데리샤스에서 가지변화를 이용한 것이다.

2. 인위돌연변이

돌연변이는 고등생물에서 한 유전자 당 10^{-5}~10^{-6}, 세균에서는 10^{-6}~10^{-9} 정도의 율(빈도)로 일어나는데, 이 율을 인위적으로 현저하게 높일 수도 있다. 이것을 인위돌연변이(人爲突然變異, artificial mutation)라 하고, 인위돌연변이를 유발하는 변이원(變異原, mutagene)은 방사선이나 알킬화제가 쓰인다.

방사선은 X선 발생장치로부터의 X선, ^{60}Co와 ^{137}Cs 등의 방사성 물질로부터 발생하는 γ선, 원자로와 사이클로트론에서 얻어지는 중성자선이 흔히 많이 쓰인다.

또한 알킬화제는 에틸렌이민(EI), 에틸메타설파네트(EMS), 메틸니트로소우레아(MNU) 등이 있다. 또한 콜히친(colchicine)은 매우 높은 비율로 배수체를 유발한다. 유발된 돌연변이의 종류나 빈도(스펙트럼, spectrum)는 변이원의 종류, 강도, 생물의 종류, 그 조직이나 기관에 따라 다르지만, 얻어진 돌연변이체(突然變異體, mutant)는 다양한 분야에서 이용된다.

예를 들면 초파리에서는 여러 종류의 눈 색깔 돌연변이를 유발시켜서 그것을 이용하여 눈의 색소 형성과정의 화학반응을 조사한다든가, 붉은떡곰팡이의 여러 종류의 돌연변이를 이용하여 대사경로의 연구에 이용되고 있다.

또 돌연변이체 중에서 유용한 형질을 선발하여 농작물의 품종개량에 이용하고 있다. 콜히친 처리에 의한 인위배수체는 줄기, 잎, 뿌리가 거대하게 되어 다수확성, 내한성, 내병성이 증가하여 이용가치가 크고, 많은 식물에서 거대형의 꽃도 얻을 수 있다.

또한 다른 게놈을 가진 이종속 식물사이를 교배하여 복이배체를 만들어 양친의 장단점 중에서 장점을 조합해서 새로운 식물을 육성할 수 있다. 예를 들면 호밀의 내한성이나 내병성을 소맥에 도입한 호소맥이나, 아욱과의 일종인 오쿠라와 닥풀의 잡종으로 제지용 풀과 보통섬유를 겸한 풀모시 등이 있다.

9-4 유전자 조작과 세포융합

멘델의 법칙이 재발견된 1900년대부터 약 50년이 지난 1953년에 유전자가 디옥시리보핵산(DNA)이란 것과 그 분자의 구조 등이 명백하게 밝혀졌다. 그 후 1970년 이후 DNA를 특정부위에서 절단하는 제한효소(制限酵素, restriction endonuclease)와 접착하는 연결효소(連結酵素, ligase)가 발견되고, 뒤이어 유전자의 인위적 조합기술이 개발되어져 '유전자 조작'(gene manipulation)이라고 하여 최근에 특히 주목받게 되었다.

이 기술은 생물의 종의 벽을 넘어서 유전자의 조합을 가능하게 하는 것으로써 앞으로 생물학의 기초연구 및 의학, 농학 등의 응용면에서 발전이 기대되어진다. 이와 같은 예는 세균의 DNA에 다른 생물의 DNA를 집어넣어 그 유전자에서 유래하는 유용단백질을 세균에서 만들게 하는 것이다. 이 경우, 그 세균을 숙주, 다른 생물의 DNA를 운반하는 운반체를 벡터(vector)라고 한다. 대장균을 숙주로 했을 때는 벡터로써 대장균의 플라스미드(plasmid)가 쓰인다.

유전자 조합은 그림 9-20에서와 같이 먼저 제한효소에 의해서 DNA의 특정부위를 절단하여 DNA 단편을 만든다. 한편 플라스미드도 똑같은 제한효소에 의해서 절단하여 개환부를 만든다.

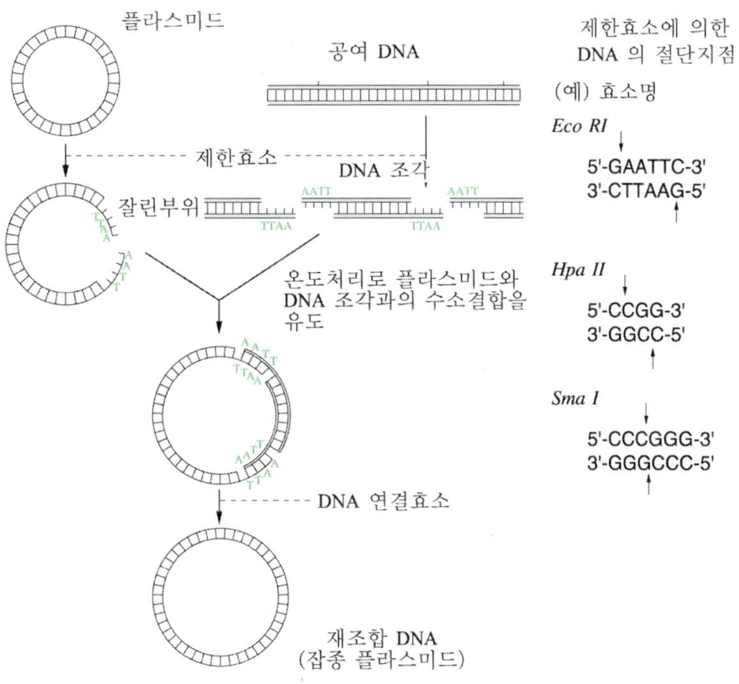

그림 9-20 플라스미드와 클로닝할 유전자를 포함한 재조합 DNA의 제조

제한효소로 잘린 플라스미드에 공여 DNA 조각을 붙여 DNA 연결효소인 리가아제(ligase)로 공유결합을 형성토록 한다.

다음에는 먼저의 DNA 단편과 개환부를 갖는 플라스미드를 DNA 연결효소의 존재 하에서 혼합하여 DNA 단편을 플라스미드의 개환부에 조합시켜 접착하여 잡종 플라스미드를 만든다.

이와 같은 잡종 플라스미드를 숙주 대장균 속에 넣으면 대장균의 리보솜과 tRNA 에 의해서 잡종 플라스미드 유전자의 유전정보에 따라 단백질이 합성된다. 합성된 인터페론, 인슐린, 성장호르몬 등의 의약품을 시작으로, 화학공업에서는 아미노산, 농업에서는 질소고정작용 등의 이용에 주목되고 있으며, 몇 가지는 벌써 성공하고 있다.

성장호르몬의 합성

사람의 성장호르몬(somatotropic hormone, STH)은 현재 사체로부터 추출되어진다. 소인증의 치료를 위해 한 사람의 연간 치료에 약 50 인의 몸에서 만들어진 STH 약 0.3 g 이 필요하므로 많은 치료비가 필요하다. 사람의 STH 를 생산하는 유전자를 대장균에 조합시키는 기술이 개발되어 대량생산이 가능하게 되었다.

• 아미노산의 합성

예를 들면 대장균은 포도당으로부터 5 개의 효소가 작용하는 일련의 반응에 의해 트립토판을 합성하며, 정상적인 대장균에서는 자기가 필요로 하는 양 외에는 만들지 않는다. 그러나 돌연변이에 의해 그 조절기능(억제기능)이 상실된 대장균의 트립토판 합성유전자를 조합시켜 플라스미드를 집어넣어 트립토판의 대량생산을 일으키게 한다.

• 질소고정유전자의 도입

공중질소 고정세균과 공생하고 있는 콩과식물을 제외한 많은 식물의 생육에 필요한 질소원은 토양 속, 물 속에 용존하고 있는 암모니아태 및 질산태의 것이 대부분이다. 그렇기 때문에 농업에서는 합성암모니아 비료를 농작물에 줄 수밖에 없다. 따라서 분리시킨 질소고정 유전자를 농작물에 도입하는 기술에 의해 질소고정능력을 부여하려고 하는 연구가 진행 중에 있다.

9-4-1 클로닝(Cloning)

클로닝(단일증식, cloning)이란 세포나 개체를 무성적으로 증식시켜 유전적 형질이 모두 같은 것(세포 클로닝, 클로닝 식물, 클로닝 동물 등)을 만드는 것을 말한다.

벌써 식물에서는 슈트와드와 샨츠(Steward and Shantz, 1956)가 당근의 뿌리에서 세포를 분리 배양하여 클로닝 당근을 만드는 것에 성공한 이래 이와 같은 기술이 실제의 육묘생산에 응용되고 있다. 그림 9-21 은 식물이 어느 조직의 분리세포도 분화하여 개체로까지 성장하는 능력, 즉 전능성(全能性, totipotency)이 있다는 것을 나타내고 있다.

물론 식물에서는 접목 · 삽목 · 취목 · 네덜란드 딸기의 포복경 이용 등 클로닝 식물의 육성은 오래전부터 실용화되어 왔다.

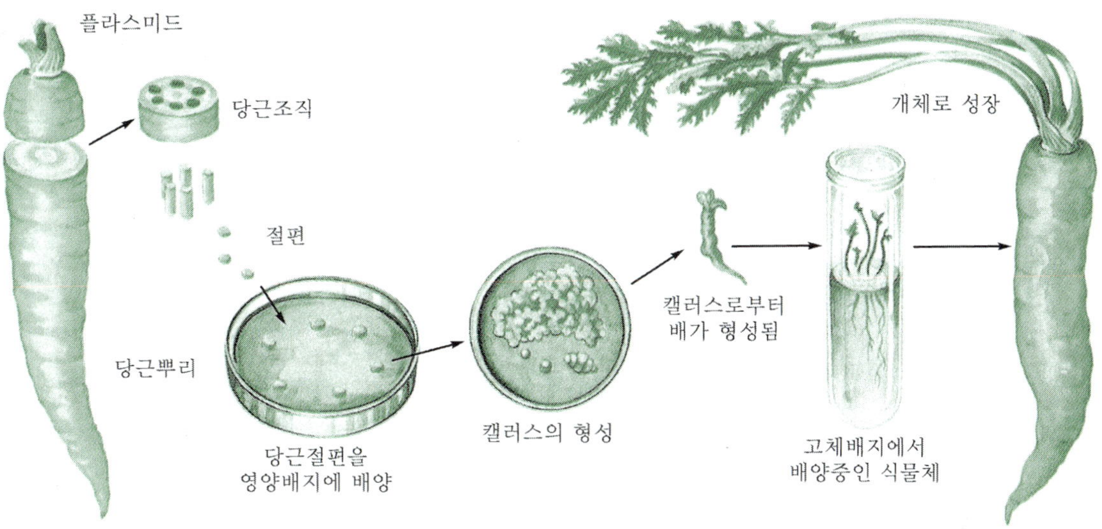

그림 9-21 당근 뿌리로부터 세포를 분리, 배양하여 개체로까지 성장시키는 과정으로 식물에는 이와 같은 전능성이 있음을 보여주고 있다.

최근 식물조직배양기술에 의해 아스파라거스, 백합 등 다수의 유용식물에서 대량 육묘가 실용화되어 있다. 한편 동물의 클로닝은 개체가 수정란으로부터 분화·성장하지 않기 때문에 식물의 경우에 비해서 상당히 곤란하다. 개구리나 토끼의 2 세포기, 마우스의 4 세포기 배의 세포를 분리하여 배양하게 되면 얻어진다.

포유류에서는 마우스에서 이 기술에 의한 개발 제 1 호가 보고되었으며, 최근에는 양·소 등에서도 복제에 성공했다는 보고가 있었다. 이 실험의 성공은 클로닝 인간의 가능성에 연결되어 여러 가지 논쟁을 일으키고 있다. 그러나 이 기술을 유용하게 이용하면 오히려 가축을 포함해서 식량증산 등 농업에서의 이용과 발전에 크게 이바지할 것으로 생각된다.

9-4-2 세포융합

일반적으로 동식물의 잡종을 유도하기 위한 방법은, 난자와 정자의 수정에 의한 것이다. 이때 수정은 동일종에 속하는 생물사이 또는 수정 가능한 근연종간에 한해서 이루어졌다. 그러나 현재는 서로 다른 두 종간의 체세포를 융합시켜 잡종세포로 만드는 것이 가능해졌다. 이것이 세포융합이다. 더욱이 식물에서는 이 세포를 개체로까지 성장시킬 수 있다. 이렇게 해서 난자와 정자의 수정을 거치지 않고, 교잡 불가능한 서로 다른 종간에 잡종을 만드는 것이 가능해졌다.

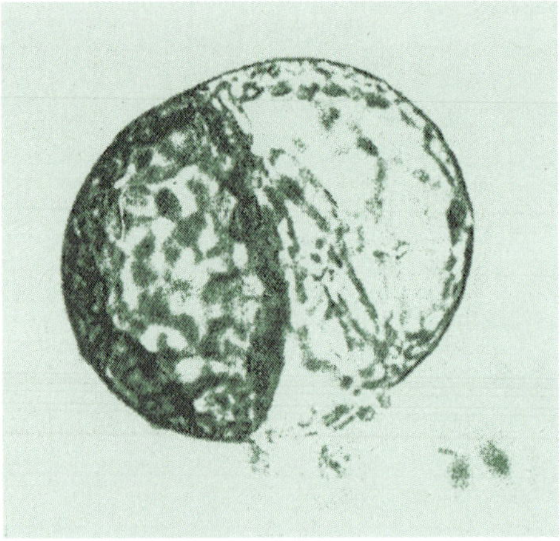

그림 9-22 폴리에틸렌글리콜로 처리한 담배 엽육세포 원형질제와 당근 현탁배양세포 원형질체의 융합

그림 9-23 원형질체 융합에 의한 잡종식물의 유도
서로 다른 두 식물(a)로부터 조직을 취하여 조직배양(b)을 함. 효소처리로 세포벽을 제거(c)하여 섞은 후 폴리에틸렌글리콜을 처리하여 융합을 유도(d). 융합된 원형질체(e)를 배양하여 캘러스를 유도(f)한 후 분화시키면 잡종식물(g)로 발달된다.

세포융합의 기술은 최초로 동물에 있어서 개발되어 발전하였지만, 그 후 식물세포와 미생물 세포에서도 가능해져서 생물학의 기초연구와 품종개량 등 다양한 응용 면에서의 성과가 기대되고 있다.

세포융합의 예와 이용

마우스에 항원을 주사하여 완전한 면역체를 만들고 이로부터 림프구세포를 추출하여 여기에 배양한 골수종 세포를 혼합해서 폴리에틸렌글리콜(PEG) 존재하에 세포를 융합시켜 잡종세포를 만들어 낸다. 항체를 만드는 능력을 가진 세포를 선발하기 위해 특수한 배지에서 1~2주간 배양하여 목적하는 항체의 유무를 확인하여 존재가 확인된 것을 단일 증식한다.

식물세포는 동물세포와는 달리, 세포막의 외측이 두꺼운 세포벽으로 쌓여져 있다. 그대로는 세포융합이 일어나지 않는다. 그림 4-7은 셀룰로오스 및 펙틴으로 되어 있는 세포벽을 셀룰라아제 및 펙티나아제 등의 세포벽 분해효소로 분해하여 세포벽이 없는 세포, 즉 원형질체(protoplast)를 만든 것이다. 잡종을 만들려고 할 때, 두 종류의 원형질체를 혼합하여 폴리에틸렌글리콜을 가하면, 그림 9-22와 같이 융합세포가 만들어져 이것을 배양하여 캘러스(callus)로 유도한 후 분화배지에 배양하면 개체로까지 성장시킬 수 있다.

그림 9-23은 1980년 독일의 멜처스(Melchers)에 의하여 토마토와 감자세포의 융합으로 만들어진 세포융합식물 포마토(pomato)를 만든 것과 같은 방법으로, 무와 양배추의 세포융합에 의한 잡종식물을 유도하는 과정이다. 오늘날 원형질체를 개체로까지 성장시킨 예는 담배를 비롯하여 20여 종 이상의 피자식물에서 보고된 바 있다.

9-5 사람의 유전

교배실험을 주로 해 온 종래의 유전학에서 사람은 실험에 쓸 수 없었고, 또한 세대가 길고 더구나 그 수가 적어 취급하기 어려웠다. 그러나 분자유전학이나 집단유전학의 발전에 따라 사람의 유전에 대해서도 많은 사실이 밝혀졌다.

9-5-1 사람의 염색체

사람의 체세포 염색체 수(2n)는 46이다. 그림 9-24는 체세포 염색체를 나타낸 것으로, 이 중 22쌍이 상염색체, 나머지 한 쌍은 성염색체로 여자는 XX, 남자는 XY의 조합으로 되어 있다. 유인원인 침팬지, 고릴라, 오랑우탄의 염색체수는 모두 48이다.

사람의 염색체가 이들보다 한 쌍 적은 원인은 유인원과의 공통조상으로부터 나누어진 후에 사람의 조상은 침팬지의 제12 및 제13에 해당하는 염색체가 융합한 것으로 생각된다.

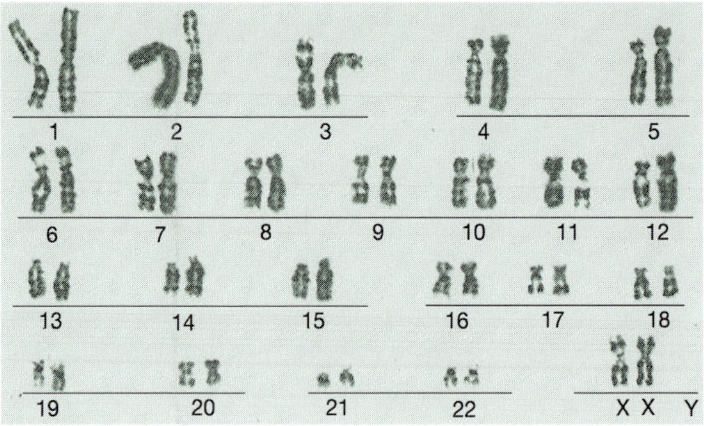

그림 9-24 정상적인 여자의 체세포 염색체

각 염색체들의 분류가 가능한 밴드가 나타나 있다. 여자의 성염색체는 두 개의 동일한 성염색체 XX로 구성되어 있음을 주의할 것.

이렇게 해서 이루어진 것이 사람의 제 2 염색체이다. 이러한 것은 염색체를 특수방법으로 염색했을 때 관찰되는 띠(band)의 패턴(pattern)으로부터 확인할 수 있다. 같은 기법에 의하면 사람과 침팬지의 염색체 사이에는 적어도 10군데에서 대규모적인 역위와 전좌가 있는 것을 알 수 있다.

9-5-2 유전적 다형

사람 하나하나의 형질이 모두 다른 것은 유전자가 다르기 때문이다. 그 중에서도 유전자 자리를 다른 대립유전자에 의하여 빼앗겨 일어나는 변이를 유전적 다형이라 한다. 유전적 다형은 멘델의 기본법칙에 따라서 유전되기 때문에 해석이 쉬우며 집단 내나 집단 사이의 변이연구에 매우 유익하게 쓰인다.

ABO 혈액형은 유전적 다형의 한 예이지만, 그밖에도 효소 등의 단백질에서 많은 다형을 볼 수 있다. 하나의 유전자 자리에 대응하는 대립유전자는 주된 것이 2~3개가 있으나, 단일의 집단 내에서는 그 중의 한 개가 압도적 다수를 차지하는 예가 많다.

귀 속의 귀지는 건형과 습형이 있어서 가계조사로 이것이 유전적 다형의 예임을 알 수 있다. 습형유전자(W)는 건형유전자(w)에 대해서 우성이다. 한국인은 84%가 건형이며, 이것을 기준으로 W 및 w의 빈도를 구하면 각각 0.08 및 0.916으로 된다. 이 빈도는 현저한 인종적 차이가 있어서, 건형이 고빈도인 지역은 동북아시아를 중심으로 하는 몽골로이드의 특징으로 되어 있다.

9-5-3 염색체 이상

감수분열의 과정에서 비정상적인 염색체수를 갖는 배우자(난자)가 생겨 그것이 수정되는 일이 있다. 이와 같은 수정란의 대부분은 정상적인 발생을 할 수 없어 임신초기에 유산되지만, 이상이 비교적 경미할 때는 출산되는 일이 있다.

일반적으로 신생아의 0.5% 정도가 어떤 염색체 이상을 가진다고 보고 있다. 최근에 염색체의 분석기술이 향상된 결과로 지금까지 원인불명이었던 '선천성 기형'의 대부분이 염색체수 이상에 기인한다는 것이 밝혀졌다.

그 중에서 성염색체수의 이상에 대해서는 비교적 오래 전부터 알려져 있다. 예를 들면 여자에서 X 염색체를 한 개만 가지면 터너증후군(Turner's syndrome)이 있어 보기에는 여자이지만, 발육부전으로 무난소의 경우가 많다. 역으로 XXX (triple X 증후군)나 XXXX 에서는 무난소이며 지능장애가 있다.

또 Y 염색체를 갖는 남자에서도 X 를 여분으로 갖는 XXY 나 XXXY 는 클라인펠터(Klinefelter's)증후군을 나타내고 정소가 발달하지 않고 유방이 커지는 경우가 있으며, 지능저하도 일어난다. YY 증후군은 성염색체 구성이 XYY 의 남자로 남성적 요소가 과잉되어 귀가 이상으로 되어 큰 것이 특징이다.

염색체 이상증으로서 가장 빈도가 높은 것은 다운(Down's)증후군이다. 그림 9-25 는 다운증후군 환자의 염색체를 나타낸 것이다.

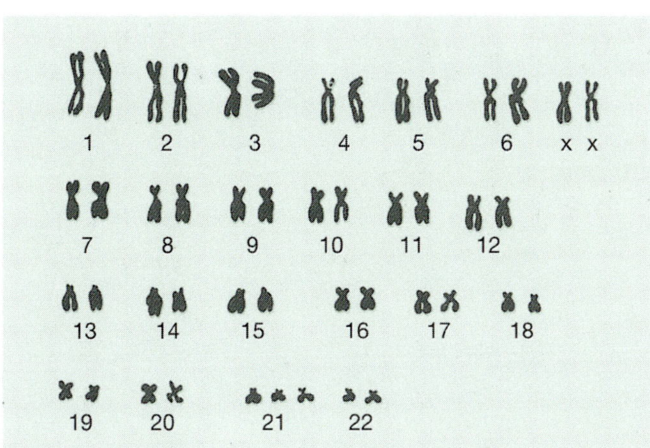

그림 9-25 다운증후군

다운증후군 환자의 염색체로 21 번 염색체가 3 개인 점에 주의(a), 다운증후군 환자(b)

환자의 제 21 번 상염색체가 한 개 많아 합계 3 개가 되는 것으로 21 트리소미(trisomi)라고 불린다. 얼굴이 편평하고 눈이 치켜 올라간 것이 특이한 특징이며, 많은 사람에게서 지능장애가 나타난다. 유럽에서는 출생아 500~600 명에 한사람, 한국은 1,400 명당 한 명의 빈도로 나타난다.

이 염색체의 이상은 모친의 출산연령과 밀접한 관계가 있는 것으로 알려지고 있다. 29 세 미만의 모친에서는 2000~1500 명에 한 사람의 빈도이나, 35~39 세에서는 250 명에 한 사람, 45 세 이상에서는 60 명에 한 사람이라는 통계가 나와 있다.

9-5-4 유전병

염색체 이상도 선천적이라는 뜻에서는 일종의 유전병이지만, 장애의 정도가 강하기 때문에 보통은 그것이 자손 대대로 이어지는 일은 없다. 그러나 개개의 유전자결함에서 오는 질병은 자손에 전해지는 유전병이다. 유전병을 전하는 결함유전자는 원래 야생형 유전자의 돌연변이에서 생기는 것이기 때문에 유전적 다형의 일종이다.

유전병은 어느 것이나 드문 병으로 출현빈도는 10^{-4}~10^{-6} 정도이다. 그러나 종류가 많은 것을 고려한다면, 어떤 한 개의 유전병을 갖는 어린이의 출생확률은 최대 1%를 넘는 것으로 생각된다.

표 9-5 주된 유전병

유전방식	유전병의 비율(%)	주된 증상
반성유전	8	혈우병, 근육 dystrophy 증, 무망간글로불린혈증
상염색체우성유전	52	근육 dystrophy 증, 선천성 농아, 한친톤무답증, 선천성 백내증
상염색체열성유전	40	소두증, 백자, 선천성 어린증, 선천성 농아, 전색맹, 페닐케톤뇨증, 알캅톤뇨증

표 9-5 에 나타낸 것처럼 유전병의 약 92%는 상염색체상의 유전자에 원인이 있으며, 그 중의 52%는 우성으로 발현되는 변이유전자, 40%는 열성으로 발현되는 변이유전자가 원인으로 되어 있다. 나머지는 X 염색체상의 변이유전자에 원인이 있고, 반성유전한다.

일반적으로 우성유전자에 의한 유전병은 다른 2 개보다도 경증이지만 이것이 중증이면 자손을 남기기 전에 사망하며, 변이유전자가 소멸하기 때문이라고 생각된다.

이것에 대해서 열성유전병은 헤테로(hetero)상태로 건강하고 정상적인 사람 속에 숨어서 다음 세대에 전해져 호모(homo)접합이 됐을 때에만 발병하기 때문에 중증일지라도 선택에 의해서 소멸되기 어렵다.

X 염색체상의 변이유전자는 열성이지만, X를 한 개만 갖는 남자에게서는 항상 나타난다. 그러나 X를 2개 갖는 여자는 다른 열성유전자와 같이 호모(homo)접합이 되지 않으면 나타나지 않기 때문에 역시 선택에 의한 소멸이 일어나기 어렵다.

혈우병과 라스푸틴

출혈이 멈추지 않는 병인 혈우병 유전자는 X 염색체상에 있으며, 홍록색맹 등과 같이 반성유전한다. 혈액응고에 필요한 제 8 인자 및 제 9 인자라고 칭하는 두 개의 단백질 중에서 어느 한쪽의 결손이 이 유전병의 직접원인이다.

19 세기 후반부터 20 세기 초에 걸쳐 각 왕실에서 왕자가 혈우병으로 요절하는 사태가 계속 일어나 심각한 문제를 일으켰다. 빅토리아 여왕의 손녀 알렉산드라가 니콜라이 2 세와 결혼함으로써 혈우병 유전자는 러시아 왕실에까지 전해졌다. 그리고 니콜라이의 아들 알렉세이의 혈우병을 일종의 최면술로 치료에 성공했다고 사람들에게 믿게 하는 것부터, 역사상에 악명 높은 괴승 라스푸틴의 암약이 시작되었다고 전해지고 있다.

러시아 혁명전야 니콜라이 왕조에서의 일이다. 유럽 왕실의 혈우병의 계보를 역으로 거슬러 올라가면 모든 것이 영국 빅토리아 여왕으로 되돌아간다. 그러나 여왕의 부친은 혈우병 환자는 아니며, 어머니 쪽의 가계에도 환자는 한 사람도 없다. 또 여왕의 아들 레오폴드가 환자인 것은 부친이 누구이든 간에 혈우병 유전자가 여왕으로부터 유래된다는 것을 명백히 나타내고 있다. 아마도 여왕의 양친 어느 쪽에서 돌연변이로 혈우병 유전자가 생기고, 여왕이 이것을 이어받은 것이 원인이라고 추측된다.

9-5-5 유전자진단과 치료

앞으로 유전병에 대해서 어떻게 대처해 나아가야 할 것인가는 인류가 지닌 심각한 문제이다. 결함유전자는 많건 적건 간에 불리한 형질을 가지고 있으므로 개개의 유전병은 진화적 시간척도에 의하면, 인류에서 언젠가는 소멸할 것이기 때문이다. 문제는 현대의학의 발달이 이 소멸속도에 제동작용을 하고 있는 것이 아닌지, 또 유전병에는 앞으로 점차 새로운 것이 나타나지는 않을까 하는 것이다.

따라서 요즘 대두된 것이 유전자 진단과 유전자 치료(gene theraphy)이다. 최근 이 기술의 진보에 의하여, 많은 주요 유전병에 관해서 임신의 극히 초기단계에 태아의 결함유전자 보유여부를 진단하는 방법이 개발되었다. 그러나 실제로 그다지 이용하는 일이 드문 것은, 결과를 안다 하더라도 낙태 이외에는 대처할 길이 없다는 것이다.

유전자 치료의 실용화에는 아직 몇 가지 난관이 남아 있다. 그 중에서도 열성유전자에 의한 유전병의 몇 가지에 관해서는, 적어도 이론적으로는 유전자 치료의 길이 열려 있는 것이다.

열성유전병의 대부분은 특정 효소의 결손과 관계가 있기 때문에 정상인 유전자를 어떤 방법으로 보충해 나가면 해결이 가능하기 때문이다. 그러나 우성유전병의 경우는 해당하는 결손유전자의 작용을 억제하던지 또는 그것을 정상인 것과 대체하지 않으면 안 되므로 어려운 점이 많다. 다른 유전자를 손상시키지 않고, 확실하게 조작기술을 구사할 수 있는지는 아직까지 확신이 서 있지 않다.

이와 같은 유전자 진단과 치료로의 개발 움직임 속에서 사람의 유전자를 조작하는 일을 윤리적인 면에서 문제시하는 입장에서 유전병 치료를 대증요법에 국한하자는 주장도 있다. 그러나 앞에서 서술한 바와 같이 대증요법에 의한 환자 개개인의 구제가 긴 안목에서 보면 유전병 유전자 빈도 감소에 대한 제동을 걸게 된다는 사실은 인류가 안고 있는 커다란 딜레마(dilemma)이다.

9-5-6 DNA 지문법

사람은 각자의 독특한 지문을 가지고 있다. 마찬가지로 사람은 부모로부터 멘델법칙에 의해 물려받은 고유의 DNA 서열을 가지고 있으며, 이를 DNA 지문(DNA fingerprint)이라고 한다. 재조합 DNA 기술을 기초로 한 DNA 지문법은 어떤 다른 식별법보다 뛰어나 현재 법의학 분야에 있어서 가장 강력한 무기가 되고 있다.

인간의 DNA 염기서열은 서로 99% 이상이 완전히 같지만 나머지 1%는 개인마다 고유하다. 이처럼 고유한 서열은 인간 유전체 전반에 걸쳐 연속 반복서열(tandem repeat)로서 산재하며, 반복의 정도는 개인마다 다르다.

DNA 지문법은 개인 간 연속 반복서열의 차이를 드러내는 것이라고 할 수 있다. 제한효소, DNA 염기서열 결정법, 그리고 겔 전기영동에 의해 한 사람의 DNA 지문은 겔 상에서 띠의 형태로 표현된다. 이러한 띠의 패턴은 오직 일란성 쌍둥이만이 동일한 양상을 보이며, 그렇지 않은 경우 두 사람이 동일한 DNA 지문을 가질 확률은 1/3,000,000,000,000이다.

PCR(polymerase chain reaction)은 연속 반복서열 지역을 증폭시킬 때 사용하는 방법이다. 범죄현장 또는 용의자의 옷에 남겨진 몇 방울의 혈액, 정액 또는 약간의 모낭세포에서 추출한 DNA로도 PCR을 통해 증폭하면 DNA 지문을 얻을 수 있는 충분한 양의 DNA를 얻을 수 있다.

DNA 지문은 범죄자, 희생자 그리고 무고한 용의자를 구별하는 데 도움을 준다(그림 9-26).

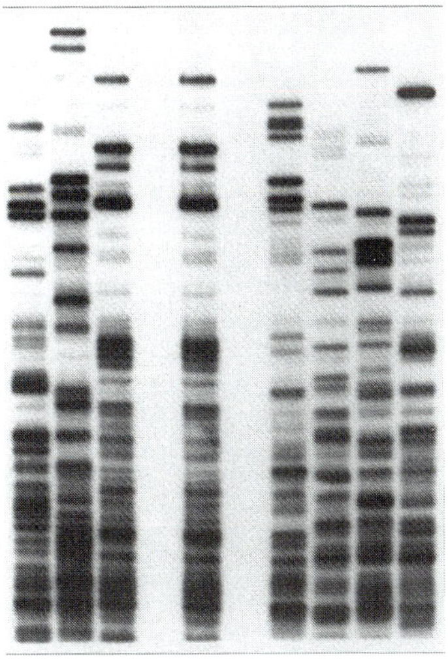

그림 9-26 DNA 지문
범행 현장에서 발견된 혈흔과 7명의 용의자(① ~ ⑦)들의 혈액시료에서 얻은 DNA 지문의 비교로 범행 현장에서 발견된 혈흔의 주인공은 용의자 ③임을 알 수 있다.

DNA 지문 분석법(DNA fingerprint analysis)이 처음 법정에서 증거로 사용되었을 때, 변호사들은 이 방법에 기초한 결론에 의문을 제기하였다. 하지만 오늘날 DNA 지문법은 정확하고 명백한 증거의 하나로서 확립되었다. DNA 지문 분석법을 통해서 시베리아의 한 무덤에서 발굴된 유골이 1918년 비밀리에 총살된 러시아 황실가족 5면의 구성원의 것임이 증명되었으며, 2001년 9월 11일 구제무역센터에서 사망한 사람들의 신분을 밝히는 데 사용되기도 하였다. 현재, DNA 지문법은 친자분쟁의 일상적인 증거로 이용되며, 유죄를 입증하거나 무고한 용의자의 무죄를 입증하는 데 널리 사용되고 있다.

9-6 집단유전과 진화

생물의 진화란 오늘날 서로 다른 세대의 집단(개체군) 사이에서 나타나는 유전적 변이의 변화, 즉 집단의 유전자 구성의 변화라고 볼 수 있다.

따라서 진화의 요인이나 기구를 해명하기 위해서는 생물의 개체뿐만 아니라 그 집단의 아종이나 종 등의 유전자 구성의 성립과 변천에 대해서 고찰해 나가지 않으면 안 된다.

이와 같은 유전학의 분야를 집단유전학이라고 한다. 즉, 집단유전학은 개체군 내의 전체유전자의 총합인 유전자 풀(gene pool)에서 일어나는 현상들을 수학적으로 분석하며 진화 개념의 근본적인 일부분으로 되고 있다. 또한 여기에서는 개체군보다 집단이란 용어가 사용된다.

9-6-1 Hardy-Weinberg 의 법칙

생물개체는 집단마다 유성생식에 의해서 세대가 이루어진다. 이 경우, 각 개체가 자유교배에 의해서 멘델의 법칙에 기초한 유전형질을 유지해 나가는, 어느 정도 큰 집단을 특히 멘델집단(Mendelian population)이라고 한다.

이와 같은 집단에서의 개체는 그 집단에 보존되어진 유전자, 즉 집단의 유전자 풀로부터 임의로 유전자를 받아들여 만들어지고, 더욱이 그 유전자를 자손에게 전달함으로써 그 풀에 되돌려주고 죽게 되는 것을 볼 수 있다.

멘델의 집단에 있어서 다음과 같은 조건, 즉 집단이 매우 크고, 돌연변이가 일어나지 않으며, 개체의 출입이 없고, 각 유전자형의 적응력에 차이가 없게 되면 집단에 있어서의 유전자 빈도(유전자 구성)는 평형상태를 유지하여 영구히 변하지 않는다. 이것을 하디-바인베르크(Hardy - Weinberg)법칙이라고 하며, 집단유전학의 출발점이 된다.

이 법칙은 개체군 내의 유전자 빈도를 다루고 있으며, 일정조건 하에서 한 유전자의 대립인자들에 대한 상대적 빈도가 세대를 거듭하면서 어떻게 안정되어 가려는 경향을 나타내는가를 보여준다. 더구나 한 유전자의 대립인자뿐만 아니라 개체군 내에 있는 모든 유전자의 모든 대립인자에 이르기까지 확장시켜 적용할 수 있다.

간단히 설명하기 위해, 유성생식을 하는 생물의 단 두 개 대립인자인 우성 대립인자 A 와 열성 대립인자 a 를 갖는 유전자를 생각해 본다. 이 경우에 세 개의 유전자형 AA, Aa, aa 가 개체군 내에 존재한다. 이 유전자형 중 AA 와 Aa 는 같은 표현형이다.

하디-바인베르크 법칙은 개체군의 유전자 풀을 취급하고 개체의 유전자형은 다루지 않는다. 즉, 전체 유전자 풀에 있는 대립인자의 빈도를 취급한다. 그림 9-27 은 하디-바인베르크 법칙을 설명한 것으로서 임의로 대립인자 A 와 a 의 빈도를 각각 0.6 과 0.4 로 정해 보았다.

유전자 빈도는 퍼센트(60%와 40%)로 쓰지 않고 항상 0.6과 0.4와 같은 소수를 사용한다. 항상 대립인자의 합은 항상 1.0 (100%)이다. 대립인자 A는 개체군 내에서 두 대립인자 합의 60%를 차지하는 반면에 대립인자 a는 대립인자 합의 40%를 차지할 때 0.6+0.4=1이 된다.

만약 대립인자 A가 0.6의 빈도를 가지면 개체군 내에서 생산된 모든 정자세포와 난자세포의 60%는 대립인자 A를 갖게 된다. 이와 유사하게 0.4의 빈도를 나타내는 대립인자 a는 개체군 안에서 생산되는 모든 배우자의 40%를 차지한다.

이와 같이 배우자 대립인자 빈도는 가상의 개체군 내에서 교잡의 결과를 알아보기 위해 퍼네트 사각형을 이용한다[그림 9-26 (a)]. 대립인자 A는 우성이므로 교잡에 의해 생산된 자손의 84%(유전자형 AA와 Aa)가 우성 대립인자의 발현으로 생긴 표현형을 나타내고 16%만이 열성 대립인자의 발현에 의해서 생긴 표현형을 나타낸다.

보다 자주 발현되는 대립인자인 대립인자 A (이 경우에 우성)는 대립인자 a를 제치고 다음 세대에 더욱 자주 나타날 것인가? 또, 보다 적게 나타나는 대립인자는 오랜 시간이 흐르면서 유전자 풀로부터 제거될 것인가?

하디-바인베르크 법칙에 의한 이 질문의 대답은 개체군 내에 어떠한 진화적 변화가 일어나지 않는다면 대립인자의 상대적 빈도는 아무런 변화가 없다는 것이다.

대립인자가 잘 나타나지 않더라도 세대를 거듭하면서 일정한 빈도로 나타나며 유전자 풀에서 결코 간단히 사라지지 않는다. 그림 9-26 (b)와 c에서의 가상적인 교배에 의해 만들어진 세대의 유전자 풀에서 두 대립인자 A와 a의 빈도를 분석해 보면, 상대적 대립인자 빈도는 부모세대와 자손세대에서 같다. 즉, 두 대립인자 A와 a의 상대적 빈도는 변하지 않는다.

그러나 실제 생물의 집단은 무한에 가까울 정도로 큰 집단은 없고 비교적 정해진 수의 개체집단이 많다. 더구나 실제 자연계에서는 유전적인 평형상태는 언제나 유지되어지는 것이 아니고, 집단에 있어서 유전자의 빈도는 계속 변화해 나가고 있는 것이 많다. 이 같은 변화가 곧 진화이다. 즉, 하디-바인베르크 법칙의 성립을 방해하는 요인에 의해서 생물의 진화가 일어나고 있다고 본다.

그림 9-27 대립인자와 하디-바인베르크 법칙

(a) 유전자 풀에서 대립인자 A는 0.6 빈도, 그리고 대립인자 a는 0.4 빈도를 가진 어버이 개체군의 완전히 자유롭게 일어나는 교잡 효과를 나타내는 퍼네트 사각형.

(b) 자손세대의 유전자형과 표현형의 요약. 이들 대립인자 사이에 간단한 우성과 열성관계가 나타난다.

(c) 하디-바인베르크 법칙에 의해 기술된 평형을 증명하는 자손세대 유전자 풀의 대립인자 빈도분석으로, 상대적 대립인자 빈도는 세대를 거듭해도 동일하다.

		정자	
		0.6 A	0.4 a
난자	0.6 A	0.36 AA	0.24 Aa
	0.4 a	0.24 Aa	0.16 aa

(a)

자손세대 유전자형	자손세대 유전자형
AA=0.36	A−=0.84
Aa=0.48 (0.24+0.24)	aa=0.16
aa=0.16	

(b)

자손세대에서 유전자 풀 내의 대립인자 빈도의 기여

	대립인자 A	대립인자 a
AA 개체	0.36	0
Aa 개체	0.24	0.24
aa 개체	0	0.16
합 계	0.60	0.40

(c)

9-6-2 돌연변이와 자연도태

어느 집단에 있어서 유전자 A로부터 a로의 돌연변이가 일어나게 되면 집단 내의 A의 빈도는 감소하고 a의 빈도는 증가한다. 이와 같이 돌연변이는 유전자의 빈도를 변화시킨다.

자연계에서 일어나는 돌연변이 빈도는 생물의 종의 차이와 유전자의 종류 등에 의해 다르고, 그 빈도도 매우 낮지만 긴 세월동안에는 유전자의 빈도가 변화되어 간다.

또 염색체 돌연변이에 의해 개체의 구조상에 이상이 오거나 몇 쌍의 염색체에 이상이 일어나면 감수분열의 혼란이 초래되어 생활력 있는 배우자가 만들어지지 않고 자손이 끊어져서 유전자를 원래의 풀로 되돌려 줄 수 없게 되어 유전자 빈도가 변화되어 간다.

또, 집단을 구성하는 개체 사이의 유전자형의 차이에 의해 생활력과 생산력에 차이가 생겨서 같은 환경 하에서도 적자생존이라든가 생존경쟁이라 불리는 현상이 일어난다.

즉, 적응능력에 의해서 개체 간에 차이가 생겨서 적응성이 보다 낮은 개체의 유전자형은 세대를 거듭함에 따라 감소하고 드디어 그 집단으로부터 사라진다.

역으로 적응성이 높은 것은 살아남아서 증가해 간다. 이것이 도태(淘汰, selection)이다. 또 돌연변이에 의해서 진화의 소재가 되는 유전적인 변이가 생겨도 생존과 번식에 불리한 것은 자연도태에 의해서 소멸하고, 유익한 것은 다음 세대의 유전자 풀로 들어간다. 이렇게 하여 유전자 빈도의 변화가 일어난다.

9-6-3 이주와 유전적 부동

진화라고 하는 집단의 유전자 구성의 변화는 돌연변이나 환경의 영향에 적응형질이 남는 방향만으로 일어나는 것은 아니다. 거기에는 환경조건과는 무관한 우연이라는 힘이 종종 작용하는 것이다.

더군다나 많은 경우에 하나의 집단이 같은 종에 속하는 집단 외의 집단으로부터 완전히 격리되어지는 경우는 적고, 집단 사이에서 개체가 이동하여 다른 집단에 살게 된다. 이것을 개체의 이주라고 한다. 개체의 이주는 유전자의 이동을 의미하며 그 때문에 유전자빈도의 변화가 일어난다.

또한 돌연변이나 이주에 의해서 집단에 새로운 유전자가 도입되어져도 집단이 작으면 특정의 유전자가 환경조건에 대한 적응과는 무관하게 집단으로부터 우연히 제외된다거나 남게 되는 경우가 있다. 이것을 유전적 부동(遺傳的 浮動, genetic drift)이라고 한다.

이와 같은 유전적 부동을 설명하기 위하여 하나는 흰색이고 또 하나는 검정색인 두 개의 똑같은 모양의 공기돌을 가방 속에 넣어두고 확률을 증명해 보자. 가방에서 공기돌 하나를 꺼내면 검정색을 선택할 확률이 50%(0. 5)이다. 다시 공기돌을 가방에 넣어두고 흔든 다음에 끄집어내면 검정색 공기돌이 나올 확률은 또다시 50%이다.

이러한 과정을 반복해 보면 끄집어 낸 것 중에 거의 절반 가까이가 검정색 공기돌이다. 그러나 처음 몇 번 끄집어냈을 때는 정확하게 50%로 검은 공기돌이 나오지 않는다. 검정색 공기돌이 절반 가까이 나오려면 여러 번 많이 표본추출을 해 보아야 한다.

그러므로 한정된 횟수로 추출함으로써 생긴 불균일성(표본추출착오)을 극복하려면 여러 번 많이 추출해 보아야 한다. 이는 상대적으로 작은 유전자 풀에서 우연한 사건이 어떻게 유전자 빈도를 변화시킬 수 있는가를 보여주는 예이다. 우연한 사건에 의한 변동은 작은 유전자 풀에서 어떤 대립인자의 소실을 가져올 수 있는 반면에 유전자 풀에 고정된 다른 대립인자들은 더욱 잘 나타나게 된다.

결과적으로 유전적 부동이 일어나는 작은 개체군에서는 변화가 심한 보다 큰 개체군보다 더 높은 동질성을 갖게 되며, 이와 같은 원인에 의해서도 집단의 유전자 빈도의 변화가 일어난다.

9-6-4 격리와 종의 성립

생물의 진화에는 격리(隔離, isolation)라는 현상도 중요한 역할을 나타낸다. 집단과 집단을 격리하는 기구는 여러 가지가 있으나 지리적 격리와 생식적 격리로 크게 나눌 수 있다(표 9-6). 이와 같은 격리가 일어나서 하나의 큰 집단이 작은 집단으로 나뉘어져 각각의 집단에 있어서의 유전자빈도는 서로 다르다.

더구나 나누어진 집단 사이에 생식적 격리가 일어난다면 두 개의 집단은 다시 원래의 하나의 집단으로 되돌아오는 가능성이 없어진다. 그리고 같은 지역에 살고 있으면서도 서로 다른 두 개의 종의 분화로 이루어지는 것이다

즉, 현존하는 생물의 종은 이와 같은 하나의 집단이 격리되어져서 작은 집단으로 나뉘어져 각각의 집단의 유전자 구성이 긴 세월동안에 변화하여 생긴 것이라고 추측된다. 그래서 또한 격리라는 현상으로 종이 성립되고, 더욱이 종의 존속이 조장되어진다고 생각된다(그림 9-28).

표 9-6 여러 가지의 격리기구

생식적 격리(생리적 격리)		지리적 격리
접합체 형성 전	접합체 형성 후	
• 생태적 격리 : 동일지역에 있어도 주거지가 다른 것 • 계절적 격리 : 계절변화에 관계없이 생식시기가 서로 다른 것 • 행동적 격리 : 생식행위의 변화에 의하여 집단 간의 교잡이 일어나는 것이 어렵게 된 것 • 형태적 격리 : 생식기관의 구조적 차이에 의하여 생식행위가 방해받는 것 • 배우자 불화합성 : 한쪽의 배우자가 다른 쪽의 생식기관 내에서 죽는 것	• 잡종사멸 또는 약세 : 잡종의 생존능력이 결여되어 생식연령에 도달하지 못한 것 • 잡종불임 • 잡종붕괴 : F_2 이후 사멸 또는 약세	수역, 사막, 산악지대, 화산활동 등에 의한 격리

그림 9-28 격리에 의한 종의 성립을 보여주는 Darwin의 방울새

1~7까지의 숫자가 적힌 방울새는 땅방울새(ground finch)이다. 이들은 지면이나 관목 숲에서 먹이를 찾는다.
8~13까지의 번호를 단 방울새는 나무방울새(tree finch)이다. 이것들은 주로 곤충을 잡아먹고 산다.

1. 비교적 큰 선인장 땅방울새
2. 대형 땅방울새(*Geospiza magnirostis*)
3. 중간 땅방울새(*G. foris*)
4. 선인장 땅방울새
5. 뾰족부리 땅방울새
6. 소형 땅방울새(*G. fuliginosa*)
7. 딱다구리 방울새
8. 식식성(食植性) 나무방울새
9. 대형 식충성 나무서식 방울새 (*Camarhynchus pauper*)
10. 나무에 서식하는 식충성 대형방울새 (*Camarhynchus psittacula*)
11. 작은 식충성 나무 방울새
12. 휘파람 방울새
13. Mangrove 방울새

종(species)은 표현형(그리고 유전자형)의 변이를 나타낼 수 있는 생물의 개체군이지만 다른 모든 개체군과 구분되는 생물학적 특성을 나타낸다. 즉 한 종은 다른 종과 교배되지 않는 유전적 동질성을 가진 교배집단으로 정의한다.

생식적 격리는 이와 같이 종의 정의에 대한 중요한 기준이 된다. 이와 같이 생물 집단의 유전자 빈도는 돌연변이, 도태, 이주, 유전적 부동, 격리 등의 요인에 의해서 긴 세월과 함께 서서히 변화해 가고 있는 것이다. 이들의 요인은 과거의 생물뿐만 아니라 현재도 모든 생물들에게 적용되고 있기 때문에 생물의 진화는 현재도 일어나고 있는 것이다.

연 습 문 제

1. 우성형질을 갖는 개체의 유전자형이 호모인지, 헤테로이지는 어느 실험으로 확인할 수 있는지 설명하시오.

2. 사람의 유전병을 조사하시오.

3. 자가수정 식물의 유전자형 AA 의 개체와 aa 의 개체를 교배한 경우에 유전자형의 분리에 대해서 F_1 세대까지 도식하시오. 또 타가수정 식물의 경우, 유전자형 BB 와 bb 를 교배하였을 때 F_3 세대의 유전자형의 조합은 어떻게 되는가?

4. DNA 의 염기배열이 GGA · CAA · ACA · ACC 라고 한다면, 이 유전자에 의해 어떠한 아미노산 배열의 폴리펩티드가 만들어지는지 설명하시오.

5. 세포융합은 종래의 교잡법에 비해 어떤 이점이 있는지 설명하시오.

6. 우리들의 생활 속에 돌연변이를 이용한 예를 조사하시오.

7. 어떤 반성 열성형질을 갖는 남자의 비율은 15 사람 당 1 명 꼴이다. 여자는 어느 정도의 비율이 되는지 설명하시오.

8. 유전자조작은 인슐린, 인터페론 등 의약품생산 이외에 어떠한 응용분야에서 이용될 수 있는지 조사하시오.

제 10 장

환경과 생태계

환경이란 생물을 둘러싸고 생물과 상호작용을 하여 개체의 생활에 영향을 미칠 수 있는 모든 외적요인을 말하며, 생물과 환경은 불가분의 관계에 있다. 따라서 생물의 모든 생활 활동은 환경과 상호작용의 결과에 의한 것이라고 할 수 있다. 특히 생물의 개체나 개체군(집단)은 자기가 속해 있는 생태계(生態系, ecosystem)에서 그 생물공동체(生物共同體, biotic community, 생물집단)의 구성원으로서 생활하고 있는 것이 보통이다.

그러므로 개체나 개체군의 생활은 항상 물리·화학적 또는 기후, 토양 조건이나 생활공간의 넓이라고 하는 비생물적 환경(非生物的 環境, abiotic environment, 무기적 환경)과 생식, 서식처, 먹이 등을 둘러싼 다른 종의 생물과 동종생물의 존재 등의 생물적 환경(生物的 環境, biotic environment, 유기적 환경)에 의해서 영향을 받는다.

이와 같이 한 지역에 생활하는 모든 생물은 직·간접으로 서로 작용하고 또 물리·화학적인 여러 조건과도 작용해가면서 전체적으로 하나의 동적 평형계를 형성하고 있다. 이것이 생태계이며 지구는 가장 큰 규모의 생태계이다. 이와 같은 생태계를 하나의 유기체로써 연구대상으로 하는 것이 오늘날의 생태학(生態學, ecology)이다.

10-1 개체군의 구성과 성장

생물은 단독으로 생활하고 있는 것이 아니라 대부분 동종의 다른 개체 및 타종의 개체와 연결되어 개체군 집단을 형성하여 생활하고 있다. 전자를 종개체군(種個體群, species population, 동종개체군)이라 하며, 후자를 이종개체군이라고 한다. 여기서 개체군(집단)이라고 할 때는 전자를 가리킨다. 개체군은 일정기간이 지나면서 증가, 감소 또는 정체(같은 크기로 남는다)를 한다.

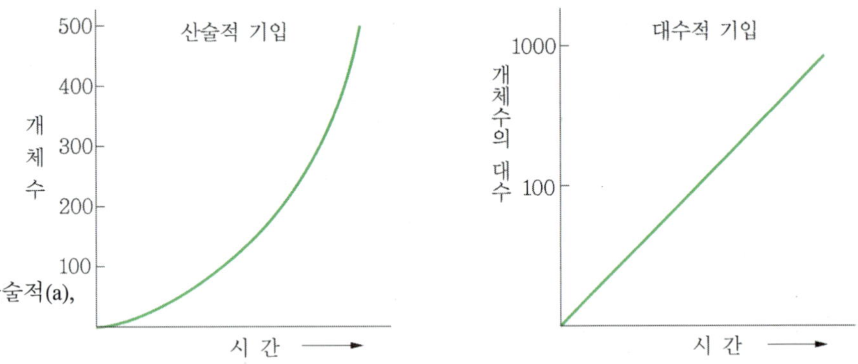

그림 10-1
지수적 성장곡선을 산술적(a), 대수적(b)으로 기입

동물 개체군 크기의 변화에 대하여 연구하는 한 가지 방법은 먹이와 다른 요소는 풍부하나 경쟁하는 동물이 존재하지 않는 서식지 안에 어떤 종의 번식된 적은 수(small number)를 도입하는 것이다. 전체 환경이 계속 최적상황(개체군의 성장에 이상적인)으로 지속되는 한, 개체군은 기하급수적으로 늘어날 것이며, 개체군에 더해진 개체의 수는 어떤 시간 동안에 계속적인 성장과 함께 그 크기가 커질 것이다.

그림 10-1 은 산술눈금을 사용하여 시간에 대한 개체군의 크기를 도형화한 것으로 개체군의 성장이 처음에는 느리지만 많은 수의 개체군이 더해짐에 따라 곡선은 보다 더 수직이 되어 간다.

만약 같은 자료를 대수눈금을 사용하여 도면을 만들면 개체군의 크기는 직선의 지수 성장곡선으로 나타날 것이다. 개체군에서 지수적 성장을 나타내는 데는 다음과 같은 공식을 이용할 수 있다.

$$\frac{dN}{dt} = r_m N$$

이 공식에서 N 은 어느 특정시간에서 개체군 안에 있는 개체의 수이고, dN/dt 는 변화된 시간 안의 개체군 크기의 변화율을 나타낸다. 값 r_m 은 최적조건에서 성장한 개체군 증가율을 말하며, 이는 또한 종의 생물번식능력(生物繁殖能力, biotic potential)의 척도이다.

10-1-1 개체 간의 상호작용

개체군은 그 생물이 생활하기 적합한 장소를 개체들이 찾은 결과에 의해 개체군으로 된 것이다. 이 경우에는 개체 간에 특별한 관계는 별로 볼 수 없다. 이러한 개체군의 활성은 개체군의 크기 변화보다 더 중요하다. 개체군은 개체 간의 상호관계에서 만들어지는 내부구조를 갖게 된다.

즉, 많은 개체군에서 먹이의 획득, 번식, 서식처의 획득 등을 둘러싸고 개체 간의 유인이나 배척의 관계가 형성되며 개체군의 유지를 위해 개체상호의 협동과 경쟁을 조화시키는 기본적인 관계를 볼 수 있다.

1. 텃세권

텃세권(territory)이란 한 개체 또는 한 쌍의 암수가 일정한 지역을 점유하게 되면 그 범위에 들어간 동종의 개체를 내쫓는데, 이때의 점유지역을 말한다. 그림 10-2는 은어가 바위에 부착되어 있는 조류를 먹이로 하고 바위를 중심으로 텃세권을 갖는 것을 보여주고 있다. 번식기의 수컷 새가 나뭇가지에서 지저귀는 것은 텃세권의 주장이며, 개가 집을 지키는 것은 옥내의 텃세권을 성질로 나타낸 것이다. 이와 같이 텃세권은 먹이의 획득이나 교미장소의 확보에도 그 역할을 한다.

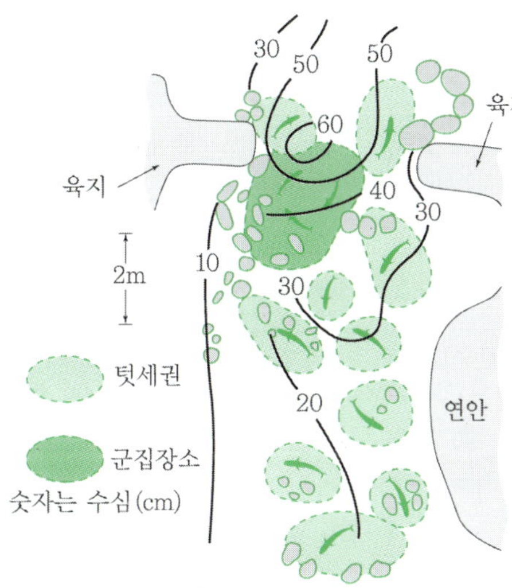

그림 10-2 은어의 텃세권

2. 순 위

개체 간에 강약에 의해 생활상의 우열 관계를 만드는 것을 순위(順位, hierarchy)라고 한다. 예를 들면 닭을 옥내에서 기르면 강한 개체가 약한 개체를 쪼아댄다. 그 관계는 대개 직선적으로 최상위의 개체는 전 개체를 쪼아대고 최하위는 전 개체로부터 쪼아댐을 받는다. 이것을 쪼아댐의 순위(peck order)라고도 한다. 순위가 확립되면 불필요한 싸움이 일어나지 않고 무리가 안정된다. 순위에 의한 무리 전체의 질서를 순위제(dominance subordinate hierarchy)라고 한다.

3. 리 더

개체군 속에서 한 마리 또는 여러 마리가 개체군, 특히 무리의 행동을 이끌어 위험을 알리고 전체를 지키는 경우가 있는데, 이 역할의 개체를 리더(leader)라고 한다. 리더는 조류나 포유류에서 볼 수 있으며, 포유류에서는 특히 사슴이라든가 원숭이의 무리에서 볼 수 있다.

4. 분 업

개체군을 형성하는 개체 간에 섭식, 집짓기, 방위, 생식과 육아 등의 분업을 볼 수 있다. 특히 꿀벌이나 개미 등의 사회성 곤충에서는 분업에 의해서 개체의 구조, 기능에도 차이를 볼 수 있다. 그림 10-3은 흰개미에 있어서의 기능에 따른 구조의 차이를 나타낸 것이다.

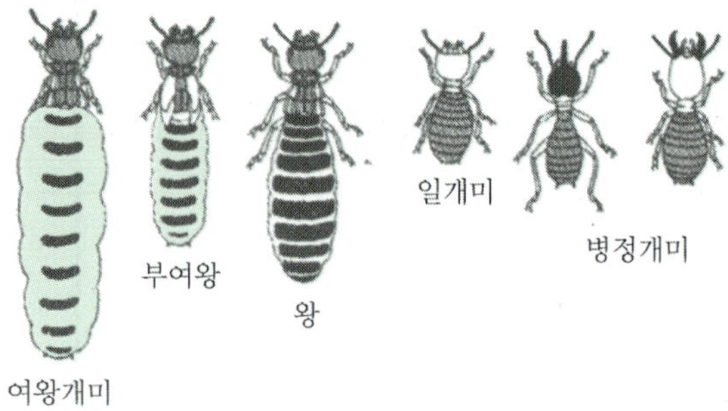

그림 10-3 흰개미집을 구성하는 개체

5. 공생과 기생

다른 종의 개체들 사이에도 상호작용이 존재하며, 이때에 두 종류의 생물이 밀접한 관계를 유지하며 생활한다. 서로 해가 없이 이익을 얻는 경우를 공생(共生, symbiosis)이라 하며 그 예로 콩과식물과 뿌리혹박테리아, 개미와 진딧물, 초식동물과 장내세균 등이 있다. 한쪽이 이익을 받는 경우를 특히 편리공생(便利共生, commensalism)이라고 하며, 해삼과 그 항문에 사는 숨이고기와 상어와 빨판상어가 그 예이다.

어느 생물이 다른 생물의 외표면 또는 내부에 살고 거기에서 영양의 대부분을 취하여 생활하는 것을 기생(寄生, parasitism)이라 하며, 기생되어지는 생물을 숙주(宿主, host)라고 한다. 기생은 생물계에서 일반적으로 나타나는 현상이며, 기생생물과 숙주의 관계는 진화과정의 산물로서 대부분의 경우 생물체들 사이의 복잡한 상호작용과 관련이 있다.

기생생물들은 숙주에 비해 작고 숙주의 내부나 표면에서 에너지 함유부분만 이용하여 살아간다. 대부분 기생생물은 숙주의 방어에 저항하거나 회피하는 기작을 가진다. 그럼에도 불구하고 기생생물은 그 숙주를 죽게 하진 않는다. 죽게 되면 기생생물 자신이 더 이상 생존할 수 없기 때문이다. 따라서 기생생물과 그 숙주는 서로 어느 정도 상호내성을 갖도록 진화해 왔다.

그렇지만 예외는 있다. 예를 들어 어떤 기생성 파리와 나나니벌은 다른 곤충의 유충에 그들의 알을 낳는다. 알이 부화될 때에 기생성 유충은 숙주의 몸에 부착하여 그 체액을 빨아먹거나 내부기관을 먹기 위해 안쪽으로 파고들므로 숙주를 죽게 만든다. 그와 같은 유충의 포식자를 기생충이라 한다. 어떤 점에서는 발생 과정 중의 어떤 단계에서 피식자를 죽게 하므로 기생충을 포식자라고 생각할 수 있다.

체외 기생충으로 알려진 몇몇 기생충들은 그 숙주의 몸 표면에 산다. 거머리, 이, 벼룩, 진드기와 같은 체외 기생충들은 대부분의 경우에 그 숙주에 부착할 수 있도록 특수화된 기관을 갖고 있다.

반면에 체내 기생충들은 숙주의 몸 내부에 살며, 일반적으로 소화관, 혈관 또는 폐에서 발견된다. 어떤 체내 기생충은 자신의 생활환을 통해 한 숙주만을 이용하지만 인간의 간흡충과 같은 것은 하나 이상의 숙주를 필요로 한다.

10-1-2 동물사회의 구조

고등동물의 개체군에는 개체 간의 상호작용에 있어서 한 종류의 협동 작용인 구조상 또는 기능상 상호 우정이라는 관계가 인정되는 경우가 있다. 즉, 개체의 분업에 의해서 개체군이 형성되는 것이다.

이와 같은 개체 상호의 관계를 사회공동(社會共同, social coaction)이라고 하며, 이 관계가 현저하게 나타나는 개체군을 특히 사회(동물의 종내 사회, intraspecific society)라고 부른다. 사회는 고도로 발달된 중추신경을 갖는 동물, 즉 곤충의 일부와 고등한 포유류의 개체군에서만 볼 수 있다.

1. 곤충사회

많은 곤충사회의 조직은 매우 엄격하다. 즉 꿀벌, 개미, 흰개미 등 사회성 곤충은 태어날 때부터 개체 간에 구조상의 차이가 있고(그림 10-3 참조) 계급이 정해진다. 표 10-1은 이것을 기초로 기능상의 상호 의존(분업)에 의해 집단생활이 유지되는 것을 보여주고 있다. 여왕벌이 되기로 운명지어진 암컷 애벌레는 특수한 영양분이 공급된다.

특수한 영양분을 공급받지 못하는 다른 암컷 애벌레들은 중성인 일벌이 된다. 일벌들은 집단 속에서 모든 일들을 하고 그들은 짧은 일생 동안에 그들이 성숙하면서 바뀌는 일련의 일들을 한다.

표 10-1 꿀벌의 구성개체와 일벌의 역할

구성개체					
	여왕벌	2 n=32	유충은 로열젤리로 사육됨	생식개체	분업
	수벌	n=16	미수정란으로부터 생김	생식개체	분업
	일벌	2 n=32	유충은 주로 꽃가루로 사육됨	영양개체	분업

일벌의 일 (연령에 의하여 일이 점차 변화되어 감)

① 부 화		유충의 보육
② 6일째	로열젤리를 분비	유충의 보육
③ 2주째	복부의 밀샘이 성숙	청소, 보초
④ 3주째	밀샘이 퇴화	바깥 일, 당밀, 꽃가루 수집
⑤ 4~5주 경	일생을 끝마침	바깥 일, 당밀, 꽃가루 수집

그림 10-4 일벌은 여왕벌을 만들며, 여왕으로 결정된 유충을 발육시킨다.

첫 2주간은 집단의 어린 애벌레들을 돌보며(그림 10-4), 벌집을 짓고 보금자리를 지킨다. 약 3주가 되면 그들은 꿀을 탐색하기 시작하고 그것을 보금자리로 옮긴다. 일벌들은 그들이 죽음에 이르는 약 6주까지 이러한 자기 본위의 일들을 한다.

벌들은 흔들춤(waggle dancing)으로 꿀의 출처에 대한 정보를 제공하는 복잡한 행동에 참여함으로써 집단의 규칙적 생활 속에서 그 역할을 기계적으로 수행한다. 개미나 흰개미와 같은 많은 종들의 조직체와 마찬가지로, 꿀벌들의 복잡한 사회조직체는 페로몬(pheromones)작용을 통해 커다란 계급집단을 유지시킨다. 페로몬은 어떤 개체에 의해 방출되어 같은 종의 다른 개체들의 행동에 어떤 방식으로 영향을 미치도록 하는 화학물질이다. 그 예로 꿀벌들의 여왕은 집단에서 모든 다른 벌들의 폭넓고 다양한 행동에 강하게 영향을 미치는 9-oxodec-trans-2-enoic acid (일명 '여왕물질') 페로몬을 간직하고 있다. 비록 모든 꿀벌개체들은 청각적이고 촉각적인 메시지의 복잡한 배열에 반응하지만 페로몬은 주로 정보연락과 집단을 지배하는 것이 주가 된다고 여겨진다.

2. 포유류의 사회

포유류의 사회(개체군)는 곤충사회와 달라서 성이 다르고 개체 간에 태어날 때부터의 구조상의 차이는 없으며, 상호의존은 모두 기능상 또는 행동상의 것이다. 즉, 개체는 동일의 종임에도 불구하고 개개의 개체가 생활을 하는 데 다른 역할을 함으로 해서 개체군의 통일이 유지되며, 그 때문에 여러 종류의 제도가 확립되어진다.

주된 것은 개체의 사회적 지위(地位, status)가 인정되는 것, 개체 간의 순위가 확립되는 것(그림 10-5), 리더에 의해 개체군의 이동이 이끌어져 통일이 이루어지는 것, 어미와 자식 간의 연결에 의한 혈연관계가 유지되고 있는 것 등이다. 또 이들의 개체군이 '텃세권'을 가짐으로써 개체군 간의 조정이 이루어진다.

그림 10-5 늑대집단에서 낮은 계급의 늑대는 지배자에게 드러눕는 약한 자세를 취함으로써 복종하는 행동을 보여준다.

척추동물의 사회 조직에서 특별히 중요한 것은 우성순위(優性順位, dominance hierarchies, 쪼는 순위)의 존재이며, 이것은 어떤 개체들이 다른 개체들을 지배하고 원하는 서식처, 먹이 공급처, 배우자 등을 선택적으로 접근하여 받아들이는 것이다.

어떤 경우에 있어서 우성순위는 최고 위치에 있는 한 동물이 그 집단의 모든 다른 개체들을 지배하고 두 번째 개체가 최고 순위를 제외한 나머지 개체들을 지배하는 개체들의 선형적인 사슬이다.

이와 같은 집단사회가 유지되기 위해서는 고도로 발달된 중추신경이 필요하다. 그 때문에 사회라고 불리어지는 구조를 만들어 내는 개체군은 포유류 중에서도 고등한 것에만 한정돼 있다.

그리고 영장류 사회의 가장 중요한 특징은 개체의 고도로 발달된 중추신경과 음성에 의한 전달의 발달과 함께 장기간 다른 세대의 개체가 함께 생활함으로 전통적인 생활양식이 창출되며, 이것이 대대로 개체에 이어져서 개체군 내에 축적되는 것이다. 이것이 문화(文化, culture)이다.

10-1-3 개체군의 연령구조

그림 10-6은 개체군을 일정한 연령 간격으로 개체수를 집계하여 그 백분율을 젊은 연령층으로부터 순서대로 쌓아올린 것으로 연령구조(年齡構造, age distribution, 연령조성)를 나타낸 것이다.

이와 같은 연령구조는 다양한 연령 범위 내에 개체의 상대적인 비율을 나타내며, 그 모양을 연령피라미드라고 한다. 이것은 출생율, 생존율 및 사망률에 의해서 그 모양, 즉 구조가 영향을 받는다.

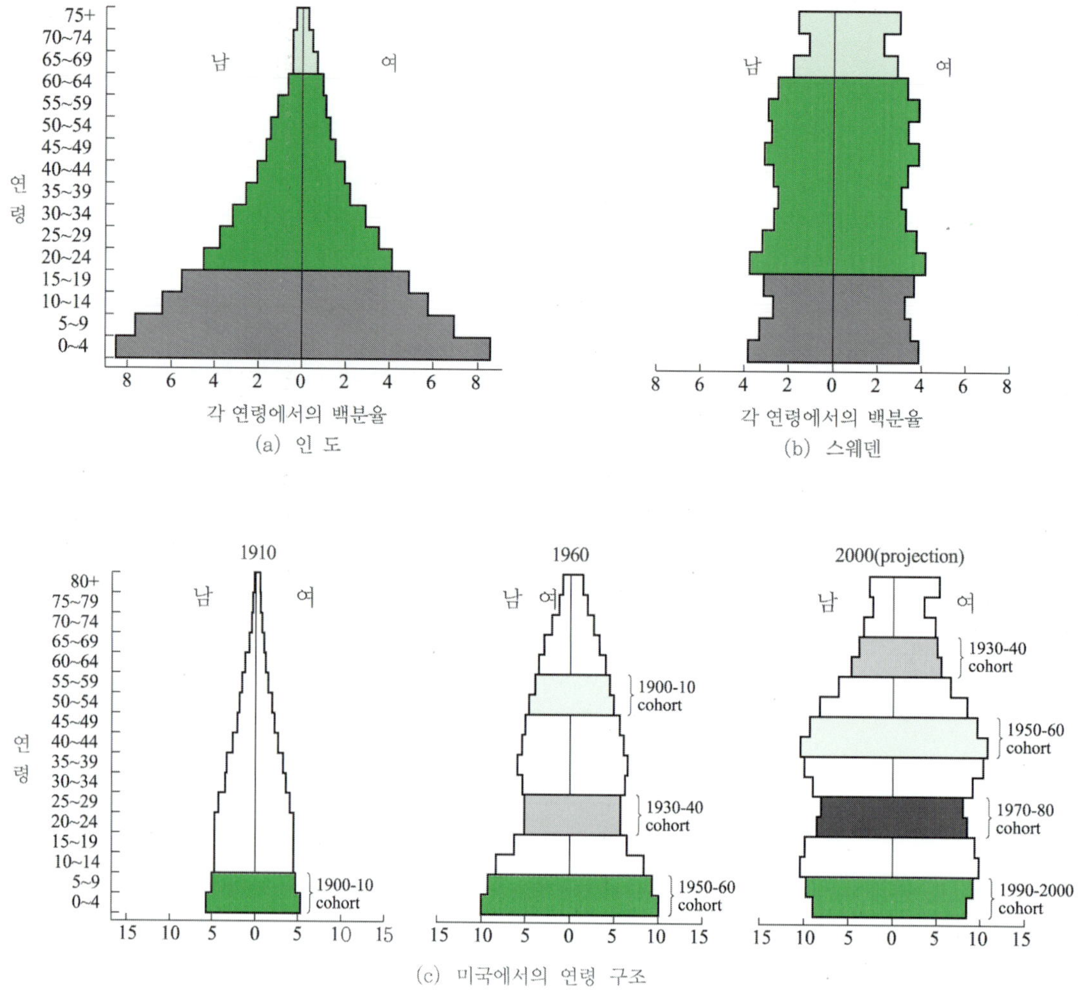

그림 10-6 연령피라미드의 형태

젊은 시기에 사망률이 높은 개체군은 밑이 넓은 산 같은 산형, 포유류와 같은 출산수가 적고 새끼를 보호하는 것은 술병 같은 모양이 된다. 사람과 같이 출산율이나 사망률이 사회나 국가에 따라 다른 경우에는 여러 형을 볼 수 있다.

10-1-4 개체군 밀도

단위면적당 같은 종의 생물개체가 얼마만큼 있는가를 개체군 밀도(個體群密度, population density)라고 한다. 동물은 항상 이동하기 때문에 시간도 관계한다. 개체군 밀도의 차이에 의해 동물의 형태나 행동이 달라지는 것이 있다. 개체군 밀도는 다음과 같은 식으로 나타낸다.

$$\text{개체군의 밀도(D)} = \frac{\text{개체수(N)}}{\text{생활공간의 넓이(S)}}$$

개체군 밀도는 항상 변하며 동물의 출생, 생존, 사망 등의 비율에 영향을 받는다. 이것을 밀도효과(密度効果, density effect)라고 한다. 예를 들면 바구미 성충의 밀도가 높으면 산란 수가 감소하고 알의 사망률이 증가한다. 생활에 가장 좋은 최적밀도에서 증식율이나 섭식율이 최대가 되며, 적합한 서식처당 생물의 수를 생태밀도(生態密度, ecological density)로 표시한다.

10-1-5 개체군의 변동

환경조건이 최적으로 제한요인이 되지 않는 경우 개체수는 지수적(指數的, exponentially)으로 증가하지만, 실제 자연조건 아래에서는 먹이의 양, 생활공간의 제한, 적이나 질병 등의 환경저항(環境抵抗, enviromental resistance)으로 증가속도가 저하하는 것이 보통이다(그림 10-7).

그림 10-8은 각 연령마다 개체수가 얼마만큼 살아남아 있는가를 나타내는 생존곡선(生存曲線, survivorship curve)인데, 대개 세 가지 형태가 있다. 초기의 사망률이 높은 것이 굴형, 초기의 사망률이 낮고, 자연의 수명대로 사망하고 있는 것이 사람형, 언제나 일정한 비율로 사망하는 것이 히드라형이다. 체내 수정하는 파충류 이상은 사람형으로 특히 사람의 경우는 의료나 사회보장제도의 발달과 더불어 생존곡선이 해마다 변화하고 있다.

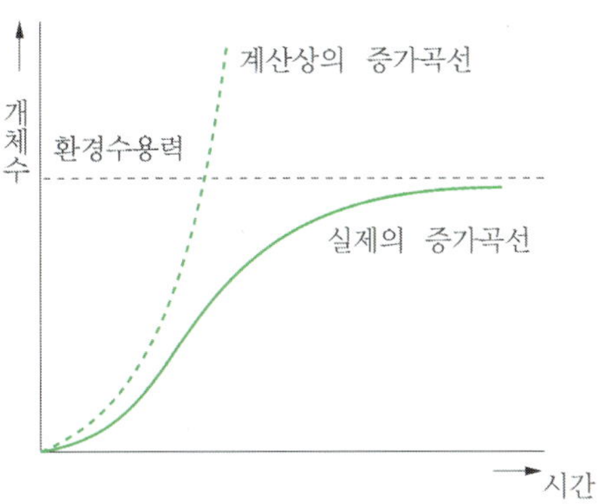

그림 10-7 개체수의 증가곡선

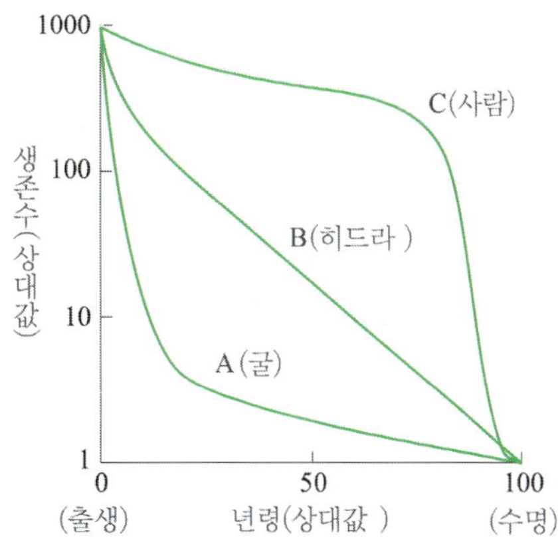

그림 10-8 동물의 생존곡선의 3가지 유형

종개체군은 기후 등 비생물환경에 의해서 계절적 변동을 일으키지만 다른 종의 개체군과의 관계, 먹고(포식자) 먹히는(피식자) 관계로 주기적 변동을 볼 수 있다.

이 변동은 수년의 간격으로 일어난다. 그림 10-9는 캐나다의 모피상인이 수집하였던 모피수로 눈신토끼와 그 포식자인 살쾡이의 개체수의 변동을 알게 되었다. 이 토끼와 살쾡이는 9~10년 주기로 살쾡이의 쪽이 일 년에서 몇 년 늦어진다. 이것은 피식자인 토끼 개체수의 변동에 크게 영향을 받기 때문이다. 특히 초식동물은 먹이의 양에 따라 개체군의 크기가 변할 수 있을 뿐만 아니라 포식자에 의해서도 역시 변할 수 있다.

이와 같이 개체군에 영향을 미치는 요인은 다양하다. 그 밖에 질병, 기후변화 등도 직접 영향을 미칠 것이다. 그러므로 개체군의 크기는 생태계에서 일어나는 생물학적 반응의 결과로 결정되는 것이라 하겠다. 한편 개체군의 연령분포는 앞으로 개체군의 성쇠를 나타내는 것으로 안정형을 나타낼 때 생태계도 안정상태를 유지할 것이다(그림 10-10).

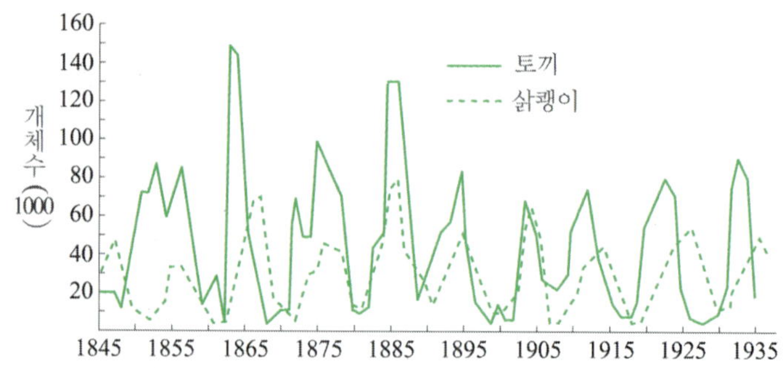

그림 10-9 눈신토끼와 삵괭이 개체수의 변이

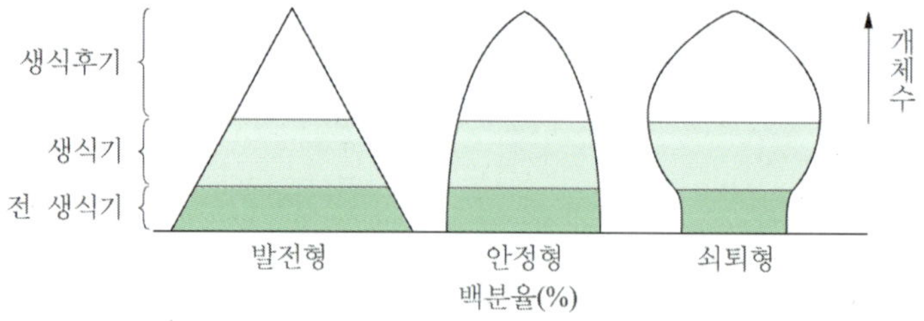

그림 10-10 개체군의 연령 피라미드

10-1-6 인구의 동태

인류의 초기 개체군은 기후, 지형, 토양 등의 환경요인과 이용 가능한 식량자원의 양에 의해서 제한된다고 생각되며, 유아의 사망률도 높고, 수명도 짧아 인구가 크게 증가하는 일은 없었다. 현대의학의 발달과 산업과 농업의 근대화에 의해서 이들의 환경요인은 크게 개선되어,

현재의 세계 인구는 폭발적인 증가의 양상을 나타내고 있다.

그 증가율은 지수적인 것에 거의 가깝고, 21 세기의 말에는 123 억에 달한다고 추계되고 있다. 더구나 그 증가는 아시아의 인구증가에 기인한다고 보고 있다. 이들 세계인구 증가에 비해 이것을 지탱하는 식량의 수급은 부족한 상태여서 만일 농업생산성이 현재의 2 배, 4 배가 되어도 21 세기 중반에는 이용 가능한 경작지가 한계에 도달할 것으로 생각된다.

10-2 생태계와 에너지의 흐름

지구표면은 공기, 물, 토양 등의 무기물과 식물, 동물 및 미생물 등의 생물들이 조화되어 일정한 관계를 유지하고 있으며, 과거로부터 현재에 이르고 있다. 이것이 곧 생태계이며, 이 생물부분인 생물들이 생활을 유지하고 있는 것은 에너지에 의한 것인데, 식물이 광합성에 의해서 태양의 빛에너지를 화학에너지로 변환(고정)하고 축적한 것이 대부분이다.

따라서 지구상에 고정되는 태양에너지의 총량이 생물의 총량을 결정한다. 식물을 생산자(生產者, producer)라고 하며, 그림 10-11 에서와 같이 1 차 소비자가 생산자를 먹고, 1 차 소비자는 2 차 소비자에 먹힘으로써 에너지는 생태계를 따라 흐르고 있다고 말할 수 있다.

유기분자의 화학결합에서 이용 가능한 에너지는 생태계를 통해 이동하며, 그것은 점차 이용 불가능의 형태로 변모해 간다.

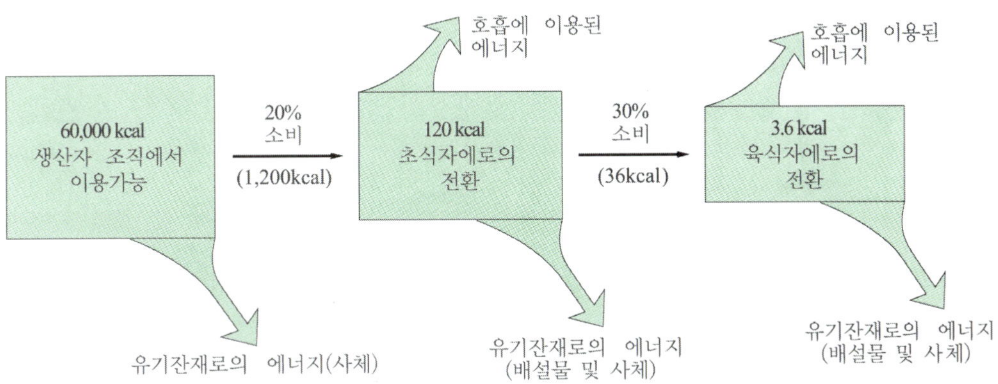

그림 10-11 채식 먹이연쇄에서 에너지의 전달

초식동물은 생산자 수준에서 이용 가능한 6, 000 Kcal 에너지의 20%를 소모(나머지 4, 800 Kcal 의 에너지는 유기잔재가 된다)시키고, 자신의 조직으로 전환시키는 효율은 10% 정도이므로 120 Kcal 가 초식동물의 조직으로 전환된다. 나머지는 흡수되지 못하거나 초식동물의 대사 유지에 이용되어 열로써 손실된다. 또한 육식동물은 초식동물에서 이용 가능한 에너지의 30%만을 소비한다. 즉, 36 Kcal 를 소모하고 자신의 원형질로는 소모하는 에너지의 10% 인 3. 6 Kcal 정도만이 전환된다.

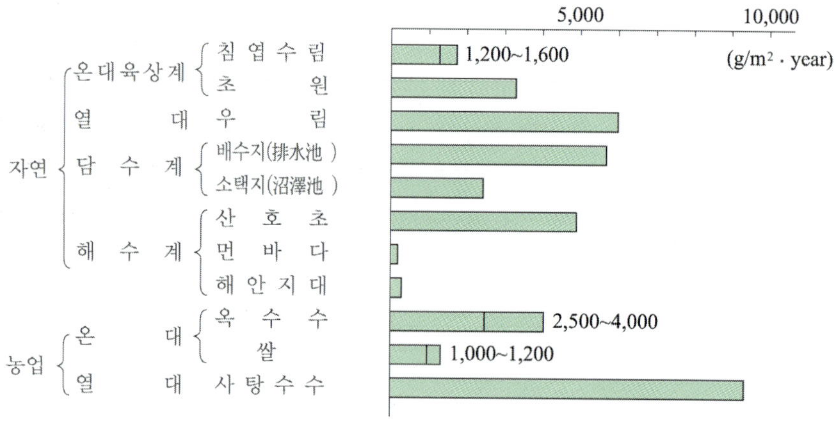

그림 10-12
중요한 생태계에 있어서의 순생산량

그러므로 에너지의 흐름은 하나의 연속된 과정이며, 이는 외부로부터 계속적인 에너지의 유입이 없이는 생태계의 기능이 불가능하다는 것을 의미한다.

이와 같이 식물이 광합성에 의해 고정하는 태양의 빛에너지는 지구에 도달하는 모든 에너지의 겨우 0.1%에 지나지 않는다. 그림 10-12는 생산되는 유기물이 건물량으로 연간 $15 \sim 20 \times 10^{10}$ 톤 (수 천 $g/m^2/$년)이고, 그 3분의 2는 육상에서, 나머지 3분의 1은 해양에서 생산되는 것을 나타내며, 농업에 의한 생산은 전체의 5% 정도에 지나지 않는다.

10-2-1 먹이사슬

생태계를 통한 에너지 흐름의 한 방법은 에너지가 흘러가는 생물체의 배열이라고 말할 수 있다. 이러한 순서를 먹이사슬이라고 하며, 생산자와 1차 소비자가 관련된 관계는 다음과 같다.

빛 ⇒ 식물 ⇒ 토끼

2차 소비자(육식자)가 포함된 좀 더 긴 사슬은 다음과 같다.

빛 ⇒ 식물 ⇒ 토끼 ⇒ 늑대

같은 생태계에서 3차 소비자가 포함된 좀 더 긴 사슬은 다음과 같다.

빛 ⇒ 식물 ⇒ 메뚜기 ⇒ 종달새 ⇒ 매

각 단계는 먹이그룹이나 그에 상응하는 다른 것으로부터의 에너지전이와 관계되어 있다. 먹이사슬의 형태에서 채식 먹이사슬(grazing food chain)이 있는데, 이는 녹색식물과 1차 소비자가 관련되어 있기 때문이다. 식물에 있어서 광합성에 의하여 고정되어지는 에너지의 반 이상은

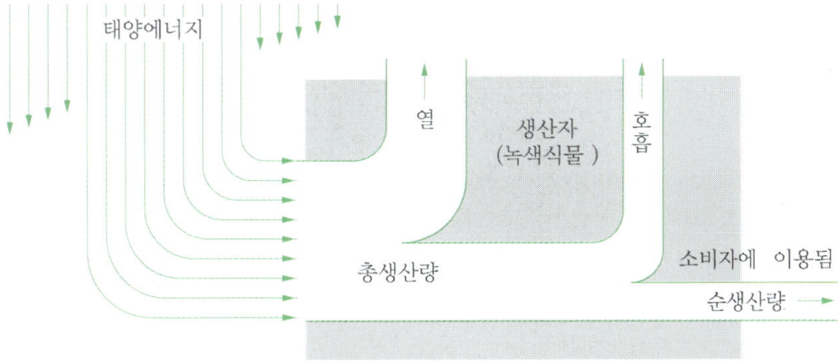

그림 10-13 생산자단계(녹색식물)에 있어서 에너지의 고정과 에너지흐름

독립영양생물인 식물 자체의 호흡에 소비되고, 나머지는 잎에서 다른 조직으로 운반되어 전분, 단백질, 지방 등으로 축적된다(그림 10-13).

이들의 어느 시점에서라도 종속영양생물(제 1 차 소비자, 초식동물)에 이용되어 먹이사슬(food chain)이 시작된다. 주된 먹이사슬에는 포식사슬과 부식사슬이 있고 전자에는 동물군이, 후자에는 부식성 생물군이 포함되며 기생사슬도 있다.

포식사슬(predation food chain)의 에너지 흐름은 먼저 식물에 의해서 고정된 태양에너지의 약 10~20%가 제 1 차 소비자(초식동물)에 넘겨지고, 초식동물에 들어가는 에너지의 10~20%가 제 2 차 소비자(육식동물)로 넘겨지며, 이와 같은 비율로 제 3 차, 제 4 차 소비자에게로 흐르게 된다(그림 10-14). 그러나 제 1 차 소비자인 초식동물의 먹이로 이용하는 식물량은 비교적 적고, 초식동물에 이용되지 않는 대부분의 에너지는 낙엽이나 떨어진 가지 등의 고사식물체로써 축적된다. 초식동물에 의해서 섭취된 먹이도 비동화 에너지로 배설된다.

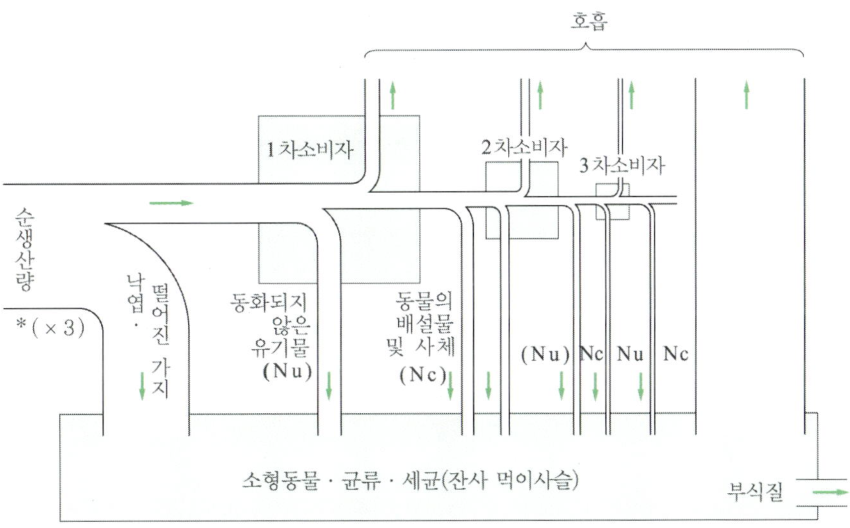

그림 10-14 소비자단계에 있어서 에너지의 흐름

또한 영양으로써 동화된 대부분의 에너지도 호흡에 의해서 소비되고, 동물체로 재구성된 나머지 에너지가 제 2 차 소비자인 육식동물에 의해서 이용된다. 이와 같은 일은 자연계에서 고차소비자 단계로 진행함에 따라 동물의 수가 급격히 감소하는 것을 의미한다.

따라서 먹이사슬과 포식사슬에 있어서 생산자의 생체량 위에 소비자의 그것을 차례차례 쌓아올려 가면 하나의 피라미드형 관계가 설립된다. 이것이 엘톤의 피라미드(Eltonian pyramid)이다. 이것도 거의 3~4 단계에서 끝이 난다(그림 10-15). 그러나 어느 종이 많은 다른 종에 포식되고 많은 다른 종을 포식함으로 해서 포식사슬의 내용은 매우 복잡한 그물의 눈같이 짜여 있는 것이 사실이다. 이것을 우리는 먹이망(food web)이라고 한다.

초식동물과 육식동물에 의해 이용되지 않는 에너지, 즉 축적된 고사식물조직이나 동물의 배설물과, 사체 등은 작은 동물 · 균류 · 세균류 등의 분해자(分解者, decomposer)에 의해서 분해되어 이산화탄소 물, 그 밖의 무기물로 환원된다.

내용은 잘 알 수 없으나, 일반적으로 부식사슬(detritus food chain, 부생사슬)이라고 한다. 분해된 물질은 다시 생산자인 녹색식물의 영양분으로 이용된다. 이렇게 함으로써 생태계에 있어서 물질의 순환이 일어나는 것이다.

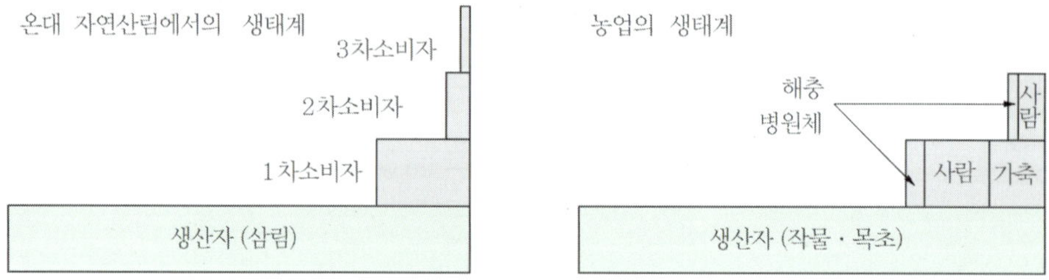

그림 10-15 엘톤의 피라미드

10-2-2 생산량과 소비량

독립영양생물인 식물(생산자)이 주로 광합성을 통해 고정하는 모든 에너지를 총생산량(總生産量, gross production quantity, GP)이라 하고, 식물 자체에서 호흡으로 소비되는 에너지, 즉 소비량(호흡량, R_{SA})을 총생산량으로부터 뺀 나머지를 순생산량(Net p · q, NP)이라고 한다. 이 순생산량에 의해서 모든 종속영양생물의 생활이 이루어진다. 그래서 종속영양생물의 소비량(호흡량, R_{SH})을 생각하면 생태계의 상태를 나타내는데, 다음과 같은 관계식이 쓰인다.

$$GP - (R_{SA} + R_{SH}) = NEP$$

여기서 $R_{SA} + R_{SH}$는 그 생태계의 전소비량(전호흡량)을, NEP는 그 생태계 전체의 순생산량(純生産量, net ecological production quantity)을 나타낸다.

일반적으로 NEP가 0일 때 생산량과 소비량의 균형이 맞아서 그 생태계는 성숙한 안정 상태에 있으며, 항상 복잡한 자동제어가 작용하고 있어서 평형상태가 유지된다. 물론 그 때문에 생태계 또는 생물 공동체의 구성 요소가 갖추어져 있는 먹이망이 복잡하지 않으면 안 된다.

이와 같은 상태가 자급자족의 생태적 극상(生態的 極上, ecological climax)이다. 또, NEP가 0보다 클 때는 생산량이 소비량을 웃도는 독립영양조건으로 유기물의 축적이 일어나며, 생물공동체의 종의 구성이 변화해 간다.

역으로 NEP가 0보다 작을 때는 종속영양조건으로 유기물이 결핍하여 같은 변화가 일어나 안정된 상태에 도달할 때까지 계속되며, 이것이 생태적 천이(生態的 遷移, ecological succession)이다.

생태계 속에 사람이 들어가면 단연 에너지의 배분에 변화가 생기지만, 특히 인구가 증가하면 사용하는 에너지의 비율은 급속히 증가한다. 그것은 식량으로써의 에너지뿐만 아니라 연료를 주로 한 에너지의 소비가 증대하기 때문이다. '플랜트(공장)는 플랜트(식물)를 먹고 살아가고 있다.'라고 하는 것이 바로 그 이유인 것이다. 식량의 증산은 여러 가지 수단을 통해서 일어나고 있다. 경지의 확대, 품종개량, 비료주기, 병충해 방제, 재배법의 개량, 특히 가축의 대량사육 등에 의해서 새로운 생태계가 만들어지고 있다.

10-2-3 생물농축

갑상선의 요오드처럼 어떤 특정물질이 외부환경에 비해서 생물체에 고농도로 존재하는 것을 생물농축(生物濃縮, biological concentration)이라고 한다.

이와 같이 생물에 섭취된 물질 중 분해, 배설되지 않고 농축되는 것, 더욱이 각 소비자 단계를 경과하는 과정에서 차차 농축되어지는 것이 있다. 즉 농약, 공장이나 제련소 등에서의 배출물 등은 토양이나 물속에서는 저농도이지만 생산자를 통해 각 소비자단계에 농축되면 그 독성의 정도에 따라 생물개체나 개체군에 장애를 주는 경우가 있다. 먹이사슬에서 DDT의 축적을 해양동물에서 살펴보면 표 10-2와 같다.

표 10-2 해양동물의 먹이사슬에서의 DDT 축적

(단위 : mg/kg 생체 중)

	DDT
작은 새우 및 가재(1 차 소비자)	0. 04
작은 어류(물고기)	0. 23
포식 어류	2. 07
제비갈매기(물고기를 먹이로 하는)	3. 15～6. 04
갈매기(다식성)	3. 50～18. 50
물수리(물고기 먹이)	13. 80
가마우지(어류 먹이)	25. 40

물고기를 먹이로 하는 포식자는 DDT 함량이 높고, 많은 물고기를 포식할수록 DDT 함량이 높게 나타난다.

육상동물의 먹이사슬에서도 유사한 유해성분 축적이 나타난다. 예컨대 독일에서는 산토끼의 생체지방질에 2 ppm 의 DDT 가 검출되었으며, 간에서는 0. 03% DDT 가 검출되었다. 여우의 간에는 DDT 검출력이 이보다 10 배나 높았으며, 독수리의 간에는 집토끼의 간에서 보다 100～1000 배나 많은 DDT 가 검출되었다.

10-3 환경의 오염과 공해

환경오염(環境汚染, environmental pollution)이란 여러 가지로 정의할 수 있으나 인간활동의 결과로 비자연적인 상태가 출현할 때를 의미한다. 즉, 생태계에 이미 존재하던 화합물이라도 그 양이 크게 증가하거나, 생태계의 온도나 습도가 변할 경우, 그리고 지금까지 자연에 없던 화합물이 출현해서 악영향을 미칠 때 이러한 모든 요인을 오염원(pollutant)이라 하며 대기오염, 수질오염, 토양오염 등으로 구분할 수 있다.

사람들은 대기 · 물 · 토양 · 다른 생물 등, 즉 환경과 무관하게 생활할 수는 없다. 최근 과학기술의 발달에 따라 우리들은 생활에 여러 가지 이익을 얻은 반면에 넓은 범위에 걸쳐서 위에서 언급한 여러 가지 오염에 의해서 직 · 간접으로 건강과 생활환경상의 피해, 즉 공해를 받게 되었다.

더구나 우리들의 여러 활동은 종래부터 존속되었던 생태계를 결과에 대한 예측 없이 손상시켜 그 평형을 어지럽게 하므로, 이와 같은 일이 계속되면 지구의 사막화, 드디어는 지구의 파괴를 유도한다고도 할 수 있다.

10-3-1 수질오염

자연, 즉 생태계는 어느 정도의 오염에는 자신의 자정작용에 의해 정화하여 무해화할 수 있는 능력을 갖고 있는 경우가 있다. 생태계에서는 이것을 자연의 자정작용(自淨作用, self purification)이라 하며, 하천이 그 좋은 예이다. 하천은 어느 정도의 유기물이 유입되어도 이것을 미생물이 무기물로 분해하여 다시 원래의 청결한 상태로 되돌아간다.

그러나 이 자정작용에도 한계가 있다. 다량의 유기물이 유입되면 미생물의 대 발생을 유도하게 된다. 또한 하천의 물이 유입되는 호소, 내만 등에는 질소, 인산 등 식물의 영양염류가 과다하게 되어서 소위 부영양화(富榮養化, eutrophication)를 일으킨다.

부영양화는 먼저 식물성 플랑크톤의 과다번식으로 인하여 수질오염이 일어나고, 생산된 다량의 유기물이 미생물에 의해서 분해될 때 용존산소가 소비되어 수질을 악화시킨다. 여기에 일사량의 증대나 수온상승 등의 요인이 겹쳐지면 적조(赤潮, red tide)가 발생하여 수생생물에 피해를 준다.

오늘날 수산업이 큰 피해를 받고 있는 것이 바로 이 때문이다. 더욱이 최근에 하천·호소·내만·내해 등 각 수계의 수질은 제련소나 각 공장으로부터 대량의 폐수가 여러 가지 폐기물과 같이 흘러 유입되거나 농지의 과잉비료성분, 살포한 농약, 가축의 배설물, 세제 등을 포함한 생활폐수, 특히 도시폐수 등이 유입됨으로써 유기물에 의한 것이 아닌 각종 유해물질에 의해 수질오염(水質汚染, water pollution)이 일어나고, 수계생물상의 변화는 물론, 황폐화에까지 이르고 있다.

표 10-3 오염물질이 예와 그 독성

오염물질	독 성	오염물질	독 성
카드뮴(Cd)	신장장해에 이어 연골화증을 유발(이따이이따이병의 원인)	비소(As)	암을 유발함
시안[$(CN)_2$]	호흡대사 저해를 일으킴	수은(Hg)	알킬수은의 만성중독은 신경계를 저해함(미나마타병의 원인)
인(P)	세제의 유기인에 의하여 부영양화가 일어남	일산화탄소(CO)	헤모글로빈과 결합(빈혈 유발). 헤모글로빈과 산소간 결합력의 300 배
납(Pb)	조혈기능을 저해. 특히 유기납이 유해	아황산가스(SO_2)	호흡기를 저해함
크롬(Cr)	6 가 크롬은 맹독이고, 3 가 크롬은 만독성임. 피부염, 간장 장해, 폐기종 등을 일으킴		

이 때문에 공공용수역의 수질오염에 관한 환경기준이 정해지고 사람의 건강을 해치는 시안, 알킬수은, 카드뮴, 납, 6가 크롬, 비소, 총수은 등 오염물질에 대한 기준치(표 10-3)와 생활환경지표인 수소이온농도(pH), 생물학적 산소요구량(BOD), 화학적 산소요구량(COD), 부유물질(SS), 용존산소(DO), 대장균 등의 기준치가 정해져 있다(표 10-4).

표 10-4 수질오염도의 지표

pH (power of hydrogen ion concentration, 수소이온 농도지수)	물이 산성인지 알칼리성인지를 나타냄. 보통 하천은 7 (중성)이든지 약알칼리(>7)임.
BOD (biological oxygen demand, 생물학적 산소요구량)/ (biochemical O. D., 생물화학적 산소요구량)	물속에 유기물이 어느 정도 있는가를 나타냄. 호기성 미생물이 일정시간(보통 20℃에서 5일간) 내에 물속의 유기물을 산화·분해하여 정화하기 위해서 소비하는 산소량(ppm). 5 ppm에서 하천은 자정작용을 잃게 된다.
COD (chemical oxygen demand, 화학적 산소요구량)	BOD와 같이 물속의 유기물의 양을 나타냄. 물속의 유기물을 산화제(과망간산칼륨이나 중크롬산칼륨)로 소비하는데 필요한 산소량(ppm). COD가 크면 유기물이 많다는 것을 의미함.
SS (supended solid, 부유물질)	부유고형질, 현탁물질로도 부름. 물에 불용성(현탁되어 있음) 물질로 일정량의 물을 여과한 후, 잔류물의 건조량을 뜻함(ppm).
DO (dissolved oxygen, 용존산소량)	물에 녹아있는 산소량(ppm). 유기물이 많아지면 DO는 작아짐. 보통의 하천에서는 7~10 ppm 전후임
대장균수	일정량의 해수나 하천수 내의 대장균수를 측정하여 사람이 가축의 배설물 유입정도를 알게 됨

10-3-2 대기오염

과거에는 대기오염(大氣汚染, air pollution)이 화산활동과 같이 자연적으로 일어났지만, 오늘날에는 주로 인간의 여러 활동에 의해 발생한 유해물질이 대기 중에 유입되어 그 농도가 높아진 것이 장기간 존재하면서 사람과 동식물에 피해를 주는 것을 말한다.

옛날에는 광산의 제련소나 공장지대로부터 발생하는 대량의 아황산가스(SO_2)에 의해 일어나는 경우가 많았으나, 최근에는 공장의 거대화, 대도시화, 생활양식의 향상 등으로, 특히 석탄·석유·천연가스 등의 연료를 대량으로 소비하여 배기가스를 배출하기 때문에 일어나는 경우가 많다. 이 가스배출에 의해서 직접 대기 중에 유해한 물질이 함유되는 것을 1 차오염이라고 한다.

그 물질에는 아황산가스, 일산화탄소(CO)를 위시해서 질소화합물(이산화질소), 불소화합물, 암모니아, 염소 등으로 여러 가지가 있다. 다량의 매연, 부유진(미립자) 등이 가스 상태로 대기를 오염시킨다.

또한 오염물질은 그 오염물질끼리, 또는 이들 오염물질들과 대기성분과의 반응으로 2 차오염을 일으키는 경우도 있다. 주로 자동차의 배기가스 속에 탄화수소(가솔린)와 질소의 산화물이 햇빛에 의해 광화학반응을 일으켜서 대량의 과산화물인 오존, 유기 과산화황산염 등의 옥시던트(oxidant)라고 부르는 산화성이 높은 물질의 2 차오염이 일어난다. 이것을 광화학 스모그(photochemical smog)라고도 한다.

10-3-3 토양오염

토양오염을 방지하기 위해서는 오염원의 방제와 식물이 오염물질을 흡수하는 녹화의 강화 등이 필요하다. 토양, 즉 농경지도 광공업폐기물로 오염되는 하천수에 의한 관개나 농약살포 등에 의하여 가축, 농작물, 사람에 유해한 중금속 및 합성유기염소계 농약에 의한 토양오염(土壤汚染, soil pollution)이 확산되고 있다.

지구의 사막화는 최근 급속히 번져가고 있으며, 사막은 연간 강수량이 254 mm 이하로 모든 육지면적의 7 분의 1 이다. 사막의 원인으로는 지구 자전에 의한 기류, 해류 등의 자연적 원인과 인구증가에 의한 도시집중화, 농경지 확대로 인한 삼림의 개발, 농공업용수로서의 지하수의 이용과 그 고갈, 과잉방목에 의한 방목지의 황폐화, 건설자재와 석탄(연료)생산에 의한 산림의 남벌, 근대공업화 등에 의한 인위적 원인 등이 있다. 특히 후자는 자연의 식생파괴와 지구의 사막화에 대한 중요한 역할을 하고 있다고 본다.

지구는 신선한 대기, 깨끗한 물, 풍부한 녹색식물로 사람을 위시해서 생물의 낙원이었다. 최근에 와서 인구의 증가, 생활양식의 향상, 여러 산업의 발전 등이 대기오염 · 수질오염 · 토양오염 · 사막화 등을 조성해서 자연파괴를 야기하였으며, 생물의 존재가 위험하게 되었다. 이렇게 해서 우리들은 이제 겨우 자연보호의 중요성을 인식하게 되었다.

인류는 지구라고 하는 생태계의 일원이며, 생태의 파괴는 언젠가는 인류의 파멸로 연결된다. 지구는 생물이 생존할 수 있는 유일한 천체라고 생각해서 우리들은 사람과 자연이 조화된 녹색이 풍부한 환경을 유지해 나아가며, 생명의 발전을 기하는 것이 중요하다.

10-3-4 소음과 진동

소음(noise)은 감각에 불쾌함 또는 피해를 주는 비주기적인 소리로 정의한다. 소음공해는 대기오염이나 수질오염과 달리 감각적인 공해라는 것이 특징이다. 소음공해로 인한 영향은 인간의 복합적인 지각기능에 의해 나타나는 것이므로 같은 소음을 듣더라도 그 영향의 정도는 개인적인 차이가 있다.

일반적으로 소음의 정도는 데시벨(decibel, dB)로 나타낸다. 데시벨은 10분의 1을 의미하는 데시(deci)와 전화기를 발명한 알렉산더 그레이엄 벨의 이름을 딴 것으로 알려지고 있다.

데시벨은 전압이나 전류, 음향기기 등에서 나오는 소리의 세기를 상대적인 크기로 나타내기 위해 고안한 단위로 최저의 기준 수준을 0dB로 한다면 1dB는 사람의 귀에 들릴까말까 할 정도의 소리로 볼 수 있다. 소음이 10배 증가할 때마다 데시벨은 10씩 증가한다.

예를 들어 30dB보다 소음이 10배 증가하면 소음도는 40dB로 표시되며, 40dB보다 소음이 10배 증가하면 소음도는 50dB로 표시된다. 따라서 50dB는 30dB보다 소음이 100배 크다는 것을 의미한다. 일반적으로 나누는 대화는 약 60dB, 시끄러운 음식점이나 혼잡한 거리는 70dB, 오토바이 소리는 90 ~ 100dB, 150m 정도의 거리에서 듣는 비행기 이륙소리는 140dB가 된다.

소음은 듣는 사람에 따라 다소 차이가 있지만 보통 85dB가 넘으면 불쾌감이 생기며, 80dB 이상의 소음을 오랜 기간 계속 들으면 청각장애가 일어나고, 130dB 이상의 소음은 귀에 통증이 나타남과 동시에 심하면 고막이 파열되기도 한다. 환경정책기본법상의 주택가 소음기준치는 40dB(야간) ~ 50dB(주간)이다.

소음이 생체에 미치는 영향은 청력손실, 정신건강 장애, 일상생활 방해 등을 들 수 있다. 소음에 노출되어도 시간이 지나면 회복되는 경우도 있지만 소음을 반복적으로 듣게 되거나 일정 한도 이상의 소음에 노출되면 난청과 더불어 영구적인 청력손실까지 일으킬 수 있다.

또한 소음은 순환계, 호흡기관, 소화기관에도 영향을 미친다. 소음에 노출되면 혈압이 상승하고 맥박이 빨라지며 말초신경이 수축한다.

또 호흡횟수가 빨라지며 백혈구의 수가 증가하고 혈당이 상승하기도 한다. 또한, 침의 분비량을 적게 하고 위액의 산도를 떨어뜨린다. 이 밖에도 소음은 짜증, 불쾌감, 스트레스 등 정신건강에도 위해요소가 된다.

진동(vibration)이란 물체의 전후운동을 말하며 생체에 작용하는 방식에 따라 전신진동과 국소진동으로 구분한다. 진동의 발생원으로는 차량, 선박, 항공기와 같은 이동매체와 건설작업, 공장 등을 들 수 있으며, 소음과 공통점이 많다.

진동의 크기를 나타내는 데에는 변위진폭, 속도, 가속도가 사용된다. 변위는 정상적인 정지 위치에서 일정 시간에 도달하는 위치까지의 거리이며 정상적인 정지 위치로부터의 최대변위를 진동의 강도라고 한다. 속도는 변위의 시간 변화율로서 진동체가 진도의 상한 또는 하한에 도달하면 속도는 영이 된다. 가속도는 속도의 시간변화율이며 측정이 간편하고 변위와 속도로 산출할 수 있기 때문에 진동의 크기를 나타낼 때 흔히 사용한다.

진동의 영향이나 장해는 우선 자율신경계에서 나타난다. 진동에 장시간 노출되면 말초혈관 수축, 혈압상승, 맥박증가, 발한증상을 보이며 피부에 대한 전기저항의 저하도 발생한다. 또한, 진동의 영향은 뼈와 관절의 이상으로도 나타난다. 심한 진동을 받을 경우 주관절에서 탈석회작용이 일어나며, 관절연골의 괴저와 천공을 포함한 기형성관절염, 근육위축 등이 생기기도 한다.

지금까지 소음과 진동은 다른 공해와는 달리 피해가 바로 드러나기 않는 경우가 많기 때문에 인식의 정도가 낮은 것이 사실이다. 그러나 날로 산업화·대형화가 진행됨에 따라 소음과 진동은 건강뿐만 아니라 심리적·정신적 면에서도 심각한 영향을 미치므로 이에 대한 대책이 시급한 실정이다.

10-3-5 폐기물

폐기물은 우리들의 생활 또는 산업 활동에 따라 발생하는 쓸모없는 고형물을 말한다. 그 종류와 특성에 따라 일반폐기물과 산업폐기물로 분류하며, 산업폐기물은 일반산업폐기물과 특정산업폐기물로 구분한다. 이러한 폐기물은 인구의 증가와 산업의 발달, 고도의 경제성장에 따른 대량소비화 경향, 상품의 수명단축과 신제품의 지속적 출현, 인구의 도시집중화에 따른 주거의 과밀로 인하여 양적 증가는 물론 질적으로도 다양화 또는 악성화되고 있어 환경오염의 주요 요인이 되고 있으며 최근 폐기물의 처리문제는 사회적 골칫거리가 되고 있다.

폐기물처리는 매립, 소각, 재생 또는 재활용의 방법에 의하여 안전하게 처리하여야 한다. 그러나 폐기물처리의 주종을 이루고 있는 매립처리는 한정된 좁은 국토를 가지고 있는 우리나라의 경우에는 큰 어려움을 안고 있다. 이러한 입지적 어려움은 또한 근래 사회 전반에 팽배해 있는 님비(nimby, not in my back yard)와 핌피(pimfy, please in my front yard) 현상과 맞물려 매립지 선정에 큰 장애가 되고 있으며, 매립지에서 발생하는 침출수로 인해 수질오염이 발생함에 따라 대처 처리비용도 급증하고 있는 실정이다. 소각처리의 경우도 대기오염 물질의 발생을 초래하여 매립처리와 같은 어려움을 겪고 있다.

폐기물의 관리대책은 폐기물의 발생량, 폐기물의 발생 주체, 폐기물의 성분에 대한 정확한 정보를 파악하는 것이 우선이다. 이러한 정보를 근거로 폐기물의 발생을 근본적으로 감축하고 재생 또는 재활용을 위한 지속적 기술개발로 폐기물의 양을 최소화하는 한편 매립처리와 소각처리에 의한 2차오염을 철저히 통제하고 산업폐기물 중 특정폐기물에 대해서는 기존의 제도와는 다른 별도의 관리방안을 모색해야 할 것이다.

10-4 바이오매스

오늘날 석유, 석탄 등의 화석 에너지의 유한성을 인식하여 그 대체 에너지로써 원자력, 태양열, 지열, 태양에너지, 풍력 등과 함께 바이오매스의 이용이 다시 주목받고 있다.

바이오매스(biomass)란 원래 생물량, 생물현존량을 말하지만 현재는 에너지나 화학공업의 원료로서, 종합적으로 축적되어진 생물자원의 의미로 쓰인다(생물연료, 양적 생물자원). 특히 에너지원으로서의 바이오매스는 다른 대체 에너지가 모두 전력을 에너지의 공급형태로써 하는 것에 대하여, 액체연료로서 알코올, 기체연료로써의 메탄가스를 주요 공급형태로 하고 있다.

바이오매스 에너지, 즉 생물연료는 재생산이 가능한 에너지원으로 식물이 존재하는 한 무한이라고 할 수 있으며, 화석연료 등과 같은 환경오염이 적은 에너지원이다. 직접 연료를 제외하고는 다음과 같은 3가지 방향으로 이용되고 있다.

① 알코올 : 주로 전분이나 당분의 발효 공정에서 유전자 조합기술을 응용하여 알코올을 효율적으로 제조한다. 전분재료로는 주로 감자류가, 당분으로써는 당밀이 이용된다. 또한 나무찌꺼기, 짚, 왕겨 등에 포함되어 있는 셀룰로오스도 알코올의 원료로 이용된다.

② 메탄가스 : 남캘리포니아해에 자생하는 미역 중에 자이언트켈프와

같은 거대한 해조, 도시나 산업의 폐기물, 가축의 분뇨 등으로 메탄발효균의 작용에 의해서 만들어지는 메탄가스를 이용한다. 또한 메탄발효로부터 메탄올도 생산되어 알코올의 연료로 이용된다.

③ 석유식물 : 오스트레일리아 원산인 유칼리나무(*Eucalyptus globulus*)는 성장이 빠르다. 이것으로부터 추출되는 시네올(cineol)을 주성분으로 하는 유칼리오일은 옥탄가가 높고 가솔린과 동일한 에너지원으로써 유망하다.

연 습 문 제

1. 텃세권, 순위제, 리더제 등은 개체군을 유지하기 위해서 어떤 의미가 있는가?

2. 포유사회와 곤충사회의 본질적으로 다른 점을 예거하시오.

3. 개체수 증가에 미치는 환경의 영향을 예거하시오.

4. 조화가 이루어진 생태계 속의 생산자, 소비자, 분해자의 관계는 어떻게 되어 있는가 생각해 보고, 또한 주요한 구성요소가 갖추어져 있는 먹이망(food web)이 복잡하면 복잡할수록 생태계 또는 생물공동체는 안정되어 가는 경향이 있다. 즉 다양성, 안정성의 법칙과 그 이유를 생각해 보시오.

5. 귀화동물이나 귀화식물이 우리나라의 생태계 속에서 번영하고 있는 경우와 정착되어질 수 없는 경우가 있다. 구체적으로 설명하시오.

6. 세계인구의 증가와 식량생산의 문제는 어떻게 해결하면 좋은가? 또한 우리나라의 인구는 어떻게 하면 좋은가? 자원의 문제를 포함해서 고찰하시오.

7. 먹이연쇄에 있어서 1차 소비자로서의 동물 명을 예거하시오. 또한 1차소비자와 2차소비자로서의 큰 차이점을 예거하시오.

8. 물 속에 유출된 오염물질에 대해서 식물연쇄에 의한 농축경로를 조사하시오.

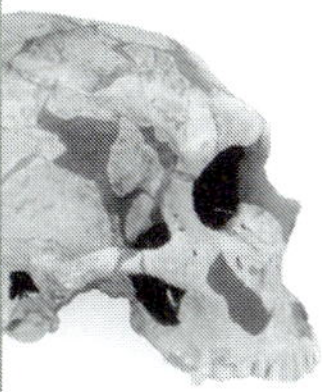

제 11 장

생명의 기원과 진화

지구상에 존재하는 다양한 생물들은 어떻게 출현하였을까 하는 문제와 오늘과 같이 다양한 생물이 서식하는 문제를 진화라고 하는 개념으로 볼 때 서로 직결된 관계에 있다. 오랫동안 이 문제에 대한 해결이 힘든 과제가 되어, 모든 생물은 창조주에 의하여 만들어졌다는 창조설(創造說, creation theory), 지구 이외의 다른 천체로부터 생명체가 왔다는 천체비래설(天體飛來說, cosmozoa theory) 등이 나오게 되었다.

그러나 19 세기 후반부터 실험생물학이 발달하면서 과학적인 방법에 의한 검정으로 생명의 출현은 화학적 진화를 통한 자연발생으로 규정하게 되었으며, 또한 종의 다양성에 대한 문제도 진화과정에 의한 결과로 설명이 가능하게 되었다.

11-1 생명의 기원

20 세기 초에 아레니우스(S. A. Arrhenius)는 생명의 기원에 관해서 포자와 같은 모양의 생물이 운석과 함께 지구 밖의 천체로부터 날아왔다는 설을 내세웠다. 그러나 이것에는 여러 가지 난점이 있을 뿐만 아니라 그 천체에서 어떻게 해서 생명이 시작되었는가 하는 해답이 없기 때문에 오늘날에는 영향력 있는 학설이 아니다.

또 과거의 어느 시기에 지구상의 환경조건이 우연히 생명의 발생에 최적조건이 되어 무기물로부터 한 걸음 뛰어넘어 생명이 되었다고 하는 '생명 우발설'도 믿기 어렵다.

어떻게 보든 간단하게 보이는 생물일지라도 그것은 실로 다양하고 복잡한 여러 개의 분자에 의해서 구성되어 있고, 아무리 장대한 시간을 상정하여도 그들의 분자가 우연히 정(正)으로 집합하는 확률은 적어서 문제가 되지 않기 때문이다.

11-1-1 원시대기

태양계가 만들어진 것은 약 50억 년 전으로, 지구도 거의 그 직후에 만들어졌다고 하는 학설이 유력하다. 우주 대폭발설에 의하면 지구는 거대한 수소(H_2)의 집합체가 높은 압력과 온도에 의하여 보다 무거운 원소로 전환되고, 결국 폭발한 후에 다시 여러 개로 뭉쳐져서 만들어진 천체 중 하나이다.

우주에 존재하는 원자 중 농도가 압도적으로 높은 것은 수소이고 그 다음은 간단한 원자인 헬륨이다. 따라서 막 생성된 원시지구에 있어서도 수소가 매우 많았으리라 추측된다. 그 후 지구표면이 식어서 지각을 만들기 시작했을 때에는 다른 원자가 수소와 혼합된 결과로 암모니아, 메탄, 물이라고 하는 수소화합물이 증가했을 것이라고 생각된다.

이와 같이 화학진화의 배경이 된 원시대기는 환원성의 대기였다고 하는 것이 유리(H. C. Urey)의 학설이다. 그러나 당시는 현재와 달라서 지구를 둘러싼 오존층은 존재하지 않았을 것이다. 이 때문에 강렬한 자외선에 의해서 메탄, 암모니아, 탄화수소 등 환원성의 가스는 즉시 분해되고 해리된 수소의 대부분도 대기권 밖으로 유실되었다고 하는 설이 있다.

이 학설에 의하면 원시대기의 중요한 구성성분은 오늘날의 화산 분출가스와 큰 차이가 없어서, 물, 이산화탄소, 일산화탄소, 분자상질소, 거기에 얼마만큼의 분자상 수소가 있었다고 하는 것이다. 대개 초기의 원시대기는 유리가 생각했던 것처럼 환원적이었으나 그것이 점차 화산가스에 가까운 것으로 치환되었을 것이라 추측된다.

11-1-2 화학 진화

생명체가 무기환경과 다른 점은 주로 유기화합물(유기물)로 구성되어 있다는 것이다. 오늘날 유기물은 생명체에서만 합성되고, 또 생명체에만 존재하는 것이 원칙이다. 따라서 지구에 생명체가 존재하기 위해서는 유기물이 있어야만 한다. 생명체 없이 유기물은 어떻게 만들어졌을까?

이 문제가 해결되기 전인 1936년에 오파린(A. I. Oparin)은 고분자 화합물의 농도가 높을 때에 생기는 코아세르베이트(coazervate)가 원시세포의 출현과 연관된다고 하였다. 오파린은 무기물로부터 간단한 유기물이 생성되고, 이것은 보다 복잡한 구조를 거쳐 고분자 화합물로 변한다는 유기물의 화학적 진화(化學的 進化, chemical evolution)를 제창하였다.

현재 대부분의 사람들이 믿고 있는 것은 이와 같이 물질의 발전에 있어서 하나의 필연적 결과로써 원시생명의 발생을 설명하려고 하는 학설이다. 즉, 먼저 무기물로부터 간단한 유기물이 자연히 합성되고 그들이 서로 반응해서 차차 복잡한 화합물이 만들어지고, 이들 몇 개의 분자가 더 모여서 복합체를 만들었다는 과정을 생각하는 학설이다. 이와 같은 과정은 화학진화라고 불린다. 화학진화의 결과로 원시생물이 탄생되고, 이들이 생물진화의 과정을 거쳐서 현재와 같은 다양한 생물이 출현했다고 생각하고 있다.

11-1-3 밀러의 실험

화학진화의 개념은 주로 구 소련의 생화학자 오파린이 주장한 것이지만 이 학설을 처음 실험으로 시도한 사람은 1953년 미국의 밀러(S. L. Miller)였다. 그는 그림 11-1과 같은 유리로 만든 실험장치를 써서 유리의 학설에 의한 환원적 원시대기와 같은 조성의 혼합기체를 밀봉하여 약 일주일 동안 불꽃방전을 계속하였다.

원시지구는 빈번히 방전 에너지에 노출되었으리라고 생각되었기 때문이다. 이 결과 용기 속에는 작은 양이지만 각종 아미노산을 중심으로 한 유기물이 생성되어 있는 것이 확인되었다. 밀러의 실험은 원시지구에 대한 모의실험이었기 때문에 그 결과는 실제 원시지구에 있어서도 무기물에서부터 유기물이 자연히 합성되었다고 하는 강한 증거가 되었다.

그 이후에 원시대기는 우리가 생각한 만큼 환원적이지만은 아니라는 설도 받아들여져서 봉입하는 혼합기체의 조성을 바꾸어서 밀러실험을 되풀이하였다.

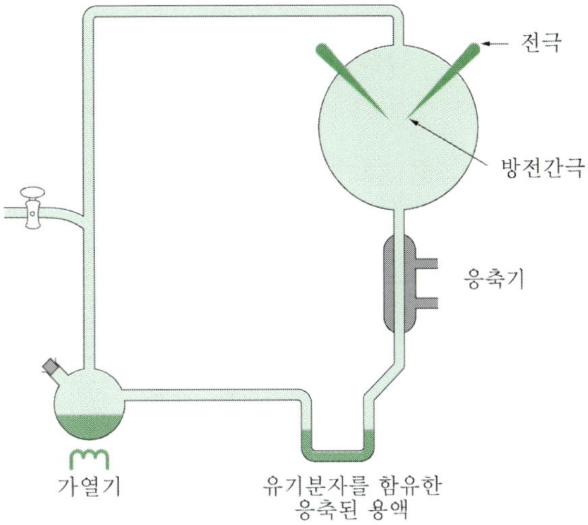

그림 11-1 밀러가 사용한 원시대기와 유사한 조건에서 유기물을 합성하기 위한 전기방전장치 및 실험용기

표 11-1 원시대기 조건과 비슷하게 한 실험조건에서 생성된 유기물질들

화 합 물	에너지원
아미노산 글리신, 알라닌, 아스파르트산, 글루탐산, 라이신, 세린, 발린, 아르기닌 히스티딘 등	전기방전 UV(자외선), 열
펩티드	전기방전, UV, 열
푸린, 피리미딘, 뉴클레오시드, 뉴클레오티드	UV, 열
폴리뉴클레오티드	열
전분과 다당류	UV, 열
유기산, 아세트산, 프로피온산, 젖산, 숙신산, 말산	전기방전, UV
간단한 분자, 포름알데히드, HCN, 피로포스페이트	전기방전, UV

그 결과 단백질의 구성 아미노산의 거의 모든 것을 시작으로 여러 가지 유기물의 생성이 가능하다는 것이 명백해졌다(표 11-1). 밀러의 실험이 발표되자, 많은 사람들은 생명의 기원에 관한 연구를 하게 되었고, 그 결과로 원시 지구상에서 무기물의 자연 발생적 발전을 통한 생명체의 출현에 관한 많은 실험적인 증거를 얻게 되었다.

더욱이 1969 년 9 월에 오스트레일리아의 한 지방에 떨어진 운석(隕石)을 조사해 보았더니 밀러의 실험결과에서 얻은 바와 같은 아미노산들이 비슷한 구성비로 들어있는 것을 발견하였다.

11-1-4 생물진화 : 생체고분자와 세포의 출현

지금까지 설명한 것처럼 원시지구에는 무기물에서 유기물을 만들어 낸다는 화학진화의 제 일보를 내딛는 데 필요한 무대장치는 충분히 준비되어 있다고 보아도 좋다.

화학진화의 두 번째 걸음, 즉 간단한 화합물에서 어떻게 하여 복잡한 화합물이 만들어졌는가, 특히 아미노산이나 뉴클레오티드의 중합이 어떻게 일어났는가 하는 것에 대한 연구자의 생각은 여러 가지로 나뉜다.

그중 하나는 원시지구에 풍부하던 간단한 유기물을 만들어 낸 여러 가지 에너지가 유기물의 중합의 차이에는 때때로 거꾸로 저해적으로 작용했다고 생각되기 때문이다.

현재 비교적 많은 연구자가 지지하는 것은 유기물의 중합이 뜨겁고 건조한 조건 아래에서 일어났다는 학설이다. 실제로 아미노산의 혼합물을 150 내지 200 ℃로 가열함으로써 쉽게 중합반응이 일어나서 폴리펩티드가 생성된다는 것도 시사되고 있다.

단백질이나 핵산 등의 고분자 물질을 적당한 조건 아래에서 혼합해 두면 특정의 분자끼리 자기집합을 행하여 규칙적인 구조물을 만드는 예는 최근까지 많이 보고되고 있다. 그중에는 주위에 경계막을 만들어 분열한다든가 세포와 같은 성질을 갖는 것도 있다.

그 한 예는 아라비아고무와 젤라틴을 혼합했을 때 쉽게 관찰되는 코아세르베이트(coacervate)이다. 경계막으로 구획된 세포가 만들어지면 그 속에 필요한 성분을 농축하는 것이 가능하기 때문에 여러 가지 반응이 그때까지보다 훨씬 고효율로 진행되어 생물로 진화하는 길이 열려졌을 것이라는 것이다.

한편, 화학적 진화에서 단백질의 출현은 진화의 속도를 크게 가속화시켰을 것이다. 왜냐하면 단백질은 촉매작용이 있어, 특정 반응속도가 엄청나게 높아질 수 있기 때문이다. 또한 유전자의 기능과 효소의 기능을 함께 가질 수 있는 RNA가 출현하면서 단백질의 경우보다 더 큰 변화가 일어났을 것이다. 이때부터는 비능률적인 무촉매반응보다 촉매반응의 우세가 나타나며, 또한 유전자가 탄생되었을 것이다.

성질과 기능이 각각 다른 고분자화합물 중에서 자체증식이 가능한 것이 나타나고, 인지질에 의한 2중막 구조가 형성될 수 있는 여건에서 수많은 시행착오를 거치면서 코아세르베이트와 같은 것이 형성되었다면, 그중에서 원시세포가 탄생할 수 있었을 것으로 믿고 있다.

한편 이처럼 화학진화의 과정을 거쳐서 생성된 복잡한 유기화합물들이 모여 한 덩어리가 되어 막구조에 싸여서 생명체로 독립되는 일련의 발전과정을 생물학적 진화(生物學的進化, biological evolution)라고 한다.

생명체를 구성하는 단백질, 핵산, 지질, 다당류 등이 막 구조에 싸인 액적을 오파린은 코아세르베이트라고 불렀으며, 그러한 구조물이 세포와 유사한 기능을 나타낸다는 사실이 밝혀졌다. 특히 폭스(S. W. Fox)는 건조상태로 농축된 아미노산을 가열해서 얻은 단백질성의 복합체들이 서로 엉켜서 작은 액정을 이루는 것을 관찰하여, 이를 마이크로스페어(miocrosphere)라고 명명하였다.

폭스에 의하여 만들어진 마이크로스페어는 마치 세포의 생체막처럼 이중막으로 된 외벽을 가졌으며, 적당한 조건 아래에서 기질 속의 유기물을 흡수하여 자라서 여러 개의 작은 마이크로스페어로 나누어지는 분열 현상까지 일으키는 것을 목격하였다. 그러나 이러한 마이크로스페어가 곧 원시 생명체라고 할 수는 없을 것이다.

이들은 순전히 물리 화학적인 방법에 의하여 만들어졌고, 생명체와 유사한 구조적인 특성, 물질 대사의 기능, 그리고 분열에 의하여 수를 늘이는 증식현상을 나타낸다 하더라도 그것이 생명체로 발전하기 위해서는 유전적 동질성을 갖는 개체를 분열해 내어야 하고 안정적인 대사기능도 나타내야 할 것이다.

11-1-5 원시생명체의 발전

원시 생명체가 종속영양생활을 할 수 있었던 것은 이들의 생활에 필요한 각종 유기물이 원시 대양 속에 이미 만들어져 있었기 때문이다. 그 밖에 화학적으로 합성되는 유기물을 이용하는 화학합성 유기영양생물(化學合成有機榮養生物, chemoheterotroph)도 존재하였을 것으로 생각되며, 이들의 흔적은 현존하는 박테리아 중 메탄올 대사산물을 방출하는 박테리아의 존재로 짐작할 수 있다.

이들은 산소 없이 살아갈 수 있는 혐기성 박테리아(嫌氣性 박테리아, anaerobic bacteria)로서 전자현미경적 미세구조도 다른 박테리아와 매우 다르다. 이 박테리아는 아마도 원시 생명체와 가장 유사한 특성을 지니고 있는 현존 생물일 것으로 추측된다.

그 후 시간이 경과함에 따라서 원시 대양 속에는 유기물이 점차 없어지고 더 이상 화학합성에 의한 유기물의 생성도 없게 됨에 따라서 이들 원시 생명체는 영양섭취방법으로 기생(寄生, parasitism) 또는 부생(腐生, saprotrophism)생활을 하거나, 다른 원시 생명체를 잡아먹는 유기영양생활로 발전할 수밖에 없었을 것이다. 그러다가 출현한 초기 독립영양생물은 이와 같은 환경변화에 적응한 결과라고 할 수 있다.

그런데 이들은 황, 철, 질소 등의 무기원소를 이용하여 화학합성을 할 수 있게 하는 세균엽록소(細菌葉綠素, bacteriochlorophyll) 같은 효소를 획득하여 유기물을 합성하며 생활하는 길을 개척한 종류들이다. 이러한 초기 화학합성생물의 흔적은 현존하는 홍색황세균(紅色黃細菌, purple sulfur bacteria)에서 그 대표적인 예를 찾아볼 수 있다.

이들도 산소 없이 생활하고 있었는데, 지금부터 30억 년 이전의 지층에서 이러한 세균 엽록소의 분해 산물이 검출되고 산소의 흔적도 발견할 수 있다. 그러므로 이러한 혐기성 화학 합성 생물들은 그 후 크게 번성하지 못하고, 이를 대신하는 새로운 호기성(好氣性, aerobic) 독립영양생물이 이미 이 시대에 출현하고 있었음을 알 수 있게 한다.

이렇게 출현하여 생물 진화의 주역이 된 호기성 독립영양생물은 물을 분해하고 에너지를 보다 효율적으로 이용하여 광합성을 하는 남조류 등의 광합성식물이었을 것이다.

광합성 식물의 출현으로 산소가 방출되면서 원시 대기의 조성은 점차 바뀌었고, 그때까지 수중에서 생활하였던 원시 생물들이 수면으로 올라와서 육상에서 생활할 수 있는 길이 열리게 되었다.

그 까닭은 방출된 산소에 의하여 형성된 오존(O_3)층이 대기권을 둘러싸서 외계로부터 투입되는 우주선이나 강한 자외선 등을 차단해 주었기 때문이다. 또한 산소호흡을 통하여 생물의 진화속도는 한층 가속되었을 것으로 생각할 수 있다.

11-2 생물이 걸어온 길

창조설이 인류의 사상 속에 오래 뿌리를 박고 있었기 때문에 생물진화의 증거를 제시할 필요성이 있었으므로 여러 분야로부터 많은 증거가 제시되었다. 그러므로 오늘날에는 진화 사실을 부정하는 사람은 거의 없게 되었으며, 생물학의 여러 가지 현상을 진화라는 관점에서 합리적으로 설명할 수 있게 되었다.

11-2-1 원핵생물의 화석

무기물이 화학진화를 통하여 생물의 소재가 되는 유기물이 되고 여기서 생물이 만들어졌다면 가장 간단한 구조를 가진 현재의 세균보다도 더욱 간단한 체제의 생물이 살았을 것으로 믿어도 되지만, 지금까지 그와 같은 생물화석은 발견되지 않고 있다.

가장 오래된 화석은 남아프리카에 있는 32억 년 이전의 지층에서 발견된 미생물 화석(미화석)으로, 이 시대에는 벌써 간균이나 구균과 같은 핵이 없는 세포, 즉 원핵세포성 생물이 존재하였다는 증거이다. 선캄브리아대 중기(약 20억 년 전)의 지층에는 남조(시아노박테리아)와 같은 다른 형태를 갖고 있는 원핵세포의 미화석이 발견되었다.

11-2-2 진핵생물의 화석

세포에 핵이 있는 생물, 즉 진핵생물의 존재가 확인되고 있는 지층으로 오스트레일리아에 있는 약 10억 년 전의 것이 가장 오래된 것이다. 이 지층에 의하여 녹조류의 일종이라든지 진균류도 이 시대에 나타났다고 하는 것이 확인되었다.

선캄브리아기 말기의 지층으로부터는 해파리를 닮은 생물이나 강장동물, 환형동물 등에 속하는 화석이 여러 개가 발견되었다. 캄브리아기(약 6억 년 전)가 되면 해면동물, 연체동물, 절지동물 등에 속하는 더욱 더 많은 동물의 화석이 발견된다.

표 11-2 지질시대의 연대표와 각 지질시대에 나타난 주요 진화 현상들

*연 대	기	백만 년 전	주요 생물군: 식 물	주요 생물군: 동 물
신생대	제 4 기	2.5	초본식물의 번식	인류의 진화
	제 3 기	65	피자식물의 우세	영장류의 출현 현대종의 발달 지구상에 포유류 및 곤충의 우점
중생대	백악기	130	피자식물의 확산 나자식물의 쇠퇴	공룡의 멸종
	쥐라기	180	피자식물의 출현	파충류의 시대 조류와 포유류의 출현
	트라이아스기	230	육상식물 중 나자식물의 우세	공룡의 첫 출현
고생대	페름기	280	원시 관속식물의 번성	파충류의 증가 양서류의 감소 삼엽충의 멸망
	석탄기	350	석탄형성 식물의 번성	양서류의 시대 파충류의 첫 출현
	데본기	400	원시 관속식물의 범 지구적 확산	해양의 어류 우점 곤충 출현 양서류의 육상 첫 진출
	실루리아기	435	원시 관속식물의 육상 첫 출현	어류의 증가
	오르도비스기	500	해조류의 시대	해양 무척추동물의 우점 무악어류 출현
	캄브리아기	600	원시 해조류 시대	무척추동물시대 삼엽충 번성
**선캄브리아기		4,500 ~5,000	해양동물만 존재 무척추동물의 기원 진핵세포의 기원 광합성 생물의 기원 원핵세포의 기원 생명의 기원	

* 지질학자들은 아직까지 큰 카테고리를 사용하고 있다. 그들은 선캄브리아기를 하멘기, 아켄기, 프로토로기로, 그리고 고생대, 중생대, 신생대를 파네오기로 구분하고 있다.

** 많은 지질학자들은 캄브리아기보다 더 오래된 동물군이 화석에서 많이 발견되기 때문에 캄브리아기와 선캄브리아기 사이에 다른 시대인 다이아그란기를 포함시키기도 한다. 이들 화석들은 남부 오스트리아의 에디아세라 엔틱에서 처음으로 발견되었다. 이와 유사한 화석들이 아프리카의 남서부, 캐나다의 뉴콘 데리토라에서도 발견되고 있다.

어류화석이 처음으로 발견된 것은 약 5억 년 전의 지층에서이고, 그 이후의 지층에서는 화석으로 남기 쉬운 척추동물의 시대가 시작되었다. 화석의 증거에 의하면 지구가 만들어지고 약 15억 년이 경과한 선캄브리아기 전기에는 벌써 원핵생물이 출현하였으나, 그 후 진핵생물의 출현까지에는 20억 년 가까운 세월이 흘렀다고 생각된다. 그러나 진핵생물이 나타난 후에 진화의 속도가 급격하게 증가하여 캄브리아기에는 단기간 내에 다양한 생물이 출현했다는 증거가 있다.

그 원인은 여러 가지가 있지만 먼저 생각되는 것은 유성생식의 능력을 가졌다는 것으로, 유전형질의 여러 가지 조합이 가능하여져 그것이 생물의 다양성을 만들어내는 요인이 되었다는 것이다.

화석의 증거로부터 또 하나 알 수 있는 것은 과거의 다양했던 생물의 자손 모두가 오늘날까지 살아남아 있는 것이 아니라는 것이다. 오히려 이들의 대부분은 절멸하고 일부 자손이 다시 다양화되는 과정을 되풀이하면서 현재의 생물계로 이루어졌다고 생각된다(표 11-2).

11-2-3 산소농도와 생물진화

선캄브리아기의 대기에는 산소는 포함되어 있지 않았고 따라서 수중에 용존하는 산소도 없었을 것이다. 이 시대에는 남조류, 광합성 세균 등이 물속에 용존하는 이산화탄소를 이용하여 간신히 광합성을 시작했을 것으로 상상이 된다.

이와 같이 해서 산소가 만들어졌어도 처음에는 환원상태에 있던 지표에 흡수되었을 것이나, 지표가 차차 산화상태로 되어감에 따라서 유리상태로 존재하는 산소의 비가 증가하였다고 생각된다. 그 결과 약 6억 년 전에 산소농도가 현재 대기 중의 산소농도의 1%에 해당하는 파스트르점에 달했다(그림 11-2 참조). 산소농도의 증대는 생물의 진화에 있어서 두 가지의 큰 뜻을 가지고 있다.

하나는 산소의 이용에 따른 에너지 획득효율의 비약적 개선이다. 지금까지의 동물들은 유기물을 섭취하여도 그것을 무기적으로 분해해서 약간의 에너지를 얻고 있었을 뿐이지만 산소 호흡에 의해서 유기물의 효율적인 이용이 가능해졌던 것이다. 이 때문에 호기적 생물의 증식 속도는 증대하고 종의 다양화가 진전되었을 것이다.

산소농도 증가의 또 하나의 효과는 자외선에 대한 차단이다. 캄브리아기 전기까지의 생물의 서식장소는 물속에서도 비교적 깊은 장소에 한해서 살았다. 이것은 아직 대기 중에 산소분자가 적고 지구 주위에 오존층이 형성되지 않았다는 것과 관계가 있다.

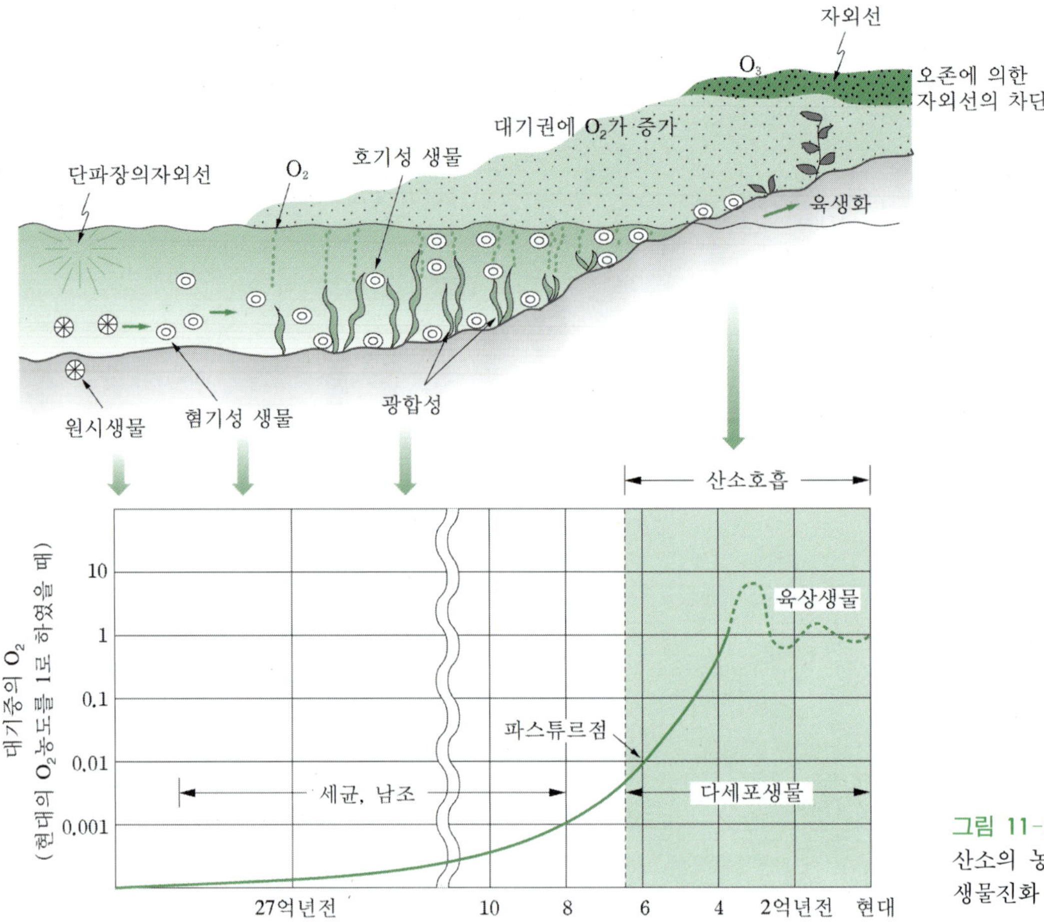

그림 11-2
산소의 농도와
생물진화

태양에서 발생되는 생물에 유해한 단파장의 자외선 등이 오존층에 흡수되지 않고 지표에 도달하기 때문에 그들이 닿기 어려운 물속 외에서는 생활할 수가 없었던 것이다. 산소 농도가 증가하여 오존층이 형성된 초기에 생물은 육상으로 올라올 수 있게 되었다.

이것은 단순히 활동의 장이 넓어졌다고 하는 뜻만이 아니라, 깊은 물속에 있을 때와 비교해서 태양빛을 각별히 효율 좋게 이용할 수 있었다는 것을 의미하며 광합성 능력이 높아져서 그것에 의해 대기 중의 산소 농도는 자기 촉매적으로 증대할 수 있었던 것이다. 이와 같이 대기 속의 산소농도의 증가와 종의 다양화가 거의 궤도를 같이하여 일어났다고 하는 것은 생물 진화상 중요한 사실이다(그림 11-3).

동·식물의 번영과 산소농도

동물은 호흡에 의해서 산소를 소비하고 이산화탄소를 생성한다. 식물도 호흡을 하지만 그 호흡하는 양을 제하여도 광합성에 의해서 이산화탄소를 소비하여 산소를 생성하는 쪽이 훨씬 더 왕성하다. 이 때문에 대기 중의 산소농도는 현재의 값에 도달하여도 동·식물 사이의 상대적 번영도를 반영하여 몇 번이나 증감하였다고 생각된다.

예를 들면 데본기로부터 석탄기에 걸친 대형식물의 번성이 산소농도의 급격한 증대를 가져오고, 그것이 공룡으로 대표되는 대형동물의 번영을 지탱해왔다고 하는 것이다. 동물은 식물을 먹기 때문에 동물의 번영은 일시적으로 식물의 쇠퇴를 초래하지만 산소가 감소해서 이산화탄소가 증가하기 때문에 다시 동물에게 불리한 상황이 된다. 실제 공룡 멸망의 원인 중 하나는 산소부족으로 생각할 수 있다. 이산화탄소가 증가하고 그것에 의해서 온실효과도 높아지고 다시 식물의 번영이 시작된다고 생각할 수 있다.

그러나 산소와 이산화탄소의 이와 같은 증감은 어디까지나 호흡과 광합성의 균형으로부터 만들어지는 추측이다. 현재는 점보제트기가 어떤 공룡과도 비교할 수 없을 정도의 이산화탄소를 배출하면서 하늘을 날고 지상에서도 많은 자동차가 놀랄만한 산소량을 소비하면서 달리고 있다. 그러나 다른 한편에서는 광합성의 원천인 열대우림이 벌채에 의해서 해마다 면적을 좁혀가고 있다.

그 결과, 확실히 온실효과는 현저하게 높아지며, 이것은 다시 식물의 번영과 연관될 것이라고 하는 불안을 안고 있다. 벌써 증감 진동의 허용범위를 넘어서 이산화탄소가 너무 증가해 버리지는 않았나 하는 기우가 적지 않다.

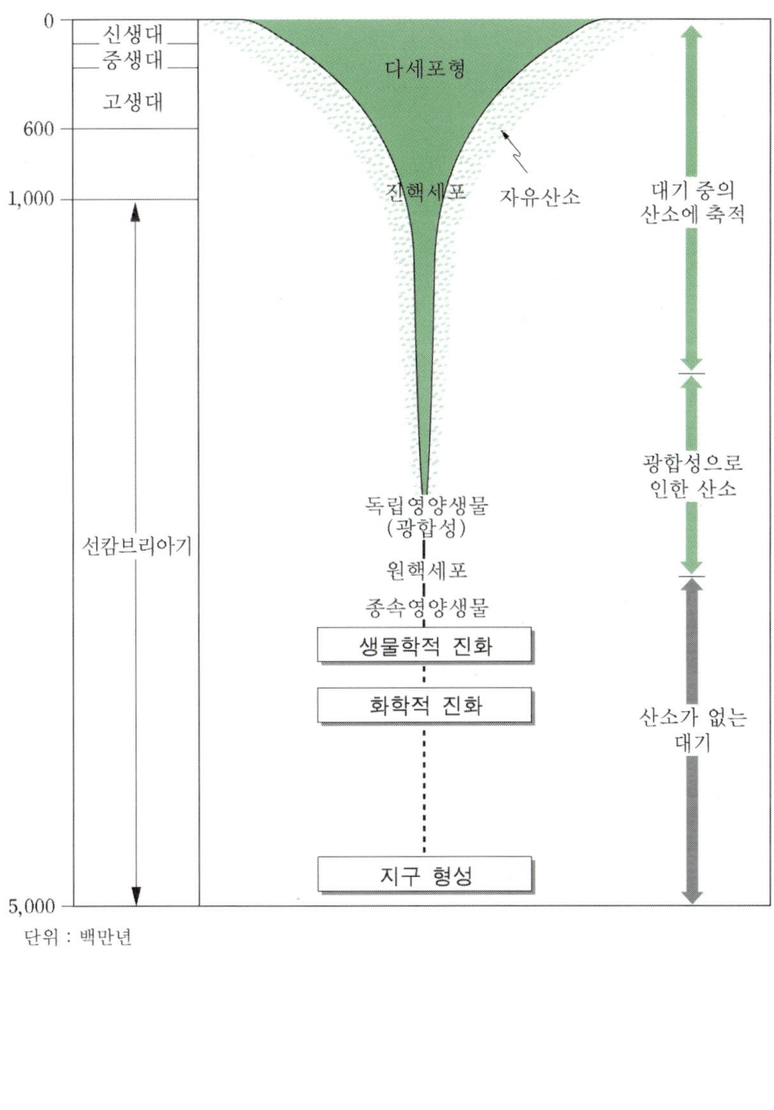

그림 11-3 지구 생명의 역사 중에 일어난 주요사건들

11-3 진화의 사상

지구상의 생물의 종은 하나하나 별도로 만들어진 것이 아니라 처음에는 단순한 것이었으나 긴 시간이 경과함에 따라 자연의 원인에 의해서 복잡하고 다양하게 진화되었다고 생각된다. 더구나 여기에 사람을 포함한 오늘날의 모든 생물을 역사의 산물로 받아들이는 것이 생물진화의 기본적 개념이다.

지금도 유럽이나 미국의 일부에서는 기독교의 영향으로 각각의 생물은 하느님이 필요로 해서 만들어진 것이라고 믿고 있는 창조론이 뿌리 깊이 남아 있지만, 대부분의 사람들은 진화의 개념을 저항 없이 받아들이고 있다. 물론 과거는 두 번 다시 돌아오지 않기 때문에 생물의 진화가 일어났다고 하는 것은 어디까지나 추측일 수밖에 없다.

그러나 화석의 증거를 시작으로 생물학 각 분야의 지식을 종합하여 생각해 보면 생물에게 진화가 있었다고 생각할 수밖에 없다. 그런 의미에서 진화론이란 사실에 아주 가까운 가설이라고 할 수 있다.

11-3-1 아리스토텔레스(Aristoteles)

고대 희랍시대에는 종교적 통일이 거의 보이지 않았고, 그 후의 시대에 비하여 유물론적 사고경향이 강했다. 이 영향 아래에서 자연과 사회를 만들어 발전한 것으로 받아들이는 분위기가 있었고, 진화사상도 여기에서부터 나왔을 것으로 생각된다.

아리스토텔레스는 자연계의 사물은 모두 단순으로부터 복잡함으로, 불완전으로부터 완전한 것으로 연속적 상향의 단계적 계열을 이루어 존재한다고 설명하였다. 이것을 '생명의 계단'이라 부르며, 그림 11-4는 이를 도식화한 것이다.

생물이 연속된 계열을 이룬다고 하는 생각은 진화론의 시작이라고 생각되지만 실제로 아리스토텔레스는 시간적 경과에 따라 단순에서 복잡으로 이행해 왔다고 믿었다고는 생각하기 어렵고, 생명의 계단이 존재하는 것은 자연적 원인에 의한 발전의 결과가 아니고 오히려 신의 뜻에 기초를 둔 초자연적 원리에 의해서 예정된 것으로 생각하였다. 이것은 근대에 나타난 진화사상과는 분명히 다른 입장이었다.

11-3-2 라마르크(Lamarck)

프랑스혁명의 기초가 된 계몽주의의 강한 영향 아래 처음으로 진화론을 집대성시킨 사람이 바로 라마르크이다.

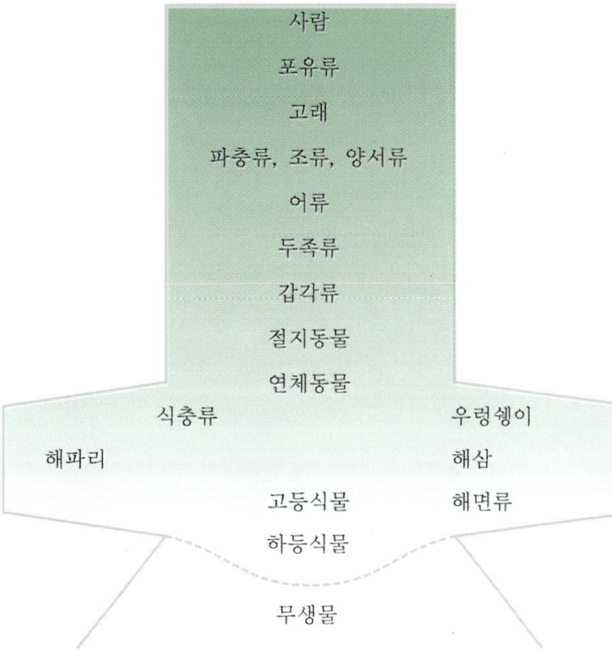

그림 11-4 생명의 계단 (아리스토텔레스)

분류학의 창시자로서 유명한 거의 동시대의 린네가 '종의 불변설'을 제창한 것에 대하여, 라마르크는 식물과 무척추동물의 연구를 통해서 '종은 변한다'라고 하는 결론에 도달했다고 생각된다. 이 의미는 라마르크가 '진화의 사실'에 대한 최초의 발견자라고 말할 수 있다. 1815 년 출판한 저서에서 라마르크는 진화에 관한 생각을 다음 4 가지의 법칙으로 정리하였다.

① 점진적 발달의 법칙
② 주체적 진화의 법칙
③ 용 · 불용의 법칙
④ 획득형질 유전의 법칙

기린의 목에 대한 예와 같이 이 중에서 후세의 사람들에게 인상 깊은 것은 제 3 또는 제 4 의 법칙이다. 그리고 라마르크에 있어서 불행한 것은 이 두 개의 법칙에 의해서 그의 진화론은 잘못됐다는 결론이 세계로 퍼진 것이다. 그러나 과학사가들에 의하면 라마르크 진화론의 핵심은 오히려 제 1 및 제 2 의 법칙이었다는 것이다. 제 1 의 법칙은 생물은 긴 세월동안을 진화된 결과 점차 복잡하게 변하여 완성에 가까워지고 그 최고에 달한 것이 사람이라는 것이다.

이 법칙에 의하면 현재에도 세균과 같은 단순한 생물이 있는 것은 그것이 출현한 기간이 짧고 또한 얼마 정도밖에 진화되지 않았기 때문이라는 해석이 된다. 현재의 지식으로 보면 이 해석은 확실히 틀린 것이지만 진화와 진보를 혼동하고 있다고 하는 점에서 계몽주의의 영향을 아주 깊게 반영한 사상이라고 할 수 있다.

다윈의 진화론은 환경이 생물에게 미치는 작용을 강조한 것에 대해, 라마르크는 제 2 법칙에서 생물은 주체성을 가지고 환경과 상호작용한다고 주장하고 있으므로 그의 진화론은 '주체적 진화론'이라고도 불린다. 생물이 진화적으로 새로운 구조를 획득하는 것은 자신들의 주체적 의사에 의해서 그것들을 필요로 하기 때문이며, 그 결과 환경에 작용하는 것도 변한다는 것이 그의 주장이다. 이 설 자체에는 많은 다른 이론이 있지만, 생물과 환경과의 사이에는 하나의 시스템을 구성하여 역동적으로 상호작용해 가면서 진화해 간다고 하는 생각은 현대의 진화생태학의 중심을 이루는 사상이라고 볼 수 있다.

11-3-3 다 윈 (Darwin)

다윈이 진화론을 인지시키는 데 성공한 가장 큰 이유는 그 학설이 풍부한 실증적 관찰을 기초로 했고 충분한 설득력이 있었기 때문이다. 그러나 그 뿐만 아니라 시대상황도 또한 다윈의 편을 들어주었다. 19 세기 중엽 발전도상의 자본주의 속에서 사회구조와 사람들의 의식이 바뀌면서, 즉 종교적으로는 모순된 학설이라 하더라도 충분한 과학적 근거가 있으면 사람들은 그것을 받아들일 준비를 갖추고 있었다.

다윈을 진화론으로 이끈 계기는 비글호를 타고 떠났던 탐험항해에서였다. 그가 이 배에서 읽었던 책 중에는 라이에르가 쓴 '지질학원리'가 있었다. 다윈은 이 책에서 부드러운 자연의 힘만으로도 그것이 길게 작용한다면 지구에 크나큰 변화를 가져오는 것이 가능하다는 것을 배웠다. 그리고 비글호의 기항지였던 갈라파고스 제도의 핀치 주둥이의 형태변화 중에는 생물에게도 그 원리가 적용된다고 하는 증거를 발견했다.

이렇게 하여 5 년간의 항해 사이에 다윈은 종은 변한다고 하는 확신을 가지게 되었고, 이 시기가 그의 진화론 형성의 제 1 단계에 해당된다. 제 2 단계는 인위선택에 의한 그 실증이었다. 다윈은 가축과 재배식물의 새로운 품종을 만들 때의 방법에 주목하였다. 그는 특히 비둘기에 대해서 단일의 원종으로부터 출발했더라도, 어느 의도에서 선택이 쌓여 나가면 별개의 모양과 성질을 가진 생물을 만들어 낼 수 있다고 실증하였다. 제 3 의 단계는 사람의 손이 미치지 않는 자연에 있어서도 무엇인가 원인이 되어 선택이 일어나는 것을 설명하는 것이다.

하나의 품종을 만들 때는 어느 기준에서 인위선택을 행하느냐, 자연을 선택할 때의 기준은 무엇이냐 하는 것이 문제이다. 이 단계에서 다윈의 힌트가 됐던 것은 18 세기 말에 말사스(Malthus)가 쓴 '인구론'에 있는 생존투쟁의 생각이라고 할 수 있다. 즉, 생존투쟁을 이겨낸 자만이 적합한가 아닌가가 자연선택의 기준이라고 생각했던 것이다. 이렇게 성립된 다윈의 진화론은 1859 년 출판된 '종의 기원', 곧 '자연선택, 즉 적자가 생존하게 되는 종의 기원'에 요약되어 있다.

여기에서 다윈은 동식물이 다수의 자손을 남기는 것은 그들 중에서 환경조건에 가장 잘 적응하여 생존에 유리한 변이를 가진 개체를 살아남게 하기 위한 것이며, 그와 같은 자연의 선택이 대대로 내려감에 따라 새로운 종이 된다고 저술하였다. 다윈의 진화론은 환경이 주체이며, 생물의 측면에서 진화하는 주체적 필요성을 인정하지 않았다는 점이 라마르크의 진화론과 현저하게 다른 점이다. 이 점이 당시 사람들에게 그가 객관적이며 과학적이라고 생각하게 했던 것이다. 그러나 환경에 적합하게 생존한 것만이 획득형질이 자손에 전해진다는 생각에서는 다윈뿐만 아니라, 라마르크에 있어서도 같았다.

11-3-4 진화론

1. 진화의 종합설

다윈의 자연선택설은 지금도 '적자생존의 설'로서 일반적으로 받아들여지고 있으나, 획득형질이 진화의 출발이 된다는 생각은 확실히 부정되고 있다. 그와 같은 생각을 처음으로 한 것은 와이즈만(A. Weismann)으로, 그는 꼬리를 자른 쥐에서도 정상적인 꼬리를 가진 새끼가 태어난다는 것을 하나의 예로 들어 획득형질이 유전하지 않는다고 설명하였다. 그는 생물의 몸은 '체세포질'과 '생식질'로 나뉘어져 꼬리와 같은 체세포질에서 일어난 변이는 자손에게 전해지지 아니하고 생식질에서 일어난 변이만이 전해진다고 주장하였다. 그의 학설은 '생식질 연속설' 또는 '체세포질 불연속설'이라고 불리고 있다.

와이즈만 자신은 생식질에 일어난 미소한 변이가 세대와 더불어 축적되어 진화의 원인으로 된다고 생각했으나, 후에 드프리스는 몇 세대에 한 번 일어난 큰 변이, 즉 유전자의 돌연변이가 진화의 출발점이라고 하는 학설을 주장했다.

현재의 주류를 이루는 진화의 학설은 다윈의 자연선택설, 와이즈만의 생식질 연속설, 드프리스의 돌연변이설이 멘델에서 시작한 유전설과 연결되는 것으로 '진화의 종합설'이라고 불린다. 그 내용은 다음과 같이 요약할 수 있다.

① 유전하는 형질의 기초는 유전자이다.
② 환경의 영향으로 생긴 변이는 유전자를 변화시키지 아니하고, 따라서 유전하지 아니한다.
③ 유전자는 변하기 어려우나 간혹 돌연변이를 일으킨다.
④ 돌연변이 자체에는 방향성이 없고 환경에 적응한 것과 적응하지 못한 것은 같은 빈도로 일어난다.
⑤ 돌연변이에 대하여 자연선택이 작용, 환경에 적응하는 것만이 생존하는 결과로 생물은 시간과 더불어 진화한다.

자연이 적자의 선택으로 진화가 일어난 실례로 자주 화제가 되는 것은 나방의 공업암화이다. 그림 11-5는 이를 보여주는 것으로서, 나방은 원래 회백색의 담색형으로 지의류가 붙어있는 나무기둥은 보호색을 하고 있기 때문에, 그곳에 머물러 있어도 나방을 발견하기 어려웠다.

그러나 1850년경부터 공업의 발달에 따른 다량의 매연 배출로 영국 남부에 검게 변한 나무기둥이 많아짐에 따라 이것을 보호색으로 하는 암화형 나방이 출현하여 50년도 지나지 않아 그러한 나방이 거의 대부분을 차지하게 됐다고 하는 예이다. 이 암화형을 만들어내는 돌연변이는 과거에도 몇 번 있었겠지만 새에게 포식되기 쉬웠다는 이유로 선택되지 않았을 것이다.

(a) (b)

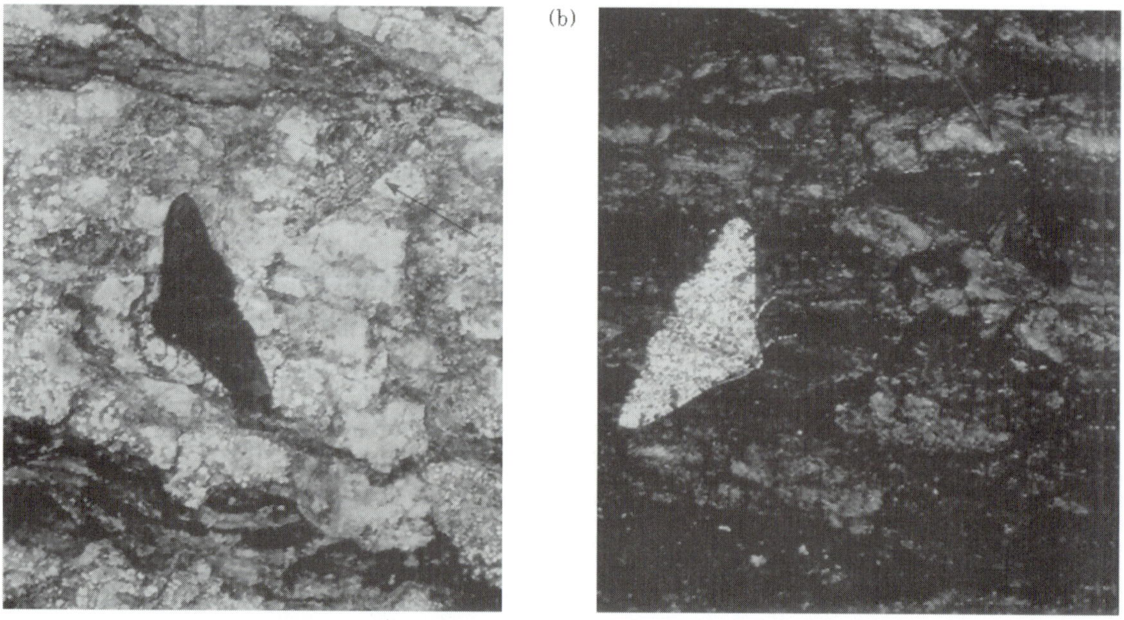

그림 11-5 후추나방(*Biston betularia*)의 어두운 형과 밝은 형

오염되지 않은 지역에서 지의류로 덮힌 나무줄기(a)와 영국 버밍험 가까이에 매연으로 나무줄기(b)에 있는 어두운 형과 밝은 형.

그러나 환경이 변화한 후에는 이와 같은 암화형의 나방이 유리해져서 쉽게 퍼져 나갔을 것으로 추측된다.

덧붙여서 환경오염 대책이 이루어지기 시작한 후로부터는 이 지역에도 다시 담색형의 나방이 증가하기 시작했다는 것도 발견되었다. 이와 같은 예를 소진화라고 부르며, 대개는 진화의 종합설로 잘 설명된다. 그러나 어류로부터 양서류로, 파충류로부터 포유류로 라고 하는 대진화의 설명에는 적합하지 않다고 하는 사람들이 적지 않다.

비만체질과 진화

환경이 변화함에 따라 유익한 형질과 불리한 형질의 역전이 있을 수 있다고 하는 것은 11-3-4에서 설명한 나방의 예가 유명하지만 사람에 있어서도 이와 같은 것을 암시하는 예가 있다.

어떤 생물에 있어서도 물질대사를 시작하는 효소는 효율적으로 작용할 만큼 유리하다고 생각되지만 적어도 최근에 선진국에 살고 있는 사람에 대해서는 일반적으로 그렇게 말할 수 없는 경우가 있다. 효율이 너무 좋으면 여러 가지 장애의 원인이 되어 비만을 가져오는 경우가 있다.

세상에는 드물게 아무리 먹어도 비만하지 않는 체질의 사람이 있다. 그 원인이 모두 같지는 않지만 일부 사람들의 미토콘드리아에서는 일반적으로 기능하지 않는 UCP라고 불리는 단백질이 작용하여 그것 때문에 전자전달계가 헛도는 율이 높다고 한다. 이것이 원인으로 먹이를 아무리 섭취하여도 지방의 축적에 연결되는 ATP가 그다지 만들어지지 않고 에너지는 열로써 발산된다고 생각된다.

먹을 것이 적은 환경에 살았던 고대인에 있어서는 오랜만에 먹었던 먹이를 체내에서 유효하게 이용할 수 없다고 하면 거의 치명적일 것이며, 따라서 활성형 UCP단백질을 갖는다고 하는 것은 꽤 불리한 형질이었음에는 틀림없다. 현대에도 지구상의 많은 지역에서는 이와 같은 일이 있을 수 있다. 그러나 포식하는 환경에 있어서는 전자전달계가 헛바퀴를 도는 것은 살찌기 어렵다는 뜻으로 오히려 유리한 형질일 것이다.

덧붙여서 진화학적인 면에서 유익하다 하는 것은, 보다 많은 자손을 남기기 쉽다는 뜻일 것이다. 그렇다면 이대로 포식시대가 앞으로 몇 만 년 계속되면 (그런 일은 있을 수 없으나) 먹어도 살찌지 않는 사람들 자손의 세상이 될지도 모른다는 것이다. 진화와 환경과의 관계를 크게 요약하면 이와 같이 생각할 수도 있다.

2. 분자진화와 중립설

진화학 연구에 있어서 좋은 방법 중의 하나는 현대 생물끼리의 유연관계를 명백히 하여 그것에 의해서 과거의 생물 진화가 걸어왔던 길을 추측하는 일이다. 다윈이 갈라파고스 제도의 핀치라고 하는 새의 주둥이 모양의 변이로부터 진화론의 힌트를 얻은 것처럼 전통적 진화학에서 생물 간의 유연을 논할 때 기초가 되는 것은 항상 형태가 닮아 있는가 아닌가에 있다.

그러나 형태를 기준으로 해서 유연관계를 생각하는 것은 진화의 요인을 자연선택에서 구하려고 하는 진화론과는 모순된 점이다.

고래가 물속에서 살기 때문에 다른 포유류와는 다르게 어류와 비슷한 형태를 갖고 있는 것같이, 생물은 원래 가까운 사이었음에도 불구하고 살아있는 환경에 적응하여 전혀 다른 형태가 된다고 생각되기 때문이다. 자연선택이 진화의 요인인 이상, 생물의 형태만이 아닌, 그것을 형성하고 있는 많은 분자도 환경을 반영하여 각각 다르게 되었다고 생각된다. 그러나 1960년대가 되어 단백질이나 핵산의 비교연구가 행하여짐에 따라 이들 분자의 구조는 생물이 살고 있는 환경과는 무관하게 일정한 비율로 변하여 간다는 것이 명백해졌다.

단백질이나 핵산의 구조는 생물 간의 유연도, 즉 두 종이 공통의 조상으로부터 언제 나누어져 분지한 형태를 반영하여 달라지는지를 알게 되었다. 그 후 구조의 변화율은 분자의 종류에 따라서 다르게 된다는 점, 또 같은 분자 내에서도 쉽게 변화하는 부분과 쉽게 변하지 않는 부분이 있다고 하는 점을 알게 되었다. 따라서 명백해진 것은 생물의 기본적 기능을 이루는 분자나 분자의 한 부분은 변하기가 어렵고 그렇지 않은 부분일수록 변하기 쉽다는 중요한 사실이다.

이들 결과의 이론적 검토를 기초로 하여, 기무라는 1968년 분자진화의 중립설을 제창하였다. 이 설의 골자는 분자의 중요한 부분을 변화시키는 돌연변이가 일어나면 생존이 불리해지기 때문에 그것을 가진 자손이 집단 내에 많은 수를 이루지는 못하지만, 기능상 중요하지 않은 (중립적) 부분에서 일어난 돌연변이는 일정한 확률로 집단 내에 퍼져서 대다수를 차지한다고 하는 학설이다. 여기서 중요한 것은 변화가 일어나는 것은 중립적 부분이기 때문에 자연선택은 작용하지 않는다는 점이며, 따라서 충실하게 시간경과의 길이만을 반영해서 분자가 변한다는 것을 설명할 수 있다.

이 일이 인식되어진 후에 핵산이나 단백질의 구조 비교를 통해서 생물 간의 유연도를 정량적으로 나타내는 것이 가능하게 되었다. 중립설은 진화학뿐만 아니라 분자생물학 전반에 걸쳐서도 큰 영향을 주었다. 분자의 구조로부터 그 기능을 조사하려고 할 때, 이 구조가 생물 종을 초월하여 보존되는지 아닌지의 크나큰 열쇠가 된다는 것을 알았기 때문이다.

3. 앞으로의 과제

진화의 종합설과 중립설은 서로 대립하는 개념이 아닌, 생물진화의 두 가지 다른 국면에서 각자가 설명한 것이라고 할 수 있다. 따라서 앞으로의 과제는 두 개를 융합하여 포괄적으로 진화를 이해하는 길을 개척하는 것이다. 그러기 위해서는 다음 3가지 질문에 대한 답을 할 필요가 있다.

1. 분자 진화가 중립적 부위에서만 일어난다고 하면 진화에 의한 분자 기능의 개선은 없었을까 ?
2. 분자 진화가 중립적 부위에서만 일어난다고 하면 그 자체는 생물 종 분화의 요인이 될 수 없다. 그러면 종 분화의 직접요인은 무엇인가 ?
3. 불리한 형질을 가진 개체의 자손은 다수로 될 수 없다고 하는 부(負) 자연선택의 결과, 분자진화가 중립적 부위에서만 일어난다고 하면 분자에 의해서 구성되어져 있는 형태에 대해서는 유익한 것만 남긴다고 하는 정(正)의 선택이 작용하게 보이는 것은 왜일까 ?

1 ~3 은 서로 관련 있는 질문이지만 어려운 질문은 3 번이다. 생물학의 연구가 더욱 진전되면 이것도 자연스럽게 답이 얻어지리라고 믿는다. 그와 함께 생물의 진화는 우리들이 아직 생각하지 않은 법칙성이 있을 수도 있다.

11-4 인류의 기원과 진화

생물로서의 인간, 즉 사람이 포유류의 일종이며, 침팬지나 고릴라와 극히 가까운 관계에 있다는 것은 누구나 다 알고 있는 사실이다. 확실히 사람의 신체구조나 작용에 대해서는 쥐나 모르모트를 조사하면 대개 알 수 있고 원숭이를 실험에 사용한다면 거의 완전히 이해할 수 있다. 그러나 사람이 인간이라고 하는 특유의 문제에 대해서는 원숭이는 거의 아무런 대답도 줄 수 없다. 그 문제는 사람만이 대뇌의 발달에 기초하는 '의식'을 갖고 있다는 사실과 관련되어 있기 때문이다.

포유류는 파충류 중 수형류라고 불리는 한 무리로부터 진화해 왔다고 생각되어진다. 수형류에는 많은 계통이 있으나 화석의 증거로서 이들의 계통으로부터 각각의 포유류의 계통이 생겼다고 하는 것을 엿볼 수 있다. 예를 들면 원시적 포유류라고 불리는 단공류(오리너구리)는 다른 포유류와는 또 다른 계통에서 유래했다고 보인다.

11-4-1 영장류의 기원

신생대 제 3 기 이후에 포유류는 많은 계통으로 분화하였으나 영장류는 그중 원시식충류로부터 파생했다고 생각하면 거의 틀림없다. 현재 발견되는 가장 오래된 영장류 화석은 정확히 공룡류의 멸종시기에 해당되며 약 6,500만 년 전의 일이다. 이 화석은 미국 몬타나주에서 발견되었는데 화석으로 남겨진 것은 길이가 1.85 mm 정도밖에 되지 않으며 단 한 개의 이빨화석뿐이다. 이 이빨화석의 크기로 봐서 이 영장류의 조상은 마우스 정도의 크기였을 것으로 추정된다.

원시적인 원숭이를 원원류라고 총칭하지만, 이것은 원원류 속에서 특히 원시적인 특징을 가지고 있어 원시식충류로부터 영장류로의 초기 진화를 대표하는 종의 하나라고 생각되어진다.

이것을 포함하는 원원류는 처음에 북아메리카 대륙에서 다양하게 분화되었으나 그 지방 사막화의 진행에 수반하여 거의 5,000만 년 전에는 남미대륙이나 당시 육지로 연결되어졌던 유럽으로 이주하게 되었다. 그리고 얼마 되지 않아서 광비원류, 협비원류, 사람을 포함한 진원류로 나뉘어졌다고 생각된다. 이 중에서 유인원이나 인류의 조상이 된 것은, 유럽으로 이주한 영장류이다. 표 11-3은 이와 같은 영장류의 계통을 종합한 것이다.

표 11-3 영장류의 분류

영장목
- 원원아목(레뮤어와 타시어)
- 유인원아목
  - 꼬리 감는 원숭이 상과
    - 꼬리 감는 원숭이과(신세계원숭이)
  - 긴꼬리 원숭이 상과
    - 긴꼬리 원숭이과(구세계원숭이 비비)
  - 사람 상과
    - 성성이과(꼬리 없는 원숭이)
    - 사람과(사람)

11-4-2 인류의 진화적 위치

진원류 중에서 유인원 및 사람을 포함한 그룹은 사람상과로 불린다. 종래의 분류법에서는 사람상과는 사람과, 오랑우탄과 및 기본과로 나눠어졌다. 이 생각은 직립 이족보행이라고 하는 인류의 특징이 독특한 것을 강조한 것이다. 그러나 1960년대에 시작한 분자인류학에 의해 현대의 종간에서 염색체, 단백질, DNA 등을 비교한 결과 사람상과와 성성이과의 차이는 종래 생각되어진 것보다도 훨씬 작다는 것이 명백해졌다. 또한 오랑우탄에 비해 고릴라와 침팬지가 사람과 훨씬 가까운 근연관계에 있으며, 사람과 침팬지의 분기점은 약 500만 년 전에 지나지 않는다는 것을 시사하였다.

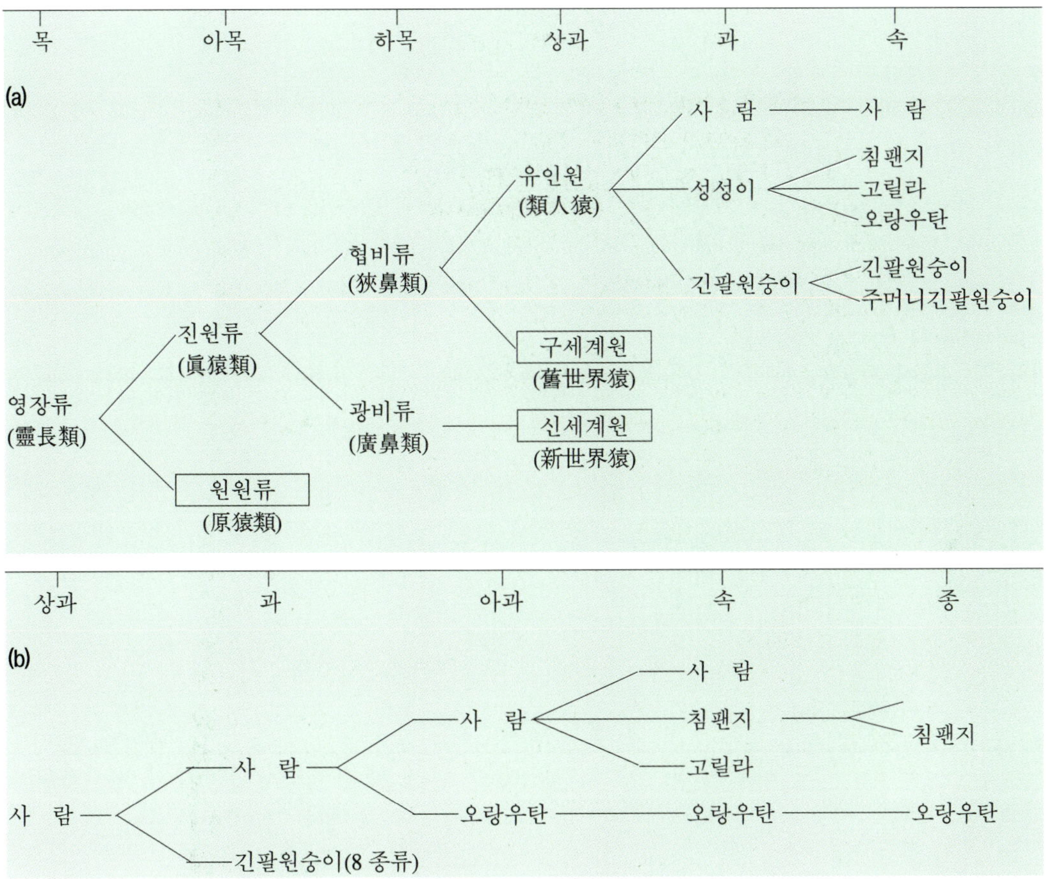

그림 11-6 원숭이류에서 사람의 분류학적 위치
(a) 1960 년대까지의 고전적인 생각 (b) 분자인류학의 성과에 의하여 변경된 사람의 위치

이것에 의해서 인류기원의 발상지가 아프리카였다는 것이 거의 확실하다. 이 결과 분류학상 사람의 위치에도 변경이 있었다. 현재는 침팬지(침팬지와 보노보 2 종)와 고릴라를 사람과에 포함시키는 것으로 거의 견해의 일치를 보인다(그림 11-6).

따라서 사람과는 사람아과와 오랑우탄아과라고 하는 두 개의 그룹으로 나뉠 수 있다. 단, 기본을 과 또는 아과의 어느 것으로 구별하는가 하는 데는 의견이 나뉘어져 있다.

11-4-3 현대인류로의 방향

현재 현대인류(사람)의 직계조상에 해당된다고 생각되어지는 것은 아프리카의 탄자니아에서 화석으로 발견된 약 200 만 년 전의 원인 호모 하비리스(*Homo habilis*)이다.

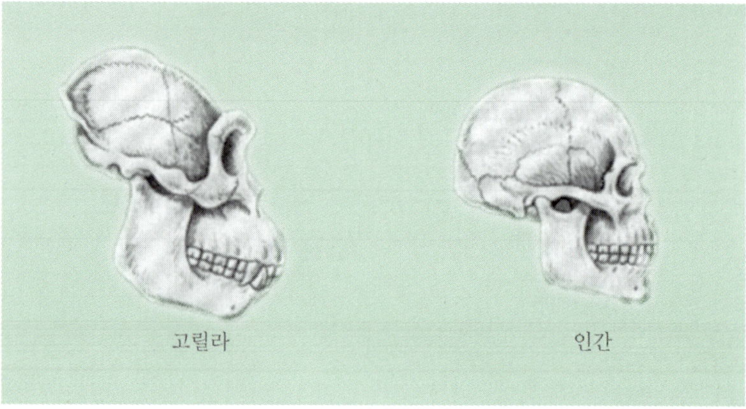

그림 11-7 고릴라와 인간의 두개골 비교

고릴라는 튀어나온 안와돌기가 있으나 인간은 없다.
고릴라의 얼굴은 입 부분이 돌출되나 인간은 평평하다. 고릴라는 크고 발달한 치아와 특히 현저하게 튀어나온 경치가 있지만 뇌의 용적은 450 cc 에 지나지 않으나 현대인의 두개골은 1,500 cc 이다.

그 후 약 150 만 년 전, 직립보행에 적합한 골격을 가진 호모 에렉투스(*Homo erectus*)가 출현했다. 그들은 원인이라고 불리며, 한 시대 전의 호모 하비리스보다도 정교한 석기를 사용하였다. 즉, 북경원인은 후기의 호모 에렉투스로 혈거생활과 수렵을 특징으로 하며, 불의 사용으로 조리도 하여 꽤 높은 문명을 가지고 있었다.

약 25 만 년 전에 현대인류와 동종의 호모 사피엔스(*Homo sapiens*, 고대형)가 나타났다. 약 10 만 년 전에 이르면서 북반구의 빙하시대가 시작되면 고대형 호모 사피엔스 중에서 벌써 추위에 적응한 사람들이 분포역을 넓혀서 지배적 지위를 점령하게 되었다.

이들이 구인(舊人)이라 불리는 네안델탈인(Neanderthal People)이다. 현대인류(현대형 호모사피엔스)에 비하여 몸이 크고, 건장한 체격을 가지고 있으며, 뇌 용량도 우리들의 평균(1400 m*l*)을 약간 상회하고 있다.
그들은 정교한 석기를 사용하였을 뿐만 아니라 죽은 자를 매장하는 풍습과 약자의 보호라고 하는 고도의 문화성을 가졌던 것으로 추정된다. 그 후 지구온난화로 네안델탈인은 그 우위를 상실해서 약 35,000 년 전에 멸망하였다.

그리고 크로마뇽인(Cro-Mahnon People)이 등장한다. 크로마뇽인은 신인(新人), 즉 현대형 호모사피엔스로 모든 현대인류의 조상이다. 신인의 기원으로써는 단일 아프리카 기원설이 유력하다. 이것은 약 20 만 년 전의 아프리카에서 구인의 한 집단으로부터 신인이 나타났고, 그 후 아프리카로부터 세계로 퍼져서 현대인 모든 집단의 기초가 되었다고 생각하고 있다. 그림 11-7 은 고릴라와 인간의 두개골을 비교한 것으로 뇌 용적에 있어서 차이가 크다는 것을 확인할 수 있다.

11-4-4 인 종

현대인류는 모두 동일종, 호모 사피엔스에 속한다. 따라서 인종은 아종에 해당하지만 아종을 구분하는 절대적 구분은 없기 때문에 판단은 임의적으로 할 수밖에 없다.

일반적으로 사람을 3 대인종, 즉 코카소이드(유럽인종), 몽골로이드(아시아인종), 니글로이드(아프리카인종)로 나누지만, 그 밖에 오스트랄로이드(오세아니아 인종) 및 카포이드(코이산인종)로 구분하는 경우도 있다.

네이 등은 단백질의 여러 종의 변이종과 혈액형 등에 관하여 200 가까이의 유전자자리의 유전자 빈도의 해석을 실시하여 3 대 인종 간의 유전거리를 계산하였다.

이것에 기초를 두어 3 대 인종간의 분기연대에 대하여 다음과 같은 결과를 얻을 수 있었다. 코카소이드 · 몽고로이드 사이 55,000 년 전, 코카소이드 · 니글로이드 사이 115,000 년 전, 몽골로이드 · 니글로이드 사이 12 만 년 전.

인종은 일반적으로 피부색, 체형, 머리카락, 코의 모양 등에서 고유한 형질을 갖고 있다. 이들은 원래 지구 각지에 분포하여 각자의 조상이 그 환경에 적응을 되풀이하여 선택을 받은 결과인 것이다.

그와 같은 환경 중에서도 인류에게 결정적인 작용을 미친 것은 고온과 한랭, 건조, 그리고 자외선이다. 각 인종이 갖는 특징의 대부분은 이들 중 어느 것을 선택의 요인으로 생각하여 설명할 수 있다.

인종에 의한 코 모양의 차이도 그 한 예이다. 북구인이나 아시아 고랭지 종족의 코는 높고, 아프리카와 폴리네시아 주민의 코는 납작하다. 냉한지 주민의 코가 높은 것은 차가운 공기를 가늘고 긴 콧구멍으로 따뜻하게 하기 위한 것이다.

습도도 코의 모양을 선택하는 요인으로 생각된다. 저온과 저습 등은 코가 높고, 고온과 다습 등은 코가 납작하게 된다고 결론지을 수 있다.

연 습 문 제

1. 화학진화와 생물진화의 관계를 설명하시오.

2. 밀러의 실험은 생명의 기원을 추측한 것 외에 어떤 의미가 있는지 설명하시오.

3. 생체 고분자의 출현에 대하여 실험상 확실하지 않은 일들이 많은데, 그 큰 이유는 무엇인지 설명하시오.

4. 광합성에 의하여 산소농도가 높아진 것은 생물의 진화에 어떠한 영향을 주었는지 설명하시오.

5. 진화론은 각 시대의 사회적 풍조에 민감하게 반응한 과학사상이었다. 그것을 구체적으로 예를 들어 설명하시오.

6. 영장류의 기원지를 북미대륙이라고 생각하는 근거는 무엇인지 설명하시오.

7. 3 대 인종군은 무엇인지 설명하시오.

찾아보기

ㄱ

ㄴ

ㄷ

ㅂ

ㅅ

ㅇ

ㅈ

ㅊ

ㅋ

ㅌ

ㅍ

ㅎ

ABC

기타

참고 문헌

1. Alber L. Lehninger, David L. Nelson, and Michael M. Cox, "*Principles of Biochemistry*", 2 nd ed., Worth Publishers, Inc., New York, 1993.
2. Arthur W. Galston, "*Life Processes of Plants*", Scientific American Library, New York, 1994.
3. Frank B. Salisbury, Cleon W. Ross, "*Plant Physiology*", 4 th ed., Wadsworth. Inc.. California. 1992.
4. N. Campbell, L. Mitchell and J. Reece, "*Biology*", Benjamin Cummings, in U.S.A., 1994.
5. Randy Moore etc., "*Botany*", Wm. C. Brown Communications, Inc., Dubuque, IA., 1995.
6. Richard I. Greyson, "*The Development of Flowers*", Oxford University Press, Inc., New York, 1994.
7. Ricki Lewis, "*Life*", 2 nd ed., Wm. C. Brown Communications, Inc., Dubuque, IA., 1992.
8. William G. Hopkins, "*Introduction to Plant Physiology*", John wiley & Sons, Inc., in Canada, 1995.
9. 高橋信孝・增田芳雄, "植物のホルモン ハンドブック 上", 培風館, 東京, 1994.
10. 駒嶺 穆・嶋田 拓・堀津圭佑, "生物學の世界", 朝倉書店, 東京, 1993.
11. 김동석・이수정, "유방질환의 진단병리", 도서출판 아카데미아, 서울, 1998.
12. 三宅貞祥 외, "現代生物學", 東京教學社, 東京, 1996.
13. 生合成から生理機能へ, "植物ホルモンの シグナル傳達", 秀潤社, 東京, 1998.
14. 石川 統, "生物科學入門", 裳華房, 東京, 1998.
15. 石川浩子・能谷孝美・竹田和男, "現代의 生物學", 學術圖書出社, 東京, 1992.
16. 小島邦彦 著, 강영희・황 백・최관삼 共譯, "植物組織培養의 營養學", 지구문화사, 서울, 1995.
17. 이영록 외, "최신생물학", 법문사, 서울, 1994.
18. 中村運, "基礎生物學(改訂版)", 培風館, 東京, 1996.

NEW
생명과학 | NEW LIFE SCIENCE

2009년 3월 1일 초판 인쇄
2009년 3월 5일 초판 발행

저 자 강영희 / 김학렬 / 황 백 / 김성호
김정균 / 정현숙 / 표병식

발행인 주 병 오

발행처 지구문화사 JIGU PUBLISHING Co.

경기도 파주시 교하읍 문발리
파주출판문화정보산업단지 518-2
영업팀 (031) 955-7566 / 7577
편집팀 (031) 955-7731
FAX (031) 955-7730
홈페이지 www.ji-gu.co.kr
전자우편 jigupub@hanmail.net
등록번호 1979년 7월 13일 제 9-57호

ISBN 978-89-7006-460-4 값 20,000원